U0211989

谨以此书纪念和感谢恩师陈家镛先生

国家科学技术学术著作出版基金资助出版

化学反应器中的宏观与微观混合

毛在砂 杨 超 著

化学工业出版社

·北京·

内 容 简 介

混合是化学工业以及相关的过程工业等应用领域不可或缺的单元操作之一。《化学反应器中的宏观与微观混合》主要论述评价混合技术和设计优劣的三种实用指标：宏观混合的混合时间、微观混合的离集指数、连续流动反应器的停留时间分布，包括它们的意义、实验测定和数值模拟，以及在混合技术评价上的作用。本书聚焦多种以液相为连续相的化学反应器，包括搅拌槽、环流反应器、固定床等，重点是混合程度和混合速率定量的指标和描述，包括研究的工业搅拌应用背景、混合机理、模型化的研究现状和今后的发展趋势。

《化学反应器中的宏观与微观混合》将为混合设备（例如搅拌槽、环流反应器）的设计、优化和放大提供基础理念、实验测定和数值计算方法，适合化工、制药、材料、生物、食品等领域科技工作者阅读，也可供高等学校相关专业师生学习参考。

图书在版编目（CIP）数据

化学反应器中的宏观与微观混合/毛在砂，杨超著. —北京：化学工业出版社，2020.2
国家科学技术学术著作出版基金资助出版
ISBN 978-7-122-35438-9

Ⅰ.①化… Ⅱ.①毛… ②杨… Ⅲ.①混合-化工过程 Ⅳ.①TQ027.1

中国版本图书馆 CIP 数据核字（2019）第 244586 号

责任编辑：杜进祥　丁建华　　　　　　　　　　装帧设计：韩　飞
责任校对：王鹏飞

出版发行：化学工业出版社（北京市东城区青年湖南街 13 号　邮政编码 100011）
印　　装：中煤（北京）印务有限公司
710mm×1000mm　1/16　印张 35½　彩插 3　字数 620 千字
2020 年 12 月北京第 1 版第 1 次印刷

购书咨询：010-64518888　　　　　　　　　　售后服务：010-64518899
网　　址：http://www.cip.com.cn
凡购买本书，如有缺损质量问题，本社销售中心负责调换。

定　　价：196.00 元　　　　　　　　　　　　版权所有　违者必究

前　　言

　　混合是化学工业以及相关的过程工业等应用领域不可或缺的单元操作之一。化工生产中大多数的化学反应器是搅拌槽反应器。通过搅拌来实现混合，使反应体系达到浓度均匀、反应条件均一的理想状态，提供化学反应所需的最佳条件，从而实现高效、低耗的新物质（产品、材料）制备过程。

　　化学反应涉及两种或两种以上反应物时，需要通过搅拌等混合手段让反应物尽快地在反应器（宏观）尺度上混合均匀，使分子（微观）尺度上的化学反应得以进行。若反应物处于不同的物相（非均相体系）中，要使它们接触和反应，体系中的混合任务又增加了一层困难。均相和非均相催化反应器中，反应物和催化剂的充分接触也需要通过混合才能实现。即使是最简单的单一反应物非催化反应，也要求反应物在反应器内迅速地达到均一的指定反应条件，这也要靠有效的混合技术。一些不涉及化学反应的物理加工过程也同样需要良好的混合，例如某些均相的或非均相的添加剂要在主体材料中均匀地分散，产品才能有优越的使用性能。

　　化学工程中对混合的研究从19世纪末叶起，已有上百年的历史，而且研究对象和内容十分宽广。有均相体系的混合，如两种可混溶液相的混合、几种气体的混合；有非均相体系的混合，如不互溶液体的混合（或乳化）、气体在液相中的均匀分散、固体颗粒在流体（液体和气体）中的均匀悬浮（分散）、不同性质（密度、颜色、颗粒大小等）的固相颗粒的均匀混合、细微液滴或固体颗粒在气相中的分散等。实际的工业过程也会不断提出更多的混合新课题，需要化学工程基础和应用研究来及时加以解决。

　　混合设备与技术涉及面越来越宽广，可以分为内部有运动机件的和没有运动机件的两大类。各种混合技术首先依赖于在设备内产生流场（速度场）的剪切，这是不同性质的物料尺度减小的直接原因。按产生的剪切强度大小，混合设备又分为高剪切和低剪切混合两类。混合设备还必须有足够强劲的主体（循环）流动，这是使设备内所有介质都能受到剪切、最终均一化的必要条件。这两个因素互相影响，它们的优化耦合是获得以合理的比能耗实现高质量混合的高效混合技术的关键。

化学工程学已经经历了两个明确界定的发展阶段，即单元操作和传递原理，它们标志着化学工程学从经验性方法向机理性方法的飞跃。 从 20 世纪后半叶至今，化学工程研究已逐渐发展到能以数学模型和数值方法来定量地认识包含复杂物理和化学机理的计算化学工程的新高度。 涉及混合的学术和工程问题，同样发展到用实验、理论分析、数学模型/数值模拟三管齐下的方式来解决的高度。 首先要解决的是流动（包括固相混合的流态化）问题，涉及质量守恒、动量守恒和能量守恒的基本原理和微分方程，以及物质在一个物相内部的流动、扩散、热量的传导，也包括物相间在相界面上的相互作用，还要依靠固体力学、弹性力学、流体力学、材料学等学科来提供必需的本构方程。 化工学科的上述新进展，即计算化学工程的出现，为混合技术发展展示了新方向，并为此提供有力的工具。

混合本身是一个单元过程，例如产品中的添加剂和辅料的均匀分散需要有效的混合才能促进产品效能提高，有利于高效地进行目标化学反应，使产品得到优良性能。 另外，混合也是其它许多化工单元操作和过程机理中的一部分，它影响着诸如相间传热、化学沉淀生成的固相颗粒大小和粒度分布、多相体系的相界面积、相间传质速率、均相化学反应或非均相化学反应（包括简单反应和复杂反应体系）等。 这些伴随过程的效率可以作为混合效能的定量参考指标。 因此，混合往往是和这些伴随过程一起来研究的。 例如，气液搅拌体系的混合效率，就体现在搅拌功率减少的程度、气液界面积、气液体积传质速率、气液非均相反应反应物的转化率和有用产物的选择性的改善程度上。 故混合和搅拌的研究对象多种多样，内容十分广泛。

混合与化学工程中的其它单元操作有密切的关联。 与混合概念相对立的是另外一类单元操作：分离。 在化工设备中的单相和多相流动，分离和混合在不同的程度上往往同时进行。 例如，在水平管道的气液两相流动中，如果为了保持相分布状态的均一（例如在管道流动的同时将气体中的某一成分溶解吸收），应该考虑加大混合的强度，否则气泡会向上浮、合并为大气泡，最终由较均匀的气泡流（气相以小气泡的形式存在，并分散在液相中）过渡到分层流（气体在管道上方、液相在管道下方，分层并流流动）。 还有，越微量的杂质越难去除，因此往往需要先加入分离试剂或介质并混合均匀，最终实现高质量、高效率的杂质分离。 因此，混合与分离始终是既对立又不可分的一对矛盾。

在搅拌槽一类的设备中，混合是搅拌的主要目的，理想化的搅拌槽即是化学反应工程中的全混流反应器。 而在另一些设备（如澄清槽、旋风分离器）中混合是有害的，需要设法避免。 例如在管式（塔式）反应器中，所有同时进入反应器的反应物料，应在流动中保持同步，避免先后进入反应器的物料团块（物料在反应器内停留的时间不同，反应进度不同，使反应物和产物浓度的沿程分布也不同）发生混合，降低反应器的效能。理想化的管式反应器即化学反应工程中的活塞流反应器，此类反应器中只有平行的一维流动，流动方向上无流体混合，垂直于流动方向则混合良好，以保持平行的各流线上的状态完全一致。因此，管式反应器中的轴向混合是不利的，而横向混合则是有利的（例如消除温度和浓度的横向梯度和保持状态均匀）。可见，在混合有害的场合，也需要对混合的状态和强度有深入的认识，以获得高效反应器的设计和可靠的操作策略。这也提示，混合不总是各向同性现象，它可能是各向异性的，就像在活塞流反应器和环流反应器中那样需要各向异性的混合。

对于混合良好的搅拌槽一类设备，宏观混合效率的指标是混合时间。而对于不需要混合的设备，也需要有指标来定量描述混合的程度。这种情况下，在管式反应器中，示踪剂无法在出口处达到足够程度的混合，混合时间难以定义，现在文献中多数采用轴向返混系数来描述轴向返混的程度。在有内部循环的环流反应器中，因为能够使示踪剂比较充分地混合，而内部的循环比较接近于管道流动，所以轴向返混系数和混合时间都可以使用。

由于混合的首要目的是使体系达到预先设定程度的均匀性，体系达到这个目标均匀度的速度往往作为此混合手段的技术指标，以此为依据来评价各种混合技术和设计的优劣。因此本书主要论述三种实用的评价指标：宏观混合的混合时间、微观混合的离集指数、连续流动反应器的停留时间分布，包括它们的意义、实验测定和数值模拟，以及在混合技术评价上的作用。本书内容也主要限于以液相为连续相的化学工程体系。以气相为连续相的体系，还有固固相的混合和反应，在过程工业中也十分重要而广泛，限于笔者学识未能涉及。

本书内容多数来自浩瀚的化学工程文献积累，除了化工专业的期刊外，已经有许多专著论述了混合的方方面面，如

永田进治，1984. 混合原理与应用（马继舜等译）. 北京：化学工业出版社（Nagata S，1975. Mixing：Principles and Applications. New York：Wiley）.

哈恩贝（Harnby N），1991. 工业中的混合过程（俞芷青等译）. 北京：中国石化出版社.

欧舒（Oldshue JY），1991. 流体混合技术（王英琛等译）. 北京：化学工业出版社.

吴英桦，1993. 粘性流体混合及设备. 北京：中国轻工业出版社.

Baldyga J，Bourne JR，1999. Turbulent Mixing and Chemical Reactions. Chichester，UK：John Wiley & Sons.

王凯，冯连芳，2000. 混合设备设计. 北京：机械工业出版社.

陈志平，2004. 搅拌与混合设备设计选用手册. 北京：化学工业出版社.

Bockhorn H，Mewes D，Peukert W，Warnecke H-J，2010. Micro and Macro Mixing，Analysis，Simulation and Numerical Calculation. Berlin Heidelberg：Springer-Verlag.

这些内容对我们认识混合原理和技术的全貌大有助益。 本书部分内容来自笔者和所属课题组同事、学生的工作，以及笔者对现有混合与搅拌研究思考中油然而生的困惑和心得。 希望本书对从事化学工程研究和工程应用的科技人员有所裨益。 在本书著述过程中深切感受到，虽然混合仅是化学工程学的一个分支，但其应用宽广、内涵深厚。 笔者在此中温故而知新，增长了许多新知识。 然而精通不易，书中不妥之处和错误在所难免，恳请方家不吝指出。

毛在砂，杨　超
2020 年 2 月识于北京中关村

目　　录

第1章

混 合 概 述

1.1 过程工业中的混合

1.1.1 化学反应器中的混合

混合（包括较窄意义上的搅拌）在化学工业乃至过程工业中是不可或缺的工序。化工流程中的单元操作，以及化工手册中列举的工艺过程，多数都涉及混合问题。

例如，化学反应过程在反应器中进行，如果是单一反应物的分解或聚合，需要将进入反应器的物料的状态迅速提升到指定的条件（如温度、光照、超声场），并使其状态或受到的作用均匀，这样反应条件可控，满足设计要求，反应器生产效率可达到最佳。

如果是仅仅升高到指定的高温即能满意地进行反应，则需要使进入的反应物流与加热壁面接触而后离开，即与温度较低的物料交换位置，充分发挥加热面的效率。这实际上就是冷、热流体间的混合，不仅要求有沿加热壁面的轴向流动，而且也要求与轴向流动垂直方向上的流体间混合；在物料沿设备轴向流动中流体混合还达不到要求时，反应器内需要形成整体循环来加强冷热流体间的混合，达到要求的温度均匀程度，使化学反应在要求的温度下可靠并高效地进行［图 1.1(a)］。

如果是光化学反应，则三维的反应器内各处受到的光强不同：光源表面的亮度可能不均匀、光源射出的各束光线的光路长度也不同，因而反应物系对光的吸收和衰减不同，加之体系中各流体微元的运动速度不同，受照射的时间长短不一，这些都使光化学反应的局部反应速率不同［图1.1(b)］；为了反应器的高效运行，也需要施加混合，使反应物得到均匀的光照量，进而获得到大体相同的反应速率。

在外加物理场（电场、声场等）促进反应时，场强在反应器内的分布一般不均匀［图1.1(c)］，为使同时进入反应器的各反应物团块的反应进度相同，施加外场方式和强度适当的混合也是工程设计必须考虑的因素。

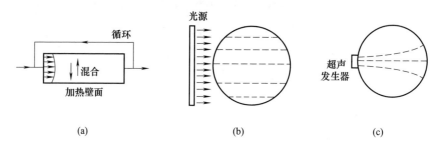

图1.1　简单反应的反应器中的混合问题

如果是单一反应物的催化反应，按催化剂存在的物相分为两类。第一类是均相催化反应，即催化剂能与反应物所处的物相混溶，那么反应物和催化剂这两股流束必须在进入反应器后迅速混合，使催化剂早早发挥作用，以得到反应器的最大体积利用率，混合将起到关键的作用。第二类是非均相催化反应，又分几种情况：不混溶的液相催化剂，这涉及反应器中一个液相在另外一个液相中分散为大小均匀的液滴，并均匀分散；颗粒状催化剂在流动反应物液相中的分散和均匀分布，即液固相悬浮与混合；催化剂固定在微细流动管道的壁面上，或催化剂颗粒堆积成的固定床。也有促进催化剂表面处流体与远处流体中反应物的交换（即混合）的问题。

如果是多种反应物进行的均相反应，在化学反应发生前，反应物必须通过宏观混合使含有不同反应物的流体团块互相接近、减少离集（互相隔离的状态）的尺度，为接着进行的分子扩散提供条件，最终达到分子尺度上的均匀混合（术语称微观混合）。若是反应物处于不同物相的非均相反应，仍然需要先达到宏观尺度的混合，使每一个液滴或气泡或固体颗粒的周围有合乎比例的反应物，则非均相反应在反应器内各处均能高效地进行。此时化学反应速率取决于相界面积的大小，颗粒（包括液滴、气泡）越小，分子扩散越容易，反应速率也越快。

如果反应体系有复杂竞争反应，则有关键反应物的转化率和目的产物的选择性的问题，混合问题影响更复杂，其结果会表现得更加丰富多彩。

1.1.2　单元操作中的混合

混合的目的是降低体系内部的不均匀性，尽快地达到混合均匀，得到制备产品的合格原料，或减小传递过程的阻力以提高设备的传热、传质效率，或促进化学反应的进行。因此，提高混合效率对于化工过程设备的设计优化以及节能降耗具有重要的意义。在工业领域的化工单元操作中，混合都能起到重要甚至关键的作用：

（1）多相流输送　若固相颗粒在输送管道和输送设备中沉积，会缩小管道有效截面积，增大输送阻力，甚至使输送中断；若固相在液相中分散不够均匀，则不能将两相输送按指定的比例输送，使下步工艺无法进行。如果工艺要求两不互溶液相按比例输送，也需要在长距离输送中，两液相有适当强度的混合作为保证。在原油输送时，一般先将大量的水预先分离出去，含水量低到一定程度后，有足够强度的混合作保证，就能实现原油的稳定输送，不至于在输送过程中有水析出分层，以至于输送过程不稳定。

（2）传热　需要在冷却传热面附近的流体，能与距传热面较远处的热流体交换（混合），使全部进入换热器的热流体都能冷却。流体的混合实际上提高了跨壁面的传热温差，提高了冷却设备的传热效率。

（3）蒸发　蒸发器分两类。直流式降膜蒸发器等，不刻意追求液膜内部的混合；循环式蒸发器，内部用循环混合来保持内部温度和浓度均匀，使跨传热面的温差最大。

（4）结晶　情况大致与蒸发相同，多数要求内部混合良好。结晶涉及成核和生长两个最重要的步骤，它们的速率都与过饱和度有关，成核动力学对过饱和度的级数比生长动力学中的级数高得多。因此，混合好，则过饱和度小且分布较均匀，故成核速率小，可得到粒度大的晶粒；反之，则晶粒平均粒度小。

（5）传质　流体相内部的传质主要依赖于物相内部浓度梯度推动的分子扩散传质，但混合、搅拌形成的对流和湍流，也减小流体团块离集的尺度，大大增强传质的速率。而两相间通过相界面的传质速率主要受界面处浓度边界层厚度的影响，混合能减小边界层的厚度，增大传质速率。

（6）精馏　这是蒸气与液相在沸点下的逆流传质操作。因为逆流，所以多采用串联多级式设备，追求两相各自的流动无轴向返混，但希望在垂直于轴向流动的方向上混合良好，以提高传质设备的总效率。这与管式反应器的情况类似，要在轴向流动方向上混合极小化的条件下实现良好的横向混合，这无疑是有相当难度的工程课题。

（7）吸收　吸收是气液相传质操作，一般也是气液相逆流流动，因此也希望在设备中有横向混合，无轴向混合。

（8）膜分离　膜分离设备的膜两侧多是层流的逆向流动，也是希望轴向无混合、横向混合好（传质浓度梯度大）的技术难题。通常流道的尺度很小，横向混合确实很难。

（9）萃取　操作涉及液滴与不互溶的连续相液相间的传质。混合可以提高界面传质的推动力（界面处的浓度梯度），有利于传质。混合使分散的液滴均匀分布于连续相中，有效地利用萃取设备体积；高强度混合的流体力学环境也是使分散相液滴直径减小、获得高传质相界面积的有利因素。

（10）浸取　固相中某物质浸出的速度与液固相界面上液相侧的浓度梯度成正比；若混合好，则固体浸出物在液相主体中的浓度低，有利于从固体表面向液相主体的传质。不论固相内部的传质阻力是否存在都是如此。

（11）吸附　固体吸附剂与流动气相或液相间的传质操作。同样需要流动相内部的良好混合。

1.1.3　均相混合与非均相混合

按混合涉及的物相和用途来区分，可以分为均相混合和非均相混合两大类。

1.1.3.1　均相混合

（1）液-液（互溶）混合　两股水溶液各含一种反应物在反应器中进行反应是典型实例，不仅要求反应物在物理性质上的混合均匀（宏观混合）到很小的尺度，而且要求达到分子尺度上的混合（微观混合）以利化学反应；但没有化学反应的要求时，则只要求物理性质上均一化的宏观混合，如为纺织品染整配制溶液等。这实际上是性质不同的同一流体间的均一化。

（2）气-气混合　工业上气相单体溶解于液相介质，或以气泡形式进入液相，聚合为高分子化合物。为了调整产品性能，聚合到一定程度时需要加入另一种气相单体。这时就需要两种气体的迅速混合，以要求的比例进入液相介质。

1.1.3.2 非均相混合

（1）液-固混合　固相催化剂颗粒的悬浮，有利于反应物的传质和发挥催化剂的作用；配制组成均匀的液固悬浮体系，作为下步工序的原料输入，或输送液-固两相时能保持要求的配比；把可溶解的固体颗粒悬浮于液相中，加快溶解速度。

（2）气-液混合　使气体在液相中以小气泡的形式分散，增大气液接触面积和传质速率，加快气体的溶解、吸收，或与液相中的反应物进行化学反应。当气泡被分散到 $10\mu m$ 量级时，气泡的终端速度很小，气-液分散系的稳定性很好，有利于进一步的工艺操作。

（3）液-液（不互溶）混合　将一个液相分散为细小液滴并均匀分散在另一液相中，例如生产乳化燃油，有利于燃油的完全燃烧和降低污染排放；在液-液相萃取过程中，分散液滴提供相间传质面积，但随后紧接着的分相过程又要求液滴互相合并快、分相快，因此乳化液不能太稳定。

（4）气-液-固多相混合　在化学工业生产中常见，例如气体和液相反应物在悬浮催化剂颗粒表面上进行化学反应，这一方面要求气体能破碎为小气泡并均匀分散在液相中，保持足够长的停留时间；另一方面要求颗粒从反应器底部悬浮起来，并在空间上分布足够均匀，使催化反应的时空产率得以提高。

（5）气-固混合　按固体是否运动，可分为：流态化，用气体将颗粒分散、悬浮在气流中，使两相间混合均匀、接触良好，提供有利传质和反应条件；颗粒不运动，形成固定床，使气体从间隙中通过，也有空隙内气体自身混合的问题。

（6）固-固混合　有时两种不同材质的固体物料需要预先混匀，然后作为后一工序的原料；两种颗粒大小差别恰当的颗粒材料混匀后，能得到最小的孔隙率，即单位体积中的工作物质最多。与此相似的是，用少量液体给固体颗粒外表均匀地包覆一层薄膜，这种混合操作用固-固相混合设备来完成，其实是液-固相的混合。

（7）捏合　指均匀混合糊状、黏性及塑性物料的操作，包括它们与固体颗粒的混匀。例如，元素硫与天然橡胶经捏合后，再经硫化，得到的硫化橡胶的强度大大提高；固体高能燃料与多种固相或液相的助剂、黏结剂等经捏合，充分混匀后成型，才得到实际应用的火箭推进燃料。与简单的固-固相混合不同，捏合机械对原料施加很强的剪切破碎力。

由此可见，在化学工业以及更广泛的过程工业中，要使不均匀的体系，按照设计的化学工艺，达到要求的混匀程度，需求十分普遍。化学家已经在实验室中找到了制备目的产物的合适反应路径和反应条件，化学工程师的任务则是在工业规模的反应器中尽量实现化学家需要的反应条件。反应器的规模越大，化学工程中所谓的放大效应会越强，实现这个任务就会越艰巨。实现化学反应器内的高效混合，是化学工程研究和开发中的巨大挑战。为此目的，需要对混合的现象、原理、设备、操作、优化、模拟等各个方面进行充分的研究，探索定量的规律，以期能精准、定量地满足过程工业对混合操作的要求。

1.2　混合设备

混合是在物料的运动中逐渐实现的。在混合设备和涉及混合的其它单元操作中，一类设备是物料有很强的内部循环的，如搅拌槽、捏合机、环流反应器、叶轮式混合设备等；另一类设备是物料近似于在管道内流动的，如静态混合器、螺杆挤出机等。当然也有二者结合或相嵌的复合形式。以下对它们的原理和混合特征作简单介绍。

1.2.1　搅拌槽

搅拌槽是以搅拌桨的机械运动，推动设备内物料运动，使物料混合、交换，而达到物料均匀化的设备。搅拌槽在化工等过程工业中执行物理类的操作，也常作为化学反应器使用。图 1.2 所示的搅拌槽的构成部件中，最重要的是搅拌桨 1 和搅拌轴 2。还有一些辅助部件，也各有其功能，例如挡板 3、气

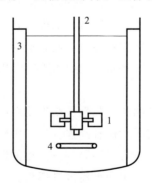

图 1.2　搅拌槽示意图

1—搅拌桨；2—搅拌轴；3—挡板；4—气体分布器

体分布器 4（或加料器），以及换热器（盘管、夹套等，未画出）。工程上按其在工艺流程中的作用，搅拌槽的构型也是多种多样的。

1.2.1.1　搅拌桨

搅拌槽的关键部件是搅拌桨（也称为叶轮）：搅拌桨固定安装在搅拌桨轴上，由电动机通过减速机带动搅拌桨旋转，推动槽中流体的复杂流动，从而实现搅拌槽内的物料混合。

搅拌桨可大致分为轴流桨、径向流桨和向心桨 3 类，此外还有许多变形和组合，例如宽叶桨和组合桨。

（1）轴流桨　其特征是桨旋转产生的液体流动是沿旋转轴的轴线方向的。包括螺旋桨、斜叶桨以及它们的变形。螺旋桨设计基于叶片各处的螺距为常数的理念，由于叶片表面各点的径向位置不同，因此要求桨叶倾角从叶尖向轴的方向上逐渐增大，这样理论上叶片上不同径向位置的轴向排液线速度（m/s）相等 [图 1.3(a)]。由于桨叶的宽度也可以变化，因此桨的排液速率（m³/s）与桨叶设计、挡板以及转速等操作条件有关，不一定是常数值。斜叶桨的桨叶多数为平直板状，制造和装配简单，应用也很广泛 [图 1.3(b)]，桨叶的倾角为定值，因而轴向排液速度是沿叶片径向逐渐增大的。

（2）径向流桨　此类桨旋转产生的是垂直于旋转轴的径向流动，也常称为

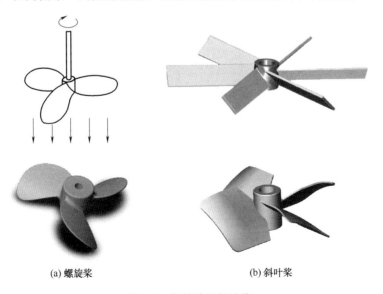

(a) 螺旋桨　　　　　　　　　(b) 斜叶桨

图 1.3　螺旋桨和斜叶桨

径向桨，或径流桨。典型的桨型有直叶涡轮桨［Rushton 桨，图 1.4(a)］、平桨［图 1.4(b)］以及它们的变形。由于它们桨叶的母线都平行于搅拌桨轴，所以桨叶仅推动流体做旋转运动，在离心力的作用下，流体也沿半径方向向外流动，形成径向流的基本特征。径向桨产生比轴流桨强得多的剪切作用，有利于流体的混合和离集尺度的减小，但它消耗的功率也远大于可比的轴流桨。

桨叶形状可带来附加的作用和功能。曲面桨叶（母线仍与搅拌桨轴平行），如后掠式平桨，能降低搅拌功率。以半圆管、半椭圆管为桨叶也能减低功耗，它们每一片桨叶的形状和尺寸是关于桨平面对称的，所以不产生轴向流动。穿孔桨叶和桨叶边沿的锯齿有减少能耗、强化湍流的双重作用。

通常搅拌桨的结构是绕旋转轴轴对称的，使桨的旋转惯性矩的中心在旋转轴上，以免搅拌桨转动时发生振动。搅拌桨的主体部分也常常是上下对称的。但是有研究表明，桨叶上下不对称设置的错位桨［图 1.4(c)］确有额外的好处。桨叶上下错位布置，使桨平面上下的流体交换并使湍流增强，混合时间缩短，错位桨的功率输入对通气最不敏感，在气液体系中的效率优于传统 Rushton 桨（王涛，2009；Yang FL，2015）。与标准 Rushton 桨相比，相同转速时，错位桨能减小尾涡尺寸、降低搅拌功耗（杨锋苓，2016）。错位桨仍然保持了一定程度的旋转对称性，圆盘上半和下半所受力矩也相等，因此其机械结构的设计是可行的。

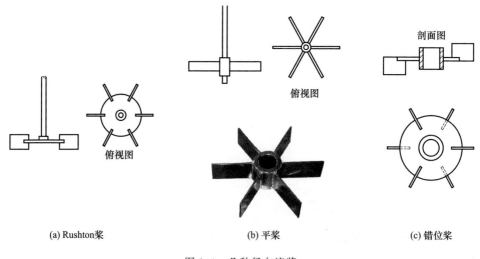

(a) Rushton桨　　　　　　(b) 平桨　　　　　　(c) 错位桨

图 1.4　几种径向流桨

（3）向心桨　此类桨旋转产生的液体流动是向心的径向流（杨超，2009），如图 1.5 所示，桨叶有迎向旋转方向的偏角，迫使流体沿桨叶向搅拌轴流动。实验表明，向心流动有利于降低能耗、减少混合时间和改善液固混合状况（王涛，2011）。将向心桨和径向流桨组合，能形成两桨范围的大循环，反应器内的整体混合性能将会大大提升。

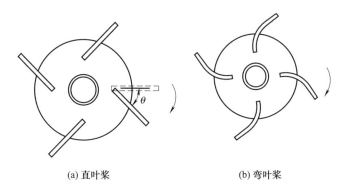

(a) 直叶桨   (b) 弯叶桨

图 1.5 向心桨

（4）宽叶桨 此类桨多数用于高黏度流体的混合。因为高黏度，所以桨转动受的阻力大，搅拌功率过高，而且搅拌桨产生的剪切能传递的距离也缩短，小尺寸、高转速桨不能胜任高黏度流体混合的任务。一般采用桨叶宽大、桨叶扫过体积大的低转速桨型，将搅拌作用直接分配到反应器内的各处。属于轴流桨和径向流桨的都有。典型、常用的搅拌桨形式有锚式桨、螺带桨、框式桨、泛能式桨、叶片组合式桨、最大叶片式桨等，它们的共同特点是桨径大小与设备直径接近（图 1.6 中有部分图示）。最大叶片式桨（Maxblend）适用黏度范围宽（$10^{-3} \sim 100 Pa \cdot s$），其能耗低，混合效率优于锚式、莱宁 A320 和六凹叶圆盘涡轮、水翼螺旋桨、六直叶和斜叶圆盘涡轮等（李健达，2014）。

（5）组合桨 搅拌混合的基本原则是整体循环＋强剪切。强剪切是流体离集尺度（也称分隔尺度）减小、达到均匀化最有效的手段；而整体循环可以把均匀化程度低的流体循环回来接受剪切和分散。两个因素的联合作用，保证了全反应器内物料在一定的时间内达到要求的混合程度。在用一个搅拌桨难以同时满足良好剪切和整体循环两个要求时，就要考虑采用组合桨。

组合有三个层次。一是将几种功能组合到一个搅拌桨上。例如，斜叶Rushton 桨［图 1.7(a)］是给径向流中增添了轴向流的成分。图 1.7(b) 所示则将 RT 桨（Rushton 桨）和 PBT 桨（斜叶桨）的特点结合，成为一种混合下压桨构型（mixed flow impeller），在牛顿流体中其功耗比 Rushton 桨更低；

在非牛顿流体中，混合时间介于 Rushton 桨和 45°斜叶桨之间（Ascanio G，2003）。图 1.6(d) 所示的 Intermig 桨的设计意图是在搅拌桨轴附近和搅拌槽

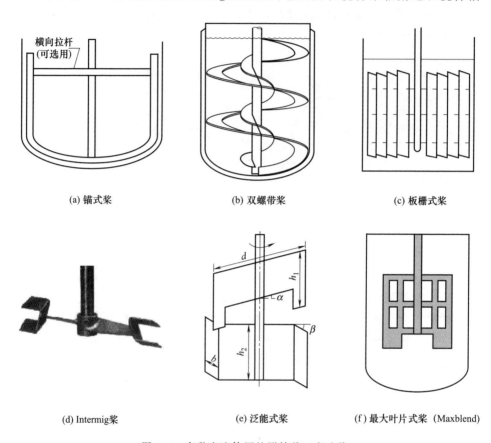

图 1.6　高黏度流体用的搅拌桨（宽叶桨）

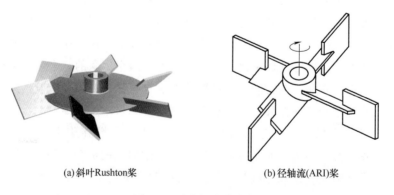

图 1.7　功能组合桨举例

壁处产生流向不同的轴向流动，以便形成全槽的整体轴向大循环，桨直径一般比 RT 桨更大。

组合的第二个层次是将几个搅拌桨组合到一个搅拌槽里。例如，同轴、同向推动流体的两个轴流桨有利于在高径比大于 1 的搅拌槽中建立整体的循环流动［图 1.8(a)］。图 1.8(b) 中的径向桨（上）＋轴流桨（下）组合保持了设备中高剪切的同时，也能形成整体的流动循环。错位桨（上）＋向心桨（下）搅拌桨组合［图 1.8 (c)］可提高内部循环的整体性，降低了搅拌能耗，同时缩短了混合时间，也改善液固悬浮（王涛，2011）。

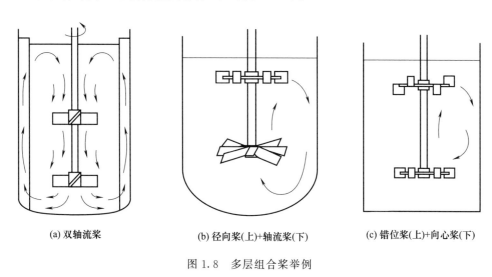

(a) 双轴流桨　　　　(b) 径向桨(上)+轴流桨(下)　　　(c) 错位桨(上)+向心桨(下)

图 1.8　多层组合桨举例

组合的第三个层次是一个搅拌槽里安装不止一个搅拌桨轴。在高黏度流体的搅拌槽里，一根轴上的两个搅拌桨要求不同的搅拌转速，搅拌中心区流体的搅拌桨直径小，要用较高的转速，而贴壁的大直径搅拌桨要用较低的搅拌转速，以达到搅拌槽内各处搅拌功率强度均衡，因而采用同轴异速的双桨设置［图 1.9(a)］。不同轴的双轴搅拌也见于大横截面的搅拌槽［图 1.9(b)］。侧进式搅拌槽可以安装几个搅拌桨，图 1.9(c) 所示为两个桨共同推进槽内水平大循环的例子。双轴差速捏合机在软固体的混合中也常见［图 1.9(d)］。

1.2.1.2　搅拌桨的位置

一般的搅拌槽为圆柱形，平底或椭球底，搅拌桨轴即圆柱的轴线［图 1.10(a)］。这种对称的布置产生圆周方向的对称性流动，然而过分规则的流动也被认为不利于全槽的整体混合。在这种搅拌槽的壁面上加装垂直的条形挡板，可以打破规则的整体圆周环流，产生尺度较小的循环，增强壁面附近的湍流，可以增强混合效能。将搅拌桨轴偏离反应器的轴线［图 1.10(b)］，也是打破规则流型的措施，偏心的程度往往取一合适的中间值。高径比小的大型贮槽，往往采用侧进式搅拌器，以较低的搅拌强度（约 $10W/m^3$）来维持槽内的状态均匀。这时搅拌桨轴与容器的直径成 $7°\sim10°$，且搅拌桨逆时针旋转时（从搅拌桨向搅拌电机方向看），搅拌桨的轴线向直径的左边偏斜［图 1.10(c)］。

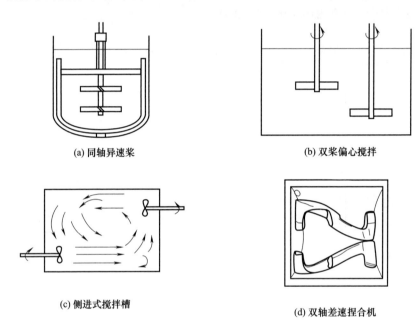

(a) 同轴异速桨　　　　　　　　(b) 双桨偏心搅拌

(c) 侧进式搅拌槽

(d) 双轴差速捏合机

图 1.9　多轴组合桨举例

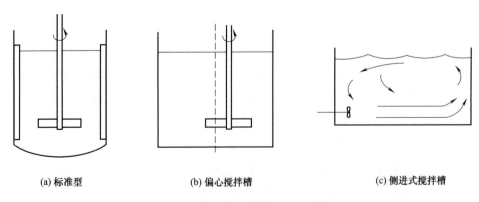

(a) 标准型　　　　　　(b) 偏心搅拌槽　　　　　　(c) 侧进式搅拌槽

图 1.10　搅拌桨在搅拌槽中的安装位置

单个桨可在浸没深度 $0.5D \sim 2D$ 的范围内操作（D 为搅拌桨直径）。对 $H/T = 1$ 的搅拌槽（T 为搅拌槽直径，H 为槽中液位高度），多数情况下将桨安装在距底 $T/3 \sim T/2$ 的高度混合效率较高。

高径比大的搅拌槽（高径比 $H/T > 1$）多采用多桨组合，桨间距是重要的参数。径向桨的桨间距一般大于 $1.5D$，以充分发挥每个桨各自的搅拌能力，避免桨间的相互干扰使搅拌效率下降。桨间距合理，则能产生高效的整体循环，对全槽的均匀混合有利 [图 1.11(a)～(c)]。若间距过大 [图 1.11(d)]，则内部循环没有整体性，两桨之间容易遗留一个弱搅拌区，会影响搅拌槽反应器的效率。图 1.11(e) 所示为间距过小的情况，内部循环也没有整体性，两桨之间液相缺少流体循环的来源，因而对流也很微弱。图 1.11(f) 所示也是间距过大，径

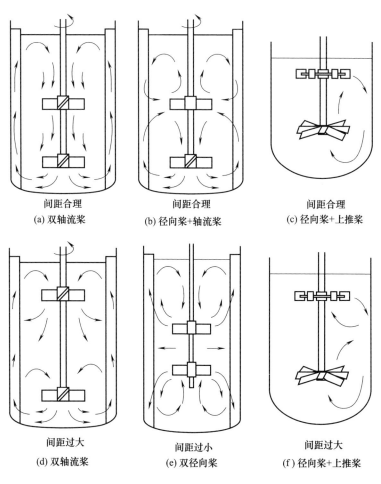

图 1.11　搅拌桨桨间距对流型的影响

向桨和轴流桨形成各自的循环圈，两桨之间的流体受到上下两桨相反的剪切力，流体速度小，都是于操作不利的因素。

如 1.2.1.1 节所述，各种桨产生的流动方式不同，这决定了单桨搅拌槽内整体流动的流型。采用多层桨构型时，桨间的相互影响使流型更加多种多样。总的原则是，既要充分发挥各个桨本身的特点和效能，也要注意各桨的配合，使槽内形成统一、对流强盛的整体循环，这会带来宏观混合时间短、湍流强度分布均匀、搅拌能量效率高的益处。关于搅拌槽流型更详细的叙述见第 2 章 2.1.1 节。

1.2.1.3 搅拌槽的操作特性指标

为了描述搅拌槽的工作状态，例如槽内流动湍流的强度，是否能够有效地悬浮固体颗粒，能否将加入的气体或不混溶的液体分散为细小的气泡和液滴等，需要定义以下一些参数。

（1）搅拌雷诺数 搅拌雷诺数可以用来描述搅拌桨推动槽内流体流动的快慢和激烈的程度，以区分槽内是层流，还是湍流流动。对牛顿流体，一般的定义为 $Re = \rho UD / \mu$，式中，U 和 D 分别为特征速度和特征尺寸；μ 为流体黏度。对搅拌槽，一般取搅拌桨直径 D 为特征尺寸，以 ND 为特征速度（N 为搅拌桨的转速），因此雷诺数的定义为

$$Re = \frac{\rho ND^2}{\mu} \tag{1.1}$$

（2）搅拌功率 搅拌功率 P 与搅拌设备的结构和几何参数有关，和搅拌操作条件有关，还和体系的物理和化学性质有关。因此，关联式的一般形式为

$$P = f(\rho, \mu, g, N, D, T, H, 其它几何和操作参数) \tag{1.2}$$

式中，ρ 为流体密度；μ 为流体黏度；g 为重力加速度；N 为搅拌桨转速；D 为搅拌桨直径；T 为搅拌槽直径；H 为液位高度。搅拌槽和搅拌桨的其它参数也对混合能耗有一些次要的影响，可以视情况作为自变量列入关联式中。

利用量纲分析法，可以将上述多自变量公式转化为自变量数目更少的无量纲关联式：

$$\frac{P}{\rho N^3 D^5} = f\left(\frac{\rho ND^2}{\mu}, \frac{N^2 D}{g}, \frac{T}{D}, \frac{H}{D}, \cdots\right) \tag{1.3}$$

亦即

$$Po = f(Re, Fr, 几何参数) \tag{1.4}$$

式中，Po 为功率数 $Po = P/(\rho N^3 D^5)$。雷诺数 $Re = \rho ND^2/\mu$，它和操作条件

有关，也体现了体系的物理性质。一般地，弗劳德数 $Fr = N^2 D/g$ 的影响比较小。多数报道的关联式仅针对具体的搅拌桨型和槽型，都简单地表示为 Po 和 Re 间的函数关系：

$$Po = f(Re) \tag{1.5}$$

当体系的流动状态由层流向高雷诺数条件过渡时，功率数先下降比较快，后来逐渐减慢，当进入充分湍流时，Po 逐渐趋向一常数值。例如，对圆柱形搅拌槽，$H = T$，$D = T/3$，桨距底间距为 $C = T/3$ 的标准条件下，Po 随 Re 的变化如图 1.12 所示。充分湍流时，Rushton 桨的 Po 为 5.8～6.0 的常数值。

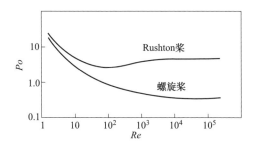

图 1.12　标准 Rushton 桨和螺旋桨功率数与雷诺数间的关系

（3）排出流量　一个桨的排出流量 Q（$\mathrm{m^3/s}$）是搅拌桨的能力和效率的标志参数之一，Q 越大，表示槽内的流体循环越快，搅拌桨的宏观混合时间则越小。无量纲排出流量数 Fl 一般定义为

$$Fl = Q/(ND^3) \tag{1.6}$$

式中，D 为桨直径，m；N 为转速，r/s。

在搅拌槽中测量排出流量，原则上应该测量恰好能包裹整个搅拌桨的最小圆柱面上各处的流速，累计法向速度为正（离开包裹面，速度为正值）的全部流率得到

$$Q = \int_\Omega \max(\boldsymbol{u} \cdot \boldsymbol{n}, 0) \mathrm{d}S \tag{1.7}$$

式中，$\boldsymbol{u}$ 为包裹面上的速度矢量；$\boldsymbol{n}$ 为包裹面的外法线单位矢量；$\mathrm{d}S$ 为包裹面的面积微元。周向速度分量对 Q 没有贡献。若测量面为图 1.13 中的圆柱面 $\Omega2$，则流束 a 的贡献没有计量在内，测量有一定的偏差。

实验测定排出流量数可以用的方法很多，例如非浸入式的粒子成像法和激光多普勒法，浸入式的电导率法、毕托管法、热电偶法、示踪粒子法等（许世艾，2000）。LDV 法（激光多普勒测速法）和 PIV 法（粒子图像测速法）可

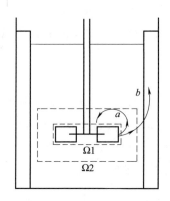

图 1.13　确定排出流量 Q 的包裹面位置

测量桨包络面上的径向和轴向速度分量用于计算。更早的简单实验方法是示踪粒子法，肉眼观察毫米级大小、密度与被测液相相近的小球，在单位时间里往返于液面（容易肉眼观察）与搅拌桨间的次数 m，以近似地代表从搅拌桨到器壁和液面的大循环。则排出流量的估计值 $Q = mV$（m^3/min，V 为搅拌槽内液体总体积）。或是用电导率法示踪，测量示踪电解质测得循环一次所需时间 t，则循环流量 $Q = V/t$。热电偶法测循环时间，方法与电导率法相似。这些方法的原理不严密，测量误差大，现在已经极少应用。

其实搅拌槽内的液体总循环流量，还应包括远离搅拌桨区的孤立循环。对不同的搅拌构型，由于产生的流型不同，涡心的个数和位置不同。图 1.14 中，经过搅拌桨的 2 个循环 A 和 B 计入了式（1.7）算出的排量 Q 中，但循环 C 是孤立在外的，未被计入。因此它的循环流量 Q_C 应该计入总循环流量 Q_T 之内。计算 Q_C 的积分范围比较难以确定，首先要确定循环的涡心，然后确定涡

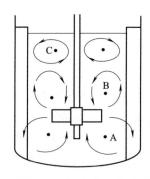

图 1.14　确定液体总循环流量的主循环和孤立循环

的外边界，那里的涡量从涡心的极大值降低到 0。搅拌槽中可能存在多个孤立（或次级）循环，但次级循环往往比主循环弱得多，在工程研究中视情况可不考虑。

评议：无量纲排出流量数 Fl 的定义式（1.6）建议改为更有物理意义的

$$Fl = Q/(ND^2w) \qquad\qquad (1.8)$$

式中，w 为桨叶的最大高度；D^2w 可以理解为桨的包络圆柱的体积。这样的无量纲排出流量数 Fl 数值在不同的桨型间可能更有可比性。

（4）搅拌桨的循环特性指标 一般是指搅拌桨的功率数与排出流量数之比值 Po/Fl。这个比值大，表示桨的剪切作用强，比值小则说明搅拌桨的泵送效率高。因此也可以作为不同型式的搅拌桨性能的一个特征参数（Oldshue JY，1991）。

（5）临界转速 临界转速也是评价搅拌桨和搅拌槽性能的指标之一，通常应用于多相体系的搅拌。

液固体系中，随着搅拌转速增大，沉积在槽底的固体颗粒层的表面受到的流体运动的剪切力逐渐增大，表面颗粒开始运动，并被悬浮。临界悬浮转速是指全部固体颗粒被悬浮时的转速 N_{js}。由于实验中难以准确地判断是否所有颗粒都被悬浮，或是少数颗粒尚未离底，现在普遍采用 Zwietering TN（1958）的定义：在液-固搅拌槽中，所有固体颗粒均处于运动中，且没有任何颗粒在槽底停留超过 1~2s 时的搅拌转速为临界搅拌转速。另一个临界转速是均匀悬浮转速，指固体在搅拌槽内分布达到一定的均匀度时的转速，一般用全槽固相相含率（固含率）均方差的大小来判断。这个临界转速的用处小一些，因为实验测定均匀度（浓度的方差）比较困难，而且实际操作中往往不需要固相悬浮得很均匀。王峰对液固搅拌槽的临界悬浮转速进行实验测定和数值模拟（王峰，2004）。

气液体系中，搅拌的主要目的是：破碎气泡，使气液界面积增大；尽量将气泡均匀地分散到反应器各处；夹带气泡，使气泡跟随液相循环，延长气相停留时间。常用的一个临界转速是指气泡开始被循环流动夹带，使搅拌槽下部气含率明显增加的转速 N_{js}（Nienow AW，1977），即图 1.15 中达到图 1.15(d) 所示状态的搅拌转速。

液液体系中，随着搅拌转速增大，相含率较小的液相开始被流体剪切而形成液滴，直至该液相全部分散为大大小小的液滴，跟随另一液相运动，此时的转速称为完全分散临界转速 N_{js}。液滴均匀分散的临界转速不常用。

其它多相体系，如气液固三相体系，也类似地定义出一些临界转速 N_{js}，在科学研究和工程设计中应用。

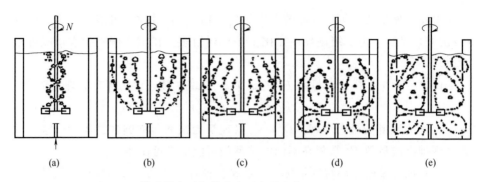

$$(a) \qquad (b) \qquad (c) \qquad (d) \qquad (e)$$

图 1.15　转速增大时气体分布型态的变化（Nienow，1977）

1.2.2　环流反应器

环流反应器的基本结构是内部安装了导流筒（或分区隔板）的鼓泡塔（图1.16），将气体引入导流筒内，导流筒内的气液混合物的密度小于环隙的液体密度，从而形成液相在反应器内部的定向循环。与传统的搅拌槽反应器和鼓泡塔反应器相比，它具有以下优点：①没有机械运动部件，制造、密封和维修比较容易；②用参加反应的气体作为液体循环的能量来源，有较高的能量效率；③由于气液混合体系的有规律的循环流动，流场比较均匀化，流体不易短路，有利于强化传热和传质；④环流反应器内的剪切率比较低，适宜于有剪切敏感物质（如微生物、细胞等）参与的过程（杨守志，1984；黄青山，2014）。环流反应器的早期构型是 20 世纪 40 年代用于冶金工业作为矿物浸取反应器的空气搅拌浸取槽（或帕丘卡槽，Pachuca tank），圆柱体，底部锥形，导流筒直径较小。如今的构型不限于用锥底，导流筒直径较大，应用于石油化工、生物化工、食品、冶金、环境工程等众多工业领域。

图 1.16（a）所示为一种内环流反应器，是与外环流反应器［图 1.16（b）］相对而言的。外环流反应器也以输入的气体作为循环的推动力。但由于液相外循环管路较长，也可以在气体流量不足时用管路中的泵来增强循环。内环流反应器有两种供气方式：如图 1.16（a）所示向导流筒内供气，或将气体分布器设在环间，造成液相从环间循环流进导流筒内。两种方式可根据工艺要求来选择。

气提式（内、外）环流反应器的操作性能指标：在输入气量 Q_G 和液相流量 Q_L 的条件下，液相的循环量（或循环流速）、此时的总气含率 α_G 是重要的

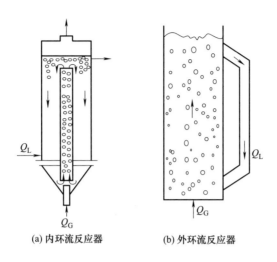

(a) 内环流反应器   (b) 外环流反应器

图 1.16 环流反应器

宏观操作特性指标。它们的局部分布也十分重要。气泡的大小直接关系到气液接触面积（与气液相间传质速率有关），湍流强度和分布涉及相间传质系数的大小，也都十分重要。环流反应器有独特的混合性能，这些特性一直是化学反应工程研究中的重要课题（Clark N，1984；Roy G，2000；Rodríguez ME，2007；Zhang WP，2014）。

混合时间是表述混合过程的重要参数，文献多用示踪法来实测。混合时间是指示踪剂脉冲加入后，示踪剂分散均匀到指定程度所需要的时间。为了尽可能准确地代表全反应器的混合情况，示踪剂的注入点和检测点应该相距较远，都在混合状况较差的地方，示踪剂无法短路到达的位置，测定数据才能代表反应器整体的混合难易程度。图 1.17 的例子中，示踪剂在液面近壁处加入，在反应器对角处靠近器底检测（Zhang WP，2014）。图 1.18 所示为典型的内环流反应器的宏观混合时间随表观气速变化的结果。表观气速的增加导致了气泡数量及聚并破碎频率的增大，使得液体循环速度也随之增加，反应器内的湍动加剧，使得反应器内混合能力增强，混合时间降低。

液体射流也可以作为推动环流的动力，形成射流环流反应器（jet loop reactor）。气体可以被液体射流吸入，分散成气泡，随液体一起进入反应器（图1.19，孙建阳，2015），也可以通过设置在反应器下方的气体分布器进入。

环流反应器中加装搅拌桨，或搅拌槽中加装导流筒，是改善反应器中流动和混合的有效措施。大高径比的环流反应器中，搅拌桨多加装在导流筒内

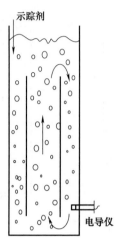

图 1.17　环流反应器的混合时间测定方法

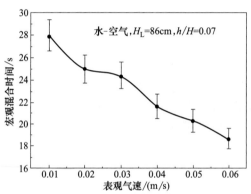

图 1.18　宏观混合时间随表观气速的变化（内环流反应器 $D=0.3\text{m}$，$L=0.70\text{m}$，$T_c=0.10\text{m}$，$B_c=0.06\text{m}$，D_d 为 $\phi200\text{mm}\times7\text{mm}$，多孔板分布器。Zhang WP，2014）

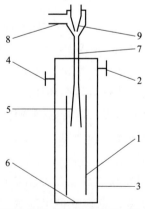

图 1.19　下喷式自吸式环流反应器（孙建阳，2015）

1—导流筒；2—排气口；3—反应器；4—溢出口；5—扩散管；6—反射板；7—喉管；8—进气口；9—喷嘴

（图1.20）。高径比小的环流反应器中，搅拌桨常加在导流筒之下，一方面推动导流筒下方正在转向的径向流动，同时也能起到促进底部固相悬浮，或破碎输入气体流为小气泡的作用。

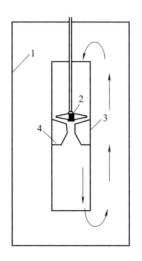

图1.20　带导流筒的搅拌式环流反应器

1—器体；2—搅拌桨；3—导流筒；4—导流叶片

环流反应器的宏观混合也可用轴向分散系数（Liu ML，2008）和停留时间分布（Zhang TW，2005）来定量表征宏观混合的能力。

1.2.3　高剪切混合器

高剪切混合器的典型代表是转子-定子混合器（rotor-stator mixer，RS，图1.21），用于固-液、气-液及不同黏度的液-液物料进行搅拌、混合、分散，已广泛在化工、生化及食品加工等行业中应用。它利用转子高速旋转（线速度达 $10\sim50\text{m/s}$），在定子与转子间的狭窄间隙（常小于1mm）中产生极强的剪切作用（高达 $10^4\sim10^5\,\text{s}^{-1}$），使单相或混合物料在通过此间隙时经受强烈的剪切，并伴生与固体壁面的撞击、湍流和空化等综合作用，而达到混合的目的。其单位工作体积的能耗极高，远大于普通搅拌槽所能达到的水平。根据混合和剪切破碎的要求，转子-定子组件可以多级串联使用。

定子和转子上的通道可以为直槽、后弯槽或前弯槽，也可以为圆孔或长圆孔，还可以为柱销，其形状可以为圆形、椭圆形、正方形、长方形、三角形或菱形（图1.22）。定子和转子可以有多层同心环，交错放置，形成多级式结构。高剪切混合器（RS）按工艺流程的需要，既可批式操作，作为间歇式设备（BRS），也可装置在管线上作为连续式设备（CRS）。对混合和相间传质来说，转子-定子混合器内的转子层数对其效能的影响自然十分显著（林海霞，2007）。

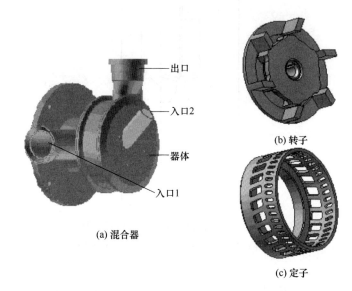

(a) 混合器   (b) 转子   (c) 定子

图1.21 转子-定子混合器（RS）结构示意图

(a) 定子1   (b) 定子2   (c) 定子3   (d) 转子

图1.22 定子和转子结构示意图（董强，2007）

高剪切混合器的性能可以用无量纲的雷诺数（$Re = \rho N D^2/\mu$）和功率数 $[Po = P/(\rho N^3 D^5)]$ 来刻画。这两个参数直接影响着它的分散/混合（mixing/dispersion）性能。Calabrese RV（2002）对在线RS（IKA Works产品）进行数值模拟，发现窄间隙（0.5mm）的高剪切并不是分散效果的主要原因，相反地旋转液流与定子孔道棱角的碰撞产生强烈的湍流才是主要的因素。因此，高剪切混合器用于不同目的、不同体系时，涉及的机理有很大的变化，需要继续从实验和数值模拟两个方面深入研究，使其操作效能得以优化。

在高剪切混合器里，流体主体在复杂通道内的高速流动极不稳定，导致湍流和旋涡产生，所产生小涡的尺度，即 Kolmogorov 尺度，在 CRS 中充分湍流的条件下，Kolmogorov 尺度的估计值为 $1 \sim 10 \mu m$ 的范围（搅拌槽中一般在 $10 \sim 100 \mu m$）。因此，CRS 内的微观混合时间远小于搅拌反应器，将 CRS 作为复杂化学反应的反应器是十分有利的。

连续式高剪切混合器兼有对物料的输运功能，因此对 CRS 在不同转子和定子组合情况下的流体力学性能也有不少实验研究（董强，2007；张华芹，2007）。

1.2.4 射流混合器

射流喷射也是工业生产中利用湍流混合机理实现液-液混合的技术之一。与常用的机械搅拌式混合设备比较，液体射流混合装置具有结构简单、运行可靠、噪声小、相间接触面积大、传质速度快、便于综合利用等优点。射流混合器通常由泵、射流器、管路及贮槽组成（图 1.23）。需要混合的介质经过泵的驱动，从喷嘴射出形成高速射流，与槽中的液体进行剪切和交换，夹带周围液体进行循环，使槽中的介质有效地混合。示例的喷头有多个喷嘴，可以直接推动更大范围的流体混合。

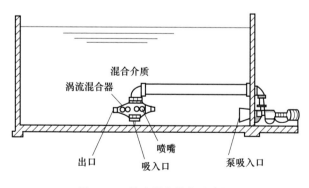

图 1.23 射流混合设备示意图

湍流自由射流的流动结构如图 1.24 所示。已经形成的湍流射流，由喷口开始，射流的径向范围逐渐扩大，而射流中心速度则按一定的规律逐渐降低；射流与周围流体发生动量交换，将周围的流体卷吸到射流边界层内，使混合区不断扩大。射流不仅卷吸周围的流体，而且高速射流剪切层的流体力学不稳定性导致涡旋不断生成，湍流涡旋的运动减小了流体离集的尺度，强化了射流和周围流体的混合。射流混合器的设计和优化操作，需要对射流混合的流体力学机理有深刻的认识和定量的分析。

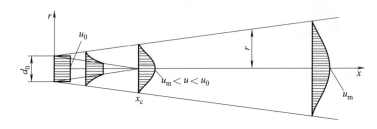

图 1.24　湍流自由射流的流动结构

射流混合器中最重要的部件是喷嘴。简单的喷嘴直接将带压流体从喷嘴口射出 [图 1.25(a)]。复杂喷嘴将两级喷嘴组合，如图 1.25(b) 所示。第一级喷嘴在吸入室中产生负压，将更多的流体吸入，第二级喷嘴形成射流进入混合器。这样的结果可以使总夹带量大大增加，改善混合性能。

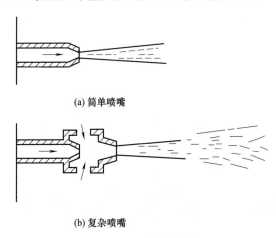

(a) 简单喷嘴

(b) 复杂喷嘴

图 1.25　两种喷嘴结构

射流混合器的喷嘴的个数、安装位置、操作方式都是射流混合设计的重要问题。一种典型的液体射流混合设备如图 1.23 所示，贮槽中央装置一个由 12 个喷嘴按辐射状排列的组合射流混合装置，常称为涡流混合器。每个喷嘴又由两级喷嘴构成。流体由贮槽外的泵推动循环。若混合池的容积很大，也可在池中布置多台混合器，成为多组合喷嘴混合器。

射流喷嘴的操作方式也可以起到改善混合效率的作用。许多混合设备都在近于稳定的状态下运行。实际上，人为非稳态操作能带来更好的效果。例如，人为对滴流床反应器的操作条件实施周期性的扰动，反应器的生产能力会比稳态的高；合适的周期性扰动能使滴流床中的气液径向分布的不均匀性降低。周期性扰动下的机械搅拌，能使层流条件下容易出现的流体离集现象（长时间搅拌也无法使某些"被隔离"的区域混匀）消失。因此，大容器、喷嘴少的射流混合器，可以对射流流量实施动态操作，例如为喷嘴的关停、射流强度等设计特别的制度等，以增强射流的空间、时间域上的非对称性、混沌性，可望获得混合效率的提升。

在类似管道流动的体系中，射流流体的方向可以与主流体方向一致（中心射流或同轴射流），也可以与主流体成一定的角度（错流射流），或与管道主流逆向，如图 1.26 所示。从增强两股流体相互作用的强度来看，逆流方式应该最有利于混合，但仍需要兼顾工艺要求来慎重考虑。在管道混合设备的混合指标和强化方面，它与静态混合器有许多类似处。

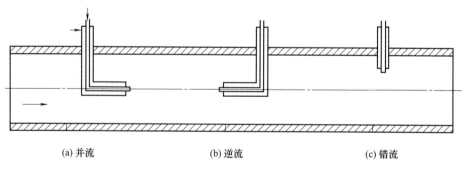

(a) 并流　　　　　　　　(b) 逆流　　　　　　　　(c) 错流

图 1.26　管道射流混合器

射流混合器常用于黏度在 1Pa·s（1000cP）以下液体和浆状流体的混合，因为在高黏度的流体中剪切作用传递的距离很短。高黏度流体中的混合则只能将多个喷嘴在空间中分散布置。射流混合器已用于大到 $760m^3$ 的液体贮槽。射流喷射混合器混合速度很快，能达到混合过程在毫秒级时间内完成，在工业上特别适用于复杂竞争快反应体系。喷嘴的设计是关键，其优化设计需要依赖于对宏观和微观混合机理的研究，以及准确的计算流体力学数值模拟工具的运用。

1.2.5 静态混合器

静态混合器是指借助流体管路内的固定结构，不依靠机械运动部件，在管道流动中使流体混合的设备，其应用研究和工程实施已经相当广泛。流体在流经静态混合器时，受混合元件（扭曲叶片、交错栅条、平板等的组合）的阻挡或引导，产生分流、合流、旋转，流体逐渐达到混合均匀的目的。在湍流流动中还有混合元件诱导而产生的湍流涡团促使流体混合的机理。

静态混合器的典型代表是开发最早的 Kenics 静态混合器（KSM），又称为标准静态混合器，其混合元件为扭曲 180° 的螺旋叶片 ［图 1.27(a)］。当物料沿管道流经左、右螺旋交替、成组布置的 Kenics 元件时，首先受元件端面的切割，物料一分为二，每股物流受迫做旋转流动，惯性、旋转引发二次流等复杂流动型态，促进混合；进入第二个元件时，物流分割为两股，分别与另一股的一半组合，再次被旋流混合；而且左、右螺旋交替排列的方式使惯性的作用倍增。这样，多个 KSM 元件使物料重复进行分割-旋流-重合，加上湍流涡团的作用，得以实现径向混合。之所以强调径向的混合，是因为管式的设备一般希望消除轴向混合，而罐式设备则往往希望全混流反应器式的充分混合。另外，板、条、波片等形状的零件组合起来，也构成适合不同用途的静态混合元件，如图 1.27(b) 中的 SMX 混合元件。

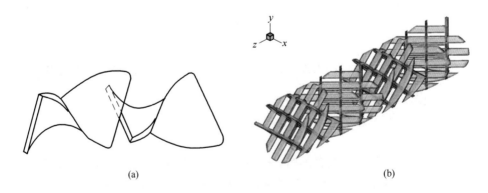

(a)　　　　　　　　　　　　(b)

图 1.27　KSM（a）和 SMX 型（b）静态混合器

静态混合器的主要优点是无移动部件，适用于很宽雷诺数范围内的混合，也适合于气液、液液等多相体系的混合。

静态混合器已用于以下的单元操作中：

① 混合分散。配制工艺要求的溶液、溶解固相制备溶液、制备加料要求的液液乳浊液、固液悬浮体系或浆液，中、高黏度物料进入设备前的预混合等。这利用了静态混合器促进湍流、增强剪切的功能。

② 热交换。强化传热，尤其是管道流动的传热，对中、高黏度流体的加热或冷却则效果更明显。这是因为径向混合效果好的缘故。

③ 多相体系操作。气体吸收、液液萃取等。

④ 化学反应器。其流型接近活塞流，横截面上的浓度、温度梯度小。以平行竞争反应（碘酸盐-硼酸反应体系）测试，无论是层流还是湍流，Kenics静态混合器的产物选择性比空管都好得多。

管道内置静态混合器的应用也有限制，即只能是物料并流的操作模式，难以依靠重力，实现两者物相逆流的操作模式。例如，作为萃取设备时，失去了可以逆流操作的优越性。静态混合器也存在着内部结构比较复杂，对于有固体产物产生的混合过程，容易造成堵塞，清理较为困难的缺点。

新型的静态混合器结构设计仍然是混合设备开发的热点之一，但是由于其内部结构复杂，对内部单相和多相流场的认识比较困难，必须依靠实验探索或数值模拟并举的模式，才能高效、准确地完成构型创新和操作优化的目标。

1.2.6 捏合/挤出设备

高黏度流体、软固体的混合和均质化，依靠搅拌作用不容易使剪切有效地传递到全流场，因此还需要将混合机械分散布置，也借助物料拉伸、折叠等机械性质的操作才能实现，与依赖剪切、湍流、尾迹、旋涡的低黏度流体混合迥然不同。混合效果主要从分布混合、分散混合两方面来评价。

捏合特别指软固体的混合，也包括混合物料之一为固体的混合操作，如生橡胶与硫黄粉末间的混合，这是橡胶硫化工艺必经的操作。橡胶的改性也涉及与填料炭黑、白炭黑的混合。捏合机可分为卧式和立式两种类型。卧式捏合机中桨叶水平安置，两端双支承；立式捏合机中桨叶则垂直悬臂安装。卧式捏合机用两个Σ形桨叶，两桨异速、平行，间距小，可对物料同时进行周向和轴向混捏（怀特，2010）。立式捏合机（图1.28）两螺旋桨轴线均偏离混合釜中心线一定距离，实心桨的偏心距小于空心桨的偏心距，实心桨和空心桨以相同的角速度 ω_z 逆向自转，两螺旋桨同时以 ω_g 公转，达到使设备内部能均匀地受到期望的剪切与混合的目的（杨明金，2009）。

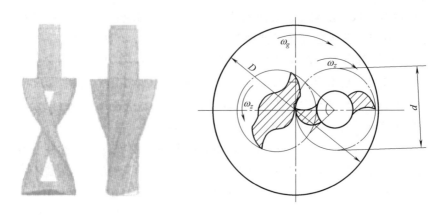

图 1.28　立式捏合机的实心桨叶及空心桨叶

　　挤出机是捏合机械的一种，也具有能处理高黏度熔融物、具有高剪切混合的优势，所以广泛用于高分子材料的注塑成型，也作为连续流动反应器用于高分子的聚合反应、共混物的反应性增容以及聚合物降解与接枝等领域。挤出机一般长径比大，有多个加料口，螺杆结构多种多样。作为反应器，它必须保证物料混合的均匀性，并提供适宜的反应条件。

　　单螺杆挤出机是塑料成型加工应用最广泛的设备。它结构简单、操作方便。其主要功能是输送物料，但分散、混合能力弱。针对分散与分布两种混合机理，相继开发了多种强化混合效果的新型螺杆（螺杆段）：如屏障型螺杆、分流型螺杆、变流道型螺杆等。屏障型螺杆是以普通螺杆为主体，在螺杆的一定轴向位置上设置屏障段，物料通过时遭受强剪切，强化了混合（图 1.29）。单螺杆挤出机的机筒也可以有结构改变，与螺杆配合起强化混合的作用。

图 1.29　单螺杆挤出机

双螺杆挤出机克服了单螺杆挤出机不适于加工粉状料和糊状料、混炼效果差、生产效率低等缺点，在塑料的混炼、脱水、脱挥、造粒、挤出成型、反应挤出、聚合物共混等方面得到了广泛应用。双螺杆挤出机有平行双螺杆和锥型双螺杆的区分，两螺杆又分为同向旋转与反向旋转两种（图 1.30）。在双螺杆挤出机中的捏合区会出现流体的明显拉伸，拉伸混合可达到比剪切混合更好的分散效果。

(a) 同向旋转

(b) 反向旋转

图 1.30　同向旋转和反向旋转的双螺杆设计

挤出机也属于管式设备，因此希望轴向没有返混，而横向则要求良好的混合、参数的径向梯度小。停留时间分布是研究挤出机的重要分析工具，它指示了挤出机内流动的理想程度，为认识流场、分析操作提供了数据基础。停留时间分布的方差越小，流型越接近活塞流，横向混合的效果越好。停留时间分布也可以从实验和数值模拟两个方面来研究。从 20 世纪 80 年代至今，螺杆挤出机中停留时间分布及其混合特性的研究一直不断（Rauwendaal C，1981；唐豪，2014；Tang H，2016）。

螺杆挤出机实验研究手段中，直接测量有可视化方法、颜色示踪法、测量速度场分布等，间接方法有测量压力分布、RTD（停留时间分布）、反应性流体法等。其中的反应性流体法是指输入两种反应性流体，反应物必须达到分子水平接触才能发生反应，如果反应是快反应，反应时间项可以忽略不计，最终产物的收率就仅取决于挤出机内物料的接触面积及时间，反应产物的分布就是混合历史的反映。

高黏度流体的混合习惯上用分散混合（dispersive mixing）、分布混合（distributive mixing）与层状混合（laminar mixing）三种机理来描述。分散混合是指物料受机械应力，引起物料破裂、变形，而尺度逐渐减小的过程。分布混合是通过外剪切应力使材料中不同组成的原料分布均一化，但不改变原料颗粒大小的过程。层状混合是指流体在剪切、拉伸、挤压作用下变细变长，然后断裂的过程，主要是通过剪切实现的。物料的高黏度特性决定了混合不可能通过湍流或涡流扩散来实现，分子扩散也可忽略不计。

1.3 其它形式反应器的混合强化

上节所述的各种混合器能将几种可混溶物料混合至分子尺度的均匀，或者几种不能混溶或仅部分混溶的物料混合到一定尺度上的宏观均匀，因此它们都能作为化学反应器来使用。但是也有很多种反应器，混合能力不强，不能在各个空间尺度上将反应物物流混合得足够均匀，因此有强化这类反应器中混合的空间，以便更高效地实现所需的化学反应，并且达到化学工业生产可持续性要求的技术经济效率指标。

例如固定床反应器，通常为一圆柱形容器，内部充填比表面积大的填料颗粒，提供流体相（气体和液体）和固相（惰性填料、固体反应物或催化剂颗粒）的接触和反应的界面。图 1.31 示意了固定床的三种操作模式。理想状态是，各流体以活塞流的方式流经填料床（或称填充床）层，横向上则状态保持均匀；反应物间的混合主要是依靠物料在进入时的良好横向分布来保证，反应器设计的关键是物料的入口分布器，必要时在床层中部设置再分布器。

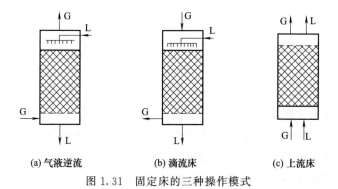

(a) 气液逆流　　　　(b) 滴流床　　　　(c) 上流床

图 1.31　固定床的三种操作模式

鼓泡塔反应器（图 1.32），通常作气液反应器或浆态床反应器，用于气液反应或气液固三相体系的反应。其理想操作状态为气相和液相均以活塞流方式通过，气液相间的混合和反应效率仍然主要依靠它们在进入时的良好横向分布。在分布不均的大尺寸鼓泡塔中，内部可能出现全塔尺度的液相内循环［图 1.32(c)］，小气泡也可被夹带参与循环。这可能对液相整体混合有好处，但也降低了全塔的化学反应的浓度推动力，总的技术经济效果不一定改善。

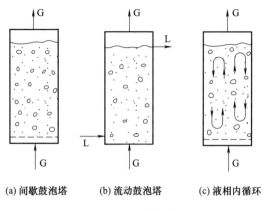

(a) 间歇鼓泡塔　　　(b) 流动鼓泡塔　　　(c) 液相内循环

图 1.32　鼓泡塔反应器

　　因此改善这类管式流动反应器中的混合，以提高反应器的反应效率，即反应强化技术的开发，对化工生产很有意义。随着对混合过程认识的不断深化，近年来不断出现耦合现有快速混合器优点的反应强化新技术的报道。

　　对固定床反应器性能强化的措施之一是超重力技术（high-gravity techniques）。旋转填料床（RPB）内，床层高速转动产生超重力，大大强化了相间的滑移运动和接触，传递过程和化学反应因而得到强化，近二十年来旋转填料床逐步成功地在工业生产中应用（陈建峰，2002）。刘有智等则将撞击流混合器与填料床反应器耦合起来，提出撞击流-旋转填料床反应器，并利用快速竞争反应体系对该反应器的液-液混合特性进行了评价，发现其微观混合效果比传统的撞击流反应器混合效果好，并用该反应器成功地制备了粒径分布较窄的纳米硫酸钡等材料（刘有智，2009）。

　　撞击流已经被证明是一种有效的快速混合技术。伍沅在传统撞击流混合器的基础上提出了浸没循环撞击流反应器设计［图 1.33（a）］：反应器设计成卧式，两边对称地装有两个导流筒，依靠螺旋推进器输送流体沿导流筒流动，在反应器中心处撞击，形成高度湍动、混合强烈的撞击区。此反应器的"全混流-无混合流串联-循环的特殊流动结构"具有很大的优越性。图 1.33（b）所示的无旋立式浸没循环撞击流反应器，已成功在工业上应用于生产粒径分布窄的"白炭黑"和生产季戊四醇的工业缩合反应器（伍沅，2011）。

　　美国 KST 公司设计的用于生产异氰酸酯的反应器，结合了射流混合器、旋流混合器、动态混合器的优点（图 1.34）。混合器的内部带有旋转雾化器，混合部分设计成类似于双流喷嘴的形式，其中一股流体通过外环进入喷嘴喉部的反应区，另外一股流体通过旋转雾化器后也进入喉部，两股液相反应物通过高速喉部相互快速撞击，实现液-液相的快速混合并进行化学反应，在喷嘴锥形扩散部的高度湍流中继续反应。带有旋转雾化器的喷嘴内管可移动，以调节两股流体喷射混合处狭缝的宽度，同时内管以一定频率前后振动，也促进了两液相流动的流体力学不稳定性，不仅有利于液-液相的混合，还有清理脏堵的作用（KST 公司，连续制备甲苯二异氰酸酯的方法及其装置，发明专利申请，CN 00124388.8，2001）。据称，该设备具有能缩短反应过程、提高进料浓度、

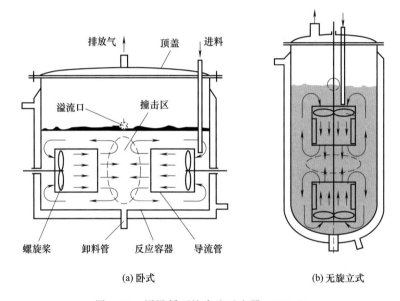

(a) 卧式　　　　　　　　　　(b) 无旋立式

图 1.33　浸没循环撞击流反应器（SCISR）

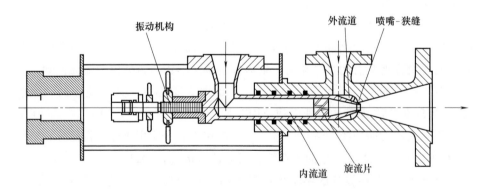

图 1.34　带有旋流器的液-液相喷射混合器

减少有关的分离设备、提高回收光气的纯度等优点。

总体说来，化学反应器的成功操作离不开有效的混合，而化工生产涉及多种多样的化工体系和单元操作，使混合过程在化学反应器的设计和操作中表现出丰富多彩的形式。科学地设计、操作和创新化学反应器，必须对混合的机理、强化、数学模型和数值求解有充分的认识，需要经过实验和定量的数值分析，化学工程师和科研人员有能力来完成化学反应工程学中这一意义重大的挑战。开发新的混合技术，与反应强化技术耦合，形成化学反应工程新技术，是化工科技人员始终面对的挑战。

还要一提的是近 30 年来发展迅速的微化工技术，因为它的通道尺度小，在宏观混合和微观混合上都有先天有利的条件，所以在过程工业各分支中都有很好的应用前景，这已被一些成功的工业应用所证实。微通道器件中的混合将在本书第 8 章中阐述。

◆ 参考文献 ◆

陈建峰，2002. 超重力技术及应用 . 北京 . 化学工业出版社 .

董强，聂毅学，张华芹，高正明，2007. 连续高速分散混合器内流体的力学性能 I . 实验研究 . 过程工程学报，7（6）：1055-1059.

（美）怀特，2010. 聚合物混炼技术与工程 . 黄汉雄译 . 北京：化学工业出版社：193.

黄青山，张伟鹏，杨超，毛在砂，2014. 环流反应器的流动、混合与传递特性 . 化工学报，65（7）：2465-2473.

李健达，苏红军，张庆，徐世艾，2014. 最大叶片式桨流体动力学性能的数值模拟 . 过程工程学报，14（1）：23-29.

林海霞，宋云华，初广文，陈建铭，2007. 定-转子反应器气液传质特性实验研究 . 高校化学工程学报，21（5）：882-886.

刘有智，2009. 超重力撞击流-旋转填料床液-液接触过程强化技术的研究进展 . 化工进展，28（7）：1101-1108.

孙建阳，孔令启，张传国，郑世清，2015. 下喷式环流反应器研究进展 . 山东化工，44（1）：52-55.

唐豪，宗原，奚桢浩，赵玲，2014. 反应挤出过程数值模拟进展 . 化学反应工程与工艺，30（2）：175-181.

王涛，雍玉梅，禹耕之，杨超，毛在砂，仇振华，2009. 一种新型搅拌桨多相混合性能研究 . 化学反应工程与工艺，25（1）：8-12.

王涛，2011. 液固搅拌槽中流动和混合过程的数值模拟与实验研究 [学位论文] . 北京：中国科学院过程工程研究所 .

伍沅，周玉新，郭嘉，袁军，2011. 液体连续相撞击流强化过程特性及相关技术装备的研发和应用 . 化工进展，30（3）：463-472.

杨超，王涛，毛在砂，程景才，李向阳，禹耕之，2009. 一种产生向心流动的搅拌装置. CN 200910236645. 4. 2013-10-16.

杨锋苓，周慎杰，2016. 错位 Rushton 桨的水动力学特性. 华中科技大学学报（自然科学版），44 （2）：31-35.

杨守志，1984. 环流反应器. 化工进展，（6）：1-10.

许世艾，冯连芳，顾雪萍，王凯，2000. 搅拌釜中自浮颗粒三相体系的混合时间. 高校化学工程学报，（14）：328-333.

张华芹，董强，李志鹏，高正明，2007. 连续高速分散混合器内流体的力学性能Ⅱ. 数值模拟. 过程工程学报，7（6）：1060-1065.

Ascanio G, Foucault S, Tanguy PA, 2003. Performance of a new mixed down pumping impeller. Chem Eng Tech, 26（8）：908-911.

Calabrese RV, Francis MK, Kevala KR, Mishra VP, Padron GA, Phongikaroon S, 2002. Fluid dynamics and emulsification in high shear mixers. 3rd ed. Lyon, France: World Congr Emulsions.

Clark N, 1984. Predicting the circulation rate in Pachuca tanks with full height draft tubes. Miner Metall Process, 1（3）：226-231.

Liu ML, Zhang TW, Wang TF, Yu W, Wang JF, 2008. Experimental study and modeling on liquid dispersion in external-loop airlift slurry reactors. Chem Eng J, 139（3）：523-531.

Nienow AW, Wisdom DJ, Middleton JC, 1977. The effect of scale and geometry on flooding, recirculating, and power in gassed stirred vessels. 2nd ed. Cambridge, England: Eur Conf Mixing. F1. 1-F1. 16.

Oldshue JY, 1991. 流体混合技术. 王英琛等译. 北京: 化学工业出版社，121-124.

Rauwendaal C, 1981. Analysis and experimental evaluation of twin screw extruders. Polym Eng Sci, 21（16）：1092-1100.

Roy G, Bera A, Mankar J, 2000. Effect of design and operating parameters on gas hold-up in Pachuca （air-agitated） tanks. Mineral Processing & Extract Metallurgy, 109（2）：90-96.

Rodríguez ME, Castillejos EA, Acosta GF, 2007. Experimental and numerical investigation of fluid flow and mixing in Pachuca tanks. Metall Mater Trans B, 38（4）：641-656.

Tang H, Zong Y, Zhao L, 2016. Numerical simulation of micromixing effect on the reactive flow in a co-rotating twin screw extruder. Chin J Chem Eng, 24（9）：1135-1146.

Wang F, Mao Z-S, Shen XQ, 2004. Numerical study of solid-liquid two-phase flow in stirred tanks with Rushton impeller, Ⅱ. Prediction of critical impeller speed. Chin J Chem Eng, 12（5）：610-614.

Yang FL, Zhou SJ, An XH, 2015. Gas-liquid hydrodynamics in a vessel stirred by dual dislocated-blade Rushton impellers. Chin J Chem Eng, 23（11）：1746-1754.

Zhang TW, Wang TF, Wang JF, 2005. Mathematical modeling of the residence time distribution in loop reactors. Chem Eng Process, 44（11）：1221-1227.

Zhang WP, Yong YM, Zhang GJ, Yang C, Mao Z-S, 2014. Mixing characteristics and bubble behaviors in an airlift internal loop reactor with low aspect ratio. Chin J Chem Eng, 22（6）：611-621.

Zwietering TN, 1958. Suspension of solids particles in liquid by agitators. AIChE J, 8: 244-253.

第 2 章
混合过程和机理

混合设备，顾名思义，其主要功能是混合。然而混合器也往往在化工过程中具有多种功能，可以作为反应器、结晶器、换热器等。因此，混合设备内会同时发生多种物理和化学的机理，简单地说，包括流动（动量传递）、传热、传质、化学反应，前三者是物理过程，但在混合器中这三者间有相互影响，而且它们对简单和复杂化学反应的转化率和选择性也有很大的影响。对多过程机理和它们的相互耦合，需要有深入的认识，并能够定量地描述，才能准确、定量地解析化学反应器的设计、操作及其优化的众多问题。

2.1 混合体系中的流动-宏观混合

从上一章对混合器的简介中可以看到，混合器内部的流动明显分为两种。常用的搅拌槽一类的混合器，内部有强烈的循环流动，比较接近化学反应工程学中的理想全混流反应器，整体循环有利于内部流体状态的均匀化过程。另一类是长径比很大的管式、塔式反应器，它们和理想活塞流反应器比较接近：流体一次通过，没有内部的整体循环，但在流动方向的横截面上要求混合均匀，例如内置静态混合器的管道反应器、微通道反应器等。当然也存在二者结合或耦合的中间形式，内环流反应器、带外循环射流喷嘴的槽式混合器即是典型的例子。

2.1.1 搅拌槽的基本流型

搅拌槽内部的流动型态，因选用搅拌桨的不同而有明显的区别。

单个搅拌桨产生的流型如图 2.1 所示。单个轴流桨产生一个整体循环 [图 2.1(a)]，因此整体混合效率较高，若以宏观混合时间来衡量，其数值会低于径向桨搅拌槽。采用径向桨时，在桨平面的上半区和下半区各形成一个循环圈 [图 2.1(b)]，圈内部的流体循环、交换速率大，而上下两区间的交换则因为桨的排出流比较强盛，沿桨平面沿径向向槽壁流动，两区之间交换需要的轴向流动微弱。两区之间流体交换主要依靠排出流内的湍流涡团运动，在湍流强度高（例如错位桨、无圆盘的平桨）的情况，整体混合会稍好一些。向心桨的流型与径向桨基本相同，仅循环流动的方向相反 [图 2.1(c)]；相应于径向桨的排出流变为吸入流，其流束面积较大，湍流涡团运动的尺度稍大，使整体混合有所改善（王涛，2011）。

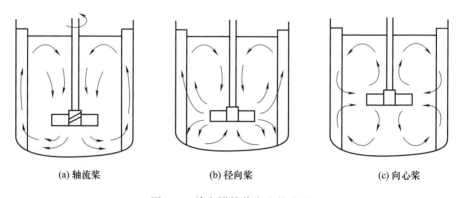

(a) 轴流桨　　　　　　　　　　(b) 径向桨　　　　　　　　　　(c) 向心桨

图 2.1　单个搅拌桨产生的流型

当搅拌槽采用多层桨构型时，若桨间距较大，则单个桨本身的流型能充分显现，内部流型会是单个桨流型的简单叠加。如图 2.2(a) 所示就属于这种情况，两桨组合形成的循环翻了一倍，共 4 个。图 2.2(b) 中，简单叠加应有 3 个循环，但上层向心桨下方的循环和下推轴流桨的循环，在桨间距减小的情况下融合成了一个大循环，所以总共只有 2 个循环。与图 2.2(a) 相比，循环的个数减少，提高了反应器内部流型的整体性，于宏观混合十分有利。合适的桨间距使图 2.2(c) 中两个同向推进的轴流桨的两个循环融合为一个，实现了整体循环的设计思想。合理地选择桨型、桨径、桨间距，是在反应器中产生良好整体循环设计的关键考虑。

搅拌槽中流动特性可以在两个层次上来刻画。一是循环流动的整体性，即流体流动应覆盖搅拌设备的全部容积，没有死区，最好是各处的对流强度均匀，这样混合能力分布更均匀，设备能发挥最大的混合效率。二是流动的遍历

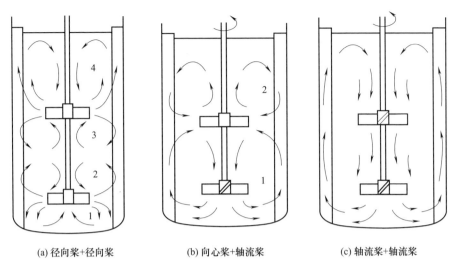

(a) 径向桨+径向桨   (b) 向心桨+轴流桨   (c) 轴流桨+轴流桨

图 2.2   组合搅拌桨产生的流型

性，即一个可辨认的流体微团，或一个跟随性很好的示踪颗粒，能够在有限的时间段里，经历搅拌槽内的所有空间点。这能保证搅拌槽各处都能够用于处理流进搅拌槽的新鲜物料。第一个特性可以从流型中观察而得，但第二点需要更精细的实验和数据分析。

有很多实验技术可以用来定性或定量地表征混合设备中的流体流动型态。流场显示是常用的方法，跟随性良好、人眼可观察的固体颗粒、染料水溶液、荧光物质等均可作为示踪剂。示踪剂引入混合设备后即能通过可见光照射、激光脉冲照射，显示出主体液相的流动路径。仪器可探测到的试剂也可以作为示踪剂，由于不容易在流场中作面测量或三维测量，往往限于在设备内的一两个点或在出口进行检测，但也能从观测数据中得到内部混合的有用信息。这与化学反应工程中的停留时间分布（RTD）技术类似。关于 RTD 更多内容参见第 5 章。

流场遍历是流场混合效率高的必要条件。设备的流场遍历性可以用穿越、遍历率和遍历时间等基本概念来定量描述。这些概念在捏合等高黏度流体混合的研究中应用较为普遍（杨明金，2009），但在搅拌槽、管道混合等较低黏度流体的湍流状态下的混合中应用较少。

2.1.2   搅拌槽流动的数学模型

数值模拟方法也开始广泛地用于探索搅拌槽内的流体流动。其优点是能从搅拌槽流体流动的数学模型出发，构成反应器流动模型的微分方程组，通过数值求解得到全流场的离散数值解，它包含了比通常实验能得到的结果更多、更丰富的信息，以至于还必须经过后处理，才能抽提出人们能懂、能用、可比较的数据，继续进行分析、诊断和判断。

作为一般的流体力学机理模型，流体流动的控制方程包括连续性方程和动量守恒方程。

连续性方程：

$$\nabla \cdot \boldsymbol{u} = \frac{\partial}{\partial x_j}(\rho u_j) = 0 \tag{2.1}$$

动量守恒方程：

$$\rho \frac{\partial \boldsymbol{u}}{\partial t} + \rho \nabla \cdot (\boldsymbol{uu}) = -\nabla p + \mu [(\nabla \boldsymbol{u}) + (\nabla \boldsymbol{u})^{\mathrm{T}}] + \rho \boldsymbol{g} + \boldsymbol{F} \tag{2.2}$$

其分量形式为：

$$\rho \frac{\partial u_i}{\partial t} + \rho \frac{\partial}{\partial x_j}(u_i u_j) = -\frac{\partial p}{\partial x_i} + \frac{\partial}{\partial x_j}\left[\mu\left(\frac{\partial u_i}{\partial x_j} + \frac{\partial u_j}{\partial x_i}\right)\right] + \rho g_i + F_i \tag{2.3a}$$

当流动处于湍流状态时，时均速度的动量方程中采用有效黏度，动量守恒方程成为：

$$\rho \frac{\partial u_i}{\partial t} + \rho \frac{\partial}{\partial x_j}(u_i u_j) = -\frac{\partial p}{\partial x_i} + \frac{\partial}{\partial x_j}\left[\mu_{\mathrm{eff}}\left(\frac{\partial u_i}{\partial x_j} + \frac{\partial u_j}{\partial x_i}\right)\right] + \rho g_i + F_i - \rho \frac{2}{3}\frac{\partial k}{\partial x_i} \tag{2.4a}$$

以上式中，u 为流体速度；p 为压力；ρ 和 μ 为流体的密度和黏度；g 为重力加速度；F 为流体所受的体积力；t 为时间；x 为位置坐标；k 为流体动能。其中的有效黏度为：

$$\mu_{\mathrm{eff}} = \mu_{\mathrm{lam}} + \mu_{\mathrm{t}} \tag{2.5a}$$

其中的湍流黏度需要根据所采用的湍流模型来决定，常用的模型有标准 $k\text{-}\varepsilon$ 双方程湍流模型、大涡模拟（LES）模型等，可参见文献（Yang C，2014）。

对于多相体系的流动，按两流体模型的思想，控制方程中必须考虑各相的相含率，以及相间相互作用。这时，每一相都有自己的一套控制方程。

连续性方程：

$$\frac{\partial}{\partial t}(\rho_k \alpha_k) + \frac{\partial}{\partial x_j}(\rho_k \alpha_k u_{kj}) = 0 \tag{2.3b}$$

动量守恒方程：

$$\frac{\partial}{\partial t}(\rho_k \alpha_k u_{ki}) + \frac{\partial}{\partial x_j}(\rho_k \alpha_k u_{ki} u_{kj}) = -\alpha_k \frac{\partial p}{\partial x_i} + \frac{\partial}{\partial x_j}\left[\alpha_k \mu_{k,\mathrm{eff}}\left(\frac{\partial u_{ki}}{\partial x_j} + \frac{\partial u_{kj}}{\partial x_i}\right)\right] +$$

$$\frac{\partial}{\partial x_j}\left[\frac{\mu_{kt}}{\sigma_t}\left(u_{ki}\frac{\partial \alpha_k}{\partial x_j}+u_{kj}\frac{\partial \alpha_k}{\partial x_i}\right)\right]+\rho_k\alpha_k g_i+F_{ki}-\rho_k\frac{2}{3}\frac{\partial(\alpha_k k)}{\partial x_i} \quad (2.4b)$$

式中，α 为相含率（该相的体积分数）；下标 k 表示物相的序号；σ_t 为湍流模型中的常数，常称为湍流 Schmidt 数。其中的有效黏度为：

$$\mu_{k,\text{eff}}=\mu_{k,\text{lam}}+\mu_{kt} \quad (2.5b)$$

而所有各相的连续性方程相加，各相的动量方程相加，则是混合体系的控制方程。在数值求解过程中，各相连续性方程满足，同时总体连续性方程也得到满足并非易事，它给多相体系的数值模拟带来了很多困难，也是文献常常报道一些似是而非或不精确的模拟结果的主要根源，需要在数值模拟研究中时刻注意。

张庆华（2009）、Zhang QH（2012）用大涡模拟方法模拟了 Rushton 单桨搅拌槽内的气液两相流动。大涡模拟是一种非稳态模型的模拟方法，所得的瞬时流场含有很多的流场中大涡运动的细节。从图 2.3(a) 中可以看到流场内有很多旋涡，但流场基本稳定后的时均流场 [图 2.3(b)] 则显示出 Rushton桨典型的上下方两个大旋涡的流场特征。

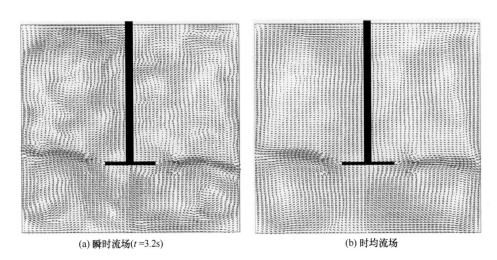

(a) 瞬时流场(t=3.2s)　　　　　　　　　　(b) 时均流场

图 2.3　大涡模拟的 Rushton 气液搅拌槽的液相流场（T＝240mm，

N＝20r/s，Q_G＝0.6m^3/h。Zhang QH，2012）

环流反应器中的数值模拟也同样能揭示其中两相流动的主要内容。黄青山用 Favre 平均的两流体模型和标准 k-ε 双方程湍流模型，数值模拟气液两相流动（图 2.4）。稳态法模拟比动态法（非稳态模拟）能节约更多的计算机时间

（Huang QS，2010）。模拟能重现环流反应器的典型循环，得到的环流反应器总气含率与实验测定值半定量地符合，正确体现了气含率变化的趋势。

有关反应器流场数值模拟的更多内容可参考文献（Yang C，2014）。

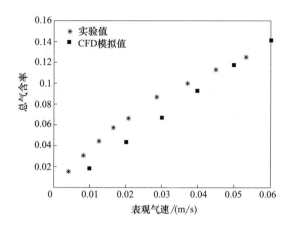

图 2.4　标准 k-ε 双方程湍流模型稳态法模拟的环流反应器总气含率（反应器 $T=294$mm，导流筒内径 200mm，静液相 $H=3030$mm，$V=195$L。Huang QS，2010）

2.1.3　流动与宏观混合的关系

混合的研究，不管从实验还是从数值模拟方面来看，都可以分成迥然不同的两个机理（或阶段），即宏观混合和微观混合两个阶段。宏观混合描述了性质不同的物料团块在整个反应器内的运动、分散和互相接近的过程，其间不同物料被分割的尺度逐渐减小，一直减小到湍流中最小涡团的 Kolmogorov 尺度为止。微观混合则是指不同的物质组分向分子尺度的均一化过程，它从混合过程一开始就在进行，但两种流体分隔（离集）尺度大时，它们之间的接触面积很小，微观尺度的分子扩散的作用几乎可以忽略。宏观混合接近完成时，微观混合才开始真正发挥作用。

因此，宏观混合基本不依赖于分子扩散，与之攸关的机理（对流、湍流、旋涡、剪切、混沌等）都是流体力学及其湍流理论能理解，并用数学模型能描述和求解的问题。因此，宏观混合完全可以在流体力学和计算流体力学（CFD）的范畴内加以解决。用示踪剂来测定宏观混合时间，只是实验技术的需要，伴随示踪剂均匀化的示踪剂分子扩散实际上与宏观混合无关。因此，在进行宏观混合的 CFD 模拟的时候，应该只需要模型和模拟的流体力学部分，无需引入示踪剂的对流扩散方程。直接从流场的 CFD 模拟导出宏观混合的各种定量指标在理论上是成立的（毛在砂，2017）。本书第 4、5 两章中将更多地讨论宏观混合与流场、停留时间分布间的关系。

2.1.4 宏观混合的基本理念

化工设备中物料（和物理、化学性质）的混合，是将不同质的物质互相接近的尺度减小到指定的数值。实现流体混合的机理主要有：切割、相对运动、扩散。首先要将每种流体切割，才能将分隔的尺度减小，最终实现混合。其次，相对运动将不同性质的流体团块输送到不同位置，与不同性质的团块接触，形成进一步混合（下一次切割、分子尺度的扩散）的条件。最终，分子扩散使不同质的流体达到分子水平上的均匀化。而交换位置需要依靠流体的对流，或固体的运动（包括转动）。因此，混合依赖的机理至少包括流动（输运）和分割。不断反复的分割和输运，最终使宏观混合得以实现。

（1）切割 只能依靠机械才能实现严格意义上的流体切割。例如，带孔的搅拌桨在运动时，推动一部分流体向前运动，而让另一部分流体穿过，使这两部分流体间出现了相对运动。从流体分布器孔口流出的流体，以明显的流速穿过环境流体，也可视为被分割出来的流体。在湍流中随机地产生许多尺度大小不同的涡团，在流场中不规则地随机运动，因而涡团发生相对于环境流体的运动，也是对环境的一种切割。稳定的层流流动的速度场是连续的，不出现切割现象；但非稳态的层流中，尤其在流线弯曲、洄流处，流体的惯性有机会表现出短暂的局部不稳定运动，产生类似于切割的作用。

（2）相对运动 被分割出来的团块，被流场中不同速度的对流作用输送到新的环境，与不同质的团块相邻，得到进一步混合的机会：或者是与相邻团块一起被再次切割，使分隔的尺度减小，或者在界面发生分子扩散，部分地微观混合。湍流中涡团运动，作不规则的随机运动，是比反应器内主体流动尺度更小的相对运动。

（3）分子扩散 这是混合的最后一步，宏观混合的流体必须通过跨越团块间界面的分子扩散，才能真正实现完全的混合，即分子尺度上的均一化。切割和相对运动是流体离集的尺度减小到湍流 Kolmogorov 尺度，为分子扩散创造了高速进行的条件。

以上 3 个因素，是局部完成混合的必要条件，但要在反应器全容积中实现混合，需要反应器内的对流流动有整体性，即流体流动应覆盖搅拌设备的全部容积，没有死区，使反应器内各处都能用于处理进入设备的新鲜物料，而且在各处混合能力分布更均匀，使设备能发挥最大的化学反应生产效率。例如，反应器内仅有一个主体循环，可以缩短混合所需的时间；若同时存在一个以上的主体循环，则因为循环之间的对流、切割交换作用较弱，使混合时间变长。若一个搅拌机械不足以产生整体性良好的循环，则需要在整个设备内分散式地布置搅拌机械；但在设备内多处设置搅拌器和分布器，也增大设备设计的难度和制造成本，是必须考虑的不利方面。

有的研究采纳流动的遍历性的概念，即一个可辨认的流体微团，或一个跟随性很好的示踪颗粒，是否能在有限的时间段里经历混合设备内的所有空间点。这是与流场整体性略微不同的两个概念。这两个概念在反应器内混合问题上如何定量地表达，它们的规律和应用的异同，也值得深入地分析。

有利于混合的一个重要因素是流场的剪切，一般流体混合设备中都有由机械推动的强剪切作用，但它不是推动混合的直接因素，因为它不直接分割流体，也不促进分子扩散。但在容许变形的剪切流场中（远离固壁的限制），剪切使体团块变形，在一个空间维度上压缩，而在另一个维度上拉伸，即流层变薄，有利于随后可能发生的切割和相对运动，也有利于分子扩散加速，所以也间接促进了混合。在机械切割的同时，团块的边沿也同时出现剪切和扩散。因此，剪切是与切割共生的。强剪切也是湍流发生的原动力，涡团运动对流体混合产生直接、有利的影响。很多研究以剪切为起点，这似乎有些不妥。

"混沌混合"是20世纪末化学工程中混合研究的一个热点。混沌的发生有利于流体中的混合，在理论上是严密的结论。但在应用上，所观察的现象和效果是否真的就是由于混沌现象，其结论缺乏坚实的基础。混沌现象的典型例子是"蝴蝶效应"，然而在地球上的实际过程，则从蝴蝶扇动翅膀的那一刻起，就受到其传播路径上的大大小小随机、无因果关系的干扰，以至于之后的发展是由于蝴蝶的原始扇翅，还是后来的干扰因素的总和，却变得越来越模糊了。实际过程中的混沌混合也有类似的不确定性干扰。从混沌混合研究中还是得出了很多有用的知识和实用的混合技术，依然是对化工技术进步的重要贡献。

化工设备混合的能力和效率，也取决于上述3个因素的强度、其空间分布、各因素的能量效率，以及过程的非稳态特性。这些因素需要用准确的数学模型来表达，针对具体的体系、几何构型、操作条件、操作制度来数值求解，然后从离散的时间和空间的海量数据中，抽提出合理、有明确化学工程意义的定量指标，来评价对象混合过程并对其进行优化。这似乎还有很长的路要走。

2.2　混合体系中的传热

混合的目的之一是促进传热：将加热壁面附近的已被加热的流体与远离加热面的冷流体快速交换，即冷热流体间的混合，这是界面或相间传热的重要条件；而流体主体相内的混合，才能使流体内部温度均匀，便于控制反应流体更接近于最佳反应条件。因此，混合设备内的热量传递问题也是与混合技术攸关的重要研究课题。

混合强化传热的最终标志是传热系数的提高，因此实验测定传热系数 h 或传热努塞尔数（$Nu = hd/\alpha$）是最经典和直接的方法。混合使被加热流体侧的流体温度下降，因此测量流场中关键点的温度也能间接地指示混合效果的好坏。在流体中掺入对温度敏感的示踪剂，更可以直接观察流场的温度分布，但这些示踪剂的适用温度范围一般都比较窄，应用场合受到限制。

同样，数值模拟技术也用于研究流场中的热量传递。在已经通过数值模拟得到流场分布之后，基于能量守恒方程：

$$\frac{\partial T}{\partial t} + \frac{\partial (u_i T)}{\partial x_i} = \frac{\partial}{\partial x_i}\left(\kappa_{\text{eff}}\frac{\partial T}{\partial x_i}\right) + S_{\text{h}} \tag{2.6}$$

$$\frac{\partial T}{\partial t} + \nabla \cdot (\boldsymbol{u}T) = \nabla \cdot (\kappa_{\text{eff}}\nabla T) + S_{\text{h}} \tag{2.7}$$

来求解流场中的温度 T 的分布。式中，κ_{eff} 为流体的有效热传导系数；S_{h} 为流场中热源的强度。对湍流流场和多相混合物中的传热问题，模型方程中还有更多的修正。更多内容可参考传热学和计算传热学的专著（陶文铨，2001）。

2.3　混合体系中的传质

传质也是与混合操作相伴的重要过程。当两种反应物分开进入化学反应器，它们需要互相接近到分子尺度的距离时，化学反应才会发生，因此化学反应器中需要有技术措施在单相或多相反应体系中实现分子水平上的混合。实现混合的机理包括对流（将反应物输送到反应器内各处）、湍流涡团的随机运动和流场的剪切作用（使流体分隔的尺度因此逐渐减小）及分子扩散。流体力学的因素只能将分隔的团块减小到一定的尺度（例如，湍流的最小涡团尺度，即Kolmogorov尺度），之后反应物的分散只能靠分子扩散。当流场内存在相对于流体运动的内构件（搅拌桨、螺杆、静态混合器等），它们对流体团块的机械切割后，流体微团错位重新结合，也是使流体团块尺度减小的机理之一。这个机理在团块较大时起的作用较大，而且它在混合总过程中的作用居于前述3种机理之后的次要地位。

混合涉及的传质多数是针对从设备入口进入的几股物料之间、与设备壁面传质的那种物质的浓度等流体性质均匀化的过程。实验测定则需要确定浓度场的均匀度。

在流体内部的传质是在主体对流基础上的分子扩散和湍流扩散，因此需要求解某一化学组分的对流传质方程：

$$\frac{\partial c}{\partial t}+\frac{\partial (u_i c)}{\partial x_i}=\frac{\partial}{\partial x_i}\Big(D_{eff}\frac{\partial c}{\partial x_i}\Big)+S_m \tag{2.8}$$

$$\frac{\partial c}{\partial t}+\nabla \cdot (\boldsymbol{u}c)=\nabla \cdot (D_{eff}\nabla c)+S_m \tag{2.9}$$

来求得流场中的某组分的浓度分布。式中，c 为组分浓度；D_{eff} 为有效扩散系数；S_m 为组分生成的源强度。

对多相体系，必须在各相流场已经求得的条件下，分别求解某物质在每一相中的对流扩散传质方程。气相（G）向液相（L）传质的相间传质速率 F_L [mol/(m$^3 \cdot$ s)] 作为源项的一部分出现在气相的微分方程中。而在液相的微分方程中，F_L 带着相反的代数符号出现。气相和液相中的物质浓度 c 的输送方程如下：

$$\frac{\partial (\alpha_G c_G)}{\partial t}+\nabla \cdot \alpha_G u_G c_G=\nabla \cdot (D_{t,G}\alpha_G \nabla c_G)-F_L \tag{2.10}$$

$$\frac{\partial (\alpha_L c_L)}{\partial t}+\nabla \cdot \alpha_L u_L c_L=\nabla \cdot (\alpha_L D_{t,L}\nabla c_L)+F_L-\alpha_L r \tag{2.11}$$

方程中出现了两相的相含率 α_G 和 α_L，以及组分在两相中的湍流扩散系数 $D_{t,G}$ 和 $D_{t,L}$；液相方程还包括了物质因化学反应而消耗的化学反应速率项 r，mol/(m$^3 \cdot$ s)。

在湍流中，物质的输运也因湍流涡团的运动而大大增强，因此需要采用包括湍流扩散在内的有效扩散系数：

$$D_{t,L}=\frac{\nu_t}{\sigma_t}+D_L=\frac{C_\mu k^2}{\sigma_t \varepsilon}+D_L \tag{2.12}$$

$$D_{t,G}=\frac{\nu_t}{\sigma_t}+D_G=\frac{C_\mu k^2}{\sigma_t \varepsilon}+D_G \tag{2.13}$$

式中，D_G 为气相分子在气体中的扩散系数；D_L 为溶解的物质在液相中的扩散系数；k 为湍流动能；ε 为湍流能量耗散（速）率；ν_t 为湍流黏度；σ_t 为湍流 Schmidt 数，一般取值在 $0.6 \sim 1$ 之间；C_μ 也是湍流模型参数，常取值 0.09。

在研究反应器内混合的时候，湍流对流扩散方程常用来求解惰性示踪剂在反应器中运动、分散、均匀化的过程。Zhang QH（2012）将大涡模拟（LES）用于示踪剂在搅拌槽中的均匀混合，在求解出反应器中的气液两相流场后，将液相流场和液含率分布等结果用于数值求解溶质在液相中的分散过程。气液两相体系中的液相中示踪剂的传质控制方程为：

$$\frac{\partial \rho \alpha_L c}{\partial t} + \rho \alpha_L u_j \frac{\partial c}{\partial x_j} = \frac{\partial}{\partial x_j}\left(D_{eff} \alpha_L \frac{\partial c}{\partial x_j}\right) + S_{L,c} \tag{2.14}$$

式中，D_{eff} 为有效分子扩散系数，包括分子扩散系数 D_L 和湍流扩散系数 D_t 两部分。从大涡模拟得到湍流黏度 ν_t，于是

$$D_{eff} = D_L + \frac{\rho \nu_t}{\sigma_t}$$

可用于式（2.14）的数值计算中。在湍流中 D_t 所占比重很小可以忽略，σ_t 为湍流 Schmidt 数，可取值 0.7。$S_{L,c}$ 为源项，本例中为 0。大涡模拟搅拌槽中的气液两相流动可参考文献（Zhang YH，2008）。

数值求解示踪剂从液面加入后随主体对流逐渐分散的过程，结果如图 2.5 所示（参见彩插）。到 $t = 8s$ 时，浓度分布的极差已经很小，按单点监测宏观混合时间的定义，由数值模拟确定的混合时间 t_{95} 是 8.25s，与实验测定十分接近（Zhang QH，2012）。

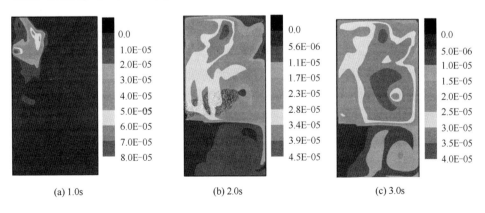

(a) 1.0s   (b) 2.0s   (c) 3.0s

图 2.5

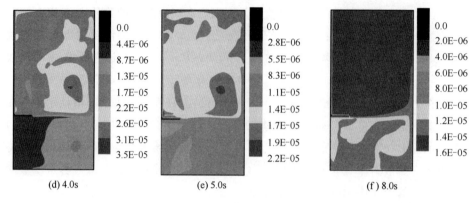

图 2.5　大涡模拟的 Rushton 气液搅拌槽的液相浓度场的均匀化过程

（$N=10\mathrm{r/s}$，$C=T/3$，$Q_\mathrm{G}=1.67\times10^{-4}\,\mathrm{m^3/s}$。Zhang QH，2012）

对湍流流场中其它多相体系中的传质问题，模型方程中可能有更多的修正以适应更复杂的实际应用场合。这方面的问题可参考有关专著（余国琮，2011；Yu K-T，2014）。连续相的模型和求解问题得到了较好的解决，但分散相中的示踪剂分散、传质和均匀化则涉及分散相颗粒的团聚、凝并、破碎等机理及其速率表达式，许多方面还需要研究。

2.4　化学反应-微观混合

微观混合是混合过程的第二阶段。在涉及化学反应的混合过程中，化学反应受到流体力学环境的强烈影响。因为化学反应若涉及两种或更多的化学物质，那这些反应物必须要足够地接近，目标化学反应才能进行。分子扩散是反应过程中必需的机理。但纯粹分子扩散的速率太慢，工程上则采用混合技术（强化宏观混合）来加速此扩散过程（微观混合），使化学反应要求的分子尺度上混合的条件得以满足。宏观混合不能替代微观混合，却是促进微观混合的有力手段。

2.4.1　简单反应体系

简单反应是单分子反应，$\mathrm{A}\rightarrow\mathrm{R}$，在合适的温度压力条件下反应能自动进行。但是，混合能使反应流体快速地达到反应条件，使设备内状态达到最佳反应条件的体积最大化，因此反应器的生产效率最高。对这种反应，宏观混合和微观混合好，则化学反应速率快，原料的转化率提高。

2.4.2 平行复杂反应

在并联复杂反应体系中，至少有两个反应。如果副反应速率低，对工艺过程的经济性不致有太大的影响，因而还可以用于生产：

主反应（1）：A＋B —→ R，速度快，二级反应速率常数 k_1，目标产物 R；

副反应（2）：C＋B —→ Q，速度较慢，消耗原料 B，二级反应速率常数 k_2，生产价值低的副产物 Q。

当含 B 的溶液，与含 A 和 C 的溶液在反应器内混合时，若混合（特别指微观混合）好时，主、副反应均按本征动力学进行，生成的副产物 Q 很少，B 生成 R 的选择性为：

$$S = \frac{k_1}{k_1 + k_2} \tag{2.15}$$

S 接近于 1，生产可以满意。

当微观混合很弱时，则产生很多的 Q。因此可以用下式定义的指标（离集指数）：

$$X_Q = \frac{c_Q}{c_Q + c_R} \tag{2.16}$$

半定量地指示反应器中微观混合的好坏，X_Q 值越小，反应器微观混合效能越好。微观混合很差，或称为体系完全离集（分隔）时，R 和 Q 的生成量近似正比于反应物浓度 c_A 和 c_C，式（2.16）的数值较大；而微观混合很好时，则反应体系浓度均匀，R 和 Q 的生成量与反应动力学常数有关，$X_Q = k_2/(k_1 + k_2) \to 0$，为很小的数值。因此，微观混合与进行并联复杂反应的反应器效能密切相关。

混合效果的一个直观解释见图 2.6。若加料流束仅含 B，另一流束含 A＋C。宏观混合不好，使微观混合无法发挥作用。若 B 加料浓度高于 A 的浓度，则混合不好时团块 2 中 B 的浓度高于团块 1 中 A 的浓度，则通常在两团块的交界面上，由于主反应很快，B 的浓度仍为有限值，而 A 的浓度几乎为 0。而 C 的反应比较慢，故在界面上 C 还没有因反应而耗尽，C 的浓度大于 0。这种情况是有利于副反应在界面和团块 2 内部进行。此时界面区域反应的选择性为

$$S = \frac{k_1 c_{Ai} c_{Bi}}{k_1 c_{Ai} c_{Bi} + k_2 c_{Ci} c_{Bi}} \tag{2.17}$$

由于界面浓度 c_{Bi} 是共同的，接近于 0，所以

$$S \approx \frac{k_1 c_{Ai}}{k_1 c_{Ai} + k_2 c_{Ci}} \tag{2.18}$$

但 k_1 很大，c_{Ai} 很小，而 k_2 很小，但 c_{Ci} 很大，虽然此时的选择性不能确定，但肯定比式（2.15）小得多。而且 C 在团块 2 内部的反应应该计入式（2.18）的分母中。

在介于微观混合状况良好和宏观混合不好之间的情况，产物 R 的选择性和原料 B 的转化率的定量评估，则要基于宏观混合和微观混合的数学模型进行数值模拟了。

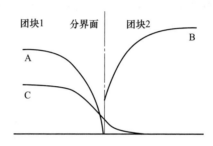

图 2.6　宏观混合不好时的平行竞争反应

2.4.3　连串复杂反应

在连串复杂反应体系中，至少有两个反应：

主反应（1）：A＋B─→R，速度很快，目标产物 R；

副反应（2）：R＋B─→Q，速度较慢，消耗原料 B，生产价值低的副产物 Q，这样的复杂竞争反应体系才有可能得到工业应用。

当含 A 和 B 的原料在反应器内混合进行反应时，若混合（特别指微观混合）好，则 B 和目标产物 R 能因混合而迅速分散，因此二级副反应的反应速率大大降低，生成很少的副产物 Q；若微观混合很弱，则局部的 R 和 B 浓度很高，可产生很多的 Q。因此可以用下式定义的指标：

$$X_Q = \frac{2c_Q}{2c_Q + c_R} \tag{2.19}$$

表征反应器中微观混合的效能：X_Q 值越小，反应器微观混合越好。式中的系数 2 是因为一个 Q 分子消耗原料 B 的两个分子。改善反应器的宏观和微观混

合才能满足化学工艺的要求，保证反应器生产效率高。

若混合很理想，A、B、R 均在体系中均匀分布，则 B 生成 R 的选择性的理论值为

$$S = \frac{k_1 c_A}{k_1 c_A + k_2 c_R} \tag{2.20}$$

在间歇式反应过程中，随着反应进行 A 的浓度 c_A 逐渐降低，而 R 的浓度 c_R 逐渐增高，选择性 S 是个变化的数值。当 A 的转化率取某个中间值时，S 达到极大值（毛在砂，2004）。

混合效果差的后果可用图 2.7 来直观地解释。由于主反应为瞬时反应，团块交界面上 B 的浓度为有限值，而 A 的浓度几乎为 0。R 在界面上生成，并向两个团块中扩散，形成图 2.7 中所示的分布，并在团块 2 中与 B 反应生成 Q。微观混合不好，R 的扩散不利，在界面上 R 积累，浓度升高，使副反应速率提高，即微观混合不利会降低 B 生成主产物 R 的选择性。定量的评估则要基于宏观混合和微观混合的数学模型做具体的 CFD 数值模拟。

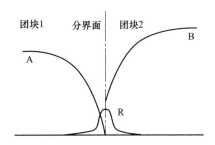

图 2.7 宏观混合不好时的连串竞争反应

因此，对化学工艺开发成功的简单和复杂化学反应体系，良好的宏观混合和微观混合都是有利的，化学工程师要努力实现良好的混合，确保达到化学工艺设计要求的指标。

2.4.4 化学沉淀

化学沉淀又称为反应结晶，是指两种化学物质通过化学反应生成溶解度很小的沉淀或结晶的过程。一般反应物为电解质时，离子间的真实化学反应速率很快，因此混合对化学沉淀的影响特别显著。反应结晶包括的主要子过程有成核、晶粒生长，第二位的过程有二次成核、团聚、陈化等。成核速率和线生长

速率都与体系的过饱和度 S 有关：

$$\frac{\partial n}{\partial t} = k_n S^\alpha \tag{2.21}$$

$$\frac{\partial L}{\partial t} = k_g S^\beta \tag{2.22}$$

式中，n 为晶核的粒数密度；L 为晶核的线性尺度；α 和 β 分别为成核和生长的动力学级数，一般 α 远大于 β；k_n 和 k_g 分别为成核和生长的速率常数。这样，在混合较弱的体系中，两股物料接触面处的高浓度形成高过饱和度，成核速率极大，产生很多的晶核，最后分散到体系中生长为许多细小的晶粒。相反，混合强度大，则物料易分散，反应物不出现局部浓度过高的现象，因而总体说来过饱和度低，产生的晶核少，线生长速率因 β 值小所以降低不多，最后得到平均粒度大的晶体。混合强度大还使液固传质加快有利于晶粒生长，但也使晶粒磨损产生二次成核导致平均粒径减小。晶粒大小分布也同样受混合的影响。结晶过程的机理十分复杂，需要结合结晶器的具体构型、尺度、操作条件等，用数学模型方法和数值模拟技术进行定量的研究。

分析结晶器最常用的一个模型是 MSMPR 模型（mixed suspension, mixed product removal），它假设结晶器为理想全混流、状态均匀，产物排出流的组成与结晶器内相同，仅考虑成核和生长两种机理，颗粒的形状系数不随颗粒尺寸而变化，进料不含晶粒。得到的模型包含动态粒数衡算方程（PBE）、溶质质量衡算方程、晶体线生长速率和成核速率经验方程（Randolph，1988）。它与工业中广泛采用的良好混合的强制内循环结晶器相近，而且模型简单直观，所以至今在建立成核生长动力学模型、研究结晶动态行为中具有广泛应用。

实际上，大型结晶器由于操作参数、结构参数及物系不同，使混合不够理想。所以结晶器模型的改进首先从考虑准确描述内部混合状态开始，包括宏观混合和微观混合两个层次。

由于快速的反应结晶（沉淀）过程与微观混合的关系更密切，所以硫酸钡沉淀一类的过程也被用作研究微观混合的模型反应。程荡（2014）在气液液搅拌槽中发现许多因素通过微观混合而影响了硫酸钡沉淀的形貌、平均粒径和粒径分布。更早的研究可参考 Chen JF（1996）、Pohorecki（1988）等。

2.4.5　微观混合的基本理念

化工设备中的微观混合，最终是依赖分子扩散来实现的。当宏观混合接近完成，不同性质的物料的分隔尺度很小时，微观混合才能以可观的速率发生。严格地说，微观混合是与宏观混合同时进行的，只是在宏观混合开始、分隔尺度大时，微观混合仅在团块的界面发生，而此时单位体积的界面积（比界面积，m^2/m^3）很小，因而微观混合的速率可以忽略不计。随着离集（分隔）尺度 S 的减小，比界面积 a 成反比例地减小（$a \propto S^{-1}$），微观混合也相应加速。

按 Fick 第一定律

$$\boldsymbol{J} = D\nabla c \tag{2.23}$$

传质速率通量 $\boldsymbol{J}$ 也与浓度梯度成正比，而浓度梯度 ∇c 与离集尺度 S 成反比，因此 $\boldsymbol{J}$ 与 S^{-1} 成正比。而传质团块间的比界面积（单位体积中的接触面积）也与 S 的 1 次方至 3 次方成正比（取决于离集尺度 S 在几个维度上减小），与反应器中的 S 数值及其空间分布紧密相关。化学反应器中的微观混合能力埋藏于整个流场之中，可以用单位设备体积中的传质速率来表示 $[mol/(m^3 \cdot s)]$，或以全设备体积中的传质速率来表示（mol/s）。

化学反应器中物料混合到分子尺度后化学反应才能进行。对于慢反应，其反应特征时间（例如 $t_{reac} \sim k^{-1}$，k 为一级化学反应速率常数）大大长于宏观混合时间 t_{Mac} 和微观混合时间 t_{mic}，则反应流体有足够的时间来达到分子尺度上的混合，化学反应基本上按照本征反应动力学表述的规律来进行。但对快反应，通常是 $t_{reac} \ll t_{mic} \ll t_{Mac}$，在宏观混合进行的同时，微观混合也逐渐加快，但化学反应的速率基本上决定于微观混合的速率。因此，充分利用全反应器的微观混合能力是决定反应器反应能力的最直接的因素，这就要求利用反应器中每一处体积的微观混合能力。

微观混合时间 t_{mic} 与传质速率 $\boldsymbol{J}$ 成反比，这两个参数也有全局平均值以及随时间、空间变化的局部值。$\boldsymbol{J}$ 的影响因素也是微观混合时间局部值的影响因素，但其中的离集尺度不易测定，因此文献中提出一些近似估计的方法。例如，湍流的强度越大，产生的涡团越小，因此传质快。基于此思路提出的估计式的例子如 Geisler（1991）的

$$t_{mic} \approx 50\ln\left(Sc\sqrt{\frac{\nu}{\varepsilon_{loc}}}\right) \tag{2.24}$$

和 Hughes（1957）的

$$t_{mic} = \frac{(\nu^3/\varepsilon)^{1/2}}{8D_m} \tag{2.25}$$

式中，ν 为流体的运动黏度；D_m 为混合物系中某溶质的分子扩散系数；ε_{loc}

为湍流能量耗散率的局部值。

因此，反应器加料方式的第一考虑就是要选在微观混合最好、湍流能耗最强的地方（图 2.8 中 a 点）。但将全部物料加在一个点上，新加的物料量大，物料团块的尺度势必不能很快减小，反倒有猝灭此处湍流的可能。因此，第二考虑是将物料分散加在湍流能耗强的更多地点（图 2.8 中 b 点）。原则是要积分式地充分利用反应器的微观混合能力。所加物料在反应耗尽前的整个路径，均应在强湍流区内，以充分利用反应器的微观混合能力，所以物料也可以加在最强能耗点的上游（图 2.8 中 c 点），虽然加料的起点不是微观混合最好点，但物料在随后运动中受到渐增的强湍流，可能积分总效果会最好。将物料以单喷嘴的方式加在液面和壁面是最差的设计（图 2.8 中 d 点）。对管式反应器，关键组分 A（例如需要转化率高的反应物）在入口全部加入，往往不是最好的策略［图 2.9(a) 和(c)］。空管反应器中的流动和湍流有径向分布，管壁处的

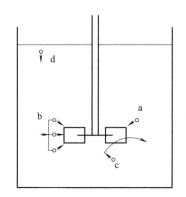

图 2.8　发挥反应器微观混合能力的加料方式

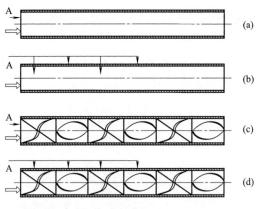

图 2.9　管式反应器的几种加料方式

剪切最大，靠中心处湍流强，优化的加料方式应对流体力学和反应本征动力学做综合考虑［图2.9(b)和(d)］。物料分布器的优化设计，需要有科学的化学工程理念，也需要化学工程实践的经验积累。

微观混合在宏观混合得到的流场和浓度场的基础上来发挥作用，因此宏观混合必须精心设计，需要注意加料点附近的能量耗散速率要大，全槽的能耗密度不必十分均匀，但整体循环性良好，等等。

2.5　混合研究的发展趋势

改进现有的混合与搅拌技术、开发新的高效混合技术，是化学工程学术和应用研究的重要课题。

和化学工程学的研究进展的总趋势一样，混合问题的研究也是从最初的实验研究开始。之后在化学工程原理的指导下，借助数学、物理、力学的理论和实用技术的进步，对混合涉及的物理和化学现象进行机理性的分析，对实验现象和数据的处理和总结，也逐渐从经验性的归纳过渡到以半机理和机理性数学模型为主要方法的新阶段，基于数学模型的数值模拟技术得到了越来越多的应用。

实验探索和理论分析表明，混合过程涉及许多物理机理，包括流体流动、流场剪切、机械剪切、拉伸、折叠、湍流等，其中剪切和湍流起到很大的作用。湍流中有很多尺度大小不同、运动速度不同、涡度强弱不同的涡团，这些涡团间的随机性相对运动，也造成小尺度上的对流、剪切、折叠等。所有这些机理，使需要混合的物料的离集尺度逐渐减小到湍流的 Kolmogorov 尺度，即达到了宏观尺度上的均匀。此后，再将离集尺度减小到分子尺度，使化学反应有条件进行，则主要依靠分子扩散，这就是微观混合过程。微观混合是各种类型的化学反应器能操作的必需条件，而宏观混合则能为微观混合提供最有利的环境。因此，对化学反应器中的混合过程的研究，可以划分为宏观混合和微观混合两个阶段来进行。虽然在宏观混合进行的同时，微观混合也在缓慢但逐渐加快地进行；但直到宏观混合接近终了，微观混合才充分发挥其潜能。对一些快速反应，如沉淀反应体系、快速的竞争反应体系等，反应进程和最终产物的性质和分布都受微观混合状态的影响，尤其需要对微观混合的精确和定量的理解。

混合设备中的流体力学状态是其内部混合过程的主导因素，它对混合过程的影响大小与流场的宏观平均特征，以及流场的小尺度特征，有直接、定量的关系。宏观特征包括混合时间、功耗（比功耗、比能耗、能耗密度）、排出流量、循环流量、离集尺度、离集强度等，而微观混合特征包括微观混合时间、局部 Kolmogorov 尺度、Batchelor 尺度、湍流涡团寿命、湍流特征频率、湍流脉动速度等。通过这些特征量，才有可能将混合设备的操作性能与设备的几何和操作条件等科学地关联起来，达到实现可持续发展的化学工业生产的目的。化学反应工程学要借鉴、吸收相关物理科学的研究成果，用于认识化学反应器和其它混合设备内的物理机理，建立相应的数学模型，以便正确设计混合设备，满足化学工艺的需要，并且有低能耗、可持续发展性的优点。

随着计算机性能的不断提高，以及在湍流模型和计算方法等方面的发展，计算流体力学（computational fluid dynamics，CFD）技术已经开始用于研究搅拌、混合设备中的物理和化学反应过程。采用 CFD 技术可以比较方便地对新型设备、变化的操作状况进行数值模拟研究，这种方法在研究大型工业设备上更具有时间和物力方面的经济性。与传统的理论分析和实验研究有机地结合，优势互补，不仅是研究混合问题的必由蹊径，也是整个化学工程学的学术、应用研究的坦途。

以流体力学、传递原理的基本微分方程和化学反应的本征动力学来构成数学模型，不借助任何物理和数学模型的简化，这是化学工程理论研究最理想的出发点。但这样的模型无法得到解析解，只好求助于数值解。以目前的计算机软件和硬件的技术，还不能以极小的空间尺度和时间尺度，来解析化学反应器和混合设备中的全部物理和化学过程的细节。现在可以毫米级的分辨率，用数值模拟来做工业尺度反应器的定量分析，但微观混合发生在更小的尺度上，不能从数值解中得到尺度更小的局部微观混合现象。因此，仍然需要微观混合的模型或关联式，以描述微小尺度的现象和速率，作为源项，输入宏观反应器尺度上的数值模拟程序中。也就是说，多尺度数值模拟和尺度间的耦合仍然是今后若干年无法避免的工作。实用设备中混合，就宏观混合而言，流场模拟需要网格空间尺度小到湍流的 Kolmogorov 尺度以下，时间尺度要小到毫秒尺度以下；浓度场的模拟需要网格空间尺度小到湍流中 Batchelor 尺度以下，时间尺度要小到微秒尺度以下。亚网格的湍流因素和微观混合为主的传递过程就只能用数学模型来表达。这方面还有很多模型化的任务留给我们来解决。

◆ **参考文献** ◆

毛在砂，陈家镛，2004. 化学反应工程学基础. 北京：科学出版社.

毛在砂，杨超，冯鑫，2017. Direct retrieval of residence time distribution from the simulated flow field in continuous flow reactors. 过程工程学报，17（1）：1-10.

陶文铨，2001. 数值传热学. 第2版. 西安：西安交通大学出版社.

王涛，2011. 液固搅拌槽中流动和混合过程的数值模拟与实验研究［学位论文］. 北京：中国科学院过程工程研究所.

杨明金，李锡文，谢守勇，杨叔子，2009. 立式捏合机混合釜内流场遍历性研究. 农机化研究，（4）：20-23.

余国琮，袁希钢，2011. 化工计算传质学导论. 天津：天津大学出版社.

张庆华，2009. 搅拌槽内宏观混合和微观混合的实验研究与数值模拟［学位论文］. 北京：中国科学院过程工程研究所.

Chen JF, Zheng C, Chen GT, 1996. Interaction of macro-and micromixing on particle size distribution in reactive precipitation. Chem Eng Sci, 51（10）: 957-1966.

Cheng D, Feng X, Yang C, Cheng JC, Mao Z-S, 2014. Experimental study on micromixing in a single-feed semibatch precipitation process in a gas-liquid-liquid stirred reactor. Ind Eng Chem Res, 53（48）: 18420-18429.

Geisler R, Mersmann A, Voit H, 1991. Macro-and micromixing in stirred tanks. Int Chem Eng, 31: 642-653.

Hughes RR, 1957. Use of modern developments in fluid mechanics to aid chemical engineering research. Ind Eng Chem, 49（6）: 947-955.

Huang QS, Yang C, Yu GZ, Mao Z-S, 2010. CFD Simulation of the hydrodynamics and mass transfer in an internal airlift loop reactor using a steady two fluid model. Chem Eng Sci, 65（20）: 5527-5536.

Pohorecki R, Baldyga J, 1988. The effects of micromixing and the manner of reactor feeding on precipitation in stirred tank reactors. Chem Eng Sci, 43（8）: 1949-1954.

Randolph AD, Larson MA, 1988. Theory of Particulate Processes. 2nd ed. New York: Academic Press.

Yang C, Mao Z-S, 2014. Numerical Simulation of Multiphase Reactors with Continuous Liquid Phase. London: Elsevier（Academic Press）: 309.

Yu K-T, Yuan XG, 2014. Introduction to Computational Mass Transfer. Berlin Heidelberg: Springer-Verlag.

Zhang QH, Yang C, Mao Z-S, Mu JJ, 2012. Large eddy simulation of turbulent flow and mixing time in a gas-liquid stirred tank. Ind Eng Chem Res, 51（30）: 10124-10131.

Zhang YH, Yang C, Mao Z-S, 2008. Large eddy simulation of the gas-liquid flow in a stirred tank. AIChE J, 54（8）: 1963-1974.

第3章

宏观混合的实验研究

3.1 混合的特征指标

混合是过程工业中的重要单元操作。许多单元过程中的混合仅涉及物理过程，使被处理物料的组成、性质均匀化，其中也包括温度、反应物浓度、介质黏度等体系特性。而在化学反应器中，物理混合过程则与化学反应过程同时耦合进行，此时混合往往对化学反应的速率和复杂反应体系的选择性有极大的影响，因此对化学反应器的生产能力和效率有很直接的关系。第一，要参与化学反应的两个或多个组分必需混合到分子水平的接触才能进行化学反应，混合的快慢直接涉及反应器的生产能力。第二，有复杂反应（主反应和副反应并存）时，混合决定了参与反应的反应物在反应区中局部浓度的高低，这直接影响对主产物的选择性，恰当的混合操作能保证反应过程的高效率（高经济效益、低原料消耗）。因此，深入研究化学反应器内的混合过程对于反应器的设计、优化和放大具有重要学术意义和工程应用价值（Harnby N，1985）。

早期关于反应器效能的研究（MacDonald RW，1951）指出，混合时间应该小于反应器中原料平均停留时间的 5%，才能保证产品的平均组成的随机偏差低于 5%。这就是混合效率和反应器效能间的关系：混合效率高，则物料组成均匀性好，反应可以在全反应器中高效进行，产品质量也均匀，且容易控制。虽然反应器混合效能与反应器反应性能间关系的定量规律尚无公认的结果，但定性上反应器混合效能与反应器的反应效率是正相关的。

反应器中的混合过程一般包括主体对流扩散、涡流扩散和分子扩散三种扩散机理的综合作用，其作用的空间尺度依次减少。主体对流扩散把物料的较大团块输送到反应器各处，主体流动中的剪切和涡旋起到缩小团块和分散的作用；涡流扩散是指湍流流场中的涡团进一步将不同性质的团块分割和混合，使团块的尺度不断减小，并在流场中分散得更均匀。但是最小的涡团（Kolmogorov 尺度的涡团）也比分子大得多，分子尺度上的均匀混合只能最终依靠分子扩散来实现。

为了研究问题的方便，一般将混合分解为宏观混合和微观混合两个过程。宏观混合过程指反应器尺度上的宏观均匀化过程，包括主体对流扩散和涡流扩散两种机理。微观混合过程则指分子尺度上的均匀化过程，只有分子扩散才能实现微观混合。宏观混合能大大增加不同性质的团块间分子扩散的界面积，减少了分子扩散的距离，因此提高了微观混合的速度。有的研究将涡流扩散过程称为"介观混合"，从宏观混合中分离出来，这种观点和研究方法并未被普遍接受，研究报道也少。

宏观混合过程的研究主要是采用实验方法。混合的质量和速度需要用定量的指标来判断。最常用的指标是混合时间（毛在砂，2015），即达到一定程度的宏观均匀度所需要的时间。对于连续流动反应器，也采用停留时间分布（Zhang TW，2005）来表示反应器内液体的混合特性，这将在第 5 章中详细讨论。宏观混合也可用轴向分散系数来定量其强度，Liu ML（2008）在研究外环流反应器中的混合时做过这样的探索。历史上更早的研究者（Danckwerts PV，1952）曾提出用离集尺度和离集强度两个指标来描述混合的均匀程度。此外，研究者也采用了不同的数学模型，通过数值模拟方法求解数学模型，可以更全面、细致地描述搅拌槽内的宏观混合过程，从模拟结果中抽取出达到一定混合均匀度所需的混合时间。

3.1.1 混合时间

3.1.1.1 混合时间的合理定义

宏观混合时间是表征搅拌槽内流体混合状况和评定搅拌设备效率的一个重要参数，也是搅拌设备设计和放大的重要依据之一。混合时间常以注入反应器的示踪剂在反应器内达到一定程度的均匀度所需的时间来表示。以图 3.1 为例，在 A 点注入一定量的 NaCl 溶液作为示踪剂（通常注入时间很短，即脉冲形式注入），在 B 点测定反应器中水溶液电导率随时间的变化，换算为示踪剂

浓度 c_t 对时间 t 的曲线。无量纲示踪剂浓度为

$$C(t) = \frac{c_t - c_0}{c_\infty - c_0} \tag{3.1}$$

式中，c_0 为 $t=0$ 时反应器内示踪剂的基础浓度；c_∞ 为混合均匀后示踪剂浓度。在示踪实验中，$C(t)$ 逐渐由 0 趋向于 1（图 3.2）。混合时间 t_{95} 即是在 B点的浓度 C 落入 $0.95 < C < 1.05$ 且此后不再超出此范围的时间。95% 判据是目前多数文献的选择，少数作者也选用 90% 或 99%。判据不同，则混合时间的长短有很大的差别，但不同判据下所得数据体现的变化趋势则是平行、定性一致的。

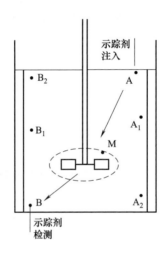

图 3.1　搅拌槽反应器示踪实验的注入点和检测点

图 3.2 是同一点注入示踪剂，但在两个检测点测得的无量纲浓度 C 的响应曲线。可以看出，响应曲线 1 的检测点位于主循环区（例如图 3.1 中的 B_1点），在示踪剂被混匀前，瞬时浓度响应值有几次大幅度的波动，且峰值可远大于 1（混匀后的平衡浓度），而响应曲线 2 相应于混合强度弱的区域内的检测点（例如图 3.1 中的 B 点和 B_2 点），所以响应的波动少，浓度倾向于单调地逼近平衡值。两个检测点确定的混合时间也不同。同样推理，注入点的位置也对响应信号曲线有一定的影响。

Landau J（1963）比较了反应器纵剖面上 15 个不同位置检测点确定的混合时间，表明检测点位置的影响是不能忽视的；在同一条件下进行 15 个点的混合时间测定，按每个检测点代表的体积加权来得到平均混合时间；还绘制了局部（单点）混合时间的等值线图，可以更全面地刻画搅拌槽的混合性能

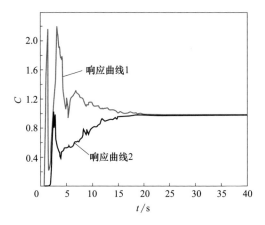

图 3.2 两个检测点测量的示踪剂浓度响应曲线和混合时间

（Landau J，1963）。也有研究者（Roussinova V，2008）在搅拌槽反应器中选择 3 个检测点，以它们响应的平均值来确定混合时间，这样的测定一致性更好。在选择的几个检测点中至少要有一个混合强度差的点，这样 3 个检测点测定示踪剂浓度的差别对恰当地确定混合时间也有指示意义。这些结果提示，采用单点检测法时必须主观上注意使选择的检测点具有代表性，但现今尚无可靠、客观的方法来科学地选择检测点。

Lunden M（1995）认为注入点位置对混合时间也有影响，但 5 个注入点测定的结果差别并不大。一般情况下，注入点选择的影响也比检测点的影响小得多。

早期的化学工程研究中有人提出，以反应器中分隔较远的两点测定的示踪剂浓度之差 $\Delta C(t)$ 为指标，当其落入示踪剂平均浓度 $(1 \pm \alpha)C_0$ 区间且此后不再超出所需的时间，即定义为混合时间（Kramers H，1953）。Kramers 等取 $\alpha = 0.001$；现在看来这个值选得过于严格，这样的判据实际上过分照顾了全反应器中混合最弱的区域。

实际上，以单点注入/单点检测方式来确定反应器的混合时间隐含着相当强的主观性（毛在砂，2015）。它仅以一个检测点 B 点的表现来代表全反应器的状态和混合能力，很难准确、全面地反映全反应器的状态。试想图 3.1 中的典型搅拌反应器，混合强度最大的是搅拌桨附近的 M 点，所测定的混合时间实际上涵盖的是：A 点注入的示踪剂，被输送、分散到 M 点，再由此处分散到检测点 B 并向全槽分散所需的时间。显然，这反映了示踪剂的 A→M→B 的分散/混匀过程。这样测得的 t_m 不能恰当地代表其它注入点分散、混合到其它检测点所需的时间，如 $A_1 \to M \to B_1$、$A_2 \to M \to B_2$ 等混合过程，而所有这类过程的集合才是反应器整体宏观混合特性的体现。可见，混合时间的注入点和检测点的选择有很强的主观因素。

为了使单点检测的示踪实验的结果更有代表性，一般检测点选择靠近反应器边壁和角落，这里混合条件较差，如果此点达到了混合均匀的标准，则反应器的绝大部分均已经混合均匀。但也不能太靠近流动停滞区（死区、死角），因为在此处检测的混合时间会过长而失去代表性。理论上，若不存在分子扩散的微观混合，流场中的停滞点处的宏观混合时间为无限长。

3.1.1.2　混合实验设计要点

为避免注入的示踪剂通过短路的捷径输送到检测点，注入点应该大致处于与检测点成对角线的远端，如图 3.3 中检测点为 B，则 A_2 点注入比与在同一侧的 A_1 点更合适。因此有将注入点选在反应器内混合强度大的区域（桨区，图 3.1 中的 M 点）的建议（毛在砂，2015），即只测定 M→B 这一过程，以减少注入点选择主观性带来的误差，使混合时间测定的客观性增强。

混合实验方案的设计，特别是在进行参数影响的系列实验时，应当细致地考虑参数变化时注入点和检测点位置的合理性是否保持一致。图 3.3 中检测点的位置 B 用来考察搅拌桨距底高度 C 的影响是不合理的。当此高度减小到 $C/2$ 时（图 3.3 中虚线位置），检测点 B 的位置变为处于搅拌桨平面的上方，使高度 C 和 $C/2$ 的测定结果不可比。探头 B 突出反应器壁内的距离也应在实验前慎重确定。

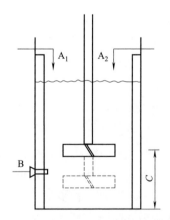

图 3.3　宏观混合的示踪实验示意图

　　混合实验方案设计应避免不必要的随意性，以便实验结果容易和文献中已有的结果互相比较。例如图 3.4(a) 中，注入点 A 在液面，检测点 B 也在附近，示踪剂注入时，B 点的电导率为实验中的峰值。当检测到电导率振荡衰减到峰值的 5% 时，即可确定出混合时间（李启恩，1997）。这就是说，无量纲浓度是按 $c(t)/c_{\max}$ 定义，而并非通常的 $c(t)/c_{\mathrm{f}}$。

　　评述：因此这样得到的混合时间 t_{m} 比按通常定义得到的 t_{95} 短得多［图 3.4(b)］，不能与多数文献结果直接比较。

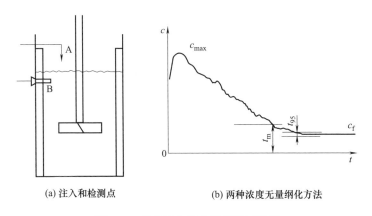

(a) 注入和检测点　　　　　　(b) 两种浓度无量纲化方法

图 3.4　宏观混合的示踪实验示意图

3.1.2　混合时间的其它定义

　　单点检测示踪剂浓度的传统定义实际上不能客观地反映整个反应器内的混合状况，实际上是局部点的混合时间。因此不断有改进混合时间定义、使其具有全局意义的建议。张庆华（2007）将混合时间定义为示踪实验中达到最终平均浓度（偏差 5% 以内）的流场体积达到一定体积分数（已混匀的体积分数 90% 或 95%）所需的时间。以已混匀的体积分数来定义混合时间，相当于采用了遍布于全反应器的许多检测点，因而避免了选择检测点的主观性。与这种覆盖全反应器体积的定义相应，实验测定也要求检测反应器的全部空间，远远高出普通混合实验只设置几个检测点的配置，需要发展相应的面检测、体积检测等实验检测新方法。与传统的混合时间实验测定结果相比，按混匀体积定义的混合时间长得多。例如，Lunden M（1995）用 4 个检测点测得混合时间在 48～55s 间，而张庆华（2007）数值模拟同样搅拌槽的实验得到的混合时间

（95%体积分数标准）为 87s。其原因可能是这 4 个检测点还未能有效地覆盖搅拌槽中其它混合困难的区域。

Hartmann H（2006）以反应器内全部 K 个检测点的示踪剂浓度偏离加权平均浓度 $\bar{c}$ 的偏离程度 σ 为指标，以数值减小到某阈值（如 0.05 或 0.01）的时刻为混合时间。这里

$$\sigma = \sqrt{\frac{\sum_i \left(\frac{c_i}{\bar{c}} - 1\right)^2 \Delta V_i}{\sum_i \Delta V_i}} \qquad (3.2)$$

$$\bar{c} = \sum_i c_i \Delta V_i \Big/ \sum_i \Delta V_i \qquad (3.3)$$

但每一个检测点 i 代表的被测体积的大小 ΔV_i 仍然有一定的主观性，虽然 K 值增大会抵消部分的主观性。若用先进的全反应器体积的测量技术，或以 CFD 技术模拟混合过程时，下标 i 可以覆盖反应器内的每一个局部网格，这能使混合时间定义的主观性减到极小。

也有其它类似的用面积和体积响应来确定混合时间的建议。Cabaret F（2007）用酸碱中和使指示剂变色的示踪方法研究宏观混合过程，记录的电荷耦合器件（CCD）图像覆盖了全反应器的纵截面，用已混匀的像素数量与图像总像素之比值 M 达到 0.9 或 0.95 来作为确定混合时间的指标。他们采用酸碱中和化学变色反应，声称当示踪剂（酸）的用量为槽中指示剂（碱）的化学计量 2 倍以上时，实验结果不受微观混合效率的影响。论文详细地解释了彩色图像处理技术。

评述：从反映全局宏观混合的角度看，此法用 2D 图像表达 3D 对象，因此靠近搅拌槽轴线的像素权重被放大了，不能真实地代表已混匀的体积分数。按数学上正确的加权方法，2D 图像上的每一像素乘以它所在的径向位置相关的权重后，才能进行混匀分数 M 值的统计。另外，化学变色涉及的混合过程已经包括了微观混合在内，因而微观混合因素是否已经排除还需仔细考察。

Hu YY（2012）用平面激光诱导荧光（planar laser induced fluorescence，PLIF）实验技术研究了多种因素对混合时间测定值的影响。他们记录半个纵截面的 2D 荧光图像，平面上的各像素转换为灰度值 $g(t)_{i,j}$，以其初值和平衡值之差为无量纲化因子，定义的总体（平均）示踪剂浓度的均匀度为

$$U(t) = \frac{1}{mn} \sum_{i=1}^{m} \sum_{j=1}^{n} \frac{g(t=\infty)_{i,j} - g(t)_{i,j}}{g(t=\infty)_{i,j} - g(0)_{i,j}} \qquad (3.4)$$

式中，m、n 为像素在平面上的位置指标。

评述：这个定义没有考虑各像素的体积权重，因而不是混合时间过程真实（或仅线性变换后的）的代表。正确加权后的均匀度指标应当更好：

$$U(t) = \frac{\sum_{i=1}^{m}\sum_{j=1}^{n} r_{i,j} \dfrac{g(t=\infty)_{i,j} - g(t)_{i,j}}{g(t=\infty)_{i,j} - g(0)_{i,j}}}{\sum_{i=1}^{m}\sum_{j=1}^{n} r_{i,j}} \tag{3.5}$$

第二点可商榷之处是无量纲化因子（分母）的选择：式（3.4）分母中的 $g(0)_{i,j}$ 可能是随各点的位置变化的。如果它只是此位置的背景灰度值，那没有问题；如果它代表的是初始时刻的示踪剂浓度，那就是个问题。无量纲化因子一般应该选择一个有整体代表性的基准值。

更精准的混合时间定义，应该显式地或隐含地包括所有可能的注入点和检测点的信息。适应这样定义的实验技术相当困难，一方面要得到二维面上或三维空间里物理量的准确测量，另一方面测量数据由点数据升级到二、三维，由此会有大批量的实验数据需要科学、快速地处理。例如，电阻层析成像（electrical resistance tomography，ERT）是能够测定时变三维（3D）浓度场的非浸入式测定技术，可以借此技术测定宏观混合的速度，现已达到将 3D 空间解析为超过 10^4 体积元的分辨率（Holden PJ，1998）。但由于 ERT 技术设备复杂，其应用仅限于很重要的任务，如检验多相流理论、校验 CFD 数值模拟混合过程的准确性等，难以在实际场合中用于混合时间的测定。相信随着科学技术的不断发展，会逐渐开发出能直接准确测定反应器宏观混合特性的全局性指标的实验和工程技术。

3.1.3 宏观混合的其它指标

很早以前，Danckwerts PV（1952）就定义了另外两个参数来描述流动反应器中的混合程度：离集尺度（scale of segregation）$S(t)$ 和离集强度（intensity of segregation）$I(t)$，前者指不同浓度的团块相距远近的平均值，后者是所有团块间浓度差的均方差。一般说来，二者均随混合操作进行而下降。图 3.5 中的两条曲线表示两个搅拌系统中离集尺度 $S(t)$ 减小的速度不同。系统 1 的 S 能渐进地下降到湍流 Kolmogorov 尺度 λ_K（宏观混合的终点），所需的时间即可定义为宏观混合时间 t_m（曲线 1）。系统 2 的混合能力弱（曲线 2），需要更长的混合时间，S 才能下降到接近 λ_K 的尺度。在层流体系中，尤其是高黏度和非牛顿体系中，混合过程缺少湍流涡团运动这一强有力的机理，只能靠流场中的剪切作用来使流体变形、拉伸，达到要求的宏观混合程度。设备不规则的几何形状，使流场中流动结构复杂，如流线弯曲、尾涡等，诱导产生的二次流动、流场的混沌特性等，也有利于减小离集尺度。

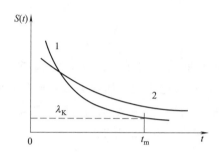

图 3.5 混合过程中的离集尺度随时间的变化

Danckwerts 考虑两种液体 A 和 B 构成的不均匀体系，其局部的浓度（体积分数）分别为 y_A 和 y_B，域中各处均有 $y_A + y_B = 1$，且 $\overline{y_A} + \overline{y_B} = 1$。可用相距 r 的两点上 A 的浓度 y_1 和 y_2 距平均值 $\overline{y}$ 之差的乘积 $(y_1 - \overline{y})(y_2 - \overline{y})$，表示此两点的局部不均匀程度。在体系中取大量皆相距 r 的点对所得的均值 $\overline{(y_1 - \overline{y})(y_2 - \overline{y})}$，除以其均方差 $\overline{(y - \overline{y})^2}$，则定义为相距 r 的两点间浓度的相关系数：

$$R(r) = \frac{\overline{(y_1 - \overline{y})(y_2 - \overline{y})}}{(y_1 - \overline{y})(y_2 - \overline{y})} = \frac{\overline{(y_1 - \overline{y})(y_2 - \overline{y})}}{\overline{(y - \overline{y})^2}} \tag{3.6}$$

Danckwerts 认为 $R(r)$ 值在 0 和 1 之间，r 大到一定距离，则两点间的浓度相差程度会小于随机波动，$R(r)$ 会接近于 0，此距离 ξ 与离集尺度 S 正相关。Danckwerts 直观地定义离集尺度为（图 3.6）：

$$S = \int_0^\infty R(r) \mathrm{d}r = \int_0^\xi R(r) \mathrm{d}r \tag{3.7}$$

这是一维浓度场中的定义，在二维和三维场中也可类似地定义（Danckwerts PV，1952）。

然而，浓度场的离集特征也可用溶液中溶质 A 浓度分布 $c_A(x)$ 在 x_a 点附近的自相关系数来表示（毛在砂，2015）：

$$R(r) = \frac{\int_{x_a - L}^{x_a + L} c_A(x - r) c_A(x) \mathrm{d}x}{\int_{x_a - L}^{x_a + L} c_A(x) c_A(x) \mathrm{d}x} \tag{3.8}$$

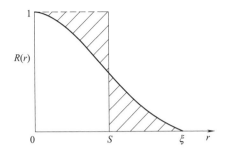

图 3.6　相关系数 $R(r)$ 和离集尺度 S 的关系（Danckwerts PV，1952）

积分域为 x_a 附近、比离集尺度大得多的邻域 $[x_a-L，x_a+L]$。这是一维空间的计算公式。若邻域是整个区间，则此自相关系数是全局性质。由于浓度始终大于或等于 0，故 $R(r)$ 总在 0 与 1 之间。

对二维浓度场的情形，自相关系数的计算式为域面积 A 上的面积分：

$$R(\boldsymbol{r})=\frac{\int_{\Omega}c_{A}(\boldsymbol{x}_a)c_A(\boldsymbol{x})\mathrm{d}A}{\int_{\Omega}c_A(\boldsymbol{x}_a)c_A(\boldsymbol{x}_a)\mathrm{d}A} \tag{3.9}$$

式中，$\boldsymbol{x}_a-\boldsymbol{x}=\boldsymbol{r}$，即 $\boldsymbol{x}$ 和 $\boldsymbol{x}_a$ 两点间距保持为常数 $\boldsymbol{r}$。$\boldsymbol{x}$ 和 $\boldsymbol{x}_a$ 在平面域 Ω 中的可行域上取值。积分域的大小决定了所得的自相关系数是局部值还是全局值。

也可以按 Danckwerts 的定义法，以局部浓度对平均值之差来计算自相关系数：

$$R(\boldsymbol{r})=\frac{\int_{\Omega}[c_A(\boldsymbol{x}_a)-\overline{c}_A][c_A(\boldsymbol{x})-\overline{c}_A]\mathrm{d}A}{\int_{\Omega}[c_A(\boldsymbol{x})-\overline{c}_A]^2\mathrm{d}A} \tag{3.10}$$

以二维周期性的浓度分布为例 [图 3.7(a)]，取浓度场中 100×100 的矩形域（长度为相对值）为积分域，浓度 c 在 1 和 5 之间有规律地分布。按式 (3.9) 计算的自相关系数的数值在 1 和 0.5098 之间，原点以外 $R(r)$ 的极大值为 1。若按式 (3.10) 计算的 $R(r)$ 用等高线表示于图 3.7(b)。自相关系数在 $-0.5103\sim1$ 之间。图 3.7(b) 中 $\boldsymbol{r}=0$ 处 $R(r)=0$，在此点的周围，$R(r)$ 有许多局部极大值点，例如 a 点和 b 点都是。这说明，若沿不同的空间方向（图 3.7 中的水平、垂直，或倾斜的 oa 方向），观察到的离集尺度不同。但 a 点距原点的距离最近，距离为 26.9，b 点稍远，因此取最近的极值点的距离为离集尺度，即 $S=26.9$。

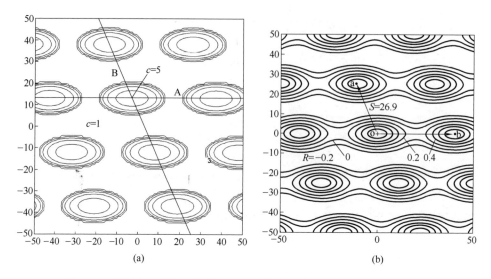

图 3.7 平面域上周期性浓度场（a）及其自相关系数 $R(r)$ 的分布（b）

（毛在砂，2015）

从图 3.7(a) 中自相关系数 $R(r)$ 值，计算按 Danckwerts 定义的 $R(r)$，可以图 3.7(b) 的中心点为圆心，画半径为 $r = |r|$ 的圆，将圆上各点的自相关系数值平均，就得到以 $r = |r|$ 为自变量的 $R(r)$ 函数曲线。也可以按式（3.10）计算，但积分限制条件为 $|x_a - x| = r$，所得的 $R(r)$ 如图 3.8 所示。将不同取向的所有间距为 r 的 $R(r)$ 值平均后，曲线在 $r = 0$ 以外的极大值位于 $r = 29.2$ 处。这比图 3.7(b) 中的 $S = 26.9$ 大，是因为图 3.7(b) 中水平方向 ob 间的 $S^* = 40$ 也被平均进去了的缘故。若按式（3.7）或式（3.7a）

$$S = \int_0^\infty R(r)\,\mathrm{d}r = \int_0^\xi R(r)\,\mathrm{d}r \qquad (3.7)$$

$$S_a = \int_0^\infty |R(r)|\,\mathrm{d}r = \int_0^\xi |R(r)|\,\mathrm{d}r \qquad (3.7a)$$

来计算，本例中给出的值分别为 $S = 3.9$ 和 $S_a = 9.3$，也远远小于图 3.7(b) 中更具物理直观性的估计。如此看来，浓度场的自相关系数不一定总为正，式（3.6）和式（3.7）的定义需要慎重衡量其适用性。

将离集尺度再向三维浓度场扩展，其定义和数值估计也相应变得复杂。这种情况下，用蒙特卡罗法随机选择一定数量的方向来近似地估计离集尺度是可取的简易计算方法。在三维空间中，离集尺度一般在各坐标方向不等，某一方向上离集尺度最小，另一方向上可能最大。离集尺度大是需要混合操作来消除

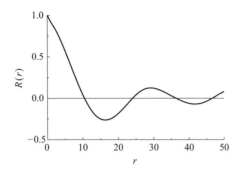

图 3.8 按 Danckwerts 定义用式（3.10）计算的 $R(r)$

的，离集尺度小则是对混合有利的因素，因此需要对离集尺度的空间分布和随方向的变化有深刻的理解，以获得改善混合效率的有效措施。在微反应器一类设备固壁对流场影响十分显著的场合，尤其需要这样的深刻认识。至于离集强度，Danckwerts PV（1952）定义为

$$I = \frac{\sigma_c^2}{\overline{c}(1-\overline{c})} \tag{3.11}$$

其中

$$\sigma_c^2 = \overline{(c-\overline{c})^2} = \overline{c^2} - (\overline{c})^2 \tag{3.12}$$

是全域中浓度 c 的方差。组分 A 完全离集时 $I=1$，而浓度场完全均匀时 $I=0$。一般说来，I 反映的是组分浓度偏离平均值的程度，与 A 和 B 的相对量多少无关。

Kukukova A（2009）从化工和其它学科的研究中筛选出能全面刻画宏观混合的 3 个特征参数：离集强度 $I(t)$（或 variance in concentration）、离集尺度 $S(t)$（或 spatial proximity）、离集度变化率 $X(t)$（exposure，团块间接触面大，则离集容易消减）。他们以棋盘格子状的浓度分布场为例，证明了这 3 个参数都不能单独完成表征混合过程的任务。

综合看来，混合程度的指标中离集尺度是最重要、最关键的。离集尺度 $S(t)$ 的逐渐减小是混合过程的最基本特征；随着尺度的减小，不同浓度的团块间的接触面积相应增加，越来越有利于质量交换而达到混合的目的；离集尺度减小也相应于分子扩散的距离缩短，使扩散速率增大，有利于消除团块间的浓度差别，使离集强度下降。虽然如果没有分子扩散，基于团块间浓度差的离集强度 $I(t)$ 无从下降。这样看起来好像 $S(t)$ 和 $I(t)$ 是互相独立的；其实所有的实际体系都有分子扩散，若离集尺度大，$I(t)$ 的下降必然也慢。所以，

$I(t)$ 是依赖于离集尺度的。而离集度变化率 $X(t)$ 与离集尺度 $S(t)$ 相关：离集尺度小、团块小，不同浓度的团块间的接触面积相应上升，即 $X(t)$ 也增大。两个指标都只有混合尺度是纯粹的宏观混合指标。图 3.9 中，宏观混合接近完成时的局部浓度分布，黑白相间的条纹表示团块间的浓度差别还很大，但离集尺度已经小于探头尺寸和 Kolmogorov 尺度，这时离集强度和离集变化率仍然很大，但从宏观混合的角度来看，反应器内已经均匀化了。因此，宏观混合的研究应该着重于离集尺度。

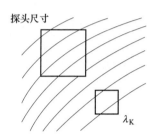

图 3.9　宏观混合接近终点时的局部浓度场

离集尺度的实验测定尚未见报道。其难点在于要求的空间分辨率高（可观测到小于湍流涡团尺度的团块），同时要能分辨出相邻团块有浓度和其它示踪性质的差别，更重要的是做反映整个反应器空间混合情况的 3D 观测。期待着分析测试仪器技术水平的提高能逐渐满足这些要求。采用片光源照明的高分辨率光学方法是一个值得关注的方向。

可以将单点检测示踪剂混匀确定的混合时间，理解为依据离集强度概念的实验方法的 0 阶变种。检测点初始时刻的浓度为 0，这时对最终平均浓度 c_∞ 的偏离为 c_∞，即离集强度 $I(t=0)=c_\infty$，这个偏离随着混合进程而不断减小。当偏离小于 $0.05c_\infty$ 的时刻，就是通常定义的 95％ 混合时间 t_{95}。如果逐渐增加检测点的数目和代表性，原则上可以得到与 Danckwerts 的离集强度概念一致的混合时间。

3.2　宏观混合实验

宏观混合时间是评定反应器和混合设备等效率的重要指标，其实验研究的历史长达 70 余年，但迄今仍持续开展和深入（张庆华，2008；程荡，2011），积累了大量的混合时间测定结果，为反应器的评价和设计提供了有价值的基本数据。关于实验研究方法，已经有一些很好的综述（Nere NK，2003；Ascanio G，2015）。

示踪剂的选择、示踪剂加入的地点、方式（快慢、射流方向）、检测点的位置、检测点的覆盖区域大小、示踪剂是否涉及化学过程（酸碱中和、消色反应）、示踪信号数据的处理技术等，都影响到混合时间测量的准确度和精度。

评述：涉及化学反应的示踪方法（化学法）中，示踪是因化学反应而起作用的，所以微观混合步骤也包括在内，测定结果受到微观混合的影响，有不确定的误差。推荐用物理方法（不涉及化学反应的示踪剂）来进行示踪实验，避免微观混合因素的干扰。

示踪剂的检测是示踪实验的重要一环。检测方式从最早的单点检测，随着仪器技术的逐步进步，检测点的数量逐渐增多，甚至可以做到全反应器空间的体积检测。因此，可以把单点/多点检测称为零维（0D）示踪法，而用光学法则可以实现面检测（二维/2D），甚至体检测（三维/3D）。从文献检索看，线检测（一维/1D）示踪法则极为少见，反而面检测技术的应用有渐次普遍的趋势。

3.2.1 示踪剂

为了使流体的运动和混合的时间过程能够不失真地观察到，所用的示踪剂必须能忠实地跟随流体一起运动。溶解于流体中的可溶性物质一般能满足这个要求。严格地讲，一种化学物质在流场中的输运通量 $\boldsymbol{J}$，包括对流和扩散两部分：

$$\boldsymbol{J} = \boldsymbol{u}c - D\nabla c \tag{3.13}$$

式中，$\boldsymbol{u}$ 为流体主体的速度矢量；c 为溶质的摩尔浓度；D 为溶质示踪剂在流体中的分子扩散系数；∇c 为浓度梯度，$-D\nabla c$ 即为溶质的扩散通量。一般情况下，溶质在液相中的扩散系数在 $10^{-9}\,\mathrm{m^2/s}$ 数量级，c 在 $10\,\mathrm{mol/m^3}$ 数量级，$\boldsymbol{u}$ 约 $0.1\mathrm{m/s}$，反应器尺度 $1\mathrm{m}$，则对流通量 $\boldsymbol{u}c$ 约为扩散通量的 10^8 倍。因此，可以认为在被测试的反应器中，示踪剂是能准确地代表反应流体的运动和混合的。

同样，气体组分在常温常压的气相中的扩散系数在 $10^{-6}\,\mathrm{m^2/s}$ 数量级，c 在 $10\,\mathrm{mol/m^3}$ 数量级，则对流通量 $\boldsymbol{u}c$ 约为扩散通量的 10^5 倍。因此，气体示踪剂作为气相混合过程的标记物，也是适用的。例如，气体流经反应器时，以氢气、氦气等热导率高的气体作示踪剂，通过测定气体混合物的热导率变化，可以探测出反应器内某点示踪剂浓度的变化。

  细微的异相颗粒也可以用来示踪。在流场可视化实验中，用电解方法在液相流场中就地产生的细小氢气泡，就是早期流场可视化实验的主要方法之一。细微的固体颗粒，其光学性质（不透明或有彩色）与透明的连续相流体有明显区别，也能作为示踪剂，这样容易检测和计数（颗粒数目代表示踪剂浓度）；另外其粒径足够小、密度相差不大，则跟随性就好，示踪结果比较准确。

  示踪剂与流体主体性质应有显著的区别，而且区别的强度是不随时间而改变的。常见而可利用的性质包括：电导率、颜色、温度等检测方便的性质，测定它们的电导率计、光电二极管、温度计等仪器技术十分成熟、品牌多、价廉易得。最好这些性质变化的测量信号能线性地反映示踪剂浓度的变化，使仪器信号到浓度值的转换准确、容易。按这些要求选定示踪剂是示踪实验设计的最重要的第一步。

3.2.2 示踪实验技术

3.2.2.1 电导率法

  这是混合时间实验最常用的方法：在体系搅拌达到稳定后，瞬间加入少量的电解质溶液，同时利用电导率仪测定反应器中某个或几个位置上电导率随时间的变化，从得到的响应曲线来确定混合时间。多数研究是在一个搅拌强度较弱的区域注入示踪剂，而在离注入点几乎最远且混合较困难的一点来检测，如图3.1和图3.3示意性表示的单点检测。也有选择几个有代表性的地点同时检测，几个信号一起综合分析，判断混合的进程和质量。正确的测定混合时间实验，需要合理地选择示踪剂的注入点和检测点，才能将弱流动区的影响体现出来（毛在砂，2015）。

  确定混合时间，通常采用95%规则，即当示踪剂浓度的检测值进入示踪剂的最终平衡浓度的95%～105%区间且之后不再超出此范围，该时刻即为混合时间 t_{95}。电导率法测量比较方便，但缺点是测量探头对槽内的流动状态也有一定的影响。因此在利用电导率法测量混合时间时，需要综合考虑以上诸多因素的影响。

  电导法的应用始于20世纪50～60年代，用于单相搅拌槽的混合（Kramers H，1953），后来推广用于液固搅拌槽（Raghav Rao KSMS，1988）等两相体系。Kramers H（1953）在搅拌槽中注入电解质示踪剂之后，测量槽内相隔较远的两点的电导值（它正比于示踪剂浓度），取浓度差值小于最终浓度的

0.1%以下时所需的时间为混合时间 t_m（图 3.10）。这个苛刻的定义与大多数研究所采用的定义不同，因而数据间无法比较。他们观察到在湍流操作条件下，Nt_m 保持常数（N 为搅拌桨转速）。而且，单位体积容积所需的混合能耗与桨尖线速度 ND 相关：

$$\frac{Pt_m}{D^3} \propto (ND)^2 \tag{3.14}$$

式中，D 为搅拌桨直径；P 为搅拌功率。电导法测量因其简单，至今仍为化学反应工程中的常用方法。

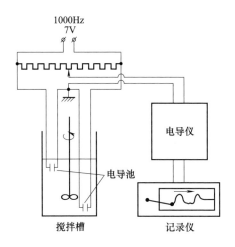

图 3.10 早期测定宏观混合时间的电导法（Kramers H，1953）

近年发展起来更为先进的电阻层析成像（ERT）也是基于反应器内介质电导率的测量，但测量的范围扩大到反应器的整个横截面的电导率分布，换算为横截面上示踪剂浓度的 2D 分布，以确定浓度均匀性随时间变化的过程，当然也能最终给出以此横截面来代表反应器的混合时间。此法可以测量二维和三维的浓度分布（Mann R，1997）。图 3.11 是一个测量反应器横截面二维分布的电导电极布置示意图，有 N 个电极。实验时在一对电极之间（例如 1-9 或 9-1 间）通入电流（一般为 5mA），测量其它电极的电压，所测电压值代表了搅拌槽中电导率的分布情况，这样得到 $N-2$ 个数据；轮换其它的电极对（如 1-2、1-3、2-3、2-4 等）实验，可以得到 $N(N-2)$ 个测量数据。由于电场的对称性，在电极对 1-9 或 9-1 间通电得到的电场是相同的（仅电力线的方向相反），所以能得到的数据个数为 $N(N-2)/2$。如果数据量显著地多于未知数（横截面上离散网格节点上待定的电导率）的个数，则可以通过图像重构软件按照电场的控制方程，数值计算确定所测量平面上各节点的电导率，换算为示踪剂浓度分布的最优估计值。在混合过程开始后的不同时刻进行多次测量，可以得到平面上浓度均匀度定量指标随时间的变化，从而确定混合时间。该方法的缺点是仪器费用较高，在反应器壁需要放置很多电极，以满足图像重构需要达到的分辨率；而且需要在测定过程中多次重复测定；整个实验过程和数值图像重构都比较耗时，不适于快速混合过程的在线测量。如图 3.11 上部所示的那样，在反应器高度方向上布置更多电极进行多截面测量，即可实现电导率空间分布的三维测量（Pinheiro PAT，1997，1999）。三维测量能产生海量的信息供反应器的分析和诊断，但重构计算时间长；如果仅是为了得到宏观混合时间一个参数，建议采用更经济、快速的零维示踪方法。

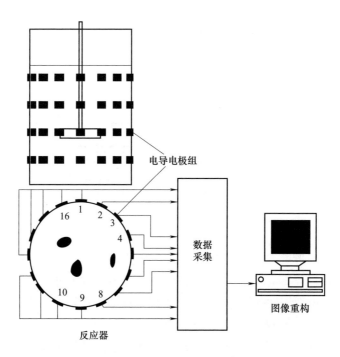

图 3.11　圆周上配置 N 个电导传感器的二维和三维 ERT 系统

3.2.2.2　光学法

光学法是利用示踪剂的颜色来表示示踪剂的浓度，从而探测被示踪的流体在反应器中运动、分散和混合的方法。最简单的是加入少量的染料溶液，在固定的一个或几个检测点，以光电二极管来观察流体色度或亮度的变化，输出信号为二极管的电流。测量容易受到环境光的影响，所以常需要遮光措施。这是局部点检测的零维方法。

染料的颜色均匀化的过程不太容易肉眼观察判定，但染料褪色到无色的终点却比较容易判断。因此，文献中有以注入的示踪剂（例如足够量的盐酸）使预先均匀着色的反应器内流体（含酚酞的 NaOH 溶液）褪色的实验测定报道（Cabaret F，2007）。作者研究了整个反应器过轴线纵剖面彩色图像变色的过程，细致地探索了图像处理分析算法，确定了图像达到混匀标准的分数和逐渐逼近最终渐近值的过程，但未明确提出混合时间的判定标准。

利用对 pH 敏感的示踪剂，显示在混合均匀化过程中的颜色变化，也属于这一类方法。溴百里酚蓝（bromothymol blue）在 pH 小于 6.0 的酸性环境中显黄色，而在 pH 大于 7.6 的环境中显深蓝色，液相为 0.04% 溴百里酚蓝的溶液（Lamberto DJ，1996）。溴甲酚紫（bromocresol purple）指示剂在 pH 小于 5.2 时显黄色，pH 大于 6.8 时显紫色；可配制 0.04% 溴甲酚紫的溶液作为反应器内的实验介质，控制好初始 pH，即可以 1mol/L 的 HCl 或 NaOH 溶液为示踪剂，通过观察溶液变色的近似终点来确定混合时间（Ascanio G，2004）。但是已经有文献指出，肉眼观察变色，从有色变无色容易判断，由无色变有色、从一彩色变另一色则难以判别。所以变色法试剂和实验步骤需要很仔细的设计。

评述：指示剂变色法是全反应器检测的方式，比单点检测能更准确地表征反应器的整体混合效率。但随之产生另一个问题：酸碱中和变色涉及了化学反应，因此微观混合（分子尺度上反应物的均匀化过程）也被包括在实验响应之内，故以此决定的混合时间有一定的误差。相比之下，物理变色方法更准确。

检测的方法也从最早的光电二极管发展到更先进的检测和记录方法，例如用 CCD 相机观测和记录颜色变化的时间过程，以观测面或观测体内的平均浓度或浓度的不均匀度为定量指标，最终确定混合时间的数值。近年来更多研究者都采用此方法考察混合时间。该方法只能在透明的反应器中应用，不能应用于工业尺度不透明的反应器。

评述：需要注意，用 CCD 直接记录全反应器的色度图像，得到的是 3D 图像的 2D 投影，二维图像中的每一点的色度实际上是若干体积元的投影叠加，在计算浓度不均匀度时应该有不同的权重。近年来有以激光片光源照亮反应器内某个竖直截面（最好是通过反应器对称轴的截面）的实验测定，这样得到的 CCD 图像是反应器内示踪剂浓度的真实写照，但这个 2D 图像还不能定量地代表反应器的不均匀度，因为每个像素在 3D 图像中代表的体积大小不同，应赋予不同的权重才合理。

3.2.2.3 温差法

温差法是向反应器内的液体中加入少量热流体，利用热电耦测定反应器中某一位置或几个位置温度随时间的变化，从温度趋近于最终混合均匀后的温度的响应曲线来确定混合时间（Hoogendoorn CJ，1967）。该方法插入的热电耦会干扰反应器中原来的流场，实验流体透过反应器壁向环境散热，也会使测定精度下降。

液晶温度记录法也是借助流体对温度的响应，适宜做二维的测量。热敏液晶处于不同的温度状态下显示不同的颜色。先将热敏液晶制成半透明的微胶囊加在反应器内，混合均匀。液晶胶囊直径约 $20\mu m$，密度与水接近，所以其跟随性很好。实验开始时注入一个热脉冲，其所带热量的混合过程反应器内不同位置温度发生变化，该处的液晶也就显示不同的颜色。通过目测或摄像，确定混合时间。此技术用液晶微囊，有不干扰流场等优点。采用手性向列型液晶物质，低温时从无色转红色，随温度升高跨越从红到蓝紫的整个可见光谱，再变为无色。液晶物质的变色响应不是瞬时完成的，也受很多物理因素、杂质积累等的影响，因此要在实验前，甚至实验中，测绘校正曲线，选择线性响应的温度区间来确定实验中流体主体与液晶示踪剂的温度。Lee KC（1997）用温差法测定了搅拌槽的混合特性，图 3.12 即典型的校正曲线，色调值在 $25\sim$ $27.5℃$ 间才是近似线性的。因此实验时，搅拌槽中液体为 $25.2℃$，示踪剂为 $27℃$。按图像中 95% 的图元达到了相同的色调值的时间为混合时间。图 3.13 为注入示踪剂 200ms 后的彩色图像（参见彩插），其中的红色区域说明了示踪剂注入的射流对流型的影响。此方法测定的精确度强烈依赖于温度的标定（液晶颜色显示与温度信息之间的关系），而且准确解释液晶的图像也是相当复杂

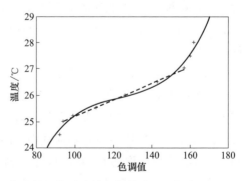

图 3.12　典型的温度对液晶色调值的校正曲线（Lee KC，1997）

的过程；示踪剂与反应器流体间的温差小，所以测温的精度、防止向环境散热等都是需要重视的问题。

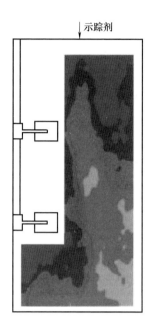

图 3.13 示踪剂注入后 200ms 时双 Rushton 桨搅拌的流场色调图（Lee KC，1997）

3.2.2.4 激光诱导荧光技术

激光诱导荧光（LIF）的原理和测量技术在 20 世纪 90 年代已多有报道，近来应用渐多，是非介入式测量方式，可测量整个截面上的荧光光强分布，时间和空间分辨率都很高，但只适用于光学上清洁、折射系数为常数的体系。平面激光诱导荧光（planar laser induced fluorescence，PLIF）是向搅拌槽中加入一荧光指示剂作示踪剂，在搅拌槽一侧用一激光片光源照射，示踪剂会由于浓度的变化而在激光照明的薄片内发出不同强度的荧光，整个混合过程可利用数码相机捕捉，最后通过分析图像来确定混合时间。该方法与光学法类似，不能用于不透明的工业搅拌槽，因此多在实验研究中应用。Hu YY（2012）用PLIF 技术研究了多种因素对搅拌槽混合时间的影响。其实验步骤大致为：选择荧光示踪剂，其荧光持续时间应小于测定混合时间的分辨率（容许误差），即用激光脉冲激发出荧光、显示出示踪剂的空间分布后，应及时熄灭，以免残余荧光影响下一时刻的荧光强度测量的准确性；实验开始时，注入荧光示踪剂，按固定的时间间隔以激光源照射反应器，以 CCD 等设备记录取样窗口的荧光图像；重复记录，直至荧光示踪剂已经均匀分布为止；处理每一时刻的图像，提取浓度不均匀性指标，借以确定混合时间，如 t_{99}。

　　LIF 也应用于管道反应器、静态混合器一类对象的混合研究中。Wadley R（2005）用 LIF 测量了 Kenics 和其它两种静态混合器的混合效能。测量装置如图 3.14 所示。50mm 直径管内加装 2、4 或 6 个元件。Rhodamine WT 示踪剂（比其它罗丹明试剂的毒性小）在 Kenics 元件上游近处加入，管道出口外的近处为激光片光源照射的检测面。记录荧光图像的 CCD 相机配有滤光片，以消除散射激光的干扰。要找到合适的示踪剂浓度、激光源强度、测试段形状和尺寸，以便得到荧光光强和示踪剂浓度呈线性关系的校正曲线。每一数据图像为 6s 时间内采集 150 帧图像的平均值。

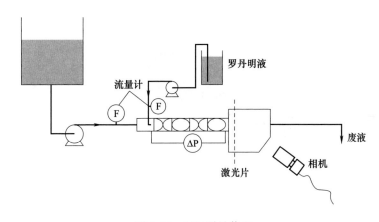

图 3.14　LIF 测量装置

　　混合质量用变异系数（coefficient of variation，C_V，或归一化的标准偏差 $\sigma/\bar{c}$）表示。图 3.15 是测量的 C_V 数值与管道流束雷诺数间的关系，可见几个静态混合元件就能得到很好的混合效果。一般 C_V 值为 0.05 被认为混合良好，0.01 是混合很好。计算 C_V 的方法可以是先计算每一帧图像的标准偏差，然后对许多帧取平均，或先将许多帧图像平均，然后计算平均图像的 C_V。Wadley R（2005）取后一种算法。用 150 帧图像已经能得到稳定的 C_V 数值。空间分辨率约 0.1～0.2mm，片光源 0.5mm 厚，已经小于宏观不均匀性的尺度。当然，像素代表的图像面积越小，算出的 C_V 会越大。

　　评述：虽然两种算法所得数据的趋势是一致的，但后者算出的 C_V 数值较小，混合时间稍短。严格说来，先算 σ 后平均的方法更科学。

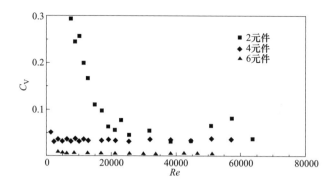

图 3.15 Kenics 元件组的混合质量（管径 50mm，两股流束的流率比＝100。Wadley R，2005）

骆培成（2005）建立了面激光诱导荧光技术研究两股液流混合过程的实验方法，实验的空间分辨率为 $160\mu m$，对两股厚度为 2.5mm 的液膜在毫米尺度流道内的微错流接触混合器（图 3.16）进行了可视化研究，获得了两股流体混合过程的瞬态浓度场分布图和时均浓度场分布图。利用离析度（离集强度）I 概念对混合过程进行了定量的表征，获得了不同液膜流速下离集强度 $I(y)$ 值随着液体流动方向（y 方向）的变化趋势（图 3.17）。研究结果说明，PLIF

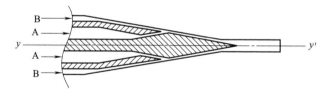

图 3.16 液液快速微错流接触混合器示意图（骆培成，2005）

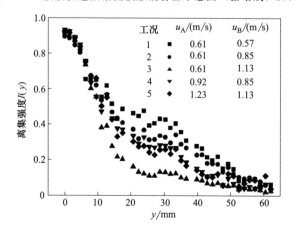

图 3.17 离集强度随混合进程沿 y 方向的变化（骆培成，2005）

技术是研究液液两相混合过程的重要手段，可以定量地重构出液相混合过程的浓度场分布，有助于研究液体快速混合过程的机理和影响因素。

3.2.2.5 固体示踪剂

能跟随流体流动、又有容易被检测的物理属性的固体颗粒，也可以作为示踪剂。前面叙述的液晶微囊也属于固体颗粒作为示踪剂的例子。跟随性好的固体颗粒的惯性小，在液相中的沉降终端速度小，或固液相间的滑移速度小。激光多普勒测速（LDV）、粒子成像测速（PIV）都利用了微小颗粒的这一性质，能够在片光源照明的液相薄层的影像中，捕捉到固体颗粒的位置，也相应地能确定其粒数密度，以及颗粒分布的均匀程度。因此，LDV、PIV 技术也能提供确定混合时间所需要的示踪颗粒逐渐分散的图像序列。但用昂贵的 PIV 设备来测定宏观混合时间似乎不是一种经济、简便的方法。

正电子发射追踪（positron emission particle tracking，PEPT）是研究不透明容器中三维流动现象很有用的技术（Parker DJ，2008）。其原理是将能进行 β^+ 蜕变的放射性核素（如 $^{23}_{12}\text{Mg} \longrightarrow {}^{23}_{11}\text{Na} + \text{e}^+ + \nu_e$，或者 C-11，K-40，N-13，O-15，Al-26，Na-22，F-18，I-121）密封在耐环境的小球内，直径在 $1\text{mm} \sim 100\mu\text{m}$ 之间，这样的小球对多数的液体介质有很好的跟随性，可以满意地作为示踪剂。蜕变时发射出两个方向近似相反的粒子，可以被在设备外的两个平面检测器测得，并据此确定示踪颗粒的三维空间位置（图 3.18）。以千赫（kHz）-亚兆赫（MHz）的频率连续测定，即可探测示踪颗粒穿过设备内某一截面的频次、每次所用的时间、运动路径的长度，长时间测定的数据更能揭示颗粒运动覆盖的设备体积，因此 PEPT 的测量可以反映出设备流动的均匀性和混合效率。Fangary YS（2000）用 PEPT 技术测定了轴流桨搅拌槽内的

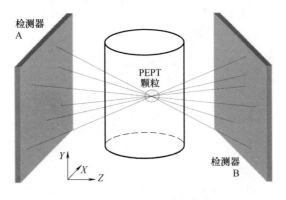

图 3.18　PEPT 示踪定位法

非牛顿羧甲基纤维素钠（CMC）溶液的流型。Edwards I（2009）研究 Al(OH)$_3$ 晶粒的半连续沉淀反应，用 ERT 测定混合时间以表征反应器中的混合效率，用 PEPT 技术测定反应器内的流场和操作参数的影响，发现混合时间与加料速率对加料区流速的比值有很大的关系。

3.2.2.6　放射性示踪剂

此外，通过加入一定量具有放射性的液体示踪剂（如锝 99、钠 24 等的无机盐），通过监测示踪剂浓度的分布来研究混合过程。这类液体示踪剂灵敏度高，可以在百万分之一数量级上进行测量，只需要很小体积的示踪剂，注入更接近理想脉冲的方式，不影响注入点处的流场，也不影响反应器内流体的物理性质，示踪剂的性质在苛刻操作条件下（如 300℃ 高温、强烈化学环境等）也不改变（Pant HJ，2001）。因放射性粒子的专业计数仪器成熟，容易在不改变工业设备的条件下使用。缺点则主要是放射性物质的获取不易，实验后放射性废弃物的处置比较困难。

3.2.2.7　计算机层析成像法

计算机层析成像法是一种先进的实验测定方法。文献中报道的双波长光度层析成像法（tomographical dual wavelength photometry，Buchmann M，1998，2000），因其是利用染料的颜色变化来确定示踪剂的分散和混合的，也应归于光学法这一大类。所谓双波长，是指同时用两种颜色不同的染料为示踪剂，一种是惰性的染料，吸收波长 λ_1 的光，而另一种可褪色（反应）的染料吸收波长为 λ_2 的光。惰性染料的分散混合代表了宏观混合，而反应变色染料表征微观混合特性。入射光源包含两种波长的激光，光的吸收服从 Lambert-Beer 定律，它们透过光路长为 b 的液体介质后，光强从 I_1^0 和 I_2^0 下降为 I_1 和 I_2，由此可计算出介质对两种光的光密度 A：

$$A_1 = (\varepsilon_{n,1}c_n + \varepsilon_{r,1}c_r)b = -\lg\left(\frac{I_1}{I_1^0}\right) \tag{3.15}$$

$$A_2 = (\varepsilon_{n,2}c_n + \varepsilon_{r,2}c_r)b = -\lg\left(\frac{I_2}{I_2^0}\right) \tag{3.16}$$

式中，c_n 和 c_r 分别指光路上的惰性和反应变色染料的浓度；$\varepsilon_{n,1}$、$\varepsilon_{n,2}$、$\varepsilon_{r,1}$、$\varepsilon_{r,2}$ 是两种染料分别对光线 1 和 2 的吸收系数；I_1^0、I_2^0、I_1、I_2 分别是两种激光的入射光强和穿透后的光强。这样从一束光的测量，可以从上面两个方程

求出未知的浓度 c_n 和 c_r。

实验的光路设置如图 3.19 所示。实验中氩激光源（波长 514nm）和氦氖激光源（632nm）合并为一束，然后分为 3 束，并扩张为圆柱形平行光，其直径为 150mm，可以完全照射测定目标反应器，透射反应器后的彩色图像用 3 个 CCD 相机记录并贮存。反应器横截面被离散为若干三角形微元，这样由于对称性的原因，彼此相位角相差 60°的三束光都照射同一个三角形微元，每个微元对 3 束光的光密度 A 相同。反应器为直径 100mm、高 125mm 的圆柱形。反应器置于正六面形柱状透明容器内，内盛满折射率相配的液体，避免图像失真。图像重构时反应器高度方向上离散为 30 层，每层（反应器横截面）离散为 1220 个三角形微元。

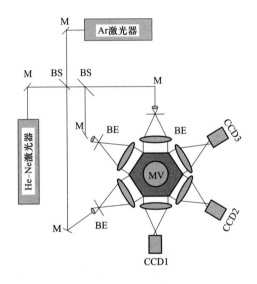

图 3.19　双波长光度层析成像法的光路设置（Buchmann M，1998）

MV—混合室；M—镜子；BE—光线扩张；BS—光线分路

0.1%（质量比）的淀粉溶液被碘染成蓝色，是可变色的示踪剂。惰性指示剂是红色 Duasyn Acid Ponceau 染料。二者混合作示踪剂（0.25mL），而反应器中液相（1L）含有大大过量的硫代硫酸钠，将单质碘还原为 I⁻，使蓝色消退。过量的还原剂保证褪色过程不受宏观混合的影响。Buchmann M（2000）讨论了图像数据的处理和评价宏观混合与微观混合效能的方法。若利用平行面光束照射反应器中的着色液体，就可以得到反应器横截面或竖截面的二维图像。若利用平行圆柱光束照射反应器则可得到三维图像。对所得图像进行分析后可确定混合时间。

关于两种示踪剂的宏观-微观混合联合测定，详见第 6 章第 6.3.2 节宏-微混合联合测量。

3.2.2.8 多相体系实验技术

前面讨论的内容基本上是针对单相体系的实验测量方法。多相体系中的情况则更复杂些，一是不同的物相有不同的流动规律，所以需要分别测量其混合特性；二是一相的存在对另一相的测量有影响，对测量技术和数据处理的要求更高。例如用光学法测定时，对被测定相中的示踪剂颜色进行测量时，另一相必须无色透明，或者是用分光光度计时不产生干扰的颜色。另外，反应器操作模式不同，描述混合性能的特征参数也不同：连续流动反应器用停留时间分布，而批式操作反应器用混合时间。

下面讨论几种多相体系中比较常用的实验技术。

（1）气液两相体系

对于气液反应器中混合时间的测量方法，目前主要有电导率法、温差法、pH 法和光差法等，其中电导率法应用最为广泛。文献中用电导法研究反应器中宏观混合及其影响因素的报道很多。对于气液两相搅拌槽内宏观混合的实验测定，研究主要集中在低气含率的情况。

对导电的水性连续相，以浓电解质溶液为示踪剂，电导探头的响应可以指示连续相中的电解质浓度。但在气液体系中，不导电的气泡出现在电导探头附近，会降低探头探测区域的表观电导率，探头测不到真实的液相电导率。气泡穿过测量感应区的数量和大小都不断地波动，也给电导探头信号叠加上不规则的随机波动，给数据处理造成困难。在测量局部电导率的探头外加装防护网，材质是不导电的塑料、合成纤维一类，网孔大小适中，可以挡住气泡，但对液相的流动阻力小，对流场的干扰小，使电导测量没有时间滞后。这样用电导率法测定气液搅拌槽的宏观混合时间更为可靠。

Otomo N（1995）在气液体系的研究中给电导探头加装过防护网。马跃龙（2010）用电导率法测定鼓泡塔内的液相混合时间以及导流筒和换热管等内构件的影响。以自来水、醋酸水溶液为液相，空气为气相，鼓泡塔内径为 200mm 和 400mm，表观气速为 $0.006 \sim 0.250 \text{m/s}$，鼓泡塔高径比 H/D 为 $0.8 \sim 7.0$。为消除气泡的影响，试验了两种方法：一是将电导电极置于塔内，外加丝网阻挡、破碎气泡；二是安装引流装置，将塔内液体引出，分离气泡后测量电导率。比较后认为，引流装置消除气泡干扰效果更好，电导率信号较平滑，因此用引流法正式测定。

然而，直接将单相体系中的探头用于混合时间测定也能适用。因为在气液体系搅拌达到流体力学状态稳定后，检测点处的气相含率和气泡粒度分布也是时均稳定的，电导电极的响应值也就直接正比于此处的液相电导率：

$$\lambda = f(\alpha_G)\lambda_0 \tag{3.17}$$

因为此时 $f(\alpha_G)$ 是一个常数，不随示踪剂的浓度而变化。因而也能从直接测定的 $\lambda(t)$ 曲线中判定宏观混合时间。但缺点是探头的信号受气泡干扰，信号处理较麻烦，对判断混合时间的准确性有影响。

Lu WM（1997）以 NaCl 为示踪剂，用电导率法测量了搅拌槽内挡板尺寸和数量对气液两相体系中液相混合时间的影响。电导探头是根据 Lamb 等在单液相体系中的设计（Lamb DE，1960，图 3.20）。作者发现，气体的引入增大了混合时间。

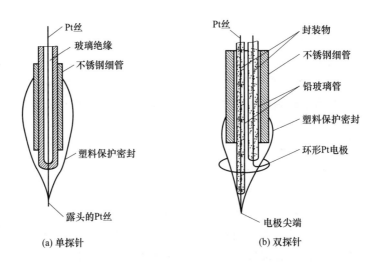

(a) 单探针　　　　　　　　　　(b) 双探针

图 3.20　电导探头（Lamb DE，1960）

在直径为 0.24m 的 Rushton 桨搅拌槽中利用电导率法对空气-水两相体系的混合特性进行了实验研究，如图 3.21 所示（张庆华，2009）。当进料位置靠近桨区时，混合时间最短；混合时间随着转速（N）的增加而逐渐减小；当气流率从 0 增加到 $0.6 m^3/h$，混合时间逐渐增加，而当气流率在 $0.6 \sim 1.2 m^3/h$ 则对混合时间影响很小。

Vasconcelos JMT（1998）和 Bouaifi M（2001）也利用电导率法考察了不

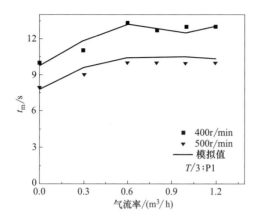

图 3.21　气液搅拌槽气流率对混合时间的影响（张庆华，2009）

同的多层桨搅拌槽内的气液两相的混合时间。

其它实验测定方法也多有应用。Espinosa-Solares T（2002）利用温差法考察了 ST-HR（Smith turbine-helical ribbon）、RT-HR（Rushton turbine-helical ribbon）多层桨对气液搅拌槽内液相混合时间的影响。

Guillard F（2003）利用 pH 法测量了标准 Rushton 涡轮桨气液搅拌槽内液相混合时间。示踪剂注入后，最终稳态的 pH 值和原始 pH 值相差约为 1。3 个 pH 探头放在不同位置，以所有探头均达到最终 pH 值的时间为混合时间。Pandit AB（1983）利用电导率法和 pH 法研究了气液搅拌槽和 3 种形式鼓泡塔的液相混合时间（t_m），以微量的酸或碱液为示踪剂脉冲，而 pH 电极或电导电极安置在设备的远端，记录探头的响应。试验过 pH 初始值为 3～10，其终值则在 2～11 变化，也试验过 pH 变化的方向（以酸或碱为示踪剂），结果说明这两个因素对 t_m 都没有影响。pH 电极和电导电极的响应时间滞后小于 0.5s，两种电极测定的混合时间误差小于 10%。实验表明搅拌槽中气相对混合时间的影响取决于桨型、气流率、转速等因素。

评述：文献中 pH 计实际上是被当作电导探头来用的，实际测量的是反应器中点上的氢离子浓度，因为改变此点氢离子浓度的是被输运到此处的示踪剂的物质量。区别在于电导率法直接测量示踪剂的浓度，而 pH 法则显示氢离子浓度的负对数值，因此在接近终点浓度变化缓慢时，pH 计的响应不灵敏，故其测定精度不及电导率计。

（2）液固两相体系

由于搅拌槽内的混合状况决定于反应器内的流体动力学特性，因此对搅拌槽内的宏观流场和湍流参数进行研究十分重要，所用的实验技术和测量手段有一部分也能用于测定混合的质量。液固反应器中混合时间的测量中电导率法仍然应用最广。

一般被研究的体系中的颗粒多数是不导电的，但惰性颗粒出现在探头的感应区内会使周围液相介质的有效电导率降低，所以也应该有措施排除因此产生的实验误差。一般固体颗粒的粒径比气泡小得多，能阻挡细颗粒的防护网也对液相的流动带来很大的阻力，使电导的响应滞后，因而电导率的数值也有误差。Micheletti M（2003）在研究液固体系混合性能时，曾经试过有塑料防护网和没有防护网的电导电极，但发现在低湍流区固相部分悬浮后，加装防护网使混合时间过长。推测可能是防护网的阻力太大，在搅拌强度不充分时，固体颗粒容易堵塞防护网，妨碍液流通过的缘故，没有对使用防护网做明确的结论。其产生的误差大小亦未见定量的研究。需要开发能在液固体系中可靠地测量流动连续相电导率的实验技术。Bujalski W（1999）在 ID＝0.72m 的搅拌槽中测定液相混合时间，用加防护网的电导探头来防止固体颗粒进入电导探头的探测间隙内，避免了电导信号的噪声干扰过大。

评述：Micheletti M（2003）遇到的困难，推测可能是防护网的阻力太大，在搅拌强度不充分时，固体颗粒容易堵塞防护网，妨碍液流通过的缘故。搅拌桨转速更低时，可能探头附近的颗粒还少，不足以堵塞液流的通道；搅拌更强时，则网上附着的颗粒能被强湍流驱离。然而，直接将单相体系中的电导探头用于混合时间测定也近似适用。因为在液固体系搅拌达到稳定状态后，检测点处的液相相含率和固相浓度及粒度分布也是稳定的，式（3.17）中此点的 $f(\alpha_S)$ 仍是一个常数，不随示踪剂的浓度而变化。用单个裸电导电极来测量液固体系中的液相混合时间仍然是可行的。

Raghav Rao KSMS（1988）研究了 0.57m 和 1.0m 内径的液固（水和石英砂）搅拌槽内的液相混合。搅拌桨转速 2～13.33r/s，固相质量分数 0～40%（ω_S），3 种搅拌桨：DT（disk turbine）、PTD（pitched turbine downflow）和 PTU（pitched turbine upflow），桨径 $0.25T～0.58T$。用电导率法测定液相的混合时间。PTD 的混合效率是最高的，而且用 PTD（$T/4$）悬浮固相所需的能量最少，对液相混合则是 PTD（$T/3$）的能量效率最高。用 PTD 搅拌在离底悬浮转速 N_{CS} 时，测得的混合时间（t_{95}）曲线有一个明显的折点（图 3.22）。图中也看出，在低转速下，有固相时的混合时间还比单液相的小。作者建立了估计 N_{CS} 的关联式和在此临界转速下无量纲混合时间的关联式：

$$(Nt_{95}) = 23\omega_S^{0.19} d_p^{0.11} \frac{T^{0.32}}{D^{1.15}} \qquad (3.18)$$

其平均误差为 12%。槽径 T 和桨径 D 的单位为 m，颗粒直径 d_p 的单位为 μm。

评述：此关联式右端为有量纲物理量，要用正确的单位。注意建立此式的实验范围，不宜外推使用。

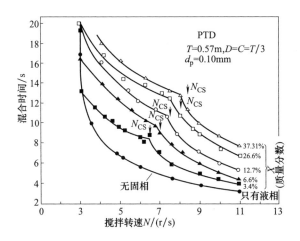

图 3.22　固相加料量对混合时间的影响（Raghav Rao KSMS，1988）

电阻层析成像（electrical resistance tomography，ERT）也是一种电导法，不过它可以测量整个截面上电导率的分布，是更先进测量技术。近年来用 ERT 来得到固相浓度分布的测量数据的工作已经比较多。Lassaigne M（2016）用 ERT 测定了斜叶桨搅拌槽中黏性流体、比较稠的液固体系的临界悬浮转速、颗粒悬浮的云高，以及云高达到 $0.9H$ 所需的时间。到目前，液固搅拌槽中实验测定液相混合的研究仍然不多，可能是由于光学法的局限性和固相运动对确定液相混合程度的干扰。

Paglianti A（2017）称首次用 ERT 测定了 Lightnin A310 桨搅拌的液固体系的液相混合时间。实验用搅拌槽 $T = 0.232$m，$H = 0.280$m，平底、有盖，装 Lightnin A310 桨，$D = 0.096$m，$D/T = 0.41$，$C = T/3$。液相为稀 NaCl 溶液，固相颗粒粒径 385μm，密度 2500kg/m^3，粒径分布很窄。固相的体积分数为 14.7%。其离底悬浮转速 N_{CS} 约为 900r/min。搅拌前的静止高度 H_L 为 0.250m。按旋转雷诺数判断，流型属充分湍流区。在实验的 $500 \sim 1100$r/min 范围内槽内上部总有清液层，云高约在 $z = 0.14$m（$N = 500$r/min）

处，或 $z = 0.21\text{m}$（$N = 1100\text{r/min}$）。ERT 电极每层 16 个电极（20mm 正方形），布置 4 层，高度位于 $Z_1/T = 0.26$，$Z_2/T = 0.47$，$Z_3/T = 0.69$，$Z_4/T = 0.90$ 处（图 3.23）。搅拌桨位于 Z_1 和 Z_2 之间。电极电流 15mA，9600Hz。重构图像含 316 个正方形单元，边长 11.5mm，时间分辨率为 0.16s。

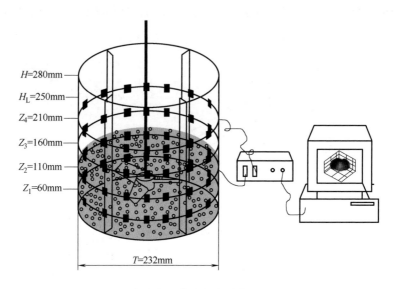

图 3.23　用 ERT 测定液相混合时间实验装置（Paglianti A，2017）

重构计算输出数据为单元 i 的无量纲电导率 $\kappa_i(t)$（单元的瞬时电导率除以注射示踪剂时刻 $t = 0$ 的电导率），然后算出单元的归一化无量纲电导率：

$$\chi_i(t) = \frac{\kappa_i(t) - \kappa_i(0)}{\kappa_i(\infty) - \kappa_i(0)} \tag{3.19}$$

该单元的混合时间可以按 $\chi_i(t)$ 降低到 $\pm(1 - x)\chi_i(\infty)$ 所需的时间。混匀度 x 常常取 0.95。

他们比较了 3 种数据处理得到合理的液相混合时间的方法。

方法 1：得到每个测量截面各单元 $\chi_i(t)$ 的全局平均值。可以如图 3.24 (a) 所示，估计出单液相 $N = 500\text{r/min}$ 时 t_{90} 混合时间为 4.25s，而液固体系在 $N = 500\text{r/min}$ 的搅拌条件下，固相不能完全悬浮，槽上部有清液层，固相云高约 0.14m。这使混合时间比单液相时长了很多（大于 20s）。而且可以从图 3.24(b) 的曲线上看出固相运动对电导测量的影响。此法似乎没有充分利用 ERT 技术测量得到的大量局部信息。

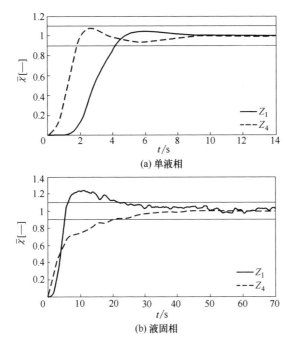

(a) 单液相

(b) 液固相

图 3.24　截面 Z_1 和 Z_4 的平均归一化无量纲电导率

（$N=500\text{r/min}$。Paglianti A，2017）

方法 2：按截面上已达到混合时间标准的单元的分数确定截面混合时间。从 ERT 数据中可以得到每一个单元的 $\chi_i(t)$，按要求的混匀度 x 来判断其混合时间，继而得到截面上所有已混合合格单元百分数 y 的累积曲线，如图 3.25(a) 所示。相应于 $y=0.9$ 的混合时间是 8.2s。但两个截面分别统计，更容易辨别混合较慢的区域，显然上部截面 Z_4 的混合更慢一些 [图 3.25（b）]，避免了单点电导测量的局限性和褪色法用肉眼观察的人为误差。图 3.26 表明，液固体系中的混合时间大大增加，明显在 20s 以上。图 3.26(b) 中的曲线的波动十分严重，很难准确判定混合时间。

方法 3：按归一化电导率的变异系数。ERT 数据也可以像 PLIF 一样用变异系数（coefficient of variation，C_V）来处理。$\chi_i(t)$ 的 C_V 的定义为：

$$C_V(t)=\sqrt{\frac{1}{N-1}\sum_{i=1}^{N}\left[\frac{\chi_i(t)}{\overline{\chi}(t)}-1\right]^2} \tag{3.20}$$

其归一化值为

$$C_{V,\text{norm}}(t)=\frac{C_V(t)-C_V(\infty)}{C_V(0)-C_V(\infty)} \tag{3.21}$$

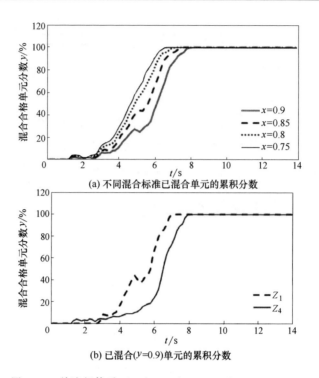

(a) 不同混合标准已混合单元的累积分数

(b) 已混合(y=0.9)单元的累积分数

图 3.25　单液相体系 （N＝500r/min。Paglianti A，2017）

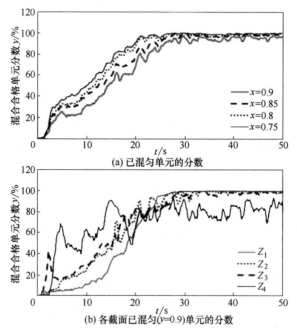

(a) 已混匀单元的分数

(b) 各截面已混匀(y=0.9)单元的分数

图 3.26　液固体系 （N＝500r/min。Paglianti A，2017）

完全混合时，$C_{V,\text{norm}}(t)$ 趋于 0，因此单相体系里比较严格的定义可取 $C_{V,\text{norm}}(t)$ 降到 0.01 的时间为混合时间。图 3.27(a) 中，单液相体系的混合时间为 6.5s，而图 3.27(b) 中液固体系则为 33.4s，虽然固相的扰动仍然可见，但用 C_V 来判断混合时间已经不困难了（Paglianti A，2017）。

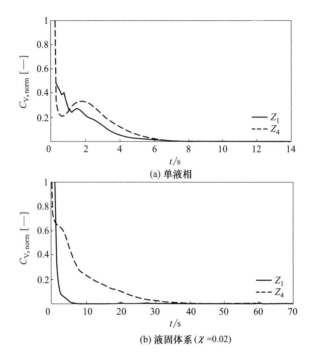

图 3.27　归一化 C_V 曲线（$N = 500\text{r/min}$。Paglianti A，2017）

　　总结起来（Paglianti A，2017）：方法 2 和方法 3 是相似的，方法 1 容易低估混合时间，但方法 3 的适应范围更宽。液固相体系中的液相混合时间显著地比单液相体系长，而其中混合最慢的区域是在上部的清液层，出现液固悬浮物与清液层的分界面使槽内的两相流动结构和均匀性变得更为复杂。液固体系中截面混合时间与 A310 桨的搅拌转速和截面高度呈现复杂关系（图 3.28），但总的趋势是搅拌转速高、截面位置低，则混合时间短。

　　评述：ERT 技术测量液固体系的混合时间仍然属于电导率法。混合过程中局部电导率与不导电固相的体积分数和导电的液相的电解质浓度有关，前一因素是固定的（固相浓度围绕其时均值波动，但随空位置变化），后一因素是动态变化的，它对总电导率 κ_T 的贡献是液相的电导率 κ_L，为 x 和 t 的函数。κ_L 才是真正判定液相混合时间的参数。因此需要将它从总电导率中分离出来，

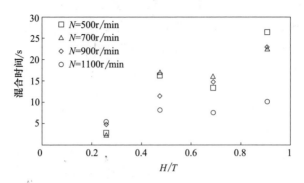

图 3.28　高度不同的截面混合时间与转速的关系

（液固体系，A310 桨。Paglianti A，2017）

才可能得到正确的液相混合时间。前面的式（3.19）中的 $\kappa_i(t)$ 可写为

$$\kappa_i(\boldsymbol{x},t)=k[\alpha_L(\boldsymbol{x})]\kappa_{i,L}(\boldsymbol{x},t) \tag{3.22}$$

其中的系数 k 可认为是局部液含率 α_L 的函数，其值小于 1，而 $\kappa_{i,L}$ 则是含电解质液相的电导率。此公式表明从电导电极响应值算出的表观电导率，小于此处的液相的真电导率，虽然二者呈正相关，但不是正比关系。

再者，采用全截面的数据时

$$\overline{\kappa_i}=\frac{1}{n}\sum\kappa_i=\frac{1}{n}\sum k_i\kappa_{i,L}$$

$$\neq\frac{1}{n}\sum k_i\cdot\frac{1}{n}\sum\kappa_{i,L}=\overline{k}\cdot\frac{1}{n}\sum\kappa_{i,L}=\overline{k}\cdot\overline{\kappa_L} \tag{3.23}$$

因为系数 $k(\boldsymbol{x})$ 不是一个常数，$\overline{\kappa_L}$ 的真值与 κ_i 的平均值不成正比，因此不能得到准确的液相混合时间。同理，不同截面上的系数值 $\overline{k}(z)$ 也不相同，因而不同截面上的表观混合时间也失去了可比性。式（3.22）中，由一个测量值 $\kappa_i(\boldsymbol{x},t)$ 不可能得到两个未知数：$\alpha_L(\boldsymbol{x})$ 和 $\kappa_{i,L}(\boldsymbol{x},t)$。需要找到将液相电导率真值从测量所得的表观值中分离出来的实验方法，或者改进的新仪器。

近 20 余年的文献中还有一些用变色法测定混合时间的报道。Bujalski W（1999）也在内径 0.29m 的搅拌槽中用褪色法研究液固搅拌槽的液相混合，用硫代硫酸钠溶液作为示踪剂，使搅拌槽中的碘/淀粉稀水溶液从蓝色褪为无色，注入点位于液面，或固相悬浮区内，固相是玻璃珠（$\rho_s=2500\text{kg/m}^3$），离子交换树脂（$\rho_s=1350\text{kg/m}^3$）和锆砂（$\rho_s=4450\text{kg/m}^3$），粒径 $100\sim1000\mu\text{m}$，质量固含率最高达 40%。

杨鲜艳（2014）用溴百里酚蓝（当 pH<6.5 时，溶液为黄色；当 pH>

8.2时，溶液为蓝色），研究刚-柔组合桨对搅拌槽内高黏度固液两相流体混合的强化。搅拌槽内的液相是用 NaOH 调为碱性的指示剂与甘油溶液，颜色为深蓝色。液面位置加入 6mL HCl（2mol/L）溶液为示踪剂。混合时间为从加入指示剂时刻到槽内流体颜色不再发生变化所需要的时间。搅拌槽的内径为190mm，液相为甘油，控制液面高度为 150mm，自浮颗粒和下沉颗粒均选择聚丙烯球。测定的混合时间对桨型、搅拌功耗等呈现很好的规律性，刚柔组合桨能够大大地缩短体系的混合时间。刚性桨体系的 t_m 时间会长达数小时，而组合桨可以在数分钟内实现流体的充分混合。

　　评述：酸碱中和变色法是利用指示剂的化学反应。所以，实验测定的结果包含了微观混合过程在内，化学反应的速度可能影响宏观混合时间测定的准确程度。在搅拌雷诺数较低的层流范围内，宏观混合时间较长，微观混合因素的干扰比较小，不至于引起太大的误差。另外，变色法用肉眼不易准确判断混合终点，尤其是从一种颜色到另一种颜色的变化，其误差大小需要事先有所估计。

　　对于导电性较弱，并且黏度随温度的变化有较大变化的高黏度有机溶剂体系，电导率法和温度法均不太适合。相比较而言，化学消色法仍适合测量高黏度体系的混合时间。

　　Joshi JB（1982）认为搅拌槽的宏观混合时间与平均循环时间成反比，5倍的循环时间等于液相混匀到 99% 所需的混合时间。Sardeshpande MV（2009）提出用非浸入性的槽壁压力波动测量来测定搅拌槽内的平均循环时间 t_c。压力波动已被用于判断搅拌槽中液固两相流的流型（Khopkar AR，2005）以及流化床聚合反应器操作状态的诊断（赵贵兵，2001）。通过对压力信号这样的非周期性时间序列作基于 Hurst 指数的统计学分析，具体步骤见文献（Briens LA，2002）。

　　Sardeshpande MV（2009）将电导法测定的混合时间 t_{85} 和循环时间 t_c 的比值与能耗间的关系列于图 3.29。对单相体系，比值在 5～7 之间。对液固相体系则随着搅拌转速和云高变化，对更高的固含量，比值能达到约 20，主要是由于在云高以上的清液层中混合迟缓。循环时间是从位于桨平面处的压力传感器的信号分析而来，不能很好反映清液层时间尺度大的流体力学状态。压力信号分析所得的流动循环时间为认识搅拌槽中的液相混合提供了有益的辅助实验手段。

（3）液液两相体系

　　两不互溶液相在搅拌槽内的分散与混合也是工业上常见的操作，广泛应用

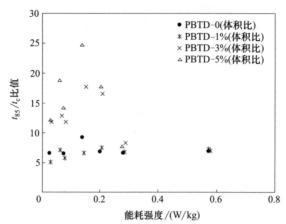

图 3.29　混合时间 t_{85} 和循环时间 t_c 的比值与能

耗间的关系（Sardeshpande MW，2009）

于液液萃取、有机合成和乳液聚合等操作中。萃取操作是先通过搅拌将一种液体（油相，萃取剂）分散到另一不互溶的液体（水相，待处理物料）中，以增加相界面面积，同时减小液滴外部的扩散阻力，以强化相间传递过程。

随着搅拌转速的增加，一液相开始逐渐被分散到另一与之不互溶的液相中。分散相完全被分散的搅拌转速定义为临界搅拌转速。Skelland AHP（1978，1987）将搅拌槽内无清液层存在时的最小搅拌转速定义为临界搅拌转速，用目测法研究了搅拌桨型式、搅拌桨位置、流体性质以及分散相总相含率等因素对临界搅拌转速的影响。还借助量纲分析，建立了确定临界搅拌转速的经验关联式。

液液反应器中混合时间的测量方法，也常用电导率法。互不相溶的两液相中，一般都有一个导电的水性连续相，可以用浓电解质溶液为示踪剂，根据电导探头的响应来判断混合的进程。与其它多相体系一样，另一液相的相含率也会影响电导率的响应值。因为分散相液滴的直径很小（mm 以下），很难用防护网将小液滴隔离而又不影响连续相正常流经电导探头。单点检测法直接用电导电极在理论上是正确的，但同样有注入点和检测点位置合理选择的问题。

Zhao YC（2011）用电导法实验研究了液液两相搅拌槽的宏观混合时间。实验用电导仪做单点检测，示踪剂有 3 个注入点，检测点位于槽对面贴壁面处高低两个位置（图 3.30）。

实验考察了分散相体积分数对混合时间的影响，用 Rushton 桨搅拌（RDT），分散相煤油的体积分数由 0 增加到 20%。在体积分数≤7%时，连续

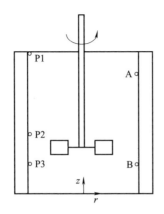

图 3.30 搅拌槽的注入点（P1～P3）和检测点（A、B）

相液相（水）的混合时间小于单液相混合时间；体积分数由 10％增加到 20％时，两相的混合时间大于单相，如图 3.31 所示。实验表明小体积分数的分散相可促进宏观混合，大体积分数则起阻碍作用。这可以从文献报道的分散相体积分数对液液相湍动强度的影响来说明。Svensson FJE（2004）用 LDA 测量液液两相速度场，发现分散相体积分数由 0、10％增加到 25％，流体湍动强度逐渐减弱。小体积分数时，液滴和连续相间相对运动产生尾涡脱落，增大流体的湍动程度；分散相体积分数进一步增加时，平均有效黏度也增加，使得液滴速度减小，液滴与液滴及连续相间的曳力增大，最终使湍动减弱。宏观混合时

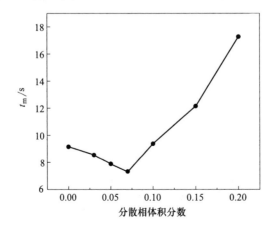

图 3.31 分散相体积分数对混合时间的影响（水-煤油，$H = T = 380\text{mm}$，
RDT，$C = T/3$，$N = 329\text{r/min}$。Zhao YC，2011）

间的降-升，与湍流强度的增-减的变化趋势是一致的。液液两相的混合时间随操作条件变化趋势与单液相相似；在分散相体积分数较大时，第二液相的存在对宏观混合有阻碍作用，而小体积分数时则有促进作用；增加分散相的黏度使混合时间延长；上推式六折叶涡轮桨混合效率最高。

PLIF 方法已经用于单液相设备中的混合和反应的实验研究。鲜见在液液两相体系中的应用。Cheng D（2015）将其用于水（分散相）-硅油（连续相，黏度为 0.01Pa·s）两液相体系中分散相的宏观混合时间。PLIF 技术要求液液体系透明，并且分散相和连续相的折射率相同。

实验装置见图 3.32。用 Nd：YAG 激光发生器，脉冲能量 120mJ，脉冲宽度为 7ns，激光波长为 532nm，生成片光源照射搅拌槽。荧光图像由 CCD 相机记录，分辨率为 2048dpi×2048dpi，用高通滤光片滤除激发光，确保荧光测量不受干扰。用商业软件 MicroVec V3（PIV Co，China）采集数据和实现激光-相机同步。图像序列用 MicroVec V3 和 MATLAB 软件处理。

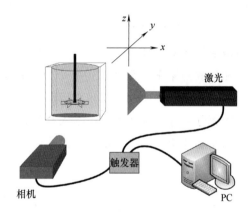

图 3.32　PLIF 实验装置（Cheng D，2015）

尽管使用了折射率匹配的方法，如果光路很长，数量巨大的分散小液滴仍然会对光的传播因散射和扭曲（distortion）等造成衰减，因此测定平面（图 3.33）选择靠近壁面以使液滴干扰尽量少，对测量窗口 a-b-c-d（边长 15mm 正方形，$h=50$mm，$z=5$mm）拍摄荧光图像。相含率到 10% 时仍可拍摄到清晰图片。搅拌转速范围为 $340\sim400$r/min，高于分散相完全分散的临界转速，同时不引起表面吸气。

实验中使用 0.5mL 罗丹明-B 溶液作为示踪剂，瞬间加入体系中，同时利用相机记录监测平面内荧光强度的变化，图像直接存储在计算机上。示踪剂加

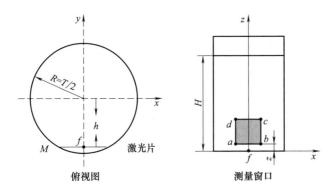

图 3.33　PLIF 实验测定平面（Cheng D，2015）

入槽内后较短时间内，示踪剂浓度会超过校正曲线的线性浓度范围，但这不影响最终混合时间的测定。

提出用平面无量纲浓度方差来定量表征监测平面内的分散相混合：

$$\sigma^2 = \frac{1}{m_x n_z} \sum_{j}^{n_z} \sum_{i}^{m_x} \left[\frac{G(x,z,t) - \overline{G(x,z,\infty)}}{\overline{G(x,z,\infty)} - \overline{G(x,z,t_0)}} \right]^2 \qquad (3.24)$$

式中，$\overline{G(x,z,\infty)}$ 为 300 张混合完全后监测平面内液滴或液块的平均灰度值；$\overline{G(x,z,t_0)}$ 为实验开始前 200 张空白实验（$t=0$）平均灰度值；$G(x,z,t)$ 为 t 时刻（x,z）处的液滴灰度值。该判据考虑了液滴间的浓度差别。

图 3.34 表示该判据的典型示踪剂响应曲线，曲线有强烈的波动，且

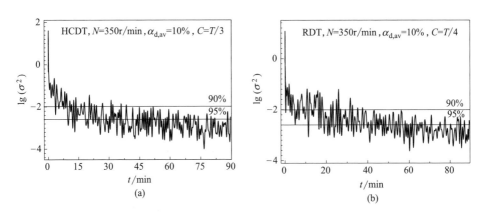

图 3.34　示踪剂响应曲线（Cheng D，2015）

$\alpha_{d,av}$—实验条件的分散相相含率

$\lg(\sigma^2)$ 很难达到 95% 的均一性（相当于 $\sigma = 0.05$），即 $\lg(\sigma^2) = -2.6$，意味着分散相总有一定程度的离集存在，这是分散相混合与连续相及单相混合的显著差异。因此，将混合时间定义为 $\lg(\sigma^2) = 2.0$，即 $\sigma^2 = 0.1$，采用 90% 均一性作为混合完全的判据。

搅拌槽内径 $T = 240\text{mm}$，桨直径 $D = T/2$，液面高度 $H = T$，槽内侧壁设置四块挡板。实验考察了四种桨型的混合特性，分别为标准 Rushton 桨（RDT）、六叶半圆管圆盘涡轮桨（HCDT）、上推式 45°六斜叶桨（PBTU）和下推式 45°六斜叶桨（PBTD）。在转速 380r/min、桨离底高度 $T/3$、分散相体积 10% 的条件下，分别测量了 RDT、HCDT、PBTD 和 PBTU 桨的混合时间。发现轴流桨的分散相混合时间（约 32min）比径流桨大（40～45min）。最重要的发现是：分散相的混合时间比连续相的混合时间（Zhao YC, 2011）长百倍以上，主要原因是分散相液滴需要经过反复的凝并和破碎才能混匀，而连续相只需要对流和湍流就能混匀。分散相相含率的影响如图 3.35 所示，实验发现分散相混合时间随分散相增多逐渐减小。原因是液滴之间的相互作用增强，凝并和破碎频率增高了。

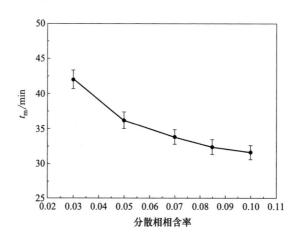

图 3.35　分散相相含率（体积分数）对分散相混合时间的影响
(RDT, $C = T/3$, $N = 380\text{r/min}$。Cheng D, 2015)

评述： 此研究所取的测量窗口较小，优于点测量方式，但仍不能称为整体测量。如何得到反映全搅拌槽体积整体混合状况的混合时间，还需要改进实验手段和数据处理。图 3.34 示踪剂响应曲线中信号脉动十分强烈，无法用 95% 判据来确定混合时间；需要认识和确定脉动的根源，找到消除干扰的数据处理方法。

（4）气液固三相体系

对于三相体系，有两个分散相和一个连续相。为了测定其中某一相混合的质量和速度，测量技术必须能把这一相与其它两相区分开来，并要避免或减小其它相对被测相的干扰。一般的气液固三相体系常以水为连续相，空气或其它微溶气体（氮气、CO_2 等）为气相，固相不导电，则电导率法很适合于示踪技术测定连续相混合质量。pH 法与电导率法类似，也可应用。温差法中，非被测相的热容量和传热是干扰因素。光学法也受非被测相对光线的阻挡、折射和反射等干扰。

Brunazzi E（2002）采用电阻探针对搅拌槽内气液固三相体系中分散相的相含率进行了测量。俞强（1991）采用光纤探头对搅拌槽内气液固三相体系中分散相的局部相含率进行了测量。王铁峰（2001）也采用光纤法对气液固三相循环流化床内气泡的流体动力学特性和气液两相的传质行为进行了系统研究。混合时间的研究也有一些。林诚（2004）用电导法测定了一种新构型的三相流化床的液相混合时间。Petrovic DLJ（1990）也报道了带导流筒的三相流化床的混合时间。虽然对气液固三相反应器的流体力学研究不少，但搅拌槽内三相体系的混合较两相体系更为复杂，目前的研究成果不够丰硕，且缺乏系统性，因此有必要开发新的实验方法和测试技术对三相搅拌混合体系进行深入研究。

（5）气液液三相体系

气液液反应器的研究比较少。其中宏观混合时间的测量方法仍是常用的电导率法。Cheng D（2012）用电导率法测定气液液体系的液相混合时间。在直径为 240mm 的平底圆柱有机玻璃槽内，以空气和惰性油相为分散相，自来水为连续相，考察了四种桨型的混合特性，分别为标准 Rushton 桨（RDT）、六叶半圆管圆盘涡轮桨（HCDT）、上推式 45°六斜叶桨（PBTU）和下推式 45°六斜叶桨（PBTD）。研究发现，低气含率抑制连续相宏观混合，高气含率促进宏观混合。与气相影响相反，油相在低相含率时增强宏观混合强度，在高相含率时减弱宏观混合强度。其它测定技术未见报道。

3.3 典型反应器的宏观混合

化工文献中已经积累了大量各种混合设备中的宏观混合时间的实验测定数据，需要整理为化工中常用经验关联式。这不仅在工程上应用方便，而且在缺乏实测混合时间数据时内插或外推估值也更为可靠。希望将实验数据整理为形式简单，但又能足够准确地代表数据的关联式。在计算化学工程已经逐步应用的情况下，简单的经验关联式仍未失去其工程实用价值。

按某种实验方法测定的混合时间 t_m 测定值，与搅拌设备的结构和几何参数有关，和搅拌操作条件有关，还和实验体系的物理和化学性质有关。因此，关联式的一般形式为

$$t_m = f(\rho, \mu, g, N, D, T, H, \text{其它几何和操作参数}) \qquad (3.25)$$

式中，ρ 为流体密度；μ 为流体黏度；g 为重力加速度；N 为搅拌桨转速；D 为搅拌桨直径；T 为搅拌槽直径；H 为液位高度。搅拌槽和搅拌桨的其它参数也对混合时间有一些次要的影响，可以视情况作为自变量列入关联式中。

利用量纲分析法，可以将上述多自变量公式转化为自变量数目更少的无量纲关联式：

$$Nt_m = f\left(\frac{\rho ND^2}{\mu}, \frac{N^2 D}{g}, \frac{T}{D}, \frac{H}{D}, \cdots\right) \qquad (3.26)$$

亦即

$$Nt_m = f(Re, Fr, \text{几何参数}) \qquad (3.27)$$

式中，Nt_m 为无量纲混合时间；雷诺数 $Re = \rho ND^2/\mu$；弗劳德数 $Fr = N^2 D/g$。一般，Fr 的影响比较小，多数文献报道的关联式不包含弗劳德数。这时，关联式简化为

$$Nt_m = f(Re) \qquad (3.28)$$

$$Nt_m = kRe^a \left(\frac{T}{D}\right)^b \qquad (3.29)$$

这两个形式的关联式是文献中报道最多的。

显然，混合时间的数值取决于混合时间定义所要求的混合程度。例如多数要求检测点的无量纲示踪剂浓度达到最终浓度的 5% 以内。因此，更一般的关联式可以把混合的标准包括在内。按照示踪剂的未混匀度 $X(t)$：

$$X(t) = \frac{c_\infty - c_t}{c_\infty - c_0} \qquad (3.30)$$

它与式（3.1）定义的无量纲示踪剂浓度 $C(t)$ 的关系为 $X(t) = 1 - C(t)$。在示踪实验中，$X(t)$ 逐渐由一个较大的数值趋向于 0。要求的 X 值越小，混合时间越长。一般取 $X = 0.05$。例如，在有挡板的混合槽中的六叶 Rushton 桨，有如下形式的关联式（Prochazka AJ，1961）：

$$Nt_m = 0.905 \left(\frac{T}{D}\right)^2 \lg\left(\frac{2}{X}\right) \qquad (3.31)$$

对层流和低雷诺数流动条件下的研究表明，无量纲混合时间是一与雷诺数无关的常数，在高雷诺数区也大致为一常数，而在二者间的过渡区，混合时间则逐渐降低，如图 3.36 所示。

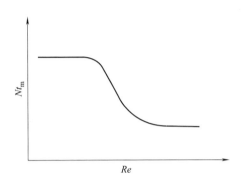

图 3.36　无量纲混合时间与雷诺数间的关系

在混合比较强烈、内部整体循环明显的反应器内，如果示踪剂不是注入在流动迟缓、搅拌强度微弱的地点，则示踪剂团块易于跟随液相主体作循环运动，因而检测点的示踪剂响应曲线会出现明显的近周期性的波动，如图 3.37 所示，从中可容易地确定出循环时间 t_c。若主体循环强盛而湍流的分散作用相对较弱，则图中的浓度响应的类周期性波峰会存在较多的周期；若湍流对示踪剂的分散作用很强，则示踪剂会在两三个循环周期内被分散均匀，类周期性的波动会很快衰减掉，因而顺利实现宏观混合。可以看到，在 3~5 个循环周期内，示踪剂响应的波动就几乎完全衰减，这也表示示踪剂已经被分散，原来的示踪剂团块已不复存在。因此，也有研究将循环时间与混合时间关联，认为 $t_m = 5t_c$，或 $t_m = 3t_c$。早期对环流反应器的研究中，也注意到混合时间 t_m 与

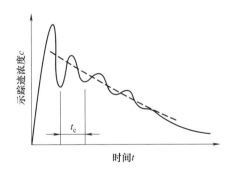

图 3.37　用示踪实验确定搅拌槽和环流反应器的循环时间

循环时间 t_c 之间的密切关系。可见，整体循环和湍流分散这两个因素是决定宏观混合状况的关键因素。

3.3.1 单液相体系

早期的经验模型将不同操作参数和设计参数的实验数据进行关联，得出各种形式的关联式。这些经验关联式能方便地用于工程设计和操作状态的分析，但其常常仅适用于建立模型所依赖的实验数据得来的反应器构型、尺度、操作体系、操作条件的范围；在超过实验范围使用或应用到其它系统时，误差会比较大，可信程度降低。表 3.1 给出了一些混合时间的关联式的例子，基本上是属于式（3.29）一类简单乘积的量纲关联式。关联式包含的结构、操作参数越多，代表实验数据的准确度越高，但往往能适用的设备形式范围越窄，需要在使用时注意。

表 3.1　搅拌槽内单液相体系混合时间关联式

关联式	文献
$t_m = k \dfrac{H_L^{1/2} T}{(ND^2)^{4/6} g^{1/6}}$	Fox EA(1956)
$Nt_m = k \dfrac{-z^2 (T/D)^2}{D \left[PoH_L(T-D)D\right]^{1/3}} \lg(1-U)$　（湍流混合）	Brennan DJ(1976)
$\dfrac{1}{Nt_m} = k \left(\dfrac{D}{T}\right)^{2.5} Po^{0.75} \left(\dfrac{n_b w}{T}\right)^{-0.1}$　（斜叶桨 $k=0.11$）（DT 桨 $k=0.082$）	Sano Y(1985)
$Nt_m = 5.0 \left(\dfrac{2H_L}{D} + \dfrac{T}{D}\right)\left(\dfrac{C}{D}\right)$　（PBTD 桨） $Nt_m = 9.43 \left(\dfrac{aH+T}{T}\right)\left(\dfrac{T}{D}\right)^{13/6}\left(\dfrac{w}{D}\right)$　（DT 桨）	Joshi JB(1982)
$Nt_m = 5.37\beta^{-0.87}\left(\dfrac{w}{D}\right)^{-0.314} n_b^{-0.482}\left(\dfrac{T}{D}\right)^{1.83}\left(\dfrac{C}{T}\right)^{-0.27}\left(\dfrac{H_L}{T}\right)^{0.413}$	Rewatkar VB(1991)
$Nt_m = 5.01 \left(\dfrac{T}{D}\right)^{2.4}$	Shiue SJ(1984)
$Nt_m = 7.9 Po^{-1/3}\left(\dfrac{D}{T}\right)^{-2}$　（Chemineer CD-6）	Zhao DL(2001)

注：a—与循环路径长度相关的常数；C—桨距底高度；H_L—液位高度；k—常/系数，随构型而不同；n_b—桨叶数目；Po—功率数；U—混匀程度，%；w—桨叶宽度；z—桨平面至液面或器底的最大距离；β—桨叶倾角，弧度。

早期的化学工程实验研究的结果往往归纳为无量纲经验关联式，供实际应用时参考。在工程设计的初期，做设备选型和费用估算时，经常利用经验关联式。现在，对新型设备的研究，也需要建立经验关联式，一是为了简单而又精确地代表实验数据，二是显示参数影响的趋势和程度。但更深入的研究，则需要用到机理性数学模型和数值模拟方法，简单的数据关联就不那么起作用了。

3.3.2　多相体系

多相体系有不止一个物相，每一个物相自身的混合和浓度均匀是化工操作追求的，而且设备内的局部位置上各相之间的比例符合物料进料的比例也往往是正常生产所要求的。多相体系中的连续相的混合和混合时间测定，测量技术比较多，研究也比较充分。相比之下，分散相在反应器内的均匀分布和浓度均匀方面的研究就非常少，需要开展更多的研究。

3.3.2.1　连续相的宏观混合

目前，连续相的宏观混合研究相对较多。除了应用上和学术上的重要性之外，实验技术比较成熟也是有利因素之一，因为单相体系适用的实验技术常常可以近似地直接借用过来。

（1）气液搅拌槽

搅拌槽在化学工业中广泛地用于混合和化学反应，以混合时间来表征搅拌槽的混合效能已有很长的历史，文献中已经积累了大量的实验研究数据和经验关联式。

Lu WM（1997）以 NaCl 为示踪剂，用电导率法测量了搅拌槽内挡板尺寸和数量对气液两相体系中液相混合时间的影响，并与单相体系进行了比较。作者发现，适当数量的挡板可以有效提高搅拌槽内气液两相的混合状况，降低混合时间，但挡板过多则会阻碍混合、增大混合时间。随气含率的增加，混合时间逐渐增大，是因为气体减小了搅拌桨的泵送能力；但当气含率超过某一数值，搅拌槽气泛时，混合时间不再变化。

Vasconcelos JMT（1998）利用电导率法测量了多层桨搅拌槽内气液两相混合过程的混合时间。主要考察了气流率和搅拌转速对混合时间的影响。实验结果表明，增大气流率和搅拌转速均可有效降低混合时间。

Bouaifi M（2001）利用电导率法考察了不同的多层桨搅拌槽内的气液两相的混合时间。所用四种桨型为轴流桨 A-315、轴流桨 A-310、Rushton 桨和斜叶桨，将其中任意两种桨组合构成双层桨。作者通过研究发现，混合时间随气流率的增大而增大。在相同搅拌转速下，Rushton 桨和 A-310 组合而成的双层桨所对应的混合时间最短，而由 A-315 和斜叶桨组合而成的双层桨对应的混合时间最长。作者同时考察了桨径/槽径比对混合时间的影响，发现混合时间随桨径/槽径比的增大而减小。

Shewale SD（2006）利用电导率法测量了多层桨搅拌槽内气液两相体系的混合时间。作者考察了加入液体示踪剂密度和用量对混合时间的影响，发现增大示踪剂密度和用量均增大了混合时间。Pandit AB（1983）用 pH 法和电导率法更为详细地考察了多种单桨（圆盘涡轮、螺旋桨和斜叶桨）气液搅拌槽内混合时间随气流率的变化规律：在转速远小于临界转速时，混合时间随气流率的增大而先减小然后再趋于稳定；在临界转速附近，气体的引入首先使混合时间增加，而后气流率继续增大时，混合时间随之减小，最后趋于稳定；而在大于临界转速时，随气流率增大混合时间增大。

Espinosa-Solares T（2002）利用温差法考察了 ST-HR（Smith turbine-helical ribbon）、RT-HR（Rushton turbine-helical ribbon）多层桨对气液搅拌槽内液相混合时间的影响。当使用 RT-HR 时，增大气速，混合时间减小；而当使用 ST-HR 时，增大气速，混合时间先减小后增大。

陈良才（2006）利用光差法测量了在液体石蜡中通入氮气的气液搅拌槽中的混合时间。研究了进气流量对混合时间的影响，在进气流量较小时，随进气流量的增加，混合时间明显缩短；但当进气流量达到一定值时，混合时间变化很小。同时，比较了不同桨型、桨径和桨叶数对混合时间的影响，在转速和进气流量相同的情况下，桨径越大、桨叶数越多，则混合时间越短。在所考察的12 种桨型中，圆盘涡轮桨所需混合时间最短。

Zhang QH（2009）用电导率法实验研究了气液搅拌槽中的液相宏观混合。搅拌槽内径为 240mm，槽内设 4 块挡板，搅拌桨为标准六叶 Rushton 涡轮桨。实验体系为空气-水。在液面脉冲注入示踪剂 NaCl 溶液，取 8 处位置检测电导率，取混合时间最长的位置为最终检测点，以示踪剂浓度均匀化尺度达到 95％为混合时间的判据。实验证实，随搅拌转速提高，湍流强度逐渐增强，混合时间逐渐降低。从图 3.38 可以看出，随进气流量的增加，混合时间先逐渐增大，当进气流量增至某一数值时，混合时间随进气流量的增加不再变化，这与 Lu WM（1997）的实验结果是一致的，与文献报道的当搅拌转速大于临界搅拌转速时进气流量的增大使混合时间延长的趋势相符。

对于气液两相搅拌槽内宏观混合的实验研究主要是利用不同的测量方法得

到混合时间，其研究主要集中在低气含率情况下。一些搅拌槽内气液两相混合时间表达式如表 3.2 所示。关联式中增加了气体流量 Q_G 作为自变量来体现引入气相的作用。

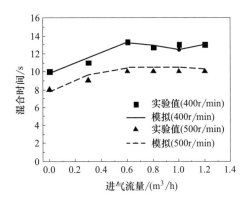

图 3.38　进气流量对混合时间的影响（$C = T/3$，近液面检测。Zhang QH，2009）

表 3.2　搅拌槽内气液两相混合时间表达式

关联式	文献
$Nt_m = 55.7 n_b^{-0.30} \left(\dfrac{w}{T}\right)^{-0.1535} \left(\dfrac{Q_G}{ND^3}\right)^{0.0296}$ （单 Rushton 桨） $\quad$ $Nt_m = 46.5 n_b^{-0.327} \left(\dfrac{w}{T}\right)^{-0.1535} \left(\dfrac{Q_G}{ND^3}\right)^{0.010}$ （三层桨）	Lu WM(1997)
$\dfrac{Nt_{m,G}}{Nt_{m,0}} = 1 + k \left(\dfrac{Q_G}{D^2 \sqrt{gD}}\right)^{0.56} \left(\dfrac{D}{T}\right)^{0.50}$ （轴流桨，RDT，PBTD）	Bouaifi M(2001)
$Nt_m = 453.7 U_G^{0.127} + 583.95 \left(\dfrac{H_D \alpha_G}{T}\right)^{-0.496}$ $\times \left(\dfrac{P_G}{P_0}\right)^{-1.2597} \left(\dfrac{N^2 D}{g}\right)^{1.756} (Ri_m)^{0.711}$ （2PBTD-RDT）	Shewale SD(2006)
$Nt_m = 333.82 U_G^{0.184} + 553.63 \left(\dfrac{H_D \alpha_G}{T}\right)^{-0.286}$ $\times \left(\dfrac{P_G}{P_0}\right)^{-0.39} \left(\dfrac{N^2 D}{g}\right)^{0.858} (Ri_m)^{0.294}$ （3PBTD）	

注：H_D—气液体系总高度；k—常系数，随构型而不同；n_b—挡板数目；P_0、P_G—不充气、充气操作功率；Ri_m—修正 Richardson 数；$t_{m,0}$、$t_{m,G}$—不充气、充气混合时间；U_G—表观气速；w—桨叶宽度；α_G—气含率。

一般说来在气液搅拌体系中，搅拌转速高，有利于混合，使混合时间缩短。Machon V（2000）用电导率法研究了四层 Rushton 桨（DT）、四层下推式斜叶桨（PBTD）和四层上推式斜叶桨（PBTU）气液搅拌槽内的混合时间，发现低转速下（小于 6r/s），气液体系中的混合时间要小于单液相时的混合时间，这可以解释为气泡促进了槽内的液相宏观混合。在低气流速率（15L/min）时，气液体系的混合时间稍微低于单液相时的；而在高气流速率时（40L/min），气液体系的混合时间是单液相的一半。转速小于 6r/s 时，随气流率增大混合时间减小。有趣的是，在低转速范围（小于 6r/s），最小的混合时间是在转速为零的情况下得到，也就是说，与鼓泡塔相比（搅拌槽转速为零时相当于鼓泡塔），此时气液搅拌槽内多层桨的转动对混合起到抑制作用。

Alves S（1995）在更大的转速（小于 10r/s）和高到气泛的气流率范围，研究了双层和三层 Rushton 桨搅拌槽内气液两相混合过程的混合时间。发现搅拌转速不同时，气流速率可对混合产生促进或抑制作用。有时甚至在某个转速下，气流速率对混合时间几乎没有影响，此时气流对混合的抑制作用与气流诱导产生的轴向流动对宏观混合的促进作用相互抵消。具体言之，就是高转速下，混合时间随气流速率增加而增大；而小转速、气流率相同时，无量纲混合时间随搅拌转速加大而增加。

Guillard F（2003）利用 pH 法测量了工业级多层 Rushton 桨气液搅拌槽内液相混合时间，发现气液体系中的混合时间总是低于单液相中的混合时间，这归因于气相引入的轴向气动功率。而当转速增大（小转速范围），混合时间也随之增加，这是因为随转速增大，槽内每个桨附近的主体流区之间的"交互流动"减弱。

Bouaifi M（2001）利用电导率法考察了轴向桨-径向桨或轴向桨-轴向桨组合的双层桨搅拌槽内气液两相体系中液相的混合时间，所用四种桨型为轴流桨 A-315、轴流桨 A-310、Rushton 桨和斜叶桨（PBTD），都可作为上层桨，仅以 A-315 和 Rushton 桨为下层桨。研究发现，气泛区（即转速位于完全分散的临界转速附近）混合时间随转速增加变化很小（几乎没有变化）；而转速大于完全分散的临界转速时，混合时间随转速增大而减小。

组合桨在不同转速范围内表现出不同的宏观混合特性。一般而言，各种组合桨在低转速下（小于完全分散的临界转速），混合时间随转速增大而增加；而转速大于完全分散的临界转速时，混合时间随转速增大而减小。

在混合时间随气流率变化规律方面，常见桨型的组合表现出了相似的规律：小于完全分散的临界转速时，混合时间随气流率增大而减小；而在大于完全分散的临界转速时，随气流率增大混合时间增大，这是因为气体减小了桨功率的消耗，导致液体循环速度的减小。

　　文献研究已经总结出一些共性规律，但是这些规律难以代表千变万化的各种构型、尺寸、体系、操作条件的实际情况。在处理文献没有直接实验数据的场合，利用已经报道的结果必须审慎。在多数情况下，应该进行必要的实验，直接取得数据；或者用数值模拟方法进行针对实际情况的模拟，以避免搅拌槽的工程设计和放大的失误。

（2）液固搅拌槽

　　Raghav Rao KSMS（1988）系统研究了搅拌转速、桨型（DT、PBTD 和 PBTU）、固含率、颗粒粒径、桨径和槽径对液固搅拌槽内液相混合时间的影响，提出了临界搅拌转速下无量纲混合时间的关联式。发现液固搅拌槽内斜叶桨的能效要高于圆盘涡轮，而斜叶桨中下推式的能效要高于上推式的。Kuzmanic N（2001）的实验研究也得到了同样的结论。

　　固相的引入不可避免地对液相流动（流型、流速等）造成影响，进而影响混合时间。Kraume M（1992）发现固相的存在可以大大增加液相的混合时间。Raghav Rao KSMS（1988）和 Kuzmanic N（2001）研究发现随着固含率的增大，混合时间显著增加，这是因为固体颗粒的存在降低了液相循环速度。而 Micheletti M（2003）的研究更为具体，发现在低固含率（1.8％）时，固体颗粒基本对液相混合没有多少影响；在中等固含率（5.5％）和高固含率（15.5％）时，低转速下混合时间与单液相时（固含率为零）差不多；而当转速提高时，混合时间增大；在接近固体颗粒完全悬浮的临界转速时，混合时间达到最大值，接着随转速的继续提高而减小。

　　在固含率达到一定的数值时，固液搅拌槽很容易出现固体颗粒悬浮区和清液区的分层现象。Bujalski W（1999）发现固相质量浓度大于10％且搅拌强度较低时，会观察到明显的固体颗粒悬浮层和清液层。搅拌转速固定时，固体颗粒悬浮层与清液层高度之比越小时，混合时间越长；固相越轻、粒径越小，所需悬浮能量越低，这时悬浮层与清液层高度之比越大，混合时间越短；清液层越高，混合时间增加越明显。这是固体颗粒悬浮层和上层清液区的流体速度不同所致，下面固体颗粒悬浮区的混合非常迅速，而上层清液的混合则非常缓慢（Kraume M，1992）。

　　使固体颗粒完全离开搅拌槽底面或液面的搅拌转速是一重要的操作参数，一般将其称为临界搅拌转速（N_{CS}）。Raghav Rao KSMS（1998）研究发现在临界搅拌转速时，混合时间与颗粒粒径、固含率、搅拌槽尺寸和桨直径等参数无关。而 Kraume M（1992）发现当固体颗粒悬浮层高度占液相总高的 90%时，混合时间变得与搅拌转速、固相浓度、桨型还有桨径槽径比无关。

与单液相搅拌槽一样，搅拌桨和搅拌槽几何参数等会影响固液体系的混合时间。Kuzmanic N（2001）发现桨叶角度、桨离底高度和搅拌桨直径分别增加时，混合时间都随之变小。Micheletti M（2003）同样研究发现桨离底高度越大，混合时间越长；固相颗粒本身的性质也会影响液相宏观混合过程。发现颗粒密度越低，临界搅拌转速越低；通常颗粒密度越大，混合时间也越长。对于固含率大于 5% 时，无量纲混合时间会在某个雷诺数出现极大值（图 3.39），这些现象很难做简单的定性解释。

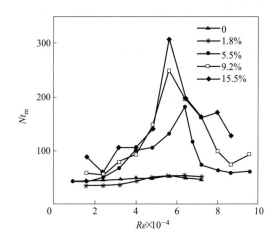

图 3.39　无量纲 Nt_m 随 Re 的变化（500～600μm 玻璃珠，$C=0.15T$。Micheletti M，2003）

Kuzmanic N（2001）认为固体颗粒的粒径越大，混合时间越长。多层桨固液搅拌槽宏观混合实验研究不多，仅见 Kuzmanic N（2008）考察了双层搅拌桨（Dual-PBTD）搅拌槽中的固含率、搅拌桨直径、桨安装高度和两桨之间的距离对固液体系中液相混合时间的影响，发现固含率越高，混合时间越大，临界搅拌转速也越大，这是湍流脉动减弱的缘故；桨径与槽径之比越大，混合时间越小，这是归因于液体平均流速的增大。同样，实验结果还表明，桨安装高度越大，混合时间越小；桨间距离越大，混合时间越大。双层桨的使用，尽管耗能增加，但是可以加强体系的混合，减小混合时间。

Sardeshpande MV（2009）利用电导率仪对液固搅拌槽内液相混合时间进行了测量，实验中使用两个电导率探针，一个靠近液面，另一个靠近槽底搅拌桨安装部位，在不同操作条件下测得混合时间变化趋势相同，但是对应的混合时间有明显差距，可认为这是由于在搅拌槽顶部的清液层区的二次诱导循环影响了液相混合时间，从而使靠近液面的探针测得的混合时间值较大，且与固液界面的高度和固含率有关；此外，研究发现固含率为 0 和 1％时，液相混合时间随着搅拌转速的增加而降低，而当固含率为 3％和 5％时，液相混合时间取决于固液界面的高度。因为液固体系中颗粒-颗粒相互作用变得十分重要，所以单液相和固相浓度低的体系中所得的数据和规律，不能简单地应用于高固相含量的体系。

许多典型的工业搅拌操作中，高浓度固相已被悬浮，但在上部仍可能有清液层出现，此处的单位体积功耗很低，对反应器内的整体混合是不利的。这种情形下的混合时间可能比单液相时大几百倍。Bujalski W（1999）也在 $T=0.29\text{m}$ 的搅拌槽中用褪色法研究液固搅拌槽的液相混合时发现，在尚未达到临界悬浮、部分颗粒已悬浮，云高反而降到最低时，无量纲的混合时间出现很突然的极大值（图 3.40）。对 $N>N_{js}$ 的情况，云高已经接近液面，Nt_m 又会降低到很低但比单液相高的水平（图 3.41）。

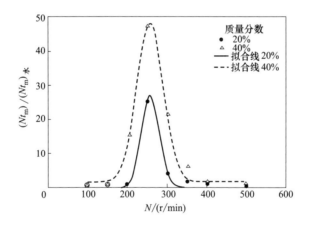

图 3.40 颗粒总量和悬浮程度（转速）对无量
纲混合时间的影响（Lightnin A-310 桨，
$d_p=115\mu\text{m}$ 玻璃珠，$T=0.29\text{m}$。Bujalski W，1999）

（3）液液搅拌槽

液液搅拌槽中宏观混合的研究报道极少。但关于液液体系的流体力学性质的研究却很多。

Zhao YC（2011）用电导率法系统研究了搅拌槽内不互溶液-液两相体系（煤油为分散相，水为连续相）中连续相的混合时间，考察桨型（标准 Rush-

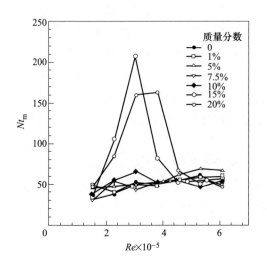

图 3.41　Nt_m 与搅拌雷诺数的关系

（上探头，中部注入，$T=0.72m$。Bujalski W，1999）

ton 桨、六叶半圆管圆盘涡轮桨、上推式和下推式 45°六折叶涡轮桨）、搅拌转速、桨离底高度、分散相体积分数、分散相物性、示踪剂注入位置以及电导率检测点位置对混合时间的影响。发现了分散相相含率对连续相混合时间的非线性影响，即连续相的混合时间随分散相体积分数增加而减小，直至约 7％处达到极小值，而后则随分散相增高而变长（图 3.31）。但液液两相的混合时间随操作条件变化趋势与单液相相似；增加分散相的黏度使混合时间延长；4 种桨型当中，上推式六折叶涡轮桨混合效率最高。赵艳春（2011）实验研究还得出：液-液两相体系的混合时间随几何、操作条件的变化趋势与单相及气-液两相体系的规律相似；综合混合时间和功率消耗分析，混合效率按下推式六折叶涡轮桨＞Rushton 桨＞半圆管圆盘涡轮桨的顺序递减；分散相黏度增加对宏观混合起阻碍作用，且影响比密度等物性参数更显著。

（4）气液固三相搅拌槽

虽然气液固三相搅拌槽、气液固三相流化床等工业反应器的应用以及它的流体力学性质的研究相当普遍，但是气液固体系混合的定量研究仍然比较少见。

气液固三相体系中相间相互作用更为复杂，除了两个分散相与连续相间的相互作用外，还有第三相对分散相-连续相间作用的干扰，以及两个分散相之间的相互作用。如图 3.42 所示，固含率相同（20％）而固相种类不同时，宏

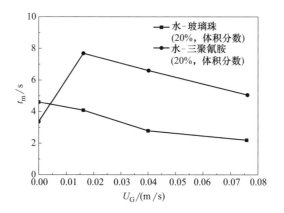

图 3.42 气流速率对气液固搅拌槽中液相混合时间的影响（Dohi N，2005）

观混合时间随气流速率表现出了不同的变化规律。当固相是三聚氰胺时，混合时间随气流速率增大，先增大然后达到最大值后再随之减小；而当固相是玻璃珠时，混合时间随气流速率增大而单调递减（Dohi N，2005）。

当气流速率一定时，固含率对混合时间的影响表现出了非常复杂的特点（图 3.43）；而当固含率和气流速率都固定时，混合时间总体上是随转速先增大后减小。

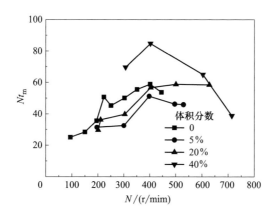

图 3.43 固含率对气液固搅拌槽中液相混合时间的影响（Ciervo G，1999）

徐世艾（2000）在多层桨搅拌釜内，采用热电偶温差法考察了搅拌桨型、挡板、气体分布器等结构因素和转速、气流量、颗粒分率等操作因素对气液固搅拌混合的液相混合时间的影响。实验发现，轴向流动是决定气液固三相多层桨体系液相混合时间的最重要因素。固相采用的是自悬浮颗粒而非下沉颗粒，发现混合时间随固含率的增加而降低。这与 Raghav Rao KSMS（1988）对下沉颗粒三相体系的研究结果相反。作者认为这是因为：一方面，随着颗粒分率的增加，体系有效密度降低，混合难度减小，在相同的搅拌转速下宏观液体流动更强；另一方面颗粒的运动强化了流体主体运动，也增强了流体的湍动。

（5）气液液三相搅拌槽

气液液体系在基本化学工业中也有重要的地位，如非均相（液相催化剂）氢甲酰化即是一例。一个液相是连续相，气体和另一液相分别以气泡和液滴的形式存在。目前气液液搅拌槽中宏观混合的研究报道极少。

Cheng D（2012）实测了气液液三相体系搅拌槽中连续相的宏观混合。以空气和惰性油相为分散相，自来水为连续相，采用电导率法对连续水相的宏观混合过程进行实验研究。考察了进料位置、桨型、桨离底高度、煤油体积分数、通气速率和分散相黏度等对连续相中宏观混合时间及功耗的影响。图 3.44 中实验装置，搅拌槽平底，内径 $T=240\mathrm{mm}$，桨直径 $D=T/3$，液面高度 $H=T$。槽内侧壁设置 4 块挡板，桨下方有通气环（直径 $D_\mathrm{s}=80\mathrm{mm}$，离底高度为 $T/10$）。实验考察了四种桨型的混合特性，分别为标准 Rushton 桨（RDT）、六叶半圆管圆盘涡轮桨（HCDT）、上推式 45°六斜叶桨（PBTU）和下推式 45°六斜叶桨（PBTD）。四种桨的几何构型如图 3.45 所示。

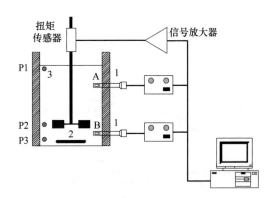

图 3.44　实验装置（Cheng D，2012）

1—电导探头；2—通气环；3—加料位置

实验中油相体积分数由 0 增加到 20%。赵燕春（2011）发现液液体系中连续相混合时间的极小值在 $\alpha_\mathrm{d,av}=7\%$。在气液液体系中（图 3.46），也有极

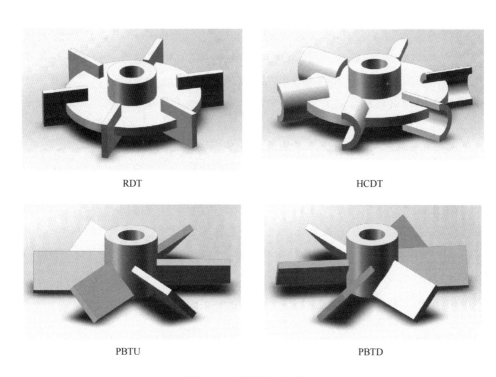

RDT   HCDT

PBTU   PBTD

图 3.45　搅拌桨几何构型

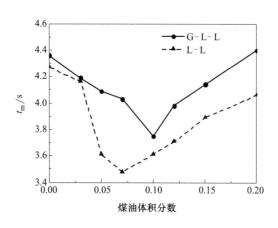

图 3.46　油相体积分数对混合时间的影响（RDT，$N=425\mathrm{r/min}$，
$Q_\mathrm{G}=0.40\mathrm{L/min}$，$C=T/3$。Cheng D，2012）

小值，但转折点在 $\alpha_\mathrm{d,av}=10\%$ 时，也说明少量的油相可促进宏观混合，分散相太多则起阻碍作用。文献中液液相湍流流场测量结果可为这一现象的理解提

供支持。Das T（1985）用光学法测量了气液液体系中惰性油相对气液界面大小的影响，发现单位体积气液界面积随油相相含率先增大，到达最大值（$\alpha_{d,av}=10\%$）后再减小，也认为惰性油相的存在抑制了湍流，导致单位体积气液界面积的减小。图 3.46 中气液液混合时间在液液混合时间曲线之上，意味着通气抑制宏观混合效率。油相增加也导致体系有效黏度增大，会降低液滴速度和抑制连续相的湍动水平，不利于连续相的混合。

Grenille RE（2004）提出了液液体系单相混合时间关联式：

$$\frac{1}{Nt_m}=\frac{1}{5.2}Po^{\frac{1}{3}}\left(\frac{D}{T}\right)^2 \tag{3.32}$$

该关联式适用于单桨搅拌、液高等于槽内径（$H=T$）的情况，广泛应用于多种类型的搅拌桨。为了关联分散相对连续相混合时间的影响，Cheng D（2012）在式（3.32）中增加了油相体积分数 α_d 和气流率数（Q_G/ND^3）成为：

$$\frac{1}{Nt_m}=kPo^{\frac{1}{3}}\left(\frac{D}{T}\right)^2 \alpha_d^b\left(\frac{Q_G}{ND^3}\right)^c \tag{3.33}$$

用实验数据进行拟合，得到

$$\frac{1}{Nt_m}=0.179Po^{\frac{1}{3}}\left(\frac{D}{T}\right)^2 \alpha_d^{-0.0095}\left(\frac{Q_G}{ND^3}\right)^{0.0132} \tag{3.34}$$

此式适用于油相体积分数 0～20％，气流率 0～0.64L/min 的范围。式（3.34）最大相对偏差为 11.0％，平均相对偏差为 4.4％，明显比（3.32）式有改进。在气液液体系中，分散相对连续相混合时间的影响是多方面的，还有更多的机理和规律有待发现。

（6）环流反应器

环流反应器（loop reactor，LR）是一种性能优良的反应器。多数情况下为气体推动内部液相循环的反应器，称为气提式（gaslift）内环流反应器（ILR），如图 3.47 所示。在一些场合下，也有用外部循环泵，将液相以射流的方式注入反应器，以推动反应器内部的循环与相间混合。环流反应器最早的形式是细长的圆柱形容器，锥底，内置直径相对很细的导流筒，气体喷射入导流筒，促使液体循环，称为 Pachuca。现今的导流筒直径较大，有利于气体的能量利用率，使液相循环更快。环流反应器广泛应用于工业生产过程，对此进行的实验和模型研究很有成效，数值模拟研究也趋于成熟（黄青山，2014；杨超，2012）。环流反应器内气液两相的宏观混合程度，直接影响到反应物的相间传质以及产物的收率和选择性，因此对气液环流反应器内的宏观混合特性进行研究，对于环流反应器的设计、放大、操作和优化具有重要意义。但研究环流反应器宏观混合的报道并不多。

Zhang WP（2014）用电导率法测定了气液体系环流反应器的宏观混合时间。反应器内径 0.30m，短高径比（$H/D \approx 5$），导流筒直径 $D_d =$ 0.20m，高 0.70m。实验装置如图 3.47 所示。水-空气体系，空气通过多孔分布板后进入导流筒内，大部分气体由反应器顶部逸出，少部分气体可能被液体夹带至降液区。上升区和降液区的密度差推动环流反应器内液体的整体循环流动。

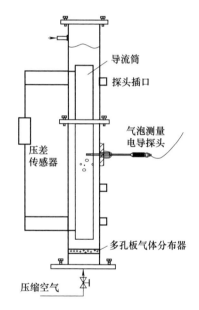

导流筒

探头插口

压差
传感器

气泡测量
电导探头

多孔板气体分布器

压缩空气

示踪剂脉冲注入

电导探头

图 3.47　气提式内环流反应器实验装置　　　图 3.48　电导脉冲示踪法测量示意图

示踪剂脉冲在上部液面注入（图 3.48），逐渐在整个反应器内分散，与反应器中物料混合，最后达到均匀的浓度分布（图 3.49）。由记录的电导率随时间的变化的响应曲线来确定混合时间。混合时间定义为达到 $1 - |[c(t) - c_\infty]/(c_0 - c_\infty)| \geqslant 95\%$ 所需要的时间。式中，$c(t)$ 为 t 时刻的示踪剂浓度；c_∞ 为最终稳定时的示踪剂浓度；c_0 为反应器内的示踪剂初始浓度。

表观气速对混合时间的影响见图 3.50。表观气速的增加导致了气泡数量和聚并破碎频率的增大，使得液体循环速度也随之增加，反应器内的湍动和涡流加剧，液相湍动动能及耗散速率均增大，示踪剂流体微团容易分散，混合时间降低。

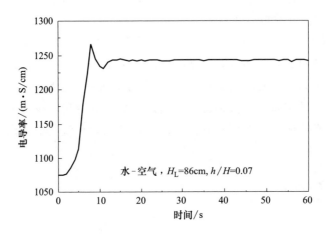

图 3.49　典型的电导率随时间变化曲线（$T_c = 0.10$ m，$B_c = 0.06$m，D_d 为 $\phi 200$mm×7mm，多孔板布气。Zhang WP，2014）

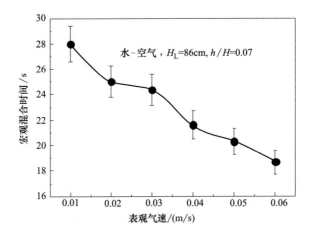

图 3.50　混合时间随表观气速的变化（$D = 0.3$m，$L = 0.70$m，$T_c = 0.10$m，$B_c = 0.06$m，D_d 为 $\phi 200$mm×7mm，多孔板布气。Zhang WP，2014）

分布板的形式对混合时间也通过气泡大小影响反应器内的气液两相流动，进而影响混合时间。Zhang WP（2014）在分布板上覆以不同网孔大小的筛网，起到气泡二次分布的作用，抑制了初始气泡聚并，使得气泡尺寸变小，从实验中获得了更好宏观混合（图 3.51）。250 目或 100 目覆网孔板之间的差异并不明显。

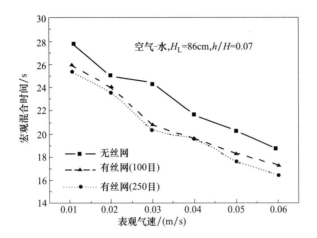

图 3.51 分布板覆网对混合时间的影响（$D=0.3\text{m}$，$L=0.70\text{m}$，$T_c=0.10\text{m}$，$B_c=0.06\text{m}$，D_d 为 $\phi200\text{mm}\times7\text{mm}$。Zhang WP，2014）

从图 3.48 可以看到，导流筒将环流反应器分隔为同心的两个区域，因此内部循环路径比较均一，使循环大致成为活塞流形式。因此，描述活塞流和管道反应器一类的数学模型和概念也能用来描述环流反应器的行为。Zhang TW（2005）以返混系数（dispersion coefficient）为指标来考察环流反应器中的混合。此方法以确定反应器内的轴向返混为主要着眼点，对垂直于流动方向的横向混合（这对混合时间的关系更大）未明确顾及。但实际上，很多混合循环良好的反应器中，混合时间和循环时间存在正相关的关系，似乎应开发一种轴-径向混合均得到反映的实验数据处理数学模型。

环流反应器中有十分明确的液相循环路径，所以循环时间也是与反应器中混合效率紧密相关的因素。循环时间也常用电导示踪法测定。在反应器主体区注入示踪剂后，检测循环流的电导率（注意排除气泡存在的干扰），得到如图 3.37 或图 3.52 中所示的电导响应曲线，图中 t_0 表示电解质注入时刻，t_1 为混合均匀度 95% 的时刻，$t_m = t_1 - t_0$ 就是混合时间，图中相邻两峰的间隔即为循环时间 t_c。在气液固三相体系中的实验数据表明（图 3.53），混合时间大致为循环时间的 3 倍（丛威，2000）。循环时间这个概念的不足之处是它主要反映了循环流主体的流体力学特性，但反应器中的弱循环区或死区（液面高过导流筒顶端太多时，自由液面以下可能有液流停滞区）却被忽略了。

环流反应器多数情况下为气体推动内部液相循环的反应器。在一些场合

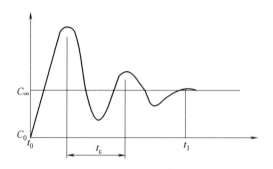

图 3.52　混合时间与循环时间的定义（崔敏芬，2011）

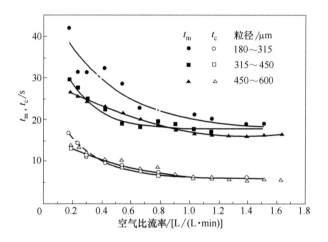

图 3.53　混合时间与循环时间实验数据比较（丛威，2000）

下，也能用外部循环泵将液相以射流的方式注入反应器，以推动反应器内部的循环与相间混合，成为单液相的喷射环流反应器（jet loop reactor，JLR）。崔敏芬（2011）在体积 80L 的 JLR 冷模实验装置上（图 3.54），实验研究了该反应器的宏观混合特性。以水、水-细沙混合物和丙三醇溶液为实验物料，用电导率法考察外循环流速（循环泵控制的外循环流量与反应器截面积之比）和喷嘴位置（喷嘴离导流筒的距离与导流筒的直径比）对混合时间和内循环液速和内外循环比的影响。反应器总高 1400mm，主体部分直径 140mm，高 950mm。反应器的高径比为 $H_D/T = 3$，反应器与导流筒的直径之比为 $T/D_d = 2$，喷嘴直径 60mm。用电导法能同时测定混合时间和循环时间。

　　结果表明：各物料的混合时间均随外循环流速（经过循环泵）的增大而减

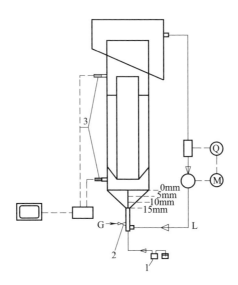

图 3.54　喷射环流反应器（JLR）示意图（崔敏芬，2011）

1—示踪剂入口；2—喷嘴；3—电导电极

小（图 3.55），而内循环液速均随外循环流速的增大而增大；不同物料下，外循环流速对内外循环比的影响也不同，但内外循环比均在 2～5 之间（图 3.56）。喷嘴位置若从锥底升高，则内外循环比有所增大，因为喷射流的动能可以更有效地传递给反应器内的流体。

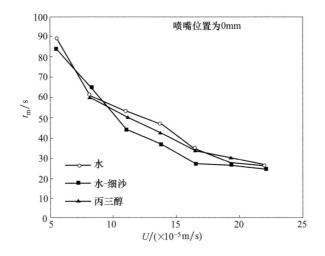

图 3.55　外循环速度 U 对混合时间 t_m 的影响（崔敏芬，2011）

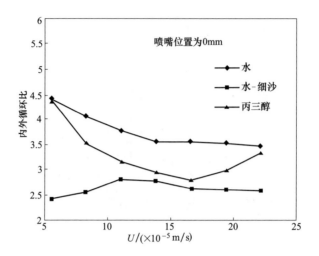

图 3.56　JLR 中的内外循环比（崔敏芬，2011）

同类研究中，Sanchez Miron A（2004）用示踪电导率法发现，液体的循环速度越大，混合时间越短。在 CMC 溶液和聚丙烯腈溶液体系中，随着液体黏度的增加，反应器的轴向扩散系数相应减少，混合时间也相应延长（Guy C，1986）。内循环液速与射流流量或射流雷诺数大致成正比，也因此影响到反应器的混合时间。喷嘴是此类反应器的重要部件，其结构和安装位置对混合效能也有密切关联。

环流反应器也常作为气液固三相反应器使用。三个物相间相互作用的表现形式和程度难以用简单的规律来概括。Petrovic DLJ（1990）实验结果可以说明其混合行为的复杂多变性。实验用三相导流筒气提式反应器（DT-ALR）的内径 0.20m，高 3m，锥底，导流筒高 2m（内径 0.08m、0.10m 或 0.15m），固相为玻璃珠（粒径 1mm、3mm、6mm，密度 2550kg/m^3），颗粒质量分数为 4%、6% 或 8%。用电导法测示踪剂分散的过程，确定循环时间和 90% 混合时间。碘/淀粉-硫代硫酸盐褪色法做全局混合时间测定，但其值比电导法测定约高 20%。

用电导法测定的典型混合时间和循环时间见图 3.57。数据能反映表观气速和颗粒粒径的影响，但值得注意的是，t_m 对 U_G 曲线（1mm 颗粒）在 $U_G=$ 1.7～3.7cm/s 出现的极大值，气泡被夹带进环间参与循环是主要原因之一。对 3mm 和 6mm 颗粒，气泡夹带和 t_m 出现极大值的气速更高。比较气液相和三相体系 t_m 的结果，说明在颗粒循环流区但气泡未被夹带时，液相混合时间最短。图 3.58 示意地说明混合时间与流型间的非线性关系。透彻地理解和归纳所发现的宏观混合规律并非易事，很多情况下还需要借助于数学模型和数值模拟才能准确地分析。

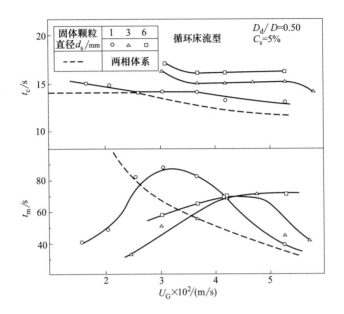

图 3.57 电导法测定的循环时间和混合时间（$D_d/T = 0.50$。Petrović DLJ，1990）

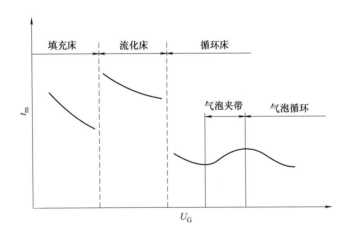

图 3.58 三相导流筒气提式反应器的混合时间与气速、流型间的关系（Petrović DLJ，1990）

除了用混合时间以外，环流反应器的宏观混合也可用轴向分散系数来定量其强度（Liu ML，2008），停留时间分布（Zhang TW，2005）也能用来表征宏观混合的优劣。

3.3.2.2 分散相的宏观混合

分散相的宏观混合不仅是学术性课题，也是工业生产中的实际问题。生产一线的化学工程师往往有这样的经验：在已经反应一段时间的液液两相体系中，如果操作需要再加入少量的分散相时，若加入量大，则分散相再度混匀的时间较短，但分散相加入量小，则混匀的时间会长得多。两液相体系中分散相的体积分数小，则分散相宏观混合的时间会增加。比较直观的解释是，分散相产生的液滴总数少，数量密度低，液滴间的碰撞频率小；但是，分散相的宏观混合是依靠液滴的合并与破碎后的再分散来逐步实现的，分散相的数量密度小显然不利于液滴的碰撞和合并。至于液滴破碎和再分散，则主要依靠连续相的主体对流和湍流涡团的湍流剪切来实现。所以，分散相的宏观混合的影响因素更多，涉及的机理更复杂。

连续相混合的实验技术一般不能直接应用于分散相。分散相中所含示踪剂的浓度难以使用简便的电导法测定。气体一般不导电，有机相液体也多数不导电，即使导电的液滴也因为被连续相隔开，不能形成连续的导电通路。pH法、光学法、温差法、固体示踪剂、放射性示踪剂及计算机层析成像法等，是否适用于分散相混合的实验测定尚未见文献报道。以上方法中，光学法似乎更容易开发和推广应用。目前仅有的分散相宏观混合实验研究就是基于光学法的。

Cheng D (2015) 用平面激光诱导荧光（PLIF）实验测定了水-硅油两相不互溶搅拌体系中分散相（水）的宏观混合过程。搅拌槽直径 0.12m，液相高度与槽径相等，考察了四种径向桨和轴流桨：标准 Rushton 桨（RDT）、六叶半圆管圆盘涡轮桨（HCDT）、上推式 45°六斜叶桨（PBTU）和下推式 45°六斜叶桨（PBTD）。分散相的宏观混合实验中，将含荧光示踪剂罗丹明-B 的示踪剂水溶液脉冲加入，通过液滴或液块的破碎、聚并以及主体湍流循环流动，逐渐将荧光示踪剂分散到不含示踪剂的水滴中，使示踪剂浓度在全部液滴中逐渐均匀化的宏观过程。用检测平面上无量纲浓度方差来定量确定混合时间。试验技术的叙述见 3.2.2.8 节的（3）。最有意义发现是：分散相的混合时间比连续相的对应值大几十倍（因为除依靠主体循环外，还涉及液滴的凝并/破碎，见图 3.35）。

实验数据也表明，轴流桨的混合时间比径流桨大（图 3.59），这与单相及连续相混合时间的规律相反，可能是 Rushton 桨的强剪切有利于液滴相互作用，这个因素在液液分散相宏观混合中的作用比轴流桨的循环整体性更为关键。桨离底高度对分散相混合时间的影响见图 3.60。径流桨 RDT 在 $C=T/3$ 时形成双循环回路流型，但 $C=T/6$ 接近槽底时只有一个上循环回路。有两个循环回路时，总循环量更大，液滴间的聚并和破碎频次更高，这使 $C=T/3$ 混合时间最小。HCDT 的情形与 RDT 桨类似。分散相混合时间的变化规律也与连续相或单相中的趋势相反。分散相混合时间随分散相相含率增多而减小（图 3.35），则是因为分散相量多，液滴的聚并频率也随之增大，有利于其中示踪剂浓度均匀化。这些与连续相不同的宏观混合特征，需要对设计的机理进行深

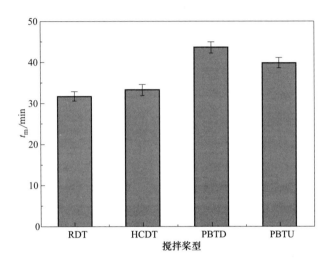

图 3.59　桨型对混合时间的影响（$N=380\text{r/min}$，$C=T/3$，$\alpha_{d,av}=10\%$。Cheng D，2015）

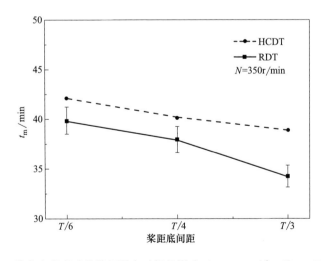

图 3.60　桨离底高度对分散相混合时间的影响（$\alpha_{d,av}=10\%$。Cheng D，2015）

入的研究，才能将这些重要的机理包括在建立的数学模型当中，继而进行准确的数值模拟，可望能揭示分散相宏观混合的定量规律。

用光学方法来探测分散相液滴间相互作用的强烈程度，在 20 世纪早有报道。Curl RL（1963）、Miller R（1963）的实验和理论研究表明，分散相混合对在分散相中的非一级和传质控制反应的速率和产品产率有重大影响。他们实验测定了加入分散相示踪剂后检测点处透射光强的变化，导出一个混合速率的定性指标，用以说明多种因素对分散相液滴间相互作用的强烈影响。但他们没有从实验中导出分散相宏观混合的混合时间数值。同时期的其它研究也集中在用不同的化学和物理方法证明液滴间相互作用（液滴聚并和破碎）上。从那之后的四五十年间，液液相体系中分散相混合的研究进展缓慢，主要原因在于实验技术上的困难。Cheng D（2015）的实验方法实现了分散相混合时间的测定，但检测面积小，仍属于单点注入/单点测定方法的范畴，仍需要改进实验技术，以便能更准确地测定有全局性意义的分散相宏观混合的特征数据。

3.3.2.3 混合过程强化

正因为反应器中的宏观混合如此重要，混合过程强化也是化学工程始终不断的追求。搅拌桨形式不断革新，近几十年已经开发出许多新型桨；搅拌槽的设计也不断优化。但是化学工程研究仍然不断提出新的概念、新的构型和新的操作模式，来解决化学工程中遇到的混合工艺和工程问题。下面列举几个近期报道的新案例。

为了搅拌槽操作的稳定，减少振动和噪声的危害，一般力求将搅拌桨设计得对称、坚固，搅拌桨轴也要求很好的刚性，以免在搅拌中发生共振现象。但是流体的混合和流动本身就是一个非稳态过程，搅拌中的非稳定性和非对称性也被证实有利于混合。例如，层流中的混沌混合即是一例。当混沌现象被触发后，层流搅拌槽中常常碰到的孤立涡环，就能够与主体流动发生交换，更快地将全槽状态均一化。错位桨是 Rushton 桨的一种变形，6 个桨叶分别在桨盘上下交错安置，减小了原来 Rushton 桨的对称性，产生的流场中增大了上下震荡的速度分量，也带来了有利宏观混合的效果（王涛，2009；Yang FL，2015）。

刘作华（2014）近年来研究刚-柔组合桨以强化高黏度流体的混合，刚-柔组合桨是一个较新颖的概念。所谓刚-柔组合桨，是将传统刚性桨与柔性叶片相结合设计出来的新桨（图 3.61），该桨可诱发混沌混合，已在工程中应用。概念的要点是在工程实用的刚性径向流桨的叶片上，接长一块柔性叶片。这样在搅拌中会产生更强的流动不稳定性和混沌特性。

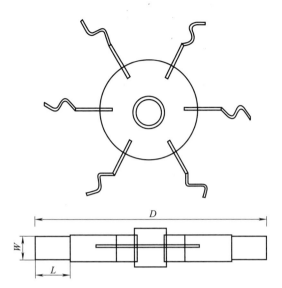

图 3.61　刚柔组合搅拌桨（RF-RDT。刘作华，2014）

周政霖（2015）对一种刚柔组合桨的新设计进行实验研究。所用的搅拌槽为平底圆柱形，无挡板，槽内径为 200mm，桨距底 70mm，液位 210mm。柔性部件为橡胶片。以六斜叶圆盘涡轮搅拌桨作为基础。刚性桨是在六斜叶圆盘涡轮桨的基础上加上刚性叶片，搅拌桨直径为 150mm，倾角为 45°；而刚柔组合桨是在原涡轮桨基础上外加等长度柔性叶片，搅拌桨直径也为 150mm，倾角为 45°，其中柔性叶片长度为 40mm。柔性叶片的形状有长方、矛形、扇形、月形共 4 种。自来水作为搅拌介质，温度 25℃。

用碘液脱色法，实测了两种搅拌桨体系在不同转速下的混合时间。由图 3.62 可知，刚性桨和刚-柔（组合）桨的混合时间都随着转速的增加而逐渐降

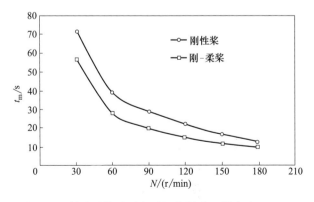

图 3.62　转速对体系混合时间的影响（周政霖，2015）

低，但刚性桨的混合时间均大于对应的刚-柔桨，且转速越低，两者差异越明显，转速越高，两者差异越小。转速过大，易使流体在槽内"打漩"，混合效能不易发挥。刚-柔桨的功耗也下降约 6%。继续深入研究这个强化混合的概念和机理，对混合工艺和设备的升级换代会很有意义。

Hirata Y（2009）研究用搅拌圆盘的往复振荡来强化黏性流体中的液固悬浮和混合。混合研究领域已经确认，振荡流或非稳态流动在一些情况下会引起混沌混合。进行了一系列用上下往复运动的圆盘做搅拌桨的流动和混合特性研究，频率小于 1Hz，但往复距离较大，大约可到设备轴向长度的 2/3。往复 Reynolds 数的定义是：

$$Re = \rho_f \left(2\pi N \frac{a}{S}\right)\left(\frac{T-D}{\mu_f}\right) \tag{3.35}$$

式中，ρ_f 和 μ_f 为流体的密度和黏度；N 为往复频率；a 为往复振动的振幅；$S = 1 - (D/T)^2$ 为最窄截面面积分数。实验中 Re 的范围是 1～7180。往复运动引起的流动分为 3 个流型：$Re < 20$ 时是围绕圆盘的层流爬流；$20 < Re < 200$ 是由涡团产生的层流；$Re > 200$ 则是由涡团产生的过渡流或湍流。总之，圆盘往复引发的湍流不剧烈，但波动幅度大，流体混合往往在几次往复运动中就能完成。往复混合比旋转混合有一些独特的优点，可能适合于悬浮易碎固体颗粒，如细胞培养液、低强度结晶等。

混合过程强化实验设备如图 3.63 所示。直径 $T = 7.7$cm，工作液位高

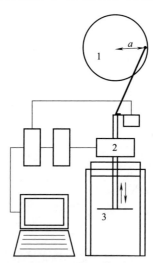

图 3.63　混合过程强化实验设备（Hirata Y，2009）

1—变速电机和飞轮；2—扭矩传感器；3—振荡圆盘

$H=12\text{cm}$。搅拌圆盘厚 2mm，直径 $D=4.87\text{cm}$（$D/T=0.632$）、5.97cm（$D/T=0.775$）、6.89cm（$D/T=0.894$）。振幅 $a=4\text{cm}$、5cm，频率 N 小于 1Hz，圆盘只作往复运动，其中心位置在 6m 高度。甘油水溶液的密度为 $997\sim1116\text{kg/m}^3$，黏度 $0.897\sim4.3\text{mPa}\cdot\text{s}$。聚丙烯颗粒 d_p 为 1.09mm、0.65mm、0.54mm，密度 ρ_p 为 1060kg/m^3，离子交换树脂颗粒粒径为 0.84mm，密度为 1360kg/m^3。用碘/淀粉-硫代硫酸钠体系褪色法来测定混合时间。无色颗粒浓度到45％体积分数时仍然能肉眼观察确定混合时间。

图 3.64 的结果显示了固液密度差对混合时间的影响，条件是：圆盘直径和设备直径之比 $D/T=0.775$，颗粒为聚丙烯，粒径1.09mm，离子交换树脂颗粒粒径为 0.84mm，水或甘油溶液，颗粒体积分数 $\varphi=0.01$。没有固相时，Nt_m 在 $2.4\sim2.5$ 的范围，2.5 这个数值意味着流体混合在 2.5 个往复就完成了。Nt_m 不随 N 变化，密度差大的颗粒的混合时间下降得更多。$\Delta\rho=363\text{kg/m}^3$ 时的 Nt_m 为 1.6，这只是混合单液相时 Nt_m 的 2/3 左右。在 $\varphi<0.2$ 的情况下，有固相的混合都比单液相快。实验结果提示，颗粒存在和往复振动能强化液相混合，其机理值得更深入的探索。

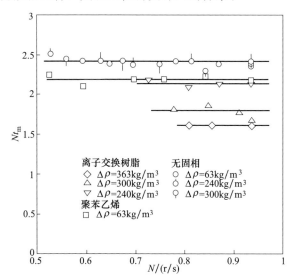

图 3.64　无量纲混合时间 Nt_m 与往复频率间的关系（Hirata Y，2009）

3.4　小结

关于宏观混合的实验研究，历史很悠久，技术很多样，结果很丰富，解决的问题也很多。但是也可以看到，留待深入探讨的问题也还不少。下面是其中的几点：

① 现今常用的混合时间的定义和数据含有不少主观性成分，未能确切地代表整个反应器内的宏观混合状况。宏观混合最中心的指标是离集尺度，混合时间这个指标不能直接量化离集尺度减小的程度。需要探索更合理的全局性宏观混合指标，并发展相应的实验测定方法。实际上，这两个指标都是需要的：混合时间短，则反应器的生产效率高；离集尺度小，则产品的质量有保证。因此，要发展这两个指标都有保证的混合技术和混合设备。今后在宏观混合的研究中应该注意科学和实用的混合尺度和混合速率的定义，研究尺度减小的速率和极限，积累混合设备中的实验数据，为工程应用提供基础依据。

② 从混合的本意看，宏观混合是一个物理、力学的过程，用化学方法来进行实验研究会引入额外的干扰因素。实验研究应该采用适当的技术，保证实验仅涉及物理机理和过程，使实验技术贴切地服务于探测宏观混合的目的，才能清晰地界定宏观混合和微观混合各自的作用，便于有针对性地开发促进混合的先进技术。

③ 多相体系中分散相和连续相的宏观混合在机理、实验测定、数值模拟方面有很大的差别，目前针对分散相的研究还很少，而且分散相的混合比连续相慢，更容易成为涉及化学反应的多相体系中的速率控制步骤，需要在此方面有更多的研究工作。

④ 本章论及多种多相体系的混合问题，可以看到对一些体系的宏观混合研究还很不充分，甚至有的还几乎没有研究。例如，未见对液液固三相体系的研究，虽然这种体系在化学工业生产中并不少见，如环己酮氨肟化的催化反应。

⑤ 多相混合还有新的复杂性。对单相体系，混匀只有一个含义，就是浓度等性质的均一化。对两相体系中，液相连续相的混合时间往往指浓度的均匀性，但是液相局部体积分数的均匀性未予考虑。这也带来一个问题，在化学反应过程中，局部的液相和固相反应物的物质的量之比，会是一个空间中的变量，对要保证反应物间计量比的情况则是很不利的因素。若是气液固三相体系中有化学反应，则会在连续相液体的浓度均一化之后，还有固相催化剂是否分布均匀，气相反应物（有新鲜的连续进料，也有经反应、浓度降低的"旧"气体）的浓度和空间分布是否均匀等更多的问题。这些问题的意义、重要性、改善的方法，也是值得我们深思的。

◆ 参考文献 ◆

陈良才，黄红科，杨德江，冯志力，陈汉平，2006. 气液搅拌釜中不同因素对混合时间的影响. 化学反应工程与工艺，22（5）：424-428.

程荡，程景才，雍玉梅，杨超，毛在砂，2011. Research progress of macromixing in multiphase stirred vessels. 化学工程，39（6）：59-64.

丛威，刘建国，欧阳藩，廖永红，2000. 三相气升式内环流反应器的液相混合特性. 化工冶金，21（1）：76-79.

崔敏芬，2011. 喷射环流反应器混合特性研究［学位论文］. 杭州：浙江工业大学.

黄青山，张伟鹏，杨超，毛在砂，2014. 环流反应器的流动、混合与传递特性. 化工学报，65（7）：2465-2473.

李启恩，黄庆民，林齐浩，1997. 一种高效的双流道自吸气叶轮搅拌器（上）. 化学工程，25（5）：46-49.

林诚，张济宇，2004. 多层百页窗式挡板对三相流化床中液相混合行为的影响. 化学工业与工程技术，25（2）：8-11.

刘作华，陈超，刘仁龙，陶长元，王运东，2014. 刚柔组合搅拌桨强化搅拌槽中流体混沌混合. 化工学报，65（1）：61-70.

骆培成，程易，汪展文，金涌，杨万宏，2005. 面激光诱导荧光技术用于快速液液微观混合研究. 化工学报，56（12）：2288-2293.

马跃龙，黄娟，沈春银，戴干策，2010. 鼓泡塔中液相混合时间的影响因素. 华东理工大学学报（自然科学版），36（2）：165-172.

毛在砂，杨超，2015. Perspective to study on macro-mixing in chemical reactors. 化工学报，65（8）：2795-2804.

孙建阳，孔令启，张传国，郑世清，2015. 下喷式环流反应器研究进展. 山东化工，44（1），52-55.

王涛，雍玉梅，禹耕之，杨超，毛在砂，仇振华，2009. 一种新型搅拌桨多相混合性能研究. 化学反应工程与工艺，25（1）：8-12.

王涛，2011. 液固搅拌槽中流动和混合过程的数值模拟与实验研究［学位论文］. 北京：中国科学院过程工程研究所.

王铁峰，王金福，杨卫国，金涌，2001. 三相循环流化床中气泡大小及其分布的实验研究. 化学工程，52（3）：197-203.

徐世艾，冯连芳，顾雪萍，王凯，2000. 搅拌釜中自浮颗粒三相体系的混合时间. 高校化学工程学报，14（4）：328-333.

杨超，毛在砂，黄青山，史士东，2012. 煤加氢液化环流反应器//史士东等. 煤加氢液化工程学基础. 第7章. 北京：化学工业出版社，291-362.

俞强，孙建中，唐福瑞，1991. 光纤法检测三相流局部相含率. 化工学报，42（4）：514-517.

张庆华，毛在砂，杨超，王正，2007. 一种计算搅拌槽混合时间的新方法. 化工学报，58（8）：1891-1896.

赵贵兵，阳永荣，侯琳熙，2001. 流化床声发射机理及其在故障诊断中的应用．化工学报，52（11）：941-943.

赵燕春，2011. 搅拌槽中液-液两相宏观混合的实验研究［学位论文］．北京：中国科学院过程工程研究所．

周政霖，2015. 刚柔组合桨强化流体混合的实验与数值模拟研究［学位论文］．重庆：重庆大学．

朱峰，2008. 带导流筒的搅拌槽中固液悬浮特性研究［学位论文］．北京：北京化工大学．

Alves S, Vasconcelos JM, 1995. Mixing in gas-liquid contactors agitated by multiple turbines in the flooding regime. Chem Eng Sci, 50: 2355-2357.

Ascanio G, Foucault S, Tanguy PA, 2004. Time-periodic mixing of shear-thinning fluids. Chem Eng Res Des, 82: 1199-1203.

Ascanio G, 2015. Mixing time in stirred vessels: A review of experimental techniques. Chin J Chem Eng, 23（7）: 1065-1076.

Bouaifi M, Roustan M, 2001. Power consumption, mixing time and homogenisation energy in dual-impeller agitated gas-liquid reactors. Chem Eng Process, 40（2）: 87-95.

Brennan DJ, Lehrer IH, 1976. Impeller mixing in vessels experimental studies on the influence of some parameters and formulation of a general mixing time equation. Chem Eng Res Des, 54（A3）: 139-152.

Briens LA, Briens CL, 2002. Cycle detection and characterization in chemical engineering. AIChE J, 48（5）: 970-980.

Brunazzi E, Festa DU, Galletti C, Merello C, Paglianti A, Pintus S, 2002. Measuring volumetric phase fractions in a gas-solid-liquid stirred tank reactor using an impedance probe. Can J Chem Eng, 80: 688-694.

Buchmann M, Mewes D, 2000. Measurement of the local intensities of segregation with the tomographical dual wavelength photometry. Can J Chem Eng, 76: 626-630.

Buchmann M, Mewes D, 2000. Tomographic measurements of micro-and macromixing using the dual wavelength photometry. Chem Eng J, 77: 3-9.

Bujalski W, Takenaka K, Paolini S, Jahoda M, Paglianti A, Takahashi K, Nienow AW, Etchells W, 1999. Suspension and liquid homogenization in high solids concentration stirred chemical reactors. Chem Eng Res Des, 77: 241-247.

Cabaret F, Bonnot S, Fradette L, Tanguy PA, 2007. Mixing time analysis using colorimetric methods and image processing. Ind Eng Chem Res, 46（14）: 5032-5042.

Cheng D, Cheng JC, Li XY, Wang X, Yang C, Mao Z-S, 2012. Experimental study on gas-liquid-liquid macro-mixing in a stirred tank. Chem Eng Sci, 75: 256-266.

Cheng D, Feng X, Cheng JC, Yang C, Mao Z-S, 2015. Experimental study on the dispersed phase macro-mixing in an immiscible liquid-liquid stirred reactor. Chem Eng Sci, 126: 196-203.

Ciervo G, 1999. Solids suspension and mixing time in two- and three-phase systems agitated by radial flow impellers. Italy / The University of Birmingham, UK: Final year Research Project, University of Rome.

Curl RL, 1963. Dispersed phase mixing: Ⅰ. Theory and effects in simple reactors. AIChE J, 9: 175-

181.

Danckwerts PV, 1952. The definition and measurement of some characteristics of mixtures. Appl Sci Res A, 3: 279-296.

Das T, Bandopadhyay A, Parthasarathy R, Kumar R, 1985. Gas-liquid interfacial area in stirred vessels: The effect of an immiscible liquid phase. Chem Eng Sci, 40: 209-214.

Dohi N, 2005. A study on the hydrodynamics in multi-phase stirred tank reactors with multiple impellers or large-scale impeller [PhD Thesis]. Japan: Waseda University.

Edwards I, Axon SA, Barigou M, Stitt EH, 2009. Combined use of PEPT and ERT in the study of aluminum hydroxide precipitation. Ind Eng Chem Res, 48: 1019-1028.

Espinosa-Solares T, Brito-de la Fuente E, Tecante A, Medina-Torres L, Tanguy PA, 2002. Mixing time in rheologically evolving model fluids by hybrid dual mixing systems. Chem Eng Res Des, 80 (A8): 817-823.

Fangary YS, Barigou M, Seville JPK, Parker DJ, 2000. Fluid trajectories in a stirred vessel of non-Newtonian liquid using positron emission particle tracking. Chem Eng Sci, 55: 5969-5979.

Fox EA, Gex VE, 1956. Single phase blending of liquids. AIChE J, 2 (4): 539-544.

Grenville RE, Nienow AW, 2004. Handbook of Industrial Mixing: Science and Practice. New York: John Wiley & Sons: 507-542.

Guillard F, Tragardh C, 2003. Mixing in industrial Rushton turbine-agitated reactors under aerated conditions. Chem Eng Process, 42 (5): 373-386.

Guy C, Carreau J, Paris J, 1986. Mixing characteristics and gas hold-up of a bubble column. Can J Chem Eng, 64 (1): 23-35.

Harnby N, Edwards MF, Nienow AW, 1985. Mixing in the Process Industries. London: Butterworths.

Hartmann H, Derksen JJ, van den Akker HEA, 2006. Mixing times in a turbulent stirred tank by means of LES. AIChE J, 52 (11): 3696-3706.

Hirata Y, Dote T, Inoue Y, 2009. Contribution of suspended particles to fluid mixing in recipro-mixing with a disk impeller. Chem Eng Res Des, 87: 430-436.

Holden PJ, Wang M, Mann R, Dickin FJ, Edwards RB, 1998. Imaging stirred-vessel macromixing using electrical resistance tomography. AIChE J, 44: 780-790.

Hoogendoorn CJ, den Hartog AP, 1967. Model studies on mixers in the viscous flow regime. Chem Eng Sci, 22 (12): 1689-1299.

Hu YY, Wang WT, Shao T, Yang JC, Cheng Y, 2012. Visualization of reactive and non-reactive mixing processes in a stirred tank using planar laser induced fluorescence (PLIF) technique. Chem Eng Res Des, 90 (4): 524-533.

Joshi JB, Pandit AB, Sharma MM, 1982. Mechanically agitated gas-liquid reactors. Chem Eng Sci, 37 (6). 813-844.

Khopkar AR, Panaskar SS, Pandit AB, Ranade VV, 2005. Characterization of gas-liquid flows in stirred vessels using pressure and torque fluctuations. Ind Chem Eng Res, 44: 3298-3311.

Kramers H, Baars GM, Knoll WH, 1953. A comparative study on the rate of mixing in stirred tanks. Chem Eng Sci, 2（1）: 35-42.

Kraume M, 1992. Mixing times in stirred suspensions. Chem Eng Technol, 15: 313-313.

Kukukova A, Aubin J, Kresta S, 2009. A new definition of mixing and segregation: Three dimensions of a key process variable. Chem Eng Res Des, 87（4）: 633-647.

Kuzmanic N, Ljubicic B, 2001. Suspension of floating solids with up-pumping pitched blade impellers: Mixing time and power characteristics. Chem Eng J, 84（3）, 325-333.

Kuzmanic N, Zanetic R, Akrap M, 2008. Impact of floating suspended solids on the homogenisation of the liquid phase in dual-impeller agitated vessel. Chem Eng Process, 47: 663-669.

Lamb DE, Manning I-S, Wilhlem R, 1960. Measurement of concentration fluctuations with an electrical conductivity probe. AIChE J, 6（4）: 682-685.

Lamberto DJ, Muzzio FJ, Swanson PD, Tonkovich AL, 1996. Using time-dependent RPM to enhance mixing in stirred vessels. Chem Eng Sci, 51: 733-741.

Landau J, Prochazka J, Vaclavek V, Fort I, 1963. Studies on mixing. XIV. Homogenation of miscible liquids in the viscous region. Collect Czech Chem Commun, 28: 279-292.

Lassaigne M, Blais B, Fradette L, Bertrand F, 2016. Experimental investigation of the mixing of viscous liquids and non-dilute concentrations of particles in a stirred tank. Chem Eng Res Des, 108: 55-68.

Lee KC, Yianneskis M, 1997. A liquid crystal thermographic technique for the measurement of mixing characteristics in stirred vessels. Chem Eng Res Des, 75: 746-754.

Liu ML, Zhang TW, Wang TF, Yu W, Wang JF, 2008. Experimental study and modeling on liquid dispersion in external-loop airlift slurry reactors. Chem Eng J, 139（3）: 523-531.

Lu WM, Wu HZ, Ju MY, 1997. Effects of baffle design on the liquid mixing in an aerated stirred tank with standard Rushton turbine impellers. Chem Eng Sci, 52（21-22）: 3843-3851.

Lundén M, Stenberg O, Andersson B, 1995. Evaluation of a method for measuring mixing time using numerical simulation and experimental data. Chem Eng Commun, 139: 115-136.

MacDonald RW, Piret EL, 1951. Continuous flow stirred tank reactor systems-Agitation requirements. Chem Eng Progr, 47（7）: 363-369.

Machon V, Jahoda M, 2000. Liquid homogenization in aerated multi-impeller stirred vessel. Chem Eng Technol, 23（10）: 869-876.

Mann R, Dickin FJ, Wang M, Dyakowski T, Williams RA, Edwards RB, Forrest AE, Holden PJ, 1997. Application of electrical resistance tomography to interrogate mixing processes at plant scale. Chem Eng Sci, 52: 2087-2097.

Micheletti M, Nikiforaki L, Lee KC, Yianneskis M, 2003. Particle concentration and mixing characteristics of moderate-to-dense solid-liquid suspensions. Ind Eng Chem Res, 42: 6236-6249.

Miller R, Ralph J, Curl RL, Towell G, 1963. Dispersed phase mixing: II. Measurements in organic dispersed systems. AIChE J, 9: 196-202.

Nasr-El-Din HA, Shook CA, Colwell J, 1987. A Conductivity probe for measuring local concentration in slurry systems. Int J Multiphase Flow, 13: 365-378.

Nere NK, Patwardhan AW, Joshi JB, 2003. Liquid-phase mixing in stirred vessels: Turbulent flow regime. Ind Eng Chem Res, 42: 2661-2698.

Otomo N, 1995. A study of mixing with dual radial and dual axial flow impellers: Blending and power characteristics [PhD Thesis]. Birmingham, UK: University of Birmingham.

Paglianti A, Carletti C, Montante G, 2017. Liquid mixing time in dense solid-liquid stirred tanks. Chem Eng Technol, 40 (5): 862-869.

Pandit AB, Joshi JB, 1983. Mixing in mechanically agitated gas-liquid contactors, bubble columns and modified bubble columns. Chem Eng Sci, 38 (8): 1189-1215.

Pant HJ, Kundu A, Nigam KDP, 2001. Radiotracer applications in chemical process industry. Rev Chem Eng, 17 (3): 165-252.

Parker DJ, Leadbeater TW, Fan X, Hausard MN, Ingram A, Yang Z, 2008. Positron imaging techniques for process engineering: Recent developments at Birmingham. Meas Sci Technol, 19: 094004 (10pp).

Petrović DLJ, Pošarac D, Duduković A, Skala D, 1990. Mixing time in gas-liquid-solid draft tube airlift reactors. Chem Eng Sci, 45 (9): 2967-2970.

Pinheiro PAT, Loh WW, Dickin FJ, 1997. Smoothness-constrained inversion for two-dimensional electrical resistance tomography. Meas Sci Technol, 8: 293-302.

Pinheiro PAT, Loh WW, Waterfall RC, Wang M, Mann R, 1999. Three- dimensional electrical resistance tomography in a stirred vessel. Chem Eng Commun, 175: 25-38.

Prochazka AJ, Landau J, 1961. Studies on mixing. XII. Homogenation of miscible liquids in the turbulent region. Coll Czech Chem Commun, 26 (11): 2961-2973.

Raghav Rao KSMS, Joshi JB, 1988. Liquid-phase mixing and power consumption in mechanically agitated solid-liquid contactors. Chem Eng J, 39 (2): 111-124.

Rewatkar VB, Joshi JB, 1991. Effect of impeller design on liquid phase mixing in mechanically agitated reactors. Chem Eng Commun, 102: 1-33.

Roussinova V, Kresta SM, 2008. Comparison of continuous blend time and residence time distribution models for a stirred tank. Ind Eng Chem Res, 47 (10): 3532-3539.

Sanchez Miron A, Ceron Garcia MC, Garcia Camacho F, Molina Grima E, Chisti Y, 2004. Mixing in bubble column and airlift reactors. Chem Eng Res Des, 82 (A10): 1367-1374.

Sano Y, Usui H, 1985. Interrelations among mixing time, power number, and discharge flow rate number in baffled mixing vessels. J Chem Eng Jpn, 18 (1): 47-52.

Sardeshpande MV, Sagi AR, Juvekar VA, Ranade VV, 2009. Solid suspension and liquid phase mixing in solid-liquid stirred tanks. Ind Eng Chem Res, 48: 9713-9722.

Shewale SD, Pandit AB, 2006. Studies in multiple impeller agitated gas-liquid contactors. Chem Eng Sci, 61 (2): 489-504.

Shiue SJ, Wong CW, 1984. Studies on homogenization efficiency of various agitators in liquid blending. Can J Chem Eng, 62 (5): 602-609.

Skelland AHP, Seksaria R, 1978. Minimum impeller speeds for liquid-liquid dispersion in baffled vessels. Ind Eng Chem Process Des Dev, 17: 56-61.

Skelland AHP, Ramsay G, 1987. Minimum agitator speeds for complete liquid-liquid dispersion. Ind Eng Chem Res, 26: 77-81.

Svensson FJE, Rasmuson A, 2004. LDA-measurements in a stirred tank with a liquid-liquid system at high volume percentage dispersed phase. Chem Eng Technol, 27: 335-339.

Vasconcelos JMT, Alves SS, Nienow AW, Bujalski W, 1998. Scale-up of mixing in gassed multi-turbine agitated vessels. Can J Chem Eng, 76 (3) : 398-404.

Wadley R, Dawson MK, 2005. LIF measurements of blending in static mixers in the turbulent and transitional flow regimes. Chem Eng Sci, 60: 2469-2478.

Yang FL, Zhou SJ, An XH, 2015. Gas-liquid hydrodynamics in a vessel stirred by dual dislocated-blade Rushton impellers. Chin J Chem Eng, 23 (11) : 1746-1754.

Zhang QH, Mao Z-S, Yang C, Zhao CJ, 2008. Research progress of liquid-phase mixing time in stirred tanks. 化工进展, 27 (10) : 1544-1550.

Zhang QH, Yang C, Mao Z-S, Zhao CJ, 2009. Experimental determination and numerical simulation of mixing time in a gas-liquid stirred tank. Chem Eng Sci, 64 (12) : 2926-2933.

Zhang TW, Wang TF, Wang JF, 2005. Mathematical modeling of the residence time distribution in loop reactors. Chem Eng Process, 44 (11) : 1221-1227.

Zhang WP, Yong YM, Zhang GJ, Yang C, Mao Z-S, 2014. Mixing characteristics and bubble behaviors in an airlift internal loop reactor with low aspect ratio. Chin J Chem Eng, 22 (6) : 611-621.

Zhao DL, Gao ZM, Muller-Steinhagen H, Smith JM, 2001. Liquid-phase mixing time in sparged and boiling agitated reactors with high gas loading. Ind Eng Chem Res, 40 (6) : 1482-1487.

Zhao YC, Li XY, Cheng JC, Yang C, Mao Z-S, 2011. Experimental study on liquid-liquid macro-mixing in a stirred tank. Ind Eng Chem Res, 50 (10) : 5952-5958.

第4章

宏观混合的模型和数值模拟研究

从研究宏观混合的实验中，可以得到有针对性的实验结果，来指导具体的化工过程的设计和设备改造。更希望从已经积累的大量实验数据中，总结出一般性的规律，说明混合时间与反应器的结构和操作条件（如桨型、桨直径、桨的数目、搅拌速度、反应器直径、槽底形状、挡板和导流筒的结构等）的关系，使工程应用更方便。①最简便的归纳方法是收集一定范围内显示出比较明显规律性的实验数据，将其总结为经验关联式；一般说来，总结为无量纲特征数的关联式，其代表数据的准确性和外推使用的可靠性，都比以原始实验参数为自变量的关联式优越。经验关联式在适用范围内内插应用比较可靠，而其外推使用则缺少具体的科学依据，有较大的风险。②进一步的方法是对一类化工设备，基于观察到的主要机理，建立简化的数学模型，得到半经验半机理的数学模型。包含的机理越多，模型的外推应用的可靠性越大。③如果建立的数学模型包含了表达多数或全部重要的机理的公式和方程，通过数值求解，理论上就能够科学地描述混合过程，实现对反应器混合行为的准确描述。这3类模型也形象地称为黑箱、灰箱和白箱模型。在化学工程学科发展的进程中，宏观混合模型也包括上述这3类。

4.1 混合时间的经验模型

4.1.1 经验关联式

最简单的经验模型是将各种反应器中在不同操作参数和设计参数时的实验数据进行关联，得出经验关联式。这些关联式已经在第3章中叙述（见

3.3.1 节，表 3.1）。例如，Joshi JB（1982）为圆盘涡轮桨的混合时间得到了

$$Nt_m = 9.43\left(\frac{aH+T}{T}\right)\left(\frac{T}{D}\right)^{13/6}\left(\frac{w}{D}\right) \tag{4.1}$$

为 PBTD 桨关联出

$$Nt_m = 5.0\left(\frac{2H_L}{D} + \frac{T}{D}\right)\left(\frac{C}{D}\right) \tag{4.2}$$

这些关联式都有自己的适用范围，不宜做超出适用范围以外的外推预测。类似地，对其它桨型和操作条件，文献报道了很多关联式。

上面这两个例子是左端的无量纲时间与右端的几个无量纲几何参数间的关联，形式简单，一些重要的参数没有包括（例如，雷诺数 Re、含表面张力的无量纲特征数），自然其应用范围有限。如果关联式中还包括一些有量纲物理量，那可能应用范围会更狭窄些。要想把不同桨型的混合时间统一成一个应用广泛的关联式，一定是困难重重，或者是平均相对误差太大，或者是函数形式过于复杂，难得成功。

经验关联式中较新的一种是神经网络模型。在化学工程中，利用它将更大量、范围更广的测量数据，归纳成一个模型，能有效地表达参数间的复杂函数关系，这样的应用实例已经很多。例如，吴元欣（2003）报道了用神经网络模型关联鼓泡塔中气含率数据的神经网络模型。预测一个气含率 α_g 参数，输入参数全用无量纲特征数：气相（或液相）的雷诺数、Froude 数、Weber 数、毛细数、Stokes 数、Morton 数、Bond 数、Galileo 数、Eotvos 数等，代表所涉及的各种几何、结构、物性、操作参数。共有 2174 个实验数据，与训练好的神经网络模型的预测相比，平均绝对误差为 0.062，而其它可比较的经验关联式的误差数值在 0.246～0.619 之间，性能差距十分明显。读者可以参阅教科书（毛在砂，2008）中的简介。至今，搅拌槽中的混合时间数据积累十分丰富，但尚未见混合时间的神经网络模型出现。

混合时间的经验模型还指一些最简单的带机理性的模型，它至少包含了一两种对混合效率有关的物理和工程机理，根据这些机理建立预测混合时间的代数或微分方程，经过数学求解，得到某种形式反应器在指定的操作条件下的混合时间。由于影响混合的主要机理能够在模型中近似定量地体现，这种模型不仅能归纳实验数据，其外推使用的可靠性要比实验数据的简单关联式好。文献中有一些预测混合时间的简单数学模型，如主体循环模型、扩散模型、分区模型等，属于半经验半机理模型一类。

4.1.2 主体循环模型

   搅拌槽内的宏观混合的主要因素之一是反应器内的主体流动流型和强度（流量）。主体循环流动若能形成扫遍全反应器的流动，则有别于主体的待混匀物质就能容易地被输送到各处，使全反应器内的流体均质化。这样，只有一个整体循环的流型会优于有两个或多个循环的流型。McManamey WJ（1980）提出的循环模型认为宏观混合时间约为循环时间的 5 倍，循环时间是最大循环路径除以液体平均循环速度之商；最大循环路径与搅拌桨形成的流型有关，而循环流速则与桨型、桨径和搅拌转速有关。图 4.1 是单个径向流桨和轴流桨相应的最大循环路径 L。

$$径向流桨 \quad L = T + 2(H - C) \tag{4.3}$$

$$轴流桨 \quad L = T + 2H \tag{4.4}$$

   循环流速则需要从不同构型的搅拌桨中液体流速的实验测定结果来估计。例如，van der Molen K（1978）用 LDV 实验测量了单相 Rushton 桨产生的径向平均速度 U_r，得到

$$\frac{U_r}{U_{tip}} = 0.85 \left(\frac{r}{r_{imp}} \right)^{-7/6} \tag{4.5}$$

式中，U_{tip}、r_{imp} 分别为桨尖速度和桨的半径。在靠近壁面处 $r = T/2$，得

$$U_{r,w} = 0.85 U_{tip} \left(\frac{D}{T} \right)^{7/6} \tag{4.6}$$

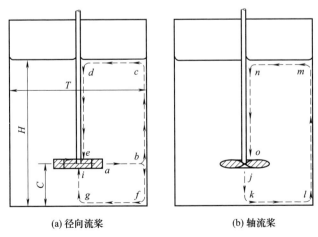

(a) 径向流桨　　　　　　　　**(b) 轴流桨**

图 4.1　不同桨型搅拌槽内的循环路径（McManamey WJ，1980）

Joshi JB（1982）对不同桨型推荐不同的平均循环速度表达式，对 Rushton 桨

$$U_{r,w} = 0.53 \left(\frac{D}{w}\right) ND \left(\frac{D}{T}\right)^{7/6} \tag{4.7}$$

在确定了最大循环路径 L 和此路径上循环速度 $U_{r,w}$（靠近壁面处的流速）之后，可以按下列形式关联适当范围内的混合时间：

$$t_m = k \left(\frac{L}{U_{r,w}}\right) \tag{4.8}$$

如果代入 U_{tip} 的表达式，还可以得到一些其它形式的关联式。

循环模型尽管简单，但是都忽略了湍流涡扩散对混合过程的影响，而且一部分流体的流速与平均流速有很大差别，这个误差因素也未顾及。因此，系数 k 的确定比较困难，建立适于多种构型的关联式也很困难。因此，混合时间预测的误差较大，近日几乎没有这种模型的应用了。

因为搅拌槽的流型接近于全混流，搅拌槽循环时间的另外一种粗略估计是搅拌槽的体积除以搅拌桨的泵送流率，也是搅拌桨泵出的流体将搅拌槽置换一次所需的时间。混合时间也可取为循环时间的 k 倍，至于此系数的数值大小，也需要就具体的构型和体系来分别确定。

4.1.3　扩散模型

这一类模型将湍流涡团运动造成的流体交换类比于物质的分子扩散，来建立混合过程的简单数学模型。

Holmes DB（1964）和 Voncken RM（1964）认为示踪剂的均一化是循环过程中的扩散导致的。Voncken RM（1964）将搅拌槽分为两个混合程度不同的区域，一个是桨区，另一个是主体对流区。在主体对流区的混合不很剧烈，它决定了整体的混合质量。主循环可以模型化为长度为 L（最大循环路径）的一维循环流动，流动同时发生轴向扩散，示踪剂也就逐渐混匀，此模型的参数为扩散系数 D 和平均循环速度 U。比较模型的解析解所指示的示踪剂混匀过程（c/c_∞）：

$$\frac{c}{c_\infty} = \sqrt{\frac{Bo}{4\pi\theta}} \sum_{j=1}^{\infty} \exp\left[-\frac{Bo}{4\theta}(j-\theta)^2\right] \tag{4.9}$$

与示踪实验结果，即可确定 Bo 值或扩散系数 D。在湍流条件下，发现扩散系数 D 遵循一定的规律，以 Bodenstein 数表示（$Bo = LU/D$），且 $Bo(D/T)$ 为定值 12，说明与搅拌转速无关。此模型将搅拌槽简化为一个具有平均循环速

度 U 和扩散系数 D 的管流，忽略真实循环路径间的速度、扩散的差别，和实际过程相差甚远。

Fort I（1971）假定示踪剂混匀的过程可近似为一个球形示踪剂液体微团在搅拌槽中一边跟随主体流动循环、一边作溶质湍流扩散的过程，从微团扩散出来的溶质迅速在主体中混匀，还进一步假设搅拌槽内各处湍流强度是相同的，扩散出来的溶质与主体间传递的传质系数与位置、时间、浓度无关，从而基于整体循环导出混合时间与平均循环时间比值的方程：

$$\frac{t_{\mathrm{m}}}{t_{\mathrm{c}}} = k\left(\frac{T}{D}\right)^{\gamma} \lg\left[\frac{a}{\chi(t_{\mathrm{m}})}\right] \tag{4.10}$$

式中，$\chi(t_{\mathrm{m}})$ 是要求达到的未混匀度；t_{c} 为平均循环时间；a 为积分常数，可取值为 2。作者对 3 种轴流桨给出了 k 和 γ 的数值（k 在 $1.11\sim1.39$ 间，γ 在 $0.25\sim0.35$ 间）。作者还给出一个简单的近似式：

$$\frac{t_{\mathrm{m}}}{t_{\mathrm{c}}} = 1.15\lg\left[\frac{1}{\chi(t_{\mathrm{m}})}\right] \tag{4.11}$$

即，按 95％标准，$\chi = 0.05$，$t_{\mathrm{m}} = 1.50 t_{\mathrm{c}}$。此模型考虑的扩散机理仍显过分简单，也忽略了主体对流在槽内的不均匀分布。

Brennan DJ（1976）指出，趋向均一的混合过程是一个指数衰减的过程，给出混合时间的一般表达式为 $t_{\mathrm{m}} = -\lg(\chi)/u$，$u$ 为时间为 $t = 0$ 时的某种混合速率。总的混合时间认为是湍流混合时间 t_{turb} 和分子扩散时间 t_{diff} 的加和，层流条件下混合时，二者量级相当，而湍流混合时可以忽略 t_{diff}。分别给出了这两个时间的经验方程，都是搅拌桨功率数和结构参数的关联式，可以据此估算混合时间的数值。

评述：扩散模型认为在槽内任一点处浓度都是以指数的方式达到稳态值（就像一个二阶阻尼系统）。然而，实际的实验观察到的浓度随时间的变化是振荡的，这就表明了在某些位置主体对流作用很强，从而导致振荡。有的反应器内有两个或更多的主体循环流动，流动强度不同，使各循环圈的混匀速率不同；不同循环间的物质交换速率小于各自的循环，不与加料物直接对流的区域的混合会相当滞后。这样，整个混匀曲线可能是几个包含不同时间常数的函数式的组合，不能简单地用一个时间常数来描述。

4.1.4 分区模型

大型反应器中的流动总是不均匀的。将反应器作为一个整体来建立模型无法体现这种不均匀性。因此将反应器划分为若干更小的分区，每个小区内的状态近似地假设均匀就比较合理。分区模型按内部流型对反应器进行网格划分，每个单元内全混，单元间则依赖对流和湍流交换两种方式进行动量和质量传递。模型参数则根据实验数据和经验模型估算。

Vrabel P（2000）采用了半经验的分区模型（compartment model approach，CMA）来处理大型气液生化反应器。根据实验观察，在反应器内的径向桨和轴流桨分别形成数量、强度、体积不同的循环区，各循环区之间有流动交换，每个循环区可用多到 15 个区室来代表，总数不超过 100；每个区室用集中参数模型描述，以表达搅拌槽内的整体循环和均匀混合。用 CMA 模型模拟搅拌槽中的混合时间得到了不错的效果。

Mann R（1982）更早提出分区模型，对槽内按流型进行等体积网格划分，每个网格单元内全混，单元间进行动量、质量和热量传递。分区模型不仅可以模拟均相混合体系，而且后来应用于气液和固液多相搅拌混合体系，以及混合和反应耦合的体系，模拟加料位置、转速和液位高度等对混合的影响，以及槽内非完全混合对反应路径、反应选择性、产率和放大过程的影响。Wang YD（1992）用区域网格模型（network-of-backmixed-zones model）对搅拌槽中竞争连串反应的半连续操作进行了模拟，在 3 个不同规模搅拌槽中进行放大模拟，发现模型参数保持不变，因此可利用该模型进行定量化模拟放大。

分区模型可以考虑局部流动和湍流结构，比循环模型和扩散模型更深入一个层次。分区模型由简单的代数方程和一阶常微分方程组成，计算量较小，可较好地对多相流体系的流动、混合与反应进行模拟，并用于过程放大研究和过程控制。分区模型需要很多流动参数，其数值来源有限，包含有可调参数，需要实验数据作为输入条件，缺乏通用性，外推应用的误差难以确定。因此，这类模型得到的反响也很有限。半机理的模型正在让位于基于物理和化学基本原理的机理性数学模型。

4.2 混合时间的 CFD 模型

简单机理模型的经验性十分明显：包含的物理机理不全，机理的物理描述和数学表达不够准确和严密。因此，该类模型的预测能力弱，使用的范围有限。计算流体力学（computational fluid dynamics，CFD）模型则是基于物质和能量守恒的基本原理，用微分方程来表达物理过程的机理，没有过多的人为假设，因而理论上能适用于多种搅拌构型、体系，以及操作条件的变化。这样复杂的数学模型，由于流体力学动量方程的非线性，一般没有精确的解析解，需要借助于数值方法求得在离散网格上的数值解。因此，求解过程比较复杂，所得结果需经过合适的后处理，才能表示为工程界易于利用的结果。

CFD方法求混合时间的步骤与混合时间的定义有关。当以示踪剂的混匀程度来定义时，除了先用CFD模拟得到反应器中的宏观流场外（步骤1），还要用数值模拟的方法求得示踪剂的对流和扩散过程（步骤2）。在步骤2中建立示踪剂的对流-扩散微分方程，求得示踪剂在反应器内浓度的时空演化，从浓度场的数值解中抽提出混匀指标的时变曲线，然后按定义得到混合时间的数值。

随着计算机性能的不断提高，以及在湍流模型和计算方法等方面的发展，数值模拟技术已经越来越多地用于研究搅拌槽等化工设备内的流动、混合和反应过程。采用CFD技术可以比较方便地对新型设备、操作状况变化进行考察，获得设备内的局部流动、混合特性，也可以统计得到整体的宏观参数，避免了传统经验方法繁复的试差过程，使混合的设计、优化及放大上升到更加科学和准确的水平。

4.2.1 宏观流场的数学模型

宏观混合数值模拟的理论基础是数学模型，即涉及宏观混合的物理-化学过程机理的数学表达。按宏观混合只涉及物理过程的理解，数学模型应该包括流体流动的模型和示踪剂混匀过程的模型。

流体流动的数学模型包括连续性方程：

$$\frac{\partial \rho}{\partial t} + \nabla \cdot \boldsymbol{u} = \frac{\partial \rho}{\partial t} + \frac{\partial}{\partial x_j}(\rho u_j) = 0 \tag{4.12}$$

以及动量守恒微分方程，它在层流条件下即 Navier-Stokes 方程：

$$\frac{\partial \rho \boldsymbol{u}}{\partial t} + \nabla \cdot (\rho \boldsymbol{uu}) = -\nabla p + \mu[(\nabla \boldsymbol{u}) + (\nabla \boldsymbol{u})^{\mathrm{T}}] + \rho \boldsymbol{g} + \boldsymbol{F} \tag{4.13}$$

或速度分量的形式：

$$\frac{\partial \rho u_i}{\partial t} + \frac{\partial}{\partial x_j}(\rho u_i u_j) = -\frac{\partial p}{\partial x_i} + \frac{\partial}{\partial x_j}\left[\mu\left(\frac{\partial u_i}{\partial x_j} + \frac{\partial u_j}{\partial x_i}\right)\right] + \rho g_i + F_i \tag{4.14}$$

当流动处于湍流状态时，速度在时间和空间上的小尺度随机波动对动量传递的影响不可忽略。用雷诺平均法得到的时均速度的控制方程中出现了雷诺应力项［式（4.15）右端最后一项］：

$$\rho \frac{\partial u_i}{\partial t} + \rho \frac{\partial}{\partial x_j}(u_i u_j) = -\frac{\partial p}{\partial x_i} + \frac{\partial}{\partial x_j}\left[\mu\left(\frac{\partial u_i}{\partial x_j} + \frac{\partial u_j}{\partial x_i}\right)\right] + \rho g_i + F_i - \rho \frac{\partial}{\partial x_j}(\overline{u_i' u_j'})$$

$$\tag{4.15}$$

此式中密度 ρ 已经设为常数，因此可以移至微分号之外。

用 Boussinesq 假设将雷诺应力模型化，这是基于各向同性湍流假设之上常用的封闭模型中未知项的方法，即把未知的雷诺应力项表达为已知量的时均项的方法。对不可压缩流体

$$-\rho\overline{u_i'u_j'} = \mu_t\left(\frac{\partial u_i}{\partial x_j} + \frac{\partial u_j}{\partial x_i}\right) - \frac{1}{3}\rho\delta_{ij}\overline{u_i'u_i'} \tag{4.16}$$

其中

$$\delta_{ij} = \begin{cases} 0, & i \neq j \\ 1, & i = j \end{cases}$$

μ_t 为湍流黏度，不是物性参数，而是与湍流状态有关的流动参数。由于湍流脉动能的平均值为

$$k = \frac{1}{2}\overline{u_i'u_i'} = \frac{1}{2}(\overline{u_1'u_1'} + \overline{u_2'u_2'} + \overline{u_3'u_3'})$$

所以对各向同性的湍流有

$$-\rho\overline{u_i'u_j'} = \mu_t\left(\frac{\partial u_i}{\partial x_j} + \frac{\partial u_j}{\partial x_i}\right) - \frac{2}{3}\rho\delta_{ij}k \tag{4.17}$$

因此，湍流流场中的动量方程成为

$$\rho\frac{\partial u_i}{\partial t} + \rho\frac{\partial}{\partial x_j}(u_iu_j) = -\frac{\partial p}{\partial x_i} + \frac{\partial}{\partial x_j}\left[\mu_{eff}\left(\frac{\partial u_i}{\partial x_j} + \frac{\partial u_j}{\partial x_i}\right)\right] + \rho g_i + F_i - \rho\frac{2}{3}\frac{\partial k}{\partial x_i} \tag{4.18}$$

其中的有效黏度为流体黏度与湍流黏度之和：

$$\mu_{eff} = \mu + \mu_t \tag{4.19}$$

十分常用的标准 k-ε 湍流模型，是双方程湍流模型的一种，其中的湍流黏度为 (Launder BE, 1972)：

$$\mu_t = C_\mu\rho\frac{k^2}{\varepsilon} \tag{4.20}$$

此双方程湍流模型还需要同时求解 k 和 ε 的方程。湍流动能 k 的方程为

$$\frac{\partial(\rho k)}{\partial t} + u_i\frac{\partial(\rho k)}{\partial x_i} = \frac{\partial}{\partial x_i}\left[\left(\mu + \frac{\mu_t}{\sigma_k}\right)\frac{\partial k}{\partial x_i}\right] + G_k - \rho\varepsilon \tag{4.21}$$

$$G_k = \mu_t\left(\frac{\partial u_i}{\partial x_j} + \frac{\partial u_j}{\partial x_i}\right)\frac{\partial u_j}{\partial x_i}$$

湍流能量耗散率 ε 的方程为

$$\frac{\partial(\rho\varepsilon)}{\partial t} + u_i\frac{\partial(\rho\varepsilon)}{\partial x_i} = \frac{\partial}{\partial x_i}\left[\left(\mu + \frac{\mu_t}{\sigma_\varepsilon}\right)\frac{\partial\varepsilon}{\partial x_i}\right] + C_{1\varepsilon}\frac{\varepsilon}{k}G_k - C_{2\varepsilon}\rho\frac{\varepsilon^2}{k} \tag{4.22}$$

此模型中有一些需要从实验测定中估计的模型参数，文献公认的一套参数值为 $C_\mu = 0.09$，$\sigma_k = 1.0$，$\sigma_\varepsilon = 1.3$，$C_{1\varepsilon} = 1.44$，$C_{2\varepsilon} = 1.92$（Launder BE，1974）。

文献中有许多成熟的湍流模拟方法，改进标准 k-ε 模型的湍流模型也有很多种，如重整化群模型（renormalization group k-ε model，RNG 模型）、可实现 k-ε 模型（realizable k-ε model）、低雷诺数模型、k-ω 模型等，在数值求解各种各样的湍流流场中得到了很多可信的结果。

更准确的各向异性湍流模型则抛弃湍流各向同性的假设，对待定的 6 个未知雷诺应力分量分别建立输运方程来求解，从而保留了湍流的各向异性特征。这一类的湍流模型有雷诺应力模型（Reynolds stress model，RSM）、代数应力模型（algebraic stress model，ASM）、代数雷诺应力模型（algebraic Reynolds stress model，ARSM）、显式代数雷诺应力模型（explicit algebraic Reynolds stress model，EARSM）、湍流大涡模拟（large eddy simulation，LES）模型。最后，完全不借助于模型简化、基于 Navier-Stokes 方程、以足够小的空间和时间尺度来解析流体流动的直接湍流数值模拟（direct numerical simulation，DNS）。关于湍流模型和数值求解技术需要参考其它的专著和教科书（Pope SB，2000；张德良，2010）。

由于 DNS 准确性高，但需要大网格、小时间步长，对计算机资源的需要极大，现在还只能适用于低雷诺数、小尺寸流场的数值模拟。因此仍然需要开发适用于工业设备尺度多相体系中充分湍流流动的数学模型和模拟方法。冯鑫（2012a）用显式代数应力模型（explicit algebraic stress model，EASM）模拟了 Rushton 搅拌槽内的湍流流场，并与实验数据和标准 k-ε 模型、代数应力模型（ASM）、雷诺应力模型（RSM）及大涡模拟（LES）模型比较。结果显示，EASM 和实验数据符合，并总是优于标准 k-ε 模型，与 RSM 接近，虽在预测湍流动能上不如 LES，但耗用的 CPU 时间则只及 LES 的一成。冯鑫（2012b，2013）还将其推广应用于液固和液液搅拌体系，证明了 EASM 在混合的 CFD 模拟上的巨大潜力。

4.2.2　示踪剂传递的数学模型

设备内的宏观混合可以用加入示踪剂的混匀过程来代表，因此需要建立微分方程模型来描述示踪剂的对流、扩散等机理驱动的传递过程，即示踪剂在反应器内逐渐分散均匀的过程。在层流条件下的数学模型为

$$\frac{\partial c}{\partial t} + \nabla \cdot \boldsymbol{u} c = \nabla \cdot (D \nabla c) \tag{4.23}$$

或其分量形式

$$\frac{\partial c}{\partial t}+\frac{\partial}{\partial x_i}(u_i c)=\frac{\partial}{\partial x_i}\left(D\,\frac{\partial c}{\partial x_i}\right) \tag{4.24}$$

它准确地表达了主体对流和分子扩散这两种物理机理对示踪剂（溶质）的输运作用。而当反应器内呈湍流状态时，湍流涡团也参与和促进质量传递，因此式（4.23）中的分子扩散系数 D 应代之以有效扩散系数 D_{eff}，于是方程为

$$\frac{\partial c}{\partial t}+\nabla\cdot uc=\nabla\cdot(D_{eff}\,\nabla c) \tag{4.25}$$

流体的物性 ν（运动黏度 $\nu=\mu/\rho$）和 D 之比值称为 Schmidt 数，而在湍流流场中也类似地将 $\nu_{eff}/D_{eff}=Sc_t$ 称为湍流 Schmidt 数，通常假设为常数。在多数的数值模拟研究中取值在 $0.5\sim1$ 之间，常取 $Sc_t=0.7$。这样就可以直接从湍流流场的解中得到有效扩散系数的估计值分布，用于模拟反应器内示踪剂浓度场的演化。数值模拟研究文献结果表明，这样的近似方法是一种可以接受的选择，虽然此方法缺乏理论上的严密性。

传质过程中湍流作用的数学模型，也有更严格的方法，例如用处理动量守恒方程的雷诺平均方法，来处理湍流场中的传质。类似地将瞬时浓度值 c 分解为时均值和波动值之和（以 c' 表示脉动值，c 仍表示时均值），则时均值的质量守恒方程为

$$\frac{\partial c}{\partial t}+\frac{\partial}{\partial x_i}(u_i c)=\frac{\partial}{\partial x_i}\left(D\,\frac{\partial c}{\partial x_i}-\overline{u'_i c'}\right) \tag{4.26}$$

式中出现了脉动速度 u'_i 和浓度波动乘积的时间平均值，单位为 $kg/(m^2\cdot s)$，其物理意义可理解为脉动引起的质量通量。这个未知项需要封闭，即希望能用数学模型中能够求解出来的物理量将其表示出来。

计算流体力学和计算传热学中都碰到需要处理脉动量乘积的时均值项的封闭或模型化的问题，这两个学科中应用 Boussinesq 假设的成功经验，鼓舞着工程研究将其应用到封闭脉动质量通量项。于是有

$$-\overline{u'_i c'}=D_t\,\frac{\partial c}{\partial x_i} \tag{4.27}$$

式中，D_t 称为湍流传质扩散系数，m^2/s，这个数值适用于不同坐标方向上的湍流扩散，因此湍流扩散是各向同性的。这样，湍流条件下的对流扩散方程成为

$$\frac{\partial c}{\partial t}+\frac{\partial}{\partial x_i}(u_i c)=\frac{\partial}{\partial x_i}\left[(D+D_t)\frac{\partial c}{\partial x_i}\right] \tag{4.28}$$

注意，D_t 的数值在湍流场中是随流体力学状态变化的，是位置的函数，不能

随意将其移到微分算符外。

如何估计湍流扩散系数的数值，则是计算传质学的首要任务（余国琮，2011）。最简单的零方程模型认为湍流中的质量传递与动量传递类似，D_t 仅与流场有关，与浓度场无关，故

$$D_t = \frac{1}{\rho} \frac{\mu_t}{Sc_t} \tag{4.29}$$

Sc_t 称为湍流 Schmidt 数，文献中常取 0.7 的数值（Jaworski Z，2003）。这就是封闭湍流质量（或温度及其它标量的）输运的封闭方法之一，即"简单梯度扩散假设"（simple gradient diffusion hypothesis，SGDH），对不可压缩流体即是

$$-u_i'c' = \frac{\nu_t}{Sc_t} \frac{\partial c}{\partial x_i} \tag{4.30}$$

式中，u_i' 和 c' 分别是速度和浓度相对于平均值的波动，不带 $'$ 则仍表示时均值。

而"通用梯度扩散假设"（generalized gradient diffusion hypothesis，GGDH）（Daly BJ，1970）则考虑了湍流扩散的各向异性：

$$-\overline{u_i'c'} = c_t \frac{k}{\varepsilon} \left(\overline{u_i'u_j'} \frac{\partial c}{\partial x_j} \right) \tag{4.31}$$

式中，k 和 ε 分别是流场中的湍流动能和其耗散速率；$c_t = (3/2)C_\mu/\sigma_t = 1.5 \times (0.09/0.6) = 0.225$，重复的下标表示求和。GGDH 模型的优点是：在速度场中有剪切时，水平方向的平均速度梯度也能产生垂直方向上的标量通量。Ince NZ（1989）在模拟非等温方腔中的自然流动时，证实 GGDH 比 SGDH 更准确。Hanjalic H（1993）又用代数通量模型（algebraic flux model，等价于 CFD 中的代数应力模型）改进了方腔中受热引起的自然对流：

$$-\overline{u_i'T} = \phi_T \left[\frac{k}{\varepsilon} \left(\overline{u_i'u_j'} \frac{\partial T}{\partial x_j} + \nu \overline{Tu_j'} \frac{\partial u_i}{\partial x_j} \right) - \eta B_{ij} \overline{Tu_j'} \right] \tag{4.32}$$

式中，η、ϕ_T 为模型中的参数。上面关于传热问题的湍流输运，可以按传质与传热相似性的原理推广到传质过程的数值模拟中来。

Denev JA（2010）将用 DNS 模拟的 $Re = 650$ 的错流射流的混合结果与 SGDH 和 GGDH 两种模型比较，从数值模拟得到的轴向和垂直方向的湍流质量输运量 $\overline{u'c'}$ 和 $\overline{w'c'}$ 看，三者之间的一致性很好，但总的结果 GGDH 模拟得到的湍流输运的等值线更接近 DNS 的结果。

与湍流中动量、热量传递相类似，文献中也推出一系列的湍流扩散系数的模型（Yu KT，2017）。与标准湍流的 k-ε 双方程模型相似，计算传质学中的

$\overline{c'^2}$-$\varepsilon_{c'}$ 两方程模型已用于化工应用研究。$\overline{c'^2}$ 指浓度脉动的方差时均值，$\varepsilon_{c'}$ 是脉动浓度的耗散速率，这两个参数都需要建立其微分方程模型，在全流场中求解，继而从它们得到扩散系数的数值用于湍流中对流扩散方程的数值解中：

$$D_t = C_{c0} \left(\frac{k \overline{c'^2}}{\varepsilon \varepsilon_{c'}} \right)^{\frac{1}{2}} \tag{4.33}$$

余国琮、袁希钢等完善了 $\overline{c'^2}$-$\varepsilon_{c'}$ 两方程模型（余国琮，2011），并成功地用于数值模拟工业规模筛板精馏塔塔板上的浓度分布（Sun ZM，2007），发现 $\overline{c'^2}$-$\varepsilon_{c'}$ 两方程模型的 3 个模型化程度不同的版本的模拟结果差别不大。目前利用复杂的湍流质量输运模型的数值模拟工作不多，在复杂的计算程序和略微提高的计算精度之间需要适当权衡的选择。准确的流场仍然是准确模拟传热和传质过程的首要前提，在准确模拟湍流流场尚未完全解决的情况下，模拟传质问题的模型和算法的优劣似乎还不容易判定。

4.2.3 数值模拟步骤

宏观混合数值模拟的算法一般是：①数值求解反应器中的流体流动；②求解示踪剂在流场中的输运；③观察检测点的示踪剂浓度的变化；④按混匀标准确定混合时间。

第 1 步是求反应器内的宏观流场，即数值求解湍流条件下的动量守恒方程式（4.18），加上湍流双方程模型的湍流动能 k 及其耗散率 ε 的守恒方程。求解的微分方程共 6 个，3 个速度分量的动量方程，连续性方程，湍流动能及其耗散率的守恒方程；待求的变量也是 6 个，3 个速度分量，压力 p、k 和 ε。各方程还需要指定适当的边界条件，设计实现边界条件的算法。一般情况下，这些模型偏微分方程中是含时间导数项的非定常方程。

如果待混匀的物质的浓度对流体的物性（主要是黏度和密度）的影响可以忽略时，整个混合过程中的流场可视为没有变化的定常流场，那就可以只求解流场一次，后来的示踪剂的输运都在这个定常流场中进行。这样流场求解和浓度场求解是分开进行的。如果是两种黏度差异，或密度差异很大的流体间的混合，则流场在混合过程中随时间有明显的变化。反应性流体，如单体聚合生成高分子化合物，随着生成物积累，流体的黏度增大，以至于流体的流变性质改变。这种情况下，流场求解和浓度场求解必须同步进行，即对每一个时间步长，先求解流场，再求解浓度场，以新的浓度场来更新流场的物性，为下一时间步的流场求解做好准备。这样的耦合求解会耗用很长的计算机时间，因为耗时较长的流场求解要在每一时间步重复进行。这样的数值模拟中，如何缩短计算时间是需要考虑的问题。

第2步是求解组分或示踪剂的湍流对流扩散方程［式（4.28）］。混合是一个时间过程，因此需要将求解的时间间隔划分为许多离散的时间步长，对每一个时间步求解得到浓度场，由此来定量地观察混合的质量和效率（速度）。时间步长 Δt 的大小应满足 Courant-Friedrichs-Lewy 不等式条件

$$\Delta t \sum_i \frac{u_i}{\Delta x_i} \leqslant 1 \qquad (4.34)$$

使计算过程的数值稳定，不发生解的发散和伪周期性的震荡，以保证所得解具有真实的物理意义。其中 u_i 和 Δx_i 是各方向的速度分量和计算网格的尺度。另外，时间步长还要选择得足够小，保证求解结果确实与时间步长的大小无关。

第3步是对随时间变化的浓度场离散数据的后处理，得到人们关心的宏观数据，如宏观混合时间、混合均匀度、离散强度、混匀速度等参数值。这些参数有它们各自的定义。例如，在单点注入-单点检测的混合实验中，则在选定的检测点观察模拟所得的示踪剂浓度随时间的变化，以其落入混匀后浓度的95％～105％区间之后、且不再超出的时间为宏观混合时间。这是现今应用最多的宏观混合时间的定义，虽然它含有一定的主观性和不确定性。例如，王正（2006）、Wang Z（2006）数值模拟了单相搅拌槽和带导流筒的搅拌槽的宏观混合特性。Jahoda M（2007）用大涡模拟和标准 k-ε 湍流模型模拟了单桨和同轴双桨的搅拌槽的宏观混合时间 t_{95}，搅拌桨是标准 Rushton 桨和6斜叶45°下推桨。张庆华（2007）则用标准 k-ε 湍流模型，按照混匀体积分数来定义宏观混合时间，数值模拟了 Rushton 搅拌槽的宏观混合特性。

4.3 单相体系混合的数值模拟

4.3.1 搅拌槽

Ranade VV（1991）首次用 CFD 来研究斜叶桨、涡轮桨和螺旋桨推动的混合过程。在流场的模拟计算中湍流模型采用标准 k-ε 模型。数值模拟用的流体力学方程和示踪剂的对流扩散方程已见 4.2.1 和 4.2.2 节中的叙述。桨区的模拟采用"黑箱"法，即搅拌桨区的边界条件在桨区的上方和桨区的下方，分

别指定平均速度分量和湍流动能（来自 LDA 的测量数据）；假定动量和质量的湍流扩散系数相同。文中列举了 5 个混合判据：①以检测点的示踪剂浓度接近最终混匀的平衡浓度 c_∞ 到一定偏差内（例如，$\pm 0.05 c_\infty$）所需的时间；②一种基于信息熵概念的指标，它在混合过程中是逐渐下降趋于 0 的；③示踪剂浓度场对平衡浓度 c_∞ 的方差 σ^2；④浓度场中的最大浓度 c_{max}，它是向平衡浓度逼近的；⑤达到混匀标准［例如 $(1 \pm 0.05) c_\infty$］的液相体积所占的体积分数。按不同的混合判据可以从数值模拟的浓度场得出不同的混合时间，它们间的差别显然很大。但实际实验所得的数据只能与混合判据①的模拟混合时间作比较。Ranade VV（1991）对 PBU 桨搅拌槽的模拟得到，无量纲混合时间 $Nt_{95} = 34.4$，与 Raghav Rao KSMS（1989）实验的 $Nt_{95} = 33$ 偏离测量值大约 4%，与 Fort I（1986）的结果 $Nt_{95} = 36$ 也很接近。对涡轮桨、PBU 和螺旋桨的模拟结果，以达到 $(1 \pm 0.05) c_\infty$ 标准的液相体积分数对无量纲混合时间 $(2tU_{tip}/T)$ 作图，3 条曲线近似是重合的，表现了明显的规律性。模拟研究结果表明，混合时间对湍流黏度不是很敏感，但平均流场的影响很大。这个研究很好地展现了数值模拟方法研究混合问题的潜力。

Jaworski Z（2000）基于多重网格技术得到流场的基础上，模拟了双层涡轮桨搅拌槽的混合过程。根据 6 个不同位置上的浓度时间曲线，采用 95% 判据来计算混合时间。计算值和实验值比较表明，预测的混合时间是实验值的 2 倍。认为模拟值和实验值之间差异可能是由于流场计算不够精确，虽然整个槽大约有 7 万个计算网格，似乎还没有获得有网格无关性的三维流场。Bujalski W（2002）在桨区附近加密网格，采用更多的计算网格（19.5 万个），得到了更好的流场预测结果。但是混合时间的预测值仍然不令人满意，认为是程序中低估了不同循环圈之间的质量交换的缘故。

另外，王正（2006）和 Javed KH（2006）也利用 CFD 方法得到了单相搅拌槽中的混合时间。在不带导流筒和加装导流筒的搅拌槽中（图 4.2），王正（2006）用 k-ε 湍流模型和改进的内外迭代法（王卫京，2002）模拟了单液相流体搅拌的混合时间和停留时间分布。对于三个不同位置进料（图 4.2 中的 P1、P2 和 P3），数值模拟发现 3 个检测点平均的混合时间 t_{95} 相差不大；对不同搅拌转速下的湍流混合过程，模拟得到无量纲混合时间 Nt_{95} 与文献关联式符合较好，桨距底 $C = T/2$、$T/3$、$T/6$ 比较，$C = T/2$ 时混合时间最短；不同导流筒大小和位置对混合的进程有影响，但对混合时间的影响并不大，与 Tatterson GB（1982）的实验结果一致；有导流筒时的停留时间分布的方差比没有导流筒时略有减小。

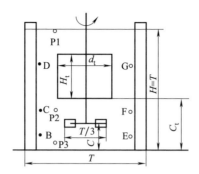

图 4.2　带导流筒的搅拌槽（王正，2006）

迄今为止搅拌槽内的混合已经经历了近 40 年的历史，取得了飞速的进展。数值模拟已经能够重现各种构型、尺寸、物性和操作参数对混合时间影响的趋势，半定量或定量地预测相应的混合时间。因此，数值模拟技术已经成为化学工程师创新混合设备构型、诊断现有混合工艺和设备的状态、放大设计工业混合和反应设备的有力工具。

由于 CFD 软件开发的努力和数值技术的逐渐推广，不仅化学工程研究人员，也包括许多生产企业的科技人员，开始用 CFD 软件（FLUENT、CFX、MULTIPHYSICS 等）进行研究和科技开发。周国忠（2003）在 CFX 软件的基础上开发了混合过程的计算，并在流场计算的基础上对单层涡轮桨搅拌槽内的混合过程进行了数值研究。Ochieng A（2008a，2008b）利用 CFX 软件模拟了 Rushton 桨搅拌槽内的混合过程，研究了搅拌桨安装高度的影响，发现当搅拌桨安装高度由高到低变化时，槽内流场由原来的两个循环逐渐变成一个循环，同时降低了混合时间。另外，作者还考察了导流筒的影响，加入导流筒后降低了混合时间。

随着对 CFD 方法的研究不断深入，近年也开始利用大涡模拟（LES）方法来考察混合时间的研究。Yeoh SL（2005）和 Hartmann H（2006）用大涡模拟方法模拟了 Rushton 桨搅拌槽内的混合过程，获得了较好的结果。Jahoda M（2007）利用 $k\text{-}\varepsilon$ 模型和 LES 方法考察了斜叶桨和 Rushton 桨搅拌槽内的混合时间，研究发现大涡模拟的计算量较大，但其描述的流场更接近于实际，所以利用大涡模拟计算得到的混合时间与实验测量数据吻合得更好。Min J（2006）分别用标准 $k\text{-}\varepsilon$ 模型和 LES 方法模拟了槽径为 0.476m、搅拌桨为三窄叶翼形桨（CBY）的搅拌槽内混合过程，计算结果与实验和利用 $k\text{-}\varepsilon$ 模型计算得到的结果进行比较，发现大涡模拟与实验结果的吻合程度要比标准 $k\text{-}\varepsilon$ 模型好。这是由于 LES 能够更有效地捕捉槽内大小涡团的信息，而标准 k-ε 模型只考虑了小涡团，忽略了大涡团的影响，但大涡模拟的计算量较大。

非牛顿流体的搅拌混合的数值模拟比较烦琐一些，因为这些流体的本构方程比牛顿流体的复杂，但现代的数值模拟技术已经能够克服这些计算上的困难。Ihejirika I（2007）用数值模拟技术研究了螺带桨搅拌槽中的黄原胶（带屈服应力的假塑性流体）的流场、功率和混合时间。搅拌槽直径 $T=0.4\mathrm{m}$，液位高 $0.42\mathrm{m}$，螺带桨直径 $D=0.37\mathrm{m}$、带宽 $0.08\mathrm{m}$。模拟了单个螺带桨推动流体上流和下流的层流流动。求解流体的稳态运动方程及连续性方程。其中应力的本构方程描述了流体的非牛顿流变性质：

$$\rho \boldsymbol{u} \cdot \nabla \boldsymbol{u} + \nabla \cdot \boldsymbol{\Pi} = \boldsymbol{F} \tag{4.35}$$

$$\boldsymbol{\Pi} = -p\boldsymbol{\delta} + \boldsymbol{\tau} \tag{4.36}$$

$$\nabla \cdot \boldsymbol{u} = 0 \tag{4.37}$$

式中，$\boldsymbol{u}$ 为速度矢量；p 为流体动力学压力；$\boldsymbol{F}$ 为体积力；$\boldsymbol{\delta}$ 为单位张量；$\boldsymbol{\Pi}$ 为 Cauchy 张量；$\boldsymbol{\tau}$ 为黏性应力张量（与速度场有关的流变学方程）。用 Fluent 做 3D 模拟，桨的旋转用多重坐标系（multiple reference frames，MRF）处理。模拟混合时间时，示踪剂加在若干个计算单元内。示踪剂的输运方程为

$$\frac{\partial}{\partial t}(\rho c) + \nabla \cdot (\rho \boldsymbol{u} c) = \nabla \cdot \rho D_{\mathrm{m}} \nabla c \tag{4.38}$$

式中，c 为示踪剂的局部质量分数；D_{m} 为示踪剂的分子扩散系数。如图 4.3 所示，在 5 个地点检测示踪剂的浓度（图 4.3），并以平衡后的最终浓度 c_{∞} 来无量纲化。5 点的 c/c_{∞} 都达到 0.99 的时间定义为混合时间 t_{99}。

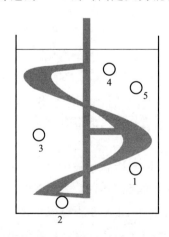

图 4.3　模拟混合时间的 5 个示踪剂浓度检测点位置（Ihejirika I，2007）

模拟结果（图4.4）表示了搅拌转速越快，混合时间越短，这是对低黏度流体和高黏度、非牛顿流体均适用的规律。同样功耗下，上推螺带桨的混合时间比下推螺带桨的短（图4.5），因而达到混合所消耗的功也少。

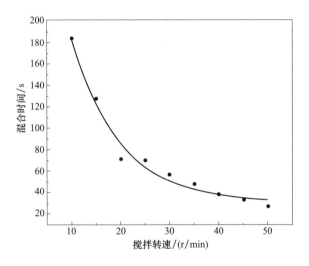

图 4.4　混合时间与搅拌转速的关系（黄原胶浓度 3.5%，
上推搅拌。Ihejirika I，2007）

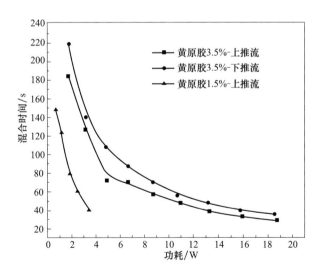

图 4.5　混合时间与功耗间的关系（Ihejirika I，2007）

为了深刻认识这些结果，需要用无量纲混合时间 Nt_{99} 和混匀效率来分析。实际上 Nt_{99} 代表了达到要求的均匀度所需要的搅拌转数。图 4.6 是 Nt_{99} 对 Re_a 的关系图。而混匀效率定义为

$$\frac{Pt_{99}^2}{\eta T^3} = f\left(\frac{\rho T^2}{\eta t_{99}}\right) \tag{4.39}$$

左端是搅拌混合的能量效率的指标，称为效能指数，其中 η 是表观黏度；右端函数 $f(*)$ 中的自变量实际上是混合时间雷诺数 $Re_a = \rho T^2/(\eta t_{99})$。式 (4.39) 可帮助确定完成指定混合任务（以宏观混合时间为目标）的能量效率最高的搅拌器。对具体对象，上推螺带桨和下推螺带桨分别有

$$\text{上推螺带桨} \quad \frac{Pt_{99}^2}{\eta T^3} = PoRe_a (Nt_{99})^2 \left(\frac{D}{T}\right)^3 \tag{4.40}$$

$$\text{下推螺带桨} \quad \frac{\rho T^2}{\eta t_{99}} = Re_a (Nt_{99})^{-1} \left(\frac{D}{T}\right)^{-2} \tag{4.41}$$

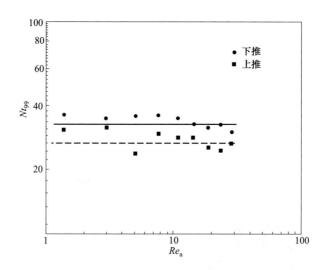

图 4.6　混合时间数（Nt_{99}）与螺带桨上推和下推搅拌时

表观雷诺数 Re_a 的关系（Ihejirika I，2007）

图 4.7 的结果表明，上推操作模式是比下推搅拌更有效的操作方式。

需要注意的是，对某些非牛顿流体，若搅拌桨选择不合理，或启动步骤不合理，会在搅拌槽内部出现"空洞"（cavity，搅拌桨附近的流体跟随搅拌桨运动），而远离搅拌桨的其它区域则几乎停滞不动，根本无法实现全槽的均匀混合。这时需要从桨型和桨在槽中的配置等方面来解决。

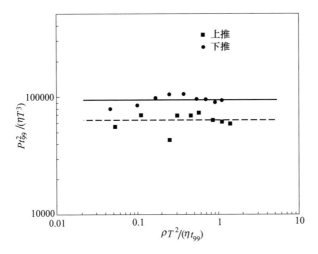

图 4.7　螺带桨 $Pt_{99}^2/(\eta T^3)$ 对 $\rho T^2/(\eta t_{99})$ 的关系 （Ihejirika I，2007）

4.3.2　其它混合/反应设备

　　数值模拟方法也广泛用于其它混合设备和反应器，例如单相体系中的管道反应器、静态混合器、螺杆挤出机等这一类设备。这些设备的共同特点是长径比较大，而且设备的主要目的不是为了实现整个设备内物料的完全混合，而是力图避免轴向混合，但要促进径向（横向）的混合（状态一致）。这与搅拌槽、环流反应器等追求整体均质化的设备和反应器不同。

　　前者一般用停留时间分布（RTD）来表征其轴向混合（有害因素）的程度，而有利的横向混合因素，则用横截面内的均匀度来表征。后者则仅用全体积内的均匀度作为混匀度指标，指标之一即混合时间。对这类反应器，用于搅拌槽反应器的那一套数值模拟方法，包括流场模拟和示踪剂浓度场模拟的模型和数值方法基本上是通用的。细小的区别可能出现在边界条件的设置、网格的划分等方面，问题不难解决。下面也简介一些有特色的管道混合、反应设备的数值模拟研究结果。

4.3.2.1　静态混合器

　　流体在流经静态混合器时，受混合元件（扭曲叶片、交错栅条、平板等的组合）的阻挡或引导，产生分流、合流、旋转，流体逐渐达到混合均匀的目的。在湍流流动中还有混合元件诱导而产生的湍流涡团促使流体混合的机理。

如图 1.27 中示例的 Kenics 静态混合元件（KSM）和 SMX 型混合元件，涉及机理的类型大体相同，但各机理起作用的程度和其间的相互作用则很不相同。实验很难细致地辨别这些机理，并做定量的描述。因此迄今为止的工程研究大多给出测定数据，或总结出关联式，对具体工程的应用和技术开发的指导难以令人满意。

新型的静态混合器结构设计仍然是混合设备开发的热点之一，但是由于其内部结构复杂，对内部单相和多相流场的认识比较困难，必须依靠实验探索或数值模拟并举的模式，才能高效、准确地完成构型创新和操作优化的目标。计算流体力学的发展为研究具有复杂内部结构的静态混合器提供了可能，科技文献中已有一些具有很强说服力的研究实例。

静态混合器的数值模拟早就有所报道（Lang E，1995）。近年来用 CFD 方法数值模拟静态混合器内的流体力学及其混合性能的研究发展很快。Van Wageningen WFC（2004）用 CFD 方法（Fluent 的 RANS 和 LBM 方法）计算了 Kenics 静态混合器内的流场分布情况，结果表明两种 CFD 方法模拟的流场几乎相同，与 LDA 的测量结果也符合一致，只是 LBM 方法要求的网格比 RANS 大，但所用的 CPU 时间约为 RANS 方法的 1/5。因此，目前的数值模拟技术完全可以对静态混合器的混合行为进行准确的 3D 模拟。

静态混合器一类的管式流动设备，可以用出口处的示踪剂停留时间分布（RTD，可参见第 5 章）来评价其混合性能，也可用流动方向上某个横截面上的离集强度来表征。离集强度是混合质量最直观的指标，其定义为

$$I = \frac{\sigma^2}{\sigma_0^2} \tag{4.42}$$

是出口截面上的方差 σ^2 与入口截面方差 σ_0^2 之比，而

$$\sigma = \frac{1}{n-1} \sum_{i=1}^{n} |c_i - \bar{c}| \tag{4.43}$$

取绝对值是避免误差大的个别数据的权重太大。n 是截面上取样的个数。这个指标也用于搅拌槽一类混合循环良好的设备，但那里的离集强度是对整个体积来统计的。离集强度也等价地用变异系数 C_V 来表示：

$$C_V = \sqrt{\frac{1}{n-1} \sum_{i=1}^{n} \left(\frac{c_i}{\bar{c}} - 1 \right)^2} \tag{4.44}$$

完全混合时 $C_V = 0$。其中 c_i 是局部值，而 $\bar{c}$ 是平均值。

从数值模拟还能得到许多定量指标，它们反映了流体流动中促进静态混合器混合的效果。Heniche M（2005）比较研究两种类似的静态混合器 KMX 和

SMX 的操作性能，它们的区别仅在于 KMX 由弯曲叶片构成，而 SMX 由平直叶片构成（图 4.8）。通过 3D 层流流动的数值模拟得到了截面流函数、拉伸效率、平均剪切速率、拉伸率、李雅普诺夫指数等与混合效率有关的性质。综合多种指标分析，弯曲叶片静态混合器的效率更高，但压降稍高，KMX 在高黏度比流体混合时混合效率更高。这个研究表明，数值模拟已经适合于甄别一些差别不大、因实验误差存在而难以准确判断的情况了。

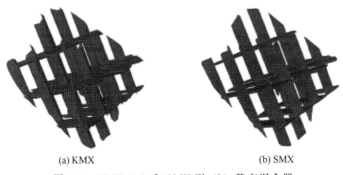

(a) KMX　　　　　　　　(b) SMX

图 4.8　KMX（a）和 SMX 型（b）静态混合器

总体看来，对静态混合器的混合原理、流场、混合元件创新的研究，借助 CFD 为工具已经引起化工科技界的重视，但对混合质量定量指标的数值模拟研究还不太充分。数值模拟工具，包括其理论和软件，都已经发展到能可靠地应用并得到有指导意义的结果的程度。利用这些有利因素，能推动静态混合器的研究踏上一个新台阶。

4.3.2.2　螺杆挤出机

螺杆挤出机是常用来处理高黏度流体、具有高剪切能力的混合设备，不光用于混合，而且也能作为反应器。作为反应器，它必须保证物料混合的均匀性，并提供适宜的反应条件。对于螺杆挤出机反应挤出过程的理论分析主要可分为两大类：反应器流型模拟与流动数值求解。前者着眼于实际过程应用；后者偏重理论研究（唐豪，2014）。

反应器流型模拟即以混合与停留时间分布等参数为基准，将挤出机等效为理想反应器或轴向扩散模型等基本单元的组合，对应实际测定的停留时间分布、温度分布与转化率等数据，得到模型参数，用于对挤出工艺进行分析和优化提供参考。模型的建立有一定的经验性，其准确性和预测能力有限。

对螺杆挤出机的深刻认识必须依靠更富机理性的数学模型，利用数值模拟方法求得离散的准确解，从计算结果来更详细地认识挤出机的操作。该方法将挤出物料的运动方程、传热方程和反应模型联立求解，获得反应器内物理量分布。反应挤出涉及物性、反应动力学、结构和操作参数等多方面共同作用。比较简单的一维数学模型不能重现机理间相互作用而产生的三维物理和化学现象，现在已经发展到以三维数学模型为基础，通过计算来揭示挤出机内流场流动、传递和反应的真实规律。数值解法可采用有限体积法（FVM）或有限元法（FEM）。FVM 导出的离散方程具有守恒性，并且方程系数的物理意义明确，被 FLUENT 等商用软件广泛采用。FEM 对不规则区域的适应性好，但计算量比有限体积法大。POLYFLOW 软件基于 FEM，并提供了可自定义的积分型或微分型黏弹性方程，对聚合物的成型加工模拟占据优势。三维数值模拟软件 ANSYS 提供以 FVM 为基础的数值解法，也包含对复杂的流场区域进行网格划分、参数设置、求解器与后处理软件整合，适于工程和设计中使用。

宏观混合状态对挤出机中的反应混合过程有决定性的影响。宏观混合状态在这里可以用停留时间分布（RTD）、离集程度和混合的早晚等 3 个方面来描述。它们都能从挤出机的 3D 数值模拟结果中抽出其定量指标。Tang H（2016）对反应挤出（REX）过程进行数值模拟分析，考察了操作参数（物料的初始分布、螺杆转速、物料通量等）对产品质量的影响，讨论了这些参数间的关系。

图 4.9 给出螺杆结构，右旋螺纹，最高点距 40mm，螺杆腔 $D=42$mm，螺纹长 60mm，两端各加 10mm 入口段。操作条件是在层流流动范围。在 POLYFLOW 平台上以有限元法数值模拟。混合的质量用颗粒追踪法来监测，5000 个无体积、无质量的标志颗粒，随机地从入口 1 和 2 释放，他们分别被指定为"1"和"0"。追踪颗粒到出口，可统计得到 RTD，追踪一对颗粒可以得知物料流动中的变形。

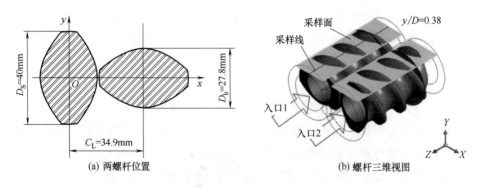

图 4.9　同向旋转双螺杆挤出机（Tang H，2016）

用离集尺度和离集强度来描述宏观混合特性。离集尺度定义为

$$S = \int_0^\infty R(|r|) \mathrm{d}|r| \qquad (4.45)$$

其中

$$R(|r|) = \frac{\sum_{j=1}^{m} (c_j' - \bar{c}_p)(c_j'' - \bar{c}_p)}{m\sigma_c^2} \qquad (4.46)$$

$$\sigma_c^2 = \frac{\sum_{p=1}^{n_p} (c_p - \bar{c}_p)^2}{n_p - 1} \qquad (4.47)$$

式中，$R(|r|)$ 为相距 $|r|$ 的成对颗粒浓度间的相关系数；$m = n_p(n_p - 1)$ 为颗粒对的数目；n_p 为颗粒的数目；σ_c^2 为颗粒样本的方差；c_j' 和 c_j'' 为第 j 对颗粒的浓度；c_p 为某个浓度等于 0 或者 1 的颗粒的浓度，它维持常数值，因为这里没有考虑扩散。

离集强度的定义为

$$I = \frac{\sigma_x^2}{\sigma_0^2}, \qquad \sigma_x^2 = \frac{\sum_{j=1}^{n} (x_j - \bar{x_j})^2}{n - 1} \qquad (4.48)$$

式中，σ_0^2 为完全离集体系的方差；σ_x^2 为测定的方差；x_j 为第 j 个微元的浓度；n 为微元的总数。

混合的早迟也是与反应器效率有关的因素。若反应物在出口处达到同样的混合程度，则在流动的早期混合对反应转化率有利。

从 Tang H（2016）模拟出的流场和标志颗粒代表的浓度场，得到了宏观混合指标的定量数据。RTD 随螺杆转动的速度变化见图 4.10，随着转速增大，RTD 的方差（分布的相对宽度）有所减小，表示轴向返混减小，流动整体上更靠近活塞流，也说明横向混合的改善。但 RTD 只是出口截面的信息汇总。从数值模拟还能观察到混合随轴向坐标方向的进展。图 4.11 是离集尺度随转速的变化，转速大，离集尺度在流动的前半段减小更快，即混合更早，这也是有利于反应转化率增大的因素。曲线的波动可能是挤出时流体薄层的拉伸、折叠和改变取向的缘故。图 4.12 表明离集强度也随转速增大而降低。这些宏观混合的指标对认识挤出机中的微观混合和反应效率提供了重要的依据。

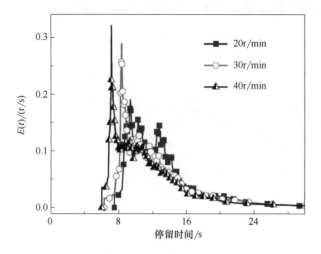

图 4.10　转速对 RTD 的影响（Tang H，2016）

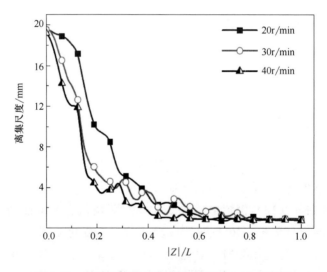

图 4.11　转速对离集尺度的影响（Tang H，2016）

　　由数值模拟得到的宏观混合指标，为同一设备中不同操作条件间的比较提供了定量依据，也为不同设备间的性能优劣比较提供了依据。而整个反应器的生产能力和效率的评价，还需要结合反应动力学和微观混合因素进行综合分析才行。但是，对这些因素之间相互作用的机理性理解，则必须对数值模拟给出的稳态、动态的流场、温度场、浓度场特性等庞大数组，进行细致、深入、

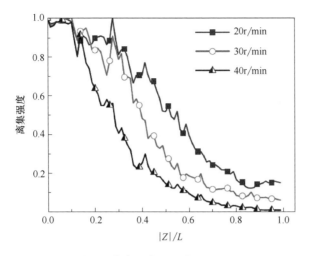

图 4.12 转速对离集强度的影响（Tang H，2016）

多角度的分析才能逐渐形成。

本节未讨论的其它种类混合设备，也能用数学模型方法和数值模拟技术进行分析，为混合和反应技术的发展提供理论的定量支撑。例如，Mathpati CS（2009）以射流外环流反应器（jet loop reactors，JLR）为对象，全面地比较了 3 种数值模拟模型［湍流模型包括：标准 k-ε 模型、RSM 和大涡模拟法（LES）］、模拟结果和精度等方面，表明 RSM 和 LES 与文献 PIV 测量结果符合。还数值模拟了 JLR 和搅拌槽在同等高度情况下的混合时间，发现射流喷嘴的口径优选后，能得到比用螺旋桨搅拌更短的混合时间。

4.4 多相体系混合的数值模拟

在多相体系中，混合出现比单相混合更复杂多变的情况。多相体系中一般有一个连续相，其它的物相则以颗粒（包括气泡和液滴）的方式存在。连续相有它的混合问题，每个分散相也有各自的混合问题，而分散相的混合质量和进程，因为其机理更复杂，涉及的因素更多，至今极少有研究报道。

从原则上说，多相体系的流动问题可以按欧拉-欧拉方式或欧拉-拉格朗日方式，建立多相流体力学的数学模型，进而数值求解得到流场的数值解。而相与相之间的相互作用则因物理机理众多，如果全数包括进模型方程往往会大大增加数值求解的复杂性和计算工作量，甚至引起计算过程中的数值不稳定性，使数值解难收敛或发散。

在流场求解的基础上，计算连续相的混合问题（包括浓度场和温度场的混匀）还稍微容易一点，分散相的混合则涉及与连续相的交换（如传热、溶质溶解）。更重要的是，分散相本身的凝并及破碎，涉及的机理很多还没有被认识清楚，但这些重要因素还必须体现在分散相中溶质的对流扩散方程中。这方面，还需要从基础研究和工程应用两方面协同努力来逐渐解决。

4.4.1　多相体系的宏观混合数学模型

对于多相体系的流动，按两流体模型（欧拉-欧拉方式）的思想，各相互相渗透，处于同一空间，共享一个压力场，各相的运动遵从于本相的一套连续性和动量守恒方程。因此，控制方程中必须考虑各相的相含率，以及相间相互作用。充分湍流的多相体系，经过雷诺平均之后连续性方程为：

$$\frac{\partial}{\partial t}(\rho_k \alpha_k) + \frac{\partial}{\partial x_j}(\rho_k \alpha_k u_{kj}) = 0 \tag{4.49}$$

动量方程则为：

$$\frac{\partial}{\partial t}(\rho_k \alpha_k u_{ki}) + \frac{\partial}{\partial x_j}(\rho_k \alpha_k u_{ki} u_{kj}) = -\alpha_k \frac{\partial p}{\partial x_i} + \frac{\partial}{\partial x_j}\left[\alpha_k \mu_{k,\text{eff}}\left(\frac{\partial u_{ki}}{\partial x_j} + \frac{\partial u_{kj}}{\partial x_i}\right)\right]$$
$$+ \frac{\partial}{\partial x_j}\left[\frac{\mu_{k,t}}{\sigma_t}\left(u_{ki}\frac{\partial \alpha_k}{\partial x_j} + u_{kj}\frac{\partial \alpha_k}{\partial x_i}\right)\right] + \rho_k \alpha_k g_i + F_{ki} - \frac{2}{3}\rho_k \frac{\partial(\alpha_k k)}{\partial x_i} \tag{4.50}$$

$$\mu_{k,\text{eff}} = \mu_k + \mu_{k,t} \tag{4.51}$$

式中，下标 k 是各相的编号。而所有各相的连续性方程相加，各相的动量方程相加，则是混合物相的控制方程。在数值求解过程中，要各相连续性方程满足并同时总体连续性方程也得到满足，并非易事，这给多相体系的数值模拟带来了很多困难。

式（4.51）中的有效湍流黏度已经不是流体的物性，而是湍流流场的流体力学性质，其数值随流场中的位置而变化。其中湍流的贡献 $\mu_{k,t}$，需要借助于湍流模型来决定。在湍流理论中，决定湍流黏度的模型，分为零方程模型、单方程模型、双方程模型、大涡模拟模型等几大类（Pope SB，2000）。权衡湍流模型的准确性和计算量（模型的复杂性），化学工程数值模拟常用双方程模型中的标准 k-ε 模型，它需要在浓度场中求解连续相的湍流动能 k 及其耗散速率 ε 的分布（场）。但最近十多年，大涡模拟法（large eddy simulation，LES）也逐渐地吸引了工程研究的注意。

分散相的湍流流场实际上是连续相的湍流决定的，连续相中涡团的湍流运动推动置身于其中的分散相颗粒的运动。连续相的湍流是分散相湍流黏度的基本部分。然而，分散相的脉动也会使连续相的湍流程度有一些增大，因此一些模型考虑给连续相湍流增加一个附加项。对不同的多相体系，这个附加项有不同的机理和表达式，需要分别对待。总而言之，多相体系的湍流理论还在不断发展之中。

4.4.2　气液两相体系的宏观混合

气液搅拌槽是化学工业中常见的反应混合设备，依靠搅拌桨将气泡破碎并分散到整个搅拌槽，同时强烈的混合使刚进入搅拌槽反应器的液相物料与搅拌槽现存的物料均匀混合，与空间中尽量分散均匀的气相反应物进行反应，期望充分利用反应器的有效体积，得到最大的化学反应能力。

气液搅拌槽的液相（连续相）宏观混合数值模拟也包括两个主要步骤：先模拟气液两相流场，而后模拟物料或示踪剂在液相流场中的混合。

气液两相体系流场的数值模拟已经比较成熟，历史比较悠久。因为搅拌槽中搅拌桨在旋转，所以要把搅拌槽分为包含搅拌桨在内的"内区"和全槽其余区域的"外区"，包括搅拌桨区内的每个网格内的压力和速度分量都是要求解的未知数，避免了 Ranade VV（1991）需要为搅拌桨区的表面指定速度边界条件，即"黑箱法"，需要依赖实验数据来确定边界条件的缺点。

Wang WJ（2002）用改进的内外迭代法和 k-ε 湍流模型模拟了搅拌槽内的液相流场，后来又用 k-ε-A_p 模型模拟了气液搅拌槽内的气液两相流动（Wang WJ，2006）。Wang WJ（2002）采用的内外区域如图 4.13 中那样划分：外区在静止的惯性坐标系中求解，内区在随搅拌桨转动的旋转坐标系中求解，两区重叠的部分便于迭代时边界条件互相传递，传递时流场数据不用作周向平均。Zhang YH（2006）用大涡模拟法模拟了搅拌槽内的单液相流动，随后成功地模拟了气液两相流动（Zhang YH，2008）。这些自编数值模拟程序为后续的宏观混合数值模拟工作提供了很好的基础。

在此基础上，Zhang QH（2009）模拟了气液搅拌槽中的连续相宏观混合。搅拌槽由透明有机玻璃制成，内径为 240mm，搅拌桨为标准六叶 Rushton 涡轮桨，实验体系为空气-水。气体分布器是在搅拌桨下方。模拟示踪剂混合过程的检测点位置有 8 处，取混合时间最长的位置为最终的检测点。混合时间定义为示踪剂浓度均匀化程度达到 95% 时所需的时间。

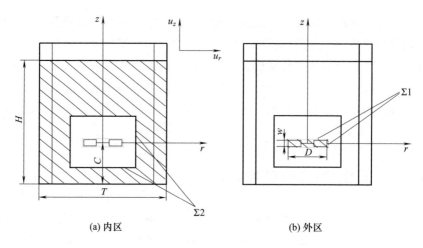

(a) 内区　　　　　　　　　　　　　(b) 外区

图 4.13　外迭代法的区域划分（Wang WJ，2002）

用 Reynolds 时间平均方法对瞬时 Navier-Stokes 方程处理，出现的脉动关联项以 Boussinesq 梯度假设模型化后，时均值的方程为

连续性方程：

$$\frac{\partial}{\partial t}(\rho_k \alpha_k) + \frac{\partial}{\partial x_j}(\rho_k \alpha_k u_{kj}) = \frac{\partial}{\partial x_j}\left(\frac{\mu_{k,t}}{\sigma_t}\frac{\partial \alpha_k}{\partial x_j}\right) \tag{4.52}$$

动量方程：

$$\frac{\partial}{\partial t}(\rho_k \alpha_k u_{ki}) + \frac{\partial}{\partial x_j}(\rho_k \alpha_k u_{ki} u_{kj}) = -\alpha_k\frac{\partial p}{\partial x_i} + \frac{\partial}{\partial x_j}\left[\alpha_k \mu_{k,\text{eff}}\left(\frac{\partial u_{ki}}{\partial x_j} + \frac{\partial u_{kj}}{\partial x_i}\right)\right]$$

$$+ \frac{\partial}{\partial x_j}\left[\frac{\mu_{k,t}}{\sigma_t}\left(u_{ki}\frac{\partial \alpha_k}{\partial x_j} + u_{kj}\frac{\partial \alpha_k}{\partial x_i}\right)\right] + \rho_k \alpha_k g_i + F_{ki} - \frac{2}{3}\rho_k\frac{\partial (\alpha_k k)}{\partial x_i} \tag{4.50}$$

需要注意：式（4.52）与前面的式（4.49）不同，等号右端的项来自连续性的瞬时方程在雷诺时均时出现了相含率波动值 α' 与速度波动值 u'_{ki} 的关联项（下式中的第 3 项）：

$$\frac{\partial}{\partial t}\rho_k \alpha_k + \frac{\partial}{\partial x_j}(\rho_k \alpha_k u_{ki}) + \frac{\partial}{\partial x_j}(\rho_k \overline{\alpha'_k u'_{ki}}) = 0$$

若此项不能忽略，并以类似 Boussinesq 假设模型化，则

$$\overline{u'_{ki}\alpha'_k} = -\frac{\nu_{k,t}}{\sigma_{t,\alpha}}\frac{\partial \alpha_k}{\partial x_i} \tag{4.53}$$

于是雷诺时均后的连续性方程式（4.52）比式（4.49）多出了一项。Wang WJ（2002）在经过数值实验后，确定相分散的湍流 Schmidt 数 $\sigma_{t,\alpha} = 1.6$ 可以使模拟值与实验值匹配。这个 Schmidt 数 $\sigma_{t,\alpha}$ 与动量方程式（4.53）中的 $\sigma_{t,\alpha}$

意义不同，数值也可不等。

评述： 标量与速度波动值的关联项如何处理，文献中至今尚无定论。由于流体的连续性，u'_{ki} 和 u'_{kj} 的瞬时值是互相关联的，但标量（如相含率、温度等）的波动与速度波动，它们是互相独立的随机变量吗？若不是独立的，它们关联的机理还是流体的连续性吗？这些还有待可靠的科学结论。

分散相的引入必然对连续相的湍流结构产生影响。这种影响可以通过在湍流动能和能量耗散方程中引入额外产生项来描述。采用标准 k-ε 湍流模型对连续相进行封闭可以得到如下方程（Wang WJ, 2002）。

稳态液相（L）湍流动能 k_L 方程为：

$$\frac{\partial}{\partial x_j}(\rho_L \alpha_L u_{Lj} k_L) = \frac{\partial}{\partial x_j}\left(\frac{\mu_{Lt}}{\sigma_k}\alpha_L \frac{\partial k_L}{\partial x_j}\right) + \frac{\partial}{\partial x_j}\left(\frac{\mu_{Lt}}{\sigma_k} k_L \frac{\partial \alpha_L}{\partial x_j}\right) + \alpha(G_L + G_G) - \rho_L \alpha_L \varepsilon_L \tag{4.54}$$

液相耗散率 ε_L 方程为：

$$\frac{\partial}{\partial x_j}(\rho_L \alpha_L u_{Lj} \varepsilon_L) = \frac{\partial}{\partial x_j}\left(\frac{\mu_{Lt}}{\sigma_\varepsilon}\alpha_L \frac{\partial \varepsilon_L}{\partial x_j}\right) + \frac{\partial}{\partial x_j}\left(\frac{\mu_{Lt}}{\sigma_\varepsilon}\varepsilon_L \frac{\partial \alpha_L}{\partial x_j}\right)$$
$$+ \alpha \frac{\varepsilon_L}{k_L}\left[C_1(G_L + G_G) - C_2 \rho_L \varepsilon_L\right] \tag{4.55}$$

其中

$$G_L = -\rho_L \overline{u'_{Li} u'_{Lj}} \frac{\partial u_{Li}}{\partial x_j} \tag{4.56}$$

$$\mu_{Lt} = C_\mu \rho_L \frac{k_L^2}{\varepsilon_L}, \quad \nu_{Lt} = \frac{\mu_{Lt}}{\rho_L} \tag{4.57}$$

常用的一套模型参数为：

$$\sigma_k = 1.3, \ \sigma_\varepsilon = 1.0, \ C_1 = 1.44, \ C_2 = 1.92, \ C_\mu = 0.09$$

G_G 是由于气泡的运动引起的源项，可写为（Ranade VV, 1994）：

$$G_G = C_b |F| \left(\sum (u_G - u_L)^2\right)^{1/2} \tag{4.58}$$

式中，$|F|$ 为相间作用力；C_b 是一比较小的经验常数，如果忽略气泡诱导的湍流，则 $C_b = 0$。

对于分散相（气相 G），可认为其运动湍流黏度为：

$$\nu_{Gt} = C_\mu \frac{k_L^2}{\varepsilon_L} R_p^2 \tag{4.59}$$

其中的校正系数 $R_p^2 = \overline{(u'_i u'_i)}_G / \overline{(u'_i u'_i)}_L$ 在充分湍流中其数值也常常接近 1，故可近似认为气液相场的运动黏度与液相相同。

在两相流中，分散相和连续相之间通过相互作用力 F_{ki} 发生作用，包括曳力、虚拟质量力、Basset 力和升力。搅拌槽中绝大部分区域中均是曳力起主导作用，一般只考虑曳力的影响。在非惯性坐标系下的内区，在柱坐标系下绕 z 轴以角速度 ω 旋转时，还应该包括离心力 $F_{r,k,ctr}$（仅有径向分量）：

$$F_{r,k,ctr}=\alpha_k\rho_k r\omega^2 \tag{4.60}$$

和 Coriolis 力（有径向和切向两个分量）：

$$F_{r,k,C}=2\alpha_k\rho_k\omega u_{\theta,k}, F_{\theta,k,C}=-2\alpha_k\rho_k\omega u_{r,k} \tag{4.61}$$

相间曳力是因为分散相和连续相之间的速度滑移。目前常用的曳力表达式为（Roy S，2006）：

$$F_{G,i}=-\frac{3\alpha_G\alpha_L\rho_L C_D}{4d_b}\left[\sum_{i=1}^{3}(u_{G,i}-u_{L,i})^2\right]^{0.5}(u_{G,i}-u_{L,i}) \tag{4.62}$$

对于曳力系数 C_D，不同的研究者采用不同的形式。Delnoij E（1997）给出的曳力系数为：

$$C_D=\begin{cases}\dfrac{24\times(1+0.15Re_b^{0.687})}{Re_b} & Re_b<1000 \\ 0.44 & Re_b\geqslant 1000\end{cases} \tag{4.63}$$

其中气泡雷诺数定义为：

$$Re_b=\frac{d_b|u_L-u_G|\rho_L}{\mu_L} \tag{4.64}$$

基于以上分析，可以将控制方程组写成如下在圆柱系中的通用形式：

$$\frac{1}{r}\frac{\partial}{\partial r}(\alpha_k\rho_k r\phi_k u_{kr})+\frac{1}{r}\frac{\partial}{\partial\theta}(\alpha_k\rho_k\phi_k u_{k\theta})+\frac{\partial}{\partial z}(\alpha_k\rho_k\phi_k u_{kz})$$

$$=\frac{1}{r}\frac{\partial}{\partial r}\left(\alpha_k\Gamma_{k\phi,eff}r\frac{\partial\phi_k}{\partial r}\right)+\frac{1}{r}\frac{\partial}{\partial\theta}\left(\frac{\alpha_k\Gamma_{k\phi,eff}}{r}\frac{\partial\phi_k}{\partial\theta}\right)+\frac{\partial}{\partial z}\left(\alpha_k\Gamma_{k\phi,eff}\frac{\partial\phi_k}{\partial z}\right)+S_{k\phi}$$

$$\tag{4.65}$$

式中，ϕ_k 为通用变量；$\Gamma_{k\phi,eff}$ 为 k 相 ϕ_k 的湍流扩散系数；$S_{k\phi}$ 为 k 相 ϕ_k 的微分方程源项；α_k 为 k 相的体积分数（相含率）。式（4.65）中的源项见表 4.1（Wang WJ，2002）。在柱坐标系中式（4.56）的展开形式为：

$$G_L=2\mu_{Lt}\left[\left(\frac{\partial u_{Lr}}{\partial r}\right)^2+\left(\frac{1}{r}\frac{\partial u_{L\theta}}{\partial\theta}+\frac{u_{Lr}}{r}\right)^2+\left(\frac{\partial u_{Lz}}{\partial z}\right)^2\right]$$

$$+\mu_{Lt}\left[r\frac{\partial}{\partial r}\left(\frac{u_{L\theta}}{r}\right)+\frac{1}{r}\frac{\partial u_{Lr}}{\partial\theta}\right]^2+\mu_{Lt}\left(\frac{\partial u_{L\theta}}{\partial z}+\frac{1}{r}\frac{\partial u_{Lz}}{\partial\theta}\right)^2+\mu_{Lt}\left(\frac{\partial u_{Lz}}{\partial r}+\frac{\partial u_{Lr}}{\partial z}\right)^2$$

$$\tag{4.56a}$$

表 4.1　模型方程中各通用变量的源项

方程	ϕ_k	$\Gamma_{k\phi,\text{eff}}$	$S_{k\phi}$
连续性方程	1	0	$\dfrac{1}{r}\dfrac{\partial}{\partial r}\left(r\dfrac{\mu_{kt}}{\sigma_t}\dfrac{\partial \alpha_k}{\partial r}\right)+\dfrac{1}{r}\dfrac{\partial}{\partial \theta}\left(\dfrac{\mu_{kt}}{\sigma_t}\dfrac{\partial \alpha_k}{r\partial r}\right)+\dfrac{\partial}{\partial z}\left(\dfrac{\mu_{kt}}{\sigma_t}\dfrac{\partial \alpha_k}{\partial z}\right)$
径向动量方程	u_{kr}	$\mu_{k,\text{eff}}$	$\dfrac{1}{r}\dfrac{\partial}{\partial r}\left(\alpha_k\mu_{k,\text{eff}}r\dfrac{\partial u_{kr}}{\partial r}\right)+\dfrac{1}{r}\dfrac{\partial}{\partial \theta}\left[\alpha_k\mu_{k,\text{eff}}r\dfrac{\partial}{\partial r}\left(\dfrac{u_{k\theta}}{r}\right)\right]$ $+\dfrac{\partial}{\partial z}\left(\alpha_k\mu_{k,\text{eff}}\dfrac{\partial u_{kz}}{\partial r}\right)+\dfrac{1}{r}\dfrac{\partial}{\partial r}\left(ru_{kr}\dfrac{\mu_{kt}}{\sigma_t}\dfrac{\partial \alpha_k}{\partial r}\right)$ $+\dfrac{1}{r^2}\dfrac{\partial}{\partial \theta}\left(u_{kr}\dfrac{\mu_{kt}}{\sigma_t}\dfrac{\partial \alpha_k}{\partial \theta}\right)+\dfrac{\partial}{\partial z}\left(u_{kr}\dfrac{\mu_{kt}}{\sigma_t}\dfrac{\partial \alpha_k}{\partial z}\right)$ $+\dfrac{1}{r}\dfrac{\partial}{\partial r}\left(ru_{kr}\dfrac{\mu_{kt}}{\sigma_t}\dfrac{\partial \alpha_k}{\partial r}\right)+\dfrac{1}{r}\dfrac{\partial}{\partial \theta}\left(u_{kr}\dfrac{\mu_{kt}}{\sigma_t}\dfrac{\partial \alpha_k}{\partial r}\right)$ $+\dfrac{\partial}{\partial z}\left(u_{kr}\dfrac{\mu_{kt}}{\sigma_t}\dfrac{\partial \alpha_k}{\partial r}\right)-\dfrac{2}{r^2}\left(u_{k\theta}\dfrac{\mu_{kt}}{\sigma_t}\dfrac{\partial \alpha_k}{\partial \theta}\right)$ $+\rho_k\alpha_k\dfrac{u_{k\theta}^2}{r}-\dfrac{2\alpha_k\mu_{k,\text{eff}}u_{kr}}{r^2}-\dfrac{2\alpha_k\mu_{k,\text{eff}}}{r^2}\dfrac{\partial u_{k\theta}}{\partial \theta}$ $-\alpha_k\dfrac{\partial p}{\partial r}-\dfrac{2\rho_k}{3}\dfrac{\partial(k\alpha_k)}{\partial r}+F_{kr}\ \left[+\alpha_k(\omega^2 r+2\omega u_\theta)\right]^{①}$
周向动量方程	$u_{k\theta}$	$\mu_{k,\text{eff}}$	$\dfrac{1}{r}\dfrac{\partial}{\partial r}\left(\alpha_k\mu_{k,\text{eff}}\dfrac{\partial u_{kr}}{\partial \theta}\right)+\dfrac{1}{r}\dfrac{\partial}{\partial \theta}\left(\alpha_k\dfrac{\mu_{k,\text{eff}}}{r}\dfrac{\partial u_{k\theta}}{\partial \theta}\right)$ $+\dfrac{\partial}{\partial z}\left(\alpha_k\mu_{k,\text{eff}}\dfrac{1}{r}\dfrac{\partial u_{kz}}{\partial \theta}\right)+\dfrac{1}{r}\dfrac{\partial}{\partial \theta}\left(2\alpha_k\mu_{k,\text{eff}}\dfrac{u_{kr}}{r}\right)$ $-\dfrac{1}{r}\dfrac{\partial}{\partial r}(\alpha_k\mu_{k,\text{eff}}u_{k\theta})+\alpha_k\mu_{k,\text{eff}}\dfrac{\partial}{\partial r}\left(\dfrac{u_{k\theta}}{r}\right)+\dfrac{\alpha_k\mu_{k,\text{eff}}}{r^2}\dfrac{\partial u_{kr}}{\partial \theta}$ $-\rho_k\alpha_k\dfrac{u_{kr}u_{k\theta}}{r}+\dfrac{u_{k\theta}}{r}\dfrac{\mu_{kt}}{\sigma_t}\dfrac{\partial \alpha_k}{\partial r}+\dfrac{u_{kr}}{r^2}\dfrac{\mu_{kt}}{\sigma_t}\dfrac{\partial \alpha_k}{\partial \theta}$ $+\dfrac{1}{r}\dfrac{\partial}{\partial r}\left(ru_{k\theta}\dfrac{\mu_{kt}}{\sigma_t}\dfrac{\partial \alpha_k}{\partial r}\right)+\dfrac{1}{r^2}\dfrac{\partial}{\partial \theta}\left(u_{k\theta}\dfrac{\mu_{kt}}{\sigma_t}\dfrac{\partial \alpha_k}{\partial \theta}\right)$ $+\dfrac{\partial}{\partial z}\left(u_{k\theta}\dfrac{\mu_{kt}}{\sigma_t}\dfrac{\partial \alpha_k}{\partial z}\right)+\dfrac{1}{r}\dfrac{\partial}{\partial r}\left(ru_{kr}\dfrac{\mu_{kt}}{\sigma_t}\dfrac{\partial \alpha_k}{r\partial \theta}\right)$ $+\dfrac{1}{r^2}\dfrac{\partial}{\partial \theta}\left(u_{k\theta}\dfrac{\mu_{kt}}{\sigma_t}\dfrac{\partial \alpha_k}{\partial \theta}\right)+\dfrac{\partial}{\partial z}\left(u_{kz}\dfrac{\mu_{kt}}{\sigma_t}\dfrac{\partial \alpha_k}{r\partial \theta}\right)$ $-\dfrac{2\rho_k}{3}\dfrac{\partial(k\alpha_k)}{r\partial \theta}+F_{k\theta}-\dfrac{\alpha_k}{r}\dfrac{\partial p}{\partial \theta}\ \left[-2\omega u_r\right]^{①}$
轴向动量方程	u_{kz}	$\mu_{k,\text{eff}}$	$\dfrac{1}{r}\dfrac{\partial}{\partial r}\left(\alpha_k\mu_{k,\text{eff}}r\dfrac{\partial u_{kr}}{\partial z}\right)+\dfrac{1}{r}\dfrac{\partial}{\partial \theta}\left(\alpha_k\mu_{k,\text{eff}}\dfrac{\partial u_{k\theta}}{\partial z}\right)$ $+\dfrac{\partial}{\partial z}\left(\alpha_k\mu_{k,\text{eff}}\dfrac{\partial u_{kz}}{\partial z}\right)+\dfrac{1}{r}\dfrac{\partial}{\partial r}\left(ru_{kz}\dfrac{\mu_{kt}}{\sigma_t}\dfrac{\partial \alpha_k}{\partial r}\right)$ $+\dfrac{1}{r^2}\dfrac{\partial}{\partial \theta}\left(u_{kz}\dfrac{\mu_{kt}}{\sigma_t}\dfrac{\partial \alpha_k}{\partial \theta}\right)+\dfrac{\partial}{\partial z}\left(u_{kz}\dfrac{\mu_{kt}}{\sigma_t}\dfrac{\partial \alpha_k}{\partial z}\right)$ $+\dfrac{1}{r}\dfrac{\partial}{\partial r}\left(ru_{kr}\dfrac{\mu_{kt}}{\sigma_t}\dfrac{\partial \alpha_k}{\partial z}\right)+\dfrac{1}{r}\dfrac{\partial}{\partial \theta}\left(u_{k\theta}\dfrac{\mu_{kt}}{\sigma_t}\dfrac{\partial \alpha_k}{\partial z}\right)$ $+\dfrac{\partial}{\partial z}\left(u_{kz}\dfrac{\mu_{kt}}{\sigma_t}\dfrac{\partial \alpha_k}{\partial z}\right)-\dfrac{2\rho_k}{3}\dfrac{\partial(k\alpha_k)}{\partial z}$ $-\rho_k\alpha_k g+F_{kz}-\alpha_k\dfrac{\partial p}{\partial z}$

续表

方程	ϕ_k	$\Gamma_{k\phi,\text{eff}}$	$S_{k\phi}$
湍流动能方程	k	$\dfrac{\mu_{\text{Lt}}}{\sigma_k}$	$\alpha_{\text{L}}[(G_{\text{L}}+G_{\text{G}})-\rho_{\text{L}}\varepsilon_{\text{L}}]$
湍流能量耗散率方程	ε	$\dfrac{\mu_{\text{Lt}}}{\sigma_\varepsilon}$	$\alpha_{\text{L}}\dfrac{\varepsilon}{k}[C_1(G_{\text{L}}+G_{\text{G}})-C_2\rho_{\text{L}}\varepsilon]$

① 方括号项仅在非惯性坐标系中出现。

　　数值求解多流体模型时用 Patankar 推荐的幂函数法对模型方程组进行离散，在交错网格上用 SIMPLEC 算法求解压力-速度耦合问题。

　　气液两相流的两流体模型方程与单相流相比，其特点为：首先是两相共用一个压力场；其次是增加了相含率变量。所以在求解两相流方程的过程中还需要考虑相含率的求解。采用 Carver MB（1986）推荐的方法计算相含率。由于存在两个连续性方程，可以同时得到两个压力，为了避免这种情况发生，将两个连续性方程相加后求解。

　　在疏密程度不同的网格上求解流场，观察数值解是否达到解与网格疏密无关的标准，而后正式求解。网格无关性检验是数值模拟工作不可缺少的一步。

　　在求解完两流体方程后，将速度场数据代入浓度输运方程式（4.66）进行计算得到示踪剂的浓度，最终确定混合时间。柱坐标下，浓度输运方程为：

$$\frac{\partial(\alpha_{\text{L}}c)}{\partial t}+\frac{1}{r}\frac{\partial}{\partial r}(\alpha_{\text{L}}u_{\text{L}r}rc)+\frac{1}{r}\frac{\partial}{\partial\theta}(\alpha_{\text{L}}u_{\text{L}\theta}c)+\frac{\partial}{\partial z}(\alpha_{\text{L}}u_{\text{L}z}c)$$

$$=\frac{1}{r}\frac{\partial}{\partial r}\left(r\alpha_{\text{L}}D_{\text{eff}}\frac{\partial c}{\partial r}\right)+\frac{1}{r}\frac{\partial}{\partial\theta}\left(\frac{D_{\text{eff}}}{r}\alpha_{\text{L}}\frac{\partial c}{\partial\theta}\right)+\frac{\partial}{\partial z}\left(D_{\text{eff}}\alpha_{\text{L}}\frac{\partial c}{\partial z}\right) \qquad (4.66)$$

式中，D_{eff} 为有效扩散系数。

$$D_{\text{eff}}=\frac{\mu_{k,\text{eff}}}{\sigma_c}+D_{\text{m}} \qquad (4.67)$$

式中，D_{eff} 的主要部分是湍流扩散系数，来自流场的模拟，湍流中它通常比分子扩散系数 D_{m} 大得多；σ_c 也称传质 Schmidt 数，此处取 $\sigma_c=1$。

　　在校验求解所得的流场准确后，从示踪剂的时变浓度场中按混合时间的定义，可抽出宏观混合时间的结果。Zhang QH（2009）模拟的典型示踪剂响应曲线和实验值的比较见图 4.14，在短时间内有一些偏差，但趋势合理，对混合时间的确定影响也很小。在搅拌桨排出流区加入示踪剂时，所得到的混合时间最小。图 4.15 和图 4.16 反映了搅拌转速和进气流量对混合时间的影响，也显示了数值模拟和实验测定符合良好，所建立的宏观混合数值模拟方法是可靠的。整个工作中，流场模拟部分的编程和调试工作量很重要，其模拟准确程度是后续混合模拟成功的决定性因素。相比之下，传质部分的模拟要容易得多。

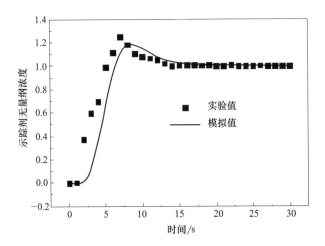

图 4.14　模拟的典型示踪剂响应曲线和实验值比较（$Q_G = 0.6\text{m}^3/\text{h}$。$C = T/3$，
近液面检测，400r/min。Zhang QH，2009)

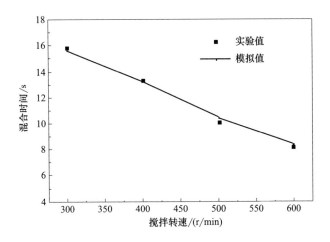

图 4.15　搅拌转速对混合时间的影响（$Q_G = 0.6\text{m}^3/\text{h}$，$C = T/3$，
近液面检测。Zhang QH，2009)

　　Zhang QH（2012）用大涡模拟方法研究了气液搅拌槽中的宏观混合。两相流场按欧拉-欧拉方式用 LES 程序求解，但采用了湍流强度对气泡曳力系数影响的校正，数值模拟结果也很令人满意。

　　基于 RANS 耦合 k-ε mixture（MKE）模型方法，Jahoda M（2009）研究

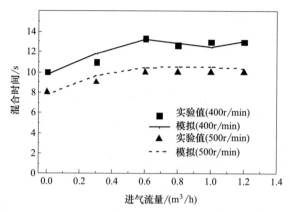

图 4.16　进气流量对混合时间的影响（$C=T/3$，近液面检测。Zhang QH，2009）

了多重参考系和滑移网格两种方法处理桨运动对气液搅拌槽内宏观混合模拟的影响，总体而言滑移网格模拟出的示踪剂响应曲线比多重参考系方法的稍好，前者计算出的混合时间与实验值吻合较好，后者模拟的混合时间相比实验值显著偏大（＞50％）。因此，Jahoda M（2009）建议如果只是估计示踪剂响应曲线，可以采用计算时间短的多重参考系方法，而如果要获得较准确的混合时间，最好采用滑移网格方法。

4.4.3　鼓泡塔和环流反应器

　　环流反应器有加装的导流筒，引导有固定路径的循环，因此自然和搅拌槽一样可以用混合时间来表征其混合性能。但是把鼓泡塔当作混合设备来研究它的混合性能的却很少。鼓泡塔常在化学工艺流程中用作气体吸收塔，希望气液逆流通过，最大程度地发挥吸收的浓度推动力。用作化学反应器时，也不希望发生流动方向上的混合，这会降低反应物的浓度，于生产能力不利。但是确实有些化学反应，化学计量比略大于 1 的气体反应物大部被消耗，液相反应物生成固相析出，这样液相（溶剂、催化剂、残余液相反应物等）的流动性可能大大降低，然而对于将液相反应物完全消耗或反应器大部分体积维持较高的液相反应物浓度，过低的混合强度是不利的。这时，液相需要有保证适当程度的宏观混合，而其强度、流型则需要用实验和数值模拟来定量地确定。

　　文献中有关于鼓泡塔的液相宏观混合的实验研究。Pandit AB（1983）用 pH 法和电导率法测定了机械搅拌槽、鼓泡塔和带内件鼓泡塔的混合时间。鼓泡塔内径为 150mm、200mm、385mm、1000mm，液位高度可变，气体表观气速为 10～250mm/s，混合时间在 3～30s 之间。还用混合时间与循环时间的关系、串联搅拌槽等简单模型来预测鼓泡塔的混合时间。测试过的鼓泡塔变形，包括加导流筒成为环流反应器，或加装环状挡板将塔分为 4 区。实验发现，表观气速增大到某个中间值时鼓泡塔的混合时间取极小值，而引入导流筒延长了混合时间，可能是湍流被削弱了的缘故。但确凿的论证，还得依赖于更精细的实验测量，或基于数学模型的数值模拟。

Ekambara K（2003）在柱坐标系中数值模拟了直径 0.2m 和 0.4m、高径比在 2～10 范围的鼓泡塔内的轴对称气液两相流动，得到了混合时间和停留时间分布，发现鼓泡塔 2D 数值模拟结果不准确，而 3D 数值模拟所得混合时间与文献结果一致；示踪剂的引入和检测位置，以及所用示踪剂的量，实际上对混合时间没有影响；在同一高径比下，塔直径增大使混合时间也增大，气体流量增大使混合时间缩短。模拟得到的 RTD 中可抽出轴向返混液相有效扩散系数 $D_{L,eff}$，发现其数值（10^{-2} m^2/s 数量级）至少是液相湍流运动黏度 ν_t（10^{-3} m^2/s 数量级）的 10 倍以上，表明轴向返混在宏观混合上的作用比湍流扩散的作用大得多。

环流反应器宏观混合时间的数值模拟开展得不甚普遍。先进的数值模拟技术不仅能重现实验已经发现的结果，帮助理解环流反应器中两相混合的机理，而且可以通过数值实验，确定新的构型和设计的操作性质，可以减轻反应器优化设计对实地实验的依赖。Lestinsky P（2015）用数值模拟技术考察了环流反应器中导流筒的分段设计和段间距等几何参数对宏观混合的影响。用 COMSOL Multiphysics 3.5a 计算软件模拟。使用的数学模型是完整的欧拉-欧拉两流体模型，气泡直径固定，用文献实验值。反应器内径 0.15m，高 1.50m，导流筒长 0.8m，外径 0.06m、0.08m 和 0.1m，上端距液面 0.07m。水-空气体系，气速 0.11～0.56L/s。以 5mL 高锰酸钾液为示踪剂，以分辨率 4928dpi×3264dpi 的照相机按时拍照，彩色照片转化为灰度图片，以高锰酸钾的紫色达到完全均匀定义为混合时间。两段导流筒时，模拟的示踪剂响应曲线见图 4.17，确定混合时间为 28s。比较了整根导流筒和分为 2、3 段后的混合状况的变化（表 4.2）。

Lestinsky P（2015）的研究提示，分段是有利于混合的。分为两段时，内部的循环流量 Q_L（模拟得来）为导流筒内的平均液相流率；另一个从模拟计算出来的指标，循环次数 N_c 定义为

$$N_c = \frac{t_m Q_L}{V_T} \tag{4.68}$$

却比不分段时减少，即达到混合标准所需的循环次数减少了。可见分段以后，

循环长度减少、循环流量增加，是促进宏观混合的机理因素。精确的数值模拟才能告诉我们这些关键的中间变量为什么增加或减少。

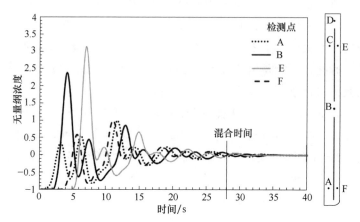

图 4.17　模拟的示踪剂响应曲线（2 段导流筒，A、B、E、F 为检测点。Lestinsky P，2015）

表 4.2　导流筒分段对混合状况的影响（模拟结果）

（V_T＝15.8L，Q_G＝0.167L/s，段间距 50mm，Lestinsky P，2015）

导流筒/段	内循环流量 Q_L/(L/s)	t_m/s	液相循环次数 N_c
1	2.45	54	8.4
2	2.02	28	3.9
3	2.5	18	2.9

4.4.4　液固两相体系

　　液固搅拌体系中的宏观混合研究也开展得很好。液固体系不像气液体系和气固体系，两相密度相差不多，虚拟质量力问题不像气泡运动那样严重，固体颗粒也没有表现出在气相中运动时那样明显的惯性，因此一般的两相流运动方程不用再加有特别针对性的处理。但是对稠密的液固泥浆，因为颗粒对连续相的表观黏度影响很大，固体颗粒之间的相互作用也不可以忽略，因而其准确模拟尚待妥善解决。

　　Kasat G（2008）用 RANS 方程和 k-ε 湍流模型模拟了标准 Rushton 桨液固搅拌槽内固体悬浮和液相宏观混合，T＝0.3m，H＝T，C＝$T/3$。发现随着转速增大，无量纲混合时间先变大，达到最大值后再逐渐减小（图 4.18），极大值约为单液相在该搅拌转速时的混合时间的 10 倍。这是因为在固相未达到临界悬浮（离底悬浮）时，搅拌槽上部有清液层，那里的液体流动缓慢，不易全槽混匀，图 4.18 中的 1 和 3 两个检测点就在上部（测点 5 和 6 在下循环区）。转速小时，下部固相沉积使下循环受阻，搅拌槽内只有单一上循环；转速增大，固相悬浮，则下循环开始恢复，转变为有上下两个循环的正常流型，使全槽混合容易。在临界悬浮转速 N_{js} 的 1/3 附近，无量纲混合时间高达均匀悬浮区的 10 倍。上层清液中的宏观混合是全槽混合最慢的控制因素，这归因于清液层中的低流速。

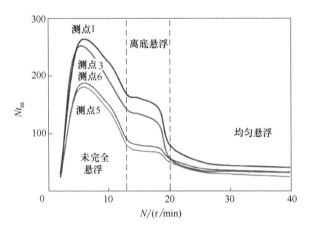

图 4.18　液固搅拌槽内无量纲混合时间随搅拌转速的变化（Kasat G，2008）

固体颗粒运动的准确描述仍然有些方面需要探索。两种粒径不同的颗粒在液相中的悬浮系，是当作液固两相体系，还是液固固三相体系好？虽然同为固体颗粒，不发生凝并，也不易破碎，但大小、密度不同的颗粒有不同的悬浮行为和运动规律，因此作为液固固三相体系更容易准确处理。

Wang LC（2010）对液固固搅拌槽的宏观混合进行探索，用 Fluent 软件进行数值模拟并与实验结果对比。液相为甘油水溶液（1∶1），固相之一为砂子（平均粒径 137.0μm）4.6%（体积分数），另一种为红泥（约 10.7μm）3.5%（体积分数）。模拟时也考虑了两种固相之间的对称相互作用力。研究表明，液相混合时间随着搅拌转速的增加而减小，且当搅拌槽中安装导流筒时混合时间会增加；此外，与甘油-沙子和甘油-红泥两相体系相比，液固固三相体系中两种固相间的相互作用影响固相的混合行为，且对红泥分散的影响更加明显。实验和模拟都发现：液固固体系的混合时间比同样条件下的液固体系的混合时间长，加装导流筒以后的混合时间都比原来搅拌槽的长。显然数值模拟对分析实验现象大有助益，但模拟还不能清楚地解释液固固体系的错综复杂表现。但秦帅（2017）对液固固搅拌体系的实验和模拟研究发现：增设导流筒可减小流场的混合时间。

需要注意的是，流体流动模拟的准确性是数值模拟研究宏观混合的基础，因此多相体系的湍流流动模拟的模型和方法还需要大力发展，以适应工业规模反应器模拟的计算网格庞大和计算 CPU 时间不能太长的要求。

4.4.5 液液两相体系

液液两相体系的流场模拟困难较少，在流场稳定后，表面张力的作用（妨碍液滴生成）不再起作用，两液相的密度差比较小，液滴的滑移速度和曳力都小。液滴相的体积浓度高的时候，对液滴间的凝并频率影响显著，会给数值模拟造成一定困难，特别是给分散相的宏观混合模拟造成较大的误差。至今极少见液液搅拌槽中宏观混合的报道。

Cheng D（2013）数值模拟了液液两相的宏观混合过程，流场计算使用了各向同性的 k-ε-A_p 模型和各向异性的 EASM 模型（冯鑫，2013）。在计算出的液液流场基础之上，通过求解连续相中示踪剂输运方程获得了无量纲示踪剂浓度响应曲线（或称均一化曲线）和混合时间。通过将模拟结果与赵燕春（2011）的宏观混合实验数据进行对比，比较了 k-ε-A_p 模型和 EASM 模型对模拟宏观混合过程的影响。在文献中，RANS 方法结合湍流模型模拟出的宏观混合结果与 LES 方法模拟出的宏观混合数据进行对比还很少，程荡（2013）将 RANS 方法模拟与 LES 结果进行了对比。

模拟对象是 Zhao YC（2011）的实验，搅拌槽为圆柱形平底，槽径 $T=0.38\text{m}$，液面高 $H=T$，桨径 $D=T/3$，桨叶离底高度 $C=T/3$，壁面分布 4 块挡板。桨叶为标准 Rushton 桨，实验以自来水作为连续相，煤油（$\rho_d=789.5\text{kg/m}^3$，$\mu_d=0.002\text{Pa}\cdot\text{s}$）、液体石蜡（$\rho_d=864.5\text{kg/m}^3$，$\mu_d=0.052\text{Pa}\cdot\text{s}$）或硅油（$\rho_d=972.4\text{kg/m}^3$，$\mu_d=0.565\text{Pa}\cdot\text{s}$）作为分散相。混合时间均按 A 点检测（近液面和槽壁）。实验测量所用的雷诺数（Re）：

$$Re=\frac{ND^2\rho_c}{\mu_c}$$

范围为 $8.78\times10^4\sim12.23\times10^4$。这里，下标 d、c 表示分散相和连续相。

全槽液滴直径均一，按如下广泛使用的估计全槽平均滴径的关联式（Davies G，1992）：

$$\frac{d_{32}}{D} = A(1 + \gamma\alpha_{d,av})(We)^{-0.6} \qquad (4.69)$$

式中，d_{32} 为液滴的 Sauter 平均直径；Weber 数 $We = \rho N^2 D/\sigma$；A 和 γ 为常数，文献中取值不同，现取它们常用的平均值 $A = 0.054$ 和 $\gamma = 5.01$。

示踪剂的对流扩散方程与式（4.66）相同，式（4.67）中取 Schmidt 数 $\sigma_c = 0.7$。

图 4.19 显示，用 EASM 模型预测的流场，比标准 k-ε-A_p 湍流模型预测的流场更准确。图 4.20 显示，数值模拟能重现 Zhao YC（2011）的实验，发现添加不互溶液相后，混合时间在添加体积在 7% 处取极小值。图 4.21 的预测结果说明，分散相黏度增大会使混合时间稍微增大，也与实验趋势一致。

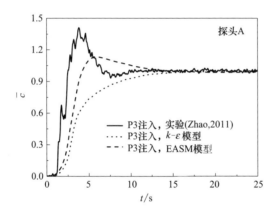

图 4.19 示踪剂响应曲线的实验值和数值模拟值（水-煤油，$N = 329\text{r/min}$，$C = T/3$，$\alpha_{d,av} = 10\%$，$Re = 8.78 \times 10^4$。Cheng D，2013）

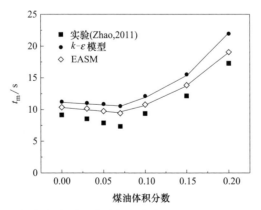

图 4.20 油相相含率对混合时间的影响（$C = T/3$，$N = 329\text{r/min}$，$Re = 8.78 \times 10^4$。Cheng D，2013）

171

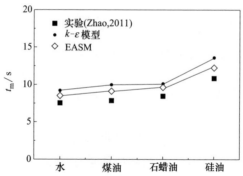

图 4.21　分散相黏度对混合时间的影响（$C = T/3$，$N = 358\mathrm{r/min}$，
$\alpha_{\mathrm{d,av}} = 10\%$，$Re = 9.55 \times 104$。Cheng D，2013）

从数值模拟结果中可以提取这些实验条件下的 Rushton 搅拌桨的排出流量数 $Fl = Q/(ND^3)$，其中 Q 是从桨叶扫过的圆柱面排出的流量。比较发现，混合时间与排出流量数的倒数趋势一致，而且排出流量数的极大值和混合时间的极小值也都出现在分散相相含率 7% 处。以上结果说明，湍流 EASM 模型与 $k\text{-}\varepsilon$ 模型都能预测出分散相相含率和黏度对液液两相体系中连续相混合时间的影响。但 EASM 模型的预测示踪剂响应曲线和混合时间上，其结果优于 $k\text{-}\varepsilon$ 模型。

4.4.6　气液固和其它多相体系

气液固三相体系是化学工业中应用最普遍的三相体系。在液相溶剂悬浮固相催化剂催化合成气生产液体燃料的 Fisher-Tropsch 合成反应等，用的是三相鼓泡塔，也称为三相流化床。在催化剂填充的固定床内加氢（气相）裂化重质油等，则属于三相固定床，其中气液并流向下的称为滴流床，气液并流向上的称为上流床。气液固三相搅拌槽反应器的工业应用也很多。对气液固三相反应器内的流体力学的实验研究和数值模拟已相当普遍，也积累了很多的数据和经验关联式。

关于三相鼓泡塔反应器内的宏观混合有实验研究报告。Cassanello M（1996）还用非浸入式的放射性颗粒追踪（radioactive particle tracking，RPT）技术研究了三相流化床中单粒度和双粒度固相颗粒的轴向混合时间，并建立简化的一维模型来分析实验数据。Petrović DLJ（1990）实际测定了带导流筒的三相流化床（DT-ALR）的混合时间，反应器内径 0.20m、高 3m、锥底，导流筒高 2m，固相为玻璃珠，实验结果表明了三相体系中混合行为的复杂多变性。

三相体系的流体力学模拟相对较多。Li Y（1999）用 CFD 的离散颗粒法（discrete particle method，DPM）和流体体积法（VOF）耦合，模拟 2D 三相流化床的连续相流动，用拉格朗日方法模拟颗粒运动，体积追踪法模拟气泡，三对两相间的相互作用力都得到考虑，模拟能够充分地描述气泡尾流的行为。Li W（2015）详细报道了气液固三相流化床的模型和数值模拟，其中考虑了气液相间曳力和液固相间曳力，但气固两个分散相间的曳力没有考虑。

其它几种三相反应器多有工业应用，但宏观混合的数值模拟研究同样很少。

气液液三相体系中的混合数值模拟首见于 Cheng D（2017）。作者对气液液体系进行了连续相宏观混合时间的实验和数值模拟研究，其实验结果已经在第 3 章的 3.3.2.1 节（5）中有所介绍。和两相体系的数值模拟相比，其模拟的困难和复杂程度与气液固三相体系相似，都多了一个物相，多了一套流动方程。方程中的相间相互作用很复杂，目前尚无法在数学模型中准确地表达；近似的模型化处理会引起一定的误差，但探索性的研究工作仍然是值得的。

模型方程可写为连续性方程和动量方程，雷诺平均后的控制方程分别是

$$\frac{\partial}{\partial t}(\rho_\varphi \alpha_\varphi) + \nabla \cdot (\rho_\varphi \alpha_\varphi \boldsymbol{u}_\varphi) = 0 \tag{4.70}$$

$$\frac{\partial(\rho_\varphi \alpha_\varphi \boldsymbol{u}_\varphi)}{\partial t} + \nabla \cdot (\rho_\varphi \alpha_\varphi \boldsymbol{u}_\varphi \boldsymbol{u}_\varphi) = -\alpha_\varphi \nabla p + \nabla \cdot \{\mu_{\varphi,\text{eff}} \alpha_\varphi [\nabla \boldsymbol{u}_\varphi + (\nabla \boldsymbol{u}_\varphi)^{\text{T}}]\} + \rho_\varphi \alpha_\varphi g + \boldsymbol{F}_\varphi \tag{4.71}$$

式中，φ 是物相的下标，分别代表：c 是连续相；o 是油相；g 是气相。

使用了两种湍流模型：各向同性的标准 k-ε 湍流模型和各向异性的雷诺应力模型（RSM）。分散相对连续相湍流的影响通过在湍流动能 k 的微分方程的源项中增添一附加产生项来体现（Kataoka I，1992）：

$$G_e = C_b |\boldsymbol{F}_{\text{drag}}| \sqrt{\sum(u_{d,i} - u_{c,i})^2} \tag{4.72}$$

取 $C_b = 0.02$。下标 d 指两个分散相；$\boldsymbol{F}_{\text{drag}}$ 为分散相所受的曳力。

用雷诺应力模型，则应力张量中的各个分量都有自己的守恒微分方程，此处不再一一列出。湍流动能 k 不需要微分方程，可从已经求解的各正应力分量得出：

$$k = \frac{\overline{u_i' u_i'}}{2} \tag{4.73}$$

但湍流动能的耗散速率需要控制方程：

$$\frac{\partial}{\partial t}(\alpha_c \rho_c \varepsilon) + \frac{\partial}{\partial x_i}(\alpha_c \rho_c u_{c,i} \varepsilon) = \frac{\partial}{\partial x_j}\left[\left(\mu_c + \frac{\mu_{c,t}}{\sigma_\varepsilon}\right)\frac{\partial \varepsilon}{\partial x_j}\right]$$

$$+0.5C_{\varepsilon 1}P_{ii}\frac{\varepsilon}{k}-C_{\varepsilon 2}\alpha_c\rho_c\frac{\varepsilon^2}{k} \qquad (4.74)$$

其中的 P_{ii} 是耗散产生的源项，可参见文献（Cheng D，2017）。

连续相的湍流黏度按下式计算：

$$\mu_{c,t}=C_{\mu}\rho_c\frac{k^2}{\varepsilon}+\sum_d^2 0.6\rho_c\alpha_d d_d|\boldsymbol{u}_d-\boldsymbol{u}_c| \qquad (4.75)$$

相间作用力包括连续相与油相（下标 o）间的

$$\boldsymbol{F}_{\mathrm{drag,c,o}}=\frac{3C_{\mathrm{D,c,o}}\rho_c\alpha_o|\boldsymbol{u}_o-\boldsymbol{u}_c|(\boldsymbol{u}_o-\boldsymbol{u}_c)}{4d_o} \qquad (4.76)$$

和连续相与气相间的

$$\boldsymbol{F}_{\mathrm{drag,c,G}}=\frac{3C_{\mathrm{D,c,G}}\rho_c\alpha_G|\boldsymbol{u}_G-\boldsymbol{u}_c|(\boldsymbol{u}_G-\boldsymbol{u}_c)}{4d_b} \qquad (4.77)$$

其中的阻力系数需要仔细地考虑重要的影响因素，如湍流、相含率等的影响。

油滴的直径 d_o 用关联式（4.69）估计。而气泡直径则按经典的关联式估计（Garcia-Ochoa F，2004）：

$$d_b=0.7\frac{\sigma^{0.6}}{\varepsilon^{0.4}\rho_c^{0.2}}\left(\frac{\mu_c}{\mu_G}\right)^{0.1} \qquad (4.78)$$

Cheng D（2017）在开源 CFD 软件平台 OpenFOAM 上用 C++编程实现了气液液搅拌体系中连续相宏观混合的 3D 数值模拟。模拟流场的结果表明，雷诺应力模型的结果比 k-ε 模型更接近实验测定的相含率分布数据。

预测探头 A（近液面和槽壁）的响应曲线和实验值的比较见图 4.22，可见 k-ε 湍流模型也能体现示踪剂检测的大致形状，但 RSM 模型模拟的结果更符合实验。

油相相含率对混合时间的影响见图 4.23，实验和模拟都一致地确认混合时间极小值出现在 10% 这个中间值。RSM 模型的模拟和实验结果更为接近。

赵燕春（2011）解释在液液体系里相似的混合时间极小值现象，认为分散相相含率低时，连续相的湍流被增强了，而超过某一体积分数则会使湍流受到更多的阻尼，这直接影响到主体流动的速度和湍流分散的能力。但是没有报道有关湍流的实验测定来报告支持这种解释。Cheng D（2013）在数值模拟研究液液体系的宏观混合时曾用排出流量数 Fl

$$Fl=\frac{\int_{-w/2}^{w/2}\int_0^{2\pi}ru_{c,r}\,\mathrm{d}\theta\,\mathrm{d}z}{ND^3} \qquad (4.79)$$

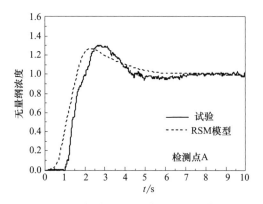

图 4.22　预测探头 A 响应曲线与实验值的比较

（$N=400\text{r/min}$，$\alpha_{\text{o,av}}=10\%$，$Q_{\text{G}}=0.32\text{L/min}$，检测点 A。Cheng D，2017）

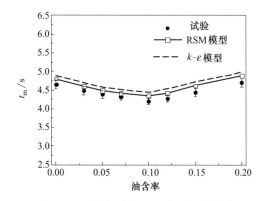

图 4.23　油相相含率对混合时间的影响

（$N=425\text{r/min}$，$Q_{\text{G}}=0.48\text{L/min}$。Cheng D，2017）

循环数 Fl_{c}

$$Fl_{\text{c}} = \frac{\int_0^{r_0} 2\pi u_{\text{c,zL}}r\,\mathrm{d}r + \int_{r_0}^{T/2} 2\pi u_{\text{c,zU}}r\,\mathrm{d}r}{ND^3} \qquad (4.80)$$

来表征气液液体系中的主体对流强度，以解释混合时间变化的趋势。其中 r_0 指循环圈中心的径向坐标，下标 L 和 U 分别指上下两个循环圈。文献中的确有许多研究将循环时间（它和主体对流强度成反比）和混合时间相关联。

　　Cheng D（2017）模拟气液液体系流场后计算出来的液相 Fl 和 Fl_{c} 的数值列于表 4.3。虽然两个特征数都随油相分数单调下降，但加速下降却是从 10％附近开始。这个因素尚不足以单独解释混合时间出现极小值的原因，但这些流量数据可能对深入地综合分析提供数据基础。

表 4.3 排出流量数与油相相含率的关系 （$N=425$r/min，$Q_G=0.48$L/min。Cheng D，2017）

模型		$\alpha_{o,av}$/%						
	排出流量数	0	3	5	7	12	15	20
k-ε 模型	Fl	0.63	0.62	0.61	0.60	0.55	0.50	0.46
	Fl_c	1.93	1.92	1.92	1.90	1.83	1.76	1.70
RSM 模型	Fl	0.66	0.65	0.64	0.63	0.57	0.52	0.47
	Fl_c	2.05	2.04	2.03	2.02	1.94	1.86	1.78

图 4.24 是宏观混合时间与气流量间的关系。一个极大值出现在 $Q_G=$ 0.32L/min 的地方。观察表 4.4 中的排出流量数，它们随着气流量增大，开始下降较快，但在 $Q_G=0.3$ L/min 处下降明显变缓，似乎提示在此之后增强的气流搅拌作用也强化了混合。

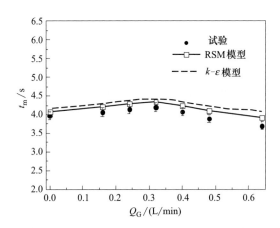

图 4.24 宏观混合时间与气流量间的关系

（$N=440$r/min，$\alpha_{o,av}=10\%$。Cheng D，2017）

表 4.4 排出流量数与气流量的关系 （$N=440$r/min，$\alpha_{o,av}=10\%$。Cheng D，2017）

模型		Q_G/(L/min)						
	流量数	0	0.16	0.24	0.32	0.4	0.48	0.64
k-ε 模型	Fl	0.80	0.74	0.64	0.57	0.56	0.55	0.54
	Fl_c	2.23	2.13	1.95	1.86	1.85	185	1.84
RSM 模型	Fl	0.86	0.76	0.67	0.59	0.58	0.57	0.56
	Fl_c	2.27	2.15	2.07	1.98	1.98	1.97	1.96

Cheng D（2017）的研究表明采用的模拟方法可靠，但关于多相体系中相间作用力和湍流模型等处需要继续改进。宏观混合受诸多因素影响而表现出来

的复杂行为，需要改善数学模型和计算方法，但也要有智慧的方法来对数值模拟产生的庞杂的数字堆积进行高效的分析，真正认识混合的机理和规律，实现混合和反应的强化。

4.5 宏观混合数值模拟的新思考

宏观混合数值模拟的正常途径是在流场已妥善求解的情况下，用 4.2.2 节提供的传质过程数学模型，得到示踪剂在流场中逐渐均匀化的时变过程，从中提取特征的混合时间。但是在一些要求不高和希望快速简便地得到结果时，可以采用一些近似的计算方法，也包括 4.1 节中介绍的"老"模型和经验关联式。下面是一些可能有用的简便数值方法。

4.5.1 宏观混合的纯流体力学模型

宏观混合的数值模拟一般是通过监测示踪剂在混合设备中的扩散传质过程，其控制方程为式（4.25）。以 L 为特征尺度，u_0 为特征速度，将此式无量纲化可得

$$\frac{\partial C}{\partial T} + \nabla \cdot UC = \nabla \cdot \left(\frac{D_{\mathrm{eff}}}{Lu_0} \nabla C \right) \tag{4.81}$$

右端扩散项的重要性取决于其中 D_{eff} 数值的大小。从一般典型的搅拌槽的数值模拟可知，其典型数值多为 $1 \times 10^{-3}\,\mathrm{m^2/s}$ 以下，因此在 $L=1\mathrm{m}$、$u_0=1\mathrm{m/s}$ 的条件下，$(D_{\mathrm{eff}}/Lu_0)=0.001$，在宏观混合的离集尺度没有小到 Kolmogorov 尺度之前，式（4.81）的右端与对流输运相比是一个可忽略的小量。毛在砂（2015）认为，此时式（4.81）可合理地简化为

$$\frac{\partial C}{\partial T} + \nabla \cdot UC = 0 \tag{4.82}$$

并提出下述的简化数值计算方法。

按此方程，任何一个示踪剂微元，只会沿着一条流线运动，不会跳跃到另一条流线，不能分散、铺展到全槽去实现宏观混合。实际上，单相体系中的宏观混合，物理上是指两股相同的流体在流动中，由于湍流涡团的生、灭和随机运动，两股流体团块剪切、拉伸，尺度逐渐缩小，直到在 Kolmogorov 尺度下两股流体混匀的过程。在层流流动体系中则是依靠流动中的混沌性机理来实现混合。这些因素应该添加到式（4.82）中，才能构建出不基于示踪剂扩散的纯

宏观混合数学模型。虽然同时也发生分子扩散，但是宏观混合的研究将其排除在外。因此仅需要考虑纯粹的流体流动的机理性因素，但这与式（4.81）右端包含的分子扩散作用无关。

在数值求解式（4.82）时，流场划分为许多有限大小的网格，尺度一般大于 Kolmogorov 尺度。而网格中的物理和流动性质都被认为是均匀的，这本身就是一种混合。虽然式（4.82）中忽略了湍流引起的混合，数值求解又必然引进混合。因此，我们需要测评这两种混合的程度大小，以合理的方式（如调控网格的大小等）使二者尽量抵消。这样可能以很少的数值计算量为代价，得到可信的宏观混合的定量结果。这是一个值得探索的技术。

式（4.82）数值求解就特别简单。在 t 时刻的浓度场 $c(\boldsymbol{x}, t)$ 由 $t-\Delta t$ 时刻的浓度场 $c(\boldsymbol{x}, t-\Delta t)$ 和随流场 $\boldsymbol{u}$ 的输运确定。

以二维流场为例，中心网格中的浓度的控制方程为

$$\frac{\partial c}{\partial t}+\nabla \cdot \boldsymbol{u}c=0 \tag{4.83}$$

其离散化的形式为

$$\Delta V \frac{c^{n+1}-c^n}{\Delta t}=\sum_{\text{in}} u_i A_i c_i^n - \sum_{\text{out}} u_i A_i c_i^{n+1} \tag{4.84}$$

即

$$c^{n+1}=\left(c^n+\frac{\Delta t}{\Delta V}\sum_{\text{in}} u_i A_i c_i^n\right)\bigg/\left(1+\frac{\Delta t}{\Delta V}\sum_{\text{out}} u_i A_i\right) \tag{4.85}$$

用式（4.85）计算到足够长的时间，便可以按混合时间的定义提取宏观混合时间了。这个方法实际上就是获得混合时间的纯流体力学方法，因为式（4.83）中不出现示踪剂的分子扩散系数，浓度 c 代表的就是流体本身。由于网格大小是有限值，所以这个算法有人为黏性带来的误差，但只要网格尺度足够小，该误差就能成正比地减小。

在数值模拟计算中，一个单元被认为性质均匀，这与建议的简化算法的基本点一致。上述解法的实质是：示踪剂流进单元后即与单元混匀，而后流出时则按流入周围各相邻单元的流率来分配。这实质上是仅用示踪粒子来代表流体的流动，避免额外引入溶质扩散问题，与流体宏观混合研究的物理本意更为一致。

与此相似，用蒙特卡罗法模拟流动反应器的停留时间分布时，可以在入口注入一个随机示踪粒子，它随流体进入一计算单元后，在单元内停留一段时间，然后再按与流出流束成正比的概率随此流束进入相邻的单元；将此示踪粒

子在各流经的单元内的停留时间累计，直至达到出口为止，得到一个随机粒子的寿命；逐次注入更多的粒子，最终得到有统计学意义的停留时间分布。这种方法已经被作者用于模拟和比较径向流反应器分流道形状对流体 RTD 和反应器产能的影响。若模拟时，一次在入口注入大量示踪粒子（统计学上的大样本），这就相当于集中注入一定量的示踪剂，它继而流经一连串的单元，在单元内混匀，并随流体进入相邻的单元，最后分散到全反应器；经过若干个时间步，就能达到宏观混匀的标准，这就可模拟得出混合时间。这相应于示踪剂浓度在反应器中的对流、分散和混合，实际上就是式（4.85）的物理意义。

尽管这样，这种简化算法的可靠性还有待充分的验证。同时，蒙特卡罗模拟与基于式（4.81）的模拟的一致性和要求的前提条件，也值得深入探讨。

4.5.2　宏观混合和空间均匀分布的关系

在研究固相悬浮时，常用一个指标来衡量悬浮的均匀性，即固相相含率取样值 α_i 偏离全场平均值 α_{av} 的标准偏差：

$$\sigma = \sqrt{\frac{1}{n} \sum_{i=1}^{n} \left(\frac{\alpha_i}{\alpha_{av}} - 1 \right)^2} \tag{4.86}$$

式中，n 为相含率采样的个数。均匀悬浮相应于 $\sigma < 0.2$，基本悬浮为 $0.2 < \sigma < 0.8$，而不完全悬浮则指 $\sigma > 0.8$。这个指标也适合于描述其它分散相，如气泡和液滴。

在研究多相体系的连续相混合时，一般指关心液相的浓度是否均匀，而没有顾及分散相是否在空间中是均匀分布的。既然分散相没有分布均匀，反应器各处的分散相与连续相的比例也是不相等的，这自然与化学反应器中应按反应的计量比来供给反应物原料、反应物按计量比分配以充分发挥反应器的体积效率的原则相悖。在多相化学反应体系中，更多的物相都是按反应工艺的要求输进反应器的，所以也想要在反应器中这些物相都有均匀的比例。例如气液固三相鼓泡塔反应器中，气相流率有一个最佳值使液相混合时间最短，但这时往往固相在下部较多悬浮，而气泡含率在中上部较高，新输入的气体和已经在反应器中停留一段时间的气体的混合状况如何还是未知数。这显然是化学反应工程中知识积累的薄弱处。

多相体系中分散相的宏观混合至今研究甚少，仅 Cheng D（2015）实验研究过液液搅拌槽中的分散相液滴的宏观混合。应该加强这方面的努力，尤其是气泡在混合设备和反应器中的混合，对精确认识气体反应物在多相反应中的控制性作用和反应过程的效率非常重要。

因此，在对连续相的宏观混合有较多认识的基础上，加强对分散相宏观混合的研究是一件应当推进的任务。另外，宏观混合与相含率在反应器空间内的均匀分布之间的相互关系及合理权衡，也是化学反应工程今后值得注意的研究课题。

4.6 小结

本章讨论了宏观混合的模型和数值模拟，可以得到几点结论：

① 在化学工程研究的历史中积累了大量的宏观混合数据、以此为基础归纳出来的经验关联式和基于简单机理的半经验模型，也是将宏观混合的概念和原理应用于工程实践的重要数据基础，或作为工程设计和分析的初步估算工具。但经验关联式和简单模型的应用范围受其所依赖的数据涵盖的各种条件的局限，对新情况和新任务还需要更借重于机理性的数学模型和适当的数值计算方法，这也是今后对宏观混合的新课题进行理论分析的主要趋势性方法。

② 单相体系的宏观混合研究似乎已经成熟。而多相体系中的宏观混合数值模拟还没有很满意地解决。宏观混合研究的基础是多相流场，但多相体系的流体力学数值模拟还有待完善：第一，多相湍流模型还待继续开发，因为其中很多波动关联项的封闭化还依靠 Boussinesq 梯度假设，这对于单相动量方程比较合理，但用到涉及标量的波动（相含率、浓度和温度等）时是有疑问的；相间作用力有很多，哪些力、哪些计算公式是可靠准确的？湍流、相含率等对它们的影响是否必须考虑？还没有公认的答案，有时这些作用力公式甚至被当成可调参数来调用。第二，许多研究现在用商业 CFD 软件平台，尤其需要注意对模拟的结果独立进行验证，因为使用者往往不知道哪些地方可能有漏洞因而验证就更加重要。第三，多相体系每一相都要质量守恒，同时要求总质量守恒。现今的算法往往保证了总质量守恒，但不能同样程度地保证每一相的质量守恒。这可能会给流场模拟带来显著的误差。

③ 多相体系中分散相和连续相的宏观混合在机理、实验测定、数值模拟方面有很大的差别，目前针对分散相的研究还很少，需要更多的投入。而且分散相的混合问题涉及分散相在反应器内真实混合条件下的颗粒粒数密度均匀性和颗粒内反应物浓度的均匀性，这自然与反应器中化学反应的收率和选择性有关，在精准的反应器效能模拟中不应该被忽视。

④ 在评价反应器混合性能的时候，目前最广泛使用的一个指标是混合时间，目前的宏观混合数值模拟实际上也仅限于这一方面。混合时间模拟的过程

中得到了随时间演化的浓度场，可以从浓度场中提取出浓度分布的空间不均匀性程度。许多化工生产和材料加工过程希望物料在更小的尺度上的混匀，例如橡胶与活性炭骨料的混合、橡胶与硫化剂的混合等，虽然并不需要分子尺度上的混匀，但离集尺度太大也会影响橡胶制品的机械和化学性能，所以需要用混匀尺度（离集尺度）这一指标来加以评定。宏观混合的数值模拟研究中对此似尚未触及，是今后宏观混合研究的一个课题。

⑤ 多相体系的宏观混合还有一个新课题，就是以什么样的比功耗（或其它推动力）来得到理想的宏观混合速度。与宏观混合相联系的还有多相体系中各相分布的均匀性，和多相反应器的操作性能高低有直接关系，但也是以比功耗为代价的。因此，协调地考虑各相内的均匀性和所有物相在空间分布的均匀性，并以合理的代价来实现，也成为应当深入关心的过程优化问题。

在化学工程学科进入充分的机理性数学模型阶段，因而化学工程发展到计算化学工程的新阶段里，宏观混合研究也期待得到比以前更快的发展。

◆ **参考文献** ◆

毛在砂, 2008. 化工数学模型方法. 北京：高等教育出版社：85-94.

毛在砂, 杨超, 2015. Perspective to study on macro-mixing in chemical reactors. 化工学报, 65 (8)：2795-2804.

秦帅, 王立成, 沈世忠, 强圣, 王霄亚, 2017. 搅拌槽内三相流场混合时间的测定及模拟研究. 化学反应工程与工艺, 33（1）：65-72.

唐豪, 宗原, 奚桢浩, 赵玲, 2014. 反应挤出过程数值模拟进展. 化学反应工程与工艺, 30（2）：175-181.

王卫京, 毛在砂, 2002. 用改进的内外迭代法数值模拟 Rushton 涡轮搅拌槽流场. 过程工程学报, 2（3）：193-198.

王正, 毛在砂, 沈湘黔, 2006. Numerical simulation of macroscopic mixing in a Rushton impeller stirred tank. 过程工程学报, 6（6）：857-863.

余国琮, 袁希钢, 2011. 化工计算传质学导论. 天津：天津大学出版社.

张德良, 2010. 计算流体力学教程. 北京：高等教育出版社.

张庆华, 毛在砂, 杨超, 王正, 2007. 一种计算搅拌槽混合时间的新方法. 化工学报, 58（8）：1891-1896.

赵燕春, 2011. 搅拌槽中液液两相宏观混合的实验研究［学位论文］, 北京：中国科学院过程工程研究所.

周国忠, 王英琛, 施力田, 2003. 用 CFD 研究搅拌槽中的混合过程. 化工学报, 54（7）：886-890.

Brennan DJ, Lehrer IH, 1976. Impeller mixing in vessels experimental studies on the influence of some parameters and formulation of a general mixing time equation. Chem Eng Res Des, 54（A3）：139-152.

Bujalski W, Jaworski Z, Nienow AW, 2002. CFD study of homogenization with dual Rushton turbines-comparison with experimental results Part II: The multiple reference frame. Chem Eng Res Des, 80 (A1): 97-104.

Carver MB, Salcudean M, 1986. Three-dimensional numerical modelling of phase distribution of two-fluid flow in elbows and return bends. Num Heat Transfer, 10 (3): 229-251.

Cassanello M, Larachi F, Guy C, Chaouki J, 1996. Solids mixing in gas-liquid-solid fluidized beds: Experiments and modeling. Chem Eng Sci., 51 (10): 2011-2020.

Cheng D, Feng X, Cheng JC, Yang C, 2013. Numerical simulation of macromixing in liquid-liquid stirred tanks. Chem Eng Sci, 101: 272-282.

Cheng D, Feng X, Cheng JC, Yang C, Mao Z-S, 2015. Experimental study on the dispersed phase macro-mixing in an immiscible liquid-liquid stirred reactor. Chem Eng Sci, 126: 196-203.

Cheng D, Wang S, Yang C, Mao Z-S, 2017. Numerical simulation of turbulent flow and mixing in gas-liquid-liquid stirred tanks. Ind Eng Chem Res, 56: 13050-13063.

Daly BJ, Harlow FH, 1970. Transport equations in turbulence. Phys Fluids, 13: 2634-2649.

Davies G, 1992. Mixing and coalescence phenomena in liquid-liquid systems//Thomton JD eds. Science and Practice of Liquid-Liquid Extraction. Vol 1. Oxford: Clarendon Press: 245-342.

Delnoij E, Lammers FA, Kuipers JAM, van Swaaij WPM, 1997. Dynamic simulation of dispersed gas-liquid two-phase flow using a discrete bubble model. Chem Eng Sci, 52 (9): 1429-1458.

Denev JA, Fröhlich J, Falconi CJ, Bockhorn H, 2010. Direct numerical simulation, analysis and modelling of mixing processes in a round jet in crossflow//Bockhorn H, Mewes D, Peukert W, Warnecke H-J eds. Micro and Macro Mixing, Analysis, Simulation and Numerical Calculation. Berlin Heidelberg: Springer-Verlag: 143-164.

Ekambara K, Joshi JB, 2003. CFD Simulation of residence time distribution and mixing in bubble column reactors. Can J Chem Eng, 81: 669-676.

Feng X, Cheng JC, Li XY, Yang C, Mao Z-S, 2012a. Numerical simulation of turbulent flow in a baffled stirred tank with an explicit algebraic stress model. Chem Eng Sci, 69 (1): 30-44.

Feng X, Li XY, Cheng JC, Yang C, Mao Z-S, 2012b. Numerical simulation of solid-liquid turbulent flow in a stirred tank with a two-phase explicit algebraic stress model. Chem Eng Sci, 82: 272-284.

Feng X, Li XY, Yang C, Mao Z-S, 2013. Numerical simulation of liquid-liquid turbulent flow in a stirred tank with an explicit algebraic stress model. Chem Eng Res Des, 91 (11): 2112-2121.

Fort I, 1986. Flow and turbulence in vessels with axial impellers//Uhl VW, Gray JB eds. Mixing Ⅲ. New York: Academic Press.

Fort I, Valesova H, Kundrna V, 1971. Liquid circulation in a system with axial mixer and radial baffles. Collect Czech Chem Commun, 36: 164-185.

Garcia-Ochoa F, Gomez E, 2004. Theoretical prediction of gas-liquid mass transfer coefficient, specific area and hold-up in sparged stirred tanks. Chem Eng Sci, 59 (12): 2489-2501.

Hanjalic H, Vasic S, 1993. Computation of turbulent natural convection in rectangular enclosures with an algebraic flux model. Int J Heat Mass Transfer, 36 (14): 3603-3624.

Hartmann H, Derksen J, van den Akker HEA, 2006. Mixing time in a turbulent stirred tank by means of LES. AIChE J, 52（11）: 3696-3706.

Heniche M, Tanguy PA, Reeder MF, Fasanol JB, 2005. Numerical investigation of blade shape in static mixing. AIChE J, 51（1）: 44-58.

Holmes DB, Voncken RM, Dekker JA, 1964. Fluid flow in turbine stirred, baffled tanks Ⅰ: Circulation time. Chem Eng Sci, 19（3）: 201-208.

Ihejirika I, Ein-Mozaffari F, 2007. Using CFD and ultrasonic velocimetry to study the mixing of pseudoplastic fluids with a helical ribbon impeller. Chem Eng Technol, 30（5）: 606-614.

Ince NZ, Launder BE, 1989. On the computation of buoyancy-driven turbulent flows in rectangular enclosures. Int J Heat Fluid Flow, 10（2）: 110-117.

Jahoda M, Moštěk M, Kukuková A, Machoň V, 2007. CFD modelling of liquid homogenization in stirred tanks with one and two impellers using large eddy simulation. Chem Eng Res Des, 85（5）: 616-625.

Jahoda M, Tomaskova L, Mostek M, 2009. CFD prediction of liquid homogenization in a gas-liquid stirred tank. Chem Eng Res Des, 87: 460-467.

Javed KH, Mahmud T, Zhu JM, 2006. Numerical simulation of turbulent batch mixing in a vessel agitated by a Rushton turbine. Chem Eng Process, 45（2）: 99-112.

Jaworski Z, Bujalski W, Otomo M, Nienow AW, 2000. CFD study of homogenization with dual rushton turbines-comparison with experimental results. Part Ⅰ: Initial studies. Chem Eng Res Des, 78（A3）: 327-333.

Jaworski Z, Nienow AW, 2003. CFD modeling of continuous precipitation of barium sulphate in a stirred tank. Chem Eng J, 91: 167-174.

Joshi JB, Pandit AB, SharmaMM, 1982. Mechanically agitated gas-liquid reactors. Chem Eng Sci, 37（6）: 813-844.

Kasat G, Khopkar A, Ranade VV, Pandit A, 2008. CFD simulation of liquid-phase mixing in solid-liquid stirred reactor. Chem Eng Sci, 63（15）: 3877-3885.

Kataoka I, Besnard D, Serizawa A, 1992. Basic equation of turbulence and modeling of interfacial transfer terms in gas-liquid two-phase flow. Chem Eng Commun, 118（1）: 221-236.

Lang E, Drtina P, Streiff F, Fleischli M, 1995. Numerical simulation of the fluid flow and the mixing process in a static mixer. Int J Heat Mass Transfer, 38（12）: 2239-2250.

Launder BE, Spalding DB, 1972. Mathematical Methods of Turbulence. Academic Press.

Launder BE, Spalding DB, 1974. The numerical computation of turbulent flows. Comput Methods Appl Mech Eng, （3）: 269-289.

Lestinsky P, Vecer M, Vayrynen P, Wichterle K, 2015. The effect of the draft tube geometry on mixing in a reactor with an internal circulation loop—A CFD simulation. Chem Eng Process, 94: 29-34.

Li W, Zhong W, 2015. CFD simulation of hydrodynamics of gas-liquid-solid three-phase bubble column. Powder Technol, 286: 766-788.

Li Y, Zhang J, Fan LS, 1999. Numerical simulation of gas-liquid-solid fluidization systems using a combined CFD-VOF-DPM method: Bubble wake behavior. Chem Eng Sci, 54 (21): 5101-5107.

Mann R, Mavros P, 1982. Analysis of unsteady tracer dispersion and mixing in a stirred vessel using interconnected network of ideal flow zones. Proc 4th Eur Conf Mixing: 35-42.

Mathpati CS, Deshpand SS, Joshi JB, 2009. Computational and experimental fluid dynamics of jet loop reactor. AIChE J, 55 (10): 2526-2544.

McManamey WJ, 1980. A circulation model for batch mixing in agitated, baffled vessels. Chem Eng Res Des, 58 (A4): 271-276.

Min J, Gao ZM, 2006. Large eddy simulations of mixing time in a stirred tank. Chin J Chem Eng, 14 (1): 1-7.

Ochieng A, Onyango MS, 2008a. Homogenization energy in a stirred tank. Chem Eng Process, 47 (9-10): 1853-1860.

Ochieng A, Onyango M S, Kumar A, Kiriamiti K, Musonge P, 2008b. Mixing in a tank stirred by a Rushton turbine at a low clearance. Chem Eng Process, 47 (5): 842-851.

Pandit AB, Joshi JB, 1983. Mixing in mechanically agitated gas-liquid contactors, bubble columns and modified bubble columns. Trans Inst Chem Eng, 38 (8): 1189-1215.

Petrović DLJ, Pošarac D, Duduković A, Skala D, 1990. Mixing time in gas-liquid-solid draft tube airlift reactors. Chem Eng Sci, 45 (9): 2967-2970.

Pope SB, 2000. Turbulent Flows. Cambridge: Cambridge University Press.

Ranade VV, Bourne JR, Joshi JB, 1991. Fluid mechanics and blending in agitated tanks. Chem Eng Sci, 46 (8): 1883-1893.

Ranade VV, van den Akker HEA, 1994. A computational snapshot of gas-liquid flow in baffled stirred reactors. Chem Eng Sci, 49 (24): 5175-5192.

Raghav Rao KSMS, Joshi JB, 1988. Liquid phase mixing in mechanically agitated vessels. Chem Eng Commun, 74 (1): 1-25.

Raghav Rao KSMS, Joshi JB, 1989. Liquid phase mixing in mechanically agitated vessels. Chem Eng Commun, 74: 1-25.

Roy S, Dhotre MT, Joshi JB, 2006. CFD simulation of flow and axial dispersion in external loop airlift reactor. Chem Eng Res Des, 84 (A8): 677-690.

Sun ZM, Yu KT, Yuan XG, Liu CJ, 2007. A modified model of computational mass transfer for distillation column. Chem Eng Sci, 62 (7): 1839-1850.

Tang H, Zong Y, Zhao L, 2016. Numerical simulation of micromixing effect on the reactive flow in a co-rotating twin screw extruder. Chin J Chem Eng, 24 (9): 1135-1146.

Tatterson GB, 1982. The effect of draft tubes on circulation and mixing times. Chem Eng Commun, 19 (1): 141-147.

van der Molen K, van Mannen HRE, 1978. Laser Doppler measurements of the turbulent flow in stirred vessels to establish scaling rules. Chem Eng Sci, 33 (9): 1161-1168.

van Wageningen WFC, Kandhai D, Mudde RF, van den Akker HEA, 2004. Dynamic flow in a Kenics static mixer: An assessment of various CFD methods. AIChE J, 50 (8): 1684-1696.

Voncken RM, Holmes DB, Den Hartog HW, 1964. Fluid flow in turbine stirred, baffled tanks. Ⅱ: Dispersion during circulation. Chem Eng Sci, 19 (3): 209-213.

Vrabel P, van der Lans RGJM, Luyben KCAM, Boon L, Nienow AW, 2000. Mixing in large-scale vessels stirred with multiple radial or radial and axial up-pumping impellers: Modeling and measurements. Chem Eng Sci, 55 (23): 5881-5896.

Wang LC, Zhang YF, Li XG, Zhang Y, 2010. Experimental investigation and CFD simulation of liquid-solid-solid dispersion in a stirred reactor. Chem Eng Sci, 65: 5559-5572.

Wang WJ, Mao Z-S, 2002. Numerical simulation of gas-liquid flow in a stirred tank with a Rushton impeller. Chin J Chem Eng, 10 (4): 385-395.

Wang WJ, Mao Z-S, Yang C, 2006. Experimental and numerical investigation on gas-liquid flow in a Rushton impeller stirred tank. Ind Eng Chem Res, 45 (3): 1141-1151.

Wang YD, Mann R, 1992. Partial segregation in stirred batch reactors: Effect of scale-up on the yield of a pair of competing reactions. Chem Eng Res Des, 70 (3): 282-290.

Wang Z, Mao Z-S, Yang C, Shen XQ, 2006. CFD approach to the effect of mixing and draft tube on the precipitation of barium sulfate in a continuous stirred tank. Chin J Chem Eng, 14 (6): 713-722.

Wu YX, Luo XH, Chen QM, Li DY, Li SR, Al-Dahhan MH, Dudukovic MP, 2003. Prediction of gas holdup in bubble columns using artificial neural network. Chin J Chem Eng, 11 (2): 162-165.

Yeoh SL, Papadakis G, Yianneskis M, 2005. Determination of mixing time and degree of homogeneity in stirred vessels with large eddy simulation. Chem Eng Sci, 60 (8-9): 2293-2302.

Yu KT, Yuan XG, 2017. Application of Computational Mass Transfer (Ⅱ) Chemical Absorption Process. Chap3// Yu KT, Yuan XG. Introduction to Computational Mass Transfer with Applications to Chemical Engineering. 2nd ed. Singapore: Springer: 145-182.

Zhang QH, Yang C, Mao Z-S, Zhao CJ, 2009. Experimental determination and numerical simulation of mixing time in a gas-liquid stirred tank. Chem Eng Sci, 64 (12): 2926-2933.

Zhang QH, Yang C, Mao Z-S, Mu JJ, 2012. Large eddy simulation of turbulent flow and mixing time in a gas-liquid stirred tank. Ind Eng Chem Res, 51 (30): 10124-10131.

Zhang YH, Yang C, Mao Z-S, 2006. Large eddy simulation of liquid flow in a stirred tank with improved inner-outer iterative algorithm. Chin J Chem Eng, 14 (3): 321-329.

Zhang YH, Yang C, Mao Z-S, 2008. Large eddy simulation of the gas-liquid flow in a stirred tank. AIChE J, 54 (8): 1963-1974.

Zhao YC, Li XY, Cheng JC, Yang C, Mao Z-S, 2011. Experimental study on liquid-liquid macromixing in a stirred tank. Ind Eng Chem Res, 50: 5952-5958.

第 5 章
反应器停留时间分布

5.1 停留时间分布和宏观混合性能的关系

反应物的转化率和反应主产物的选择性，是有关工业化学反应器效率的重要指标，而反应器中的混合状态则是决定这两个指标高低的直接因素。对一般的流动反应器，一般用探测宏观混合的手段，如测定反应器的混合时间，来表征反应器的混合效能；但停留时间分布的实验和分析方法，只适用于稳态的流动反应器。多数情况下，一个反应器在设备条件不变的情况下，既可以用作连续流动反应器，也可以用作间歇式反应器，其内部流动状况基本相同，这两种不同方式表征的混合特性指标必然有深层的关系。是否可以从一种指标的结果推出另一种指标表达的结果，这是混合问题需要研究清楚的问题。

5.1.1 停留时间分布 （RTD）

化学工程中一个很重要的发展是 Danckwerts 在 1953 年提出的停留时间分布 （residence time distribution，RTD） 概念，用于描述流动反应器中的非理想流动 （Danckwerts PV，1953）。所谓非理想流动，是指完全没有混合的活塞流反应器与流体完全混合的全混流反应器之间的一种中间混合状态。停留时间分布在化学反应工程学中广泛用于连续流动反应器的性能分析 （Santos RJ，2012；Nauman EB，2008；毛在砂，2004）。

停留时间分布指同时进入反应器的流体微元，从进入到由出口离开，在反应器内停留的时间，或称为寿命，其数值 t 可能各不相同，呈现为一定形式的函

数分布 $E(t)$。实验测定停留时间分布的方式如图 5.1(a) 所示。以脉冲的形式，在入口流中注入少量的示踪剂，同时开始检测出口流中的示踪剂浓度 $c(t)$，以示踪剂均匀分散在反应器内的浓度 c_0 将 $c(t)$ 无量纲化为 $C(t) = c(t)/c_0$，再归一化，即得到图 5.2 中的曲线 $E(t)$，即为停留时间分布密度函数：

$$E(t) = \frac{C(t)}{\int_0^\infty C(t)\,\mathrm{d}t} \tag{5.1}$$

停留时间分布密度函数 $E(t)$ 的物理含义为

$$E(t)\mathrm{d}t = \frac{\text{在 } t \text{ 到 } t+\mathrm{d}t \text{ 间流出反应器的示踪剂流率}}{\text{示踪剂总量}}$$

图 5.2 中曲线下的面积为 1（满足归一化条件），则图 5.2 中的阴影条代表寿命在 t 和 $t+\mathrm{d}t$ 之间的微元在总流率中所占的分数，除以这个区间的宽度 $\mathrm{d}t$ 即为 $E(t)$，它的单位是时间的倒数。它最重要的特征量之一是平均停留时间 τ（出口寿命）为

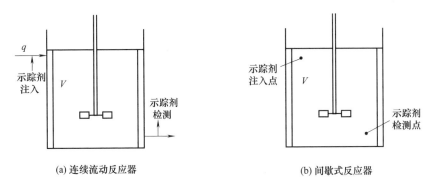

(a) 连续流动反应器　　　　　　　　　(b) 间歇式反应器

图 5.1　实验测定连续流动反应器的停留时间分布（a）和
间歇式反应器的混合时间（b）的方式

$$\tau = \int_0^\infty t E(t)\,\mathrm{d}t \tag{5.2}$$

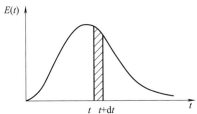

图 5.2　停留时间分布密度函数 $E(t)$ 示意图

其第二个重要特征是方差：

$$\sigma^2 = \int_0^\infty (t-\tau)^2 E(t)\mathrm{d}t \tag{5.3}$$

它说明了出口寿命围绕其平均值分布的宽度。

定义无量纲时间 $\theta = t/\tau$，则无量纲停留时间分布密度函数 $E^*(\theta)$ 的定义为

$$E^*(\theta)\mathrm{d}\theta = \frac{\text{寿命在 } \theta \text{ 到 } \theta+\mathrm{d}\theta \text{ 之间的流体流出速率}}{\text{进入反应器的流体总速率}}$$

$E^*(\theta)$ 也满足归一化条件，且平均无量纲停留时间 $\theta = 1$：

$$\int_0^\infty E^*(\theta)\mathrm{d}\theta = 1$$

这两个分布密度函数间的关系是

$$\bar{t}E(t) = E^*(\theta) \tag{5.4}$$

更多关于 RTD 的内容，可以参考化学反应工程学的教科书，如 Levenspiel O (1972)、毛在砂（2004）等。

化学反应工程学中就反应器中的混合程度的两个极端，定义了两种理想反应器：一种是完全没有混合的活塞流反应器，一种是完全混合的全混流反应器。进入活塞流反应器的所有流体微元有相同的寿命，即先后流入的微元间完全没有混合，其停留时间分布密度函数即为位于平均停留时间 1 处的无限高尖峰，数学上表示为 delta 函数：$\delta(t-\tau)$ 或 $\delta(\theta-1)$。流进全混流反应器的一微元，在瞬间即与反应器中的流体混合均匀，因而出口流中包含各种寿命的微元，$E(\theta)$ 呈很宽的分布，在图 5.3(a) 中为函数 $\exp(-\theta)$ 的曲线。

寿命分布函数，也称为停留时间累积分布函数，定义为

$$F(t) = \int_0^t E(t)\mathrm{d}t \tag{5.5}$$

由 $E(t)$ 的归一化条件，知 $0 \leqslant F(t) \leqslant 1$，且 $\mathrm{d}F(t)/\mathrm{d}t = E(t)$。$F(t)$ 表示反应器出口流中寿命不大于 t 的流体所占的分数，几种反应器的 $F(\theta)$ 见图 5.3(b)。

两种混合程度的极端也体现在它们 $E(\theta)$ 曲线方差的大小。$E(\theta)$ 的方差按

$$\sigma_\theta^2 = \int_0^\infty (\theta-1)^2 E(\theta)\mathrm{d}\theta$$

计算。这是无量纲的参数，它等于用平均停留时间来将从 $E(t)$ 算出的有量纲的方差 σ^2 归一化后的结果：

$$\sigma_\theta^2 = \sigma^2/\tau^2 \tag{5.6}$$

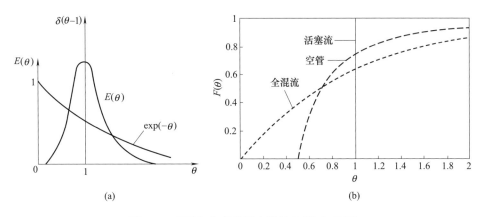

图 5.3　理想和非理想反应器的 $E(\theta)$ 和 $F(\theta)$

方差体现了 RTD 曲线的峰宽，说明反应器内返混的强度，也指示混合均匀的程度。可以证明，活塞流反应器的方差为 0，全混流反应器的方差为 1。这是无量纲 $E(\theta)$ 曲线方差的极小值和极大值，而其它任何一条 $E(\theta)$ 曲线的方差均在 0 和 1 之间。因此可以用无量纲方差作为衡量流动反应器内混合好坏的定量指标。

停留时间分布的优点之一是能兼顾到对死区的探测。若平均停留时间 τ 小于反应器的名义停留时间 $\bar{t} = V/Q$，V 是反应器容积，Q 是反应器的物料通量，此现象常称为"早出峰"，则指示反应器内存在死区。因为有死区，实际工作容积小于 V，测得的 RTD 反映的平均停留时间是相应于较小的实际工作容积的。同时，进入了死区里的示踪剂只能通过分子扩散异常缓慢地交换出来，所以也会同时伴有 $E(\theta)$ 曲线的严重"拖尾"的现象。

5.1.2　宏观混合的定量指标

混合是一个体系的不均匀程度由大到小变化的过程。Danckwerts PV（1952）定义了两个描述体系不均匀程度的指标。一个是离集尺度：

$$S = \int_0^\infty R(r)\mathrm{d}r \qquad (5.7)$$

式中，$R(r)$ 是反应器中相距 r 远的两点上流体浓度 $c(x)$ 的在全空间的统计平均相关系数：

$$R(r) = \frac{\overline{[c(x)-C][c(x+r)-C]}}{\overline{[c(x)-C]^2}} \qquad (5.8)$$

式中，C 为其空间平均浓度。由于混合操作使流体各团块间的差别越来越小，故 $R(r)$ 是时间的函数，其大致图像为图 5.4(a) 所示。离集尺度 S 大致体现了浓度不同的流体微元的空间尺寸度大小。另一个是离集强度 I，以溶质 A 在溶剂中的逐渐均匀化为例，则

$$I = \sigma_C^2 / C^2 \tag{5.9}$$

式中，σ_C^2 是溶质 A 的在空间中分布的方差：

$$\sigma_C^2 = \overline{[c(x) - C]^2} \tag{5.10}$$

离集强度 I 的最小值 0 表示浓度完全均匀，其最大值 1 表示完全离集（分隔），各点的浓度只取 0 或者极大值。一般情况下，混合过程中，混合使分隔的流体团块的尺度逐渐减小（S 减小），溶质 A 和溶剂相互扩散，离集强度 I 也逐渐减小。

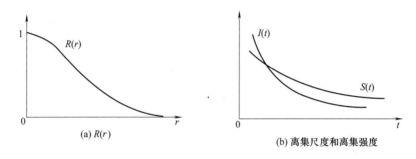

图 5.4　待混合流体的平均相关系数 $R(r)$ 与离集尺度和离集强度

Danckwerts PV（1952）建议了多种测量离集尺度和离集强度的方法，但迄今为止的科学文献中很少有这两种指标实验测定的报道。毛在砂（2015）讨论了混合指标的实验测量方法，指出直接测量 S 和 I 并不容易，这是因为这两个指标都是全反应器空间内的统计平均值，需要在空间上和时间上采集大量的实验数据，才能得到用以追踪混合这一时间过程的数值指标。比较简捷的办法是测定反应器的宏观混合时间，详细内容见第 3 章"宏观混合的实验研究"。

5.1.3　RTD 与宏观混合时间的联系

停留时间分布和宏观混合时间都是考察反应器的混合效率与混合程度的手段，是对同一个对象反应器用不同方法、从不同角度考察的结果，它们都是流场性质和体系物性的综合体现，应该是实质上相同、表观上相异的两种表达。

既然它们都是同一个反应器对示踪剂的响应，因此宏观混合时间和停留时间分布之间必定有定量的内在关系。

对比 RTD 和混合时间的实验测定方法（图 5.1），它们的相同和相异点列于表 5.1 中。阅读表 5.1 后的结论似乎是 RTD 能更好地评价反应器的整体混合能力。以下对二者的区别做进一步分析。

表 5.1 停留时间分布和混合时间的比较

序号	项目	RTD	混合时间
1	应用对象	连续流动反应器	间歇式(批式)反应器
2	示踪剂注入点	客观(加进入口流)	反应器内(主观选择)
3	示踪剂检测点	客观(检测出口流)	反应器内(主观选择)
4	示踪剂注入方式	多(脉冲、阶跃等)	单一(脉冲注入)
5	测定结果	RTD 曲线、信息多	混合时间值、信息少
6	诊断结果	反应器的整体混合能力	受注入点位置选择的影响
7	客观性	较好	较差

第 1 点：一个流动反应器的停留时间实验，流体以稳定的流率 q 从入口流入，从出口流出，反应器内的流动状态稳定。一般以入口作为示踪剂注入点，出口作为检测点。如果将反应器流率 q 逐渐减少到接近于 0（q 足够小），此时通过反应区的流率对反应器内部流动的影响减小到可以忽略不计，但仍能对出口流中的示踪剂浓度可靠地测量，这就近似变成了一个典型单点测定的宏观混合时间实验。因此，RTD 实验和宏观混合实验都是一个连续的实验测定方式谱中的一部分（图 5.5）。图 5.5(c) 是停留时间分布实验方式，若 q 减小到接近于 0，并且将入口改到反应器内搅拌微弱处 ［图 5.5(b)］，这仍然是停留时间测定方式，其实质上已经几乎等同于宏观混合时间的测定方式 ［图 5.5(a)］。因为此时小流量 q 已经对搅拌槽内部的流型和循环影响很微弱了。

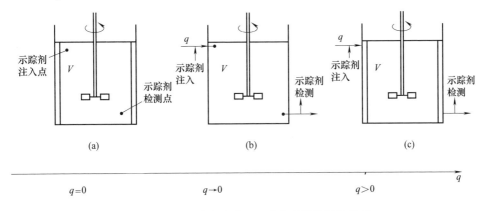

图 5.5 示踪实验方法谱和两种实验测量间的关系

第 2 点：两种方式实验结果在表观上的差别很大。图 5.5(a) 的宏观混合时间实验只得到一个数值（混合时间），而图 5.5(b) 的 RTD 实验得到的是一条 $E(\theta)$ 曲线。RTD 曲线应该包含比一个数据点更多的反应器内混合的信息。因此，可能从停留时间分布密度函数 $E(t)$ 中得到混合时间 t_m，但反过来则是不可能的。

推导从 RTD 得出混合时间的计算方法，需要考虑示踪剂在 RTD 实验中是不断流出，而在混合实验中示踪剂始终留在反应器内这一差别。按混合时间的定义，需要知道出口浓度在什么时刻就达到了 c_0 的 95%，反应器内的示踪剂量是保持恒定的，但 RTD 实验中示踪剂不断地流出，出口浓度不可能在某个时刻以后就一直保持在 c_0 的 95% 以上，即 $0.95 < c(t)/c_0 < 1.05$。因此，从 RTD 曲线上某时刻的 $E(t)$ 值是正比于示踪剂在出口的浓度 $c(t)$ 的，但是必须将 RTD 实验值已经流出的示踪剂返回反应器，看加以校正后的出口浓度 $c^*(t)$ 是否达到了混合时间测定的标准（图 5.6）。目前尚未看到这样处理的报道。

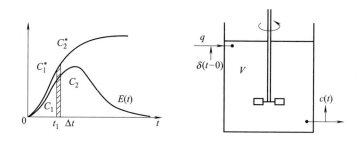

图 5.6　两种示踪实验方法间的关系

工业反应器的物料入口常位于反应器的强混合区，如搅拌桨的排出流区，或搅拌桨的吸入区，RTD 实验在入口和出口管中加入示踪剂。而通常的混合时间实验则将示踪剂的加入和检测放在相隔很远、不会短路的两个弱混合区中。从实际应用的角度看，反应器混合时间的测定应该按符合实际工艺过程需要的方式来进行更为合理（即注入点选在强混合区，检测点设在近出口处）。

5.1.4　反应器中年龄的时空分布

常用的 RTD 概念中还有反应器内流体年龄分布。一个流体微元进入反应器后，它的年龄 a 从 0 开始逐渐增大，直到从出口流出。在离开反应器的时刻，此刻的年龄值就是微元在反应器中的停留时间，或称寿命。就反应器中的

所有微元而言，年龄分布密度函数 $I(t)$ 的定义是

$$I(t)\mathrm{d}t = \frac{\text{反应器内年龄在 } t \text{ 到 } t+\mathrm{d}t \text{ 之间的粒子数}}{\text{反应器内的流体粒子总数}} \tag{5.11}$$

它也需要满足归一化条件。年龄分布函数则为

$$G(t) = \int_0^t I(t)\mathrm{d}t \tag{5.12}$$

与年龄分布密度函数的关系是 $I(t) = \mathrm{d}G(t)/\mathrm{d}t$。

两种理想反应器的年龄分布容易直观地导出。活塞流反应器无返混，按基本假设，流体粒子有相同的年龄和寿命 $\bar{t}$，故停留时间分布为 δ 函数 $E(t) = \delta(t-\bar{t})$，而累积停留时间分布为阶跃函数 $F(t) = H(t-\bar{t})$。流体微元的年龄则随流动距离线性增长，但不同年龄的微元数量相同，皆为 $1/\bar{t}$，而累积年龄分布则是一条斜率为 $1/\bar{t}$ 的直线，如图 5.7 所示。

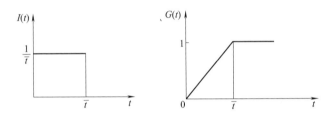

图 5.7　活塞流反应器的年龄分布密度函数和累积分布函数

全混流反应器的返混程度无穷大，反应器内均匀混合，状态相同。故任一流体微元都有相等的概率流出。若此刻其年龄按 $I(t)$ 分布，则此微元一旦流出，其寿命也将按此分布。所以

$$E(t) = I(t), \quad G(t) = F(t)$$

化学反应工程教科书中已经得出

$$E(t) = I(t) = \frac{1}{\bar{t}}\exp\left(-\frac{t}{\bar{t}}\right), \quad G(t) = F(t) = 1 - \exp\left(-\frac{t}{\bar{t}}\right) \tag{5.13}$$

对于一般的非理想反应器，可以推导出寿命分布和年龄分布的关系为（毛在砂，2004）

$$1 - F(t) = \bar{t}I(t) \tag{5.14}$$

上式求导一次，得

$$-E(t) = \bar{t}\frac{\mathrm{d}I(t)}{\mathrm{d}t} \tag{5.15}$$

式（5.11）统计的对象是稳态流动反应器内某一时刻（状态）下的所有微

元，它没有考虑到这个年龄是出现在反应器内哪一个空间点 x 上。还可以进一步考虑反应器内某个空间点上流体的年龄。

若反应器内流动为层流，则从入口进入的示踪剂分子到达空间点 x 的时间是一定的，即年龄是一个常数值，不论做多少次实验都一样。若反应器内流动是湍流，则反应器内某一位置上的流体微元可能是经过不同的路径到达这一点的，因此每一次实验得到的局部年龄可能不同；若统计多次 RTD 实验，可以得到在某一个点 x 上微元的年龄的分布 $I^*(x,t)$。它与式（5.11）定义的年龄分布的关系为

$$I(t)=\int_V I^*(x,t)\mathrm{d}V\Big/\int_V \mathrm{d}V \tag{5.16}$$

式中，x 是体积微元 $\mathrm{d}V$ 的空间坐标。

Danckwerts 引入了稳态流动系统的局部年龄分布的概念 $a(x)$（Danckwerts PV，1958）。这个概念还可以推广到非稳态的场合，即反应器内处于每一个地点的流体微元是随操作时间变化的，即 $a(x,t)$，微元年龄的时间-空间二元分布。近年来，一些研究借助于提出用反应器内的局部年龄分布密度函数来评价混合效率（Liu M，2010，2011；Simcik M，2012）。

借助示踪的概念，如果测得示踪剂在反应器内每一时刻的示踪剂浓度分布 $c(x,t)$，则可以定义年龄的时空分布密度函数为

$$I^*(x,t)=\frac{c(x,t)}{\int_0^\infty c(x,t)\mathrm{d}t} \tag{5.17}$$

而此空间位置上的平均年龄为

$$a(x)=\frac{\int_0^\infty tc(x,t)\mathrm{d}t}{\int_0^\infty c(x,t)\mathrm{d}t}=\int_0^\infty tI^*(x,t)\mathrm{d}t \tag{5.18}$$

对稳态条件下的两种理想反应器，它们的局部年龄分布比较容易确定。活塞流反应器中没有任何混合，流体流动有确定的路线，其年龄也随空间位置确定地变化，没有其它的波动，因此局部年龄没有分布，$I^*(a|x)$ 为一常数（图5.8）

$$I^*(a|x)=\frac{U}{L} \tag{5.19}$$

式中，L 为活塞流反应器长度；U 为流动的线速度。

在全混流反应器中混合极好，处于不同位置的流体微元的年龄是一随机数值，但既然此微元有相等的概率流出，因此其局部年龄分布应与出口寿命分布完全相同：

$$I^*(a \mid \boldsymbol{x}) = I(a) = \frac{1}{\bar{t}} \exp\left(-\frac{a}{\bar{t}}\right) \qquad (5.20)$$

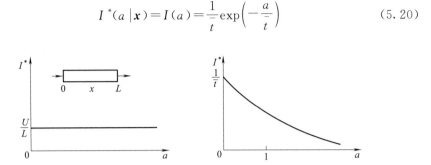

(a) 活塞流反应器   (b) 全混流反应器

图 5.8 理想反应器的年龄时空分布密度函数

对于一般的非理想反应器，确定其局部年龄分布比较困难。局部年龄分布 $I^*(\boldsymbol{x}, t)$ 原则上可以实验测定，但这需要对整个反应器体积中示踪剂浓度进行连续性的全流场测量，然后对每一点按式（5.18）在时间域上积分。这对实验技术提出了很高的要求，目前尚未见这方面成熟技术和结果的系统报道。

局部年龄分布 $I^*(\boldsymbol{x}, t)$ 也可以用数值模拟方法研究。得到年龄时空分布的正规方法是求解示踪剂的非稳态对流扩散方程：

$$\frac{\partial c}{\partial t} + \nabla \cdot (\boldsymbol{u} c) = \nabla \cdot (D \nabla c) \qquad (5.21)$$

得到 $c(\boldsymbol{x}, t)$，再接着用式（5.18）求平均年龄分布。考虑在时间起点 $t = 0$ 的时刻从反应器入口进入的一个流体微元，此时其年龄为 $a = 0$。然而它在跟随一条流线运动时，它的年龄 a 也随时间 t 的流逝而等量地增加，其数学表达式为

$$\frac{\mathrm{D}}{\mathrm{D}t} a(\boldsymbol{x}, t) = 1 \qquad (5.22)$$

意即年龄的随体导数等于 1。其在欧拉坐标系中的展开式为

$$\frac{\partial a}{\partial t} + (\boldsymbol{u} \cdot \nabla) a = 1 \qquad (5.23)$$

Simcik M（2012）以几个简单的流动系统为例，验证了传统的 RTD 方法求解式（5.21）和按年龄分布求解式（5.23）（被称为 Smart RTD）的结果是一致的；因为后者含有更多的信息，所以可以化简为前者。许多情况下，反应器内的流动是湍流，速度可以分解为时均值与波动量之和：$u = \bar{u} + u'$。波动量 u' 可以仿照流体力学雷诺平均的方式，处理为湍流扩散项 $\nabla \cdot (D_t \nabla a)$。于是，式（5.23）成为

$$\frac{\partial a}{\partial t}+(\boldsymbol{u}\cdot\nabla)a=1+\nabla\cdot(D_t\nabla a) \tag{5.24}$$

在多相流动中，则应为（ε 为相含率）

$$\frac{\partial(\varepsilon a)}{\partial t}+\nabla\cdot(\varepsilon\boldsymbol{u}a)=\varepsilon+\nabla\cdot(\varepsilon D_t\nabla a) \tag{5.25}$$

Liu M（2010）建议用求解 $a(\boldsymbol{x})$ 的稳态输运方程，以避免求解非稳态方程的巨大计算工作量。则平均年龄的控制方程为

$$\nabla\cdot(\boldsymbol{u}a)=\nabla\cdot D_{\mathrm{eff}}\nabla a+1 \tag{5.26}$$

式中，$\boldsymbol{u}$ 为流体速度矢量；D_{eff} 为流体的有效扩散系数（层流时即分子扩散系数）。所要求的边界条件是：入口面，$a=0$；固体壁面和出口面则为法线方向上的梯度为 0：

$$\boldsymbol{n}\cdot\nabla a=\frac{\partial a}{\partial x_{\mathrm{n}}}=0 \tag{5.26a}$$

式中，x_{n} 为法线方向的坐标。

评述：这后一边界条件尚需仔细论证。设想沿壁面的层流流动，紧贴壁面的粒子的寿命无限长，而稍远的一条流线上的粒子的年龄为有限值，这里年龄的法向梯度无定义；如果撇开壁面这一条流线，仅近似地考虑近壁区流体粒子的年龄，则近壁区的切向速度的法向梯度与壁面剪切应力 τ_{w} 成正比，似可考虑采用

$$\frac{\partial a}{\partial x_{\mathrm{n}}}=-k\tau_{\mathrm{w}} \tag{5.26b}$$

但系数 k 的数值仍待确定。

还可以导出 $a(\boldsymbol{x})$ 的方差 σ^2 的控制方程：

$$\nabla\cdot(\boldsymbol{u}\sigma^2)=\nabla\cdot(D\nabla\sigma^2)+2D(\nabla a)^2 \tag{5.27}$$

方差 σ^2 的定义式为

$$\sigma^2(\boldsymbol{x})=\frac{\int_0^{\infty}(t-a)^2 c(\boldsymbol{x},t)\mathrm{d}t}{\int_0^{\infty}c(\boldsymbol{x},t)\mathrm{d}t} \tag{5.28}$$

Liu M（2012）数值模拟了几个流动反应器，从平均年龄 a 的分布云图（或等值线图）可以直观地看出反应器中混合状态的均匀性，从中发现流动的短路和混合缓慢的区域。例如在图 5.9（参见彩插）中的搅拌槽中，宏观混合时间估计为 8.6s，远小于名义停留时间 93.14s，与模拟得到出口流的年龄很接近，但槽内大部分体积内流体的年龄却明显高于此平均年龄，这说明存在从入口到出口的短路流动，内部循环流与此短路路径间的交换不畅。这个例子说明，实验测定的宏观混合时间短，也不能排除隐含的混合不良现象存在。

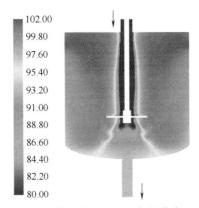

图 5.9　搅拌槽截面的平均年龄分布云图

（工况Ⅰ，$q = 0.2\text{kg/s}$，$V/q = 93.14\text{s}$。Liu M，2012）

从平均年龄 a 的空间分布，可以提取出一系列的定量指标，用以客观地评价反应器的混合能力。如果仅对出口截面的年龄（即反应器流体微元的寿命，或停留时间）统计，则出口寿命的无量纲方差为（Levenspiel O，1972）

$$\overline{\sigma}_{e}^{2} = \frac{1}{\tau^{2}} \int_{0}^{\infty} (t-\tau)^{2} E(t) \mathrm{d}t \tag{5.29}$$

Liu M（2012）推导出

$$\overline{\sigma}_{e}^{2} = \frac{2\overline{a}_{V} - \tau}{\tau} \tag{5.30}$$

式中，$\overline{a}_{V}$ 为反应器内平均年龄 a 的体积加权平均值。此式的优点是计算 RTD 曲线的二阶特征量只用了年龄分布的平均值（一阶矩）。

理想全混流反应器的出口寿命的无量纲方差为 1，活塞流的相应值为 0。因此，若反应器内有短路，则一部分流体以小于 τ 的时间流出，必然有另一部分流体以大于 τ 的时间流出，这使方差增加，严重时可超过理想混合器，即 $\overline{\sigma}_{e}^{2} > 1$（Liu M，2012）。相反，若存在部分活塞流的现象，则使 RTD 曲线宽度减小，于是 $\overline{\sigma}_{e}^{2} < 1$，图 5.9 中的例子就是这种情况，其 $\overline{\sigma}_{e}^{2} \approx 0.98$。这个出口寿命的无量纲方差 $\overline{\sigma}_{e}^{2}$ 可以作为定量比较反应器混合性能的指标。

评述：Liu M（2012）从搅拌槽内的年龄分布的模拟结果导出的出口寿命分布的方差有时会大于 1，超过了理想全混流的数值。这个结论与化学反应工程的公认结果（连续流动反应器的无量纲方差均在 0 和 1 之间）不一致，需要审慎采信。

Liu M（2011）将反应器内的年龄分布 $a(\boldsymbol{x})$ 整理为平均年龄密度函数 $g(a)$：

$$g(a) = \frac{1}{V}\frac{dV}{da} \qquad (5.31)$$

式中，dV 是年龄在 $a+da$ 区间中的流体所占的反应器体积。对活塞流反应器而言

$$g(a) = \begin{cases} \dfrac{U}{L} = \dfrac{1}{\tau}, & a \in [0,\tau] \\ 0, & a > \tau \end{cases} \qquad (5.32)$$

如图 5.10 所示。而全混流反应区则是位于平均停留时间 τ 的一个 δ 脉冲

$$g(a) = \delta(a-\tau) \qquad (5.33)$$

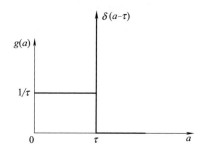

图 5.10 理想反应器的年龄分布频率函数（Liu M，2011）

对同一构型的反应器在不同操作条件下的 $g(a)$ 曲线的时间坐标可以用下式

$$a_s = N(a - \overline{a}_V) \qquad (5.34)$$

来变换，多条曲线能基本重合为一（图 5.11）。此曲线时间轴上 6σ 的宽度相当

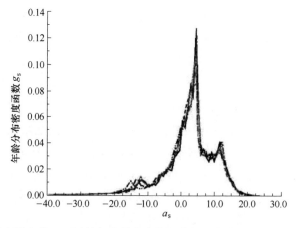

图 5.11 反应器流率 q 不同的年龄分布密度函数归一化为 $g_s(a_s)$（Liu M，2011）

的时间与搅拌槽反应器的宏观混合时间 $t_{m,95}$ 的经验关联式预测值大致相等，而 $g(a)$ 曲线以平均年龄为中心的 $\pm 6\sigma$ 宽度内的曲线下面积占总面积的 99％以上，这说明经过此时段后绝大部分的流体的年龄已经接近于体积平均年龄了，也就是说混合已经完成。按此思路通过年龄分布来预测混合时间是可行的。

5.2 RTD 的实验测定

5.2.1 RTD 的测定技术

用停留时间分布概念来研究反应器的混合效能，主要是依靠"刺激-响应"实验技术。在反应器的入口注入示踪剂，在反应器的出口或其它地点检测示踪剂的流出，分析测量数据，就可以定量地确定示踪剂所代表的反应流体在反应器中的停留时间的分布。示踪剂的检出方式与选择的示踪剂相适应，常用的有电导率法、各种光学方法、化学分析法等。示踪实验技术已经在本书的第 3 章 3.2.2 节中介绍。

注入通常加在反应器的入口，检测位置一般在出口。选择其它方式（反应器内部、注入点在检测点下游等）来注入和检测，在特殊情况下也有应用，但这不是严格意义上的示踪剂在整个反应器中（从入口到出口）停留时间的结果。

示踪剂注入的方式最常用的有两种。

① 阶跃法示踪 从 $t=0$ 时刻起，反应器进料中示踪剂浓度切换到稳定的 c_0 值。在出口流中检测示踪物浓度，所得的浓度-时间曲线用 c_0 无量纲化后得到的 $F(t)=c(t)/c_0$，即为反应器的寿命分布函数 $F(t')$，它与寿命分布密度函数 $E(t')$ 的关系为

$$F(t)=\int_0^t E(t')\mathrm{d}t' \tag{5.35}$$

② 脉冲法 在反应器入口处注入一理想脉冲，数学上可用 δ 函数表示，其定义为：

$$\delta(t-t_0)=\begin{cases} \infty, & t=t_0 \\ 0, & t \neq t_0 \end{cases} \tag{5.36}$$

并满足归一化条件。它的物理意义是示踪剂粒子一次同时注入，因此瞬间浓度无穷大。示踪剂的总量为 Vc_0，反应器体积流率为 Q，则从出口测得示踪剂的 $c(t)$ 可得到

$$E(t) = \frac{Q}{V} \frac{c(t)}{c_0} \tag{5.37}$$

入口流中注入的示踪剂浓度信号，原则上可以是时间域上长度为0、有限或无限的函数，可以是正弦波、方波一类的周期信号，也可以是无周期的随机信号（例如，白噪声），同样可以分析出口浓度的变化来得到反应器体系的停留时间分布等非理想流动的特征。采用周期信号、随机信号能提供更多的信息，尤其是反应器对外界扰动的频率响应特性，对反应器的操作和控制十分有用，但实验测定和数据处理比较复杂。

5.2.2　非理想流动的 RTD

工业生产中的流动反应器内很难是理想的活塞流或全混流，其混合（返混）程度处于二者之间。停留时间分布曲线的无量纲方差能反映出活塞流的方差为0，而全混流的 RTD 方差为1，因此真实反应器的混合程度也能在 RTD 曲线上反映出来。下面是几种非理想流动的表现。

① 返混：典型地表现为 $E(\theta)$ 的方差为大于0的有限值（图5.12）。当以实际停留时间来无量纲化时，$0 < \sigma^2 < 1$；σ^2 值越接近于1，混合越好，或者说返混越强；σ^2 值越小，返混越弱，越有利于发挥反应器操作初期的反应物浓度高、反应速率快的优势。

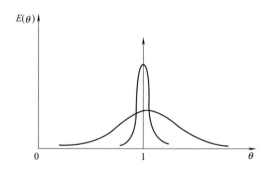

图 5.12　非理想流动形式之一：返混

② 死区：死区存在降低了反应器的有效容积，使 $E(\theta)$ 峰的位置小于名义停留时间 $\bar{\theta} = 1$，称为早出峰；另外，死区内的物质与主流交换慢，使示踪实验的检出信号出现拖尾（θ 相当大了，但信号也回不到实验前的基线）（图5.13）。

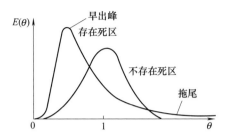

图 5.13 非理想流动形式之二：死区

③ 短路（沟流）：代表有两种主要的流道存在，在 $E(\theta)$ 图像中出现双峰。当短路流的强度小到一定程度时，短路不一定在 RTD 曲线上生成显而易见的峰，这时需要更灵敏的方法来加以判断（图 5.14）。

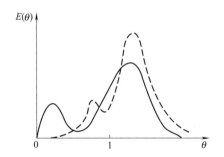

图 5.14 非理想流动形式之三：短路（沟流）

④ 回流（内循环）：内循环一般是次级的流动方式，故表现为主要流动方式上叠加了近周期性的波动（图 5.15）。

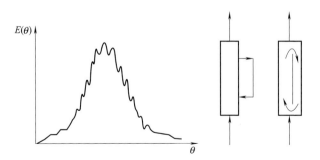

图 5.15 非理想流动形式之四：回流（内循环）

评述：停留时间的各种分布函数都在诊断反应器内部流动的非理想性上起到很好的作用。相比之下，出口寿命分布密度函数 $E(t)$ 比其相应的积分形式 $F(t)$ 更为灵敏。例如，图 5.14 中的双峰 $E(t)$ 明显地指示反应器内部存在沟流一类的流动分布不均匀现象，但当其积分后成为 $E(t)$ 后，其图像成为一条有轻微起伏的单调上升至 1.0 的光滑曲线，不容易由此轻微波动来判定沟流是否存在。在设计非理想流动的实验和数学模型时，可优先考虑采用 $E(t)$。

5.2.3　流动反应器的 RTD

停留时间分布是研究稳态流动反应器，尤其是研究长径比较大的管式反应器的混合特性最合适的工具，不大适宜研究内部循环良好的反应器。

搅拌槽的内部流动状态一般很接近于化学反应工程中的理想全混流模型。因为搅拌槽的设计和操作理念都是以内部的强烈混合为基础的，因而文献报道的测量结果也与全混流反应器的指数函数曲线十分接近。理论上，全混流的停留时间分布（RTD）为

$$E(t) = I(t) = \frac{1}{\bar{t}} \exp\left(-\frac{t}{\bar{t}}\right) \tag{5.13}$$

如图 5.8(b) 所示。而实测的 RTD 曲线不可能在 $t=0$ 时就达到 $E(t)=1/\bar{t}$ 的强度，因为示踪剂即使是短路，也总需要一定的时间才能从入口流到出口。图 5.16 即实验测定的一例，示踪剂用大约 11s 的时间才在出口达到最大浓度，而后实验测定值迅速回归到与理想全混流一致。

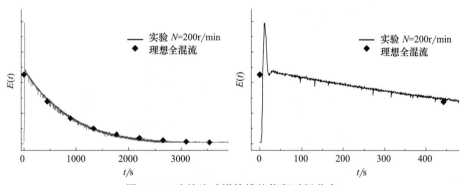

图 5.16　连续流动搅拌槽的停留时间分布

（$C=T/2$，$N=200$r/min。王正，2006）

在搅拌槽中加装了导流筒后，内部的循环流动更加有规律，脉冲示踪的"过冲"程度减小，说明混合效率有提高（图 5.17）。但这个变化的显著性则不如用混合时间来表示得更明显。以示踪剂的运动为探测手段的 RTD 实验主要反映了混合、对流活跃的反应器体积内的流动和传质，不可能探测到流动极其微弱的死区；相反，在混合时间测定实验设计时，因为要追求全反应器体积的充分混合，所以混合程度的检测点位置的选定比较偏向设在混合较弱、难以达到理想混合状态的点位上。

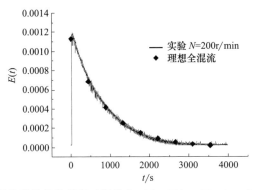

图 5.17　带导流筒的搅拌槽的停留时间分布（$C = T/6$，$N = 200\text{r/min}$。王正，2006）

搅拌槽反应器的混合性能，若用混合时间来表示，比较容易区分其混合效能的优劣，不同搅拌构型、几何形状、反应器体积、介质特性，对应的混合时间有很大的差别。这些因素的影响多半体现在 RTD 的停留时间坐标轴的小时间段，因而 RTD 对它们不够灵敏，导致用 RTD 不易判定混合效率的高低。

但是对于管式流动反应器，RTD 确是一个判断反应器内混合程度的良好手段。管式反应器有较大的长径比，虽然其模型常常忽略了横截面上流动和浓度分布的不均匀性，用一维（轴向流动方向）的数学模型来表达，但径向上的不均匀性不可忽略时，仍然需要以适当的方式在模型中体现。其模型之一就是文献中轴向扩散模型。图 5.18 所示的层流管式反应器中，由于管内流速有分布，沿轴线流动的反应物流动快、反应时间短、剩余反应物的浓度低，所以管内的反应物浓度也有径向分布。反映在停留时间分布上就是分布宽、方差大。工业上应用管式反应器的初衷是要得到理想的活塞流似的流动，沿横截面上各点的流动和反应状况相同，有相同的年龄和出口寿命。在 RTD 上的表现就是方差为 0，每个微元都有相同的停留时间。也就是说，管式反应器的最好状态是轴向上没有混合，而径向上状态相同。径向状态一致可以有两种理解：一是各微元的轴向运动本来就完全一致，因此在径向上就没有差别；或是，径向上有良好的混合，所以即使径向有所差异，也能被良好的径向混合消除。因此，好的管式反应器应当径向混合良好，但轴向混合极小。在搅拌槽中，要求全方向的混合，而管式反应器中要求单方向的混合，对于化学反应器的设计这无疑是一种挑战。

轴向混合（返混），表现在 RTD 上，会使分布变宽、方差增大。若径向有轴向流速的分布，就会像层流空管一样，使 RTD 偏离活塞流的 δ 分布，RTD 曲线的峰变宽，因而在径向上出现反应物浓度和转化率的差别。因此，RTD 很容易发现和定量管式反应器的非理想流动程度。

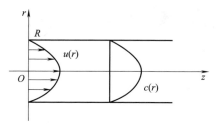

图 5.18　层流管式反应器中的流速分布和浓度分布

从以上分析可以看出，一个非理想流动的反应器的 RTD 曲线能定性地指示反应器中非理想流动的成分，以及它们之间的连接关系，对分析反应器的操作、诊断反应器的缺陷是很有意义的。在 RTD 曲线有明显的孤立峰出现时，根据峰的位置（大于或小于名义停留时间）、高低、宽窄，结合反应器构型、重要尺寸、操作条件等，可以大致判定峰所代表的非理想流动特性。在峰的强度比较小的时候，它容易被主体流动湮没而难以发现，因此需要借助于更精密的分析方法。例如，对色谱图进行分析用的傅里叶分离方法。但定量地进行分析，则需要用数学模型来进行描述，将不同形式的非理想性以不同的数学模块来体现，使数学模型能和 RTD 的表现充分拟合。这可以用对理想流动模型加以修正、将理想流动和非理想流动组合、用 CFD 数值计算技术直接模拟整个反应器等方法来实现。

5.3　停留时间分布的模型和模拟

5.3.1　停留时间分布的模型化

实际流动反应器中的混合既不同于活塞流的零混合，也不同于全混流的完全混合，而是混合（返混）程度介于这两个极限之间。实际反应器中也表现出与理想活塞流和全混流不同的多种非理想流动形式，如返混、死区、短路、沟流、涡流、内循环等形式。

非理想流动产生的 RTD 可以用简单的数学模型和数学模型的组合来表示。可以对理想流动模型加以修正，引入额外的参数，使其能够体现某种非理想流动，例如多级式全混流模型、轴向扩散模型。或者用简单的模型的组合，这种模型由几个子模型组成，它们间的连接也需要引入新的参数，因此这种组合模型参数多，但有能够模拟多种非理想流动的灵活性。

对全混流反应器模型的扩展是多级全混流模型：将一个全混流反应器分成 N 个体积相等的小全混流反应器，总的停留时间为 $N\tau$ 不变，各级的名义停留时间 τ 相等。串联起来后的 $E_N(t)$ 和 $E_N(\theta)$ 分别为

$$E_N(t) = \frac{1}{(N-1)!}\frac{1}{\tau}\left(\frac{t}{\tau}\right)^{N-1}\exp\left(-\frac{t}{\tau}\right) \tag{5.38}$$

$$E_N(\theta) = \frac{N}{(N-1)!}(N\theta)^{N-1}\exp(-N\theta) \tag{5.39}$$

式中，无量纲时间 $\theta = t/(N\tau)$。参数 N 是模型参数，反映了反应器中返混程度的大小（混合的强度）。由于多级全混流模型的 $E(t)$ 的方差

$$\sigma^2 = N\tau^2 \tag{5.40}$$

用总名义停留时间 $N\tau$ 来无量纲化后，$\sigma^2 = 1/N$，其值在 0 和 1 之间；即 N 越大，串联的级数越多，RTD 的方程越小，越接近于活塞流的 $\sigma^2 = 0$（图 5.19）。N 的取值范围为 $1 \leqslant N < \infty$。由实测的 RTD 求出无量纲方差，则可得模型参数 N。$N = 1$ 时是单级全混流反应器，$N \rightarrow \infty$ 时逼近活塞流反应

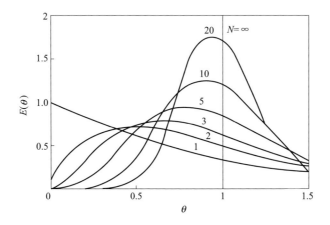

图 5.19　多级串联全混流反应器的停留时间分布

器。因此，多级全混流反应器模型是可以描述从活塞流到全混流之间各种程度返混的一种很有用的非理想流动模型。N 的取值可以扩展为任何正实数。

轴向扩散模型（axial dispersion model，ADM）是在活塞流模型基础上的修正：用轴向扩散项来表示反应器中分子扩散、湍流混合、流速分布、几何因素等对混合的综合影响。一般认为轴向扩散模型适合于返混程度不大的情况。典型的一维轴向扩散模型方程为

$$D_z \frac{\partial^2 c}{\partial z^2} - u \frac{\partial c}{\partial z} = \frac{\partial c}{\partial t} \tag{5.41}$$

此方程可无量纲化，$\bar{t} = L/u$，L 为反应器长度，$\theta = t/\bar{t}$，$Z = z/L$，$C = c/c_0$，则

$$\frac{1}{Pe} \frac{\partial^2 C}{\partial Z^2} - \frac{\partial C}{\partial Z} = \frac{\partial C}{\partial \theta} \tag{5.42}$$

式中，$Pe = uL/D_z$ 称为 Peclet 数，是模型的唯一参数，表示返混程度的大小：Pe 大（D_z 小），轴向返混小；Pe 小（D_z 大），轴向返混大。它的两个极限是：Pe 无穷大相当于活塞流，$Pe = 0$ 相当于全混流。所以，轴向扩散模型也是可以描述从活塞流到全混流之间各种程度混合（返混）的非理想流动模型。例如，在研究气液并流向下通过固定填料床的滴流床反应器时，取决于其中的液相还是气相反应物是关心的对象，可以将轴向扩散模型应用于起关键作用的那一个流动相，过量的另一相则简单地近似处理。

用轴向扩散模型和多级全混流反应器模型来研究反应器操作性能的例子很多，特别适合于量化接近活塞流的固定床反应器中的返混程度。

为了适应表现更复杂的反应器，可以将简单模型构建为组合模型，以包含更多的过程和机理。滴流床中的催化反应需要考虑催化剂的有效因子。如果催化剂颗粒是多孔介质，可能还需要考虑催化剂内部液相的饱和度及其对反应效率的影响。催化剂表面被液相润湿反应才能进行，如果固体颗粒仅部分表面被液相润湿，反应速率会相应降低。覆盖颗粒的液体，一部分是不流动的，称为静滞液量，一部分是流动的，称为动滞液量。因此，液相中的反应物会在固相、动滞液量与静滞液量三者之间传递，然后在固相催化剂表面上反应。

比较简单的扩展是轴向扩散-交换模型（axial dispersion-exchange model，ADEM）（van Swaaij WPM，1969），除了用轴向扩散模型描述动滞液量的作用外，还考虑了它与静滞液量间的传质（图 5.20），模型可用于非多孔颗粒填料层的不挥发液相的停留时间分布。其无量纲模型方程为

$$\frac{\partial C_1}{\partial X} + \phi \frac{\partial C_1}{\partial \theta} + N_T (C_1 - C_2) = \frac{1}{Pe} \frac{\partial^2 C_1}{\partial X^2} \tag{5.43}$$

$$\frac{\partial C_1}{\partial \theta} + \frac{N_T}{1-\phi}(C_2 - C_1) = 0$$

式中，X 为无量纲反应器长度；ϕ 为动滞液量在总滞液量中所占的分数；N_T 为传质单元数 $N_T = KL/U$；K 为相间传质系数；Pe 为 Peclet 数 $Pe = UL/D$；下标1指流动的液体；下标2指停滞不动的液体。Iliuta I（1999）进一步考虑了颗粒多孔性和固相表面仅部分被润湿这2个因素，但气相的作用仍未考虑（图5.21）。

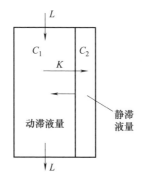

图 5.20　轴向扩散-交换模型示意图（van Swaaij WPM，1969）

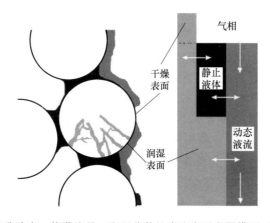

图 5.21　考虑孔隙率、静滞液量、润湿分数的滴流床反应器模型（Iliuta I，1999）

如果液相在操作条件下的挥发性较大，则还要将气相的流动、气液相间的传质耦合进模型中，在反应器模型中增加第 2 个平行的气相流道（区域），用两个轴向扩散模型来分别描述液相和气相，成为如图 5.22 所示组合模型，气液相间的传质以源项的形式出现在模型方程中：

$$A_L \frac{\partial c_L}{\partial t} = A_L D_L \frac{\partial^2 c_L}{\partial z^2} - \frac{A_L + A_G}{A_L} A_L u_{sL} \frac{\partial c_L}{\partial z} + A_L (ka)_{GL} (Hc_G - c_L)$$

$$A_G \frac{\partial c_G}{\partial t} = A_G D_G \frac{\partial^2 c_L}{\partial z^2} - \frac{A_L + A_G}{A_G} A_G u_{sG} \frac{\partial c_g}{\partial z} - A_L (ka)_{GL} (Hc_G - c_L)$$

$$(5.44)$$

式中，A 是某相所占的流道面积；D 是轴向分散系数；ka 是体积传质系数；H 是溶质在两相间的分配系数（c_L^* / c_G^*）；u_s 是表观速度。Marquez N（2000）针对非多孔颗粒，假设气液相均无停滞区域，利用上述模型合理地解析气相性质对滴流床中液相示踪剂行为的影响，模型预测的液相停留时间与实验相符。

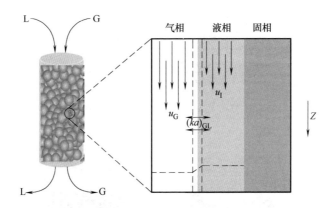

图 5.22　考虑液相挥发性影响的滴流床反应器模型（Marquez N，2000）

　　用组合模型来分析其它形式的反应器也多有应用。图 5.23 是一个 5m×5m 截面填料床水处理反应器的例子（Martin AD，2000），总高为 4.15m，中间 2.2m 高的轻质填料在向上水流的作用下可能上浮，因此上表面有隔栅加以限制。加料与另一反应物反应后由上部侧壁的堰溢流而出。示踪实验得到的 RTD 曲线于图 5.24 中，显示示踪剂流出有明显的延迟和较长的拖尾，提示组合模型至少需要 3 个模块。3 模块组合模型（$S=1\sim3$，图 5.25）的模拟 RTD 与实验曲线相当接近。曲线 $\theta = 0\sim0.2$ 的部分提示有活塞流的成分，体现在组合模型中的弱返混模块 1，以多级串联全混釜的级数 $N_s = 9.13$ 表示；而明显

拖尾则以强返混的 $N_s = 1.99$ 串联全混釜模型表示；模块 3 是体积分数为 $v_s = 0.290$ 的死区。返混模块 1 对应于反应器的填料层，但其 $\tau_s = 25\text{min}$ 估计出的填料层孔隙体积被低估了 20%；反应器的死区体积分数太高；这些都是 RTD 分析提示反应器设计应该改进的地方。但 RTD 不可能指出反应器内部具体的三维流动方式，所以需要辅以其它的物理、化学、数学模型与数值模拟的手段，才能有根据地改造反应器，提高其效率。这是一个气液两相体系，但模型分析时没有显式地考虑气相的作用。

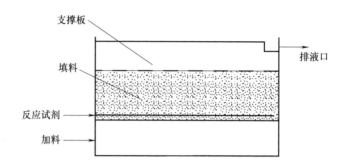

图 5.23 填料床水处理反应器示意图 (Martin AD, 2000)

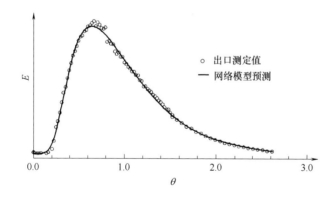

图 5.24 反应器的 RTD 曲线和模型拟合 (Martin AD, 2000)

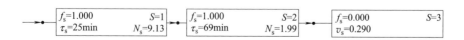

图 5.25 反应器的 3 模块组合模型 (Martin AD, 2000)

5.3.2 停留时间分布的数值模拟

反应器的停留时间分布除了实验和利用简单数学模型来分析以外，还可以用 CFD 数值模拟技术来进行模拟与分析，这种方法正在发展为化学工程科学研究的有力工具之一，这与化学工程学正在向计算化学工程学方向迈进的步伐一致（Mao Z-S，2016）。

RTD 数值模拟计算的一般流程是：①数值求解反应器中的流体流动，式（5.45）和式（5.46）；②求解示踪剂在反应器中浓度场的演变，即求解式（5.47）；③记录出口流中示踪剂浓度变化 $c(t)$；④导出停留时间分布 $E(t)$ 及其数字特征。

$$\frac{\partial \rho}{\partial t} + \nabla \cdot (\rho \boldsymbol{u}) = 0 \tag{5.45}$$

$$\frac{\partial (\rho \boldsymbol{u})}{\partial t} + \nabla \cdot (\rho \boldsymbol{uu}) = -\nabla p + \nabla \cdot \{\mu[(\nabla \boldsymbol{u}) + (\nabla \boldsymbol{u})^{\mathrm{T}}]\} \tag{5.46}$$

$$\frac{\partial c}{\partial t} + \nabla \cdot (\boldsymbol{u}c) = \nabla \cdot (D \nabla c) \tag{5.47}$$

当反应器内的流动为湍流时，湍流产生了附加的应力，使表观黏度增大，湍流也促进物质的扩散，因此必须引入湍流模型，例如常用的双方程 $k\text{-}\varepsilon$ 模型。这样，上述 3 个方程就变成涉及时均速度的方程：

$$\frac{\partial (\rho \boldsymbol{u})}{\partial t} + \nabla \cdot (\rho \boldsymbol{uu}) = -\nabla \cdot \left(p + \frac{2}{3}\rho k\right) + \nabla \cdot \{\mu_{\mathrm{eff}}[(\nabla \boldsymbol{u}) + (\nabla \boldsymbol{u})^{\mathrm{T}}]\} \tag{5.48}$$

$$\frac{\partial c}{\partial t} + \nabla \cdot (\boldsymbol{u}c) = \nabla \cdot (D_{\mathrm{eff}} \nabla c) \tag{5.49}$$

需要同时求解场中湍流动能 k 和它的耗散速率 ε 的控制方程，以便得到有效黏度和有效扩散系数：

$$\mu_{\mathrm{eff}} = \mu + \mu_{\mathrm{t}}, \quad \mu_{\mathrm{t}} = \rho C_{\mu} \frac{k^2}{\varepsilon} \tag{5.50}$$

$$D_{\mathrm{eff}} = \mu_{\mathrm{eff}} / Sc_{\mathrm{m}} \tag{5.51}$$

经验常数常取 $C_{\mu} = 0.09$，传质施密特数 $Sc_{\mathrm{m}} = 0.7$。关于湍流模型的详情，请参考其它专著和研究论文。

反应器中为多相流动时，按欧拉-欧拉观点建立的两流体模型，则需要同时求解假想为同处一空间的每一相（下标 i）各自平均流场的连续性方程和湍流流动方程：

$$\frac{\partial(\alpha_i\rho_i)}{\partial t}+\nabla\cdot(\alpha_i\rho_i\boldsymbol{u}_i)=0 \tag{5.52}$$

$$\frac{\partial(\alpha_i\rho_i\boldsymbol{u}_i)}{\partial t}+\nabla\cdot(\alpha_i\rho_i\boldsymbol{u}_i\boldsymbol{u}_i)=-\alpha_i\nabla\cdot\left(p+\frac{2}{3}\rho_ik_i\right)$$
$$+\nabla\cdot\{\mu_{i,\text{eff}}\alpha_i[(\nabla\boldsymbol{u}_i)+(\nabla\boldsymbol{u}_i)^{\text{T}}]\}+\boldsymbol{F}_i \tag{5.53}$$

各相的相含率 α_i 出现在模型方程中。通常认为两相共享一个压力场 p。式
(5.53) 中的 $\boldsymbol{F}_i$ 是其它各相对第 i 相的作用力。多相流中湍流模型正在不断完
善中，需要注意各种模型的适用条件。

单相流反应器用 CFD 方法模拟停留时间分布的技术已经成熟，文献报道
很多，如 Martin AD（2000）和 Liu M（2010）的论文中的示例。王正
（2006）数值模拟了无导流筒的搅拌槽的 RTD，结果与实验测定吻合，RTD
曲线与全混流特征相当一致（图 5.26）。

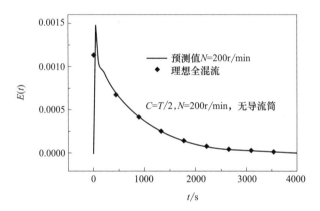

图 5.26　无导流筒的搅拌槽的停留时间分布（王正，2006）

5.3.3　不依赖示踪剂的数值模拟

实际上，停留时间分布是流体流动的性质，不是示踪剂这一组分的性质，
因此停留时间分布应该直接来自流体流动方程的解，而无需在流场已经求解后
再借助示踪剂的对流扩散过程（毛在砂，2017）。

非稳态流动的某一瞬间，流场中的一条流线是指其上各点的速度方向与流
线都相切，而迹线则指一个流体质点在一段时间内运动的轨迹。但对稳态流动

反应器而言，流线和迹线是相同的。因此，在同一时刻进入反应器的流体质点沿着各自的流线从反应器入口流向反应器出口。如图 5.27 所示，从入口到出口的一条流线 cd 上的一点，速度为 u，则沿流线运动 Δs 的时间 Δt 为 $\Delta s/u$，沿流线全长积分即得从 c 点进入的流体质点在反应器内的停留时间：

$$t_c = \int_{cd} \frac{ds}{u} \tag{5.54}$$

对所有流进反应器的流体质点统计，即可得 $E(t)$。

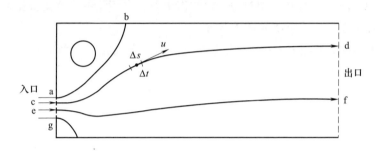

图 5.27　流线与停留时间的关系

　　流线是互不相交的，在回流区内的流体永远封闭在内，理论上不参与反应器内的其它过程。实际的工业过程中，流动不完全是层流的，会受到各种扰动：在湍流流动中流体质点会随涡团的运动从一条流线迁移到另外一条流线；即使是层流中，也存在流体分子热运动引起的自扩散现象，也造成跨流线的运动。因此，式（5.54）不完全适用。流线的概念是基于静止的欧拉坐标系的，而 RTD 是追踪质点的，适用拉格朗日方法，故借助流线的方法与 RTD 概念本身不一致。

　　在实际的数值模拟中，流场空间被离散为规则的单元。如图 5.28 所示，从单元左方和下边有流体流入，若在单元内流速保持不变，则流体质点运动的迹线与此时间段的流线是一致的，其方向角为 $\alpha = \arctan(v/u)$，而单元的对角线方向角为 $\beta = \arctan(\Delta y/\Delta x)$。考虑 α 和 β 间的大小关系，流体质点穿过此单元的跨越时间为

$$\Delta t = \begin{cases} \Delta y/v, & \alpha > \beta \\ \Delta x/u, & \alpha < \beta \end{cases} \tag{5.55}$$

　　考虑一种适合于数值化离散流场中计算跨越时间的方法。图 5.28 中，流入和流出的流体速率为 $q = u\Delta x + v\Delta y$，单元内流体被置换的时间则为

$$\overline{\Delta t}=\frac{\Delta x\,\Delta y}{q}=\frac{\Delta x\,\Delta y}{u\,\Delta y+v\,\Delta x}=\frac{1}{\dfrac{u}{\Delta x}+\dfrac{v}{\Delta y}}=\frac{\dfrac{\Delta x}{u}\dfrac{\Delta y}{v}}{\dfrac{\Delta y}{v}+\dfrac{\Delta x}{u}} \tag{5.56}$$

可以认为这是流体粒子沿流线穿过单元的跨越时间的某种平均值。

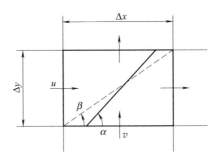

图 5.28　流线穿过二维网格的停留时间

粗看之下，式（5.55）和式（5.56）的数值肯定不相等。但后者确实是穿过此单元的全部流线的平均值。图 5.29 中的流线分 3 组，第 1 组流线 a-c 是从南面进、北面出的，第 2 组 a-h 是从西面进、北面出的，第 3 组 c-e 是从南面进、东面出的；3 组流线的数量分别正比于 $v(\Delta x-\Delta y\cot\alpha)$、$u\Delta y$、$u\Delta y$。注意到第 2、3 组流线长短不一，跨越时间也不同。按流线数量将跨越时间加权平均的计算见表 5.2。

表 5.2　按流线数量计算的跨越时间加权平均

组别	长度	Δt	数量
第 1 组	$\Delta y/\sin\alpha$	$\Delta y/v$	$v(\Delta x-\Delta y\cot\alpha)$
第 2 组	$(1-y)(\Delta y/\sin\alpha)$	$(1-y)(\Delta y/v)$	$u\Delta y$
第 3 组	$y(\Delta y/\sin\alpha)$	$y(\Delta y/v)$	$u\Delta y$

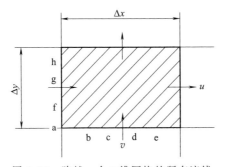

图 5.29　跨越一个二维网格的所有流线

3 组流线的跨越时间按流线数量加权平均，则平均跨越时间 $\overline{\Delta t}$ 为

$$\overline{\Delta t} = \frac{\frac{\Delta y}{v}v(\Delta x - \Delta y \cot\alpha) + \int_0^1 (1-y)\frac{\Delta y}{v}\mathrm{d}y \cdot u\Delta y + \int_0^1 y\frac{\Delta y}{v}\mathrm{d}y \cdot u\Delta y}{v(\Delta x - \Delta y \cot\alpha) + 2u\Delta y}$$

$$\overline{\Delta t} = \frac{\Delta x \Delta y - (\Delta y)^2 \cot\alpha + (\Delta y)^2 \dfrac{u}{v}}{v\Delta x - v\Delta y \cot\alpha + 2u\Delta y}$$

代入 $\cot\alpha = u/v$，即得到式（5.56）

$$\overline{\Delta t} = \frac{\Delta x \Delta y}{q} = \frac{\Delta x \Delta y}{u\Delta y + v\Delta x} \tag{5.56}$$

由此证明，式（5.56）得到的跨越时间是沿流线积分按式（5.54）得到的真实跨越时间的有效近似值，其积分平均的尺度范围是计算网格的大小。因此，通过数值计算求停留时间分布时，可以用加密网格计算流场，从而得到足够精确度的停留时间分布。

这样就可以用蒙特卡罗法，从数值模拟得到的计算网格上的离散流场，来估计流动反应器的停留时间分布。在入口注入一个可识别的流体粒子 k，它进入某一计算单元 P，图 5.30 所示为一典型二维网格单元 P 四个面上的速度 u、v 和边长。在此单元内停留的时间 Δt_i 按式（5.56）计算。然后再按与流出流束成正比的概率，跟随此流束进入相邻的单元 N 或 E；在图 5.30 中，进入相邻单元 N 和 E 的概率分别为

$$p_N = v_N \Delta x / (u_W \Delta y + v_S \Delta x)$$
$$p_E = u_E \Delta y / (u_W \Delta y + v_S \Delta x) \tag{5.57}$$

将此流体粒子在各流经的单元内的停留时间累计，直至它到达出口为止，得到一个流体粒子的寿命。继续追踪每一个示踪质点，直至它到达出口。此时累计得到一个质点 k 的停留时间：

$$\tau_k = \sum_{i=1}^{N} \Delta t_i \tag{5.58}$$

逐次注入更多的粒子，粒子数 N 应该足够大，使最终得到停留时间分布有统计学的可靠性。如果在从 t_j 到 t_{j+1} 的时间区间 Δt 中，停留时间 τ_k 落在这个区间中的质点个数为 n_j，则停留时间分布密度函数的数值 $E(t_j)$ 为

$$E(t_j)\Delta t = n_j / N \tag{5.59}$$

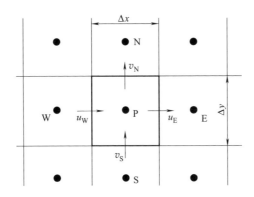

图 5.30　典型二维网格中一个单元的停留时间

　　图 5.31 所示为径向流反应器的一个扇形分流道空腔及邻近填料区域的网格划分。入口面在极坐标网格中用折线表示。图中壁面附近单元有各自的径向速度 v 和周向速度 w。从模拟计算结果看出，入口曲面上流体不沿半径方向流动；在随后的流动中逐渐会调整回归于径向向心流动，流速在圆周方向上的分布也会逐渐均匀。因此各流体质点流动路径各不相同，其停留时间应有明显的分布。图 5.32 是估算出的 RTD 直方图，可见它对理想活塞流 RTD 的 δ 分布的偏离相当明显。反应器的反应效率等也可依据 RTD 作进一步的评估。

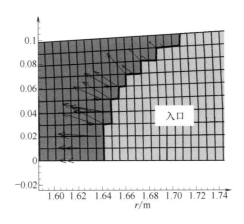

图 5.31　扇形入口边界的折线近似图

　　这种从流场直接得到 RTD 的方法，隐含的假设是：在一个计算单元内流体是全混的。这种算法也和式（5.54）的算法有性质上的差别，因此需要估计这样给流场增添了多大的扩散，或者说采用了多大的流体粒子的自扩散系数。

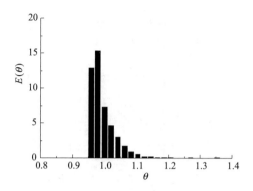

图 5.32　扇形进口径向流反应器的 RTD 直方图

如果网格尺寸趋于 0，则叠加的扩散系数也趋于 0。所以，只要网格足够密，网格单元内的混合带来的误差是可以忽略的。

5.3.4　停留时间分布的随机过程模拟

停留时间分布有两种理解方式。一种是刚刚讨论过的确定性方法。在入口注入的每一个流体粒子（或示踪剂），在反应器流场中都有确定的运动轨迹，因此也有确定的停留时间。按入口面的流量分布，注入相应数量的粒子，其停留时间的数据的汇总，就是反应器的停留时间分布。其数学模型可以用 CFD 方法求解反应器内流场，然后用欧拉方法求解流体（示踪剂）粒子的对流扩散方程，或用拉格朗日方法求解一大批粒子的运动，记录各粒子的停留时间，得到 RTD。这已经在 5.3.2 节讨论。

停留时间分布也可基于随机过程的概念来理解：在入口处随机注入一个流体粒子，观察它在流场中的随机游动，记录流出所用的时间；重复注入过程，得到足够大的样本，统计得到停留时间分布。这样的随机过程可用马尔可夫链来描述，继而用蒙特卡罗法进行数值模拟。自 20 世纪 80 年代起，随机数值模拟连续流动反应器停留时间分布的研究已经很多。例如，戎顺熙（1986）用具有可数个状态和一个吸收态、时间离散的齐次马尔科夫链作为随机过程模型，分析和模拟了如图 5.33 所示的有内循环的连续流动系统。

一个流体粒子从入口进入后，在下一时刻处于何处（状态），可以用一变量表示；如果流动系统内部有随机性，则此变量称为随机变量，记为 X。不同时刻 t 的随机变量 $X(t)$ 构成一序列，称为随机序列，或随机过程，记为

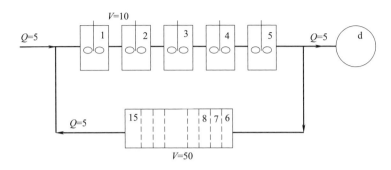

图 5.33　有内循环的连续流动系统的简单组合模型（戎顺熙，1986）

$\{X(t)\}$，或 $\{X_t\}$。如果 $X(n+1)$ 只与上一时刻的 $X(n)$ 有关，而与再上一时刻的 $X(n-1)$ 无关，则称此过程为马尔科夫过程，或马尔科夫链，此性质称为无后效性（马尔科夫性）。所谓的齐次马尔科夫链，是指 $X(n)$ 经过 $m-n$ 状态转移成为 $X(m)$，这个变化的结果只与 $m-n$ 有关，而与始、终的 m 和 n 无关。按状态和时间是连续取值还是离散取值，马尔科夫链又可分为时间连续（或可数）、状态离散（或连续）等 4 种类型。对与化工系统的数值计算模拟来说，较为普遍应有的是所谓状态可数、时间离散的齐次马尔科夫链。这里仅就这一种模型的应用进行讨论。

　　一个这样的随机序列 $\{X_n\}$，$n=0,1,2,\cdots$，其中 X_n 和 X_{n+1} 的发生是条件独立并与时间无关的，从 X_n 于状态 i 转移到相邻的状态 j 转变为 X_{n+1} 的概率，称为一步转移概率 p_{ij}，定义为

$$p_{ij}=\Pr[X_{n+1}=j\,|\,X_n=i] \tag{5.60}$$

一步转移到吸收态 d（系统出口）的概率为 p_{id}，而 p_{ii} 表示经过一次转移后粒子留在状态 i 的概率。若系统共有 n 个状态和一个吸收态，则

$$\sum_{j=1}^{N+1} p_{ij}=1,\quad i=1,2,\cdots,N+1 \tag{5.61}$$

转移概率也可以写成转移概率矩阵

$$\mathbf{P}=[p_{ij}],\quad i,j=1,2,\cdots,N+1 \tag{5.62}$$

此处 N 为离散状态的总数。类似地，有 n 步转移概率和矩阵：

$$\mathbf{P}^n=[p_{ij}^{(n)}],\quad i,j=1,2,\cdots,N+1 \tag{5.63}$$

　　对于时间离散的马尔科夫链，状态转移仅发生在时间步长的整数倍 $n\Delta t$ 的瞬间，于是在时间步 n 时，链处于状态 i 的概率为

$$\Pr[X_n=i]=p_i(n) \tag{5.64}$$

则行矢量

$$p(n) = [p_1(n), p_2(n), \cdots, p_N(n), p_d(n)] \tag{5.65}$$

表示了某个粒子在时刻 n 处于各状态的概率，也即整个系统的状态。

系统可分为过渡态和吸收态两类：过渡态可以按转移概率向其它状态转移，而进入吸收态后则不能再转移到其它过渡态。这样可以用吸收态来代表流动系统的出口，其它过渡态是流动系统内部各子空间，而将状态 1 指定为系统的入口。一个粒子在时刻 $n\Delta t$ 处于吸收态的概率 $p_d(n)$ 即正比于时间为 $n\Delta t$ 时已进入吸收态（已流出系统）的示踪剂量。

考虑所有的粒子均在 $t=0$ 的时刻（$n=0$）一起加入（相当于脉冲示踪实验），则初始条件为

$$p(0) = [p_1(0), 0, \cdots, 0], \quad p_1(0) = 1 \tag{5.66}$$

由此初始分布和转移概率矩阵算出 $n\Delta t$ 时刻描述系统状态的行矢量：

$$p(n) = p(0)\mathbf{P}^n \tag{5.67}$$

此矢量的最后一个分量就是想求的 $p_d(n)$，它是在时刻 $n\Delta t$ 已流出系统的示踪剂的分数，$F(n\Delta t)$。而前一个状态 N 的 $p_N(n)$ 则直接给出 $E(n\Delta t)$；$F(n\Delta t)$ 和 $F[(n-1)\Delta t]$ 的差也等于 $E(n\Delta t) \cdot \Delta t$。

在转移矩阵 $\mathbf{P}$ 已知的条件下，按时间步逐次推进，直至在内部过渡态上出现粒子的概率均为 0，而在吸收态上出现的概率为 1，相当于入口注入的示踪剂全部流出为止：$p(n) = [0, 0, \cdots, 0, p_d(n)]$，$p_d(n) = 1$，即可得到整条 F 曲线和 E 曲线。

具体的算法和计算过程的技巧可以参考更多的文献和专著，如 Fan LT（1982，1985）、Harris AT（2002）。

将图 5.33 系统中的活塞流容器再划分为 10 个体积相同的单元（过渡态），这样全系统由 5 个全混流单元和 10 个活塞流单元构成，即总共有 15 个单元，相应于流体粒子的 15 个状态，再加一个吸收态 d（出口）。假定系统已经处于定常态（系统内的流型和流速不再随时间变化），令随机变量 X_k 是一可识别的粒子在 $t=0$ 以后经过 k 次转移后在系统内所处单元的序号（状态），则序列 $\{X_k\}$ 可以看作为一个马尔科夫链过程。对系统中一全混流单元 i，示踪粒子处于其内即为状态 i，在时间 Δt 间隔内留在状态 i 的概率为

$$p_{ii} = \exp(-\Delta t/\tau_i), \quad i = 1, 2, \cdots, 5 \tag{5.68}$$

从状态 i 向状态 j 转移的概率可以按由 i 向 j 流动的流率 q_{ij} 来分配，于是

$$p_{ij} = \frac{q_{ij}}{\sum_{i \neq j} q_{ij}} (1 - p_{ii}), \quad i, j = 1, 2, \cdots, 5 \tag{5.69}$$

对典型的全混流单元，流动仅从上一级流向下一级，故 $j<i$ 时，$p_{ij}=0$。若 $j<i$ 时，还有 $p_{ij}\neq0$，则是描述全混流级间有返混的情形了。

系统中的一活塞流单元，其名义停留时间 $\tau=\Delta V/q$ 恰好是 Δt；若级间无返流，则经过此时间步长，粒子必然流出，进入下一个单元。因此

$$p_{ij}=\begin{cases}1,& j=i+1\\0,& \text{其它情况}\end{cases} \tag{5.70}$$

所以，一活塞流容器需要划分成个数恰好的单元。在图 5.33 的例子中，活塞流部分划分为 10 个单元。

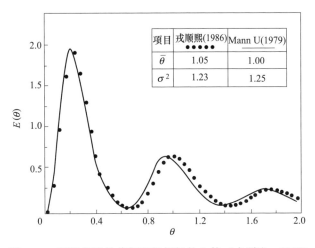

图 5.34　随机模型数值解和解析解的比较（戎顺熙，1986）

项目	戎顺熙(1986)	Mann U(1979)
$\bar{\theta}$	1.05	1.00
σ^2	1.23	1.25

上述例子的组合模型，也可以用解析方法求得停留时间分布（Mann U，1979）。图 5.34 中的比较表明，随机模型模拟的结果与解析方法得到的结果基本一致；这说明在模型的解析解难以或无法求得时，用随机模型的概念和方法很有用处。更多的随机模型例子说明，只要 Δt 选择适当地小，随机过程模型能很好地逼近连续过程和真实系统。但若 Δt 选择得很小，计算工作量必然增加，因此需要在精确度和计算量之间有适当的权衡。

采用随机模型时需要注意：①一个真实的流动系统选用恰当的组合模型来表达，这是随机模型成功应用的先决条件，采用哪些基本模型单元、单元的数量、连接关系、流率分配等都是重要的参数，即使有经验的化学工程师也需要经过一个或长或短的调试过程；②组合模型中的每一个单元的一步转移概率的表达式需要用化工数学模型的方法来导出，单元所涉及的机理越复杂，p_{ij} 的推导也越困难。

5.4 多相体系的 RTD

多相体系有几个物相，每一个物相都会有自己的停留时间分布。讨论的对象不同，在测定方法、RTD 的形状特征、具体参数指标上都会显示出某一相的物理和化学特性。

5.4.1 多相体系 RTD 的实验测定

本书第 3 章中介绍的单相体系可用的示踪实验技术，原则上都可以推广应用于多相化学反应器。多相体系中的每一个物相都有自己的流动方式，故选择示踪剂时，首先应注意针对某一相选定的示踪剂，是否会被另一相溶解、吸收、吸附，因而引起示踪剂的损失。第二个要点是，其它相的存在可能干扰示踪剂浓度的准确测定。例如，液固悬浮体系中用电导率仪测得的液相电导率仅为表观数值，还要扣除电导率为 0 的固相相含率的影响；用光学或光谱方法测量示踪剂响应时，其它相可能遮挡光线，使测量值偏低，等等。

测量技术的进展还体现在：①从仅在一观测点测量，向线测量、面测量、三维空间测量发展，这样得到的信息量多，更容易得出反应器的全局性的认识；②从离线测量向在线测量发展，这样为化工过程的实时控制提供了数据基础。

5.4.1.1 气液反应器中连续相的 RTD

连续相的 RTD 比较容易测量。当水或水溶液作为连续相时，用电导仪一类的仪器能比较方便地在出口测量流出的导电连续相中电解质示踪剂的浓度。

在气液相并流向下通过固定床层的滴流床反应器中，当液相流量和气相流量均不大时，反应器内处于滴流态流型。此时液相湍动和气液相间的作用力微弱，横截面上分布基本均匀的液相沿着竖直方向向下流动，因而测定的 RTD 的活塞流程度很大。用一维轴向扩散模型来处理示踪实验数据，则轴向扩散系数 D_L 的数值很小。Wang YF（1999）用 RTD 来分析滴流床内在滴流区同样气液流量条件下可能出现流动分布均匀性不同的两种流体力学状态。在图 5.35 中，曲线 1 和 2 的气液流量相同，但 1 是在压降滞后回线沿液流量上升操作时达到的状态，而 2 是流型达到脉动区后沿压降滞后回线下降支到达时的

RTD。可以看出 RTD1 的峰更宽，表示液相流速分布比 RTD2 更不均匀，即返混更严重；而湍动程度更高的脉动流型的 RTD3 分布更窄，表示流型最接近期望的活塞流。

Mao Z-S（1998）也从直径 $T = 75\text{mm}$、填料高 $H = 0.75\text{m}$、填充 $\phi 2.7\text{mm}$ 玻璃珠的滴流床 RTD 实验中，发现同样的气液流量条件下 RTD 曲线形状可能有单峰和双峰的两种，双峰 RTD 一例如图 5.36 所示。液流量 $L = 5.03\text{kg}/（\text{m}^2 \cdot \text{s}）$，气流量 $G = 9.8 \times 10^{-2}\text{kg}/（\text{m}^2 \cdot \text{s}）$。RTD 是从注入点示踪剂浓度的电导信号 $C_1(t)$ 和下游检测点的信号 $C_2(t)$ 去卷积而得到的。更大粒径的填料预计在相同气液流速下会给出峰宽更窄的 RTD，因为大颗粒能给轴向流动更强的扰动，导致径向速度的波动更大，进而使径向的差异容易消除。

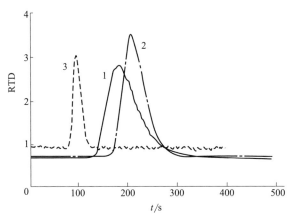

图 5.35　滴流床中不同流动状态的 RTD 曲线（$T = 0.283\text{m}$，$H = 2\text{m}$，$G = 30\text{m}^3/\text{h}$。1—上升支 $L = 0.6\text{m}^3/\text{h}$；2—下降支 $L = 0.6\text{m}^3/\text{h}$；3—脉动区 $L = 2.0\text{m}^3/\text{h}$。Wang YF，1999）

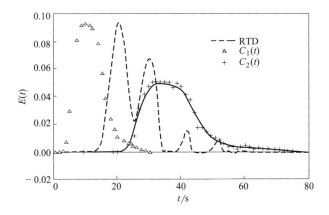

图 5.36　滴流床中均匀性较差流动状态的液相 RTD 曲线（Mao Z-S，1998）

在混合良好的搅拌槽、环流反应器中，RTD已经在本章中有所示例，它们都很接近理想全混流反应器的RTD曲线，很难对内部的理想流动部分和其它非理想流动形式做出灵敏的反映。这类反应器需要用比RTD更敏感的方法来分析其宏观混合状况。

5.4.1.2 气液搅拌槽中的气相混合

通气条件下的搅拌槽，一般气体以气泡形式存在于液相中，是分散相。对气相的混合时间研究似未见报道。但气体从下部的气体分布器以气泡的形式进入，在浮力的作用下，趋向于直接向上穿过搅拌槽中的液层，从液面逸出，在液相中的停留时间很短，不利于气液相化学反应。当转速增大，一些气泡被槽内循环的液相夹带，参与循环，延长了停留时间；同时，搅拌桨的剪切作用使气泡尺寸减小，也延长了气泡在液相中的停留时间。因此，预计在搅拌转速增大时，气相的RTD的峰会逐渐变宽，覆盖更宽的时间域。气相停留时间分布的研究也从另一个侧面说明了搅拌槽内气相的混合，对认识搅拌槽内的气相运动是有意义的。Joshi JB（1982）在气液搅拌槽的综述中总结了气相RTD的研究结果。

总的趋势是转速增大，或气含率增加，则RTD变宽。搅拌充分时，气相的RTD等价于串联全混釜模型的级数 N 在 $1\sim2$ 之间。桨区内的气泡间相互作用也对气相混合有明显的影响，桨叶数目多，则气泡与附着于桨叶背面的气穴合并增强，使分散相气相的混合加强，RTD越发显示更强的全混流特性（van'tReit K，1976）。

要实验测定气体的RTD，检测方法要针对气相的特征物性，还要注意避免连续相的干扰。文献中有以氦气为示踪剂，测定离开气体的热导率来求得RTD的实验报道。评价矿物浮选柱内气体的停留时间分布，报道过不同的惰性气体示踪剂，如氢气几乎不溶于水。在浮选柱顶部示踪气体排出浓度用质谱仪测量。利用氟氯烷作为气体示踪剂，逸出的气体连续取样并送入气体色谱仪以FID检测。依安纳托斯（1997）用氪-85作为放射性气体示踪物，它是β辐射体，也是弱的γ辐射体，半衰期长（10.7年），因而储存时间长。示踪物排放到空气中的辐射危害则需要严格评定。

5.4.1.3 搅拌槽中的固相RTD

总体来说，固相颗粒在混合设备中的停留时间分布的研究工作较少。文献报道过用磁性示踪颗粒和固体粒子涂膜染色做成示踪剂来研究流化床中固体颗粒的 RTD。毛慧华（1986）用同一种固体颗粒但粒径不同的催化剂作为示踪剂，考察了固体颗粒粒径对液固搅拌槽中固相 RTD 的影响。

郭灵虹（1991）在一个内径 $T = 0.12$m 带挡板的液固搅拌槽中实验测定了固相颗粒的 RTD，料浆液位高 $H = 0.14 \sim 0.18$m，固相为海沙、粒径 $0.15 \sim 0.3$mm，料浆浓度 $3\% \sim 7\%$，示踪剂为相同粒径、密度近似的石灰石颗粒。实验用阶跃示踪法。搅拌槽中配入海沙，水连续加入，待搅拌状态稳定，即将水流切换为同样流率的石灰石料浆。在出口不断取样，样品固相用酸溶解，按失重确定示踪剂的浓度。液相 RTD 用脉冲法测出口流束的电导率来确定。出口在上部的两个实验结果见图 5.37，累积停留时间分布随时间增大逐渐趋向 1，但速度依操作条件而变化。还用有流量交换的两个全混釜作模型来模拟了测定的 RTD 结果。

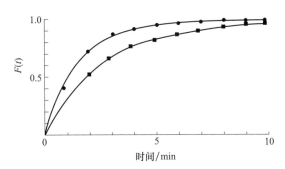

图 5.37　液固搅拌槽中颗粒停留时间分布（$H/D = 5.33$，上出口，■固相 3%，
$Re = 19000$；●固相 7%，$Re = 18000$。郭灵虹，1991）

评述：按 $F(t)$ 来设计示踪实验，不如按 $E(t)$ 来设计，用脉冲示踪方法的实验准确度更高。因为将 $F(t)$ 微分得到 $E(t)$ 会受到数值误差的干扰，而将 $E(t)$ 积分为 $F(t)$ 会得到比较光滑的曲线。

5.4.2　多相体系 RTD 的数值模拟

多相体系 RTD 的数值模拟也正在进展，模拟多相反应器的停留时间分布已经有很多的尝试。须知，流体流动模拟的准确性是数值模拟 RTD 的首要前提条件，因此多相体系的湍流流动模拟的模型和方法还需要大力发展，以适应工业规模反应器数值模拟的需要。多相体系的模拟中，对连续相一般采用欧拉观点建立的数学模型来描述。对分散相则常采用两种方法，一种是按拉格朗日方法追踪每一个分散相颗粒，常用于固体颗粒；另一种是欧拉方法，将分散相也假想作连续相，与真实的连续相共存于同一空间，互相渗透，共享同一个压力场，这种方法常用于分散的气泡和液滴相。多相流动的数值模拟还有许多技术问题需要解决，来提高模拟的准确性。尤其是多相流的湍流模型正在发展和完善，需要解决分散相非均匀分布时相间作用力的准确表达，也要考虑湍流的各向异性特性。这一方面，常用的各向同性湍流模型需要升级到各向异性模型，如雷诺应力模型、代数应力模型、显式代数应力模型，或者大涡模拟模型等。

当多相流场求解出来后，第二步才是求解示踪剂的流动。求解 RTD 仍然有多种方法，如前面 5.3.4 节中介绍的那样，包括求解示踪剂的对流扩散方程、仅用流场信息来估算、采用随机模型的蒙特卡罗模拟等方法。

Simcik M（2012）数值模拟了圆柱形鼓泡塔（直径 14.2cm，高径比 10）的 RTD。采用欧拉-欧拉模型、标准 k-ε 湍流模型，相间作用力包括曳力和湍流分散力，单一气泡直径 5mm。其模型包括两相的连续性方程

$$\frac{\partial}{\partial t}(\varepsilon_G \rho_G) + \nabla \cdot (\varepsilon_G \rho_G \boldsymbol{u}_G) = 0$$

$$\frac{\partial}{\partial t}(\varepsilon_L \rho_L) + \nabla \cdot (\varepsilon_L \rho_L \boldsymbol{u}_L) = 0$$

(5.71)

和动量守恒方程

$$\frac{\partial}{\partial t}(\varepsilon_G \rho_G \boldsymbol{u}_G) + \nabla \cdot (\varepsilon_G \rho_G \boldsymbol{u}_G \boldsymbol{u}_G) = -\varepsilon_G \nabla p + \nabla \cdot \boldsymbol{\tau}_G + \varepsilon_G \rho_G \boldsymbol{g} + \boldsymbol{F}_{GL}$$

$$\frac{\partial}{\partial t}(\varepsilon_L \rho_L \boldsymbol{u}_L) + \nabla \cdot (\varepsilon_L \rho_L \boldsymbol{u}_L \boldsymbol{u}_L) = -\varepsilon_L \nabla p + \nabla \cdot \boldsymbol{\tau}_L + \varepsilon_L \rho_L \boldsymbol{g} - \boldsymbol{F}_{GL}$$

(5.72)

气液两相流场模拟后，模拟脉冲示踪实验时求解示踪剂在液相中的质量分数 Y_{trc} 的对流扩散方程：

$$\frac{\partial}{\partial t}(\varepsilon_L \rho_L \omega_{trc}) + \nabla \cdot (\varepsilon_L \rho_L \boldsymbol{u}_L \omega_{trc}) = \nabla \cdot (\varepsilon_L \boldsymbol{J})$$

(5.73)

式中，示踪剂的扩散通量为 $\boldsymbol{J} = -(\rho_L D + \mu/Sc)\nabla\omega_{trc}$，而 $\omega_{trc} = c_{trc}M/\rho_L$。这里 Sc 是液相的 Schmidt 数，M 和 ρ_L 是主体液相的密度和示踪剂的分子量。模拟结果（图 5.38）与相应的实验测定定量符合的程度不甚理想，与实验 RTD 有大约 3%～12% 的差距，作者推测这可能是数值模拟软件中两流体模型不够完善所致。两工况的气流率相等，B 的液流率较大。

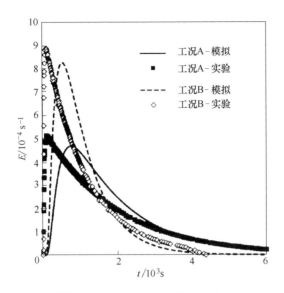

图 5.38 鼓泡塔的数值模拟的 RTD 和实验的比较 (Simcik M，2012)

Le Moullec Y (2008) 用数值方法模拟了气液错流式污水处理用的水平槽式反应器的两相流动和液相的 RTD。他们用了两种方法来模拟液相的 RTD。一种方法是示踪剂的对流-扩散方程，控制方程与式 (5.73) 相似。在用欧拉-欧拉两流体模型求解得到流动稳定后的气液流场之后，再求解示踪剂的非稳态对流-扩散过程，从解出的出口流中示踪剂浓度-时间曲线，整理为停留时间分布。第二种方法是颗粒追踪法，追踪从入口注入的微小固体颗粒直至从出口流出为止的整个轨迹，为了使 RTD 有足够的统计学显著性，需要追踪 4000 个颗粒。这个方法可以避免数值计算带来的数值（非物理的）扩散误差。颗粒直径选得很小 (1μm)，对液体有很好的跟随性。颗粒追踪方程为

$$\frac{\mathrm{d}\boldsymbol{u}_{\mathrm{p}}}{\mathrm{d}t} = \frac{3}{4} C_{\mathrm{D}} \frac{\rho_{\mathrm{L}}}{d_{\mathrm{p}}\rho_{\mathrm{p}}} |\boldsymbol{u}_{\mathrm{p}} - \boldsymbol{u}_{\mathrm{L}}| (\boldsymbol{u}_{\mathrm{p}} - \boldsymbol{u}_{\mathrm{L}}) \tag{5.74}$$

液相速度场 $\boldsymbol{U}_{\mathrm{L}}$ 上随机地叠加由 $k^{1/2}$ 代表的速度波动：

$$\boldsymbol{u}_{\mathrm{L}} = \boldsymbol{U}_{\mathrm{L}} + \boldsymbol{u}'_{\mathrm{L}}$$

速度随机波动的各分量为

$$u'_{x,\mathrm{L}} = u'_{y,\mathrm{L}} = u'_{z,\mathrm{L}} = \chi \sqrt{\frac{2}{3} k_{\mathrm{L}}} \tag{5.75}$$

式中，χ 是均值为 0、方差为 1 的正态分布随机数。每一步积分的时间取涡的寿命 τ_{e} 和涡跨越时间 τ_{ct} 的较小值。这个方法不能将流体的分子扩散系数考虑在内；在湍流作用较强的情况下，这个误差是可以忽略的。模拟结果与实验比

较，表明颗粒追踪法模拟得到的 RTD 更为准确一些；示踪剂（颗粒或溶质）在流动中逐渐分散形成 RTD，主要原因是湍流，但对流的作用也不可忽略。

Li LC（2013）比较了气液体系中模拟气相停留时间的两种方法：欧拉-示踪剂法和 CFD-DPM（discrete phase method）法。模拟对象是直径 $T=0.32\text{m}$ 的有挡板、平底搅拌槽，装两个 Rushton 桨，桨径 $D=0.4T$，距底高度分别为 $1.19T$ 和 $0.5T$，气体分布器在近底部，液位高 $H=1.56T$，转速 $N=270\sim350\text{r/min}$，气量 $0.3\sim0.6\text{m}^3/\text{h}$。

欧拉-示踪剂法用欧拉-欧拉方法求解气液两相流场和气含率分布，然后求解气相示踪剂的对流扩散方程，在液面处监测示踪剂浓度和流量，再处理为气相的 $E(t)$。气相流场求解时用气泡群体平衡模型（PBM）得到气泡大小的分布，限制气泡大小在 $1\sim6\text{mm}$ 范围。CFD-DPM 法则是求解单液相的流场，然后用牛顿第二定律追踪 900 个气泡的轨迹，直至离开液面。气泡大小在 $1\sim6\text{mm}$ 间服从 Rosin-Rammler 分布。

图 5.39 所示为欧拉-示踪剂法模拟的典型结果。随着搅拌强化，气泡随液相流动追随性更好，因而气相的寿命也渐渐向全混流靠近，分布变宽。所有 RTD 的起点都从约 0.8s 起始，因为气泡即是完全跟随液相运动，也需要一定的时间才能到达液面逸出。也观察到，1mm 气泡的寿命在 $2\sim16\text{s}$ 间的频数有波动，但大致相同；而 6mm 气泡的寿命则在 $1\sim4\text{s}$ 间成单峰分布。图 5.40 的比较表明，两种方法模拟的结果相近。

评述： 若 CFD-DPM 法模拟的气泡个数增大，则统计出来的 RTD 会更平滑一些。

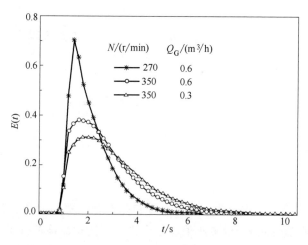

图 5.39 操作条件对气相 RTD 的影响（Li LC，2013）

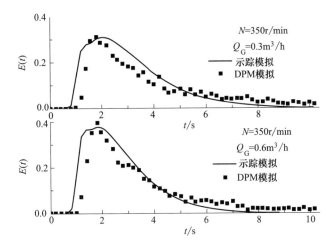

图 5.40 两种方法模拟的气相 RTD 的比较（Li LC，2013）

气固流动体系中固相的 RTD 近年来也开始用数值模拟的方法来研究。作为连续相的气体流场，一般用欧拉方法的数学模型来研究，用湍流的 Navier-Stokes 方程，考虑气相所占的体积分数，气固相间作用力以源项的形式出现在方程中。固相运动的模拟可以用拉格朗日方法来追踪每一个固体颗粒的运动，但受体系中颗粒数量巨大、计算量过大的限制，仅能用于小尺寸设备和二维模拟。大尺寸设备的气固体系中常用欧拉方法的数学模型来模拟固相的运动。Hua LN（2014）用欧拉-欧拉方法数值模拟了循环流化床提升管中固体颗粒的停留时间分布（RTD），其模型包括两相的连续性方程

$$\frac{\partial}{\partial t}(\varepsilon_G \rho_G) + \nabla \cdot (\varepsilon_G \rho_G \boldsymbol{u}_G) = 0$$

$$\frac{\partial}{\partial t}(\varepsilon_S \rho_S) + \nabla \cdot (\varepsilon_S \rho_S \boldsymbol{u}_S) = 0$$

$$(5.76)$$

和动量守恒方程

$$\frac{\partial}{\partial t}(\varepsilon_G \rho_G \boldsymbol{u}_G) + \nabla \cdot (\varepsilon_G \rho_G \boldsymbol{u}_G \boldsymbol{u}_G) = -\varepsilon_G \nabla p + \nabla \cdot \boldsymbol{\tau}_G + \varepsilon_G \rho_G \boldsymbol{g} - \beta(\boldsymbol{u}_G - \boldsymbol{u}_s)$$

$$\frac{\partial}{\partial t}(\varepsilon_S \rho_S \boldsymbol{u}_S) + \nabla \cdot (\varepsilon_S \rho_S \boldsymbol{u}_S \boldsymbol{u}_S) = -\varepsilon_S \nabla p - \nabla p_S + \nabla \cdot \boldsymbol{\tau}_S + \varepsilon_S \rho_S \boldsymbol{g} - \beta(\boldsymbol{u}_S - \boldsymbol{u}_G)$$

$$(5.77)$$

由于提升管中气固两相流动的不均匀性，固体颗粒形成大小和密度不同的颗粒聚团，这使得稀相中单个颗粒所受的曳力与聚团受到的曳力完全不同。因

此，Hua LN（2014）用 EMMS 模型修正的曳力公式来体现聚团出现对多相流动产生的影响。EMMS 曳力模型表达为（Wang JW，2008）：

$$\beta=\begin{cases}150\dfrac{\varepsilon_S(1-\varepsilon_G)\mu_G}{\varepsilon_G d_p^{~2}}+1.75\dfrac{\rho_G\varepsilon_S|\boldsymbol{u}_G-\boldsymbol{u}_S|}{d_p},&\varepsilon_G<0.5\\[3mm]\dfrac{3}{4}C_D\dfrac{\rho_G\varepsilon_S\varepsilon_G|\boldsymbol{u}_G-\boldsymbol{u}_S|}{d_p}\varepsilon_G^{~-2.65}H_d,&\varepsilon_G\geqslant0.5\end{cases}\tag{5.78}$$

式中，H_d 是颗粒团聚的非均匀性指数，由 EMMS 曳力模型算出。$H_d=1$ 时即还原为均相 Gidaspow 曳力模型。曳力系数为

$$C_D=\begin{cases}\dfrac{24}{Re_p}(1+0.15Re_p^{~0.678}),&Re_p<1000\\[3mm]0.44,&Re_p\geqslant1000\end{cases}$$

要模拟示踪剂颗粒在提升管中的运动，需要求解示踪剂在固相中质量分数 ω_{trc} 的对流-扩散方程：

$$\frac{\partial}{\partial t}(\varepsilon_S\rho_S\omega_{trc})+\nabla\cdot(\varepsilon_S\rho_S\boldsymbol{u}_S\omega_{trc})=\nabla\cdot(\varepsilon_S\rho_S D_S\nabla\omega_{trc})\tag{5.79}$$

示踪剂的脉冲形式注入用作上述方程的初始条件。得到的出口处的 ω_{trc} 值代表了示踪剂流出的速率，由其可以计算出示踪剂颗粒的 RTD。

由于采用了 EMMS 模型修正的曳力公式，聚团出现对多相流动产生的影响能正确体现，比应用均匀分布的单颗粒曳力公式的效果好得多，预测的固相相含率的轴向分布和颗粒通量的径向分布与实验测定一致。Hua LN（2014）模拟得到的 RTD 在时间域上表现的趋势与实验数据吻合（图 5.41），仅在 $E(t)$ 的峰值大小比实验测定值偏高。其原因可能是固体示踪剂颗粒的运动虽然受到颗粒扩散系数取值的影响，但其值在 $10^{-5}\sim10\mathrm{m}^2/\mathrm{s}$ 范围内的影响却比对流输运机理弱得多，对模拟结果影响不大。一般实验中出口检测示踪剂流率的时间分辨率过低，会丢失一些流化床中微观尺度的信息，因此模拟得到的 RTD 的数值波动比实验测得的大得多。示踪剂颗粒的注入一般不是一个典型的脉冲，也会使测量结果的真实性降低。

随机模型也成功地用于模拟循环流化床提升管的固体颗粒的停留时间分布（Harris AT，2002）。用马尔科夫链描述一个固体颗粒在提升管中上上下下的随机运动，建立了环-核交换模型和四区模型，以表达流动涉及各区域的不同流型。针对实际的实验条件的随机模拟能很好地反映固体通量、提升管高度、出口几何条件的影响。RTD 预测结果与实验符合良好，一些条件下的双峰分布也能得到再现，如图 5.42 所示。

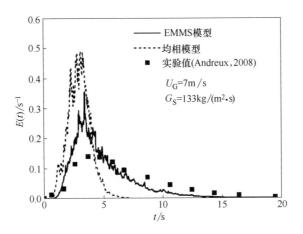

图 5.41　改进曳力模型模拟得到的 RTD（固相扩散系数 $D_S = 2.8291 \mathrm{m}^2/\mathrm{s}$。Hua LN，2014）

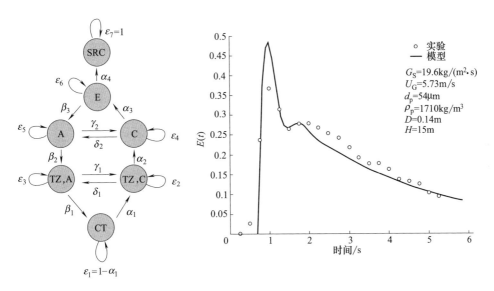

图 5.42　随机模型模拟循环流化床提升管的四区模型和模拟 RTD（Harris AT，2002）

　　倪建军（2008）根据对置式气化炉流场测试，将 3.1m³ 体积的四喷嘴对置式气化炉划分为 4 个射流区、4 个射流回流区、1 个撞击区、2 个撞击流股区、2 个撞击流回流区、1 个折返流区、1 个管流区，共 15 个区域，每个区域用全混流或活塞流模块代表，链接为状态转移图，图中的 R' 代表回流比。运用时间离散、状态离散的 Markov 链随机模型，模拟得到气化炉内颗粒相的停留时间分布。图 5.43 中模拟与实验比较，说明所建立的马尔科夫链模型是很有效的研究工具。图 5.44 表明，气相和固相颗粒的 RTD 不同，气体的停留时间分布是比较光滑的单峰曲线。Guo QH（2008）也用时间连续/状态离散的马尔科夫链模型模拟了四喷嘴对置式冷模气化炉的气体停留时间分布。气化炉模型化为 7 个类型的功能流动区，总共由 16 个全混流模块连接为一个系统来模拟气化炉的 RTD，随机数值模拟也得到符合单气相冷模实验的结果。如何找到物理上更贴切对置式气化炉的状态转移图，确定合理的模块种类/数量，以及各模块间的转移概率，仍是利用和建立随机模型工作中的重要而困难的任务。

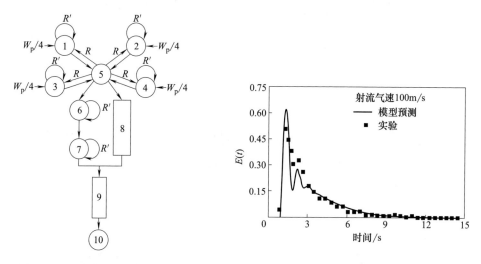

图 5.43　四喷嘴对置式气化炉状态转移关系图和颗粒 RTD 的模拟结果（倪建军，2008）

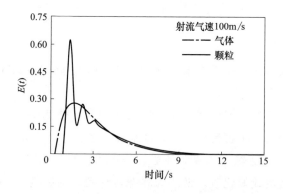

图 5.44　气化炉中气相和固相颗粒 RTD 的比较（倪建军，2008）

对填料床反应器的数值模拟还有一个困难。如果要以足够的空间分辨率用直接数值模拟法（direct numerical simulation，DNS）来描述这一类多孔介质中的流动，原理上可行，但要求很高的计算机容量和很长的计算机时，尤其是在模拟大型工业反应器时无法承受。填料层中的孔隙尺度小，流动相应的雷诺数一般很小，多属层流流动；但由于孔道曲折、链接的随机性，流动伴随着很多微小的旋涡和循环，细小流束间的合并与分流不断发生，现象上又与湍流有类似之处。这也是多孔介质中的流动模拟必须面对的困难。

目前的数值模拟方法尚不能够直接解析填料塔中随机分布、尺寸各异的孔道中流动型态对 RTD 的影响，暂时还只能借助于更简单的宏观尺度的模型，即体积平均的动量守恒方程（Navier-Stokes 方程），加上流体-填料间相互作用的附加源项，例如填料层的 Ergun 压降公式［如式（5.78）的第 1 式、式（5.82）］，或考虑壁面摩擦力的 Brinkman 方程，以及多孔介质中的湍流模型，来求解填料层中的流体流动。Guo BY（2006）用这种方法数值模拟了填料塔中单一气相层流和湍流流动时的 RTD，将所得的 RTD 和从中获得的轴向返混系数与文献中的实验数据和经验关联式对照，表明数值模拟方法是可用的。

平均流场的连续性方程和湍流流动方程如下：

$$\frac{\partial \alpha\rho}{\partial t} + \nabla \cdot (\alpha\rho\boldsymbol{u}) = 0 \tag{5.80}$$

$$\frac{\partial \alpha\rho\boldsymbol{u}}{\partial t} + \nabla \cdot (\alpha\rho\boldsymbol{u}\boldsymbol{u}) = -\alpha \nabla \left(p + \frac{2}{3}\rho k\right) \\ -\nabla \cdot \{\mu_{\text{eff}}\alpha[(\nabla \boldsymbol{u}) + (\nabla \boldsymbol{u})^{\text{T}}]\} - \alpha R_0 \boldsymbol{u} \tag{5.81}$$

这实际上是一般化的达西定律和雷诺平均的湍流 Navier-Stokes 方程。其中 α 是填料层的平均孔隙率。有效黏度和有效扩散系数的公式［式（5.50）和式（5.51）］仍然适用。从 Ergun 方程导出的光滑颗粒层的流体阻力系数为

$$R_0 = 150\mu \frac{(1-\alpha)^2}{\alpha^2 d_{\text{p}}^2} + 1.75\rho \frac{1-\alpha}{\alpha d_{\text{p}}}|\boldsymbol{u}| \tag{5.82}$$

示踪剂浓度的输运方程为

$$\frac{\partial(\alpha\rho c)}{\partial t} + \nabla \cdot (\alpha\rho\boldsymbol{u}c) = \nabla \cdot \left[\left(\rho D + \frac{\mu_{\text{eff}}}{Sc_{\text{m}}}\right)\alpha \nabla c\right] \tag{5.83}$$

在多孔介质中，标准 k-ε 双方程模型需要对 k 和 ε 方程中的源项做适当的修改，具体的模型也有多种，读者可以参考源文献 Guo BY（2006）。数值模拟的结果与文献符合较好。对轴向扩散系数贡献最大的是湍流扩散，对流有少许贡献，而分子扩散和数值扩散的作用则完全可以忽略。模拟正确地预测了气相

流率（以颗粒雷诺数 Re_p 代表）对 RTD 曲线形状的轻微影响；特别是在高雷诺数时（$Re_p=640$），壁流更加明显，使 R_0 公式的第二项（Forchheimer 项）的作用超过了第一项（颗粒表面摩擦），造成了 RTD 曲线的 "front tail" 现象（图 5.45）。

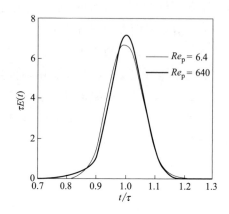

图 5.45   不同雷诺数下填料床的 RTD 模拟结果（Guo BY，2006）

5.4.3   多相体系中年龄空间分布的模拟

在 5.1.4 节中讨论的年龄时空分布也用于深入认识多相流动反应器。Simcik M（2012）对气液鼓泡塔所作的初步探索中，按式（5.25）

$$\frac{\partial(\varepsilon a)}{\partial t}+\nabla \cdot (\varepsilon \boldsymbol{u} a)=\varepsilon+\nabla \cdot (\varepsilon D_t \nabla a) \tag{5.25}$$

模拟了从 $t=0$ 开始直至 $t=6000s$ 鼓泡塔内和出口面上的平均年龄值的变化。模拟是完全非稳态的，两相的流场 $\boldsymbol{u}_G(x,t)$ 和 $\boldsymbol{u}_L(x,t)$ 模拟以 $t=0$ 时液相静止、气体刚开始鼓泡为初始条件。从图 5.46 可以看出全塔内平均年龄 a_{in} 小于出口面上的平均年龄 a_{exit}，比值 a_{in}/a_{exit} 在 0.75～0.8 之间。与全混流反应器的 $a_{in}/a_{exit}=1$ 和活塞流反应器的 $a_{in}/a_{exit}=0.5$ 相比，说明鼓泡塔内的流型介于二者理想流型之间，返混程度不可忽略。这一点当然也可以直接从流场的模拟结果中看出来：液相在壁面附近有向下的轴向速度，说明鼓泡塔中存在气体浮升曳力引起的整体循环流动。平均年龄趋于稳定的时间（约 5000s 和 2000s）也远远长于液相的名义停留时间（$V/Q=1758s$ 和 999s）。这个现象还需要仔细的解释，因为单独的流场模拟只需要不到 100s 的时间就已基本建立了液相整体循环的流型。

现在分析其可能原因之一是式（5.25）右端的扩散项延缓了出口处平均年龄 a 向名义停留时间 V/Q 的逼近；原因之二在于早早形成的内部环流，使刚进入的"年轻"微元过早地通过中心区（图5.47中F区）快速流到出口；而处于循环圈内（图5.47中S区域）的液体的年龄由于右端源项存在而不断增加，最终使这部分液体的平均年龄超过了名义的 V/Q，只能经过长时间平衡之后，出口平均年龄才逐渐逼近理论的名义停留时间。5.1.4节中 Liu M（2012）的模拟结果（图5.9）也说明了同样的问题。

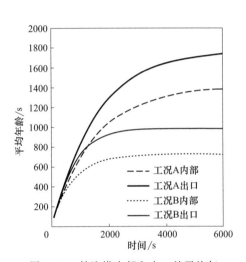

图5.46 鼓泡塔内部和出口处平均年龄的数值模拟结果的比较（Simcik M，2012）

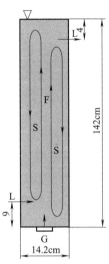

图5.47 鼓泡塔内部流型和年龄分布示意图（Simcik M，2012）

评述：从以上的讨论可知，反应器内年龄分布确实优于传统的 RTD，因为出口处观测到的 RTD 只能间接地提示反应器内部的死区、短路等缺陷，而年龄分布场能直接地指明是否存在这些缺陷。显然，一个"场"所含的信息远远多于一个出口"面"或一个观测"点"能提供的信息。同时也要承认，从其它物理场所含的信息，如流场、相含率分布、反应物和产物的浓度场、化学反应速率场等，同样能用来诊断化学反应器设计和操作可能出现的问题。

5.5 管式反应器的混合强化

5.3.1节中已经给出了用组合模型来分析反应器的实际 RTD 以诊断反应

器流动型态和均匀性方面的例子，例如水处理反应器的例子（Martin AD，2000）。这种诊断方法对于管式反应器一类的流动反应器，或期望在流动反应器中得到活塞流型时更为有用。

层流管式反应器（图 5.48）显示了轴向流动速度沿径向位置变化，使得流体微元的停留时间出现分布。在圆管中雷诺数 $Re<2300$ 时为层流，速度分布为

$$u(r)=u_0\left[1-\left(\frac{r}{R}\right)^2\right] \tag{5.84}$$

式中，u_0 为管轴线上的流速。显然，沿轴线的流体停留时间 t_0 最短，而近壁处流体的停留时间长。若管长为 L，则得

$$E(t)=\frac{2t_0^2}{t^3}=\frac{\bar{t}^2}{2t^3}, \quad t\geqslant t_0 \tag{5.85}$$

其中 $\bar{t}=L/\bar{u}$，$\bar{u}=u_0/2$。而在横轴 $t<t_0$ 的区间内 $E(t)=0$。故 RTD 的完整写法是

$$E(t)=\begin{cases}\dfrac{2t_0^2}{t^3}, & t\geqslant t_0 \\[2mm] 0, & t<t_0\end{cases} \tag{5.86}$$

$$F(t)=\begin{cases}1-\left(\dfrac{t_0}{t}\right)^2=1-\left(\dfrac{\bar{t}}{2t}\right)^2, & t\geqslant t_0 \\[2mm] 0, & t<t_0\end{cases} \tag{5.87}$$

层流流动的 $E(t)$ 和 $F(t)$ 示于图 5.49 中，从累积停留时间分布 $F(t)$ 的图像看，其从 0 逼近最终值 1 的速度介于全混流和活塞流之间。但层流管道流动的方差无穷大，即它的拖尾特别严重，很不利于拖尾部分流体的化学反应效率。

要减小层流管式反应器的径向梯度，消除停留时间特别长的流体的分数，静态混合器是化学工程中常用的措施。不同设计的静态混合器用不同的方式来

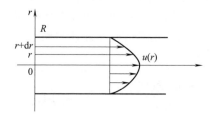

图 5.48 层流管式反应器的流速分布

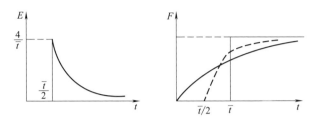

图 5.49　层流管式反应器的出口寿命分布密度函数和累积停留时间分布函数

促进管道中心和管壁附近流体的交换。例如图 5.50 中，将旋转方向不同的两个 Kenics 元件 A 和 B，放在管道中 1 和 2 的位置，则在流经 A 元件长度时已经有一定程度径向混合的两股液流，皆被 B 元件的入口面切成两半，流出 A 元件左边流道的一半和右边流道的一半在 B 元件的一个流道中继续流动并混合，因此轴向流动和径向混合不断地同时进行。与空管相比，加装静态混合器之后的累积停留时间分布曲线 $F(t)$ 明显地又向活塞流反应器靠近了一步（图 5.51）。以 RTD 为工具可以对静态混合器效能进行半定量的评估。对各种设计的静态混合器，经过多年的实验和开发研究，并用数值模拟技术探索其混合原理，已经得到丰富的结果。

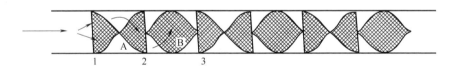

图 5.50　管道中加装 Kenics 静态混合元件

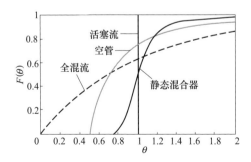

图 5.51　静态混合器的累积停留时间分布与其它反应器的比较

孟辉波（2008）以管内径 $D=50\text{mm}$ 的含有 6 个混合元件的 SK 型简易静态混合器单元模型为研究对象，相邻的两个混合元件旋转 $90°$，形成周期排列（见图 5.52），数值模拟了示踪剂在流程方向上 6 个截面上的示踪剂浓度均值，这也就是以这几个截面为出口的 RTD 在归一化为 $E(t)$ 之前的曲线。从图 5.53 中可见，静态混合器元件越多，RTD 曲线的形状越来越对称，说明管壁处的"拖尾"流体已经被置换到更靠轴线的径向位置了。孙丹（2012）的实验（图 5.54）也表明，长径比 $e=1$ 的 RTD 的无量纲方差值比 $e=1.5$ 的值平均小 60%，RTD 曲线的峰更高、更窄，表明 $e=1$ 系统内返混少，流动趋于活塞流，因为长径比小，即在较短的流动距离中流体旋转 $180°$，对流体扰动的程度显然更强，但其副作用是消耗的压降更大。

图 5.52　SK 型静态混合器实验监测位置

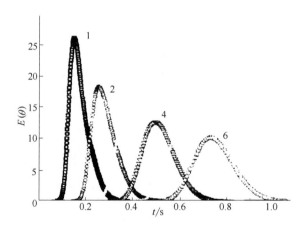

图 5.53　SK 型静态混合器 1、2、4、6 截面测得的 RTD
（$e=1.5$，$U=0.5\text{m/s}$。孟辉波，2008）

Hobbs DM（1997）的数值模拟 Kenics 静态混合器中流体 RTD 的方法，是在流场模拟之后，统计 20000 个最初均匀分布在第一个 Kenics 元件上游 1mm 处的理想颗粒（颗粒的初始位置已经处于流动充分发展区，以避免空管入口效应的影响），按颗粒的运动方程

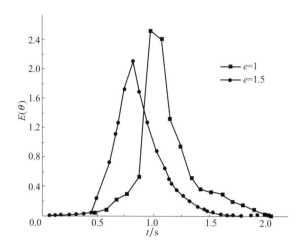

图 5.54 加装 4 组长径比不同的 Kenics 元件后的 RTD（孙丹，2012）

$$\frac{\mathrm{d}\boldsymbol{x}}{\mathrm{d}t} = \boldsymbol{u}(\boldsymbol{x}) \tag{5.88}$$

追踪颗粒的轨迹，直至离开最后一个元件的下游横截面为止，得到每一个颗粒的经过第 2 个、第 4 个等偶数个元件的停留时间 t，从而获得流体的 RTD。但每一个颗粒在统计时，需要乘以它在入口截面的流速 $u_{x,0}$ 为权重。这样得到累积停留时间分布 $F(\tau)$：

$$F(\tau) = \frac{\sum_{t=0}^{\tau} u_{x,0}\,\mathrm{d}A}{Q} \tag{5.89}$$

式中，Q 是入口流率，求和是针对停留时间在 $1\sim\tau$ 之间的所有颗粒。数值模拟所得的在第 4、8、16、32 元件出口截面的 $F(\theta)$ 见图 5.55。与空管层流（Poiseuille 抛物线流速分布）和活塞流相比较，Kenics 混合器的曲线呈 S 形，当 Kenics 元件个数逐渐增加时，曲线缓慢、渐进地向活塞流的阶跃函数 $H(\theta)$ 逼近，表明了对径向混合改善的程度逐渐增大。

　　评述：颗粒在入口截面上应该怎样分布？A：颗粒按截面面积均匀分布。或 B：按入口截面上的轴向速度为权来分布。后者才是正确的设置方法，这样每一个颗粒才代表了相同的流体质量流率。若颗粒按截面面积来均匀分布，统计时才以入口处局部流速为权重，这样入口速度大处的一个颗粒代表的颗粒数目多，这些颗粒的停留时间实际就已经被平均了，因而 RTD 所含的信息比 B 法少。另外还要注意到，近管壁的无滑移区始终存在，因而元件数 N 继续增

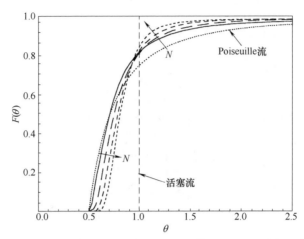

图 5.55　N 个 Kenics 静态混合元件出口截面 $F(\theta)$（箭头指示 N 增大时曲线移动的方向，
—— $N=4$；— — $N=8$；- - - $N=16$；······ $N=32$。Hobbs DM，1997）

大也不可能渐进地逼近活塞流的 $H(t)$。

　　数值模拟和实验研究都说明，静态混合元件对增强径向混合是有效的。从机理数学模型导出的流场和浓度场的细节中包含有关混合的错综复杂因果关系，不是简单的几个混合指标所能揭示的。3D 的流场和浓度场不容易直观感受，参数间的相互作用也同样不易感受，用绘图软件做成彩色立体图也没有多大帮助。因此还要有对模拟得出的庞大数据组做数据挖掘的有效新手段，才能使优化径向混合的设计更科学、更有效。静态混合器设计的复杂程度似乎不再是一个困扰数值模拟的大问题，在划分网格、提高计算速度方面，数值计算技术给人们提供了所需的工具。

　　为了改善管道反应器中的径向混合，还可以在管道内周期性地设置挡板一类的障碍（periodical baffled reactors，PBR），还可以在轴向流动上附加振荡流成为振荡挡板流动反应器（oscillatory baffled reactors，OBR），这些都能增强管道反应器的活塞流程度，已开始得到工业应用。这也是过程强化的手段之一，可以改善传质和传热，改善颗粒悬浮和输送、结晶等操作。OBR 是细长的管道反应器，其内周期性地等距布置了固定的挡板，工业 OBR 可装置几百个挡板。评价其内的混合，Danckwerts 提出的轴向扩散模型是常用的工具之一。这实际上是测量停留时间分布（RTD），用 RTD 的无量纲方差，或用轴向扩散模型来拟合 RTD，得到轴向扩散系数 D_{ax} 和 Peclet 数（$Pe=UL/D_{ax}$）。在通常的管道层流中，轴向返混主要是由于轴向流速分布不均匀，而径向混合则仅依靠分子扩散。在 OBR 中，轴向返混主要是由于轴向的振荡流，而径向混合则由于流体振荡与挡板的相互作用产生旋涡而大大强化。许多研究表明，叠加后总的结果是强化了径向混合，同时减小了轴向返混，流型更靠近活塞流。

Ahmed SMR（2017）以 RTD 为工具，研究了振荡螺旋挡板流动反应器（oscillatory helical baffled reactors，OHBR）的放大规律。螺旋式挡板在管式反应器中产生二次流动（挡板引发的旋涡）能促进管中心流体与管壁附近流体的交换（图 5.56）。对直径 10mm 和 25mm 的两种管道 OHBR，变化净轴向流量雷诺数 Re_n（100～250）和振荡强度雷诺数 Re_o（168～14820）进行示踪实验得到 RTD，若将其等价于串联全混流反应器的 RTD：

$$E(\theta) = \frac{N}{(N-1)!} (N\theta)^{N-1} \, \mathrm{e}^{-N\theta} \tag{5.90}$$

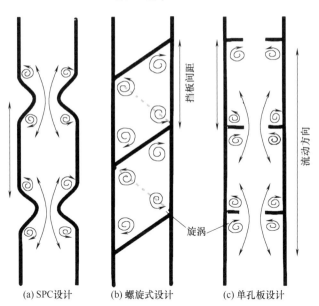

(a) SPC设计　　(b) 螺旋式设计　　(c) 单孔板设计

图 5.56　振荡挡板流动反应器（OBR）的几种挡板设计

（光滑周期收缩 SPC，螺旋式，孔板式。Ahmed SMR，2017）

则实测 RTD 的无量纲方差 $\sigma^2(\theta)$ 与串联全混流反应器的级数 N 间，有下列的等价关系：

$$N = \frac{1}{\sigma^2(\theta)} \tag{5.91}$$

N 的数值越大，说明管道反应器的 RTD 越接近于活塞流反应器。从实验得到

N 的数据表明，当流量比 $\psi = Re_o/Re_n$ 等于 0 时（没有主体净流动的振荡），OHBR 的 N 值仅为 20 左右，而 $\psi = 7 \sim 15$ 时，N 增加到 80 左右（图 5.57），说明振荡能改善小尺寸管道反应器流动的活塞流程度，是一种强化反应器效能的有效措施。但 ψ 继续增加时，N 反而逐渐下降。

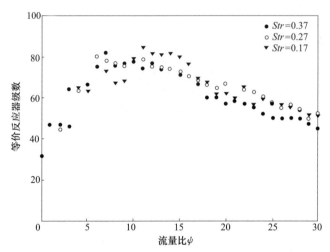

图 5.57　振荡螺旋挡板流动反应器相当的串联全混流反应器级数 N 与振荡流量比和 Strouhal 数 Str 的关系［管直径 25mm，$Str = D/(4\pi x_o)$，x_o 是流道最窄处的半径。Ahmed SMR，2017］

评述： 从图 5.56 的示意图可以看出，径向混合的强化依赖于振荡流和螺旋挡板引起的二次流旋涡，旋涡的尺度越大，则径向混合越强，但同时也带来轴向的"返混"，所以振荡流引起的二次流旋涡的轴线是与反应器轴垂直的，不可能使反应器内流动渐进地逼近活塞流。可以想见，只有旋涡轴线与反应器轴线平行的旋涡，才有可能实现理想的活塞流。图 5.56 中，若旋涡的径向尺度远大于轴向尺度，则有更好的径向混合作用，附加的轴向返混也较小，这需要装置上的创新设计。

对于大直径的塔器，一般预先装置内件或填料，它们的设计、安装或装填质量决定了径向分布的均匀性。因此，内部轴向流动的活塞流程度与初始分布的均匀度、填料尺寸、结构、湍流状态等很多因素有关。在轴向流动过程中，径向分布的均匀性会逐渐发展到一个较稳定的分布，也许是从良好的分布发展为较差的稳定分布，或从初始的不均匀分布发展为均匀性更好的分布（Wang YF，1998）。因此，工业塔器在不均匀性发展超出容许值时需要加装再分布器，这也是改善径向混合的实用方法。至于大直径的管道，其内的流动多半是湍流状态，流速的径向分布比层流条件下的抛物线型分布均匀得多，而且管道直径越大，壁区所占的截面积分数越小，这实际上也是湍流涡团起到径向混合作用的结果。通过 RTD 测试可以对流动的非理想性作出定量的评价。

5.6　小结

RTD 也是反应器内混合状态的一种表征。它与混合效能的其它表征方式之间的关系，还没有完全阐述清楚。反应器内部的流体微元年龄的时间-空间分布 $a(x，t)$ 为研究反应器内的混合状态提供了更多的信息，能更全局、更深刻地为分析和优化反应器操作服务。这些有关混合的信息和特征参数，大部分可以通过实验得到，却几乎都能用数学模型和数值模拟方法求得，后者对大型工业反应器和创新反应器构型，是研究和工程必需的高效工具。

对于有主体流动方向的反应器来说，RTD 是描述其混合状态比较适宜的指标，它反映的混合，到底是轴向的（这是要避免的），还是横向的（这是要加强的），这在它的表象上没有明确地区分，还需要研究者更深入地发现、分析。

除开 RTD 以外，还有混合时间、全反应器的年龄分布、全空间的流场/浓度场模拟等多种办法。从全空间的流场/浓度场模拟，可以简约为混合时间、RTD，显然当报告混合时间和 RTD 时，流场和浓度场中的大部分信息已经被丢弃了。所以也不可能仅从混合时间和 RTD 的信息中对反应器有更完整的认识。

停留时间分布（RTD）是化学反应工程发展中的一个重要标志。在 20 世纪计算机辅助数值模拟方法尚未发达时，化工流程中的单元设备还只能以黑箱模型来解析，实验测定也无法深入其内部，多数用在入口注入信号-在出口检测设备响应的方法，从得到 RTD 来发现、分析内部的非理想流动现象。

随着化学工程学的发展，以及数值模型方法和数值计算技术的飞跃进步，实验测定和数值模拟都逐渐向机理和细节深入，数值模拟不仅可以模拟反应器内部的单相和多相体系的层流和湍流流动，而且其间伴随的传热、传质和化学反应过程也能足够准确地模拟，从数值模拟示踪过程可以得到反应器的 RTD 信息。

图 5.58 梳理了 RTD 与反应器数值模拟之间的关系。原来人们只能通过路径 a-b，以 RTD 为中间媒介，来完成反应器诊断与创新的任务。现在可以在已知流场的基础上，以路径 c 通过模拟示踪剂在反应器内的输运，从模拟结果抽出 RTD，再用于反应器的诊断、优化和放大。更有甚者，还可以沿路径

d 直接从模拟得到的流场中估计出 RTD，工作效率更高。

从反应器的全面数值模拟已经能得到反应器内的流动、传递速率、化学反应等多方面的定量信息，可以直接对反应器进行评价和革新，为什么一定要通过 RTD 这一中间环节？捷径 e 完全可以代替路径 c-b。从反应器内场的全面模拟，可以提出许多形式各异的指标来评价反应器的效能，年龄分布也是其中之一；反应物浓度场的均匀性、从入口到出口的直通流线覆盖反应器体积的分数、能量耗散速率的分布均匀性、复杂反应的产物选择性的分布均匀性、全反应器内能量耗散与选择性间互相关系数的分布等，都是可以从模拟中得到的定量指标，其应用效能有待今后的研究来揭晓。

RTD 在化学反应工程学上曾经发挥过极大的作用，它的光辉似乎正慢慢地被计算化学反应工程的兴起掩盖了。

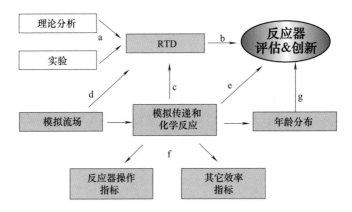

图 5.58　RTD 理论和实践的发展途径（毛在砂，2015）

◆ 参考文献 ◆

郭灵虹，杨守志，1991. 液固搅拌槽中固、液相停留时间分布. 化学工程，19（1）：27-32.

毛慧华，杨守志，1986. 液固搅拌槽中固体颗粒的停留时间分布研究. 化工冶金，7（2）：115-118.

毛在砂，陈家镛，2004. 化学反应工程学基础：北京：科学出版社.

毛在砂，杨超，2015. Perspective to study on macro-mixing in chemical reactors. 化工学报，66（8）：2795-2804.

毛在砂，杨超，冯鑫，2017. Direct retrieval of residence time distribution from the simulated flow field in continuous flow reactors. 过程工程学报，17（1）：1-10.

孟辉波，吴剑华，禹言芳，2008. SK 型静态混合器停留时间分布特性研究. 石油化工高等学校学报，21（2）：59-62.

倪建军, 郭庆华, 梁钦锋, 于广锁, 2008. 撞击流气化炉内颗粒停留时间分布的随机模拟. 化工学报, 59（3）: 567-573.

戎顺熙, 范良政, 1986. 连续流动系统停留时间的随机模型和模拟. 化工学报, （3）: 259-268.

孙丹, 金丹, 吴剑华, 王巍, 2012. 长径比对 SK 静态混合器 RTD 影响的实验研究. 机械设计与制造, （9）: 153-155.

王正, 毛在砂, 沈湘黔, 2006. Numerical simulation of macroscopic mixing in a Rushton impeller stirred tank. 过程工程学报, 6（6）: 857-863.

依安纳托斯 JB, 1997. 浮选柱内气相停留时间分布的测量. 国外金属矿选矿, （3）: 36-42, 49.

Ahmed SMR, Phan AN, Harvey AP, 2017. Scale-up of oscillatory helical baffled reactors based on residence time distribution. Chem Eng Technol, 40（5）: 907-914.

Andreux R, Petit G, Hemati M, Simonin O, 2008. Hydrodynamic and solid residence time distribution in a circulating fluidized bed: Experimental and 3D computational study. Chem Eng Process Process Intensif, 47: 463-473.

Danckwerts PV, 1952. The definition and measurement of some characteristics of mixtures. Appl Sci Res A, 3: 279-296.

Danckwerts PV, 1953. Continuous flow systems. Distribution of residence times. Chem Eng Sci, 2: 1-13.

Danckwerts PV, 1958. Local residence-times in continuous-flow systems. Chem Eng Sci, 9: 78-79.

Fan LT, Too JR, Nassar R, 1982. Stochastic flow reactor modeling: A general continuous time compartmental model with first order reactions//Petho A, Noble RD, eds. Residence Time Distribution Theory in Chemical Engineering.Weinheim, West Germany: Verlag Chemie: 75-102.

Fan LT, Too JR, Nassar R, 1985. Stochastic simulation of residence time distribution curves. Chem Eng Sci, 40: 1743-1749.

Guo BY, Yu AB, Wright B, Zulli P, 2006. Simulation of turbulent flow in a packed bed. Chem Eng Technol, 29（5）: 596-603.

Guo QH, Liang QF, Ni JJ, Xu SZ, Yu GS, Yu ZH, 2008. Markov chain model of residence time distribution in a new type entrained-flow gasifier. Chem Eng Process, 47: 2061-2065.

Harris AT, Thorpe RB, Davidson JF, 2002. Stochastic modelling of the particle residence time distribution in circulating fluidised bed risers. Chem Eng Sci, 57: 4779-4796.

Hobbs DM, Muzzio FJ, 1997. The Kenics static mixer: A three-dimensional chaotic flow. Chem Eng J, 67: 153-166.

Hua LN, Wang JW, Li JH, 2014. CFD simulation of solids residence time distribution in a CFB riser. Chem Eng Sci, 117: 264-282.

Iliuta I, Larachi F, Grandjean BPA, 1999. Residence time, mass transfer and back-mixing of the liquid in trickle flow reactors containing porous particles. Chem Eng Sci, 54: 4099-4109.

Joshi JB, Pandit AB, Sharma MM, 1982. Mechanically agitated gas-liquid reactors. Chem Eng Sci, 37（6）: 813-844.

Le Moullec Y, Potier O, Gentric C, Leclerc JP, 2008. Flow field and residence time distribution simulation of a cross-flow gas-liquid wastewater treatment reactor using CFD. Chem Eng Sci,

63: 2436-2449.

Levenspiel O, 1972. Chemical Reaction Engineering. New York: Wiley.

Li LC, 2013. CFD simulation of gas residence time distribution in agitated tank. Adv Materials Res, 732: 467-471.

Liu M, Tilton JN, 2010. Spatial distributions of mean age and higher moments in steady continuous flows. AIChE J, 56 (10): 2561-2572.

Liu M, 2011. Quantitative characterisation of mixing in stirred tank reactors with mean age distribution. Can J Chem Eng, 89 (5): 1018-1028.

Liu M, 2012. Age distribution and the degree of mixing in continuous flow stirred tank reactors. Chem Eng Sci, 69: 382-393.

Mann U, Rubinovitch M, Crosby EJ, 1979. Characterization and analysis of continuous recycle systems. AIChE J, 25 (5): 873-882.

Mao Z-S, Xiong TY, Chen JY, 1998. Residence time distribution of liquid flow in a trickle bed evaluated using FFT deconvolution with coordinated smoothing. Chem Eng Commun, 169: 223-244.

Mao Z-S, Yang C, 2016. Computational Chemical Engineering-Towards thorough under- standing and precise application. Chin J Chem Eng, 24 (8): 945-951.

Marquez N, Musterd M, Castano P, Berger R, Moulijn JA, Makkee M, Kreutzer MT, 2000. Volatile tracer dispersion in multi-phase packed beds. Chem Eng Sci, 65: 3972-3985.

Martin AD, 2000. Interpretation of residence time distribution data. Chem Eng Sci, 55: 5907-5917.

Nauman EB, 2008. Residence time theory. Ind Eng Chem Res, 47 (10): 3752-3766.

Santos RJ, Dias MM, Lopes JCB, 2012. Mixing through half a century of chemical engineering, Chap. 4//Dias R, Lima R, Martins AA, Mata TM, eds. Single and Two-Phase Flows on Chemical and Biomedical Engineering.Bentham Science Publishers: 79-112.

Simcik M, Ruzicka MC, Mota A, Teixeira JA, 2012. Smart RTD for multiphase flow systems. Chem Eng Res Des, 90: 1739-1749.

van Swaaij WPM, Charpentier JC, Villermaux J, 1969. Residence time distribution in the liquid phase of trickle ow in packed columns. Chem Eng Sci, 24: 1083-1091.

van' t Reit K, Boom JM, Smith JM, 1976. Power consumption, impeller coalescence and recirculation in aerated vessels. Chem Eng Res Des, 54: 124-131.

Wang JW, Ge W, Li JH, 2008. Eulerian simulation of heterogeneous gas-solid flows in CFB risers: EMMS-based sub-grid scale model with a revised cluster description. Chem Eng Sci, 63: 1553-1571.

Wang YF, Mao Z-S, Chen JY, 1998. Scale and variance of radial liquid maldistribution in trickle beds. Chem Eng Sci, 53 (6): 1153-1162.

Wang YF, Mao Z-S, Chen JY, 1999. The relationship between hysteresis and liquid flow distribution in trickle beds. Chin J Chem Eng, 7 (3): 221-229.

第6章
微观混合的实验研究

6.1 基本概念和定义

在化学反应工程学科初创时，Danckwerts PV（1958）就已经提出微观混合这一概念，并预见到它对某些反应过程（复杂快反应体系）的重要影响，指出微观混合有两种极限状态，即完全离集与理想混合状态，以及介于二者之间的部分离集状态。微观混合对化学工业、石油化工、制药等工业过程中涉及的快速复杂反应体系的产物分布、产品质量及操作稳定性等有重要的影响。微观混合不良致使副产物生成更多，不仅造成原料的浪费，而且增大产品的提纯等后处理工序的负担。但在此后的二三十年里，这一重要的理论概念仅能用于在定性的层面上解释具体化学反应过程中观察到的选择性、转化率等的变化，无法进行定量的预测。

微观混合涉及多种物理化学机理，其表现形式复杂，由于涉及微小的分子尺度，实验仅能探测其宏观的表现结果。即使在数值计算的软件和硬件高度发展的今天，对反应器中的微观混合现象的模型化工作仍不完善，难以用数值模拟技术来定量描述和准确分析。微观混合的研究和工程应用至今仍然是化学反应工程学中有待深入研究的课题。

研究微观混合，需要借助一些定量指标来进行比较和验证。由于微观混合涉及分子尺度上的混合均匀性，难以直接做高空间分辨率的实验测定，目前广泛使用微观混合时间来表征微观混合的效能，但这也仅仅是近似和间接的。尽管这样，微观混合时间这一概念在化学反应工程中仍然很有用。因为微观混合时间难以测定，所以也用一些对微观混合强度相对敏感的模型化学反应体系的转化率和选择性来作为微观混合效率高低的近似指标。

6.1.1 微观混合时间

6.1.1.1 微观混合时间的作用

在判定反应器内微观混合过程的重要性时，常要比较反应器的一系列特征时间，包括：微观混合时间 t_{mic}、宏观混合时间 t_{Mac}、反应物名义停留时间 τ、关键化学反应特征时间 t_{reac}。微观混合时间是指在宏观混合完成以后，分子扩散发挥主导作用，使反应物在环境中达到分子水平的均匀化过程的特征时间。通过对特征时间数值大小的比较和分析，可以对反应器内的反应过程的关键控制因素得出定性的初步判断。

如果微观混合时间 t_{mic} 大于反应特征时间 t_{reac}，意味着两种反应物在未达到分子尺度上的均匀分散的条件下就进行反应，则化学反应的（浓度）推动力有一部分耗费在推动微观混合上，不能完全用于反应，使反应速率大大低于化学反应动力学方程的预测值；而且在有竞争副反应的情况下，可能产生更多的低价值副产物。

若微观混合时间 t_{mic} 小于宏观混合时间 t_{Mac}，对于连续流动反应器，则反应物的大部分体积是用于宏观混合，而不是用于微观混合和化学反应，反应器的生产效率会很低；对间歇式反应器，则操作周期的大部分时间是在等待宏观混合完成。反应器的生产效率同样很低。

通常宏观混合时间 t_{Mac} 应该是名义停留时间 τ 的几分之一，这样反应物在反应器内的停留时间内的大部分是在宏观混合均匀的情况下，这样更有利于微观混合和化学反应的进行，不至于有部分物料在没有宏观混合好、化学反应未充分完成的状态下就流出了反应器。

Mersmann A（1994）借助这几个特征时间来分析化学沉淀过程中结晶产品性质的控制，其结论之一是：为了得到颗粒大的沉淀，应该限制平均过饱和度，尤其是最大过饱和度的数值，这需要全反应器有很好的宏观混合，但是加料点附近的微观混合要比较弱。另外，多加晶种，特别是在加料点附近，高浓度晶浆的高强度循环，反应物浓度低，也对得到大颗粒沉淀有利。这样的要求自然有利于降低加料点附近的局部高过饱和度及其体积，减小晶体的成核速率，晶粒能在全反应器内继续长大。但这样的反应器设计比较难，因为好的宏观混合要求较高的能量耗散强度，但这也正好对微观混合很有利。

6.1.1.2　微观混合时间的定义

在化学反应工程中，微观混合时间的定义有几种不同的含义。

如果宏观混合后的结果是体系已成特征厚度（或称为局部离集尺度）为 λ 的层状结构（图 6.1），一般地，各层的厚度并不相同，可以取相邻两层的中心面间的距离的平均值 λ 为特征厚度（或称为平均离集尺度），此距离代表了需要通过分子扩散来消除的浓度不均匀性的尺度，或为了达到微观混合状态反应物分子需要扩散的距离。

图 6.1　微观混合相对应的离集状态

基于层状结构的典型微观混合模型如图 6.2 所示。特征厚度 λ 为需要通过分子扩散来实现的区域的宽度，它是左右两层厚度（$2\lambda_1, 2\lambda_2$）之和的一半：

$$\lambda = \lambda_1 + \lambda_2 \tag{6.1}$$

两层的反应物初始浓度分别为 c_{10} 和 c_{20}。此微观混合过程可以用闭域 $[-\lambda_2, \lambda_1]$ 中一维非稳态扩散的偏微分方程来描述：

$$\frac{\partial c_A}{\partial t} = \frac{\partial}{\partial x}\left(D_m \frac{\partial c_A}{\partial x}\right) \tag{6.2}$$

其初始条件为

$$t = 0: \quad c_A = c_{10}(0 < x \leqslant \lambda_1), \quad c_A = c_{20}(-\lambda_2 \leqslant r \leqslant 0) \tag{6.3}$$

边界条件为

$$x = \lambda_1, \quad x = -\lambda_2: \quad \frac{\partial c_A}{\partial x} = 0 \tag{6.4}$$

求解此问题，可从所得的解析解或数值解中得到含义略微有别的特征时间。例如，若其解的形式为

$$c(t,x) \propto f(x) e^{-\frac{t}{\tau}} \tag{6.5}$$

则常数 τ 可以选择为特征时间，因为它能表征非稳态扩散过程趋向于平衡的浓度均匀状态过渡的快慢。它类比于化学反应动力学中的一级反应的半衰期。

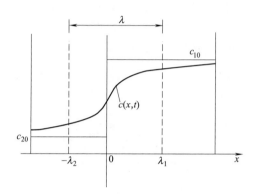

图 6.2　层状结构的一维微观混合模型

也可以从解中抽提出域中浓度分布 $c(x,t)$ 的不均匀性方差 $\sigma(t)$ 减半所需的时间为特征时间。此方差的一种典型定义方式为

$$\sigma^2(t) = \int_{-\lambda_2}^{\lambda_1} \left[\frac{c(t,x) - c_\infty}{c_{10} - c_{20}} \right]^2 \mathrm{d}x / (\lambda_1 + \lambda_2) \tag{6.6}$$

而平衡浓度为

$$c_\infty = (\lambda_1 c_{10} + \lambda_2 c_{20}) / (\lambda_1 + \lambda_2) \tag{6.7}$$

将控制方程式（6.2）无量纲化，也可能从中得到特征时间的另外一种可行定义。设式（6.2）描述的问题有以下的特征量：特征浓度（可取 $c_{10} - c_{20}$），特征长度（可取 $\lambda = \lambda_1 + \lambda_2$），特征时间（暂记为 τ）。用它们将式（6.2）中的有量纲量无量纲化得到 C、X 和 θ：$C(\theta, X) = c(x,t) / (c_{10} - c_{20})$，$\theta = t/\tau$，$X = x/\lambda$，则式（6.2）成为

$$\frac{\partial C(c_{10} - c_{20})}{\partial(\tau\theta)} = \frac{\partial}{\partial(\lambda X)} \left[D_\mathrm{m} \frac{\partial C(c_{10} - c_{20})}{\partial(\lambda X)} \right]$$

或

$$\frac{\partial C}{\partial \theta} = \frac{\tau D_\mathrm{m}}{\lambda^2} \frac{\partial^2 C}{\partial X^2} \tag{6.8}$$

因 τ 有时间的量纲，故 $\tau D_\mathrm{m} / \lambda^2$ 也是无量纲的常数参数，式（6.8）变成完全无量纲化的方程，方程中的参数也已无量纲化。所以特征时间可取为

$$\tau = \frac{\lambda^2}{D_m} \tag{6.9}$$

方程描述的是微观混合，故式（6.9）也可作为微观混合的特征时间使用。

同时也注意到，采用什么样的特征浓度不影响特征时间的定义，因为方程式（6.2）对于浓度 c 来说是线性的。采用如上定义的特征时间和特征长度，则方程式（6.2）化简成更简单、能适用于更多具体情况的无量纲方程：

$$\frac{\partial C}{\partial \theta} = \frac{\partial^2 C}{\partial X^2} \tag{6.10}$$

在相应的边界和初始条件也无量纲化后，就可继续去获得解析解或数值解。所得的无量纲解 $C(\theta, X)$，可用特征常数变换回有量纲解 $c(t, x)$ 后用于具体问题的诊断和分析。

从式（6.9）可以看出，影响微观混合速率（或时间）的最重要的因素是体系的扩散距离（平均层厚）或离集尺度。在层流体系中，它由体系中的剪切速率及其受剪切的历史决定，而在湍流体系中则受湍流流场的流体力学特性决定的宏观混合过程控制。对不同组分，分子扩散系数的数值也各不相同，而且随介质不同而变化，也就是说组分的 Schmidt 数（ν/D_m）也有一定的影响。

微观混合只能在宏观混合完成、反应物团块已经被对流和湍流分散为湍流 Kolmogorov 尺度 λ_K 大小的微元时，才能有效地发挥作用；在如此小的尺度上扩散所需的时间，即微观混合时间，按爱因斯坦扩散方程，此时间应该在 $\lambda^2/(2D_m)$ 数量级；而在各向同性湍流中的最小尺度为 λ_K，因而微观混合时间的估计值为

$$t_{mic} = \frac{\lambda_K^2}{2D_m} \tag{6.11}$$

在湍流的水性溶液中，λ_K 大小为 $10 \sim 30 \mu m$，D_m 一般在 $10^{-9} m^2/s$，因而 t_{mic} 在秒（s）的数量级。与液相中的许多化学反应速率相比，微观混合对总速率的限制作用是不可忽略的。而气相反应体系中分子扩散系数更大，t_{mic} 在毫秒（ms）数量级，因而微观混合仅对燃烧那样的快反应才有重要的影响（Hughes RR，1957）。

图 6.2 中待混合的两流体层体系的扩散距离 $\lambda = \lambda_1 + \lambda_2$，可认为大致等于 Kolmogorov 尺度，这是有关湍流中微观混合的重要参数。按各向同性湍流理论，充分湍流流体中的涡团尺度，即 Kolmogorov 尺度，为

$$\lambda_K = (\nu^3/\varepsilon)^{1/4} \tag{6.12}$$

这也是宏观混合完成、微观混合开始起主导作用时的流体微元的特征尺度。此

尺度下的流体微元上作用着数值恒定的层流剪切速率：

$$\gamma = 0.5(\varepsilon/\nu)^{1/2} \tag{6.13}$$

这两个特性均与湍流流场中的湍流能量耗散率 ε 有关。许多关于微观混合的研究也常用 ε 来估计化学反应器中的微观混合时间。

文献中也提出一些别的微观混合时间的表达式。

Geisler R (1991) 针对搅拌槽中 Sc 远大于 1 的液相体系的混合，从湍流理论推导出微观混合时间为

$$t_{mic} \approx \frac{1}{2}\sqrt{\frac{\nu}{\varepsilon_{loc}}}(0.88 + \ln Sc) \tag{6.14}$$

式中，Sc 为关键反应物在体系中的 Schmidt 数；ε_{loc} 为能量耗散率的局部值（单位 W/kg，或 m^2/s^3）；ν 为液相的运动黏度（m^2/s）。例如，对 $Sc = 1000$、$\nu = 10^{-6}\ m^2/s$ 和 $\varepsilon_{loc} = 100$ W/kg 的例子，微观混合时间 $t_{mic} = 1.2ms$，同时 λ_K 为 $18\mu m$，浓度波动的微尺度为 $3.8\mu m$，Batchelor 尺度 λ_B 为 $0.56\mu m$（$\lambda_K/\lambda_B = Sc^{0.5}$）。

Baldyga J (1989) 认为微观混合的 EDD (engulfment-deformation-diffusion) 模型，在液相中（$Sc \approx 4000$ 时）扩散的影响可以忽略，于是简化为 E 模型 (engulfment model，详见 7.2.2.4 节)，并基于湍流理论导出的卷吸速率（单位 s^{-1}）为

$$E = 0.005776(\varepsilon/\nu)^{0.5} \tag{6.15}$$

它代表的卷吸过程是微观混合的控制步骤。因其倒数有时间的量纲，所以也被用来估算微观混合时间 (Vicum L, 2004)：

$$t_{mic} = \frac{1}{E} = 17.24\sqrt{\frac{\nu}{\varepsilon}} \tag{6.16}$$

与式（6.11）相比，形式上式（6.16）用运动黏度代替了分子扩散系数，因而不直接反映分子扩散系数数值的影响。其实体系的运动黏度与反应物的扩散系数的比值（即 Schmidt 数）是一个数值变化很大的参数，因此应用式（6.16）需要注意其适用的范围。另外，这两个公式针对的都是微观混合时间的局部值，它在反应器内部各处的数值可能相差几个数量级。

评述：微观混合在机理上依赖于分子扩散。在同样的局部流体力学条件下，扩散主导的微观混合时间应该与分子扩散系数有直接的关联。式（6.16）中不出现分子扩散系数，所得 t_{mic} 估计值在某些体系中的偏差可能很大。

6.1.1.3　微观混合的控制方程

为了粗略地估计局部微观混合时间，可以设想在宏观混合之后，反应物团

块的尺度已经缩小到 Kolmogorov 尺度，但此时团块是层状、线状，还是球滴、扁椭球？团块内部是否有对流流动？这些都影响着此时分子扩散的速度和完成浓度均匀化所需的时间（微观混合时间）。

数学上最简单的情况是一维薄片、圆柱液丝或球形液滴，内外流体均静止，域外浓度恒定为 c_0，域内无化学反应。此时的微观混合相当于域内的溶质浓度逐渐向外浓度均一化的过程，可以用下列数学模型描述：

$$\frac{\partial c_A}{\partial t} = \nabla \cdot (D_{Am} \nabla c_A) \tag{6.17}$$

在一维坐标系中的展开式为

$$\frac{\partial c_A}{\partial t} = \frac{\partial}{\partial x}\left(D_{Am}\frac{\partial c_A}{\partial x}\right) \tag{6.2}$$

在球坐标系中的展开式为

$$\frac{\partial c_A}{\partial t} = \frac{1}{r^2}\left(D_{Am}r^2\frac{\partial c_A}{\partial r}\right) \tag{6.18}$$

一维问题相应的边界条件为

$$\begin{cases} x=\lambda: & c_A=c_{A0} \\ x=0: & \dfrac{\partial c_A}{\partial x}=0 \end{cases} \tag{6.19}$$

初始条件为

$$t=0: \quad c_A=0 \quad (0\leqslant x\leqslant\lambda) \tag{6.20}$$

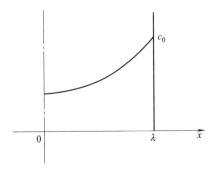

图 6.3 静止的一维薄片

对图 6.3 中的一维薄片，此问题有解析解。有绝热壁的一维非稳态传热问题的解（毛在砂，2008；Carlslaw HS，1947）为

$$T(x,t) = \sum_{n=0}^{\infty} A_n \exp\left[-\left(\frac{\pi}{2}+n\pi\right)^2 \frac{\kappa t}{L^2}\right] \cos\left(\frac{\pi}{2}+n\pi\right)\frac{x}{L} + T_L \quad (6.21)$$

其中的参数为

$$A_n = \frac{2(T_{L0}-T_L)}{\left(\frac{1}{2}+n\right)\pi}(-1)^n \quad (n=0,1,2,\cdots) \quad (6.22)$$

按传递过程的相似性，可以作以下的替换：$T \to c^*$，$\kappa \to D_{Am}$，$L \to \lambda$，$T_L \to 0$，$T_{L0} \to c_0^*$。将它改写为以浓度表示的传质问题的解，于是有

$$c_A^*(x,t) = \sum_{n=0}^{\infty} A_n \exp\left[-\left(\frac{\pi}{2}+n\pi\right)^2 \frac{D_{Am}t}{\lambda^2}\right] \cos\left(\frac{\pi}{2}+n\pi\right)\frac{x}{\lambda} \quad (6.23)$$

$$A_n = \frac{2c_0}{\left(\frac{1}{2}+n\right)\pi}(-1)^n, \quad n=0,1,2,\cdots \quad (6.24)$$

它对应的边界条件为

$$\begin{cases} x=\lambda: & c_A^*=0 \\ x=0: & \dfrac{\partial c_A^*}{\partial x}=0 \end{cases} \quad (6.25)$$

初始条件为

$$t=0: \quad c_A^*=c_0 \quad (0\leqslant x\leqslant \lambda) \quad (6.26)$$

现在设想一个与上述问题［包括方程式（6.2）］，定解条件式（6.25）和式（6.26），解为式（6.23）互补的问题，其解为 $c_A(x,t)$。它是真正要求的问题的解，其边界条件为

$$\begin{cases} x=\lambda: & c_A=c_0 \\ x=0: & \dfrac{\partial c_A}{\partial x}=0 \end{cases} \quad (6.27)$$

初始条件为

$$t=0: \quad c_A=0 \quad (0\leqslant x\leqslant \lambda) \quad (6.28)$$

易知，$C_A(x,t)=c_A(x,t)+c_A^*(x,t)$ 也满足方程式（6.2），而它的定解条件也是两问题定解条件之和，于是边界条件为

$$\begin{cases} x=\lambda: & C_A=c_0 \\ x=0: & \dfrac{\partial C_A}{\partial x}=0 \end{cases} \quad (6.29)$$

初始条件为

$$t=0：\quad C_A=c_0 \quad (0 \leqslant x \leqslant \lambda) \tag{6.30}$$

显然 $C_A(x，t)$ 的解是定常的：

$$C_A(x,t)=c_A(x,t)+c_A^*(x,t) \equiv c_0 \tag{6.31}$$

于是，得到人们关心的解 [方程式 (6.2) 和定解条件式 (6.27)、式 (6.28)]：

$$c_A(x,t)=c_0-\sum_{n=0}^{\infty} A_n \exp\left[-\left(\frac{\pi}{2}+n\pi\right)^2 \frac{D_{Am}t}{\lambda^2}\right]\cos\left(\frac{\pi}{2}+n\pi\right)\frac{x}{\lambda} \tag{6.32}$$

其中的参数为

$$A_n=\frac{2c_0}{\left(\frac{1}{2}+n\right)\pi}(-1)^n，\quad n=0,1,2,\cdots \tag{6.24}$$

从式 (6.32) 中可以看出，λ 与 D_{Am} 和 t 组成了无量纲数 $D_{Am}t/\lambda^2$，因此浓度的瞬时分布按照 $\exp\left[-(D_{Am}/\lambda^2)t\right]$ 的方式逼近稳态解，所以可以将 λ^2/D_{Am} 当作特征时间，即微观混合时间 t_{mic}：

$$t_{mic}=\frac{\lambda^2}{D_{Am}} \tag{6.33}$$

这与量纲分析得到的结果式 (6.9) 相同。这也说明，许多过程中的推动力与瞬时速率呈线性关系时，过程的进度往往符合时间的指数函数形式，从中可以抽出过程速率的特征时间常数。

比上述的基本问题更复杂的，或者是域的维数增大、几何形状更复杂、涉及化学反应等，都使数学求解更加困难，绝大多数情况下没有解析解，需要用数值计算方法来求解并对离散的数值解进行分析。

若组分 A 和 B 进行一简单的二级反应，则上述问题的控制方程中还需要增加化学反应的消耗项

$$\frac{\partial c_A}{\partial t}=\nabla \cdot (D_{AB}\nabla c_A)-kc_A c_B \tag{6.34}$$

整个问题的描述也要增加 B 组分的扩散传质方程。若薄片内初始时刻无 A，仅有浓度均匀的 B，则相应的边界条件为

$$\begin{cases} x=\lambda：\quad c_A=c_{A0}，\quad c_B=0 \\ x=0：\quad \dfrac{\partial c_A}{\partial x}=\dfrac{\partial c_B}{\partial x}=0 \end{cases} \tag{6.35}$$

初始条件为

$$t=0: \quad c_A=0, \quad c_B=c_{B0} \quad (0 \leqslant x \leqslant \lambda) \tag{6.36}$$

此问题中由于化学反应会消耗扩散进域中的 A，故 A 在薄片内的浓度均一化会比没有化学反应时慢一些，但若仍取式（6.33）为微观混合时间，在数值上不至于有数量级的误差。

无反应的组分 A 浓度的均匀化过程是一级速率（线性）过程，此微观混合过程将持续进行无限长的时间。只能人为地将均匀化到某一程度所需的时间定义为微观混合时间。由于没有其它伴随的促进传质的因素，这样定义的微观混合时间值是实际情况中的上限，而液滴形状、内部对流、形状振荡、外部对流、团块合并、破碎等拓扑变化等诸多因素，都能促进传质，缩短微观混合时间。这么多的因素发生的强度和频率，其耦合发生的机理、规律、协同或反协同效应，以及它们的准确数学描述，都是目前化学反应工程学研究中应继续探索的课题，需要针对其中的主要因素，采用模型化方法，力求得出与实际相近的描述和模拟。

至于整个反应器的微观混合时间总体值或平均值，粗略的估计是将反应器的性质参数（实验测定的或数值模拟得到的，如能量耗散强度 ε），代入上述有关的公式。比较准确的是局部微观混合时间的体积加权平均值，而不是用体积平均的 ε 来做估计。

6.1.2　离集指数

一些研究用模型反应体系（平行竞争反应、连串竞争反应）来探测反应器的微观混合效率，因为微观混合效率差会导致较慢速的副反应有更多的机会产生副产物，由此定义的离集指数 X_S 会数值变大，所以也能从 X_S 的数值反推估算出反应器的微观混合时间。

6.1.2.1　测试反应体系

微观混合是指在分子尺度上的浓度均匀化过程，这也是有效地进行化学反应的先决条件。因此，可以用测试化学反应来探测微观混合的效率。关于宏观混合的实验测定与数学模型已经多见于化工文献中，但研究宏观混合问题采用的电导法、光学法等物理实验方法不适合于微观混合的研究，因为微观混合涉及的尺度极小（10～100μm），传统的物理测量方法难以在实验室反应器中达到这样小的分辨率，也很难断定实验现象和结果是否真是微观混合尺度上的表现。双分子化学反应是一定要经过分子扩散这样的步骤才能发生，化学反应结果表现出来的差异必然包括了微观混合机理的效应。因此微观混合的探测必须用化学法，即选择对微观混合敏感而又便于分析产物的反应体系作为"模型反应"，通过测量反应结果来考察微观混合的好坏及其影响机制。Danckwerts PV（1958）首先指出：在均相反应体系中，两种物质混合时会发生混合不完全的离集（segregation）现象，提出用离集强度（intensity of segregation）这个参数来表示微观混合状态。随后，又提出了离集尺度（scale of segregation）这一概念，并为众多研究者接受和使用。微观混合不良，其原因必然来自反应器空间中的离集尺度偏大，整体或局部地延缓了分子扩散的进程。

在数学模型和数值模拟方法还未发展起来的早期，主要是通过模型反应来探测混合体系中微观混合的效率。比较混合条件对模型反应产物的收率和选择性的影响，可以半定量地判断混合体系的微观混合性能的好坏。测试反应应该满足下面一些基本要求：

① 反应的特征时间比被测反应器的微观混合时间短，或者接近；

② 化学反应的计量关系确定，没有未知的额外反应；

③ 各个反应的反应动力学方程和参数已知；

④ 反应产物的测定方法简单、可靠；

⑤ 所用化学药品安全、价廉。

文献报道的模型反应主要有三大类，包括

简单反应：$A + B \longrightarrow R$

平行竞争反应：$A + B \longrightarrow R$，$A + C \longrightarrow S$

连串竞争反应：$A + B \longrightarrow R$，$R + B \longrightarrow S$

由于后两种是复杂反应体系，可以通过测定产物或副产物的分布来表示微观混合效果，实验结果与微观混合之间的对应关系更为直接，因而现在简单的模型反应几乎不再被采用。Baldyga J（1999）列举了很多文献报道和应用过的模型反应体系。

6.1.2.2 离集指数的定义

所谓离集指数（index of segregation）实际上是混合不好时测试反应体系中产生的副产物数量相关的指标，或此副产物的选择性。不同模型反应体系中的定义方法略有不同。

连串竞争反应体系。此类竞争反应体系中第一个反应的生成物 R，在第二个反应中再消耗一个反应物 B：

$$A + B \longrightarrow R \tag{6.37}$$

$$R + B \longrightarrow S \tag{6.38}$$

式中，B组分为限制性组分，即A总是过量的。反应1［式（6.37）］的反应速率常数为k_1，反应2［式（6.38）］的反应速率常数为k_2，应选择k_2远小于k_1。

若微观混合很好，则加入的B能与过量的A在分子尺度上均匀混合，而且k_1很大，所以大量生成R，但R也能迅速地分散开来，浓度很低，加上k_2很小，B已经基本被耗尽，副反应2生成的副产物S极少。相反，微观混合不好，则加入的B仅在B液团块的表面上与A反应，但生成的R也不能迅速地因微观混合而分散开来，局部浓度较高，虽然k_2很小，但副反应2仍有机会进行，生成一定量的副产物S。因此，可以用S的生产量来表示微观混合能力差的事实。为此，可定义离集指数X_S来表示反应器中的微观混合能力低下的程度：

$$X_S = \frac{2c_S}{2c_S + c_R} \tag{6.39}$$

式中，c_R为主反应产物R最终浓度；c_S为副反应产物的浓度。产生一个S分子需要消耗2个B，所以X_S实际上是B生成S的选择性。当微观混合十分完全时，$X_S = 0$；微观混合很差，两种反应流体完全离集时，$X_S = 1$；部分微观混合时，$0 < X_S < 1$。

平行-竞争反应体系。反应方程式为

$$A + B \longrightarrow R \tag{6.40}$$

$$A + C \longrightarrow S \tag{6.41}$$

其中主反应［式（6.40）］的反应速率常数k_1远大于副反应［式（6.41）］的反应速率常数k_2。实际测试反应体系中，主反应常为酸碱中和一类的瞬间反应，其本征反应速率常数比副反应大好几个数量级。

若微观混合很差，则加入的反应物A只能在液团的表面上与反应器中已经均匀分散的B和C反应，由于A向界面扩散（微观混合）的速率很小，扩散来的A仅能按B和C的浓度之比和它们分别反应；而微观混合很好时，A在反应发生前就能与B和C均匀混合，故能在此均相体系中按本征动力学进行反应，速率常数k_2很小，故S的生成量极微。这样可通过测定产物S的浓度来计算离集指数以反映微观混合效果：

$$X_S = \frac{c_S}{c_S + c_R} \tag{6.42}$$

这里定义的X_S实际上是A反应生成副产物S的选择性。因此，当微观混合很差和很好的两个极端时，X_S 为 0 或为 1；而微观混合处于中间状态时，$0 < X_S < 1$。

6.1.2.3　简单化学反应体系

两组分 A 和 B 进行一简单反应，$A + B \longrightarrow R$，反应过程必然经过宏观混合、微观混合、化学反应三个阶段。简单反应只有一个指标，即转化率。在宏观混合能力足够强，或事后发现其结果不影响微观混合和化学反应的共同作用结果时，化学反应的速率（或转化率）的数值大小就包含了微观混合的影响。若化学反应的本征动力学很快，则反应物扩散（微观混合）速度有可能比本征化学反应动力学慢，使某一组分的扩散成为速率控制步骤，化学反应的速率或转化率就指示了微观混合的能力。因此测定反应器中实际的动态反应速率或流动反应器出口的关键组分的转化率，也能指示反应器中的微观混合状态。

早期的化工文献中有利用简单反应探测反应器微观混合的报道。Klein JP（1980）在稳定流动反应器中以 NaOH 水解硝基甲烷，测定出口流中的硝基甲烷转化率。但由于所选择的反应特征时间与反应器停留时间、宏观混合时间相近，很难简明地分辨出微观混合和宏观混合（通过 erosion 机理）对反应进度的影响。简单化学反应在近二三十年中的微观混合研究中很少被采用。

化学沉淀过程也是一种快反应，通常是离子化合物间的快反应。例如化学工程研究中常用的硫酸钡沉淀过程，当硫酸溶液和氢氧化钡溶液混合时，酸碱中和，同时钡离子与硫酸根离子生成硫酸钡，硫酸钡的溶度积很低，则以固相的形式沉淀下来，溶液成为乳白色的悬浊液：

$$Ba(OH)_2(A) + H_2SO_4(B) \longrightarrow BaSO_4(S) \downarrow + 2H_2O \qquad (6.43)$$

通常生成的沉淀为细小的微米级晶体，这涉及一个复杂的成核和之后晶核长大的串联过程。因此，硫酸钡生成时在溶液中形成很高的过饱和度，它决定了成核和生长的速率，表现为最终得到晶粒的大小和粒度分布，反应器中的宏观混合和微观混合通过影响化学反应速率和过饱和度的分布来影响整个化学沉淀过程，因此也可用作微观混合的测试反应（Chen JF，1996）。乙酸钙、碳酸钙、草酸钙、氯化银、溴化银等的化学沉淀也有用于微观混合研究的报道。化学沉淀用于研究微观混合，虽然不属于复杂反应测试体系，但实验能得到多于一个的指标来反映微观混合的影响，所以至今仍然在化学工程研究中应用。这将在6.2.3 节中讨论。另外，既然微观混合对沉淀过程有明显的影响，因此微观混合机理的研究也能直接用于工业化学沉淀及产品质量控制上去。

6.2 复杂测试反应

常见的平行竞争模型反应主要有 Bourne JR（1994）提出的酸碱中和与氯乙酸乙酯水解反应，以及 Fournier MC（1996a）提出的硼酸盐-碘酸盐与酸进行的平行竞争反应。连串竞争模型反应有 Bourne JR（1981）提出的 1-萘酚与对氨基苯磺酸重氮盐在弱碱性（pH＝10）条件下反应生成单偶氮和双偶氮两种染料的反应。

可以用于测试微观混合效率反应的模型反应体系很多，在提出上述 3 个反应体系的文献中，均对此前提出体系的优缺点有所评述。检索近 20 年的微观混合研究文献也表明，这 3 个体系的应用是最普遍的，这里仅对这 3 个体系作详细介绍。

6.2.1 平行竞争反应

6.2.1.1 碘化物/碘酸盐体系

硼酸盐-碘酸盐与酸进行的平行竞争反应体系，也称为 Villermaux-Dushman 反应体系（Fournier MC，1996a）。这个体系所用的反应试剂很常用，三碘负离子有特征的紫色，其浓度容易用分光光度法测定，实验重复性好，因此在许多微观混合研究中被采用。该体系主要包括以下三个反应：

$$H_2BO_3^- + H^+ \xrightarrow{k_1} H_3BO_3 \tag{6.44a}$$

$$5I^- + IO_3^- + 6H^+ \xrightarrow{k_2} 3I_2 + 3H_2O \tag{6.44b}$$

$$I_2 + I^- \xleftrightarrow{k_3} I_3^- \tag{6.44c}$$

反应 1［式(6.44a)］为酸碱中和瞬间反应，反应动力学方程为

$$r_1 = k_1 c_{H^+} c_{H_2BO_3^-}, \quad k_1 = 10^{11} \, \text{m}^3/(\text{kmol} \cdot \text{s})$$

反应 2［式(6.44b)］为氧化还原反应，也称为 Dushman 反应，是一快反应，反应动力学方程为

$$r_2 = k_2 c_{I^-}^2 c_{IO_3^-} c_{H^+}^2 \tag{6.45}$$

反应动力学常数 k_2 可由反应物的离子强度 I 计算而得：

$$\lg k_2 = 9.28 - 3.66\sqrt{I} \quad (I < 0.16 \, \text{mol/L})$$

$$\lg k_2 = 8.38 - 1.51\sqrt{I} + 0.23I \quad (I > 0.16\text{mol/L})$$

反应 3 [式(6.44c)] 为平衡反应,反应动力学方程为

$$r_3 = k_3 c_{\text{I}^-} c_{\text{I}_2} - k_3' c_{\text{I}_3^-} \tag{6.46}$$

式中,k_3 为 $5.6 \times 10^6 \text{m}^3/(\text{mol} \cdot \text{s})$;$k_3'$ 为 $7.5 \times 10^6 \text{s}^{-1}$。反应 3 的化学反应平衡常数

$$k_3 = \frac{[\text{I}_3^-]}{[\text{I}^-][\text{I}_2]} \tag{6.47}$$

的数值可按下式计算:

$$\lg k_3 = \frac{555}{T} + 7.355 - 2.757\lg T \tag{6.48}$$

此模型体系配制两个溶液 A 和 B,溶液 A 含硼酸盐、碘酸盐和碘化物,溶液 B 是酸溶液。若含氢离子的溶液 B 能与溶液 A 很快地混合均匀,则 H^+ 只参与反应 1,因为此反应的速率常数极大,反应 2 的速率常数小好几个数量级;若两股溶液混合很差,则 H^+ 会有机会参与反应 2,生成 I_2,I_2 再与 I^- 离子经可逆反应 3 反应生成 I_3^-,使溶液显出典型的紫色。确定经反应 2 生成的 I_2 的量可以表征微观混合不良的程度。反应 1 是希望的主反应,反应 2 是不希望发生的副反应。

显特征紫色的 I_3^- 浓度容易用光度法测定。但还有一部分单质碘没有转化为 I_3^-。因此需要利用反应 3 的可逆化学反应平衡,来计算这部分 I_2 的浓度 $[\text{I}_2]$。对碘原子进行物料衡算:

$$[\text{I}^-] = [\text{I}^-]_0 - \frac{5}{3}([\text{I}_2] - [\text{I}_3^-]) - [\text{I}_3^-] \tag{6.49}$$

由上式代入式(6.47)后,整理可得

$$-\frac{5}{3}[\text{I}_2]^2 + \left([\text{I}^-]_0 - \frac{8}{3}[\text{I}_3^-]\right)[\text{I}_2] - \frac{[\text{I}_3^-]}{K_3} = 0 \tag{6.50}$$

已测得 $[\text{I}_3^-]$ 后可以从上式求出 $[\text{I}_2]$ 来。

微观混合效果由离集指数 X_S 表示:

$$X_\text{S} = \frac{Y}{Y_\text{ST}} \tag{6.51}$$

式中,Y 是反应 2 所消耗掉的氢离子与反应 1 和反应 2 总共消耗掉的氢离子之比,即由氢离子生成单质碘的选择性;而 Y_ST 为只发生反应 2 状态下的 Y 值,即微观混合效率为 0 时反应 2 的 Y 值,或其上限值。故式(6.51)的 X_S 为副反应选择性 Y 以 Y_ST 归一化的数值,故 X_S 的数值在 0 和 1 之间,更便于与其

它体系和其它条件下的离集指数进行比较。$X_S = 0$ 表示两反应溶液完全混合均匀，微观混合极为高效；$X_S = 1$ 表示两溶液完全离集，微观混合效率为 0；$0 < X_S < 1$，表示两溶液部分离集，微观混合处于中间状态。

对半分批式的实验（图 6.4），含硼酸盐/碘酸盐/碘化物的溶液 A，体积为 V_A，以 NaOH 调节好 pH 值，预先加入反应器中；含硫酸之类强酸的溶液 B 则以一定的流率，加进反应器中。体积为 V_B 的溶液 B 加完、反应完成后，取溶液样用紫外/可见分光光度计在 353nm 处分析 I_3^- 的浓度，由化学平衡得到单质碘的浓度，于是按下式计算 Y 和 Y_{ST} 的数值：

$$Y = \frac{2(V_A + V_B)([I_2] + [I_3^-])}{V_B[H^+]_0} \tag{6.52}$$

$$Y_{ST} = \frac{6[IO_3^-]_0}{6[IO_3^-]_0 + [H_2BO_3^-]_0} \tag{6.53}$$

式中，$V_A + V_B$ 为反应完成后的溶液总体积。反应后的溶液样再通过物料衡算计算生成的 I_2，然后计算出离集指数 X_S，表征反应体系微观混合的程度。

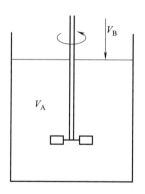

图 6.4　半分批式反应器的微观混合实验

实验前配制溶液时，必须确定实验中溶液的 pH 的范围。Fournier MC (1996a) 根据含碘组分（I^-，I_3^-，IO_3^-，I_2）溶液涉及的半电池电位 E 与离子浓度的关系式，绘制了电位 E-pH 图，确定了一个 pH^*：若 $pH < pH^*$，单质碘是热力学稳定的；但若 $pH > pH^*$，则碘离子和碘酸根是热力学稳定的，它们不会自发反应生成碘。从 E-pH 图可以确定，碘总浓度 0.01mol/L 时，$pH^* = 8.3$；碘总浓度 0.02mol/L 时，$pH^* = 8.6$。反应体系的初始 pH 值由硼酸的浓度决定，但 pH 终值是由注入的酸量来决定的。若 pH 的初值和终值都大于 pH^*，则生成的单质碘只能由 Dushman 反应产生，必定是微观混合表现不良的结果。所以，微观混合实验应选择 pH 为 10，与此相应初始硼酸浓度为 0.0909mol/L，则 NaOH 浓度在 0.0454～0.0909mol/L，硼酸盐浓度在 0.0454～0.0898mol/L（Fournier MC，1996a）。建议先配制碘酸盐和碘化物的溶液，然后加入氢氧化钠使溶液显碱性，以避免在酸性环境中生成单质碘，最后加入硼酸得到溶液 A。

Fournier MC（1996a）发现：碘化物和碘酸盐的浓度高，则离集指数也高；因为这使 Dushman 反应加速，生成更多的碘单质。硫酸浓度低，则离集指数小，但 Dushman 反应对酸浓度的反应级数高些。

对此反应体系的最佳组成进行了许多研究。总体看来：硫酸的量和浓度没有绝对的要求，与之反应的其它试剂一般略微过量；硼酸盐与碘酸盐的摩尔比为 1∶6；碘化钾的浓度大大高于反应生成的 I_2 的浓度，使生成的能优势地生成络合物 I_3^-。具体的反应物浓度为（Guichardon P，2000a，2000b）溶液 A 中：$[H_3BO_3]_0 = 0.1818mol/L$，$[NaOH]_0 = 0.0909mol/L$，$[KI]_0 = 0.01167mol/L$，$[KIO_3]_0 = 0.00233mol/L$；溶液 B 中 $[H_2SO_4]_0 = 0.5mol/L$。已经证明 0.5mol/L 和 2mol/L 的 H_2SO_4 溶液都可以使用，但硫酸浓度高会使离集指数 X_S 的数值略微增大（Baldyga J，1999；Assirelli M，2005）。

溶液 B（酸液）的加料速度对实验结果有明显影响：加料时间 t_f 延长，会使离集指数下降，直至一稳定的渐近值，如图 6.5 所示。公认的解释是：在一定的流体力学条件下，体系的宏观混合能力有限，加料过快，溶液 B 的分散变慢，使微观混合的条件变得不利；因此需要延缓加料速度，以避免宏观混合因素的影响，为离集指数数据的比较分析提供合理的基准。一般需要进行预实验，针对宏观混合较差的实验条件（系列实验中转速最低、桨型不利等），找到使离集指数降到了渐近值的临界加料时间 t_c。此后的所有实验，均按此加料时间，就可以使测得的离集指数可信地反映微观混合的效率。图 6.5 中的两个转速下搅拌槽的 t_c 可取为 180s。Bourne JR（1991c）发现 t_c 与搅拌桨径有关（与 $D^{5/3}$ 成正比），这个关系可以帮助判断 t_c 的大致数值。而且加料管的直径也有影响。Fournier MC（1996a）比较其它条件相同但加料管的直径分别为 1mm 和 2mm 的实验，结果是后者的离集指数较大，因为 2mm 管产生的初始涡团较大，而所带动能较少，使微观混合进行的流场条件更差（Fournier MC，1996a）。

而对连续流动反应器，如管式反应器、微通道反应器、撞击流反应器等，两股反应物料均以稳定的流率进入反应器（图 6.6），在反应器出口取样，快速用紫外/可见分光光度计在 353nm 波长处分析产生的 I_3^- 量。若溶液 A 和 B 分别以 q_A 和 q_B 的体积流率注入，则仅有 Dushman 反应进行时的收率为

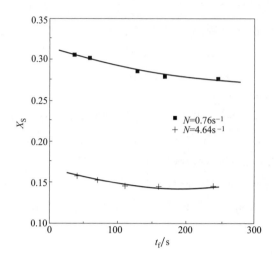

图 6.5　溶液 B 加料时间对离集指数的影响（20L，加料点 2。Fournier MC，1996a）

$$Y = \frac{2q_A([I_2]+[I_3^-])}{q_B[H^+]_0} \tag{6.54}$$

而 Y_{ST} 的计算公式不变，依然仅决定于溶液 A 中与氢离子 H^+ 竞争的碘酸盐与硼酸盐浓度的比值。不同形式的反应器，溶液 A 和 B 进入反应器的地点和方式也会各不相同。

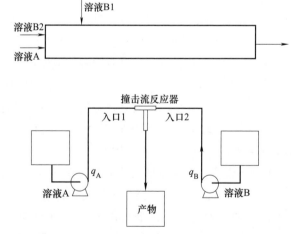

图 6.6　连续流动反应器的微观混合实验

硼酸盐-碘酸盐反应体系后来也被用于两相和多相体系。杨雷（Yang L，2013b）将其用于液固体系的搅拌槽中微观混合的研究。此时应该注意所用的固相不与体系中的反应物进行化学反应或被固相表面及内部微孔吸附，以致使碘酸盐的消耗量产生误差。

Lin WW（1997）采用此反应体系研究气液搅拌槽内的微观混合，发现离集指数有明显的分散。Zhao D（2002）分析认为这主要是因为气体夹带造成碘单质损失引起的。单质碘是容易升华的固体，也就是说它的平衡蒸气压很高，即使在溶液状态的 I_2 也有挥发进气泡的可能。模型体系中存在过量碘离子能减少单质碘的浓度，将其转化为更稳定的三碘负离子，能有效地减少 I_2 的挥发。用于气液体系时 I_2 挥发引起的误差大小应通过热力学平衡的计算来定量估计。

Pinot J（2014）发现在硼酸盐-碘酸盐-碘化物反应体系用于高黏度体系时，由于体系的碱性 pH 值范围稍高，生成的单质碘会与提高液相黏度的试剂（如 HEC 羧乙基纤维素）缓慢反应，使测定产生误差。总碘量（I^-，I_3^-，IO_3^-）0.014mol/L 的溶液中 $pH^* = 7.1$，即 $pH < pH^*$，单质碘是热力学稳定的，微观混合测试应在 $pH > 7.1$ 的环境中进行。典型硼酸盐缓冲溶液 pH 范围是 $8.5 < pH < 9.5$，Villermaux-Dushman 反应生成的 I_2 会与 HEC 缓慢反应而损失；但在磷酸盐缓冲溶液中（$7.4 < pH < 7.8$），单质碘不会损失。因此 Pinot J（2014）使用的磷酸盐-碘酸盐-碘化物测试体系，其溶液组成为：$[I^-]_0 = 0.0116mol/L$，$[IO_3^-]_0 = 0.00233mol/L$，缓冲液 $[H_2PO_4^-]_0 = 0.02mol/L$，$[H_2PO_4^{2-}]_0 = 0.09mol/L$，$pH = 7.8$；硫酸溶液 $[H^+] = 1mol/L$，成功地测定了间歇式操作搅拌槽中 HEC 浓度 0.12%～0.5%、黏度 3～50mPa·s 的水溶液以 Ekato paravisc 桨搅拌时的微观混合比。

6.2.1.2 氯乙酸乙酯水解体系

酸碱中和和氯乙酸乙酯水解的平行竞争反应也是研究微观混合的典型反应体系（Yu S，1993；Bourne JR，1994；Guichardon P，1997），涉及的化学反应如下：

$$NaOH(A) + HCl(B) \longrightarrow NaCl(R) + H_2O \qquad (6.55a)$$

$$NaOH(A) + CH_2ClCOOC_2H_5(C) \longrightarrow CH_2ClCOONa + C_2H_5OH(Q)$$

$$(6.55b)$$

其反应常数分别为：

$$k_1 \approx 10^8 \, \mathrm{m}^3/(\mathrm{mol \cdot s})$$

$$k_2 = 2.0 \times 10^5 \exp(-3.891 \times 10^4/RT) \, \mathrm{m}^3/(\mathrm{mol \cdot s})$$

第一个反应很快，可视为瞬时反应，而第二个反应速率比前者小了 9 个数量级。因此，在微观混合不良的情况下，才有氯乙酸根和乙醇生成。所以，可用反应完成后产物 Q 的收率来表示微观混合不良的程度：

$$X_S = c_Q/(c_Q + c_R) \tag{6.56}$$

对于理想混合则 $X_Q \to 0$，对于完全分隔的两股物料，则 $X_Q \to 0.5$（若 B 和 C 的初始浓度相等）；实际混合应介于两者之间即 $0 < X_Q < 0.5$。产物分布通过气相色谱仪测定产物中乙醇或氯乙酸乙酯的浓度用外标法进行分析确定。

Bourne JR（1994）在 19L 搅拌槽中预先加入盐酸和氯乙酸乙酯（浓度均为 90mol/L）的预混匀溶液，氢氧化钠溶液物质的量与盐酸或氯乙酸乙酯相等，但浓度为它们的 20~50 倍，在不同的加料点、在指定的时间间隔内加进搅拌槽中，测得的离集指数 X_S 在 0.1~0.3 间，随加料时间、加料点、搅拌转速等而变化。张伟鹏（Zhang WP，2014）在环流反应器中（直径 $T = 0.3\mathrm{m}$、静液层高不超过 $5T$），加入预先均匀混合的溶液（盐酸和氯乙酸乙酯浓度均为 $40\mathrm{mol/m}^3$）12.27L，通入指定速率的空气，流动稳定后，将浓度为 $2000\mathrm{mol/m}^3$、体积为 1L 的氢氧化钠溶液通过进料管缓慢加入反应器内的溶液中；反应完成后取样分析，所得的 X_S 值在 0.04~0.3 之间。

此测试体系起初用于单液相反应器，后来也被推广用于多相体系。在用于气液反应器时，也会有体系中的反应物氯乙酸乙酯和产物乙醇挥发进入气体中的问题，也应当注意对气液两相体系测定引起的误差。

6.2.2　连串竞争反应

连串竞争反应体系常用的是偶氮化反应。Bourne JR（1981）选用 1-萘酚与对氨基苯磺酸重氮盐反应生成单偶氮和双偶氮染料的反应为模型反应体系，实验时用分光光度计测定反应后溶液中单偶氮和双偶氮染料的量，然后计算出离集指数 X_S 的值。

1-萘酚（A）与对氨基苯磺酸重氮盐（B，简称重氮盐）的重氮偶联反应是一连串反应体系，其反应方程和动力学表达式可简单地表示为：

$$\mathrm{A} + \mathrm{B} \longrightarrow \mathrm{R}, \qquad r_A = k_1 c_A c_B \tag{6.57a}$$

$$\mathrm{R} + \mathrm{B} \longrightarrow \mathrm{S}, \qquad r_S = k_2 c_R c_B \tag{6.57b}$$

式中，R 为 4-对磺酸苯偶氮基-萘酚（简称单偶氮）；S 为 2,4-双（对磺酸苯偶

氨基）萘酚（简称双偶氮）。反应动力学为两个双分子的二级动力学过程
（Bourne JR，1981），反应速率常数为

$$k_1 = 7.3 \times 10^3 \, \mathrm{m^3/(mol \cdot s)}$$

$$k_2 = 3.5 \, \mathrm{m^3/(mol \cdot s)}$$

反应条件为：pH=10.0，298K；A 和 B 的浓度均为 0.0125mol/m³。缓冲溶
液由 Na_2CO_3 和 $NaHCO_3$ 组成，浓度皆为 10mol/m³（$I=40$mol/m³），足以
保持 pH=10 在反应过程中不因组分的离子平衡和反应产生的 H^+ 离子而
变化。

实验时选择 A 和 B 的物质的量一般为 1：1 的计量关系，或 A 略微过量，
则重氮盐因反应耗尽终止后，快反应 1 生成的 R 和速度慢的副反应 2 生成的 S
不再继续反应，微观混合对反应的影响以产物 R 和 S 生成的数量体现出来，
按下式

$$X_S = \frac{2c_S}{2c_S + c_R} \tag{6.58}$$

计算出生成 S 的选择性，作为模型反应的离集指数 X_S。

由于 R（单偶氮）和 S（双偶氮）都是染料，可以方便地用分光光度计测
量它们的浓度。R 和 S 对光的吸收是叠加的，因此，光路长固定为 δ 时，对波
长为 λ 的光线的吸收（以光密度 E 表示）就有

$$\frac{E}{\varepsilon_R \delta} = c_R + c_S \frac{\varepsilon_S}{\varepsilon_R} \tag{6.59}$$

其中 ε_R 和 ε_S 分别是 R 和 S 的消光系数，它们一般随光的波长变化。式
（6.59）中有两个浓度值是待求解的未知数，因此只要在两个波长上测定样品
的光吸收，则可解出 c_R 和 c_S。为了减小测量的误差，推荐在 400～600nm 区
间内取 5 个以上的波长测定，从 Bourne JR（1981）给出的吸光系数图查出不
同波长下的 ε_R 和 ε_S，按式（6.59）绘 $E/(\varepsilon_R \delta) \sim (\varepsilon_S/\varepsilon_R)$ 图或线性回归，直
线的截距和斜率就是待求的 c_R 和 c_S。

Bourne JR（1990a）用偶氮化反应实验研究了搅拌釜进料时间、进料位置
以及进料分布对微观混合特性的影响，实验条件为：298K，1-萘酚（A）与对
氨基苯磺酸重氮盐（B）溶液的体积比为 $\alpha=10$：1，A 先加在搅拌槽中，反应
终了的体积为 20.1L（槽直径 0.29m，液位高 0.29m）；A 过量系数 1.15，A
液中含碳酸钠和碳酸氢钠各 110mol/m³ 使其 pH 缓冲至 10，B 液浓度为
22mol/m³。认为速率常数近似为 $k_1 \approx 12 \times 10^3 \, \mathrm{m^3/(mol \cdot s)}$，$k_2 \approx 2 \, \mathrm{m^3/(mol \cdot s)}$。
刘海峰（1999）也以此测试体系研究了撞击流反应器内微观混合，X_S 在

0.02～0.08 之间。

随后的研究发现，第一步反应［式（6.57a）］中只考虑了对位的偶联反应，还有少量的间位反应也同时发生，更准确的反应过程为

$$A+B \longrightarrow p\text{-}R \tag{6.60a}$$

$$A+B \longrightarrow o\text{-}R \tag{6.60b}$$

$$p\text{-}R+B \longrightarrow S \tag{6.60c}$$

$$o\text{-}R+B \longrightarrow S \tag{6.60d}$$

其相应的动力学方程及速率常数可参见文献（Bourne JR，1990b）。这样，离集指数的计算式就从式（6.58）变为

$$X_S{}^* = \frac{2c_S}{2c_S + c_{p\text{-}R} + c_{o\text{-}R}} \tag{6.61}$$

基于 Bourne JR（1990b）提供的 3 种染料的吸光系数数据，在几个波长下对样品做分光光度测定，对光吸收（光密度 OD）数据做三元线性回归拟合

$$E = \varepsilon_{p\text{-}R} c_{p\text{-}R} + \varepsilon_{o\text{-}R} c_{o\text{-}R} + \varepsilon_S c_S$$

则可得到三种产物的浓度值。

Lips M（1990）在 $0.01 < X_S < 0.25$ 区间的实验测定表明：$X_S > 0.15$，两种方法的结果基本一致（X_S 误差在 ± 0.005），可以适用到 $X_S < 0.4$；$X_S < 0.15$ 时则有

$$X_S{}^* = 0.884 X_S + 0.0203$$

即旧方法低估了离集指数。所幸这个关系是线性的，在有限的条件范围里对 X_S 的比较分析不致出现趋势上的误判。

构成测试反应体系的两个反应，第一个反应是快反应，或接近于瞬时反应，它的特征反应时间比微观混合特征时间数量级地短，第二个反应则是慢反应，但其特征时间与微观混合时间接近，微观混合的好坏能影响它的反应速率，这样就可以在反应体系最终产物的分布上体现出微观混合的影响。Bourne JR（1992b）提出在上述偶氮化反应体系中增加一个 2-萘酚（A2）的偶氮反应（没有产物异构体，也不生成双偶氮染料）：

$$A2+B \longrightarrow Q \tag{6.62}$$

使反应体系包括 5 个反应。这样，可以得到两个离集指数：

$$X_S = \frac{2c_S}{2c_S + c_Q + c_{p\text{-}R} + c_{o\text{-}R}}$$

$$X_Q = \frac{c_Q}{2c_S + c_Q + c_{p\text{-}R} + c_{o\text{-}R}}$$

1-萘酚的重氮化反应［式(6.60)］是连串竞争反应体系，它适合于局部湍流能耗在 10^2 W/kg 量级的流场，而第 5 个反应［式(6.62)］则是与前 4 个反应的总反应竞争的平行副反应，这相当于将两个测试体系组合在一起，应用起来有更大的灵活性和更宽的适用范围。Bourne JR (1992b) 认为，用此扩展体系在适当选择操作条件（V_A/V_B 体积比、两种萘酚质量比、反应物浓度）下可用于湍流能耗在 10^5 W/kg 量级的流场。但这也增加了产物化学分析的复杂程度，所以后来很少被同行采用。

Brilman DWF (1999) 将 1-萘酚的偶氮化的 4 反应机理和动力学应用于研究搅拌槽中的分散相（颗粒、气泡、液滴）对微观混合效果的影响，研究发现气液搅拌槽中通气（0.5～10vvm）几乎对微观混合没有影响。染料在玻璃珠颗粒上的吸附很弱，可以忽略。分散相存在对模型反应的本征动力学和主、副产物分布没有影响。若分散相的作用以多相体系的流体力学特性（液体连续相的湍流性质、湍流动能谱等）体现出来的话，则 E 模型也能正确地应用于两相体系的计算。对液液两相体系，染料产物可能被分散相液滴萃取，但考虑了溶质相间分布平衡，并耦合相间传质数学模型后，仍然能很好地用 E 模型来描述这个微观混合影响下的产物分布。

评述：1-萘酚的偶氮化连串反应，其产物用分光光度计分析，比较方便。所涉及的化学物质不挥发，适合于在气液两相体系中应用。在液液两相体系中，染料等可能会被分散相萃取，考虑液液相间传质和热力学平衡之后，也能用于液液两相体系。在一般的微观混合研究中，近似地采用两反应机理来处理实验数据是可以接受的，化学工程文献中采用 4 反应机理的微观混合研究相对较少。

6.2.3　化学沉淀

快速化学沉淀反应过程也依赖于反应器内的物料混合状态，其产品粒度分布和晶体形貌等受微观混合影响显著，所以也能作为微观混合实验研究的一个模型反应。Villermaux J (1986) 曾指出，虽然有关微观混合对沉淀过程影响的研究还很少，但沉淀及其产物颗粒的有效控制将会是微观混合理论最有希望找到工业应用的一个领域。

早在 1980 年代，Barthole JP (1982) 建议用酸来从碱性的 Ba-EDTA 络合物溶液中沉淀 $BaSO_4$，它是一个包含两个反应的连串反应体系：

$$A(Ba\text{-}EDTA) + B(H^+) \longrightarrow R(中间产物)$$

$$R + B(H^+) \longrightarrow S(BaSO_4 \downarrow)$$

第一个反应类似于中和反应，反应速率常数远大于第二个连串反应，所以在微观混合不良的情况下，第二个反应得以进行，生成硫酸钡沉淀，使溶液浑浊，浓度可用分光光度仪测定。反应器中预先配制的溶液中含 $[BaCl_2]_0 = 2\,mol/m^3$，$[EDTA]_0 = 2\,mol/m^3$，$[NaOH] = 10\,mol/m^3$，$[Na_2SO_4]_0 = 5 \sim 15\,mol/m^3$，pH=12。半分批式滴加酸溶液，$[HCl]_0 = 1.2\,mol/L$，加完之后相当于 $[HCl]_0 = 0.83\,mol/m^3$。这样，B 的总量远小于碱性溶液中 A 的物质的量。因此，最后 B 完全消耗，一部分用于生成硫酸钡的沉淀。用 650nm 波长测定光吸收以确定固体沉淀量，按式（6.58）计算离集指数时，其简化为

$$X_S = \frac{(2n+1)c_S}{nc_{B0}} \tag{6.63}$$

其中 $n = 0.2$ 是 $[Ba^{2+}]/[OH^-]$ 的初始浓度比。Meyer T（1988）用这个体系研究了填充静态混合器的管道反应器和空管反应器中的微观混合。近年未见到用这个沉淀反应构成平行竞争反应体系来研究微观混合的报道。

但这个方法有两个缺点：用来研究微观混合，这个反应还不够快，仅能用于混合时间超过 10s 的情形。而且某些情况下，沉淀还会部分溶解。Meyer T（1992）对反应体系的组成加以改进，克服了生成的沉淀不稳定的问题，还使反应体系的反应特征时间小到 0.07s，扩展了研究反应器微观混合的应用范围。反应器中预先加入的溶液为：$[BaCl_2]_0 = 20\,mol/m^3$，$[EDTA]_0 = 40\,mol/m^3$，$[Na_2SO_4]_0 = 100\,mol/m^3$，$t_r = 0.07s$，$[BaSO_4]_0 = 10^{-4}\,mol/m^3$，用 NaOH 调节到 pH = 12，其中已经预先加入少量硫酸钡固体；半分批式滴加酸溶液，$[HCl]_0 = 2\,mol/L$。以 650nm 波长下的光吸收确定生成沉淀的量，按式（6.58）计算离集指数。近年来文献中用这个体系来研究微观混合的也少见。

不加络合剂的硫酸钡反应结晶（沉淀）过程，实验更简单，也在研究沉淀工艺和设备中用作模型体系。反应结晶过程涉及的所有步骤包括液相反应、晶体成核和晶体生长过程，都涉及分子尺度上的反应过程，因此微观混合对化学沉淀过程有很大的影响。因此，几十年来不断有利用 $BaCl_2$ 或 $Ba(OH)_2$ 溶液和硫酸直接反应生成硫酸钡沉淀来研究反应器中的混合。

O'Hern HA（1963）比较了搅拌槽和另一种高效射流混合器中混合对硫酸钡沉淀粒度的影响。后来的研究更明确地用这个化学沉淀体系来研究微观混合的影响（Chen JF，1996）。的确，考察生成硫酸钡颗粒的平均直径和粒度分布方差的变化，可以借此分析搅拌槽中微观混合的作用。硫酸钡的沉淀生成经过离子反应形成过饱和度、生成晶核、晶粒生长等 3 个步骤，最终在出口流中

得到产物。微观混合好，则加料能迅速在分子水平上分散，化学反应区中的硫酸根离子和钡离子的浓度低，形成的过饱和度低，因而成核速率小、晶核总数少，在过饱和度的驱动下，可以长成较大的晶粒。反之，微观混合不好，则加料不易分散均匀，反应区中的硫酸根离子和钡离子的局部浓度高，形成的过饱和度高，使成核速率快、晶核总数更大，晶核仅能长成细小的晶粒。因此平均粒度的大小成为微观混合好坏的指标。至于粒度分布的宽度（方差或变异系数）则还和反应器的宏观混合即其它流体力学参数及分布有关，需要更细致、定量的分析才能发现其规律。实验发现，当加料点从液面附近逐渐深入到接近桨区、反应物浓度升高、搅拌桨转速提高、加装导流筒，都能使晶粒变大。但也有些实验观察到，沉淀粒度随着搅拌桨转速增大时出现一个粒度的极小值，这说明许多因素都有明显影响沉淀的性质。

程荡等用此反应结晶体系研究了气液液三相体系（Cheng D，2014）和液液体系（Cheng D，2016）中的微观混合。虽然实验结果不如离集指数那么直接反映微观混合的效率，但反应体系简单易行，是有效的实验研究技术。

6.3　实验方法

6.3.1　离集指数测定

6.2节介绍的复杂测试反应体系中，至少有一个快反应，它的特征反应时间与反应器中的微观混合时间大致在同一个数量级，这样，微观混合的快慢将会影响反应物向反应区输送和产物从反应区分散开来的速率，也就是说将影响化学反应速率或转化率。如果测试体系中还有第二个平行或连串的竞争反应，则人们关心的主反应的收率或选择性也将受到影响。因此，实验中最关键的一点是准确测定受微观混合影响的反应产物的量，以估算出反映微观混合效能的定量指标。文献中报道了许多种模型反应体系，其中主产物和副产物的化学性质各不相同，分析测定方法也随之变化。分光光度法、化学分析法、液相色谱法等都在研究中广泛使用。

实验设计还应包括反应器加料的方式。除了6.2节中提到的半分批式（图6.4，参与两个平行反应的共同反应物A滴加进反应器，互相竞争的两个反应物B和C已在反应器中混匀）、连续流动式（图6.6，两种溶液均以稳定的流率从各自的入口进入反应器）的操作以外，还有一种双半分批式（图6.7），它恰好与图6.4相反，反应物B和C分别滴加进预先放置在反应器中的溶液

A。其实这里 B 和 C 是分开加入，还是预混后加入，实验结果略有区别，因为对 B 和 C 来说它们所经历的宏观混合是不同的。为了测定微观混合，建议以 B、C 预混合后加入的方式。

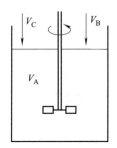

图 6.7　双半分批式反应器

Bourne JR（1994）也讨论过利用平行竞争反应的半分批实验的几种加料方式，如图 6.8 所示：①A 加到预混合的 B 和 C 中；②A 和 B 分别、同时加进槽中的溶液 C 中；③预混合的 A 和 C 加进槽中的 B 溶液。A 和 B 的反应速率比 A 和 C 的反应快几个数量级：

$$A+B \longrightarrow R \tag{6.40}$$

$$A+C \longrightarrow S \tag{6.41}$$

这样，在微观混合很好时，3 种操作方式下均有生成 R 的选择性 $X_R = 1$，而生成 S 的选择性为 0，或离集指数 $X_S = 0$。在微观混合很差时，3 种操作方式的 $X_S = 1$ 也没有差别。但在微观混合处于二者之间时，3 种操作方式的 X_S 随微观混合的改善从 1 降为 0 的曲线形状有不同。例如，方式③中有 A 和 C 预混合（但尚未反应）这一有利条件，在微观混合条件相同的情况下，其 X_S 值会比前两种方式的大；而方式②中 B 要先经过 B 与 C 的混合，然后才能与 A 反应，所以 X_S 值比方式①的稍大。**评述**：总体看来，3 者差别不会太大，因此建议选取 B 和 C 机会相同的方式①来实验。

实验设计需要注意加料点的选择。许多研究都考察不同加料位置对微观混合效果的影响，加料点常常取流场中不同的典型位置（代表不同的循环路径和流动型态），或湍流强度不同的区域等。图 6.9 是一个示例，加料点 1 在自由液面，此处湍流最弱；加料点 2 在 Rushton 桨产生的上循环区，而加料点 4 在下循环区；加料点 3 在桨平面上，处于桨的排出流中，湍流强度较高；加料点 5 接近搅拌桨，是槽中流速大、湍流最强盛的地点。许多研究证实，加料在湍流强度高的地点，最有利于微观混合，离集指数最小。一般可以预期，按离集

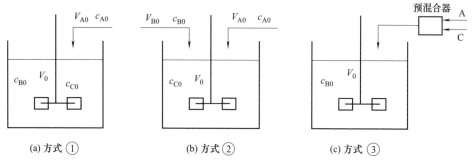

(a) 方式 ①　　　　　　　(b) 方式 ②　　　　　　　(c) 方式 ③

图 6.8　平行竞争反应的半分批式微观混合实验

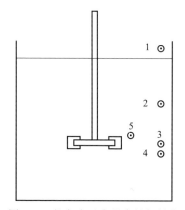

图 6.9　径向流反应器中的加料点

指数 X_S 从小到大的排序为：5<3<4<2<1。这也与 Assirelli M（2005）在 $T=0.29\text{m}$ 的 Rushton 搅拌槽中的实验结果和其它文献的规律一致。

对轴流桨反应器中加料点位置影响的研究比较少。闵健（2002，2005）在直径为 0.476m 的搅拌槽内，用氯乙酸乙酯水解模型反应，就加料时间、下压式轴流式翼形 CBY 桨（$D=0.4T$）搅拌转速和加料位置等对产物分布的影响进行实验研究。加料点 1 位于反应器上方，距液面较近；加料点 2 位于桨平面上、$2r=1.25D$ 处；加料点 3 位于桨平面下方 0.153D（0.029m）、$2r=0.9D$ 处（图 6.10）。实验结果如图 6.11 所示，加料到排出流中的微观混合效果最好。杨雷（2013b）在上层 Rushton 桨和下层下推斜叶桨的组合桨搅拌槽中探索斜叶桨周围的最佳加料位置，初步结论是在排出流中的 $r=0.4D$ 处，同时也报告采用多点同时加料也会降低离集指数。与此相关的是，从 Jaworski Z（2001）用 LDA-CFD 研究搅拌槽中 45°-六叶斜叶桨周围流场的实验结果中可以看出，斜叶桨的排出流中流速最大、湍动最强处，位于 $2r/D$ 为 0.8～1.0 区间内。

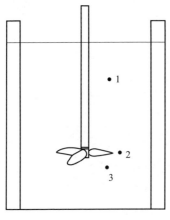

图 6.10　CBY 轴流桨周围的
加料点（闵健，2002）

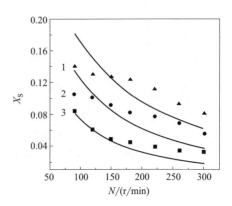

图 6.11　单层 CBY 桨反应器中
加料点的影响（闵健，2005）

Assirelli M（2002）用微混比（micromixedness ratio，代表完全微观混合区和完全离集区的体积比）：

$$\alpha = \frac{1-X_S}{X_S} \tag{6.64}$$

与加料点处的局部能量耗散率 ε_T（W/kg）关联，也包括同样条件下的其它文献结果，呈现很好的规律性（图 6.12，其中 RT 指 Rushton 桨，SSMD 为滑动表面混合设备，SRTR 指特殊 Rushton 涡轮桨）。这充分说明加料点附近的湍流强盛，提供了很好的微观混合所需的流体力学条件，而测试反应属快反应，有效反应区从加料点向下游的延伸长度有限，所以微观混合效果的测试值很大程度上是与加料点的局部流体力学特性相关联的。**评述：**式（6.64）中要用归一化的离集指数。

实验设计需要注意加料速度的选择。要研究微观混合的效应，需要尽量排除宏观混合对平行反应产物分布的影响，才能表现出微观混合的影响来。闵健（2002）用氯乙酸乙酯水解模型反应的实验研究中，NaOH 溶液 $c_{A0}=900\text{mol/m}^3$，盐酸 c_{B0}、氯乙酸乙酯 c_{C0} 均为 21.25mol/m^3，A 液体积 $V_{A0}=0.002\text{m}^3$，反应器内液体 $V_0=0.0847\text{m}^3$。通过预实验，发现延长加料时间，测得的离集指数逐渐下降到一渐近值。图 6.13 中是加料点 1（图 6.10 中），搅拌转速最低（90r/min）时的结果，这组条件是对微观混合最不利的宏观混合条件，所得临界加料时间 $t_c=1800\text{s}$。这样在其它宏观混合条件更好的情况下（局部湍流强度更高的加料点，或搅拌转速提高），宏观混合状况都不会影响实验测得的平行反应产物的分布，以至于掩盖了微观混合的表现。

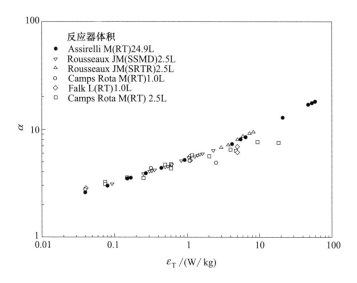

图 6.12 轴流桨反应器中的微混比的关联（硼酸盐-碘酸盐体系，$[H_2BO_3^-] = 0.0909mol/L$，$[I_2] = 7×10^{-3} mol/L$，$[H_2SO_4] = 0.5mol/L$。Assirelli M，2002）

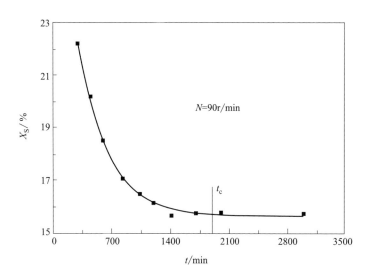

图 6.13 CBY 桨搅拌槽的临界加料时间（闵健，2002）

评述：一般认为，加料速度慢，则新加物料能被体系迅速分散到宏观混合应该达到的水平，于是微观混合的作用能够充分地发挥。但宏观混合是一个反应器尺度上的过程，但对于常用的测试反应体系，其中的反应都是快速，甚至是瞬时的，因此化学反应均在加料点附近的狭小空间内接近完成，基本上是加料点附近的小尺度过程。而不同的加料点处的湍流程度不同，因而其涡团的大小（Kolmogorov 尺度）也不同，这就涉及此处的湍流流场，能否在小于微观混合特征时间或快反应的反应特征时间内，将加料的大团块分散为涡团尺度的大小、并与反应器内流体交错排列的问题。接下来的就是人们理解的反应物扩散＋反应的微观混合过程了。这样，加料时间长到一定程度（$t_f > t_c$），加料点初始团块就小到局部湍流能迅速分散的大小了。但实际上滴加反应物时，往往反应物是以液滴形式进入的，加料慢到一定程度，前后两个液滴的时间间隔增大，但液滴直径维持在 $2 \sim 4$mm 不再减小，因此局部点上的宏观混合因素并未消除。正确的实验方法是，在产生液滴的时间间隔尽可能小、加入液体与主体液相等速度的条件下，注意采用直径越来越小的加料管，产生越来越小的初始液滴，进行图 6.13 一类的预实验，这样才能真正得到消除了宏观混合影响的微观混合实验条件。

6.3.2 宏-微混合联合测量

只有化学反应测试体系才能保证实验结果当中真实地体现了微观混合因素，而宏观混合中分子扩散的作用微弱，用物理的方法来探测宏观混合比较适宜。因而有可能将微观混合和宏观混合技术结合在一起，在一次实验中同时得到二者的测试结果；而且它们是在同一个时间和空间内发生的，因此从实验结果中可能得到二者间的瞬时关联，对深刻理解微观混合的机理有所助益。

已经有实验证明，可以用一个荧光染料来跟踪瞬时的酸碱中和反应以探测微观混合，同时用另一个惰性（不参与化学反应）的荧光染料来探测宏观混合。Kling K（2004）报告一个双示踪剂（two-tracer-）PLIF（2TPLIF）实验体系来同时测量宏观混合和微观混合：指示宏观混合的是一个不参与反应的惰性荧光指示剂羧基-SNARF，它不与钙离子反应，适宜的溶液 pH＝8.2；指示微观混合的示踪剂是 fluo-4，与钙离子近瞬时反应的结合后则荧光发射强度增强。将两种荧光试剂混合注入作为示踪剂。用同一波长的光激发后，两种荧光物质发出不同色调的荧光，可以用滤光片将它们分开。从 2D 测量窗口的 PLIF 图像系列中，可以得到两种荧光试剂归一化的浓度空间分布变化。对第 2 个反应性的荧光试剂定义了一个局部偏离度（local degree of deviation）$\Delta(x, t)$ 作为微观混合的量度：

$$\Delta(\boldsymbol{x},t)=1-\frac{c_{2,\text{react}}(\boldsymbol{x},t)}{c_2(\boldsymbol{x},t)} \tag{6.65}$$

式中，$c_{2,\text{react}}(\boldsymbol{x},t)$ 是参与化学反应的实验条件下的染料的瞬时浓度；$c_2(\boldsymbol{x},t)$ 则是假若它不参加化学反应时在流场中应有的浓度，但不反应时应该有

$$c_2(\boldsymbol{x},t)=c_1(\boldsymbol{x},t)\frac{c_{2,0}}{c_{1,0}} \tag{6.66}$$

式中，$c_{1,0}$ 和 $c_{2,0}$ 分别是染料 1 和 2 在示踪剂溶液中的初始浓度。局部偏离度实际上等于让染料 2 的转化率，对完全离集的流体有 $\Delta(\boldsymbol{x},t)=1$，而微观混合使其逐渐地下降为 0。

实验装置如图 6.14 所示。透明的反应器以激光片光源照亮，用 CCD 相机记录垂直截面上指定窗口的荧光图像序列，CCD 内装有两个滤光器和分光光路，将两种染料的荧光分开，然后并排地投影到一个 CCD 感光芯片的左右两半。被测的搅拌槽直径 100mm，置于一个方形水槽中，以减少激光图像的失真。示踪剂注入点为 A 和 B 时，图像窗口大小也略有不同。示踪剂中含惰性染料 1 浓度 $c_{1,0}=2.2\times10^{-6}\,\text{mol/L}$ 及反应染料 2 浓度 $c_{2,0}=1.2\times10^{-6}\,\text{mol/L}$，以 0.5mL/s 的速度注入 1mL 示踪剂。搅拌槽中液相加入了羧甲基纤维素使流动处于层流状态。在 B 点注入的图像序列见图 6.15（参见彩插），图上边是以 c_1 浓度表示的宏观混合，而下边是以 $\Delta(\boldsymbol{x},t)$ 描述的微观混合；两种染料的分散行为大体近似，荧光强度都随时间和位置逐渐变化；图像中有很多局部"亮"点，两种图像有几何上的相似性，都需要继续深入理解。

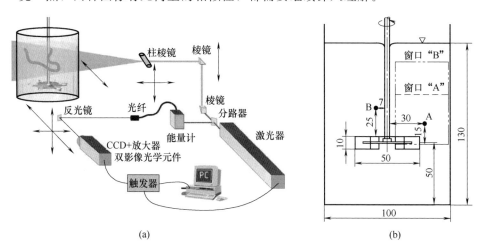

(a)   (b)

图 6.14 双荧光示踪实验装置（Kling K，2004）

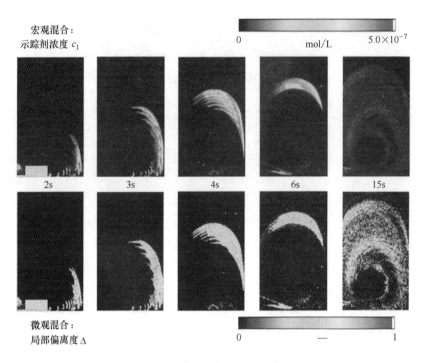

宏观混合：
示踪剂浓度 c_1

微观混合：
局部偏离度 Δ

图 6.15　双荧光示踪实验图像（B 点注入，层流 Re。Kling K，2004）

Lehwald A（2010，2012）筛选出一种低价的荧光染料（荧光素二钠盐，$C_{20}H_{10}Na_2O_5$，又称 Uranine），它对局部 H^+ 离子浓度敏感，在滴定到碱性时呈绿色荧光，由中性或弱碱性滴定到酸性终点时，颜色由黄绿变为玫瑰红色，作为 pH 指示剂，因此也间接地指示了微观混合效率。他们报告用 two-tracer-PLIF 实验体系来同时测量宏观混合和微观混合：指示微观混合的示踪剂是 Uranine，另一个 pH 不敏感的荧光示踪剂（吡啶-2）测宏观混合，用 532nm 的激光激发。将两种染料混合注入作为示踪剂，研究管道式的静态混合器的混合效能。选择在 5.5～8.5 的 pH 范围内实验，荧光信号的响应最大。含荧光素钠盐的 HCl 水溶液作为示踪剂（pH＝5.5），注入含荧光素钠盐的 NaOH 溶液主流中（pH＝8.5）（图 6.16），两股液流中的荧光素浓度相等，为 1mg/L。酸碱中和反应改变溶液的 pH，荧光的发射强度也随之改变，可以反映微观混合的状况，而示踪剂中吡啶-2 发射的荧光则指示宏观混合的情况。

静态混合器是模仿 SMX 混合器的简化结构，只安装了一个单元。管道为矩形截面，91mm×91mm。入口为层流流动，Re＝562，平均线速度 6.2mm/s。

示踪剂在静态混合器上游 39mm 处沿轴线注入。用两个有带通滤光片的 CCD 分别获得两种荧光染料浓度在中心垂直平面内的图像，一个图像窗口是从静态混合器出口起（图 6.16 浅灰色区域起），另一个窗口是从混合器下游 100mm 处起。图像面积为 145.5mm × 90.75mm，空间分辨率每像素为 $110\mu m \times 110\mu m$。

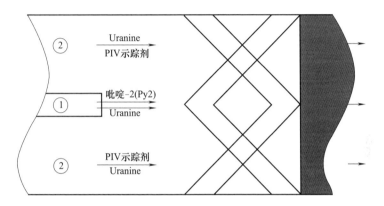

① pH 5.5：c_{Py2}=1.5mg/L，c_{Ura}=1.0mg/L，$c_{PIV示踪剂}$=25mg/L，$\bar{c}_{Py2}$=1，$\bar{c}_{H^+}$=1

② pH 8.5：c_{Py2}=0.0mg/L，c_{Ura}=1.0mg/L，$c_{PIV示踪剂}$=25mg/L，$\bar{c}_{Py2}$=0，$\bar{c}_{H^+}$=0

图 6.16　静态混合器实验注入方式（Lehwald A，2012）

从 2D 测量窗口的 PLIF 图像系列中，可以得到归一化的吡啶-2 和 H^+ 的浓度空间分布变化。归一化的吡啶-2 浓度 $c_p(\boldsymbol{x}, t)$ 从注入点的 1 逐渐变到混匀后的 0.02，表示宏观混合的演变过程。示踪剂流呈酸性，在混合过程中逐渐与主流反应，H^+ 浓度下降，其归一化浓度 $c_{H^+}(\boldsymbol{x}, t)$ 由 1 逐渐减小到 0，作为微观混合的指标，将其转换为偏离度：

$$\Delta(\boldsymbol{x}, t) = 1 - \frac{c_p(\boldsymbol{x}, t) - c_{H^+}(\boldsymbol{x}, t)}{c_p(\boldsymbol{x}, t) + \varepsilon} \tag{6.67}$$

$\Delta(\boldsymbol{x}, t) = 1$ 表示微观混合尚未开始，$\Delta(\boldsymbol{x}, t) = 0$ 表示微观混合已经完成。上式中的 ε 是一个小的正数，防止以 0 为除数。注意，这里的偏离度定义与式（6.65）实际上是定性一致的。

作者为了说明宏观混合和微观混合间的关系，计算了 515 幅图像对的 $c_p(\boldsymbol{x}, t)$ 与 $\Delta(\boldsymbol{x}, t)$ 的平均联合概率密度函数，如图 6.17 所示。4 种极端的组合列在表 6.1 中，其中 $c_p(\boldsymbol{x}, t)$ 和 $\Delta(\boldsymbol{x}, t)$ 都很小（M 点）是微观混

合与宏观混合协同作用良好的情况，混合器的设计应该使这样的区域尽可能地多，而宏观混合完成、但微观混合不好的地点应该努力避免。图 6.17（参见彩插）表明，靠近左下角的宏观、微观混合均好的数据点数很多（注意，彩色标尺是对数划分的），静态混合器出口区的混合效能优于下游 100mm 的那一段（深色的数据点少）；数据集中地靠拢左下角，说明微观混合好是与宏观混合好密切相关，宏观混合好［横坐标轴上的 $c_p(x, t) \to 0$］则微观混合也容易高效（黄色区域位置靠近横轴），而微观混合好［纵坐标轴上有 $\Delta(x, t) \to 0$］仅在宏观混合较好的区域（纵轴的下三分之一段）发生。

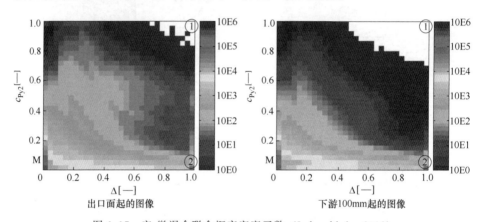

图 6.17　宏-微混合联合概率密度函数（Lehwald A，2012）

表 6.1　联合概率密度函数的极端情况

Δ	c_p	状态	情况描述	位置
$\Delta \to 1$	$c_p \to 1$	注入区的初始状态	只能出现一次	右上角①
	$c_p \to 0$	主流区的初始状态	很多区域里可观察到	右下角②
$\Delta \to 0$	$c_p \to 1$	微观混合好，宏观混合差	不可能出现的状态	左上角
	$c_p \to 0.02$	混合完成	优化设计的目标，有一定的概率出现	左下角 M

评述：此前用复杂化学反应测试体系所测结果反映的是加料点附近局部的微观混合状况，而双荧光示踪实验记录的图像是全反应器内的微观混合的贡献，探测的空间域大大扩张了。但如何分析实验结果仍是尚待解决的问题，需要对实验的硬件和软件继续开发，提出一些量化的指标来分析二者的关联。目前的文献报道还没有一个简便而有效的定量方法，来表达整个流场的微观混合进程与宏观混合过程的交互影响，得出有重要化学反应工程意义的新认识，或指导快反应工艺设备开发和操作的指导性规则。双荧光示踪法也提示，其它宏观混合的物理测试方法也可能和化学法结合，给宏观混合和微观混合的同时测

试带来益处。

评述：分析双荧光示踪实验的两种响应图像的关联有一个干扰因素，即某点的 $c_p(\boldsymbol{x}, t)$ 与 $\Delta(\boldsymbol{x}, t)$ 的数值，实际上是当前点上的混合效应与从上游流场输送而来的流体已有混合效果的叠加。这样当前点的宏观混合和微观混合效能应该是在此点被累计进去的新贡献。

当前点的状态的数学表达式是

$$\frac{\mathrm{d}}{\mathrm{d}t}\Delta(\boldsymbol{x}, t) \equiv \frac{\partial \Delta(\boldsymbol{x}, t)}{\partial t} + \boldsymbol{u} \cdot \nabla \Delta(\boldsymbol{x}, t) \tag{6.68}$$

$$\frac{\mathrm{d}}{\mathrm{d}t}c_p(\boldsymbol{x}, t) \equiv \frac{\partial c_p(\boldsymbol{x}, t)}{\partial t} + \boldsymbol{u} \cdot \nabla c_p(\boldsymbol{x}, t) \tag{6.69}$$

而 $\partial \Delta(\boldsymbol{x}, t)/\partial t$ 和 $\partial c_p(\boldsymbol{x}, t)/\partial t$ 在全反应器内的加权平均值，才是反应器的综合微观混合和宏观混合能力数值；宏观混合与微观混合的互相关联，应该基于更有物理意义的场内各点 $\partial \Delta(\boldsymbol{x}, t)/\partial t$ 和 $\partial c_p(\boldsymbol{x}, t)/\partial t$，这样才能更清晰地解释两种混合间的机理性联系。

评述：对单点注入关键反应物的微观混合情况，已经有许多研究，如 Bourne JR（1994）采用简化的微观混合的 E 模型，结合反应器中的流体力学特性的简化分布，来数值模拟和预测微观混合的效果。Wang Z（2007）、Han Y（2012）等更进一步将简化微观混合模型应用于反应器流场中的每一个网格，即微观混合模型与计算流体力学耦合，这样的先进数学模型方法大大提升了人们对反应器中微观混合本质的认识和预测能力。这个发展思路与上述的微观混合实验研究从单点研究到全流场研究的发展相平行，但似乎数学模型-数值模拟的路线进展得更快一些。

6.3.3　微观混合时间的估算

微观混合时间 t_{mic} 对于混合过程的评价来说是相当重要的一个参数。它的直接测量不太容易，因此有时需要从实验中测得的离集指数等数据中估计微观混合时间。为此需要建立包含微观混合某种机理的简化数学模型，将微观混合时间作为模型参数，与实验测定的结果联系起来，进而通过数值计算和拟合得到微观混合时间的估计值，以便和在 6.1.1.2 节列出的估计微观混合时间的理论公式相互印证。在过去的三四十年中，文献中报道过一些微观混合的经验和机理模型，以及用于微观混合时间估算的方法。

6.3.3.1　半分批实验

微观混合时间的估算是基于这样一个思路：针对溶液半分批式加入反应器，进行测试体系的化学反应的过程，建立一个简单的微观混合数学模型，其中的主要参数即是微观混合时间，将此模型求解，优化微观混合时间这一模型参数，使模型预测的离集指数与实验测得的离集指数符合，则可信地得到了微观混合时间的估计值。有很多可用于估算微观混合时间的经验模型和机理模型。

Aubry C（1975）首先提出了 IEM 模型（interation by exchange with the mean），假设在碘化物-碘酸盐反应体系中，将半分批式加入的酸溶液分为许多团块顺序加入，且此酸溶液只与碘化物混合溶液进行质量交换，其交换系数为 $1/t_{mic}$。t_{mic} 趋近于 0 时，在微观混合最佳的条件下反应，此时离集指数应为 0；当 t_{mic} 趋近于无穷大时，反应物处于完全离集的状态，此时的离集指数应当很大。因此，模型可以合理地将微观混合特征时间与实验测定的离集指数对应起来。

还有变形-扩散模型，它将流体团块的局部变形（剪切、伸长、拉伸等变形）考虑在内，对扩散模型进行修正（Ou J-J，1983）。

涡旋-卷吸模型则认为两个流体微团通过卷吸作用形成旋涡流，内部形成层状结构交错排列，微团变形和扩散在形成的旋涡中同时进行（Baldyga J，1989）。

Villermaux（Villermaux J，1992；David R，1987，1989）等提出了并入模型（incorporation model），认为加入的反应流体 2 的团块分散在反应流体 1 中，受后者的浸蚀，团块 2 的体积不断增大（图 6.18），化学反应也同时在 2 的内部进行，微观混合时间被认为与特征团聚时间 t_{mic} 相等。

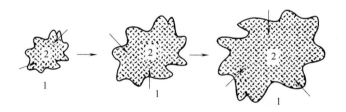

图 6.18　并入模型原理图（引自 Fournier MC，1996b）

这些模型都可用于估算微观混合时间。这里以并入模型为例来说明采用硼酸盐-碘酸盐模型反应体系时如何确定微观混合时间的过程（Fournier MC，1996b）。假设硫酸溶液 2 加入后，酸液团块不断地将周围液相 1（含碘酸根、碘离子、硼酸根）合并进来，团块 2 的体积 V_2 从初始的 V_{20} 起不断增大（图 6.19）：

$$V_2 = V_{20} g(t) \tag{6.70}$$

按线性增长或者指数增长的方式：

$$g(t) = 1 + t/t_{mic} \tag{6.71a}$$

$$g(t) = \exp(t/t_{mic}) \tag{6.71b}$$

在反应区 V_2 内，组分 j 的浓度 c_j 在团块中假设均匀，它随着参与反应进行而变化：

$$\frac{dc_j}{dt} = \frac{(c_{j,1,0} - c_j)}{g} \frac{dg}{dt} + r_j \tag{6.72}$$

式中，下标 j 指图 6.19 中出现的反应物和产物，$c_{j,1,0}$ 是组分 j 在周围流体 1 中的浓度，是不变的数值。若取指数扩张假设式（6.71b），则式（6.72）成为

$$\frac{dc_j}{dt} = \frac{c_{j,1,0} - c_j}{t_{mic}} + r_j \tag{6.73}$$

团块 2 中 H^+ 的初始浓度为 $c_{H^+ 0}$，其余组分的初始浓度均为 0。随着环境 1 中 3 个反应物不断并入团块 2 中，环境 2 中各组分浓度变化由并入液相（右端第 1 项）和化学反应（右端第 2 项 r_j）共同决定，反应速率按已知的反应动力学方程和团块 2 中的浓度计算。下标 j 代表图 6.19 中出现的反应物和产物。

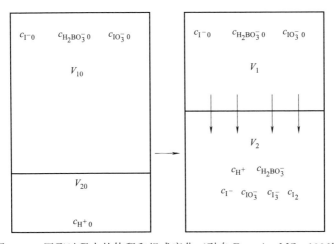

图 6.19　团聚过程中的体积和组成变化（引自 Fournier MC，1996b）

联立积分各反应物和产物浓度的式（6.73），直至酸液浓度 $c_j \to 0$，可得到平行反应各产物的量；若反应器中溶液（酸液团块的环境）浓度的降低不可忽略，以致可能影响测试反应产物量的最终分配，还需要对所有后来加入的团块，以修正过的环境 1 浓度条件，继续积分式（6.73）方程组；全部团块积分完成后，得到测试平行反应产物浓度，但考虑到团块 2 体积已增大，因此用生成 I_2 的物质的量来计算出离集指数：

$$X_S = \frac{2m_{I_2}/m_{H^+ 0}}{Y_{ST}}$$

Fournier MC（1996b）则将团块 2 的变容反应式（6.73）替换为各组分物质的量 m_j 的微分方程组来积分。比较模型预测的离集指数与实验测定值，按偏差的代数值调整预先设定的微观混合时间 t_{mic}，重新从头求解模型方程组式（6.73），直至离集指数 X_S 的预测值与实验值符合到期望的程度。基于引自（Fournier MC，1996a）中的实验，估算出来 1L 搅拌槽的 t_{mic} 在 $20 \sim 200ms$ 之间，20L 搅拌槽中为 $2 \sim 20ms$。作者声称，得到的关联式

$$t_{mic} = 17.89 \sqrt{\frac{\nu}{\varepsilon}}$$

其系数 17.89 与理论的式（6.16）的 17.24 十分接近。

Assirelli M（2008）也用并入模型来模拟搅拌槽中实测的离集指数，发现对不同酸浓度的实验，指数增长模型能得到同样的微观混合时间（线性增长模型没有这样好的性质），在最优加料点（Rushton 桨叶片尖角附近）所得的 t_{mic} 在 $1 \sim 3ms$ 范围。

为了确定或估计微观混合时间 t_{mic}（Villermaux J，1983），也可以在惰性示踪剂的分散和混合过程中测量示踪剂在反应器内各处的瞬时浓度 $c(\boldsymbol{x}, t)$，其浓度分布的概率密度函数若为 $p(c)$，则分布的方差为

$$\sigma^2 = \int_{c_{min}}^{c_{max}} (c - \bar{c})^2 p(c) dc \tag{6.74}$$

对于 IEM 模型，已经证明（Villermaux J，1981）：

$$\sigma^2 = \sigma_0^2 \exp(-2t/t_{mic}) \tag{6.75}$$

而对有两股加料且示踪剂浓度不同的 CSTR，此方差 σ^2 与入口处的方差 σ_0^2 的关系为

$$\sigma^2 = \sigma_0^2 \left(1 + \frac{2t}{t_m}\right) \tag{6.76}$$

这都可以从测量的方差 σ^2 得到微观混合时间 t_{mic} 的估计值。

评述：这个方法需要实验测定浓度分布方差的时间序列或空间分布，工作量大。另外浓度方差的减小也包含了宏观混合和介观混合阶段在内，所以它不全是微观混合的表现。没有化学反应涉及其中时，很难说实验测得的是微观混合时间。

6.3.3.2 连续流动实验

在膜反应器、撞击流反应器等设备中，一般的操作方式与搅拌槽中微观混合的半分批式操作不同，两股物料多是连续稳定地并流加进反应器的。在耦合简化的微观混合数学模型来模拟测试竞争反应体系的反应产物的分配时，采用什么样的微观混合模型、数学模型的初始条件等，需要仔细考虑。例如，Wu Y（2009）用硼酸盐-碘酸盐测试反应考察了陶瓷膜反应器（图6.20）的微观混合性能，采用微观混合的并入模型，从实测的离集指数估算相应微观混合时间。

单管微滤和超滤陶瓷膜内径为7.7mm，管长200mm。陶瓷膜由ZrO_2（膜）和$\alpha\text{-}Al_2O_3$（支撑体）构成，其中膜孔径分别为20nm、$0.2\mu m$、$0.8\mu m$、$5\mu m$。管内可内置静态混合器（圆柱形，螺旋体，Kenics静态混合器）。硼酸盐-碘酸钾-碘化钾-NaOH混合溶液在管程内流动，浓度分别为0.1818mol/L、2.333×10^3mol/L、0.01167mol/L、0.0909mol/L，稀硫酸溶液（0.025mol/L、0.05mol/L、0.1mol/L）通过壳程进入管程，在管程内混合发生反应。

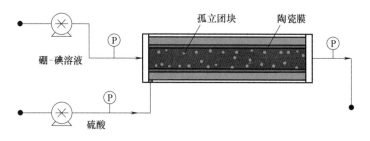

图6.20 陶瓷膜反应器实验装置（Wu Y，2009）

实验中酸液透过膜形成孤立团块与管程内的流体混合并发生反应，团块的体积也同时因为管程液体的合并而不断增大。酸液团块进入时，其周围的液相浓度也随轴向流动距离而变化。因此并入模型的应用会与搅拌槽的半分批式实验有所不同。Wu Y（2009）将管程空间分为一连串的理想全混流单元

（CSTR 模型）来代表管内的活塞流，这样就可以在每一个全混流单元中应用并入模型。实验也表明，反应物浓度对离集指数的影响远大于层流条件下雷诺数的影响，因此提出的微观混合模型-CSTR 耦合模型（图 6.21）还假设：①等温过程；②液流量沿轴向增大暂不考虑；③壳程液体形成的液团大小相同，彼此间互不影响；④管程各单元内全混，相邻单元间无返混。

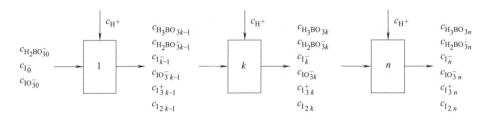

图 6.21　微观混合模型-CSTR 耦合模型（Wu Y, 2009）

采用团块体积指数增加模型，则单元 k 中组分 j 浓度的并入模型的控制方程成为与式（6.73）类似的

$$\frac{\mathrm{d}c_j}{\mathrm{d}t} = \frac{c_{j,\,k-1} - c_j}{t_{\mathrm{mic}}} + r_{j,\,k} \tag{6.77}$$

式中，c_j 和 $r_{j,k}$ 是组分 j 在反应物团块中的浓度和反应速率；$c_{j,k-1}$ 为组分 j 在上一单元中的浓度，亦即单元 k 中的周围环境浓度。

单元 k 中组分 j 的质量守恒方程为

$$c_{j,\,k-1}Q_{\mathrm{b},\,k-1} = c_{j,\,k}(Q_{\mathrm{b},\,k-1} + Q_{\mathrm{d}}) + r_{j,\,k}Q_{\mathrm{f}} \tag{6.78}$$

式中，$Q_{\mathrm{b},k-1}$、Q_{d} 和 Q_{f} 是膜管单元 k 中的入口流率、壳程渗流进入的流率、反应物团块的流率。进入单元 k 的反应物团块的初始流率是 Q_{d}，而流出时的终体积流率是

$$Q_{\mathrm{f}} = Q_{\mathrm{d}}\exp\left(\frac{t}{t_{\mathrm{mic}}}\right) \tag{6.79}$$

用简易 4 阶 Runge-Kutta 法（见 Yang HJ, 2005），Wu Y 将膜反应器沿轴向划分为 n 个相等长度的单元，从入口起逐个单元中积分常微分方程组［式（6.77）］，直到每个单元内氢离子完全消耗为止。再划分为 $n+1$ 个单元，重复计算，直至 I_2 和 I_3^- 的最终浓度变化均小于 $1 \times 10^{-6}\,\mathrm{mol/L}$ 为止，确定应当选取的单元数 n。这样就可以计算出假设的参数 t_{mic} 时所对应的 X_{S}。若预测的 X_{S} 与实验 X_{S} 值不符，则调整设定的 t_{mic} 值重新计算，直至预测的 X_{S} 与实验值相差小于 0.001，就得到了与实验值 X_{S} 相当的微观混合时间 t_{mic}。

他们在空膜管反应器中实验，X_S 与实验值在 0.01 与 0.4 之间，相应的 t_{mic} 在 0.01~0.1s。加装促进湍流的内件（静态混合器）后，微观混合时间显著降低到 1~30ms（吴勇，2011）。

6.4　反应器内微观混合过程研究

由于微观混合对快速化学反应工艺过程有重要影响，对各种常用的工业反应器（搅拌槽反应器、管道反应器、静态混合器、鼓泡塔、环流反应器等）和开发中的新型化学反应器（膜反应器、撞击流反应器、超重力反应器、微反应器等）中微观混合的研究，在文献中都有所报道。

6.4.1　搅拌槽反应器

搅拌槽反应器构型简单、适用范围宽、操作方式灵活，在化学工业中应用十分普遍，所以在各种类型的反应器当中，关于搅拌槽的微观混合文献最丰富。不仅能在单相反应体系中应用，在许多两相和多相体系中应用也很多。有关多相搅拌槽内微观混合的实验工作还比较少，其中的微观混合机理还很不清楚，其表现的规律性在文献中还有不一致的认识。

6.4.1.1　单相搅拌槽

单相搅拌槽内微观混合的实验研究主要集中于采用不同的模型反应，考察搅拌速度、反应物的体积比、反应物的初始浓度、进料位置等操作条件对离集指数的影响，对表现的共性进行归纳总结（Cheng JC，2012）。

李希（1992，1993）采用平行竞争反应体系（加入 NaOH 溶液，水解氯乙酸乙酯、中和盐酸），实验研究了两个进料位置、不同的转速、不同的进料时间、不同进料体积比等操作条件下两个几何相似的搅拌槽（2.5L 和 50L）中微观混合的情况，并利用片状结构模型模拟实验过程。两釜中，桨区加料 X_S 为 0.02~0.08，而液面下加料为 0.1~0.22。作者提出的微观混合模型不含可调参数，能够正确地预测和模拟各种条件下平行反应的产物分布，但模拟小釜的实验结果还有一定偏差。

Bourne JR（1994）利用平行竞争反应体系（NaOH 溶液 A，中和酸 B 为瞬时反应，碱水解氯乙酸乙酯 C 为快反应），对搅拌釜中的微观混合现象进行了研究。在容积分别为 19L 的碟型底槽（槽直径 $D=0.29m$）和 2.3L、19L、71L（$D=0.143m$、$0.29m$、$0.45m$）四个搅拌槽中进行实验，考察了液面下近处 F_s、桨吸入流 F_i、桨排出流 F_d 等三个进料位置、两种加料方式（其一为 A 液半分批式加入在槽中已混匀的 B 和 C，其二是 A 和 B 分别加入槽中的 C 溶液中）、不同的搅拌速率（60～300r/min）、不同的进料浓度和体积比等情况下离集指数的变化（见图 6.22）。

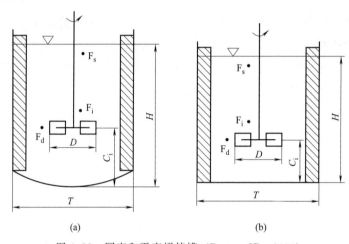

(a)   (b)

图 6.22　圆底和平底搅拌槽（Bourne JR，1994）

实验结果表明：若加料时间长于 17min，则测得的离集指数如图 6.23 所示，趋于一渐近值，表明微观混合的 X_S 已经不再受宏观混合的限制，此时间称为临界加料时间。注意，要在实验参数范围内宏观混合最弱的情况下来确定加料时间；图 6.23 是在液面下加料点、A 浓度高、较低转速 100r/min 条件下实验的。这样条件下的系列实验结果才有合理的比较基准。

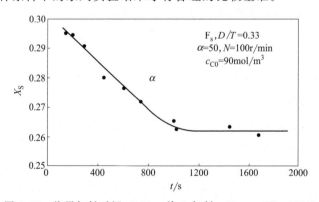

图 6.23　临界加料时间（19L，单 A 加料。Bourne JR，1994）

在不同位置进料，离集指数 X_S 相差较大；在靠近桨吸入区进料时 X_S 最小，在液面附近进料时 X_S 最大，在桨排出区进料时居中（图 6.24）。其中横轴表示了微观混合时间与反应特征时间之比值：

$$\overline{Da} = \frac{Da}{1+\alpha} = \frac{k_2 c_{A0}/(1+\alpha)}{E_{av}}$$

第二个等号后的分子是以注入 A 在反应器中均匀分散以后的浓度计算的反应特征时间，α 是 A 液注入体积与搅拌槽中液相初始体积之比，而 E_{av} 是平均卷吸（engulfment）系数（s^{-1}），是微观混合 E 模型中的模型参数 E [式 (6.15)] 在全槽的平均值：

$$E_{av} = 0.0058 \sqrt{\varepsilon_{av}/\nu}$$

图 6.24 中的横坐标 $\overline{Da}$，在加料方式和浓度条件不变的情况下，代表了搅拌强度减小，即搅拌转速的降低，结果是离集指数增大，微观混合变差。图 6.24 中加料点间的比较，可以部分地用加料点位置来解释，即反应处的湍流能耗强度来解释：在桨区附近的两个加料点的湍流程度高，能把反应物料有效地分散为湍流 Kolmogorov 尺度大小的微团，因而微观混合能迅速发挥作用。实验中也观察到，对相同的搅拌速度，碟型底搅拌槽的 X_S 大于平底槽中的 X_S，是因为碟型底槽中能量耗散速率比平底槽小约 15%，可作为上述解释的旁证。但这还不能完全解释桨区入口加料的效率最高的现象，因为排出流区的功耗比桨区入口处更高。一种可能的解释是：加料后的团块分散和随后的微观混合需要一定的时间或流动路径的长度，若加料团反应历程路径都处在功耗强度大的环境中，则微观混合的总体效能会最好。从桨吸入区加料可能更符合微观混合的总体环境有利的要求。

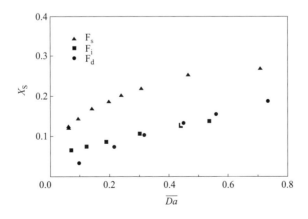

图 6.24　加料位置的影响（19L，单 A 加料。Bourne JR，1994）

王正（2006a）以酸碱中和与氯乙酸乙酯水解的平行竞争反应作为工作体系，对 Rushton 涡轮桨下搅拌槽内的微观混合过程进行了实验研究，考察了进料位置和搅拌转速等因素对产物分布的影响，同时采用了经典的微观混合模型 E 模型（EDD 模型的简化形式）对反应过程进行了模拟。实验采用的搅拌槽（图 6.25）为直径 $T=150\text{mm}$ 的平底圆形玻璃槽，槽内液体高度 H 与槽径 T 相等，内设 4 块挡板。采用标准 Rushton 涡轮搅拌桨，桨径 D 与槽径 T 之比为 1：3；搅拌桨离底距离 C 为槽径的 1/3。考察了 3 个进料点。

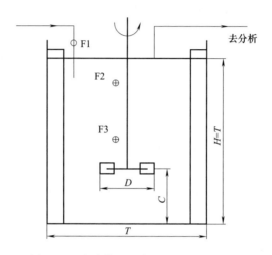

图 6.25　实验装置示意图（王正，2006a）

实验采用半分批方式，将体积为 53.0mL（V_{A0}）、浓度为 1.25mol/L（c_{A0}）的氢氧化钠溶液通过进料管（直径 2mm 的不锈钢管）缓慢加入预先混合均匀的盐酸和氯乙酸乙酯溶液中（浓度 c_{B0} 和 c_{C0} 均为 0.025mol/L，槽内总初始体积为 $V_0=2.65\text{L}$），反应温度为 25℃±1℃。产物分布用气相色谱仪分析产物乙醇和氯乙酸乙酯的浓度来确定。为避免宏观混合因素的影响干扰，应使进料时间要长于某个临界加料时间 t_c。图 6.26 说明，当进料时间大于 32min 后对 X_S 不再有影响。

由图 6.27 可以看出，随着搅拌转速的增加，槽内湍流强度增大，湍流中流体微团的尺寸减小，微观混合效率高，X_S 随之减小。进料位置靠近搅拌桨时（进料点 F3），局部湍流强度大，因而微观混合效率最好。这些都符合搅拌槽中和微观混合现象的一般规律。

Fournier MC（1996a）采用在硼酸盐/碘化物/碘酸盐溶液中滴加酸时发生

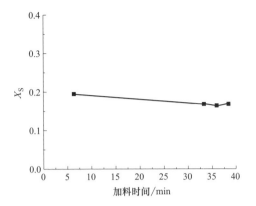

图 6.26　进料时间对离集指数 X_S 的影响（转速 200r/min，进料位置 F1。王正，2006a）

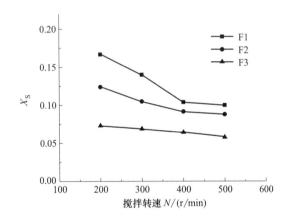

图 6.27　搅拌转速对离集指数 X_S 的影响（王正，2006a）

的平行竞争反应体系，对半连续式搅拌槽（1L、20L）中的微观混合进行实验，考察了进料管直径（1mm 和 2mm）、进料时间和进料位置的影响。同样发现 Rushton 搅拌桨转速增大，离集指数下降，加料点 2 在桨平面上则离集指数低，而加料点 1 和 3 分别在同一垂直截面中的上下循环区中得到的离集指数就偏大（图 6.28）。作者估算，1～3 点的湍流能耗强度为平均强度的 1.6、4 和 2.5 倍，大致与离集指数的表现顺序一致。加料管的直径增大时离集指数上升，因为加料带入的流体动能减少，产生的液团的初始尺度也大，不利于随后的微观混合。

　　Assirelli M（2002）采用连串竞争反应体系（碘酸盐/碘化物反应体系）

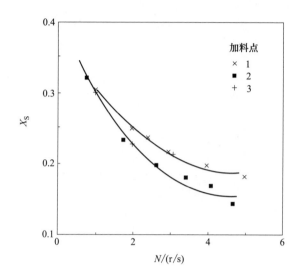

图 6.28　转速和加料位置的影响（20L。Fournier MC，1996a）

实验研究了直径 $T=0.29\mathrm{m}$ 搅拌槽中搅拌转速（平均能量耗散速率在 $0.2\sim$ $1.2\mathrm{W/kg}$ 间）和加料位置对微观混合的影响（搅拌槽和加料点位置示意图见 6.29），其所得结果的规律大体与此前的文献相符。实验结果表明，优选的进料位置（靠近桨尖）使 Rushton 涡轮桨搅拌得到最好的微观混合效果，此进料点认为是最大能量耗散速率点，此点的局部能量耗散速率约为全槽平均能量

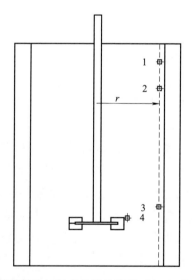

图 6.29　搅拌槽和加料点位置示意图（Assirelli M，2002）

耗散速率的 51～118 倍（转速 9.2～5.0r/min 间），且与 LDV 实验测定的结果一致。他们将本文的结果与文献其它桨型的研究汇总为图 6.30，数据显示了很好的普适规律性，表明微观混合的效率与能耗之间的紧密关联。

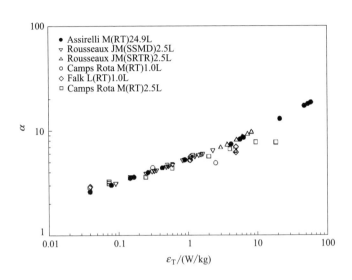

图 6.30　微观混合比与局部能耗间的关系（Assirelli M，2002）

Bourne JR（1990a）用偶氮化反应实验研究了搅拌釜进料时间、进料位置、进料管数目对微观混合特性的影响。随着搅拌转速的增加、进料管口的增多（每管的进料流率减小），离集指数 X_S 逐渐减小，而且临界加料时间也逐渐减小。在加料总量 V_B 相同的情况下，比较了在桨排出流区一个点和圆周方向 4 点均布（加料管数 $n_z = 4$）两种加料方式的离集指数，图 6.31（a）说明 4 管加料的离集指数低于单管加料的结果，但加料时间延长到后来，X_S 都降低到同一数值；以 $n_z t_f$ 为横轴重画得图 6.31（b），可以清楚地看到单管加料和多点加料的结果符合同一个规律。图 6.32 是液面下湍流强度低的地点加料的离集指数，在加料时间小于临界加料时间区间中出现 X_S 的极大值，有可能的原因是加料时间更短时，料液注入带来的动能造成湍流，有利于料液的迅速分散；而到此极大值处时，加料速率还比较快，但料液本身带来的动能作用已经不够强了。作者还发现，通常搅拌槽的放大准则是保持单位体积的功耗不变，在此前提下，临界加料时间遵循如下规律：

$$n_z t_c \propto D^{8/3} \propto V^{8/9} \tag{6.80}$$

式中，D 是搅拌桨直径；V 是搅拌槽体积。

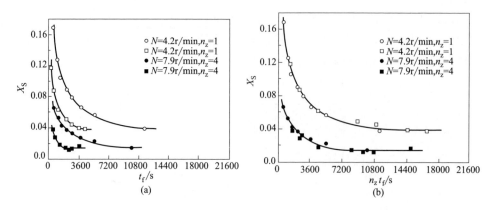

图 6.31　加料时间和加料管数的影响（20L，桨排出流加料。Bourne JR，1990a）

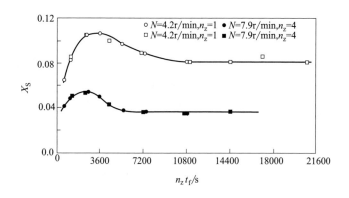

图 6.32　加料时间和加料管数的影响（20L，液面下加料。Bourne JR，1990a）

Assirelli M（2005）对加料方式进行更精细的探索，依据流场中湍流动能的极大值出现在 Rushton 桨叶背后 15°～30°的旋涡中，以及报道的旋涡轴心线轨迹，设计了一种跟随搅拌桨旋转的加料管，将图 6.29 中的加料点 4 由在槽中位置固定改为跟随搅拌桨旋转，图 6.33 中有 3 根弯曲加料管固定在桨盘上，连接到空心的搅拌桨轴，让料液加到桨尖附近的高能量耗散点（记为 4M）。在 $T=0.29\text{m}$ 的 Rushton 搅拌槽中发现，跟随搅拌桨旋转的桨区加料管口，其最佳位置是径向 $r=0.57D$，比叶片上沿高 $0.088D$，圆周方向上在叶片后 22°处，其离集指数最小。按 Rousseaux JM（1999）方法估计了各加料点处的湍流能耗与全槽平均能耗的比值 $\phi=\varepsilon_T/\overline{\varepsilon_T}$（表 6.2），也可以看出旋转的加料点 4M 对应的湍流能耗最高，它比位置相同的固定进料点 4 高了两三倍。

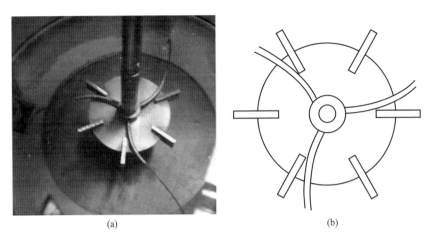

(a)   (b)

图 6.33　随轴旋转的桨区加料管（Assirelli M，2005）

表 6.2　各加料点不同搅拌转速下对应的 ϕ 估计值（Assirelli M，2005）

$N/(r/min)$	加料点				
	1	2	3	4	4M
5.0	0.23	0.43	5.0	118	278
7.0	0.30	0.34	8.3	93	390
8.5					342
8.7	0.28	0.45	5.8	55	
9.2			5.6	51	196

　　Assirelli M（2005）用 1 根和 3 根旋转加料管加料的实验中，没有发现二者的微观混合指标上有所差别，或许其原因是它们加料总时间相同，已经在临界加料时间以上了。而 Bourne JR（1990）的加料管数目增多能降低离集指数指标（图 6.31 和图 6.32），是在加料时间低于临界加料时间的范围中的实验结果。与此相关，杨雷（2013a）在液固体系搅拌槽中发现，两点加料时微观混合指标（X_S）改善的程度，在加料总速率高的时候更为显著，这也可以用加料时间是否小于临界加料时间来说明。

　　评述：加料管数目的影响规律表明，用快反应测试体系来探测反应器内的微观混合，实际上是测定了反应器中加料点一点的微观混合效率，因为测试反应速率快，反应在加料点下游很近处即反应完成，因此 4 管加料中的各点的效率或处理（分散、混合）能力是相同的，多点加料的临界处理能力将是单点加料的 n_z 倍。这也给快反应反应器的加料设计提示：要尽量多地利用反应器中湍流强度高的体积空间。环管分布器即是此处 4 管加料思路的扩展，而图

6.34 所示的多分布器搅拌槽则是此思路的进一步延伸。

化学工程文献中有许多不同搅拌构型的微观混合特性研究的报道。闵健（2002）应用酸碱中和和氯乙酸乙酯水解反应这一快速平行竞争反应体系，在 $T=0.476\text{m}$ 的平底搅拌槽中实测了下压式轴流式翼形 CBY 搅拌桨（桨径为 $0.4T$）的微观混合特性，考察了进料时间、桨型、进料位置和搅拌转速等对产物分布的影响。还继续研究了三层桨搅拌槽的微观混合特性（闵健，2005）。槽径 $T=0.476\text{m}$，液位高 $H=1.8T$，桨构型 I 为三层 CBY 下压式，II 仅底桨换成 HD-6 凹叶涡轮桨。图 6.35 为加料点位于下层桨下方、$r=0.086\text{m}$ 处的实验结果，构型 II 的微观混合效果更好，原因也是 HD-6 凹叶桨附近的局部能量耗散更强。但若在液面下加料，两种构型在此处的流场和能耗相近，故两种构型的实验数据落在同一条曲线上。

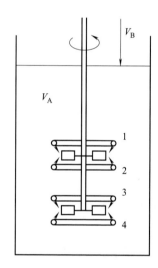
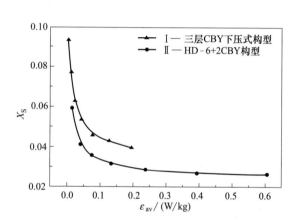

图 6.34　多分布器搅拌槽概念图　　图 6.35　三层桨搅拌槽的离集指数（闵健，2002）

评述：由于加料点处的湍流能耗是决定微观混合效能的决定因素，而一般轴流桨（包括 CBY 桨）的功率数都比径向桨（如 Rushton 涡轮桨）小，所以轴流桨得到的离集指数通常比径向流桨的数值大，各种各样的多层桨组合也基本遵循这个规则。

在黏性搅拌反应体系中的微观混合研究比较少，不像在低黏度流体中研究得那样深入，似乎仅仅是向高黏度体系的简单扩展。崔莎莎（2007）选用硼酸盐-碘酸盐平行竞争反应体系，研究体系黏度对微观混合的影响，比较了二叶平桨和泛能式桨的微观混合效率（图 6.36）。搅拌槽内径 97mm，液面高度

136mm，进料口和取样点在与平桨同一高度上靠近槽壁的两点。泛能式搅拌桨在搅拌槽的纵剖面上有很大的投影面积，能在很宽的黏度范围进行高效的混合，在黏度为 0.001Pa·s、0.077Pa·s 的反应体系中与二叶平桨比较。图 6.37 为单位体积搅拌功相同时反应体系的离集指数，在高黏度体系中的 X_S 比低黏度流体中大了好几倍，在低黏度体系中二叶平桨优于泛能式桨，但在高黏度体系中则泛能式桨的微观混合效能更好。**评述**：这个结果不能全归结于泛能式桨适合于高黏度体系，而平桨适合于低黏度体系；更关键的是这个比较应该在宏观混合的影响排除之后来进行，很显然这在高黏度体系中实现起来比较

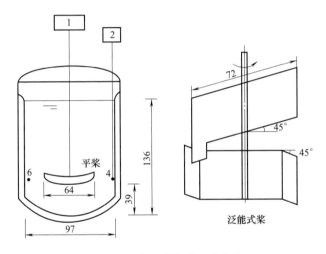

图 6.36　高黏度体系搅拌槽（崔莎莎，2007）

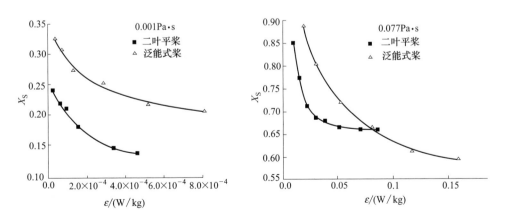

图 6.37　单位体积搅拌功相同时反应体系的离集指数（崔莎莎，2007）

困难；比较分析也应该参考加料点和取样点的湍流强度等局部流体力学特征。另外，在黏性体系中，反应物分子的扩散系数变小，其分子扩散过程变慢，这些因素也应该有充分的考虑。

Atibeni RA（2006）也实验研究过不同质量分数（0、0.1%和0.5%）的羟乙基纤维素体系中，加料时间、加料位置、搅拌转速以及黏度等因素对离集指数的影响，结果表明，X_S 随搅拌转速的增加而降低，随黏度的增加而增大，但随着黏度上升的趋势减缓。

非牛顿体系的研究不多。张伟（1994）用 1-萘酚与对氨基苯磺酸重氮盐的化学偶联反应研究了半连续搅拌槽内非牛顿流体的微观混合规律，分析了物系黏度、搅拌转速、加料速度及桨型等对离集指数的影响。结果表明，提高搅拌转速对于改善假塑性流体的微观混合作用有限，兼顾剪切/循环作用的组合桨对改进非牛顿黏稠介质微观混合的现象有显著效果。丛海峰在直径为476mm 的搅拌槽内，分别选用三窄叶翼型搅拌桨和标准六直叶涡轮搅拌桨，采用羟乙基纤维素（HEC）非牛顿流体溶液作为工作体系，以硫酸铜沉降反应与氯乙酸乙酯水解反应组成的平行竞争反应体系测试微观混合效率，实验研究了搅拌槽内进料时间、搅拌转速、溶液黏度、流体的非牛顿性以及搅拌桨类型等因素对离集指数的影响。结果表明，当加料时间超过临界加料时间（3500s）后，X_S 不再改变；X_S 数值随着流体黏度的增大而增加；在相同的能量耗散速率下，CBY 搅拌桨的 X_S 要比 DT-6 搅拌桨高，主要是在后者桨叶区加料，其局部能量耗散速率远高于 CBY 搅拌桨的相应值。

评述：非牛顿流体中的微观混合研究相当少。一方面是因为非牛顿流体的流体力学现象更加复杂，因此它使宏观混合和微观混合研究和深刻认识的难度大大增加，更不容易得出有科学意义和应用价值的结果。另一方面，在高黏度体系和非牛顿流体中的化学反应表观速率都比较小，主要是因为动量传递速率低，因而宏观混合容易成为总的控制因素，加之高黏度和非牛顿流体中分子扩散系数小，也有微观混合减缓的因素；权衡之下，首要任务还是先解决高黏度和非牛顿流体中的宏观混合问题。高黏度体系和非牛顿流体中的微观混合研究的紧迫性需要谨慎地论证。

从以上典型的研究结果可以看出反应器中微观混合的一些基本趋势：

① 搅拌转速高，搅拌槽中总能耗增大，则离集指数低，微观混合效率高。

② 加料位置有重要影响；加料在桨区附近等局部能耗强度大的位置，微观混合效率高，加料在壁面或液面附近则离集指数变大。

③ 桨的类型直接与功耗相关联，因而径向桨搅拌的微观混合效率高于轴

流浆。

④ 将反应物分散加在多个微观混合有利的位置，总的微观混合效率更好。

⑤ 快反应的微观混合效率的决定性因素是加料点的湍流能耗强度，多利用这样的点位，反应器总的微观混合能力可以得到更好的发挥。

⑥ 对于较慢的反应，加料的反应区域扩大到其下游成为一有限体积，加料点的选择要考虑到整个有限体积内的湍流能耗。

可以从微观混合的基本原理来理解以上规律，但定量的化学工程预测则需要依靠机理性的数学模型和精确的数值模拟才可能完成。

连续搅拌槽。以上对搅拌槽中微观混合的考察都是在半分批操作模式下进行的，而且通常批式加入的反应物的体积和流量都比较小，对间歇式操作的搅拌槽中的原有流型几乎无干扰。实际上大型工业搅拌槽反应器多是连续操作的，同样需要对其微观混合效率进行研究。Baldyga J（2001）采用氯乙酸乙酯水解反应对连续进料情况下搅拌槽中的微观混合特性进行了研究，用计算流体力学方法和 LDA 实验考察了反应器内的流场，实验测定微观混合，并用微观混合机理模型和 PDF 封闭方法做理论分析。NaOH（A）溶液、HCl（B）和氯乙酸乙酯（C）的混合溶液，分别从桨平面的直径上 $r=0.09\text{m}$ 的两点加入釜（直径 $T=0.3\text{m}$）中（图 6.38）。20℃下实验，$c_{A0}=1\text{mol/L}$，$c_{B0}=c_{C0}=0.02\text{mol/L}$，或 $c_{A0}=0.45\text{mol/L}$、$c_{B0}=c_{C0}=0.009\text{mol/L}$。平均停留时间（9min、10min、12min、20min）以 $Q_A=0.021\sim0.0462\text{L/min}$、$Q_{BC}=1.039\sim2.31\text{L/min}$ 来调节。搅拌转速 $N=106\text{r/min}$、174r/min、214r/min。离集指数 X_S 按下式计算：

$$X_S=\frac{c_{C0}-c_C}{c_{C0}} \tag{6.81}$$

分子中的 c_C 是反应器出口流中氯乙酸乙酯的浓度。

在 $c_{A0}=1\text{mol/L}$、$c_{B0}=c_{C0}=0.02\text{mol/L}$ 条件下，停留时间和搅拌转速的影响实验数据见图 6.39。仍然是搅拌转速增大，微观混合更为有效。而停留时间增大也使离集指数下降，其主要影响源自加料速度在逐渐减小，这使加料点附近的湍流流场（它随加料速率的变化比较小）有更充裕的能力将加料分散并与主体液流混合。加料流率继续减小，最后将低于半分批式操作的临界加料时间对应的加料流率，而反应器内的流场也更接近半分批式的主体流动的流场，因而微观混合的指标将渐近地回归到半分批式的测定结果。

评述：如此看来，连续流动反应器的微观混合效率与半分批式反应器的效率是大体相似的，只要认识清楚①加料流束对主体流场的影响，以及②加料流率与加料点湍流分散能力相互适应的关系，则可以基于半分批式的实验规律来预测连续流动反应器中的微观混合特性；但这两点的定量研究结果尚未见诸报道。

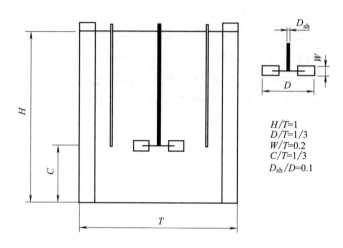

图 6.38　连续流动反应器的微观混合实验（Baldyga J，2001）

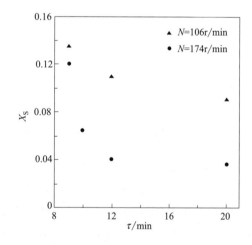

图 6.39　连续搅拌槽的微观混合离集指数（Baldyga J，2001）

6.4.1.2　气液搅拌槽

多相反应器中的微观混合现象要比单相体系中更为复杂。气泡的存在会影响反应器中气液两相混合物的流体力学性质，诸如气泡大小、气含率大小和空间分布，搅拌引起的湍流程度也与单相体系中不同，因此搅拌槽中的流动型态因气相而发生变化，宏观混合状况也随之变化，这自然会对微观混合有所影响。气泡的表面对其邻近的液体是一种限制，不仅可以阻尼液相的湍流脉动，对液相中的反应物还成为不能穿透的边界，这会改变局部液体微元中反应物扩散和反应进行的边界条件，是气泡对微观混合影响的第二方面。这些机理在大小不同的尺度上展开，相互影响，难以准确地用数学模型和数值计算的方法来解决，所以实验研究在两相和多相反应体系的微观混合研究中占有重要的地位，已有很长的历史。

Villermaux J（1994）、Fournier MC（1996a）等提出用硼酸盐/碘酸盐/碘化物与酸进行的平行竞争反应为模型反应来实验研究搅拌槽内的微观混合。Villermaux J（1994）在 1L、20L、100L 的搅拌槽中研究单相体系，并在 20L 槽中研究气液（和液固）体系的微观混合，发现搅拌转速 $N = 1.46 \sim 4.7 \text{r/s}$ 区间内，在桨叶附近和远离桨叶加料时（约为液面到桨平面一半的位置）微观混合效果都随气流量增加而减弱，此时平均湍流能量耗散率（ε_{av}）也是减小的。图 6.40（a）显示了离集指数随气流量 Q_g 的逐渐增加。Lin WW（1997）同样采用碘化物/碘酸盐反应研究了气液搅拌槽内（$T = H = 0.011\text{m}$，Rushton 桨 $D = 0.05\text{m}$）的微观混合，表明机械搅拌和气相流率对微观混合效率都有很重要的影响。他们发现，气泛时气相以气柱方式流动或非气泛时气泡被搅

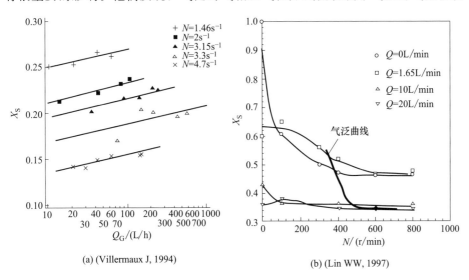

(a) (Villermaux J, 1994)   (b) (Lin WW, 1997)

图 6.40　气液搅拌槽的离集指数

拌分散，都能促进微观混合，桨区加料时［图 6.40(b)］，机械搅拌起主要作用，此时气流的作用并非单调的线性关系。远离桨区的地方加料时，通气对微观混合起促进作用。当全槽均匀混合，或搅拌消除了气泛时，局部能量耗散速率可作为放大判据用。

Hofinger J（2011）采用碘化物/碘酸盐反应重点研究了非气泛情况下（即低气流率）的微观混合，发现桨叶附近加料时，微观混合基本不受通气（0～1.5vvm）影响；当在液面加料时，虽然微观混合效果随通气显著增强，但离集指数值仍然高于桨叶附近加料的结果。

Li WB（2014）研究了带换热构件的搅拌槽（图 6.41），直径 $T=0.3\text{m}$，静液相高度 $H=T$，体积 0.02m^3，曲面底上装有 4 个圆柱状换热器（高 0.12m，直径 0.016m），用半椭圆桨叶涡轮桨搅拌，其直径为 $0.33T$，氮气和水形成气液体系，表观气速可达 0.047m/s，操作中最大能耗达 2.8W/kg。以碘酸盐-碘化物体系为模型反应测试微观混合效率。预实验确定的临界加料时间为 780s。测得的离集指数的典型数值在 $0.08\sim0.20$ 之间。引入气相的通气量增大时，一般离集指数 X_S 单调下降。图 6.42 为桨排出流区加料时的通气量的影响，在搅拌能耗 P_V 小于 1.3W/kg 区间内，气流量似乎阻碍了微观混合，而 $P_V>1.5\text{W/kg}$ 时气流显示了促进作用，但并非随气流量单调变化。这也说明气相作用的多面性与复杂性。他们应用 Assirelli 提出的关联式（Assirelli M，2008）：

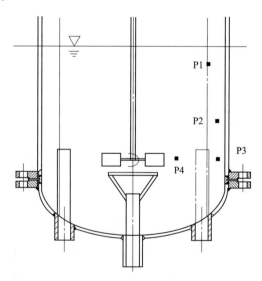

图 6.41　气液搅拌槽和加料点位置（Li WB，2014）

$$\ln t_m = -0.089(\ln\alpha)^3 + 0.965(\ln\alpha)^2 - 4.63\ln\alpha + 1.35 \qquad (6.82)$$

估算出单液相体系微观混合时间在 5～30ms 之间，与文献报道的范围一致。其中 t_m 是微观混合时间，α 是微混比 $[\alpha = (1-X_S)/X_S]$，它代表了反应器中完全微观混合区域体积 V_{PM} 与完全无微观混合的隔离区体积 V_{ST} 之比 $\alpha = V_{PM}/V_{ST}$。比较数值，发现在 P4 点加料的微观混合时间最小，P3 其次，P1 最长，约为 P3 点的 10 倍。他们推荐用 P4 点作为工业生产的加料位置。实际上，在认识到加料的迅速混合是微观混合的关键因素之后，许多工业搅拌槽的加料口确实是设在搅拌桨附近能量耗散强度高的区域中。

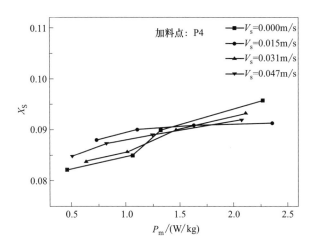

图 6.42 气流量对微观混合的影响（P4 加料。Li WB, 2014）

基于偶氮化连串竞争反应的测试体系，并考虑中间产物单偶氮包括邻位和对位两种异构体，Brilman DWF（1999）发现，在桨叶附近和桨叶与液面一半的位置加料时，通气（0.5～10vvm）几乎对微观混合没有影响。气相是抑制还是促进液相的微观混合取决于搅拌转速、气流率和进料位置等多个因素的综合影响。

通常用于研究微观混合特性的化学反应体系由于反应物或产物具有挥发性、沸点低或是对温度敏感等原因而不能运用于沸腾的环境中，因此 Zhao D（2002）提出了一个可用于研究沸腾环境下微观混合的平行竞争反应（加碱中和酸生成氢氧化铜沉淀/丁内酯在碱性条件下的水解反应）。研究表明，在没有向搅拌槽内通空气时，反应体系温度 100.2℃与 89℃时对比，微观混合程度明显提高，这是由于液相黏度降低以及蒸汽泡迅速地扩散和碰撞使湍流程度增加而导致的；当反应体系温度为 89℃，而其它操作条件相同的情况下，搅拌槽

301

反应器内通入空气对离集指数几乎不产生影响。

以上研究表明：通入气体有时对微观混合没有影响，有时增强，有时削弱微观混合，说明气体的影响受其它操作条件和体系性质的制约，而且文献报告也存在有互相矛盾之处。总体看来，气体通过不同的机理来影响微观混合，总的效果不等于各因素影响的线性叠加。因此需要设计能分辨出各机理影响程度的更精密的实验，才能从表现各异的实验结果中准确发现其影响规律。

6.4.1.3 固液/液液搅拌槽

Villermaux J（1994）使用硼酸盐/碘酸盐反应体系对固液搅拌槽内（20L）的微观混合进行研究，发现悬浮的固体颗粒（玻璃珠，$0\sim40\mu m$）能强化微观混合效率，虽然固体质量分数到 16％时都对平均功率消耗没有产生明显的影响，但微观混合却随固相浓度增大（质量分数 $0\sim4\%$）而增强。Guichardon P（1995）在同样设备中的进一步实验却表明，当固体颗粒（密度 $2500kg/m^3$，$27\sim1250\mu m$）的质量分数在 $1\%\sim6\%$ 时，平均功耗几乎不受固相浓度的影响，因而微观混合也几乎无影响。Barresi AA（1997）采用酸碱中和/氯乙酸乙酯水解反应研究了两种固体颗粒（玻璃珠，约 $175\mu m$ 和 $450\mu m$；圆柱 PET，当量球径 3mm）对液相微观混合的影响。研究发现，在玻璃珠 $<7\%$（体积分数）和 PET 颗粒 $<13\%$（体积分数）时，微观混合不受影响；而当玻璃珠浓度更高时出现固体颗粒悬浮区和清液区的分层现象，此时在固体颗粒悬浮区加料则微观混合效率显著降低。Barresi AA（2000）用类似大小的玻璃珠及重晶石（体积分数 12％和 18％）研究了 Rushton 桨和下压式斜叶桨搅拌时对固液体系微观混合的影响。他们发现使用 Rushton 桨时，固相不发生显著的分层，微观混合也基本不受固含率影响；而使用下压式斜叶桨时，总是发生分层现象，离集指数增大 20％～50％不等。Brilman DWF（1999）用偶氮化反应研究了多种尺寸的玻璃珠 [$70\sim500\mu m$，$2.5\%\sim40\%$（质量分数）] 在宽浓度区间对液相微观混合的影响，反应器容积 0.5L 时的典型实验结果见图 6.43。$290\mu m$ 颗粒在 $0\sim15\%$（质量分数）、$N=500r/min$ 时对微观混合的离集指数没有影响，而在其它 3 个条件下则颗粒固含率使离集指数明显增大。可能的原因是前者的固相悬浮还没有到能影响微观混合的程度，而后者的固相悬浮均匀性更好。Hofinger J（2011）采用碘化物/碘酸盐反应研究了玻璃珠固含率 [$500\mu m$，$0\sim11.63\%$（质量分数）] 对液相微观混合的影响，发现在桨叶附近和液面处加料时，低固含率 [$0\sim2.5\%$（质量分数）] 都不影响微观混合效率，而当固含率很高时 [11.63％（质量分数）]，出现分层现象，

在上层清液中加料时，微观混合效率显著降低。这些结果表明，固体颗粒的影响主要是以相含率分布均匀性、流型、湍流强度和功耗上的表现来起作用的，因此在颗粒性质和加入量及搅拌构型变化时，微观混合也表现出不同的变化规律。这些实验室研究的结果用于工业规模的反应器的诊断和优化时需要审慎判断。

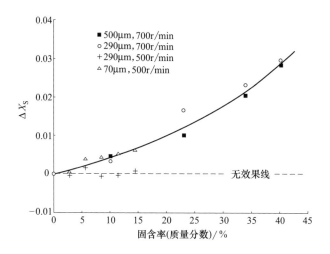

图 6.43　固含率对微观混合的影响（上循环区加料。Brilman DWF，1999）

Yang L（2013b）在直径 $T = 384$mm 的椭圆底有机玻璃搅拌槽内实验（图 6.44），使用硼酸盐/碘酸盐反应体系于标准 Rushton 涡轮桨与下压式六叶斜叶桨组合的双层搅拌桨液固搅拌槽，考察了固体粒子尺寸、搅拌转速、固含率、进料位置、能量输入对微观混合的影响。研究发现，当固体颗粒（425～600μm）的质量分数为 12.1% 时，在搅拌槽中出现清晰的分层现象，此时若在搅拌槽上部的清液层进料，离集指数则会明显增加。对小颗粒质量分数 15% 的体系，在转速为 490r/min 时，离集指数的值可以达到 0.56。在固相分层的情况下，即使在湍流强盛的位置加料，此时清液层的流动微弱，离集指数依然很大。

比较进料位置（图 6.44 中 1、2、3 点），在桨排出流区的点 1 的离集指数最小（Yang L，2013b）。Sharp KV（2001）及 Assirelli M（2002）认为单个标准 Rushton 桨搅拌的单相体系，局部能量耗散率最大值位于 1.04 倍桨径处的桨端附近。由于搅拌槽的几何形状不同以及采用双层桨组合，在输入功耗为 1.27W/kg 时，在两桨之间的多个进料位置 [图 6.44(b)] 进料，其离集指数的值如图 6.45 所示。实验结果表明在位于 1.04 倍桨径处的 4c 点进料的微观

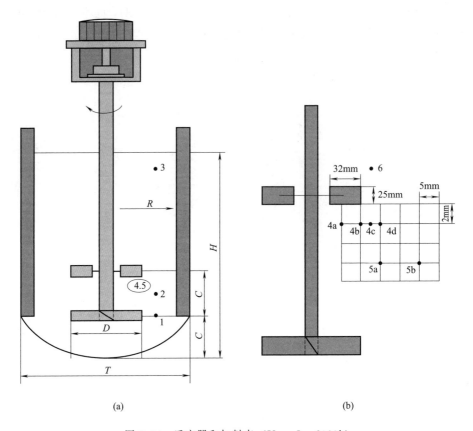

(a)   (b)

图 6.44　反应器和加料点（Yang L，2013b）

混合效果最好，因为在此处所加入的酸在强烈湍动的情况下迅速扩散并与槽中的反应物发生第一步反应，副产物的选择性降低。

　　比较图 6.44 中所说的加料位置，发现最优进料点为 4c（图 6.45），其径向坐标位于 1.04D 的位置。在高剪切区多点进料时可以减小离集指数数值，加料流率大（加料时间短）时的效果更明显（杨雷，2013a）。

　　杨雷（2013a）应用 Bourne 提出的多股进料方式（Bourne JR，1990a），以充分利用多个最优加料位置进料，强化微观混合。在进料速率 1.5mL/min（此进料速率时宏观混合对微观混合有影响），比较进料位置为标准 Rushton 桨的桨端上方 1.04 倍桨径处（加料点 6）的单点加料和进料点 6 与 4c 同时进料，进料速率保持不变（进料时间不变），对比实验结果如表 6.3 所示，多股进料时微观混合的效果更好。因为当总的进料时间不变时，一个加料点的负荷减半，该处的湍动能耗更容易将进料分散，有利于进料的分子扩散和极快主反应的进行，进而改善了微观混合效果；进料速率为 1.0mL/min 时的微观混合效果改善微小，可能是因为进料速率较慢导致进料管内出现返混，也可能是进料速率已经很慢，微观混合不受宏观混合的影响所致。显然，多股进料优于单股进料，这一规律可以指导工业反应器的设计及进料操作。

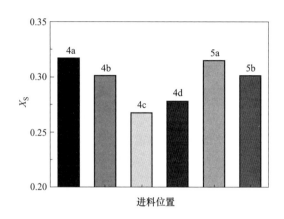

图 6.45　加料位置对离集指数 X_S 的影响（450～600μm，质量分数 5%。杨雷，2013a）

表 6.3　多股进料微观混合的效果（粒径 450～600μm，
质量分数 5%，$N=7.5s^{-1}$）

项目	单加料点:6	双加料点:6,4c
X_S（总进料 1.5mL/min）	0.2692	0.2552
X_S（总进料 1.0mL/min）	0.2814	0.2778

　　轴流桨和径向流桨的流场结构和湍流强度分布完全不同，因此它们的最优加料位置也不同。Jaworski Z（2001）用 LDA-CFD 耦合的方法研究了搅拌槽中 45°六叶斜叶桨的桨叶大小、桨离底高度以及排出流方向对流场的影响，根据他们的实验结果，较小桨径的斜叶桨在不同的桨间距时轴向速度趋向竖直方向；对于离底高度 1 倍桨径时，湍动最强处位于 $2r/D$ 约为 0.8 处。王涛（2011）的博士论文用镜像流体法模拟了单相搅拌槽中下压式 45°六叶斜叶桨的湍动能量耗散率及速度分量分布，并与 PEPT 实验数据进行了对比，模拟结果表明，在稍低于搅拌桨高度的位置处形成了一个大的涡，涡的中心位于 $2r/D=0.65$ 和 $h/H=0.22$。根据以上的文献数据，杨雷（2013a）也研究了单个下推式 45°六叶斜叶桨的最优进料位置，实验表明，当在桨叶下方 0.8 倍桨半径位置处加料时微观混合的效果较好。

颗粒的形状对流动有重要影响，因而也影响宏观混合和微观混合。Bennington CPJ（1990）在 Rushton 搅拌槽内用偶氮化为测试反应，研究了纤维状颗粒对宏观混合和微观混合的影响，其表现比颗粒状固相更为复杂：纤维含量增大时混合物成为非牛顿流体，在搅拌转速增大后还出现包含桨区的"空洞"，近壁区流动几乎停滞，宏观混合变差使临界加料时间延长，微观混合指标也随之变坏。由于所涉及的机理复杂，对有关颗粒形状现象的归纳和认识都很困难，虽然设计纤维状固相的工业应用场合不少，但近二十年这方面的研究甚少。

液液分散体系中的微观混合研究也很缺乏。Brilman DWF（1999）用偶氮化反应研究分散相液滴对搅拌槽内微观混合指标的影响，他们认为液滴对副产物分布的影响有多种不同的方式，除了像固体颗粒那样影响反应器内的混合状况外，分散相的存在还会吸收或溶解反应物，从而导致化学反应除了在液相主体中发生，还会在分散相中进行，分析离集指数的测定值时还要考虑这些因素。图 6.46 是在以辛醇和庚醇为液滴分散相的结果（液相总体积 0.5L，$N=$ 500r/min），加料点 C 在上循环区，E 在排出流中。总体来说，分散相越多，离集指数越大；而且辛醇的密度和黏度都比庚醇大，所以对微观混合的抑制作用也更强；加料点 E（排出流中）与湍流稍弱的 C 点相比，离集指数反而更大，则不容易直观理解，可能有反应已经不能在狭小的加料点局域里完成的缘故。至于有机相含率大于 0.5 的两个数据点，也许还和局部的相反转（水相成为了分散相）有关。

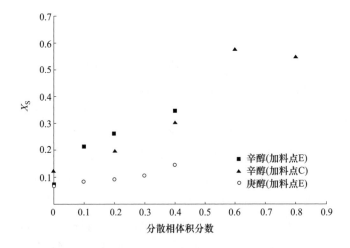

图 6.46　液滴分散相对液液体系微观混合的影响（Brilman DWF，1999）

Jasińska M（2012）为了研究液液相反应体系中微观混合的能耗效率，将氯乙酸乙酯碱性水解测试体系改进为：NaOH 溶液（A，0.99L，浓度 0.005mol/L）置于直径 120mm 的反应器内，以六叶平桨搅拌，油相（10mL，苯甲酸 B、氯乙酸乙酯 C 均 0.5mol/L）加入后分散为液滴。B 和 C 溶解进水相后进行平行竞争反应，以 C 的水解率为微观混合的离集指数：

$$X_S = 1 - \frac{m_C}{m_{C0}} \tag{6.83}$$

式中，m_{C0} 为 C 的初始物质的量；m_C 为反应完成后残存 C 的量。实验表明，X_S 随搅拌转速增高而下降，符合一般规律。由于实验涉及反应物溶解进入水相的相间传质过程，解释实验结果时又增加了一个参数。

Cheng D（2012，2014）采用快速沉淀反应来研究搅拌槽中液液分散系中微观混合效率。图 6.47 是实验装置图。搅拌槽内径 $T = 240mm$，液位高 $H = T$，标准 Rushton 桨桨径 $D = T/3$，桨离底高度 $C = T/5$，槽内侧壁设置 4 块挡板。3 个进料点位置见图 6.47。实验选用煤油-水作为模型两相体系。油相体积分数范围（$\alpha_{d,av}$）为 0～20%。搅拌转速为 390～490r/min，均大于油相的临界分散转速，同时也不引起表面吸气。$BaCl_2$ 水溶液作连续相，煤油（$\rho_d = 789.5kg/m^3$，$\mu_d = 0.002Pa \cdot s$）作惰性分散相。实验在室温下完成。一定量的煤油和 $BaCl_2$ 溶液（溶液 A，V_{A0}）预先加入搅拌槽内，搅拌大约 1h 后，将 Na_2SO_4 溶液（V_{B0}）以低于临界加料速率的流率加入搅拌槽内。加料管内径 1.2mm，可以有效避免加料管口的返混。考察了三种不同表面活性剂预先加入 A 液对沉淀性质的影响［阴离子表面活性剂月桂酸钠（SL）、阳离子表面活性剂十二烷基三甲基溴化铵（DTAB）、非离子表面活性剂曲拉通 X-100（X100）］，浓度为 $6.94 \times 10^{-5}mol/L$。实验后，取出样品，用分液漏斗分离煤油和水溶液，进行真空抽滤滤出沉淀，然后洗涤、干燥，分析粒度和粒度分布，观察颗粒形貌。两反应物溶液体积比（α_v）和化学反应计量比（η）是两个重要的参数，分别定义如下：

$$\alpha_v = V_{A0}/V_{B0} \tag{6.84}$$

$$\eta = \frac{\overline{c_{A0}}}{\overline{c_{B0}}} \tag{6.85}$$

A 和 B 的体积比、平均初始浓度（$\overline{c_{A0}}$ 和 $\overline{c_{B0}}$）和实际初始浓度（c_{A0} 和 c_{B0}）的关系如下：

$$c_{A0} = \overline{c_{A0}}(1 + 1/\alpha_v), \quad c_{B0} = \overline{c_{B0}}(1 + \alpha_v) \tag{6.86}$$

$$c_{i0}V_{i0} = \overline{c_{i0}}(V_{A0}+V_{B0}), \quad i=A, B \tag{6.87}$$

为了避免沉淀颗粒的凝聚，反应物浓度确定为 $\overline{c_{A0}} = \overline{c_{B0}} = 0.0045 \text{mol/L}$ 和 $\alpha_v = 50$。

结果表明，惰性相（煤油）体积分数显著地影响沉淀的平均粒度，煤油相含率 α_v 为 5% 时，颗粒尺寸最大（图 6.48），意即微观混合最好，所以硫酸钡的过饱和度最小，成核数量少，颗粒能够长得比较大。在 3 个加料点的趋势类似，但程度略有差别，这大约是在较高的搅拌速度下反应器内的湍流程度的空间差别变小的缘故，而油相是以油滴对液液两相体系的流体力学特性发生影响来起作用的。颗粒尺寸的变异系数的趋势不太明显，也不能简单地解释。有意思的是，3 种表面活性剂对 d_{43} 的影响有正有负（图 6.49），这需要从分子尺度的物理化学规律来解释，但也说明了一种调节沉淀粒度大小的方式。

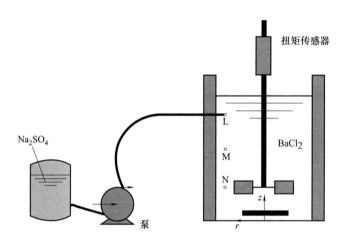

图 6.47　液液分散体系 $BaSO_4$ 沉淀实验装置（Cheng D，2014）

6.4.1.4　三相搅拌槽

在三相体系中的微观混合研究也很少，特别是非气液固三相体系的其它三相反应体系（如气液液、三液相体系）。

Li WB（2015）用硼酸盐-碘酸盐测试反应研究了氮气-100μm 玻璃珠-水体系搅拌槽的微观混合，三层搅拌桨的上两层是下推宽叶水翼桨，下层为半椭圆叶片涡轮桨（2WHD+HEDT），见图 6.50。单液相操作时，X_S 在 0.04～0.06 范围，用并入模型估计得在桨区附近 P1 点加料的微观混合时间在 3ms 以下，随能耗密度 P_m（W/kg）而呈下降趋势；在壁区位置 P2 加料，则 X_S

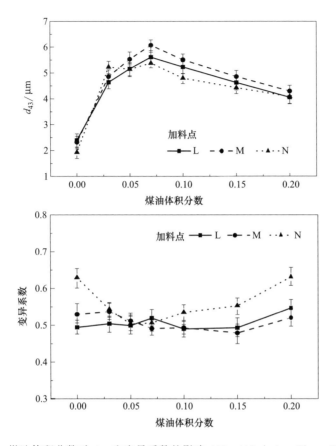

图 6.48　煤油体积分数对 d_{43} 和变异系数的影响（$N=495\mathrm{r/min}$。Cheng D，2014）

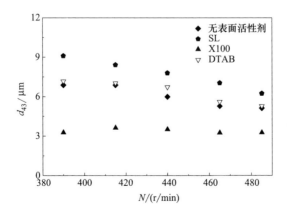

图 6.49　转速和表面活性剂对 d_{43} 的影响（$\alpha_{\mathrm{d,av}}=10\%$，加料点 F3。Cheng D，2014）

较高，在 0.08～0.11 范围。在液固体系中，在桨区加料点 P1 加料时，固体粒子对微观混合有改善，而在壁区加料点 P2 加料则固体颗粒不利于微观混合（图 6.51）；气液系统中由于气体带入能量，使微观混合改善，尤其高气速时

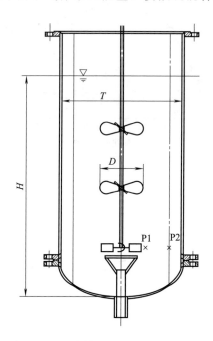

图 6.50　气液固三相搅拌槽和加料位置（Li WB，2015）

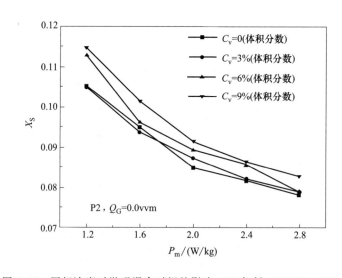

图 6.51　固相浓度对微观混合时间的影响（P2 加料。Li WB，2015）

改善更为明显。这些现象与前边所述两相体系中的一般规律相符。然而在气液固三相系统中，影响因素增多使微观混合的表现趋于复杂，表现为增大固含率和气体通量都削弱微观混合能力。图 6.52 为单液相（固相体积分数 $C_v=0$，通气量 $Q_G=0$）、液固体系（固相体积最大 $C_v=9\%$，通气量 $Q_G=0$）、气液体系（$C_v=0$，通气量最大 $Q_G=4.2$vvm）、气液固体系（$C_v=9\%$，$Q_G=4.2$vvm）中，加料点在桨区 P1 点时，离集指数随平均功耗变化的实验数据。似乎单加固相或只通气时，离集指数比单液相体系有明显改善，但同时有气、固两种分散相时，分散相对微观混合促进总的效果却下降了。看来这些现象不能简单地用局部湍流功耗一个因素来解释。

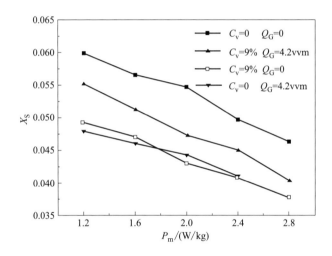

图 6.52　气液固三相体系对微观混合的影响（P1 加料。Li WB，2015）

目前关于在工业中有广泛应用的气液液反应体系中的微观混合几乎没有报道，原因之一是还没有合适的模型反应来研究这类含油相的多相体系。常用的模型反应如酸碱中和与氯乙酸乙酯水解反应体系、碘化物-碘酸盐反应体系和偶氮化反应等，都含有能被有机相溶解/吸收或者容易被通气夹带出反应器（gasstripping）的反应物或产物，以致影响实验测定的准确性和数据的一致性。因此，可用化学沉淀过程来探测微观混合对快反应过程的影响。Cheng D（2014）用典型的硫酸钡沉淀反应来研究多相体系中惰性分散相如油滴或气泡对连续相中沉淀过程的影响，气体和惰性油相均不影响硫酸钡沉淀的化学反应。在直径 $T=240$mm、液位高 $H=T$ 的平底圆柱槽内，以空气和煤油为分散相，氯化钡水溶液（A）为连续相，滴加硫酸钠溶液（B）的半连续操作模式，对气液液搅拌槽内的微观混合过程进行实验研究。考察了加料点位置（图6.53 中 I～S 共 11 点）、桨型［标准 Rushton 桨（RDT）、六叶半圆管圆盘涡轮桨（HCDT）、上推式 45°六斜叶桨（PBTU）和下推式 45°六斜叶桨（PBTD）］、煤油相含率（$\alpha_{d,av} = 0 \sim 20\%$）、通气速率（$Q_G = 0 \sim 0.1\text{L/min}$，$0 \sim 0.09\text{vvm}$）、转速（$400 \sim 495\text{r/min}$）和表面活性剂［阴离子表面活性剂月桂酸钠（SL）、阳离子表面活性剂十二烷基三甲基溴化铵（DTAB）和非离子表面活性剂曲拉通 X-100，浓度均为 $6.94 \times 10^{-5}\text{mol/L}$］等对沉淀产物粒度分布及形貌等的影响。反应物 $BaCl_2$（A）、Na_2SO_4（B）的初始料液浓度为 $V_{B0} = 0.2295\text{mol/L}$，$V_{A0} = 0.00459\text{mol/L}$，$\alpha_v = V_{A0}/V_{B0} = 50$，则反应物假想最终混匀浓度为等摩尔的 $\overline{C_{A0}} = \overline{C_{B0}} = 0.0045\text{mol/L}$。

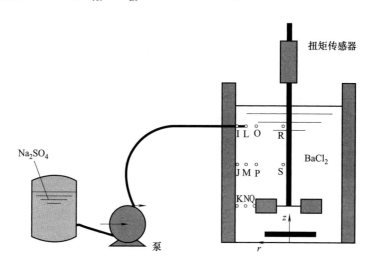

图 6.53 气液液三相搅拌槽和加料位置（Cheng D，2014）

对化学沉淀过程，仍然有确定合适的加料时间以避免宏观混合因素影响的问题。图 6.54 表明，在三相操作条件下的 $t_c = 27\text{min}$。图 6.55 为加料点在桨排出流区时桨型的影响，在通气量 Q_g 逐渐增大的过程中，沉淀的粒度依次增大；4 种桨也有明显差别，但这些现象不能用加料点的局部湍流强度受桨型和通气量变化的影响来定性解释，需要对搅拌槽内的多相流动型态和流体力学参数数值有更进一步的测量和深刻的分析。比较 11 个加料点测得的 d_{43} 和它的变异系数值，发现数值在 $5.12\mu\text{m}$（S 点）～$7.28\mu\text{m}$（M 点）之间，在 I、M、N 这 3 点得到的粒径大，且变异系数小，深入理解此规律背后的机理，可能得到在实际生产中获得大颗粒晶体的有效措施。图 6.56 是煤油体积分数对 d_{43}

的影响，油相体积分数从 0 增加到 20％，平均粒径随煤油体积分数先增加后减小（这个变化规律在液液体系中也观察到了，见图 6.48），同时变异系数则表现出相反的先减小后增大的规律。

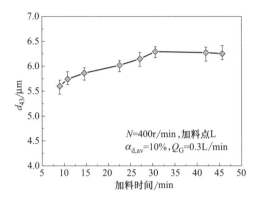

图 6.54　加料时间对 d_{43} 的影响（RDT 桨。Cheng D，2014）

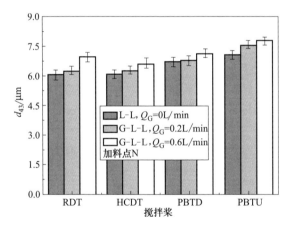

图 6.55　通气量和桨型对 d_{43} 的影响

（$N=495$r/min，$\alpha_{d,av}=10\%$。Cheng D，2014）

沉淀颗粒的电镜图（SEM）表明颗粒为规则片状。油相相含率增加时，或气流率增大时，没有观察到明显的聚并和破碎现象，说明它们对沉淀颗粒粒径分布的影响是直接影响沉淀反应过程，而不是通过使颗粒之间发生聚并和破碎影响最终粒径分布。与无表面活性剂的情况相比，阳离子表面活性剂减小平均粒径，阴离子表面活性剂增大平均粒径，而非离子表面活性剂的影响方式似

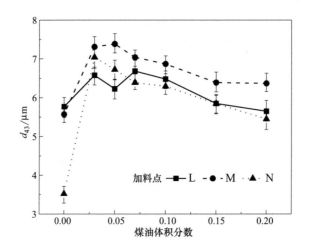

图 6.56　煤油体积分数对 d_{43} 的影响（RDT，$N=495r/min$，

$Q_G=0.40L/min$。Cheng D，2014）

与加料点位置相关。这些都应该在更深层次上，考虑宏观混合和微观混合对成核和生长影响机制，进行定量和模型化的分析。

　　从以上文献结果可以看出，对多相搅拌槽反应器微观混合的实验研究已经比较普遍，但深入和系统的程度不如对单相搅拌槽的研究。仍然是在小直径搅拌槽上的工作多，单层 Rushton 搅拌桨操作情况下的多。在多相搅拌槽内微观混合的测试化学反应体系仅应用于连续的液相，而引入的气相（如空气、氮气等）、固相（如玻璃珠等）以及油相等分散相均为惰性物相，不参与反应，仅对反应物相中的混合和反应过程起物理干扰（影响其流动型态、流场均匀性、湍流强度及其空间分布等）的作用。也有少数的研究包括了连续相液相和分散相液滴之间的物理传质过程，这多半是在微观混合的研究中增加了一个次要的复杂性因素，对微观混合的认识没有多大的实质性贡献。此外，所用的典型化学反应体系的反应物均是水溶液，而在实际的化工生产中，反应体系内的反应物以及产物会涉及多种相态和不同物理化学性质的连续相物质。微观混合实验研究毕竟不可能逐一穷究所有的化工物质体系及反应器构型和规模，所以从有限的实验研究中得到有普遍意义、可量化表达的规律，结合机理性的数学模型方法来得到对微观混合深刻的认识，是今后微观混合实验研究继续推进的方向。

6.4.2　环流反应器

　　由于环流反应器（图 6.57）内存在规则的定向循环，无转动部件，有功
耗低、质量和热量传递系数高、固体容易均匀分布、剪切力低和快速实现均匀
混合等优点，使它兼具鼓泡床和搅拌釜的优点，已广泛应用于许多工业过程，
如发酵、反应器结晶等工业过程。近年来针对环流反应器内操作条件下的流动
型态、流体力学（包括相含率分布、循环液速、混合时间以及离集指数等）及
传质/传热和混合特性，已有丰富的研究进展（黄青山，2014）。多数情况下，
环流反应器是一种气液反应器，由鼓入的气体为推动力，形成内部的液相循
环，在高气速操作时也有部分气相参与循环［图 6.57(a)］。但是环流也可以
靠以射流形式进入反应器的液体动能来推动［图 6.57(b)］，称为喷射环流反
应器（jet loop reactor，JLR），是单液相反应器；若液体射流同时吸入气体，
也可以作为气液反应器使用。第三种形成环流的方式是机械搅拌，常用的方式
是在导流筒内加装一轴流桨［图 6.57(c)］，较少情况是在导流筒下端加装径
向桨［图 6.57(d)］。

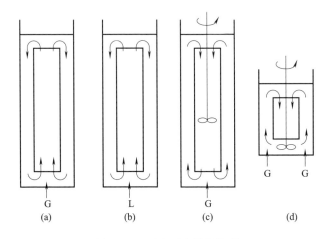

图 6.57　环流反应器的构型

6.4.2.1　单相环流反应器

　　崔敏芬（2011）在体积为 80L 的 JLR 的冷模实验装置上实验研究了该反
应器的宏观混合和微观混合特性。图 6.58 中反应器主体为圆柱形（内径

320mm，高 950mm），内有导流筒（内径 160mm，高 700mm），总高
1400mm，导流筒底部与反应器内的筒体底部持平。反应器装液高度约为
1240mm，体积约为 80L。下部为锥形进料段，使示踪剂与外循环液体在进入
反应器前进行预混合，提高混匀度。反应器的高径比 $H_D/D_D=3$；反应器与
导流筒的直径之比 $D_D/D_R=2$；导流筒的高径比 $H_R/D_R=4.4$。

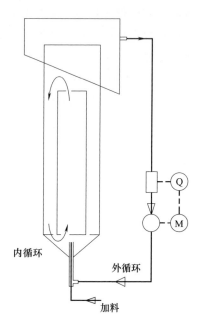

图 6.58 喷射环流反应器（崔敏芬，2011）

以酸碱中和与氯乙酸乙酯水解的平行竞争反应为工作体系，液相为盐酸
（A）和氯乙酸乙酯（B）等摩尔浓度的水溶液，以外循环泵推动外循环和反应
器内环形截面上的内循环。在稳定的外循环流率下，从底部加料管注入
NaOH 溶液（C，体积 2L）溶液，反应后取样用气相色谱仪测定未反应的氯乙
酸乙酯和副产物乙醇浓度，以副产物乙醇的选择性作为微观混合的指标——离
集指数 X_S。3 种物质的总物质的量相等，均匀分散在液相中的浓度为 70mol/
m^3。考察了流量比、喷嘴位置（喷嘴离导流筒的距离与导流筒的直径比）和
外循环流速对 X_S 的影响。

NaOH 液加料的速度不能太快，以免宏观混合干扰和掩盖微观混合效率
的测定结果。所以先考察了流量比 τ（=加料速率/外循环速率）对离集指数
的影响。图 6.59 为外循环速率最小（$q=19.90$L/min）、喷嘴与反应器锥底持

平时的 X_S 结果，可见 X_S 随着流量比的减小而降低，当流量比小于 0.00313 时，离集指数 X_S 已经降低到约为 0.38 的渐近值。此时 NaOH 液的进料流率为 0.0062L/min，进料时间为 32min。当喷嘴位置上升到距导流筒底面 0.05m 时，X_S 达到最小值 0.325，原因是此时同样外循环流量产生的内循环量最大。维持这个喷嘴的最佳位置和 0.00313 的流量比，外循环喷嘴的流速的影响见图 6.60，X_S 随着外循环流速的增大而减少，最后达到约 0.283 的渐近值，大约此时的内循环也很强，湍流的宏观混合和分散料液团块的能力也接近饱和，但此时外循环能耗很大也成为一个不利因素。

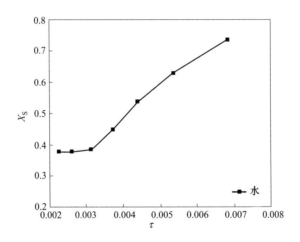

图 6.59　喷射环流反应器的临界加料流量比（崔敏芬，2011）

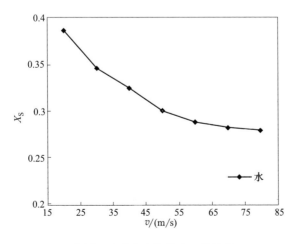

图 6.60　外循环喷嘴流速的影响（崔敏芬，2011）

评述：单液相环流反应器内的微观混合是值得研究的课题，工作还需深入。这里测得的离集指数数值偏大，可能是实验条件范围没有涵盖最好的微观混合效率的参数空间。微观混合的好坏基本取决于加料点附近的湍流能耗强度，因此最佳加料点应该在何处，还需要辅以细致的流体力学特性分布的研究。最优循环比的射流喷嘴位置与最佳加料点并不一定重合，因此应该把这两个位置作为独立的参数来研究。

伍沅等人研究的浸没循环撞击流反应器（submerged circulative impinging stream reactor，SCISR，伍沅，2001），其示意见图 6.61（a）。它为卧式设计，两端对称地装有两个导流筒，内部进口端安装螺旋推进器输送流体，高速流动的液体在反应器中心处撞击，形成一个高度湍动的撞击区，撞击后流体在反应器内不断循环，这些都对混合和传质十分有利。还研究了反应器的停留时间分布、宏观混合时间、微观混合效率（伍沅，2003a），并用它来制备超细白炭黑和其它材料。也对浸没循环撞击流反应器的微观混合进行实验测定（Wu Y，2003b），反应器有效容积 3.6L，主要尺寸见图 6.61（b）。用偶氮化连串竞争反应来测试反应器的微观混合性能，连串副反应与主反应的速率常数之比 $k_1/k_2 = 3500$（Bourne JR，1985）。实验以连续操作模式，料液 A（1-萘酚）和料液 B（重氮化磺胺酸，diazotized sulfanilic acid）分别从导流筒入口处的加料管注入，反应器内反应前的混匀浓度保持为 $c_{A0}/c_{B0} = 1.4$，保证 B 是体系中的限制性反应物。

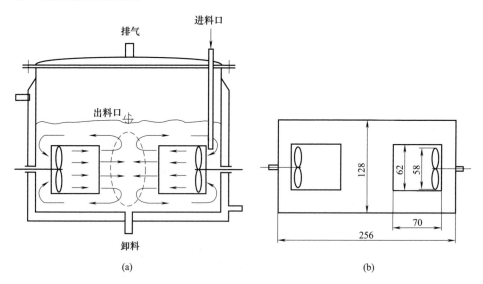

(a) (b)

图 6.61　浸没循环撞击流反应器（伍沅，2001）

在轴流桨转速 300～1500r/min 范围内，测定导流筒内生成的平均循环流速，也是撞击流速 u_0 为 0.16～0.6m/s，属中等程度湍流。A 和 B 液的体积流率相等为 8.33L/min、$c_{B0}=2.5$mmol/L 时，离集指数的实验结果如图 6.62 所示，可见 X_S 的数值很低，在很低的撞击流速 $u_0=0.16$m/s，X_S 也能低到 0.013。将此 3.6L 的浸没循环撞击流反应器与 0.6L 的搅拌槽比较，结果如图 6.63 所示，在同样的比能耗条件下，SCISR 的微观混合效率大大优于搅拌槽。

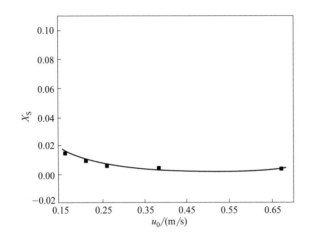

图 6.62 浸没循环撞击流反应器的离集指数 （Wu Y，2003b）

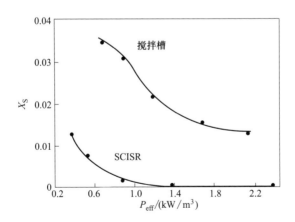

图 6.63 浸没循环撞击流反应器与搅拌槽比较 （Wu Y，2003b）

评述：SCISR 反应器的离集指数很小，其原因很大程度上源自分别含 A 反应物和 B 的两股物料在撞击区前互不接触，仅在高度湍流和混合良好的撞击区才接触和反应，此处 A＋B 生成的单偶氮 R 又被迅速地分散到低浓度，使连串副反应的概率减少。因此 SCISR 的优越性来自撞击区，不是因为其中的环流反应器结构。撞击区的体积仅是反应器的很小一部分，所以要提高 SCISR 的体积利用效率是重要研究课题。由环流搅拌方式来产生撞击所需的射流不一定是有效经济的技术，需要和通常意义下机械泵推动的撞击流反应器做全面的技术经济性对比分析。

6.4.2.2 气液环流反应器

多数情况下，环流反应器是作为气液反应器来使用，气相作为环流的推动力，也可作为反应物；不论做推动力还是反应物，都需要气体带来的成本不高才行。气液体系的环流反应器的微观混合研究也不多。张伟鹏（2013）研究了小高径比（$H/T \leqslant 5$）的环流反应器的气液两相流动和气泡特性、宏观混合及微观混合性能。在直径 $T=0.3\text{m}$、静液层高不超过 $5T$ 的气液环流反应器中（图 6.64），首次对气液环流反应器的两相微观混合特性进行研究，考察了进料时间、表观气速、静液高度、上升段与下降段面积比等因素对离集指数的影响。加入预先均匀混合的溶液（盐酸和氯乙酸乙酯浓度均为 40mol/m^3）12.27L，通入指定速率的空气，流动稳定后，将浓度为 2000mol/m^3、体积为

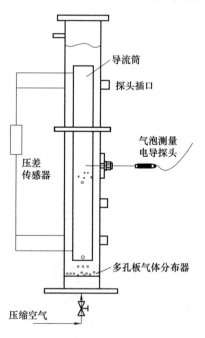

图 6.64 气液环流反应器实验装置（Zhang WP, 2014）

1L 的氢氧化钠溶液通过进料管缓慢加进反应器内的溶液中，反应完成后取样分析。NaOH 液的进料时间必须足够长，以避免宏观混合对测得 X_S 的干扰。在预实验中，张伟鹏（Zhang WP，2014）得到在最低表观气速 0.01m/s、湍流微弱的液面位置处进料所得的 X_S 值（图 6.65），从图中曲线可以确定出进料时间为 40min。

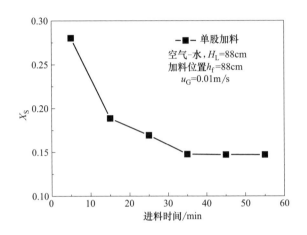

图 6.65 进料时间对 X_S 的影响（$T_c=0.12$m，$B_c=0.06$m，
导流筒 ϕ140mm$\times$5mm，液面进料，多孔板分布器。Zhang WP，2014）

许多因素影响环流反应器的微观混合表现（Zhang WP，2014）。轴向进料位置的影响：由于环流反应器内不同轴向位置的湍流强度不同，所以进料位置的不同将影响物料在反应器内分散和扩散的速率，最终影响离集指数的数值。在导流筒内和环间中心选择了 4 个不同的轴向位置进料（略高于导流筒底面、导流筒一半高度、导流筒顶面、液面）对离集指数来考察。结果显示，在导流筒顶部（$h=66$cm）区域湍动剧烈，离集指数最小；而且在导流筒内顶面中心处（$X_S=0.045$）比顶面环间中心（$X_S=0.071$）更小。

表观气速的影响：环流反应器中通气量越大，内部整体循环和湍流越强，对微观混合更有利，表观气速对离集指数的影响如图 6.66 所示。实验条件为：$T_c=0.12$m，$B_c=0.06$m，导流筒 ϕ140mm$\times$5mm，加料时间 45min，导流筒顶面内加料，多孔板分布器。随着表观气速的增加，微观混合得到改善，但表观气速增加使离集指数减小的效率则逐渐下降，因此表观气速不宜选得过高。

上升段及下降段的面积比 A_r/A_d 的变化，直接关系到循环阻力及循环液

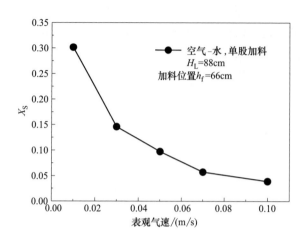

图 6.66　表观气速对离集指数 X_S 的影响（Zhang WP，2014）

速，也是一个主要参数。对于给定 H/D，当上升管与下降管截面积几近相等 $(A_r/A_d \approx 1)$、液位比导流筒顶面高 $T_c = 12\text{cm}$ 的时候，整体流动阻力最小，湍流旺盛，离集指数 X_S 取极小值。净液位高度高于导流筒顶面后一定高度 $(T_c = 18\text{cm})$ 后就能为整体循环提供足够的流道面积，进一步增大此高度对环流的整体流体力学状态几乎没有影响，因此在此液位高度下，进料在导流筒顶面中心，此时离集指数最小，而偏离此高度，都是加料点处的湍流耗散强度下降，使 X_S 反而增大。

综合各项因素，可以推荐的最优设计和操作条件是：对于短高径比（$H = 150\text{cm}$，$D = 30\text{cm}$，$H/D = 5$）的气升式内环流反应器，当进料时间 $t_f > 40\text{min}$，轴向进料位置 $h_f = 66\text{cm}$，表观气速 $u_g > 0.1\text{m/s}$，导流筒顶部静液位高 18cm，导流筒与环间截面积几近相等时，反应器离集指数最小，微观混合效果最优，得到的离集指数的全局最小值为 $X_S = 0.039$。

评述：酸碱中和与氯乙酸乙酯平行竞争反应体系被尝试用于气液两相体系离集指数的测量，测试结果反映出的规律有可信的指导意义，但氯乙酸乙酯试剂有挥发性，可能对实验结果造成一定误差，有必要提出更适用于气液两相体系的模型反应。环流反应器内的加料点还需要优化考察，可以基于湍流能耗强度在环流反应器内的分布规律，实验探查最有利的加料点，为工业应用提供可信的指导。

与机械搅拌槽相比，气提式环流反应器内部流剪切速率和湍流强度分布更为均匀，可以避免结晶器中的晶粒破碎和二次成核，有望得到粒度分布较窄的结晶产品，因此有不少将环流反应器作为结晶设备研究的报道，实验探索环流反应器作为结晶器的可行性。Lakerveld R（2014）比较了环流结晶器和搅拌结晶器内 L-抗坏血酸的间歇结晶过程。通过比较晶体颗粒的大小分布，他们发现对于 L-抗坏血酸结晶体系，环流结晶器和搅拌结晶器相比，可以在中等过饱和度下大量地抑制二次成核过程。Cao TR（2018）在直径 200mm 的气提式环流反应器中研究多种因素对 $Ni(OH)_2$ 的反应结晶过程的影响，其中许多关于晶粒球形度和振实密度的现象和规律，需要涉及微观混合的机理才能定性地理解。李倩（2018a，b）基于 OpenFOAM 开发了气液两相 CFD-PBE 求解器，并耦合了气液两相的传质、反应过程以及结晶过程的 PBE，对环流反应器内 $Ca(OH)_2$ 溶液吸收 CO_2 生成 $CaCO_3$ 结晶的过程进行数值模拟，表明选择适当的结晶动力学模型，可以对反应器内的物质浓度和晶体颗粒直径等参数随时间的变化给出准确的预测结果。需要对气液环流反应器内的微观混合有深入、系统的研究，为其作为结晶器的工业应用提供可靠的基础数据支撑。

6.4.3 膜反应器

膜反应器通常具有很大的比表面积，能在反应器单位体积内充分发挥膜面的渗流能力。膜反应器内的流道尺度都比较小，陶瓷膜管的直径约几毫米，而有机膜管的直径甚至小于 1mm，为微观混合提供了相当有利的条件。膜孔的直径往往在微米至纳米数量级，因此渗流产生的液团的初始尺度也极小，如果初始液滴合并的程度不高，这将对微观混合涉及的分子扩散更加有利。文献表明，陶瓷膜反应器的微观混合时间在 0.7～300ms 之间，的确很利于进行复杂快反应。由于膜管内容积小，其操作在多数情况下都是连续流动模式；在测试反应器内的微观混合效率时也用连续流动模式。

Jia ZQ（2006）率先用硼酸盐-碘酸盐平行竞争反应体系研究膜反应器的微观混合效率。由于硫酸同时参与酸碱中和与 Dushman 反应，硫酸的量对硼酸根和碘酸根都不过量，能在反应器内完全消耗，避免取样后测试反应还在继续产生误差，尤其是对停留时间很短的连续流动反应器。膜反应器实验装置与图 6.20（6.3.3.2 节）相似。控制 A 液流率 q_A 和 B 液的渗透速率 J_B，硼酸根离子与硫酸的计量比为

$$R = \frac{q_A c_{H_2BO_3^-}}{J_B A c_{H^+}} \tag{6.88}$$

式中，A 是膜面积。在实验研究的膜面渗透率 $J = 0～0.127L/(m^2 \cdot s)$ 的范

围内，计量比 R 的数值为 20～175，硼酸根（与碘酸盐）的计量比远大于1，氢离子在膜管内能反应完全，确保所得离集指数指示了膜反应器内微观混合效率。

膜组件包括 4 根中空超滤膜管，内径 1.0mm，长 0.065m。溶液 A 含 H_3BO_3 0.0909mol/L、$H_2BO_3^-$ 0.0909mol/L、KI 1.16×10^{-2} mol/L、KIO_3 2.33×10^{-3} mo/L。溶液 B 为 2.0mol/L、0.50mol/L 或 0.0625mol/L 的硫酸。溶液 A 进管程，溶液 B 进壳程，渗透进膜管内而后反应。

考察了膜透过分子量（molecular weight cut-off，MWCO）、渗透通量、雷诺数等对离集指数的影响。从图 6.67 的数据可以看出，MWCO 从 30000 降低到 10000，增加管程 Re，均使离集指数明显降低，硫酸的浓度高有利于副反应生成碘单质。实验是在过膜的硫酸渗透速率 $J = 4.89 \times 10^{-6}$ m/s 的低值下进行的，避免它超过某临界值时对微观混合有不利的影响。研究结果与微观混合的一般规律符合。比较文献实验数据，认为膜反应器在微观混合上比搅拌槽、超声辅助搅拌槽、静态混合器、Coutte 流反应器都优越。

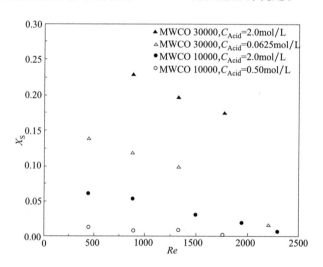

图 6.67　实验参数对离集指数的影响（Jia ZQ，2006）

Baccar N（2009）也用同样的 Villermaux-Dushman 测试体系研究中空纤维膜组件的微观混合性能，但硫酸溶液进入管程、硼-碘溶液进入壳程（图 6.68），与 Wu Y（2009，图 6.20）实验采用的方式正好相反。实验的膜组件 1 含 545 根 polyethylenesulfone 纤维（PES），内径 0.5mm，长 0.208m，微孔 0.2μm；膜组件 2 含 2300 根 polypropylene 纤维（PES），内径 0.22mm，长 0.115m，微孔 0.03μm；组件面积均为 0.18m^2。硫酸的氢离子浓度为 0.01 或

0.03mol/L。测试的原理是在硼-碘溶液中加入计量比很低的硫酸（Guichardon P，2000a），使硫酸能全部被反应掉。当微观混合不良时，Dushman 反应得以进行，使反映 I_2 生成量的离集指数 X_S 大于 0，从而以数值来表征微观混合不良的程度。实验结果如表 6.4 所示。可见细孔的膜组件 2 的离集指数小，溶液的流率增大有利于离集指数降低。这些观察与其它类似研究的报道一致。表中的 $J_{in,A}$ 和 $J_{in,B}$ 分别指膜管入口液速和膜面上的渗流液速。他们还用计算流体力学方法数值模拟了单根膜管中进行化学反应时的浓度场，以解释 Dushman 反应进行的程度。从研究结果看，A、B 两股流体交换入口后实验结果的规律一致，没有给实验带来不利的影响。

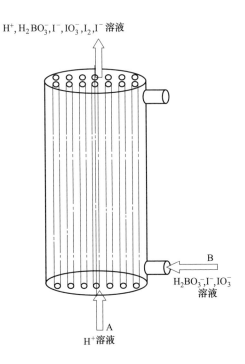

图 6.68 膜组件示意图 $[J=6\text{L}/(\text{m}^2 \cdot \text{min})$。Baccar N，2009$]$

表 6.4 实验结果（Baccar N，2009）

组件	c_{H^+}/(mol/m^3)	$q_A = q_B$/(mL/s)	X_S	$u_{in,A}$/(m/s)	$u_{in,B}$/(m/s)
1	10	3	0.0575		
2	10	3	0.0205		
2	10	5	0.0115		
2	10	7	0.0044	0.16	3.8×10^{-5}

　　Wu Y（2009）用碘化物-碘酸盐反应体系研究陶瓷膜反应器（CMR）中加装湍流发生器对微观混合效率的改善作用，并用微观混合模型（合并模型）与串联搅拌槽模型耦合，以建立微观混合时间（t_m）与离集指数（X_S）间的定量关系。陶瓷膜管内径（7.7mm）比有机聚合物膜的直径大，长度 200mm。膜管工作层为 ZrO_2，基底为 $\alpha\text{-}Al_2O_3$，有 3 种膜孔直径：20nm、$0.2\mu m$ 和 $0.8\mu m$。膜管中可加装的促进湍流的静态混合器有 3 种：①实心圆柱，外径分别为 5mm 和 6.35mm；②螺旋体，外径 7.6mm，短节长 12mm 和 18mm；③Kenics静态混合器，外径 7.6mm，短节长 12mm。膜反应器实验装置示意图见图 6.20（6.3.3.2 节）。

　　碘化钾和碘酸钾混合溶液进入管程，稀硫酸溶液加进壳程，而后渗流进入管程，两种溶液在管程中混合、反应。试验过两种硫酸液浓度（0.025 和 0.05mol/L），发现使用 0.025mol/L 浓度时离集指数较大（图 6.69），有利于分辨微观混合效率的变化规律，所以选用了这个浓度继续实验。

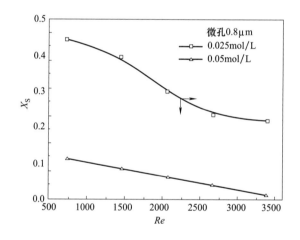

图 6.69　空膜管中氢离子浓度对离集指数的影响（Wu Y，2009）

　　陶瓷膜反应器在渗透通量为 $J = 4.2\text{L}/(\text{m}^2 \cdot \text{min})$，膜孔尺寸分别为 20nm、$0.2\mu m$ 和 $0.8\mu m$ 的情况下的微观混合效率，如图 6.70 所示，确实随着膜孔尺寸减小，按并入模型估计出的微观混合时间逐渐减低，微观混合效率明显提高。较小的膜孔尺寸能够形成小的初始液团，使两相混合物的离集尺度减小。此外，主体相雷诺数提高，在膜表面的剪切力更大，使膜表面形成更小团块。在高雷诺数的情况下，不同膜孔尺寸间的微观混合效率差别逐渐缩小。在空膜管内增加静态混合器，扰动液体，增强湍流，以增大管程压力降为代价，可以提高微观混合的效率。如图 6.71 所示，Kenics 静态混合器具有较好的微观混合效率，优于螺旋式插件和实心圆柱。管程雷诺数增大时，3 种内件的差别逐渐减小。Kenics^{TM} 元件使微观混合大为增强，在 $Re=1500$ 时微观混合时间为 9.71ms，在 $Re=3750$ 时甚至缩短到 1ms。还观察到增大膜侧的渗流速率和膜管内流率（Re）都有利于微观混合效率。这些结果说明膜反应器由于膜管和膜孔的尺度都很小，微观混合的效率很高，因此其工程应用的关键是反应器放大时如何使每根膜管都能保持高效的微观混合性能。

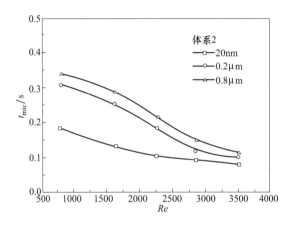

图 6.70　空膜管中膜孔尺寸对微观混合效率的影响（Wu Y，2009）

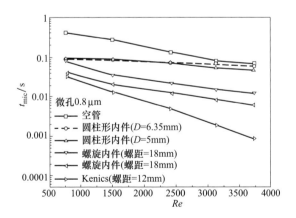

图 6.71　膜管中膜孔尺寸对微观混合效率的影响

$[J=6\mathrm{L}/(\mathrm{m}^2\cdot\mathrm{min})$。Wu Y，2009$]$

从报道的离集指数和微观混合时间的实验数据看，膜反应器的微观混合效率明显高于搅拌槽，可能的原因是膜通道的尺度很小，接近于微通道器件和微反应器，使反应物从一开始就有分子扩散速率快的优势，其次是微小的膜孔使需要混合的两种物相或两股可混溶液流的初始团块间的离集程度减小，也有利于微观混合。但单根膜管的处理量小，因此产能放大而效率不减成为膜反应器设计和操作时至关重要的问题。

6.4.4　静态混合器

对于一些需要停留时间短、要求混合迅速，以避免在复杂反应体系中副反应发生的化学工艺来说，在湍流的管道中加装静态混合器作为化学反应器可能满足工艺的要求。此时湍流能耗可达到 $10^2 \sim 10^3 \, W/kg$，能保证反应物流束间有良好的宏观混合和微观混合。近 20 多年来，静态混合器中的微观混合研究并不很多。研究搅拌槽反应器采用的测试反应体系基本上可以用于连续流动操作的实验研究，但需要注意到静态混合器适用于层流流动的黏性体系，也适用于湍流下的低黏度流体，这两种情况下的平均能耗水平差别很大，因此需要仔细选择测试体系和所用反应试剂的浓度，匹配好体系反应的特征时间和微观混合时间，使微观混合实验能够起到甄别作用。

Meyer T（1988）、Bourne JR（1991a，1991b，1992a）很早就开始了这方面的研究。Meyer T（1988）采用早期提出的连串竞争快反应：硫酸钡从 EDTA 络合的钡离子碱性溶液在加酸中和时从中沉淀，来表征微观混合效率。管道直径 39mm，$0.4 < Re < 300$，流体黏度 $1 mPa \cdot s < \mu < 26 mPa \cdot s$，酸量小于化学反应计量值，加酸管的出口线速与含钡络合物溶液的主体流速相等。实验发现，对空管的离集指数 X_S 是 $0.2 \sim 0.75$，填充 Sulzer SMX 元件时 X_S 是 $0.1 \sim 0.3$，而空管的微观混合时间比有静态混合器时长 10 倍左右。Bourne JR（1991a）采用 1-萘酚（A1）和重氮磺胺酸（B）间的连串竞争反应，但是在管道静态混合反应器中湍流能耗达 $10^3 \, W/kg$ 水平的情况下，化学反应已经太慢，不适合用来测试微观混合，所以他们只能在水溶液体系中加入羧甲基纤维素（CMC）来增大溶液的黏度到 $7.9 \times 10^{-6} \, m^2/s$，来满足化学反应特征时间与微观混合时间的匹配关系。Bourne JR（1992b）提出在上述偶氮化反应体系中增加一个 2-萘酚（A2）的偶氮反应，使反应体系包括 5 个反应：

$$A1 + B \longrightarrow p\text{-}R \qquad (6.89a)$$

$$A1 + B \longrightarrow o\text{-}R \qquad (6.89b)$$

$$p\text{-}R + B \longrightarrow S \qquad (6.89c)$$

$$o\text{-}R + B \longrightarrow S \tag{6.89d}$$

$$A2 + B \longrightarrow Q \tag{6.89e}$$

实际上前 4 个反应是连串竞争反应，它适合于局部湍流能耗在 $100\,W/kg$ 以下的流场，第 5 个反应 $A2 + B \longrightarrow Q$ 更慢，它是与前 4 个反应总反应竞争的平行副反应，因为在 ε 达到 $10^3\,W/kg$ 水平时，$A1 \longrightarrow S$ 的总反应可以认为是瞬时反应了。这相当于将两个基本上互不干扰的测试体系组合在一起，用 X_S 辨别较低程度湍流中的微观混合，而在强湍流中用 X_Q 作为离集指数，自然能够扩展反应体系能测试的流动体系的湍流程度的范围。Bourne JR（1992a）将此体系用于管道静态混合器中湍流流动中微观混合的测定（直径 20.5mm 的 SMXL 元件、直径 28mm 的 SMV-4 元件，均为 Sulzer 产品），发现反应仍然是在很有限的区域中进行，在比较的元件中，元件本身孔隙率大的 SMXL，产生湍流和利用压降能更为有效。

龚卫星（1992）从改善管式反应器效率的角度出发，基于减小流体初始微团尺寸和增加局部能量耗散速率来强化反应器内微观混合的思路以 1-萘酚（A）与对氨基苯磺酸重氮盐（B）在弱碱性（pH=10）条件下反应生成单偶氮（P）和双偶氮（S）两种染料的连串竞争反应为模型反应，考察了空管、Kenics 静态混合器、湍流促进器、多孔分布板、肋条人工粗糙管及几种喷射器内的混合特性。反应器内径 20～32mm，长 1m，相应的 $Re = 600 \sim 3500$。两股反应物的摩尔流率比 $F_A/F_B = 1.05$，体积比 $\alpha = V_A/V_B = 50$ 和 100。实验结果表明，体积比 $\alpha = 100$ 比 50 得到的离集指数更低，因为这相当于减低了 B 液加料的速度，使流体初始微团更小。图 6.72 比较了加料点径向位置对 X_S 的影响，其中的实线为空管（Re 从上到下依次为 1820，2730），说明管壁加料于微观混合不利，而虚线（从上到下 $Re = 120$，200，400）为加装 Kenics 元件后，加料不受位置影响，表明管内的流体力学特性已经相当均匀。内插件和喷射器均能显著地改善管内微观混合状态，其中以 Kenics 静态混合器、多孔分布板和带有节流口的喷射器效果最好。从报告的离集指数数值看，喷射器的效果略优于 Kenics 静态混合器。

Fang JZ（2001）用 Villermaux-Dushman 反应体系研究 Kenics 元件管道反应器的微观混合时间。在雷诺数 66～1060 区间，由于静态混合元件的扰动，层流到湍流的转变点为 $Re = 160$，远低于空管流动的转变点 2100～4000。管道直径为 8mm，12 个元件总长 93.6mm。管道主流溶液 A 含硼酸盐、碘酸盐、碱，酸液 B 以毛细管从元件上游或元件内的几个点以等速度方式加入，二者的体积流率比 $\alpha = 10 : 1$。实验所得的离集指数 X_S 在 0.7～0.03 之间，随

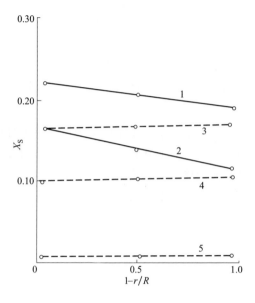

图 6.72　Kenics 元件的微观混合时间（龚卫星，1992）

雷诺数增大而下降。按并入模型来估计相应的微观混合时间，不论是团块体积线性增长还是指数增长，估计的微观混合时间都遵循：

$$t_{mic} \propto \varepsilon_V^{-0.5} \tag{6.90}$$

这里液相体积平均功耗 ε_V 可达 3.5W/kg。根据实验数据可得：

$$t_{mic} = 2.69\sqrt{\nu/\varepsilon_V} \quad （按体积线性增大假设） \tag{6.91}$$

$$t_{mic} = 7.08\sqrt{\nu/\varepsilon_V} \quad （按体积指数增大假设） \tag{6.92}$$

这与 Fournier MC（1996b）对搅拌槽提出的关联式：

$$t_{mic} = 17.24\sqrt{\nu/\varepsilon} \tag{6.16}$$

相比，说明 Kenics 元件提供了比搅拌槽更优越的微观混合环境，微观混合时间小到了毫秒（ms）数量级。

　　评述：近年来研究静态混合反应器中微观混合的报道不多。是静态混合器的研究方法和一般结果与搅拌槽类似，没有太多的新发展，对微观混合理论的贡献与搅拌槽相比也没有特殊的地方。静态混合元件种类繁多、应用体系广泛，所涉及的研究也更偏向静态混合器具体应用的工程开发。

6.4.5　撞击流反应器

　　近年来，过程强化得到了越来越多的重视，因此各国学者通过对多种反应器进行开发研究，来强化传递过程。其中，撞击流反应器（impinging jets re-actors，IJR）自问世以来，因为其良好的传递特性以及优异的混合效果，在燃烧、干燥、研磨以及萃取等领域都得到了广泛的应用（Tamir A，1994）。撞击流是高效的混合设备，能提供高达 $10^5\,\mathrm{W/kg}$ 的局部能量耗散速率，远胜于单个湍流射流（$10^4\,\mathrm{W/kg}$）、转子定子混合器（$10^2\,\mathrm{W/kg}$）和能耗更低的搅拌槽、离心泵等设备。化学反应器追求高的体积效率，受限撞击流反应器（confined impinging jets reactors，CIJR）更受重视，因此对于撞击流反应器的微观混合特性的研究也正在开展和深入。

　　Johnson BK（2003）对不同射流直径反应器的微观混合性能进行研究，考察了不同因素对微观混合性能的影响，包括混合室形状、雷诺数等。CIJR的示意图见图 6.73，可以更换不同形状的出口件。腔室倍数（chamber multi-ple，$\Delta=D/d$ 为 19.0、9.6 和 4.8）也在实验中可变。Baldyga J（1998）提出了一个适合于撞击流的平行竞争反应：酸中和 NaOH（瞬时反应）和酸催化水解二甲氧基丙烷（2,2-dimethoxypropane，DMP）为丙酮和甲醇（平行快反应），当微观混合不良时，DMP 的水解产物量增多，离集指数 X_S 增大。在射流直径 $0.5\sim1\mathrm{mm}$ 的低雷诺数范围（$Re=10\sim3800$，层流到类湍流的转变点为 $Re=90$），得到离集指数的数值在 0.001 至接近于 1 的很宽范围内变化，反映了多种因素的共同影响。混合质量随射流速度增大而改善，很容易达到小于 9.5ms 的

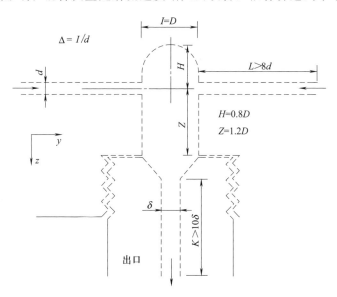

图 6.73　限域撞击流反应器（Johnson BK，2003）

微观混合时间（相当于 $X_S = 0.04$）。还从实验数据中归纳了微观混合时间与射流速度 u、液体密度 ρ、运动黏度 ν 和质量流率 m 等关系的关联式：

$$t_{mic} = K_{CIJ} \frac{\nu^{0.5} \Delta^{1.5} d_1^{0.5}}{u_1^{1.5}} \frac{1}{2\left(\frac{\rho_1}{\rho_2}\right)^{0.5} \left(1 + \frac{m_1}{m_2}\right)^{0.5}} \tag{6.93}$$

其中下标 1 和 2 指两股射流。式中 $K_{CIJ} = 1470$ 相应于在 $Da = 1$（Da 为 Damköhler 数，微观混合时间与反应特征时间之比值）和 $F = 1$（F 为两射流流率之比值）时实验得到 $X_S = 0.04$。

Gao ZM（2015）研究了 T 形受限域撞击流反应器的微观混合效率，对象是内径 16mm 的圆柱体，撞击射流喷嘴管内径为 3mm，其轴线与圆柱顶盖的距离 L 是可调的（图 6.74）。以硼酸盐-碘酸盐平行竞争反应体系测试微观混合效率，溶液 A 含碘化物 0.01167mol/L、碘酸盐 0.00233mo/L、硼酸盐 0.0909mol/L，溶液 B 含硫酸 0.02～0.04mol/L 或氢离子浓度 0.04～0.08mol/L，这与搅拌槽的半分批实验中所用的浓度 0.5～2.0mo/L 不同。两溶液以相同的体积流率进入 CIJR 对撞，射流线速度 $U_A = U_B$ 为 2.2～8.9m/s，相应于 $Re = 6570～26360$ 的湍流。实验需要注意不让气体在反应器内积累，这减少了反应器有效体积，给实验带来不确定的误差。因为硫酸浓度比较稀，也因为撞击流区的湍流功耗强，所以离集指数 X_S 的数值均不超过 0.011（图 6.75）。也可以从中观察到，X_S 随着射流流率或湍流程度增大而减小的普遍规律。图 6.76 表明，撞击流区的大小有一最佳值，可能是在这个 L 值，高湍流区的体积大，但湍流强度也还足够大。

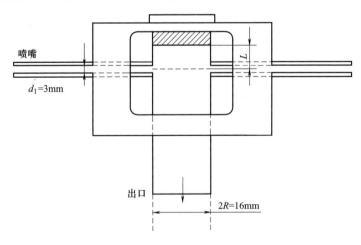

图 6.74　限域撞击流反应器（Gao ZM，2015）

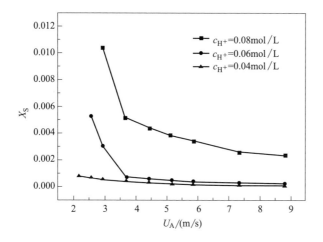

图 6.75　氢离子浓度的影响（$U_A=U_B$，$L=11.6mm$。Gao ZM，2015）

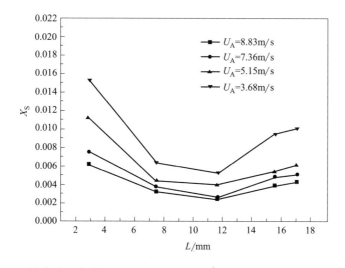

图 6.76　撞击流区大小的影响（$U_A=U_B$，H^+ 0.08mol/L。Gao ZM，2015）

用并入模型来估计微观混合时间，对氢离子浓度 0.08mol/L 的实验数据，模型估计的 t_{mic} 和 X_S 之间有下列的经验关联式：

$$\lg t_{mic}=-1.08+1.01(\lg X_S) \tag{6.94}$$

相关系数很高（$R^2=0.99991$）。t_{mic} 在 $0.2\sim0.9ms$ 间，典型数值是射流速度 $U_A=3.68m/s$ 时，t_{mic} 仅为 0.4ms。从这个微观混合时间来看，撞击流反应器对于微观混合要求很高的快速复杂反应体系有很好的工业应用前景。

Siddiqui SW（2009）研究了直径 4.76mm 圆柱形、总高 10.9mm 的小型撞击流反应器的微观混合和能量耗散速率，用碘化物-碘酸盐反应体系，射流的 Re 范围是 3500～6600，平均能耗密度为 20～6800W/kg，能耗强度比搅拌槽大 100 倍。表征微观混合效率的 3 个指标：能量耗散速率估计值、均相竞争反应的离集指数、非均相沉淀反应的颗粒大小，它们的表现平行一致。反应器内的湍流分布不均，$\varepsilon_{max}/\varepsilon_{avg}$ 约为 40，但进入的物料都一无例外地要流经这一高湍流区是这类反应器的优点。

刘海峰（1999）采用 1-萘酚（A）与对氨基苯磺酸重氮盐（B）偶联的竞争串联反应体系，研究了 4 种型式的两对置同轴双通道喷嘴撞击流反应器，考察喷嘴中心和环隙射流的动量比、射流速度、喷嘴间距、反应器容积对撞击流反应器内微观混合过程的影响。设计的 4 种反应器包含了喷嘴间距和反应器容积这两个重要因素的变化（图 6.77）。A 液经喷嘴环隙、B 液经中心通道进入反应器，维持摩尔计量比 $M_B/M_A = 2.1$，即 B 略微过量，A 全部耗尽。$c_{B0} = 0.05$mol/L。结果表明：增大喷嘴中心和环隙射流的动量比可改善微观混合状况；在撞击区特征停留时间（t_R）处于 0.03～1.0s 的实验范围内，存在一最佳特征停留时间 t_{RC}，当 $t_R < t_{RC}$ 时，减少 t_R 不能有效改善微观混合状况；当 $t_R > t_{RC}$ 时，减小喷嘴间距 L 及反应器容积 V_R 可改善微观混合状况。

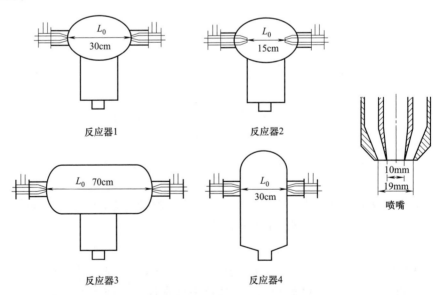

图 6.77　双通道喷嘴撞击流反应器（刘海峰，1999）

　　佘启明（2013）设计了一种外循环撞击流反应器（ECISR，图6.78），并以半分批模式，借助酸碱中和与氯乙酸乙酯水解的平行竞争反应，考察了进料位置、循环流量等参数对微观混合效率的影响。外循环撞击流反应器可以在器体的上、中、下3个位置实现，两股射流的轴线偏转一定角度，使撞击流体产生部分切向运动，期望撞击混合区相对延伸，增大撞击流在中大型反应器中撞击区，促使微观混合更加有效。中部圆柱形直径280mm，高1160mm，中上部扩大段直径480mm，顶部溢流槽直径600mm，有效容积为160L。NaOH液从中心线处的加料管进入，加料时间长到能消除宏观混合的影响；盐酸和氯乙酸乙酯混合液预先在反应器内稳定循环。研究结果表明：撞击区上部（$H=$ 400mm）进料微观混合效果最好（$X_S=0.144$），而在$H=0$、200mm处，反应器顶部进料，则X_S分别为0.152、0.156和0.177；循环流量增大到6000L/h时的微观混合效果最佳，再继续升高循环流量时微观混合效率几乎不再提高（图6.79）。研究所用的反应器尺度比较大，这对撞击流反应器的工业应用有很好的参考价值。佘启明（2009）还设计了另一种撞击构型：射流喷嘴轴线向上偏斜15°，则循环流量增大到5000L/h时离集指数就降低到0.07，表明此中微观混合的定量规律还需要深入认识。

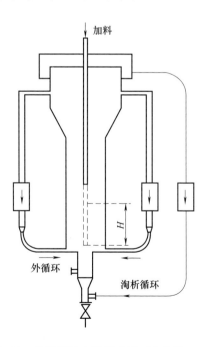

图6.78　外循环撞击流反应器（佘启明，2013）

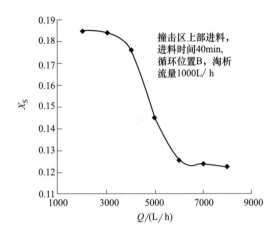

图 6.79   外循环流量对离集指数的影响（余启明，2013）

李崇（2009）采用平行竞争反应碘化物-碘酸盐作为工作体系，对 Y 型自由撞击流反应器内的微观混合特性进行了探索。喷嘴 A 和 B 的直径分别为 6.5mm 和 1.7mm（图 6.80），喷嘴间距固定为 20mm。溶液 A 含硼酸、氢氧化钠、碘酸钾、碘化钾，浓度分别为 0.0909mol/L、0.1818mol/L、0.00233mol/L 和 0.01167mol/L。溶液 B 为 0.1mol/L 的硫酸。以连续流动的模式操作。结果表明，撞击角度在 30°～180° 范围内，离集指数随着撞击角度的增加而下降，θ 需要大于 120°，才能有较好的微观混合效果，两流束对撞的混合最为理想（图 6.81）。固定 B 液流率在 0.048m^3/h，A 液流速的逐渐增加（0.64～4.68m/s），离集指数 X_S 逐渐减小。估算微观混合时间可小到 1ms，明显低于传统搅拌槽的 5～50ms。

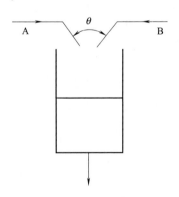

图 6.80   Y 型自由撞击流实验示意图（李崇，2009）

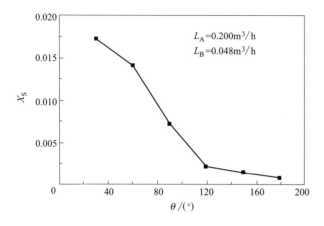

图 6.81 撞击流夹角的影响（李崇，2009）

以上研究基本说明了撞击流反应器中微观混合效率的影响因素和变化规律。但还是有很多新的探索不断见诸文献。在层流范围内，撞击流也有增强流体扰动的能力，使流动更加混沌化，使性质不同的可互溶流体的混合效率提高（Brito MSCA，2018）。张珺（2015）的实验表明，三股对撞流比两股对撞的方式更有利于微观混合。

评述：微观混合的效能主要依赖于加料点附近的湍流能量耗散速率的水平。如何达到所需的高强度能耗和如何经济地实现，是继续研究的中心课题。在撞击流反应器中高能量耗散区的体积很小，至多占反应器总体积的百分之几；增加很多无效的体积来输送反应物，不仅浪费反应器空间，也增大了宏观混合的负担。而且在总能耗中，也只有很小的一部分能量是直接用于促进微观混合的。另外，大型工业设备中如何以撞击流来实现高效的微观混合，也是工程应用中的难题。这些问题的突破，需要结合化学工程理论和计算化学反应工程技术才能解决。

6.4.6 其它反应器

旋转填料床反应器（rotating packed bed，RPB），也称为超重力机，其所产生的加速度可达到地球重力加速度 g 的数倍至数百倍，是一种高效强化"三传一反"的过程设备，自 20 世纪 80 年代初诞生以来研究和应用十分广泛。液相从 RPB 内部填料穿流而过时受到较大的离心力，使混合和传递过程强化，有物料停留时间短、持液量小、微观混合好等诸多特点。由于停留时间短，所以多用于快速的气液和可互溶液液相间的反应。气液两相一般沿径向流动，以连续稳定流动方式操作，流动比较顺畅。

刘骥（1999）以 1-萘酚（A）与对氨基苯磺酸重氮盐（B）在碱性缓冲溶液（Na_2CO_3 和 $NaHCO_3$ 各 10mmol/L）中偶氮化这一连串竞争反应作为工作体系，考察了旋转转速、浓度及体积流量等因素对于旋转床微观混合性能的影响。圆柱形的填料床绕水平轴高速转动，A、B 两液通过直径 1mm 的喷嘴加到填料环内腔（图 6.82），转子内径 50mm，外径 100mm，轴向宽度 50mm。转速 1～1940r/min，总流率 63～147L/h，体积流率比 $\alpha = V_A/V_B = 2～80$。初步混合后的溶液在超重力作用下流经旋转床时进一步完全混合和反应。A 和 B 的化学计量比为 1，混匀后（假设不反应）的浓度为 25～75mol/L。图 6.83 说明，随旋转速度增大，离心力产生的超重力增强，离集指数逐渐下降。但与其它反应器相比，体积比的影响比较小；加料速率从 63L/h 增大到 150L/h 时，离集指数还缓慢地从 0.075 下降至 0.066，与其它反应器实验要求加料速率小于某个临界值相反；浓度 c_0 为 25mol/L、50mol/L、75mol/L 的实验 X_S 下降，但下降趋势渐缓，这也与其它反应器完全不同。这表明旋转床反应器的混合特性优于其它类型的反应器。其原因需要更系统的实验和机理模型来解释。

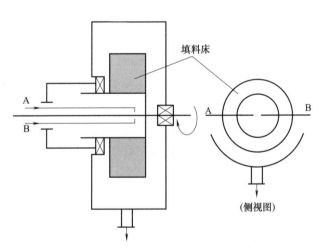

图 6.82　旋转填料床示意图（刘骥，1999）

Yang K(2009) 采用了硼酸盐-碘酸盐平行竞争反应体系，发现在较低的酸浓度（氢离子浓度 0.16mol/L）、较大的体积流量下可以得到不错的微观混合效果。他们考察了两股进料不预混和预混两种进料方式，发现两股液流射向

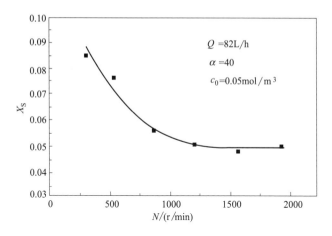

图 6.83 旋转填料床的离集指数（刘骥，1999）

入口内旋转面上同一点进料，微观混合效率不如通过一预混合器后射向填料床，后者使离集指数从 0.01 水平大致降到 0.002。

评述：旋转床的微观混合测定实验，只能在填料床环内空间加料，这也对快反应体系有一定的影响。分析实验结果时，应该设法将环内空间的作用和旋转床本身的微观混合效能区分开来。

在 Taylor-Couette 反应器中［TC 反应器，图 6.84（a）］，流体从两个同心的圆筒间轴向流过，外筒静止，当内筒旋转的速度逐渐加快时，流体从轴对称的层流流动（Couette 流）发展为非稳态的胞状涡流（Taylor vortex 流），最后转变为充分发展的湍流。Racina A（2010）按一些经验模型，从 2D Particle Image Velocimetry（PIV）和激光诱导荧光（LIF）实验测定中得出的数据，估算出三个尺度上的特征时间：宏观混合、介观混合和微观混合时间，微观混合时间是内筒角速度、流体黏度和几何尺寸的函数。发现宏观混合时间约 2～60s，介观混合时间在 0.02～2s，而微观混合时间为 5～50ms。因此宏观混合是整个混合过程中的限制步骤。但是在涡旋中心处的局部微观混合速率最低。

Judat B（2004）和 Racina A（2006）用硼酸盐-碘酸盐平行竞争反应体系研究其微观混合性能。TC 反应器［图 6.84（b）］高 200mm，外筒直径 100mm，内筒直径为 88mm、78mm、68mm，相应于反应器体积为 0.45L、0.7L、0.9L，加上外循环和缓冲槽的全部液相体积保持 4.5L 不变。沿外筒高度上有 7 个位置可以加料（酸溶液）。内筒转速 0～1200r/min，相应的修正 Taylor 数

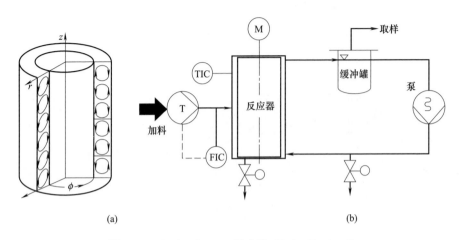

图 6.84　Taylor-Couette 反应器（Judat B，2004）

$$Ta^{+}=\omega r_{i}^{2}/\nu \tag{6.95}$$

可到 274000，而转变为湍流胞状涡流的临界 Ta^{+} 为 7500。轴向流速为 $600\sim 3000\mathrm{L/min}$，对应于轴向流动雷诺数 $Re_{ax}=630\sim 3200$。实验时，不过量的浓硫酸（$[\mathrm{H}^{+}]=2\mathrm{mol/L}$）从左侧、硼酸盐-碘酸盐溶液从反应器下方，以恒定流率加入。出口流中取样分析生成的副产物，得到离集指数 X_{S} 并算出微混比 $\alpha=(1-X_{S})/X_{S}$。微观混合测试的结果如图 6.85 所示，随着修正 Taylor 数增大到 180000，微混比增大到一极大值，然后下降。微混比几乎不随 Re_{ax} 而改变，表明 TC 反应器有分别调节反应器微观混合和宏观混合的可能。图 6.85 中的微混比数值相应于 X_{S} 在 $0.14\sim 0.30$，用微混模型从微混比值估计出的微观混合时间在 $6\sim 70\mathrm{ms}$ 区间，且可以用下列关联式表示（$Ta^{+}<180000$）：

$$t_{mic}=2650(Ta^{+})^{-1.07}\ (\mathrm{s}) \tag{6.96}$$

转子-定子混合器，或称为连续高速分散混合器（continuous rotor-stator mixer，CRS），转子高速旋转，转子-定子间的间隙小于 1mm，能够产生局部高剪切速率和高能量耗散率，一般高达 $10^{3}\mathrm{W/kg}$ 的数量级，估计微观混合时间为 $0.01\sim 0.1\mathrm{ms}$ 的数量级，对于快速复杂反应具有很好的应用前景。Bolzern O（1985）采用 1-萘酚与对氨基苯磺酸重氮盐的偶联反应研究了离心泵内的反应特性，认为转速和离心泵流量有一适当的组合，使局部能量耗散率最高，微观混合效果最好。Bourne JR（1992c）用 1-萘酚重氮偶联反应体系，采

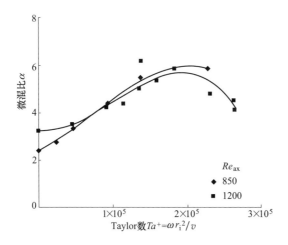

图 6.85　Taylor-Couette 反应器微观混合测试结果（Judat B，2004）

用半分批和连续流动两种模式实验，测试了定子内径为 32.4mm 和 40mm 的两个混合器在 2500～10000r/min 范围的微观混合效率，离集指数的范围在 0.15～0.01 之间；微观混合控制条件下保持离集指数不变的放大准则为转子的线速度恒定。Bourne（1986）的研究还发现定子结构对微观混合的影响较小。张占元（2008）采用碘化物-碘酸盐平行竞争体系对德国 Ystral 公司的 Conti-TDS-3 型连续高速分散混合器的微观混合特性进行实验测定（图 6.86）。以半分批模式实验；因混合器转子高速旋转产生吸力使物料 A 形成高速内循环，而一定体积的物料 B（硫酸，0.1mol/L）则用一定的时间缓缓注入转子内腔，进而与 A 反应。图 6.87 是固定加料时间 1800s、酸浓度为 0.2mol/L 条件下的结果，说明内部湍流增强（相应于转速 1800r/min 以上）有利于微观混合，而定子结构的影响则比较小。

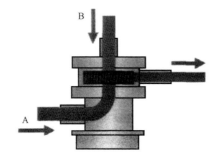

图 6.86　转子-定子混合器反应器（张占元，2008）

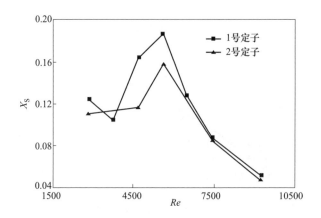

图 6.87　离集指数与 Re 的关系（张占元，2008）

　　转子和定子的结构以及混合器的几何设计可以有很多的变化，转子和定子还可以做成多级结构，互相交替布置成为多级串联的混合器，这使得转子定子混合器有很宽的工程应用范围。强烈的剪切很适合于处理高黏度流体的混合，处理高分子聚合物流体或溶液，也适合于制备微乳液等。但是对物理化学性质很不相同的反应流体，在局部能耗速率变化很大的设备中，测试反应体系的实际浓度需要做必要的调整，这使得测试得到的离集指数没有直接的可比性。因此，离集指数作为微观混合的定量指标，还不能完全令人满意。所以不但需要继续改善离集指数数值，也需要与其它指标结合，才能对反应器中的微观混合效率做出更中肯的评价和分析。

6.5　微观混合强化

　　从以上章节中陈述的数据可以看出，微观混合效率受很多因素的影响，包括反应器构型、工艺和操作条件、复杂反应体系的类型和反应的快慢等。要提高微观混合的效率，先要对文献中已有的结果进行梳理和比较分析，找出主要的影响因素、影响机理，然后在更深入的理论分析基础上建立合理的机理性数学模型，结合数值模拟方法，探索反应器创新和操作优化，最终实现反应器中宏观混合和微观混合效能的强化。

6.5.1　各种形式反应器的比较

　　从 6.4 节中对多种反应器中微观混合研究可以看出几个共性点：①反应器

的功耗越大，微观混合越好；②加料方式影响很大，在湍流强、局部功耗大的地点加料更好；③在局部功耗大的区域中多点加料，微观混合效果更好。因此，对反应器的平均功耗和能耗分布有定性和定量的认识，才能选择合适的反应器形式和操作模式，达到微观混合最佳的目标。

表6.5总结了一些常见化学反应器的微观混合时间估计值的范围，可供复杂快反应体系设计和放大反应器时作为参考。可以看出，经典的搅拌槽反应器和空管反应器的微观混合效率比较差，在能量输入较强的情况下，微观混合时间大致为几十毫秒；而局部剪切速率高、功率耗散强的撞击流反应器、旋转填料床（RPB）、转子-定子反应器等形式反应器，微观混合时间可以小于1ms。微观混合时间长的反应器用于反应速率较慢的复杂反应体系，就既能保证主反应有很好的选择性，同时也有反应器的比能耗低的好处。因此，表中所列的反应器类型都能合理地在过程工业中有效地应用。

表6.5 几种反应器微观混合时间对比

反应器	操作模式	t_{mic}/ms	文献
Rushton 搅拌槽	批式，$5\sim9r/min$	$20\sim80$	Assirelli M(2008)
Taylor-Couette 反应器	半分批式，$Ta=5\times10^4\sim2\times10^5$	$8\sim70$	Judat B(2004)
超声反应器	半分批式，$Q=123\sim1950mL/min$	$3\sim50$	Monnier H(2000)
陶瓷膜反应器(加湍流促进内件)	连续流动，$Re=700\sim3800$	$0.8\sim100$	吴勇(2011)
陶瓷膜反应器(空)	连续流动，$Re=700\sim3800$	$80\sim380$	吴勇(2011)
管道静态混合器	Kenics，$Re=66\sim1060$	$2\sim10$	Fang JZ(2001)
撞击流反应器	射流 $Re=6570\sim26360$	$0.2\sim0.9$	Gao ZM(2015)
旋转填料床(RPB)	连续流动，$N=600r/min$	0.1	Yang HJ(2005)
转子-定子反应器	连续流动，$1800r/min$	0.01	Chu GW(2007)

不同反应器之间微观混合效能的比较应该是多方面的。

① 微观混合的效能，主要的定量表征指标是离集指数：离集指数 X_S 小，表示微观混合性能好。但是要注意比较的基准是否合适，选用的测试反应体系不同，或所用试剂的浓度不同，实验操作方式（半分批式，或连续流动模式）不同，都使离集指数的数值比较越来越不可靠；同一种形式反应器间比较，反应器的规模也相近，则比较有共同的基准，比较结果就定性地可靠。在没有微观混合测试实验数据时，则可以比较加料点的局部能量耗散速率：能量耗散率大，则反应物团块容易被分散，体系的离集尺度很快减小，有利于随后的分子

扩散和化学反应。这一流场参数和离集指数间呈现因果关系，因此其指示作用是一致的。

② 要看输入能量被用于促进微观混合的有效程度，比如高能量耗散区占全反应器体积的百分比，将反应物直接输送到高能耗区的技术可实现性等，这些涉及化学反应器的技术经济性指标，也是重要的选择判据。反应器的设计和构型应该让输入的能量有效地用于宏观混合，降低体系的离集尺度和离集强度，为之后的微观混合和化学反应创造良好的环境。适当的分散、多点加料，扩大微混-反应区，是提高反应器技术经济性的可行措施。总体来说，要让更多体积内的能量耗散起到提高反应器内复杂反应的选择性和产物收率的作用，而反应器的构型和机械设计要能方便地实现此目标。

③ 化学反应器的规模大小也是需要考虑的因素。适合于工业规模生产，同时保证优良的微观混合效能，是化学反应器构型和设计优化的主要目标。这也是今后的微观混合研究需要注意的课题。

6.5.2　微观混合强化技术

从本章所列出的微观混合实验研究在各类反应器中观察到的规律，可以大致归纳出下面几条强化微观混合的基本原则。

① 提高反应器内一部分体积内的局部能量耗散速率。对搅拌槽来说，增大搅拌转速，或桨尖线速度，可以强化湍流，加强湍流动能的耗散；改进桨叶的设计，如用螺旋桨等曲面桨叶，可以减小无用的能耗，增大排出流量，提高能量利用效率；桨叶外形改为锯齿状、桨叶面上开孔，都能使湍流产生的区域增大，湍流总能量增加，是在搅拌槽的开发和技术创新中行之有效的方向。例如，穿孔桨叶、折线形桨叶等新设计都有益于强化微观混合。撞击流是通过两股或多股流束射向同一空间点，互相撞击，造成强烈湍流的有效方式，业已证明是能促进微观混合的有效措施。

② 利用外场。利用超重力环境下多相流体系独特的流动行为，强化相与相之间的相对运动和相互接触，也可强化传递过程和化学反应。化工过程本来就在重力场中进行，可以控制的超重力则成为调控微观混合的一个因素。外磁场、电场、声场、振动力场、脉动流场等也被用于实现过程强化。

③ 强化宏观混合。宏观混合的目的是使过程设备内部物料的离集尺度和离集强度减小，达到设定的状态均一的标准。良好的宏观混合将待混合的物料分散为细小的团块，缩短分子扩散的距离，为微观混合提供良好的初始条件环

境。强烈的搅拌使流体分散为湍流 Kolmogorov 尺度的团块，微反应器以自身的机械结构使流体在微尺度通道中接触，膜反应器使流体进入反应器时就形成细小的流束或液滴，都能促进随后的微观混合和化学反应。

因此，就强化微观混合而言，将能耗集中起来得到高能量耗散区和反应器内均匀混合以提高反应器的体积利用率，似乎是一对矛盾的目标。但二者兼顾地实现这两个目标，才是化学工程师综合才艺的最好体现。

超声是文献中报道比较多的一种能促进化工过程的外场。超声波与液体发生相互作用主要依靠空化作用，即液相内在超声波的作用下形成的空化泡，经过生长、收缩、再生产直至振荡破碎、消失的一系列过程。这一过程历时极短（约 $10\mu s$），空化泡破碎产生高温、高压、强烈的冲击波和微射流，有利地影响微观尺度上的流体运动和分子扩散。这些是超声化学化工研究的重要对象。

Jordens J（2016）用 Villermaux-Dushman 反应体系测试了施加超声和不加超声的反应器的微观混合效率（图 6.88）。反应器中加 pH＝9.3 的硼酸盐-碘酸盐溶液 0.19L，施加超声，然后 0.5mol/L 的硫酸溶液 0.19mL 在 13s 内匀速加入，反应 1min 后取样分析。24kHz 和 30kHz 的超声通过浸没液面下 1cm 的超声探头注入，从 41kHz 到 1135kHz 的超声以固定在器底的传感器输入，超声的功率大小可调。由于超声作用能使硼酸盐-碘酸盐溶液中 Dushman 反应发生，所以应该注意减少超声持续的时间，并校正声解产生的（I_3^-）浓度。47W/kg 下的实验（图 6.89）说明，在搅拌强度不足时，超声对微观混合有明显的促进，但其强化作用也仅能得到机械搅拌能达到的最好水平。图 6.90 表明超声频率和功率有显著的影响。24kHz 的高能超声场的微观混合最好，而其它频率的超声实验中则是 1135kHz 的最高频更好。探头面积的影响则很小。空化作用的实验表明，超声产生的时变气泡的效果最好，稳定的空化气泡也起到强化微观混合的作用。但超声作用的具体机理和模型仍需深入认识。

离集指数总是随超声功率加大而减小，超声从底部传感器注入的 16 个实验数据可以归纳为如下的关联式，反映了超声功率为主要影响因素，但频率因素的影响也不可忽视：

$$X_S＝(0.002f+0.325)\varepsilon^{-(0.0001f+0.0575)} \tag{6.97}$$

式中，f 为超声频率，kHz；ε 为比能耗，W/kg。关联式的平均相对误差为 12.3%，尚待改进。

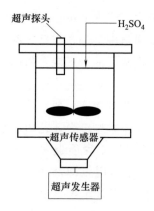

图 6.88　超声搅拌槽（Jordens J，2016）

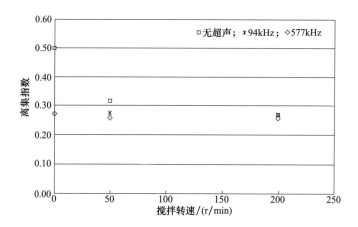

图 6.89　搅拌转速的影响（Jordens J，2016）

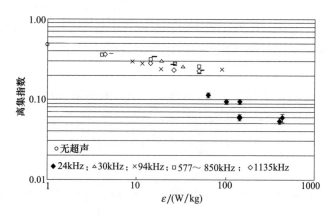

图 6.90　超声频率和功率的影响（Jordens J，2016）

撞击流-旋转填料床：赵海红（2003）提出将撞击流和旋转填料床结合为撞击流-旋转填料床（IS-RPB，图 6.91），采用重氮偶联测试反应体系，测试了撞击流-旋转填料床反应器的微观混合特性。两种物料进口喷嘴的撞击间距 5mm，撞击直径 1.5mm，固定转速 1600r/min，塑料丝网填料。在流量从 20L/h 增大至 100L/h 时，测到的离集指数 X_S 从 0.0342 降到 0.0233，而且分别低于同等结构的撞击流反应器和旋转填料床两种反应器。在 IS-RPB 反应器中，反应物料经撞击后再次经旋转填料床的强力离心力的作用，使反应物料进一步混合，其微观混合效果明显加强。

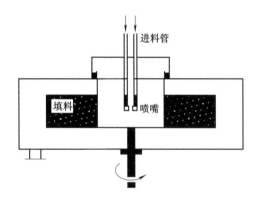

图 6.91　撞击流-旋转填料床（赵海红，2003）

初广文（2014）发明了一种超声波耦合超重力旋转填料床（图 6.92），包括壳体、端盖、转子和传动装置；转子上有 3 个同心填料环，定子上有两排同心立柱，插进填料环间的空隙，部分立柱为超声探头，对流经旋转填料床的液体施加超声波。发明提供的装置和工艺在不同超声频率下效率是无超声时的 1.1～3 倍，可应用于反应、乳化等过程。

宋银江（2015）用上述超声耦合旋转填料床（3 层填料环，最外环直径 130mm、最内环内直径 34mm）的旋转填料床，以硼酸盐-碘酸盐测试反应体系，在改变转速而其余参数不变的条件下实验测定离集指数。H^+ 浓度为 0.2mol/L，$Q_A = 600$mL/min，A、B 溶液体积流量比 $\alpha = 10$，改变旋转床转速为 400～2000r/min 的条件下，用 90°-Y-液体预混分布器进行对比实验。图 6.93 表明，超声对旋转填料床的微观混合效能有进一步的提升。在实验条件范围内，旋转填料床的微观混合效率随超声强度、转子转速和液量的增大而提高，随着 H^+ 浓度、物料体积流量比和主体溶液黏度的增大而降低，在高液流率和高黏度情况下超声的强化作用较为明显。更多的结果可参见文献（Luo Y，2018）。

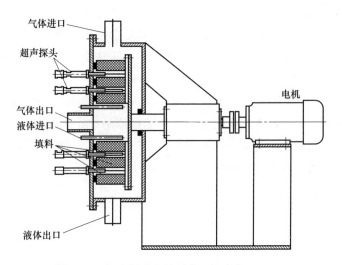

图 6.92 超声超重力填料床（初广文，2014）

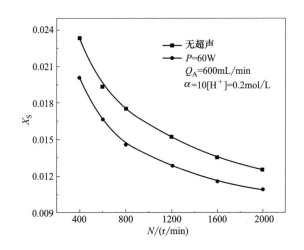

图 6.93 超声对旋转填料床微观混合的影响（宋银江，2015）

樊晶（2008）将超声波、撞击流结合进微流动器件中，也得到明显地强于单一因素的微观混合强化效果。涉及微反应器的混合问题，将在第 8 章中更详细地叙述。

化工过程强化研究已有多年，形成了诸多新技术：新设备包括静态混合反应器、膜反应器、微型反应器、超重力反应器、超声波反应器等；新方法如多功能反应器、超临界流体技术、动态操作等；利用如磁场、电场、振动力场、脉动流场等外力场（张攀，2016）。但这些新技术对微观混合的效果还很缺乏研究。

评述：当一个因素 f_i 能影响微观混合的效能时，其效果可用下式表示：

$$-\Delta(X_S)_i = \beta_i f_i \tag{6.98}$$

式中，以 f_i 表示因素 i 的作用强度水平；β_i 表示影响的灵敏度系数，β_i 值为正表示其对微观混合起强化作用。但多因素共同强化微观混合时，由于微观混合涉及机理的复杂性和非线性性，式（6.98）变为

$$-\Delta_T X_S = \sum_i \beta_i f_i + \sum_{i,j} \gamma_{i,j} f_i f_j \tag{6.99}$$

这表示最后的总的强化效应不一定是各因素影响的线性叠加，上式中的最后一项即是各因素之间的交互作用项：交互作用系数 $\gamma_{i,j} > 0$ 意味着 i 和 j 两个因素有协同作用；而 $\gamma_{i,j} < 0$ 意味着两个因素的强化作用会部分抵消，这当然是不利的，使强化混合的投入产出比下降。在微观混合强化的研究中尚未见到对强化因素间非线性相互作用项的定量描述，这是需要深入认识的。

6.6 小结

微观混合涉及的是分子尺度，涉及的尺度很小，尚不能用光学和显微仪器等物理的方法来直接和方便地观测。物理方法难以保证它们的实验结果准确地反映微观尺度上分子扩散的效应。因此，唯一可信的实验方法是借助于测试化学反应，因为只有在分子尺度上的微观混合完成后，两种反应物才能接近并反应，这才有可能从反应物和产物物理化学性质上的差别来间接地判断微观混合的速率和效率。到目前为止，已经开发出一些适合于测试微观混合的复杂平行或连串反应体系，而且在化工研究中被普遍接受和应用。

比较常用测试体系，而且其化学反应动力学数据比较翔实的，主要有 3 种：Villermaux-Dushman 平行竞争反应、酸碱中和和氯乙酸乙酯水解反应平行竞争反应、1-萘酚重氮偶联连串竞争反应体系（见 6.2 节）。由于使用的人多、积累的实验数据多，这对后来的研究工作有更好的参考价值，新的数据也容易在可信的基准上与文献互相比较。尽管如此，化学测试所得的离集指数结果仍然受到许多因素的影响，如实际浓度、实验模式（半分批式、连续流动模式）、加料点和加料方式、反应器形式、规模、内构件以及操作条件等因素，使数据的比较和分析失去严格的比较基准。因此，这些微观混合的实验能揭示定性的变化规律，但还缺乏一个精确的微观混合效能的定量指标。

微观混合实验探测技术也在随着测量仪器和技术的进展不断地更新。第一，是对已有的实验体系的深入考察。对测试反应的动力学数据的更新，对实验条件的最优选择。对离集指数的定义也有一些新的歧见。期待提出一个更好的微观混合效率的指标，反映化学反应器的整体效率，并能与反应器的技术经济性建立更直接的量化关系。第二，是将微观混合的探测从离集指数这一个宏观整体的指标局部化，求得反映反应器内部的微观混合强度的局部指标。例如最近的化学反应触发的激光诱导荧光技术就可能提供局部微观混合信息，将两个不同的荧光物质作为示踪剂，分别反映宏观混合和微观混合的进程，为定量地认识微观混合和宏观混合之间的相互作用提供了新的可能途径。但是反映微观混合的荧光强度不是当时当地的微观混合的即时反映，因此从中有效地提取微观混合的局部性质还十分困难。

对各种传统化学反应器的微观混合效能的研究已经有很多的数据和理论分析的积累，对新型反应器和微观混合强化的研究也正在开展。分析实验研究所得离集指数的变化，可以归纳出一些定性的规律。第一，微观混合与体积内的离集尺度直接相关，而分子扩散是一线性过程，所以与离集强度无关，因此高效的微观混合直接依赖于反应器中的湍流能量耗散速率。因此在搅拌槽中，搅拌转速提高、采用功率数大的搅拌桨、加料到湍流强盛的桨区等，都有利于微观混合。这些规律也适用于环流反应器、静态混合器等其它形式的反应器。第二，单点加料实际上只利用了加料点附近流场的微观混合能力，因此多点加料、分布式加料就能利用反应器内的更多能耗或体积，使反应器的生产能力提高。第三，多相反应器中的微观混合受到其它分散相的影响，影响通过它们对反应介质物相的宏观混合和湍流分散能力的影响来实现。例如，气泡在低湍流区能促进湍流，而在高湍流区则可能抑制湍流，因而有促进或抑制微观混合的两种可能。这些问题需要与反应器内的多相流动研究结合起来一起解决。第四，微观混合实验中的加料速度快则离集指数高，不是微观混合本身性质的表现。加料干扰了反应器内原来的流场，因此加料快会使加料点处的离集尺度增大，加料慢到一定程度才不对流场原来的离集尺度产生可察觉的影响。如果要研究反应器内的宏观混合离集尺度，应该把加料输入的流体也一并考虑进来才对。

由于微观混合涉及众多物理机理，各机理间的相互影响错综复杂，难以用离集指数一个简单的数值指标来表征，利用测试化学反应体系来研究微观混合不易得到深入的认识。因此，在实验研究之外，从理论上以数学模型的方法对反应器进行多尺度的数值模拟，是必须加紧推进的工作。现在可以在反应器尺度上可信地进行数值模拟，但微观尺度（湍流的 Kolmogorov 尺度）上的扩散-反应数学模型仍然有待于发展和完善，来实现包括微观混合效应在内的整个反应器全数值模拟。

评述：用测试反应体系探测微观混合机理得到离集指数的方法能指示微观混合的效能，但它只是一个间接的指标，用于评价比较时的应用范围有限，尤其在反应器构型和规模相差很大时，评价比较至多在定性上是可靠的。单点加料得到的指标不能说明全反应器的整体情况，而且许多微观混合的时间域上的特性没有得到体现。文献报道的大量微观混合数据无法在快反应过程的工艺和设备设计中得到实际和量化的应用。因此，微观混合的实验和理论研究需要扩展到全反应器的测量，并归纳为一个适用于多种测试反应体系和不同形式反应器的通用离集指数。微观混合和宏观混合的同时测量也是革新微观混合研究使其通用化的途径之一。目前可以努力的方面包括：优化出科学的加料方式以得到客观真实的微观混合指标，从实验或数值模拟判断微观混合最有利的区域。

◆ 参考文献 ◆

Atibeni RA, 高正明, 闵健, 丛海峰, 2006. 涡轮桨搅拌槽内粘稠物系的微观混合特性. 过程工程学报, 6 (1): 11-14.

初广文, 宋银江, 陈建峰, 罗勇, 邹海魁, 2014. 一种超声波耦合超重力旋转填充床及其应用. CN 105080436B.

丛海峰, 高正明, Atibeni RA, 闵健, 2006. 搅拌槽内非牛顿流体的微观混合特性. 合成橡胶工业, 29 (1): 14-17.

崔敏芬, 2011. 喷射环流反应器混合特性研究 [学位论文]. 杭州：浙江工业大学.

崔莎莎, 李广赞, 冯连芳, 许忠斌, 胡国华, 2007. 粘性体系中微观混合实验研究. 化学工程, 35(1): 24-27.

樊晶, 叶红齐, 何显达, 2008. 超声波微混合反应器混合性能的研究. 化学工业与工程技术, 29(5): 1-13.

龚卫星, 戴干策, 1992. 改善管式反应器内微观混合的途径. 华东化工学院学报, 15(5): 543-549.

黄青山, 张伟鹏, 杨超, 毛在砂, 2014. 环流反应器的流动、混合与传递特性. 化工学报, 65(7): 2465-2473.

李崇, 李志瞒, 商止明, 周英建, 黄家琪, 2009. 撞击流反应器微观混合性能的研究, 北京化工大学学报, 36 (6): 1-4.

李倩, 2018a. 气液（浆态）反应器流动及结晶过程的模型与数值模拟 [学位论文]. 北京：中国科学院过程工程研究所.

李希, 1992. 微观混合问题的理论与实验研究 [学位论文]. 杭州：浙江大学.

李希, 陈甘棠, 1993. 微观混和问题的研究 (X) 混和对于快速平行反应过程的影响. 化学反应工程与工艺, 9 (4): 377-385.

刘海峰, 王辅臣, 吴韬, 龚欣, 于遵宏, 1999. 撞击流反应器内微观混合过程的研究. 华东理工大学学报, 25 (3): 228-232.

刘骥, 陈建峰, 宋云华, 郑冲, 1999. 旋转填充床中微观混合实验研究. 化学反应工程与工艺, 15 (3), 327-332.

毛在砂, 2008. 化工数学模型方法. 北京: 化工出版社: 163-165.

闵健, 高正明, 马青山, 施力田, 郑国军, 2002. 轴流桨搅拌槽内的微观混合特性. 北京化工大学学报, 29 (5): 12-15.

闵健, 2005. 搅拌槽内宏观及微观混合的实验研究与数值模拟 [学位论文]. 北京: 北京化工大学.

余启明, 2009. 外循环撞击流反应器混合特性研究 [学位论文]. 杭州: 浙江工业大学.

余启明, 程榕, 郑燕萍, 孙勤, 杨阿三, 2013. 外循环撞击流反应器微观混合性能研究. 化学工程, 41 (11): 56-59.

宋银江, 2015. 超声波耦合旋转填充床反应器微观混合及传质性能研究 [学位论文]. 北京: 北京化工大学.

王涛, 2011. 液固搅拌槽中流动和混合过程的数值模拟与实验研究 [学位论文]. 北京: 中国科学院过程工程研究所.

王正, 2006a. 搅拌槽制混合过程和沉淀过程的实验研究与数值模拟 [学位论文]. 北京: 中国科学院过程工程研究所.

伍沅, 2001. 浸没循环撞击流反应器. CN 00230326. 4.

伍沅, 肖杨, 陈煜, 2003a. Submerged circulative impinging stream reactor. 武汉化工学院学报, 25 (2): 1-5.

吴勇, 2011. 微分散液滴稳定性和反应选择性调控规律及其应用研究 [学位论文]. 北京: 中国科学院过程工程研究所.

杨雷, 2013a. 液固搅拌槽中微观混合的实验研究及数值模拟 [学位论文]. 北京: 中国科学院过程工程研究所.

张珺, 刘有智, 焦纬洲, 谷德银, 2015. 三股对撞式撞击流反应器微观混合性能研究, 化学工程, 43 (6): 46-50.

张攀, 段继海, 王伟文, 陈光辉, 李建隆, 2016. 基于充分混合、均匀分布准则的化工过程强化: 青岛科技大学的实践. 化工进展, 35 (10): 3016-3021.

张伟, 董师孟, 戴干策, 1994. 非牛顿流体的微观混合. 华东理工大学学报, 20 (5): 581-585.

张伟鹏, 2013. 多相环流反应器中宏观混合及微观混合的研究 [学位论文]. 北京: 中国科学院过程工程研究所.

张占元, 闵健, 高正明, 2008. 连续高速分散混合器内的微观混合性能. 北京化工大学学报, 35(5): 4-7.

赵海红, 欧阳朝斌, 刘有智, 2003. 三种反应器微观混合性能的对比. 化学工业与工程技术, 24(6): 31-32.

Assirelli M, Bujalski W, Eaglesham A, Nienow AW, 2002. Study of micromixing in a stirred tank using a Rushton turbine - Comparison of feed positions and other mixing devices. Trans IChemE, 80A: 855-863.

Assirelli M, Bujalski W, Eaglesham A, Nienow AW, 2005. Intensifying micromixing in a semi-batch reactor using a Rushton turbine. Chem Eng Sci, 60: 2333-2339.

Assirelli M, Wynn EJ, Bujalski W, Eaglesham A, Nienow AW, 2008. An extension to the incorporation model of micromixing and its use in estimating local specific energy dissipation rates. Ind Eng Chem Res, 47: 3460-3469.

Aubry C, Villermaux J, 1975. Representation du melange imparfait de deux courants de reactifs dans un reacteur agite continu. Chem Eng Sci, 30 (5-6): 457-464.

Baccar N, Kieffer R, Charcosset C, 2009. Characterization of mixing in a hollow fiber membrane contactor by the iodide-iodate method: Numerical simulations and experiments. Chem Eng J,

148: 517-524.

Baldyga J, Bourne JR, 1989. Simplification of micromixing calculations Ⅰ. Derivation and application of new model. Chem Eng J, 42: 83-92.

Baldyga J, Bourne JR, Walker B, 1998. Non-isothermal micromixing in turbulent liquids: Theory and experiment. Can J Chem Eng, 76: 641-649.

Baldyga J, Bourne JR, 1999. Turbulent Mixing and Chemical Reactions. Chichester, UK: John Wiley & Sons.

Baldyga J, Henczka M, Makowski L, 2001. Effect of mixing on parallel chemical reactons in a continuous-flow stirred-tank reactor. Chem Eng Res Des, 79 (A8): 895-900.

Barresi AA, 1997. Experimental investigation of interaction between turbulent liquid flow and solid particles and its effects on fast reactions. Chem Eng Sci, 52: 807-814.

Barresi AA, 2000. Selectivity of mixing-sensitive reactions in slurry systems. Chem Eng Sci, 55: 1929-1933.

Barthole J P, David R, Villermaux J, 1982. A new chemical method for the study of local micromixing conditions in industrial stirred tanks //Chemical Reaction Engineering—Boston, Chapter 42: 545-554. ACS Symposium Series, Vol 196 (Publ. 1984).

Bennington CPJ, Bourne JR, 1990. Effect of suspended fibres on macro-mixing and micro-mixing in a stirred tank reactor. Chem Eng Comm, 92: 183-197.

Bolzern O, Bourne JR, 1985. Rapid chemical reactions in a centrifug al pump, Chem Eng Res Des, 63: 275-282.

Bourne JR, Kozicki F, Rys P, 1981. Mixing and fast chemical reaction. Ⅰ. Test reactions to determine segregation. Chem Eng Sci, 36 (10): 1643-1648.

Bourne JR, Hilber O, Tovstiga G, 1985. Kinetics of the azo coupling reactions between 1-naphthol and diazotized sulphanilic acid. Chem Eng Commun, 37: 293-314.

Bourne JR, Garcia-Rosas J, 1986. Rotor stator mixers for rapid micromixing. Chem Eng Res Des, 64: 11-17.

Bourne JR, Hilber CP, 1990a. The productivity of micromixing- controlled reactions: Effect of feed distribution in stirred tanks. Chem Eng Res Des, 68 (A1): 51-56.

Bourne JR, Kut OM, Lenzner J, Maire H, 1990b. Kinetics of the diazo coupling between 1-naphthol and diazotized sulfanilic acid. Ind Eng Chem Res, 29: 1761-1765.

Bourne JR, Maire H, 1991a. Micromixing and fast chemical reactions in static mixers. Chem Eng Processing, 30 (1): 23-30.

Bourne JR, Lips M, 1991b. Micromixing in grid-generated turbulence: Theoretical analysis and experimental study. Chem Eng J, 47(3): 155-162.

Bourne JR, Thoma SA, 1991c. Some factors determining the critical feed time of a semi-batch reactor. Trans Instn Chem Engrs, 69 (A): 321-323.

Bourne JR, Lenzner J, Petrozzi S, 1992a. Micromixing in static mixers: An experimental study. Ind Eng Chem Res, 31: 1216-1222.

Bourne JR, Kut OM, Lenzner J, 1992b. An improved reaction system to investigate micromixing in high-intensity mixers. Ind Eng Chem Res, 31: 949-958.

Bourne JR, Studer M, 1992c. Fast reactions in rotor-stator mixers of different size. Chem Eng Processing, 31(5): 285-296.

Bourne JR, Yu SY, 1994. Investigation of micromixing in stirred tank reactors using parallel reactions. Ind Eng Chem Res, 33 (1): 41-55.

Brilman D, Antink R, van Swaaij W, Versteeg G, 1999. Experimental study of the effect of bubbles, drops and particles on the product distribution for a mixing sensitive, parallel-consecutive reaction system. Chem Eng Sci, 54: 2325-2337.

Brito MSCA, Esteves LP, Fonte CP, Dias MM, Lopes JCB, Santos RJ, 2018. Mixing of fluids with dissimilar viscosities in confined impinging jets. Chem Eng Res Des, 134: 392-404.

Cao TR, Zhang WP, Cheng JC, Yang C, 2018. Comparative experimental study on reactive crystallization of Ni(OH)$_2$ in an airlift-loop reactor and a stirred reactor. Chin J Chem Eng, 26(1): 196-206.

Carlslaw HS, Jaege JC, 1947. Conduction of Heat in Solids. Oxford: Clarendon Press.

Chen JF, Zheng C, Chen GT, 1996. Interaction of macro-and micro- mixing on particle size distribution in reactive precipitation. Chem Eng Sci, 51(10): 1957-1966.

Cheng D, Cheng JC, Yong YM, Yang C, Mao Z-S, 2012. Experimental investigation and CFD modeling of micromixing of a single-feed semi-batch precipitation process in a liquid-liquid stirred reactor. Warszawa, Poland: 14th Eur Conf Mixing.

Cheng D, Feng X, Yang C, Cheng JC, Mao Z-S, 2014. Experimental study on micromixing in a single-feed semibatch precipitation process in a gas-liquid-liquid stirred reactor. Ind Eng Chem Res, 53 (48): 18420-18429.

Cheng D, Feng X, Yang C, Mao Z-S, 2016. Modelling and experimental investigation of micromixing of single-feed semi-batch precipitation in a liquid-liquid stirred reactor. Chem Eng J, 293: 291-301.

Cheng JC, Feng X, Cheng D, Yang C, 2012. Retrospect and perspective of micro-mixing studies in stirred tanks. Chin J Chem Eng, 20: 178-190.

Chu GW, Song YH, Yang HJ, Chen JM, Chen H, Chen JF, 2007. Micromixing efficiency of a novel rotor-stator reactor. Chem Eng J, 128 (2-3): 191-196.

Danckwerts PV, 1958. The effect of incomplete mixing on homogenous reactions. Chem Eng Sci, 8 (1/2): 93-102.

David R, Villermaux J, 1987. Interpretation of micromixing effects on fast consecutive competing reactions in semi-batch stirred tanks by a simple interaction model. Chem Eng Commun, 54: 333-352.

David R, Villermaux J, 1989. Letter to the editor. Chem Eng Commun, 78: 233-237.

Fang JZ, Lee DJ, 2001. Micromixing effciency in static mixer. Chem Eng Scie, 56: 3797-3802.

Fournier MC, Falk L, Villermaux J, 1996a. A new parallel competing reaction system for assessing micromixing efficiency - Experimental approach. Chem Eng Sci, 51(22): 5053-5064.

Fournier MC, Falk L, Villermaux J, 1996b. A new parallel competing reaction system for assessing micromixing efficiency - Determination of micromixing time by a simple mixing model. Chem Eng Sci, 51(23): 5187-5192.

Gao ZM, Han J, Bao YY, Li ZP, 2015. Micromixing efficiency in a T-shaped confined impinging jet reactor. Chin J Chem Eng, 23: 350-355.

Geisler R., Mersmann A, Voit H, 1991. Macro- and micromixing in stirred tanks. Int Chem Eng, 31: 642-653.

Guichardon P, Falk L, Fournier M, Villermaux J, 1995. Study of micromixing in a liquid-solid suspension in a stirred reactor. AIChE Symp Series, 91(305): 123-130.

Guichardon P, Falk L, Villermaux J, 1997. Extension of a chemical method for the study of micromixing process in viscous media. Chem Eng Sci, 52 (24): 4649-4658.

Guichardon P, Falk L, 2000a. Characterization of micromixing efficiency by the iodide-iodate reaction system. Part I: Experimental procedure. Chem Eng Sci, 55: 4233-4243.

Guichardon P, Falk L, Villermaux J, 2000b. Characterization of micromixing efficiency by the io-dide-iodate reaction system. Part Ⅱ: Kinetic study. Chem Eng Sci, 55: 4245-4253.

Han Y, Wang JJ, Gu XP, Feng LF, 2012. Numerical simulation on micromixing of viscous fluids in a stirred-tank reactor. Chem Eng Sci, 74: 9-17.

Hofinger J, Sharpe RW, Bujalski W, Bakalis S, Assirelli M, Eaglesham A, Nienow AW, 2011. Micromixing in two-phase (G-L and S-L) systems in a stirred vessel. Can J Chem Eng, 89: 1029-1039.

Hughes RR, 1957. Use of modern developments in fluid mechanics to aid chemical engineering re-search. Ind Eng Chem, 49 (6): 947-955.

Jasińska M, Bafdyga J, Cooke, Kowalski AJ, 2012. Investigations of mass transfer and micromix-ing effects in two-phase liquid-liquid systems with chemical reaction. 14th Eur Conf Mixing, Warszawa.

Jaworski Z, Dyster KN, Nienow AW, 2001. The effect of size, location and pumping direction of pitched blade turbine impellers on flow patterns: LDA measurements and CFD predic-tions. Chem Eng Res Des, 79 (8): 887-894.

Jia ZQ, Zhao YQ, Liu LQ, He F, Liu ZZ, 2006. A membrane reactor intensifying micromixing: Effects of parameters on segregation index. J Membrane Sci: 276: 295-300.

Johnson BK, Prud'homme RK, 2003. Chemical processing and micromixing in confined impinging jets. AIChE J, 49 (9): 2264-2282.

Jordens J, Bamps B, Gielen B, Braeken L, van Gerven T, 2016. The effects of ultrasound on mi-cromixing. Ultrason Sonochem, 32: 68-78.

Judat B, Racina A, Kind M, 2004. Macro- and micromixing in a Taylor-Couette reactor with axial flow and their influence on the precipitation of barium sulfate. Chem Eng Technol, 27(3): 287-292.

Klein JP, David R, Villermaux J, 1980. Interpretation of experimental liquid phase micromixing phenomena in a continuous stirred reactor with short residence times. Ind Eng Chem Fundam, 19: 373-379.

Kling K, Mewes D, 2004. Two-colour laser induced fluorescence for the quantification of micro- and macromixing in stirred vessels. Chem Eng Sci, 59 (7): 1523-1528.

Lakerveld R, van Krochten JJH, Kramer HJM, 2014. An air-lift crystallizer can suppress secondary nucleation at a higher supersaturation compared to a stirred crystallizer. Crystal Growth Des, 14 (7): 3264-3275.

Lehwald A, Thévenin D, Zähringer K, 2010. Quantifying macro-mixing and micro-mixing in a static mixer using two-tracer laser-induced fluorescence. Exp Fluids, 48 (5): 823-836.

Lehwald A, Janiga G, Thévenin D, Zähringer K, 2012. Simultaneous investigation of macro- and micro-mixing in a static mixer. Chem Eng Sci, 79 (10): 8-18.

Li Q, Cheng JC, Yang C, Mao Z-S, 2018b. CFD-PBE-PBE simulation of an airlift loop crystalli-zer. Can J Chem Eng, 96 (6): 1382-1395.

Li WB, Geng XY, Bao YY, Gao ZM, 2014. Micromixing characteristics in an aerated stirred tank with half elliptical blade disk turbine. Int J Chem Reactor Eng, 12 (1): 231-243.

Li WB, Geng XY, Bao YY, Gao ZM, 2015. Micromixing characteristics in a gas-liquid-solid stirred tank with settling particles. Chin J Chem Eng, 23: 461-470.

Lin WW, Lee DJ, 1997. Micromixing effects in aerated stirred tank. Chem Eng Sci, 52: 3837-3842.

Lips M, 1990. Beschreibung schneller Reaktionen in der Gitterturbulenz. PhD Thesis 9240, ETH, Zurich.

Luo Y, Luo JZ, Yue XJ, Song YJ, Chu GW, Liu Y, Le Y, Chen JF, 2018. Feasibility studies of micromixing and mass-transfer in an ultrasonic assisted rotating packed bed reactor. Chem Eng J, 331: 510-516.

Mersmann A, Angerhofer M, Franke J, 1994. Controlled precipitation. Chem Eng Technol, 17(1): 1-9.

Meyer T, David R, Renken A, Villermaux J, 1988. Micromixing in a static mixer and an empty tube by a chemical method. Chem Eng Sci, 43(8): 1955-1960.

Meyer T, Fleury PA, Renken A, Darbellay J, Larpin P, 1992. Barium sulfate precipitation as model reaction for segregation studies at pilot scale. Chem Eng Process, 31: 307-310.

Monnier H, Wilhelm AM, Delmas H, 2000. Effects of ultrasound on micromixing in flow cell. Chem Eng Sci, 55(19): 4009-4020.

O' Hern HA, Rush Jr. FE, 1963. Effect of mixing conditions in barium sulfate precipitation. Ing Eng Chem Fundam, 2(4): 267-272.

Ou J-J, Ranz WE, 1983. Mixing and chemical reactions: Chemical selectivities. Chem Eng Sci, 38(7): 1015-1019.

Pinot J, Commenge JM, Portha JF, Falk L, 2014. New protocol of the Villermaux- Dushman reaction system to characterize micromixing effect in viscous media. Chem Eng Sci, 118: 94-101.

Racina A, Kind M, 2006. Specific power input and local micromixing times in turbulent Taylor-Couette flow. Exp Fluids, 41(3): 513-522.

Racina A, Liu Z, Kind M, 2010. Mixing in Taylor-Couette flow//Bockhorn H, Mewes D, Peukert W, Warnecke H-J, Springer-Verlag, eds. Micro and Macro Mixing, Analysis, Simulation and Numerical Calculation. Berlin Heidelberg: 125-139.

Rousseaux JM, Falk L, Muhr H, Plasari E, 1999. Micromixing efficiencyof a novel sliding-surface mixing device. AIChE J, 45: 2203-2213.

Sharp KV, Adrian RJ, 2001. PIV study of small-scale flow structure around a Rushton turbine. AIChE J, 47(4): 766-778.

Siddiqui SW, Zhao Y, Kukukova A, Kresta SM, 2009. Characteristicsof a confined impinging jet reactor: Energy dissipation, homogeneous and heterogeneous reaction products, and effect of unequal flow. Ind Eng Chem Res, 48: 7945-7958.

Tamir A, 1994. Impinging-Stream Reactors Fundamentals and Applications. Amsterdam: Elsevier Science.

Vicum L, Ottiger S, Mazzotti M, Makowski L, Baldyga J, 2004. Multi-scale modeling of a reactive mixing process in a semibatch stirred tank. Chem Eng Sci, 59: 1767-1781.

Villermaux J, 1981. Drop break-up and coalescence. Micromixing effects in liquid-liquid reactors// Rodrigues, Calo, Sweed eds. Mulliphase Chemical Reactors, Vol. I. Nato Adv Study Inst Series E, Appl Sci, Vol. 52. Sijthoff Noordhoff.

Villermaux J, David R, 1983. Recent advances in the understanding of micromixing phenomena in stirred reactors. Chem Eng Commun, 21: 105-122.

Villermaux J, 1986. Micromixing phenomena in stirred reactors//Cheremisinoff NP, ed. Encyclopedia of Fluid Mechanics, Vol. 2. Houston:Gulf Publishing Company:707-771.

Villermaux J, Falk L, Fournier MC, Detrez C, 1992. Use of parallel competing reactions to characterize micromixing efficiency. AIChE Symp Series, 286(88):6-10.

Villermaux J, Falk L, Fournier M, 1994. Potential use of a new parallel reaction system to characterize micromixing in stirred reactors. AIChE Symp Series, 80(299):50-54.

Wang Z, Mao Z-S, Yang C, Shen XQ, 2006b. CFD approach to the effect of mixing and draft tube on the precipitation of barium sulfate in a continuous stirred tank. Chin J Chem Eng, 14(6): 713-722.

Wang Z, Zhang QH, Yang C, Mao Z-S, Shen XQ, 2007. Simulation of barium sulphate precipitation using CFD and FM-PDF model in a continuous stirred tank. Chem Eng Technol, 30（12）: 1642-1649.

Wu Y, Xiao Y, Zhou YX, 2003b. Micromixing in the submerged circulative impinging stream reactor. Chin J Chem Eng, 11(4): 420-425.

Wu Y, Hua C, Li WL, Li Q, Gao HS, Liu HZ, 2009. Intensification of micromixing efficiency in a ceramic membrane reactor with turbulence promoter. J Membrane Sci, 328: 219-227.

Yang HJ, Chu GW, Zhang JW, Shen ZG, Chen JF, 2005. Micromixing efficiency in a rotating packed bed: experiments and simulation. Ind Eng Chem Res, 44: 7730-7737.

Yang K, Chu GW, Shao L, Luo Y, Chen JF, 2009. Micromixing efficiency of rotating packed bed with premixed liquid distributor. Chem Eng J, 153: 222-226.

Yang L, Cheng JC, Fan P, Yang C, Mao Z-S, 2013b. Micromixing of solid-liquid systems in a stirred tank with double impellers. Chem Eng Technol, 36 (3): 443-449.

Yu S, 1993. Micromixing and parallel reactions. [Dissertation]. Zürich Swiss Federal Institute of Technology.

Zhang WP, Yong YM, Zhang GJ, Yang C, Mao Z-S, 2014. Mixing characteristics and bubble behaviors in an airlift internal loop reactor with low aspect ratio. Chin J Chem Eng, 22(6): 611-621.

Zhao D, Müller-Steinhagen H, Smith J, 2002. Micromixing in boiling and hot sparged systems: Development of a new reaction pair. Chem Eng Res Des, 80: 880-886.

第 7 章

微观混合的模型和数值模拟研究

7.1 历史回顾

自从 20 世纪 50 年代提出微观混合的概念后,化学工程界随即对其开展研究,在开发微观混合实验研究技术的同时,对微观混合的理论研究也随即开始。湍流反应体系中的混合过程通常可分为宏观混合、介观混合以及微观混合等 3 个阶段。宏观混合(macro-mixing)是对应于反应器尺度的混合过程,物料经主体循环及湍流扩散为介观混合和微观混合提供初始条件;介观混合(meso-mixing)反映新鲜物料与环境之间的小尺度上的湍流交换,其尺度介于宏观混合尺度和微观混合尺度之间;微观混合(micro-mixing)是物料分散为湍流条件下的最小微团,即 Kolmogorov 尺度的微团后,通过分子尺度的分子扩散,伴随着湍流微团内的流体运动[卷吸(engulfment)和变形(deformation)],实现物质浓度的均匀化过程;化学反应是在微观混合阶段才得以有效地进行,微观混合的高效率是化学反应能按其本征动力学进行反应的重要条件。

只要是化学反应的特征时间近似于或小于反应器中微观混合的特征时间,化学反应的转化率,或复杂反应的产物收率或选择性,就会受到微观混合的影响。但为了使不同设备、不同操作条件下的测试结果能够互相可信地比较,化学反应工程界在 20 世纪 80 和 90 年代提出了一些方便、可靠的测试体系,并普遍地被接受用于微观混合的实验研究。目前比较普遍使用的微观混合模型测试反应主要有:以酸碱中和/氯乙酸乙酯水解反应(Bourne JR,1994)以及碘化物/碘酸盐反应（Fournier MC，1996a）为代表的平行竞争反应；以偶氮化反应（Bourne JR，1981）为代表的连串竞争反应。

　　微观混合的理论研究起始于对实验结果的分析和深入理解。最初仅仅是提出现象学的经验模型，主要有：聚并-分散模型（coalescence and redispersion model）、多环境模型（multi-environments model）（Ng DY，1964；Mehta RV，1983）和 IEM 模型（interaction by exchange with the mean model）（Aubry C，1975）等。为了描述介于最大混合和完全离集的中间混合状态，这些经验模型中通常都包含一个或多个经验参数用于反映局部非均匀性对化学反应的影响。由于模型中仅包含简单机理，缺乏流体力学理论基础，对于复杂反应体系，经验模型所预测结果在定量或定性上无法与实验数据吻合，且模型参数由实验拟合确定，很难外推到实验条件范围以外的情况，在实际应用中受到很大的限制，因此经验模型逐步被发展起来的机理模型所取代。Fournier MC（1996b）提出的并入模型（incorporation model）实际上也是一种经验模型，用微观混合时间为常微分方程的模型参数，来描述微团中反应物被消耗的反应过程。此模型常用于拟合离集指数的实验数据，得到微观混合时间的估计值。

　　为了更准确地描述微观混合，需要在模型中引进真实地反映微观混合物理化学机理及其数学表达。既然微观混合是通过在微尺度上的分子扩散来实现的，扩散和扩散域的大小是能够首先想到的因素。Mao KW（1970）提出扩散模型，其基本思想是物料先被湍流分散成 Kolmogorov 尺度大小的微团，微团内物料再经分子扩散实现微观混合。后来的变形-扩散模型（deformation-diffusion model，DDM）（Ottino JM，1979；Angst W，1982）中进一步考虑 Kolmogorov 尺度微团在流体黏性应力下发生变形，使物料间的接触面积增大，加速分子扩散。基于此，Ottino JM（1979）在扩散模型的扩散-反应方程中添加了对流项来表示，形成"层状模型"（lamellar model）。结合湍流等流体力学因素的方式和程度不同，可以形成多种微观混合模型。如 Baldyga J（1984a，b，c）提出涡旋卷吸模型（eddy engulfment model，EDD 模型），考虑了湍流涡旋的卷吸作用（engulfment），涡旋的不断生成和消亡实现了微元与环境间的物质交换。Baldyga J（1989a）将涡旋卷吸模型简化为卷吸模型（E-model），得到了广泛的应用。李希（1992）的缩片模型（shrinking slab model，SS 模型）是基于经湍流分散得到的物质微元呈现"片状"结构的发现。Bakker RA（1994b）圆柱形拉伸涡模型（cylindrical stretched vortex model，CSV 模型）是基于 Kolmogorov 尺度的涡管（vortex tube）来描述微观尺度的分子扩散。

　　以上的经验和机理模型，都是以整个反应器的流体力学状态的平均值或反应区的局部状态为出发点的，所以必须解决模型参数与反应器流体力学和反应状态之间的关系问题。模型应用时常常发现，模型参数涉及的湍流能耗为反应器平均功耗强度（由搅拌桨输入功率估计而来）的几倍到几十倍。有时会发现微观混合和反应时间较长，这样反应区的体积扩展，区内的湍流能耗强度也明显变化，模型应用必须从近似地针对一个点扩展为针对一个有限的空间区域。微观混合的环境越来越需要与反应器内流体力学状态的不均匀性联系起来，因而自然而然地将全反应器的流体力学数值模拟与反应器的微观混合效率结合起来研究。随着计算流体力学的发展和计算机性能的不断提高，将 CFD 方法结合微观混合模型来综合描述流体在各种尺度上的混合、分子扩散和化学反应，更真实地描述反应器中的复杂快反应体系的反应效率，也逐渐成为可能。

　　采用 CFD 方法可以很好地求解网格尺度的宏观混合过程，但一般网格仍比 Kolmogorov 尺度大得多，所以微观混合要求的微尺度流动无法得到解析，直接模拟微观混合仍不可能。因此，现在可行的数值模拟策略是：在 CFD 求得的宏观和介观尺度的流场中，对每一个网格的复杂化学反应体系，应用微观混合模型。采用雷诺时均方法对浓度输运方程进行 Reynolds 平均后，会在时均后的输运方程中出现非封闭的反应源项（即浓度的脉动关联项），要使得控制方程组封闭就需要对其进行模化。有两种主要的封闭方法：直接封闭法和概率密度函数（probability density function，PDF）封闭方法（Cheng JC，2012）。这些方法和应用实例随后将在本章中展开讨论。将适用于单相体系的微观混合模型直接用于多相体系并不成功，由于惰性分散相的存在，多相搅拌槽微观混合的变数更多，机理更加复杂，简单的理论和实验显得无能为力。因此，对多相体系中微观混合的机理性认识会更加依赖于机理性的模型和准确的多相流体力学的数值模拟。从趋势上看，CFD 与微观混合机理模型相结合的理论研究方法正逐渐成为微观混合研究的有力工具，它的适用范围和模拟精度都在不断地改善。

7.2　经验和机理模型

　　对于微观混合过程的深入研究必须借助于数学模型和数值模拟这样的工具。早期的研究中提出了一系列的微观混合模型，从最简单的经验模型，到简单的机理模型，直到微观混合和宏观混合机理都包括的模型。到现在，借助于科学计算技术和能力的飞速进展，正在向包括全部重要物理化学机理的全机理数学模型和全时空数值模拟研究的方向进展。简单的模型中对反应器内的流动特性和流体力学不均匀性的考虑很少，而高级的数学模型研究则可以包含多种混合机理，包括反应器尺度和涡团尺度流动特性的多尺度机理模型。计算流体力学数值模拟能提供反应器内的详细流场和空间分布，这是进一步研究微观混合的时间过程最有利的基础，再耦合微观混合模型对反应器中各个局部的混合进行准确的描述，最终有可能认识和再现多相反应器内的流动、混合和反应的全过程。重温早期提出的微观混合模型，对建立完整和完善的微观混合模型和数值模拟方法能给予有利的启迪。

7.2.1 经验模型

在实验研究基础上，借助 Danckwerts PV（1958）提出微观混合概念的指引，文献中提出了一些简单的经验数学模型来解释混合过程对化学反应转化率和选择性的影响。比较重要的经验模型有：聚并-分散模型（coalescence and redispersion model，CR 模型）（Curl RL，1963）、多环境模型（environments model）（Ng DY，1964；Ritchie BW，1979；Mehta RV，1983）、IEM 模型（interaction by exchange with the mean model）（Aubry C，1975）、并入模型（incorporation model）（Falk L，1992）、组合模型等。这些早期模型将反应器作为一个整体"黑箱"来处理，借助简单的经验模型来比拟反应体系中的混合过程，甚至在研究中不明白区分宏观混合和微观混合。这些经验模型中都包含一个或多个经验参数来描述介于两个极限之间（完全混合和完全离集）的中间状态，借以反映局部非均匀性对化学反应的影响；而真实的受微观混合影响的反应器不能用"黑箱"来处理，势必需要引入更多的经验参数。针对这些模型缺乏描述微观混合所依赖的分子扩散机理，所以在后来的应用研究中也不断探索向模型框架里引入更多的经验或机理的模型元素，以改善模型的描述和预测能力。

7.2.1.1 聚并-分散模型

聚并-分散模型（CR 模型）最初由 Harada M（1962）和 Curl RL（1963）提出。CR 模型在群体密度函数方法（population density function approach）中经常用来封闭其中所需的混合项。Curl RL（1963）从理论上研究液液体系中分散相的混合对反应器中非一级化学反应的影响，但并未明确混合是指宏观混合还是微观混合。但模型后来也被用来分析反应器中的微观混合现象（Evangelista JJ，1969；刘骥，1999；向阳，2008；Lakatos BG，2011，2015）。

Curl RL(1963) 注意到液液体系中分散相液滴的混合/均一化与均相体系中的流体团块间混合上现象学的相似性，理论分析了在分散相液滴的大小均匀、液滴（浓度分别为 c_1 和 c_2）合并是随机发生的、合并后立即再分散为两个相同的液滴［浓度为 $(c_1+c_2)/2$］假设下的液滴浓度均一化的过程。对液滴总数 N 固定、碰撞频率为 u 的分散系，推导了液滴浓度的分布频率函数 $p(c)$ 的演化方程，以确定分散相达到一定程度的均匀性所需要的演化时间：

$$\left(\frac{2u}{N}\right)\frac{\partial p(c)}{\partial t}+p(c)=4\int_0^{c_M} p(c+\alpha)p(c-\alpha)d\alpha \tag{7.1}$$

右端表示了浓度为 $c+\alpha$ 和 $c-\alpha$ 的两个液滴碰撞产生浓度为 c 的液滴是使其概率分数增加的原因，c_M 为体系内的最大浓度范围。模型主要参数是分散相混合模数（dispersed phase mixing modulus）$I=$ 分散相混合频率 $(2u/N)/$ 驻留频率 $[Q\phi_1/(V\phi_2)]$，并借此揭示了合并/再分散频率、相间传质速率、反应级数和速率等因素的重要影响。其中 ϕ_1 和 ϕ_2 分别是加料流率 Q 中液滴相的体积分数和液滴在体系体积 V 中的体积分数。

评述：严格地说，聚并-再分散模型没有直接考虑分子扩散，因此它仅仅是一个宏观混合的模型，所指的液滴的聚并和再分散也在概念上与湍流中流体微团通过破碎、微团间相互作用达到均匀化的进程相当。但这并不妨碍将其用于表象地分析微观混合主导的过程。Harada M(1962) 提出模型的基本假设与 Curl RL(1963) 相同，但声称为微观混合模型，结合理想全混流的停留时间分布，理论估算了聚并-分散时间 t_c 对不同级数化学反应转化率的影响。由于没有涉及分子扩散，实际上是分析介观混合的影响，所以得出一级反应的转化率不受微观混合影响的错误结论。

Evangelista JJ(1969) 给出了有化学反应速率项 $r(c)$、稳态连续流动理想全混搅拌槽中微元浓度分布函数 $p(c,t)$ 的演化方程：

$$\frac{\partial p(c,t)}{\partial t}+\frac{\partial}{\partial c}\left[r(c)p(c,t)\right]=\alpha\left[p_0(c,t)-p(c,t)\right]$$
$$+2\beta\left[\iint p(c',t)p(c'',t)\delta\left(\frac{c'+c''}{2}-c\right)dc'dc''-p(c,t)\right] \tag{7.2}$$

式中，$p_0(c,t)$ 为入口流束的浓度概率分布；$1/\alpha$ 为槽的名义停留时间；β 为聚并-分散造成的混合强度的参数；右端第二个方括号项则是聚并-分散对 $p(c,t)$ 的贡献。用此模型理论分析了搅拌槽中混合偏离全混流假设可能对简单和复杂反应体系的反应结果产生的影响。

聚并-分散模型广泛地用来封闭 PDF 模型的混合项（Janicka J，1979；

Pope SB，1982；Möbus H，2003）。近年来这个概念继续得到一些应用。

刘骥（1999）用聚并-分散模型模拟了旋转填料床的微观混合状况。他们认为，多数微观混合模型的对象都是反应器中的连续相，但在旋转填料床中，由于旋转填料的粉碎作用，液体是分散相，与 Curl RL（1963）提出的聚并分散模型相符。该模型将流体分为众多不相混溶的聚集体，通过聚集体两两之间的碰撞、聚并和再分散来实现混合过程。以 1-萘酚（A）与对氨基苯磺酸重氮盐（B）在碱性缓冲溶液（Na_2CO_3 和 $NaHCO_3$ 各 $10mol/m^3$）中偶氮化竞争串联反应体系实验，过程模拟时以旋转填料床的操作条件计算出床内液体平均停留时间及液滴平均直径等参数。假定液体通过每层填料所需的时间 Δt 相同。在每层填料上按照捕获概率计算出被该层填料捕获的液体微元数目，采用 Monte Carlo 方法对这些微元进行两两聚并，完全混合均匀并发生反应，经过时间段 Δt 后，到达下层填料，并将每个聚并后的微元再分散成两个完全相同的液体微元，如此一直计算到填料层出口。液体微元在填料层出口完全混合，并将反应物 B 耗尽，再流出反应器。液体在旋转填料床内平均停留时间、液滴平均直径和进口射流被各层填料捕获的概率，根据前人实验结果来计算。模拟出的离集指数结果表明，当消除随机过程造成的差别后，液体微元的数目对计算结果没有影响。图 7.1 中的实线是假定液体宏观分布完全均匀得到的，而虚线则是假定有 10 ％的反应物 A 直到出口才参与混合和反应。图中虚线更接近实验，说明旋转填料床中反应物 A 和 B 的宏观分布并非完全均匀。

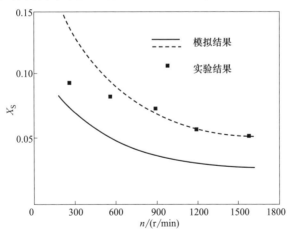

图 7.1　旋转填料床转速对 X_S 的影响（$c_0 = 0.05mol/m^3$，$Q_A = 80L/h$，

$Q_B = 4L/h$。刘骥，1999）

向阳（2008）后来提出了一个结合聚并-分散和层状扩散的复合微观混合

模型来描述旋转填料床内液体流动、混合和反应过程，并与实验对照。进入的液体微元通过每一层填料时都交替串联地进行聚并-分散（在填料网上）和层状液层扩散（两层网间）两个基本元过程。聚并-分散瞬时理想地完成，而两片状液层间则通过分子扩散使浓度逐渐均匀，用对流-扩散方程描述：

$$\frac{\partial c_i}{\partial t} + u\,\frac{\partial c_i}{\partial x} = D_i\left(\frac{\partial^2 c_i}{\partial x^2} + \frac{\partial^2 c_i}{\partial y^2}\right) + r_i \tag{7.3}$$

液层厚及接触时间等模型参数根据旋转填料床的研究积累给出。模型仅考虑流体在反应器径向 x 方向的速度 u 和横向的分子扩散。

求解的时间域为液体流经两层填料间距所需的时间。逐层进行模型计算，直至旋转床的出口面。模型预测与实验数据趋势一致，但必须考虑液体初始宏观分布不均匀对混合的负面影响，才能达到数值上的更好吻合，此模型探索为准确认识旋转填料床各参数的影响提供了理论工具。

评述： 刘骥（1999）没有用到作为微观混合特征的分子扩散的模型元素，向阳（2008）显式地增加了片状模型来表征微观混合的作用，但模型的预测准确性无明显改善。所用的聚并-分散模型应当增加某种代表分子扩散作用的扩散机理；此模型含有的群体混合均匀、理想的聚并-分散过程等，都可能是导致模型应用失败的因素。

聚并-分散（CR）模型也被借用来解释微观混合对非等温搅拌槽（Sheikh F，1998）和气相火焰（Merci B，2006）的影响。Lakatos BG（2015）提出了扩展的聚并-分散模型（generalized coalescence/redispersion model，gCR 模型），它是确定性的 CR 微观混合模型的随机过程修正版，反应器中湍流混合中离集尺度从大到小的转变是一个三尺度过程，相应于搅拌槽中的宏观混合、介观混合和微观混合。模型表达为一组随机系数的微分方程，描述流体微元碰撞引起的质量交换应用群体衡算模型，针对湍流中 Kolmogorov 微尺度涡团大小的流体微元，推导出化学组分的联合矩的无限阶多变量矩方程，进而用累计-忽略封闭法导出其二阶矩方程，用数值模拟研究了反应器模型的性质及微观混合对化学反应的影响，并与内部混合处于极端（完全微混和完全离集）状态的反应器进行了比较。这个模型在群体平衡模型的框架下来处理 Kolmogorov 尺度微元间的相互扩散作用。作者认为它可以模拟均相化学反应器中微观混合作用明显时的动态或稳态过程，也能用于各组分微观混合速率不同的过程。这些新近文献显示，微观混合深入研究还有广阔的空间。

7.2.1.2 环境模型

Ng DY（1964）最先提出环境模型（environments model）描述连续流动

系统中的微观混合，模型由两个环境（environment）构成：完全离集的进入环境和理想混合的离开环境；反应物先流进进入环境，通过离开环境后流出系统。环境是虚拟的概念，并非空间，也可说表示一种状态。Rippin DWT（1967）假设反应器仅由两个环境构成（图 7.2）：进入环境中分子的年龄 α 相同，但状态是完全离集的，而离开环境中分子有相同的寿命期望值 λ，因此是理想全混的。分子在进入环境中停留一段时间，当其寿命期望值为 0 后，就进入离开环境。按在两个环境中停留时间分配或转移概率的不同，可以形成许多种两环境模型（Weinstein H，1967；Villermaux J，1969；Nishimura Y，1970；Goto S，1975），按照物质守恒的原则和反应动力学计算两个环境中的反应速率，最终得到反应物在反应器出口的转化率。对于分别进料的 A＋B——→C 反应，在进入环境中 A 和 B 是离集的，所以不反应；在流进离开环境后，理想混合，反应得以进行，而且由于从进入环境向离开环境转移概率不同，因此微观混合的影响得以在转化率的高低上得到体现。

Ng DY(1964) 提出 3 种从进入环境向离开环境转移的假设，但认为物料转移的速率正比于在进入环境中的数量 m 才是最合理的假设，即

$$-\frac{\mathrm{d}m}{\mathrm{d}t}=mR\ ,\ \ m=m_0\exp(-Rt) \tag{7.4}$$

式中，R 是转移系数常数；m_0 是 m 在 $t=0$ 时的初值。在进入环境中年龄为 α 的物料，留在进入环境中的分数为 $\exp(-R\alpha)$，而在离开环境中的分数则为 $1-\exp(-R\alpha)$。Nishimura Y(1970) 对更多的环境转移假设分别进行离集度（degree of segregation）和反应转化率的计算，认为模型中反映微观混合的参数需要用非一级模型反应，甚至非稳态响应实验来估计，这给模型应用造成困难。

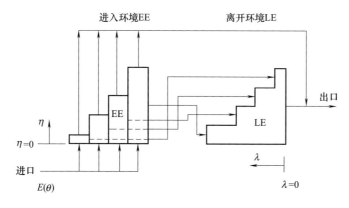

图 7.2 两环境模型（引自 Tavare NS，1992）

Weinstein H(1967) 将两环境模型框架具体化为串联模型和并联模型（图7.3）：在串联模型中，停留时间（年龄）小于 t^* 的反应物进入完全离集的进入环境后直接流出，而停留时间大于 t^* 的部分继续流经理想全混的离开环境；而在并联模型中，停留时间小于 t^* 的反应物进入离集的进入环境，而停留时间长于 t^* 的反应物则平行地流进理想全混的离开环境，然后两股流束混合后流出反应器。在环境模型框架内还有其它多环境模型，三环境模型包含两个进入和一个离开环境，四环境模型包含两个进入和两个离开环境。环境数目增大使环境模型有更大的灵活性。

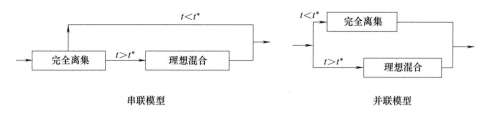

图 7.3 串联和并联两环境模型（Weinstein H，1967）

Ritchie BW(1979) 的三环境模型假设未预混的含 A 或 B 反应物物流，其停留时间分布和流率可以不同，分别流进各自的完全离集的进入环境，然后按环境转移函数确定的方式流进全混的离开环境（图7.4），模型应用于受限射流反应器中二级反应的转化率实验时，环境间的转移函数 $T(\alpha, \lambda)$ 假设与寿命期望值 λ 无关，则此转移函数为

$$T(\alpha) = \exp(-R\alpha) \tag{7.5}$$

相应于 Ng DY(1964) 的类湍流转移机理。从射流反应器出口测得的 A 的转化率数据反推 R 的数值，发现在 B/A 量的计量比、化学反应 Damköhler 数（$k_r \bar{c}_0 \tau$，由二级反应速率常数、入口浓度和停留时间构成）很宽的变化范围内，对一种给定的反应器内流体力学状态（Q_1 和 Q_2 的某个组合），R 数值可取常数值，其 95% 可信度的误差限为 8%，表明反应器可以用一个参数来表征其微观混合行为。

Pohorecki R(1988) 利用两环境模型研究了连续操作搅拌槽内两种进料情况（预混合进料和非预混合进料）下的不同进料浓度、停留时间对沉淀产物性质的影响。Tavare NS(1992) 用两环境模型研究预混合进料时操作参数对沉淀产物平均粒径的影响，将两环境模型（转移速率系数为 R）与从群体平衡模型：

$$\frac{\partial n}{\partial \theta} + G\tau \frac{\partial n}{\partial L} = 0 \tag{7.6}$$

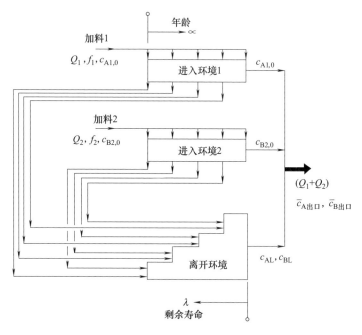

图 7.4　三环境模型 （Ritchie BW，1979）

导出的 $0\sim3$ 阶矩 μ_i 的矩方程：

$$\frac{\mathrm{d}\mu_0}{\mathrm{d}\theta}=B\tau \tag{7.7}$$

$$\frac{\mathrm{d}\mu_1}{\mathrm{d}\theta}=\mu_0 G\tau,\quad \frac{\mathrm{d}\mu_2}{\mathrm{d}\theta}=2\mu_1 G\tau,\quad \frac{\mathrm{d}\mu_3}{\mathrm{d}\theta}=3\mu_2 G\tau \tag{7.8}$$

联立，分别对进入环境和离开环境求解，最终得到结晶器出口处的液相反应物、晶粒浓度和大小的数值。式中，n 为尺度为 L 的晶粒的体积粒数密度；τ 为结晶器名义停留时间；$\theta=t/\tau$ 为无量纲时间；B 为成核速率；G 为晶粒生长速率。微观混合因素的影响仍然是通过环境间转移速率系数 R 来经验地调节的。

Mehta RV（1983）将三环境模型扩展为四环境模型，以改进三环境模型在预测微观混合对复杂反应体系选择性的影响上的弱点：有竞争反应时需要增加离开环境的数目。两股反应物分别流进各自的进入环境，年龄大于某个数值的反应物还流经各自的离开环境，全混的离开环境间也有质量交换，其可逆双向的转移系数 R' 可以与进入到离开环境的单向转移系数 R 数值不同。从湍流质量交换的机理推测，$R=R'$ 是可取的近似假设。这样，模型的输入参数包括：

两物料的停留时间分布 $E_i(t)$、反应动力学方程、微观混合参数 R（可以从湍流理论估计得来）。Mehta RV(1983) 用此模型来解释未预混的甲烷气和空气，在空气过量情况下也可能出现燃烧不完全、生成 CO 的选择性不为 0 的情况，因为此时两离开环境间的有限 R 值可以反映反应空间中混合的不理想程度。Goto S(1975) 将两环境模型与聚并-分散模型结合为一般化两环境模型，用于连续流动反应器，微观混合用流体微元的碰撞频率和在两环境中的分配来表示，并用蒙特卡罗法数值求解模型生成的积分-偏微分方程组。Tsai BI(1971) 让加料先进入全混环境，再流进离集环境，用于描述在微生物生长过程中微观混合和离集作用的重要性。

近十余年利用环境模型的研究比较少，仅有的应用也注意了引入反映微观混合机理的模型元素。张建文（2013）根据旋转填料床中液体穿过填料网的流动型态，构建三环境模型用于每一层丝网，并用数值模拟方法逐层求解两束流体在流经丝网时反应物在各环境中概率的变化，以描述其内部的微观混合和传质。模型模拟结果与实验结果吻合较好，表明三环境模型的框架在增添了具体的微观混合元素后，有可能用于描述旋转床微观混合、传质和反应行为。

评述：环境模型用反应物在几个相连的环境中停留时间长短与从入口到出口转移的方式来模拟微观混合的效果，其实质上还是宏观混合的描述方式，缺乏直接描写微观混合的模型元素。因此，不同型式的多环境模型也常采用经验方式来调节反应体系的转化率和选择性，以表象地反映微观混合的作用。总体说来，早期的各种多环境模型属于经验性模型，以停留时间分布和离集程度这两个宏观混合的概念来作为模型的基础，企图表达微观混合对化学反应转化率的影响，因此模型的型式和模型参数的适用范围都很有限，没有在化学反应工程应用中取得大的成就。要真正能反映微观混合的影响，至少需要在环境模型的"黑箱"模型框架中增添含有微观混合机理的模型元素。

离集加料模型（segregated feed model，SFM）实际上是三环境模型的变形（图 7.5），它容许两个进入环境间的物质交换，3 个环境都假设为全混的。这个模型可用于半分批式和连续流动式的操作。Zauner R(2000b) 将 SFM 模型和群体平衡方程、结晶和团聚动力学方程结合，分析了微观混合和介观混合对反应结晶过程的影响。Zauner R 对半间歇搅拌槽（Zauner R，2000a）和连续搅拌槽反应器（Zauner R，2000b）内碳酸钙和乙酸钙沉淀过程进行了模拟，考察了进料时间、进料浓度、进料管直径以及桨型对沉淀产物晶态的影响，同时还采用此模型对沉淀反应器工程放大进行了分析和讨论。虽然，这个模型中含有的参数来自 CFD 的计算结果（也可以来自流场的测量结果），但是没有全面考察反应器内的流动和混合状态对沉淀过程的影响，仅仅是微观混合的环境模型的一种改进。

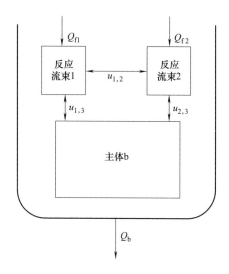

图 7.5　离集加料模型（SFM）（Zauner R，2000b）

7.2.1.3　IEM 模型

Villermaux J（1972）首先提出了 IEM（interation by exchange with the mean）模型，并用于批式和连续流动反应器中示踪剂的分散、不同级数化学反应的转化率、连串竞争反应的中间产物的收率等问题的数值模拟研究（Aubry C，1975；David R，1975）。IEM 模型的基本思想是：假设反应器内的物质由众多独立的团块组成，每一团块仅仅与平均环境之间进行质量交换，而平均环境又是全体团块的集合。平均环境浓度通过反应器内年龄分布函数对所有团块进行平均而得到。该模型假设液体团块间的质量交换由微观混合时间 t_{mic} 表征（Villermaux J，1983），这样，数学模型就包括团块与环境之间的不定常传质方程，以及求环境平均浓度的积分方程。

组分 j 在当前团块中的浓度 c_j 随团块年龄 η 的变化方程为

$$\frac{\partial c_j(\eta)}{\partial \eta} = \frac{\overline{c_j} - c_j(\eta)}{t_{mic}} + r_j \tag{7.9}$$

式中，$\overline{c_j}$ 是组分 j 在相邻团聚体中的平均浓度；r_j 为当前团块中的化学反应速率。t_{mic} 趋近于 0 时，团块间传质很快，体系已充分混合成微观流体；当

t_{mic} 趋于无穷大时，体系为完全离集状态，即团块间完全无质量交换，不发生混合。t_{mic} 可能是团块年龄的函数，但也可近似为常数。

在不同的具体场合，确定 $\overline{c_j}$ 需要仔细和确切的定义。在已知停留时间分布密度函数 $E(\theta)$ 时，周围环境平均浓度可以认为是存在于体系中所有团块浓度的平均值：

$$\overline{c_j} = \int_0^\infty c_j E(\theta) \mathrm{d}\theta \tag{7.10}$$

Tavare NS(1995) 则认为当前团块的寿命期望值（剩余寿命）$\lambda = t - \eta$，与当前团块有相同寿命期望 λ 的那些团块才是今后伴随它直到出口的相邻团块，故应该是

$$\overline{c_j(\lambda)} = \frac{1}{1 - F(\lambda)} \int_\lambda^\infty c_j E(\theta) \mathrm{d}\theta \tag{7.11}$$

$$F(\lambda) = \int_0^\lambda E(\theta) \mathrm{d}\theta \tag{7.12}$$

在已知停留时间分布 $E(\theta)$、反应物各流束的体积流率、反应动力学和微观混合参数 t_{mic} 后，即可跟踪进入反应器的反应物团块，积分式（7.9）得到出口的反应物和产物的浓度，进而分析微观混合对反应转化率和选择性的影响。计算过程需要迭代，因为计算 $\overline{c_j}$ 需要知道 $c_j(\eta)$ 才行。

IEM 模型广泛地用于微观混合问题的数值模拟：示踪剂在批式和连续流动反应器中的分散混合、微观混合影响下的化学反应转化率、液液悬浮系中的聚并-分散过程等。IEM 模型仅有一个模型参数 t_{mic}，在用于分析部分离集体系中有扩散控制的化学反应时，有运算简便快捷的优点。

David R(1987) 将微观混合的 IEM 模型与已知循环时间的宏观混合模型结合，成功地解释了两篇文献报道的离集指数的测量数据受搅拌转速、加料体积、反应物浓度等参数的影响规律，证明了单一参数的 IEM 模型来预测半分批式反应器中微观混合对反应产物选择性的可靠性。

Tavare NS(1995) 利用 IEM 模型结合晶粒生长的群体平衡方程，考察了搅拌槽预混合进料和无预混合进料两种情况下的沉淀过程，包括 Damköhler 数、微观混合参数和进料组分对沉淀产物平均粒径的影响。

7.2.1.4　并入模型

Falk L 和 Villermaux J(1992) 提出并入模型（incorporation model）用于解释以碘化物-碘酸盐平行竞争反应测定体系中微观混合的影响。模型假设体

系中有两种离集的流体：碘化物-碘酸盐混合溶液（流体1）和酸溶液（流体2），其中一股流体（流体2）分散为许多独立团块，处于流体1的环境中；受到后者的侵蚀，团块2的体积逐渐增大（图7.6）。并入的反应物在团块中进行化学反应。模型中，微观混合时间被认为与并入过程的特征时间 t_{mic} 相等。

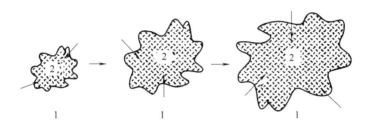

图7.6 并入模型（Falk L，1992）

并入模型可用来估计微观混合时间（Fournier MC，1996b）。化学反应在团块2中进行，其体积不断增大：

$$V_2 = V_{2,0} g(t) \tag{7.13}$$

增大的方式有两种假设：

线性增长

$$g(t) = 1 + t/t_{mic}, \quad 即 \quad \frac{dV_2}{dt} = \frac{V_{2,0}}{t_{mic}} \tag{7.14}$$

指数增长

$$g(t) = \exp(t/t_{mic}), \quad 即 \quad \frac{dV_2(t)}{dt} = \frac{V_2(t)}{t_{mic}} \tag{7.15}$$

在团块2中反应组分 j 的浓度的控制方程为

$$\frac{dc_j}{dt} = (c_{j,1,0} - c_j)\frac{1}{g}\frac{dg}{dt} + r_j \tag{7.16}$$

式中，下标1，0指环境流体中1的浓度。按指数体积增长假设，组分 j 的浓度增长的方程是

$$\frac{dc_j}{dt} = \frac{1}{t_{mic}}(c_{j,1,0} - c_j) + r_j \tag{7.17}$$

Assirelli M(2008)发现采用体积指数增长的并入模型才能从实验测定的微混比 $\alpha = (1-X_S)/X_S$ 正确地估计微观混合时间，得到的 t_{mic} 随搅拌速率（流体力学条件）变化，但不随化学反应物的浓度变化。Li WB（2014）用并入模型估计氮气和水体系搅拌槽的微观混合时间，Gao ZM（2015）也用并入

模型从小型撞击流反应器微观混合的实验结果来估计出微观混合时间 t_{mic} 在 $0.2 \sim 0.9$ms 间。

评述：实际上，团块 2 的体积增大后，它从流场湍流得到的能耗也相应增大，这使流体 1 并入的速率也增大，因此团块体积的指数增长比较符合物理实际。并入模型多多少少有一些拉格朗日方法的意味，式（7.17）实际上是在追踪一个注入反应器的反应物团块的反应过程：对于一个快反应体系，需要追踪的时间（路径）可能不需要太长，团块 2 中的反应物就消耗殆尽。需要注意的是如何正确地选择周围环境这个反应物的浓度 $c_{j,1,0}$。并入过程的持续时间似需要有一合理的限制。

7.2.1.5 小结

环境模型、IEM 模型和并入模型等经验型微观混合模型，将反应器作为一黑箱整体，忽略反应器内流体力学状态和浓度分布的不均匀性，模型参数有主观因素，不能充分体现混合的物理化学机理，缺少对真实分子扩散机理的数学描述，不能准确地描述反应器内混合和反应过程，因此这些模型很难应用到实验条件以外的情况。由于反应器作为一个整体黑箱来处理，反应器内部流动、循环、混合的不均匀性等因素也被混淆在微观混合的效果当中。因此，后来的微观混合研究更倾向于机理性的微观混合模型，以及同时考虑宏观混合和微观混合的模型。

7.2.2 机理模型

微观混合是通过分子扩散来实现的整个混合过程的最终一步，模型中包括了分子扩散这一机理的表达，即可以称为机理模型。缺少这一机理成分的模型，或者退化为经验模型，或者转化为宏观、介观混合的模型。

7.2.2.1 扩散模型

扩散模型（diffusion model，DM）是最简单的机理模型（Mao KW，1970）。模型的基本思想是假设物料流已经湍流分散成 Kolmogorov 尺度微团，微团内物料再经分子扩散实现微观尺度的均匀，而微团外的浓度均匀。根据微团形状不同而构成不同的模型：平板（slab）模型（Mao KW，1970）和球状模型（Ott RJ，1975；Nabholz F，1977），都用扩散-反应微分方程来表述发生在微团内的化学反应过程，没有考虑对流的影响。使用扩散模型模拟搅拌槽中混合对连串竞争反应选择性影响时，预测结果与实验结果定性符合一致，能体现出产物分布状况随操作条件和化学动力学的变化趋势。

Mao KW(1970) 假设分别含反应物 A 和 B 的液层交替排列，厚度均为 δ（图 7.7），反应速率为 $r_A = -kc_A c_B$，则模型的数学描述是一扩散-反应常微分方程：

$$\frac{\partial c_i}{\partial t} = D_i \frac{\partial^2 c_i}{\partial x^2} + r_i \tag{7.18}$$

其边界条件为

$$在 \ x=0 \ 或 \ \delta, \ \frac{\partial c_A}{\partial x} = \frac{\partial c_B}{\partial x} = 0 \tag{7.19}$$

初值条件为

$$0 < x < \delta/2, \ c_A = c_{A0}, \ c_B = 0$$
$$\delta/2 < x < \delta, \ c_A = 0, \ c_B = c_{B0} \tag{7.20}$$

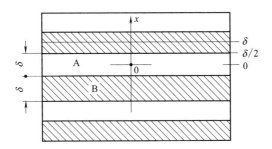

图 7.7　扩散模型（Mao KW，1970）

应用扩散模型，平板液层的厚度 δ 必须确定。它是由反应体系的流体力学状态决定的，因此对某确定的流体力学条件和操作条件，从拟合一组实验得到的厚度值作为模型参数，可以按相似原理用于此流体力学条件下其它场合的模型预测。但是，扩散模型过于简单，没有考虑流体对流的传递作用以及液层形状、大小的变化，这些都限制了扩散模型的应用范围。虽然它能够定性地体现分子扩散对快反应的转化率和选择性的影响趋势，但很少见到反应器中反应体系实验中应用的报道。后来的研究以此简单的机理模型为基础进行修正和发展。

评述：基于平板或层状结构来建立扩散模型是正确的出发点。加进层流流动中的反应物团块，一般会在黏性流场中受到剪切而变形，在一个或两个方向上拉伸，同时在其余维数的方向上被压缩，变形成为片状、层状或丝状，将扩散域近似为平板是可以接受的。即使最初为球形团块，也会在流场中变形为片状或丝状。在湍流流场中，虽然团块受涡团运动的作用而变形的流体力学机理不同，但扩散域近似为尺度更小的平板/层状也是合理的。扩散模型的主要参数是层厚 δ，可以由经验、实验或用流体力学理论来估计。第二个重要参数是方程式（7.18）的积分时间。Mao KW（1970）采用了理想全混流的停留时间分布，而反应器的停留时间往往比快反应的特征时间和微观混合时间长得多，因此也不尽合理。积分时间需要以流体力学理论做更准确的估算。

7.2.2.2　变形扩散模型

将微团变形（剪切、伸长、拉伸等）对分子扩散加速的影响考虑在内，扩散模型就扩展成为变形扩散模型（deformation-diffusion model，DDM）。该模型的基本假设为：流体经宏观混合后所产生的流体微团为 Kolmogorov 尺度大小，微团间仍然在流体黏性应力作用下发生变形，使物料间的接触面积增大，加速分子扩散，化学反应的实际速率也相应提高。基于此，Ottino JM（1979）及 Angst W（1982）等在扩散模型的基础上添加对流传递项，形成变形-扩散模型。Ottino JM（1979）的"层状模型"（lamellar model）认为，两种反应物分别存在于间隔层状结构中，变形作用促使物质条纹厚度 $s = (\delta_A + \delta_B)/2$ 逐渐减小，两物质间的接触面积也随之增大（图 7.8）。

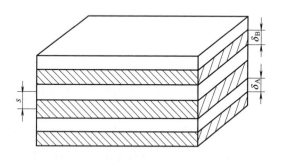

图 7.8　层状模型（Ottino JM，1979）

Ottino JM（1979）从流体力学理论出发，推导了层间距 s 和单位体积内两团块的接触面积 a_v 随流场特征参数变化的公式。从二者的定义，可知

$$sa_v \approx 1 \tag{7.21}$$

在流场剪切的作用下，层厚按下式确定的规律减小：

$$\frac{\mathrm{d}s(t)}{\mathrm{d}t} = -\gamma_{\mathrm{v}}(\boldsymbol{x},t)s \qquad (7.22)$$

式中，系数 γ_{v} 是流场中速度梯度张量 $\mathbf{D} = [\nabla\boldsymbol{u} + (\nabla\boldsymbol{u})^{\mathrm{T}}]/2$ 对称部分的模，为位置 $\boldsymbol{x}$ 和时间的函数。因此，在层状结构维持的时间内，层厚大体按指数方式减小。Ranz WE(1979) 也认为在小尺度拉格朗日坐标系中，局部点上的流动受力学和连续性定律的限制可简化为二维停滞点流动，这种情形在简单剪切流、旋涡中，以及湍流中小尺度流场中都存在。对两种流体团块接触的场合，就有如下的关系成立：

$$\gamma_{\mathrm{v}}(\boldsymbol{x},t) = -\frac{\mathrm{d}(\ln a_{\mathrm{v}})}{\mathrm{d}t} = \frac{\mathrm{d}(\ln s)}{\mathrm{d}t} \qquad (7.23)$$

将此变形效应引入在随薄层运动的拉格朗日坐标系中浓度不同的两流体层的扩散-反应方程，得到变形-扩散模型：

$$\frac{\partial c_i}{\partial t} - \gamma_{\mathrm{v}}(\boldsymbol{x},t)x\,\frac{\partial c_i}{\partial x} = D_i\,\frac{\partial^2 c_i}{\partial x^2} + r_i \qquad (7.24)$$

式中，x 为沿薄层的法线方向的坐标，原点在薄层的中心；$-\gamma_{\mathrm{v}}(\boldsymbol{x},t)$ 为在薄层收缩方向上的速度梯度；$-\gamma_{\mathrm{v}}(\boldsymbol{x},t)x$ 为各点因收缩而获得的相对速度。薄层的边界面（$x = \pm 0.5s_0$）处：

$$\frac{\partial c_i}{\partial x} = 0 \qquad (7.25)$$

而初值条件（$t=0$）应在 $-0.5s_0 < x < 0.5s_0$ 域内适当指定。这个模型能有效地体现分子扩散、层状结构的尺度和流场剪切变形对复杂化学反应体系的影响。

Angst W(1982) 考虑了微尺度上对流对混合的促进作用，用流体力学理论先验地估计变形扩散模型的参数，并与实验对照验证。薄层微元的初始厚度 s_0 可取为湍流的 Kolmogorov 尺度 λ_{K}，它在流场的剪切作用下逐渐变薄（Middleman S, 1977）：

$$\frac{s_0}{s} = \sqrt{(1+\gamma t)^2} \qquad (7.26)$$

式中，γ 是液层中均匀的黏性剪切速率。

将此变形效应引入扩散-反应方程，则得：

$$\frac{\partial c_i}{\partial t} + u\,\frac{\partial c_i}{\partial x} = D_i\,\frac{\partial^2 c_i}{\partial x^2} + r_i \qquad (7.27)$$

沿收缩薄层的法线方向的速度与其在薄层中的位置 x 有关（图 7.9），$u=$

$u_s(x/s)$, $u_s = ds/dt$。从式（7.26）可得：

$$u = \frac{-x\gamma^2 t}{1+(\gamma t)^2} \tag{7.28}$$

而初值条件（$t=0$）在 $-0.5s_0 < x < 0.5s_0$ 域内适当指定。

在薄层拉伸变薄式（7.26）的条件下，求解式（7.27），可以得到复杂竞争反应体系中副产物选择性（离集指数 X_S）。为此需要事先指定 s_0 和 γ 的数值。从化工流体力学文献中的

$$s_0 = 0.5(\nu^3/\varepsilon)^{1/4} \tag{7.29}$$

$$\gamma \approx 0.5(\varepsilon/\nu)^{1/2} \tag{7.30}$$

来估计这两个参数，Angst W（1982）给出了之前 1-萘酚偶氮化（见第 6 章 6.2.2 节连串竞争反应）实验（连续流动搅拌槽，A、B 液分开连续加料）的模拟结果（图 7.10 中实线），与实验数据半定量地符合。在忽略了搅拌槽反应器的搅拌构型和内部能耗分布不均匀性的情况下得到这样的符合殊属不易，表明了团块变形确实是影响微观混合过程不可忽略的重要因素。

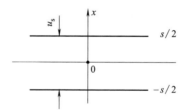

图 7.9　变形扩散模型

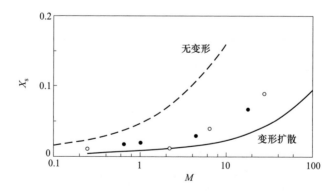

图 7.10　变形扩散模型模拟结果（$k_1 = 2086k_2$，试剂摩尔比 $N_{A0} = 1.05N_{B0}$，溶液流率比 $Q_{A0}/Q_{B0} = 10$，○涡轮桨；●螺旋桨，混合模数 $M = k_2 c_{B0} s_0^2/D_A$。Angst W，1982）

评述：变形扩散模型从一个角度表达了对流变形对分子扩散的促进作用机理。在微尺度上用拉格朗日观点来追踪流体团块的扩散和反应行为是正确的。但实际的局部微元体变形动力学很复杂，也会出现薄层变厚的逆向压缩，所以用理想的剪切/拉伸不能确切描述实际的变形微流动，团块与环境之间的关系需要显式的表达，因此需要进一步改进。Mao Z-S（2017）指出，微分方程式（7.24）和式（7.27）中的流场（对流项）不满足反应流体在变形时应遵守的质量守恒，这是模型的弱点；变形的促进作用或可用与团块厚度减小相应的边界条件来体现。

7.2.2.3 涡旋卷吸模型

Bourne JR 和 Baldyga J（1984a，b，c）提出了涡旋卷吸模型（engulf-ment-deformation-diffusion model，EDD 模型），在微观混合过程中考虑了湍流涡旋运动，认为物料团块与环境之间通过卷吸作用（engulfment）形成等体积且相间排列的层状结构，如图 7.11 和图 7.12 所示，在层状结构内通过分子扩散实现分子尺度的均匀；每个涡都有一定的寿命，涡旋的不断生成、分裂和消亡，实现了微元与环境间的物质交换。这个模型完整地描述了微观混合的卷吸、变形和分子扩散全过程，数学模型包括数个联立的偏微分方程，可以求解变形涡内非稳态的扩散和化学反应过程；模型方程的边界条件与层状模型相同，但初始条件是周期性的，其周期为涡旋的寿命，通过初始条件的变化来表现微元与环境之间的交换。从初始涡旋尺度为 Kolmogorov 尺度大小 $2\delta_0 = \lambda_K = (\nu^3/\varepsilon)^{1/4}$ 开始，涡旋数目成倍增加。要完整地描述一个微观混合过程，需要对分裂出的每一代涡均进行计算，直到反应物耗尽或流出反应器，因此

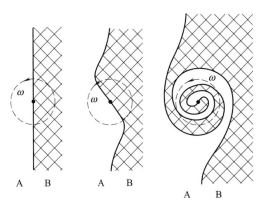

图 7.11 涡旋卷吸形成层状结构（Baldyga J，1984b）

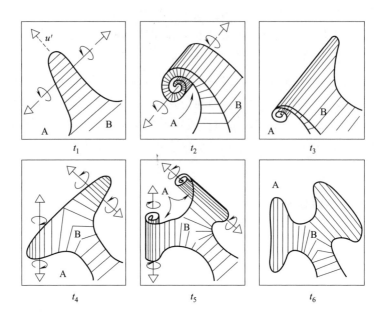

图 7.12　活性涡的卷吸和分裂过程（Baldyga J，1984b）

EDD 模型的计算量很大。

按 EDD 模型，有效的分子扩散仍然是在图 7.13 所示的层状结构中进行的。控制方程为

$$\frac{\partial c_i}{\partial t}+u\,\frac{\partial c_i}{\partial x}=D_i\,\frac{\partial^2 c_i}{\partial x^2}+r_i \tag{7.27}$$

而时变的薄层收缩体现为流体各点上的速度：

$$u=\frac{-(\varepsilon/\nu)^{1/2}}{(4+\varepsilon t^2/\nu)^{1/2}}x \tag{7.31}$$

与前述的变形扩散模型的式（7.28）不同。

由于几何上的对称性，边界条件为：

$$在\ x=\pm\delta,\ \partial c_i/\partial x=0 \tag{7.32}$$

初始时刻两流体层的厚度为 $2\delta_0$，故初值条件为：

$$t=0,\ -\delta_0<x<0,\quad c_i(x,0)=c_{i,1,s}$$
$$t=0,\ 0<x<\delta_0,\quad c_i(x,0)=c_{i,1,e} \tag{7.33}$$

式中，$c_{i,1,s}$ 是左边富含 B 的液层中 i 的浓度；$c_{i,1,e}$ 是右边富含 A 的液层中 i 的浓度。经过一个涡旋寿命周期

$$\tau=12(\nu/\varepsilon)^{1/2} \tag{7.34}$$

后，继续对第二代涡旋用下列初始条件积分求解：

$$t = \tau, \quad -\delta_0 < x < 0, \quad c_i(x,0) = c_{i,2,\text{s}}(x)$$
$$0 < x < \delta_0, \quad c_i(x,0) = c_{i,2,\text{e}}(x) \tag{7.35}$$

式中，$c_{i,2,\text{s}}(x)$ 和 $c_{i,2,\text{e}}(x)$ 是第一代涡旋积分结束时的浓度分布。

每一代涡旋的厚度也在缩小，其无量纲的表达式为（Baldyga J，1984c）：

$$\frac{\delta_0}{\delta} = \left\{ 1 + \frac{\theta^2 Sc^2}{32} - \sqrt{\left(1 + \frac{\theta^2 Sc^2}{32}\right)^2 - 1} \right\}^{-1/2} \tag{7.36}$$

其中的无量纲时间 $\theta = tD/\delta_0^2$，而涡旋寿命由式（7.34）转化为无量纲的 $\theta_\omega = 48/Sc$。每一代涡旋所面临的环境（富含反应物 B 的流体）也在发生变化。

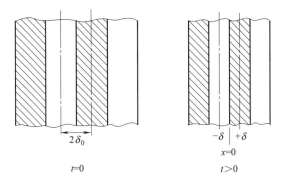

图 7.13　EDD 模型的层状结构（Baldyga J，1984c）

Baldyga J（1984c）详细叙述了在半分批和连续流动搅拌槽中数值求解无量纲化的偏微分方程式（7.27）的步骤。为了将模拟结果与实验测定的离集指数比较，需要知道反应区的湍流能量耗散率 ε。但很多情况下，它与反应器的平均功耗 ε_{av} 的比值 ϕ 是未知的：$\varepsilon = \phi \varepsilon_{\text{av}}$。在没有实际测定或可靠流场数值模拟的情况下，选择的 ϕ 值有经验性的因素。图 7.14 所示为一个 2.5L 搅拌槽、在桨的吸入侧加料、取 $\phi = 8$ 时的模拟结果，其趋势和模拟离集指数 X 的准确度都很好。显然，准确的反应器内流体力学特性是 EDD 模型能够用于微观混合并得到准确预测的关键基础。

评述：模型中上一代涡旋的浓度分布 $c_{i,2,\text{s}}(x)$ 和 $c_{i,2,\text{e}}(x)$ 是如何指定到下一代涡旋作为初始条件，Baldyga J（1984c）未明确叙述。另外，两代涡旋的厚度不同，因此在指定初始条件时有保证各反应物的物质守恒的问题。

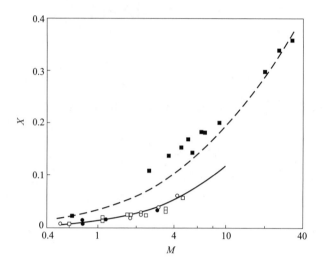

图 7.14　EDD 模型模拟与搅拌槽实验比较

（溶液体积比 $V_{A0}/V_{B0}=10$。 - - - CSTR；—— 半分批。

■ 涡轮桨-CSTR；○ 涡轮桨；□ 螺旋桨。混合模数 $M=k_2 c_{B0} \delta_0^2/D$。Baldyga J，1984c）

7.2.2.4　卷吸模型（E 模型）

Baldyga J（1989a，b）后来简化了涡旋卷吸模型，认为在许多情形下，微观混合过程仅由涡团与环境之间的卷吸过程所控制，变形与分子扩散均可以忽略，即成为没有可调参数的卷吸（engulfment）模型，即 E 模型。物理上，①当 $Sc \ll 4000$ 时涡旋中的分子扩散比卷吸快得多，②若加料 B 流束的浓度 $c_{B0} \gg c_{A0}$，则涡旋需要分裂的代数 N 很大，反应才能完成。于是扩散不是速率控制因素，这时 EDD 模型中的扩散类元素可以删去。

在 $N \gg 1$ 时，组分 i 的团块体积（旋涡体积 $V_{e,i}$）随其寿命 η 的逐代增长的离散过程可以近似为一连续过程：

$$\frac{\mathrm{d}V_{e,i}}{\mathrm{d}\eta}=EV_{e,i} \tag{7.37}$$

式中，E 是适用于浓度谱中的黏性对流区间的卷吸速率。

$$E=\frac{\ln 2}{\tau_\omega}=0.05776\left(\frac{\varepsilon}{\nu}\right)^{1/2} \tag{7.38}$$

式中，$\tau_\omega \approx 12(\nu/\varepsilon)^{1/2}$ 为涡旋寿命。

将 E 模型用于半分批式反应器，加料 B 分批式注入已经在反应器中的 A 溶液，A 液将多次卷吸体积较小的 B 液。用微分方程表示此近似连续的过程，有

$$\frac{\mathrm{d}(V_{\mathrm{e},i}c_i)}{\mathrm{d}\eta}=EV_{\mathrm{e},i}\overline{c_i(\eta)}+r_i V_{\mathrm{e},i} \tag{7.39}$$

式中，$\overline{c_i(\eta)}$ 是增长中涡旋的周围局部环境浓度；$EV_{\mathrm{e},i}\overline{c_i(\eta)}$ 是由于卷吸而来的 i 增加量。因为扩散很快，所以 c_i 是反应区中的均匀浓度。将式（7.37）代入式（7.39）就得到 E 模型的基本方程：

$$\frac{\mathrm{d}c_i}{\mathrm{d}\eta}=E[\overline{c_i(\eta)}-c_i]+r_i \tag{7.40}$$

在积分 c_i 的同时，$\overline{c_i(\eta)}$ 也在变化，需要通过质量守恒关系来随时更新。

式（7.40）外表与 IEM 模型（7.2.1.3 节）和并入模型（7.2.1.4 节）的基本方程近似，但与这两个经验模型不同，E 模型的卷吸速率 E 有明确的物理意义，不是经验参数。

EDD 模型需要对每一个涡的偏微分方程组进行多次求解，而在 E 模型中只计算一个平均活性涡的连续体积膨胀过程，因而大大节约了计算时间。对半分批式反应器中的连串竞争反应，在 E 模型要求的条件范围内，用 E 模型模拟搅拌槽内的连串竞争反应，预测的产物分布与实验值以及使用 EDD 模型获得结果吻合得很好，验证了 E 模型与 EDD 模型的一致性。

式（7.40）中的参数 E 的量纲为时间的倒数 $[\mathrm{T}^{-1}]$，因此也可理解为某特征时间的倒数；与经验的 IEM 模型的式（7.9）以及并入模型的式（7.17）比较，E 相当于这两个方程中模型参数 t_{mic} 的倒数。因此，在微观混合控制的条件下，可以由微观混合实验测定的离集指数来倒推实验体系的微观混合时间和 E 的估计值：

$$t_{\mathrm{mic}}=E^{-1}=17.31(\nu/\varepsilon)^{1/2} \tag{7.41}$$

进而推算出实验中加料点附近的湍流功耗数值。Ghanem A（2014）实验研究了 4 种构型的管式反应器中微观混合的强化技术，用 Villermaux/Dushman 碘化物/碘酸盐体系在主体流动雷诺数 $Re=100\sim4000$ 范围测定了离集指数，用 E 模型估算微观混合时间（图 7.15），发现管内填充产生旋流的螺旋形内件的效果最好。

Baldyga J（1995）利用 E（engulfment）模型结合粒数衡算方程研究了半间歇双进料搅拌槽内混合对硫酸钡沉淀过程的影响，考察了混合中的所有子过程（宏观、介观和微观混合）。作者通过改变进料浓度、进料管位置和搅拌转

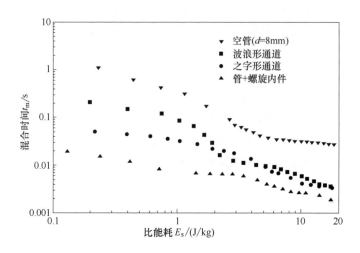

图 7.15　用 E 模型估算管式反应器的微观混合时间（Ghanem A，2014）

速等参数来考察混合过程对产物平均粒径和晶体变异系数的影响，并与实验结果进行了比较，二者吻合较好。Phillips R（1999）利用基于 E 模型的混合沉淀模型研究了斜叶桨半间歇单进料搅拌槽内混合过程对产物硫酸钡晶粒平均粒径和变异系数的影响，考察的因素有进料浓度、搅拌转速、进料流率和反应物体积比。

　　评述：虽然简化后的 E 模型至今为止仍有广泛应用，文献中报道的预测效果也不错，但模型也有假定高雷诺数下湍流流动各向同性、均一的缺点；而实际流动中，即使在高雷诺数的条件下，流动会呈现各向异性。此外，模型计算中要用到湍流能量耗散率 ε 值，而大型反应器不同位置上的局部湍流性质相差很大，其正确取值仍是不容易的一件事，尤其是在尚无实验数据的反应器工程放大设计时。模型参数与反应物的分子扩散系数无直接关联也是弱点之一，可能使模型的应用范围受限，尤其是像聚合反应那样的单体活性基与长链高分子的扩散系数相差很大的情况。

7.2.2.5　收缩片状模型

　　李希（1992）也对微观混合模型有深入研究。为了获得直观的物质微团的混合型态特征，采用频闪高速显微摄影设备对 Rushton 桨搅拌槽和矩形管中的混合过程进行实验研究，通过图像分析发现，物质团块经湍流分散到微观混合起主要作用的尺度范围时，其形貌基本呈现"片状"结构，可以用薄平板来表示微元的基本型态（图 7.16），且假设每一个微元均被比其体积大很多且浓度均匀的环境所包围。李希（Li X，1996a）还描述了在含反应物 A 的均匀各向同性湍流场中，反应物 B 料液缓缓注入时，在加料点下游依次形成 3 个区域：Ⅰ—物料分散区、Ⅱ—微观控制区和Ⅲ—宏观控制区（图 7.17），各区中含有 B 的体积流率 Q_B 在总流率 Q_T 中的分数逐渐增大。还对每区内的混合、反应情况进行了分析和定量估计。初始厚度为 λ_K 的微元在黏性的作用下变形，在微元法线方向收缩，使得团块的表面积增加，团块体积呈指数增长，最终通过团块与环境间的传质和团块内分子扩散，使团块内的微观混合和反应逐渐完成。因此最主要的微观混合过程就可以简化为在垂直于微元表面方向的收缩变形和分子扩散，即收缩片状模型（shrinking slab model，SS 模型）。

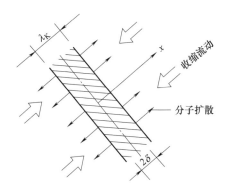

图 7.16　收缩片状模型示意图（Li X，1996a）

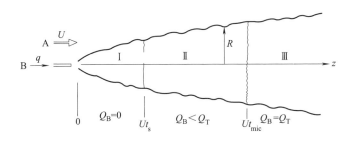

图 7.17　加料混合的 3 个区（Li X，1996a）

物料分散区Ⅰ的后半阶段的主要机理是片状物料的黏性变形伴随分子扩散，片状尺度减小与面积的增长均与时间成指数关系，并满足体积守恒的要求。根据收缩片状结构假定（Li X，1996a），采用固定于微元中心的坐标系来跟踪微元收缩以及扩散和化学反应。模型根据湍流理论的涡旋应变模型，以 Kolmogorov 尺度 λ_K 作为团块尺度的初始值，估算了微元收缩变形的速率。加上化学反应速率项后，模型的控制方程为

$$\frac{\partial c_B}{\partial t} - \gamma x \frac{\partial c_B}{\partial x} = D_i \frac{\partial^2 c_B}{\partial x^2} + r_B \qquad (7.42)$$

初始条件为

$$c_B(0,x) = \begin{cases} c_{i0}, & |x| < \lambda_K/2 \\ c_{iE}, & |x| \geqslant \lambda_K/2 \end{cases} \qquad (7.43)$$

环境中的浓度 c_{iE} 假设为均匀。此初始条件也包含着 $\lim\limits_{|x| \to \infty} c_B = 0$ 在内。从流体力学中湍流研究的结果可得

$$\gamma = 0.063(\varepsilon/\nu)^{1/2} \qquad (7.44)$$

在随后的微观控制区 II，分子扩散与黏性变形趋于平衡，致使分子扩散区宽度 δ 不变，含物料 B 的流体体积开始呈指数增长，物料处于部分离集状态，该区中化学反应的描述与方程仍为式（7.42），但片状区域的厚度已经从 Kolmogorov 尺度 λ_K 减小到 $\delta = 12\lambda_B$，λ_B 为 Batchelor 尺度，初始条件要适当地调整。若化学反应速率很慢，则过程能延续到宏观控制区，这时小尺度上已经混合均匀，宏观混合过程伴随着反应流体的流动继续进行。各区延续的时间也能从湍流理论来导出。

用此模型来处理搅拌槽中的连串竞争反应和平行竞争反应的实验结果，在较宽的实验条件范围内，计算值与实验值都能较好地吻合（李希，1996b）。对于微观控制区内的竞争串联反应，收缩片状模型与 Baldyga 的涡旋卷吸模型的计算结果（Baldyga J，1984c）差别很小（李希，1993）。这两种模型都考虑了微元与环境之间的质量交换，只是考虑的方式不同。由于收缩片状模型表观上与文献模型有一定的相似性，且应用求解也不甚方便，因此在化工文献中的应用比较少。

7.2.2.6　圆柱形拉伸涡模型

化学反应发生在尺度小于 Kolmogorov 尺度的空间，且在湍流流动的最小尺度内流动是层流的，因此 Bakker 和 van den Akker（1994a，b，1996）提出使用初始尺度为 Kolmogorov 尺度的涡管（vortex tube）来描述化学反应区，如图 7.18 所示。湍流中的涡旋流动使缓慢加入流场的料液形成细长的涡管，且随着时间逐渐拉伸，这种型态从激光诱导荧光（laser induced fluorescence，

LIF）实验得到证实。涡旋有沿 z 轴的拉伸速度、沿径向负的收缩速度和随时间逐渐增大的圆周旋转速度：

$$[u_z,u_r,u_\phi]=\left\{\overline{a}z,-\frac{\overline{a}r}{2},\frac{2\nu\omega_o}{r}\left[1-\exp\left(-\frac{\overline{a}r^2}{4\nu[1-\exp(-\overline{a}t)]}\right)\right]\right\} \quad (7.45)$$

对传质而言，z 和 r 方向的对流实际上没有贡献，但涡旋直径的收缩是有利于扩散传质的，因此相应的无量纲扩散传质方程为（Bakker RA，1994b）

$$\frac{\partial C}{\partial T}+\frac{2\omega_o}{R^2}\left[1-\exp\left(-\frac{R^2}{4T}\right)\right]\frac{\partial C}{\partial \phi}=\frac{1}{Sc}\left[\frac{1}{R}\frac{\partial}{\partial R}\left(R\frac{\partial C}{\partial R}\right)+\frac{1}{R^2}\frac{\partial^2 C}{\partial \phi^2}\right]+R_{AB}$$

$$(7.46)$$

式中，$\overline{a}$ 为时均收缩速度；$\omega_o=32\pm16$，为一常数；C、T、R、R_{AB} 分别为无量纲浓度、时间、径向坐标、化学反应速率。

对于湍动程度较低的区域，使用一维的圆柱形拉伸涡（cylindrical stretched vortex，CSV）模型，即轴对称的拉伸涡旋，式（7.46）中圆周角 ϕ 方向上的导数为 0，可以预测平行反应的产物分布，模型方程仅含有一个参数，即拉伸应变速率 $\overline{a}$，作者认为比 Baldyga J（1984b）提出的 EDD 和 E 模型依赖的层状结构更为合理。对于湍动剧烈的区域，作者认为需要使用两维模型，ϕ 方向上的导数不可忽略，但 2D 模拟计算太耗时。这个模型在文献中的应用也很少。

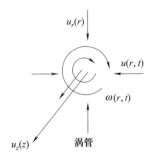

图 7.18　圆柱形拉伸涡模型示意图（Bakker A，1994a）

7.2.2.7　小结

机理性的微观混合模型都包括了分子扩散这一基本机理，但是关于扩散域的大小和几何形状的不同假设，则形成了不同的机理模型，也各有不同的适用范围。一个流体团块受到一个维度上的压缩或剪切拉伸，容易变形为薄片；同时受到两个维度上的变形才能变形为条状，这个概率会比一维变形的小。似乎扩散域为片状薄层的假设比较合理。

与 Mao KW（1970）提出的简单扩散模型不同，后来的机理模型还包含了湍流涡团造成的流体团块尺度收缩的效果，以模型微分方程中的对流传递项来表示。模型的主要参数（分子扩散域的大小、卷吸速率、域收缩拉伸的速度等）力求从流体力学关于湍流的研究结果中导出，以避免给模型带来因经验性参数引起的误差，这都是机理模型优于经验性模型的地方。但是将湍流使分子扩散域的收缩以对流传递项的方式引入模型方程是值得仔细推敲的（Mao Z-S，2017）。几个机理模型的扩散/反映控制方程的一般形式为：

$$\frac{\partial c_i}{\partial t} + u(x,t)\frac{\partial c_i}{\partial x} = D_i\frac{\partial^2 c_i}{\partial x^2} + r_i(x,t) \qquad (7.47)$$

它们之间的区别在于对流速度 $u(x,t)$ 的表达式不同。Baldyga J（1984b）给出的是

$$u(x,t) = \frac{-(\varepsilon/\nu)^{1/2}}{(4+\varepsilon t^2/\nu)^{1/2}}x \qquad (7.31)$$

Angst W（1982）认为

$$u(x,t) = \frac{-x\gamma^2 t}{1+(\gamma t)^2} \qquad (7.28)$$

其中 γ 是剪切速率，近似等于 $0.5(\varepsilon/\nu)^{1/2}$。而李希（Li X，1996a）所建议的也是一随 x 变化的线性函数：

$$u(x,t) = 0.063(\varepsilon/\nu)^{1/2}x \qquad (7.44a)$$

哪一种对流速度的表达式更合理还有待论证。

评述：确实反应物团块的变形有利于分子扩散和浓度均匀，但这是由于扩散域尺度的缩小、扩散距离缩短而来，不是由于在微元内的对流输运造成的结果。从固定在团块上的拉格朗日坐标系来看，扩散域中没有相对流动和剪切，仅有压缩形变。二者的物理含义不同。压缩后，沿薄层法向的浓度梯度增大，但这可以用计算域的收缩和边界位置变化来正确地体现。模型方程式（7.47）中的一维对流速度 $u(x,t)\propto -x$ 并不满足流体连续性方程表达的物质守恒定律。如果确实有 x 方向上的对流，那必然也会有横向的流动，这使原先的一维模型的假设失败。因此正确的模型方程依然是拉格朗日坐标系中的一维扩散-反应方程：

$$\frac{\partial c_i}{\partial t} = D_i\frac{\partial^2 c_i}{\partial x^2} + r_i(x,t) \qquad (7.48)$$

加上合理的边界条件以及从流体力学理论得来的其它模型参数。

到目前为止，还没有看到专门针对多相反应体系中存在惰性相（两个反应物在一个物相中混合和反应）时的微观混合机理模型的研究。惰性物相的存在会影响流体团块的分散，也会改变微观混合模型作用下的团块微元的边界条件，都是值得研究的课题。现在有一些直接将单相反应流体中的微观混合模型与多相体系的流体力学数值模拟相结合的研究，如 Guo TY（2016）将微观混合的涡旋耗散模型（Magnussen BF，1981）应用于旋转填料床中气液两相体系中碘化物-碘酸盐测试体系实验的数值模拟，与实验结果总体符合；实验和数值模拟分析表明，微观混合主要在旋转填料床的加料入口区，入口构型是重要影响因素；用并入模型估算的微观混合时间为 $0.05 \sim 0.30 \mathrm{ms}$。

评述：在气液体系中，气含量高的气泡群也对相对运动和表观物性影响较大，而连续相的气体对液相运动的影响较为微弱，也许这就是本例中单相微观混合模型也能适用于气液体系的主要原因。

7.2.3　宏观和微观混合结合的模型

微观混合是反应器中几个反应物混合过程的最后阶段。宏观混合和介观混合（mesomixing）两个阶段先将完全离集（分隔）的物料，通过宏观对流，以及伴随的流场剪切、与湍流涡团的相互作用，使离集的尺度减小到湍流的 Kolmogorov 尺度。宏观地看，这时候浓度场已经均匀，但在微尺度上看，流体仍然是离集的团块。这时的化学反应发生在团块间界面区域，反应产物的分配是按反应物浓度比，即离集的方式形成的。若宏观和介观混合阶段的时间长，反应物在界面上能够从宏观对流和涡旋运动得到补充，这也将影响到化学反应完全结束后的最终离集指数的数值。这就是第 6 章中说到，进行半分批式微观混合实验前需要进行预实验，确定加料所需的时间应该长到什么程度，才能得到不受宏观和介观混合因素掩盖的微观混合指标（离集指数）。因此，在用微观混合模型分析实验结果时，或设计反应器构型和操作工艺时，也需要在模型中添加宏观混合的元素，使模型预测的结果更准确。

Baldyga J（1997a）指出介观混合对复杂化学反应体系的产物分布有影响，当发现一股进料的局部湍流程度、加料速度，或在反应器中不同位置加料，与产物分布有关时，就应该详细考虑在较大尺度上的离集情况（介观混合）的影响。他们修正了微观混合的 E 模型来描述反应物有限的湍流分散速率的影响。富含加料组分 B 的可进行反应的团块体积随时间增长的方程式（7.37）要修改为：

$$\frac{\mathrm{d}V_\mathrm{B}}{\mathrm{d}t} = EV_\mathrm{B}\left(1 - \frac{V_\mathrm{B}}{V_\mathrm{u}}\right) \tag{7.49}$$

或用相应的体积分数表示为：

$$\frac{\mathrm{d}X_\mathrm{B}}{\mathrm{d}t} = EX_\mathrm{B}\left(1 - \frac{X_\mathrm{B}}{X_\mathrm{u}}\right) \tag{7.50}$$

式中，V_B 是已经微观混合的体积；V_u 是含 B 的大旋涡不断增大的流体体积；X_B 和 X_u 是二者在考虑的待混合体系中相应的体积分数。式（7.50）描述了介观混合不完全（$X_\mathrm{u} < 1$）时的微观混合，其速率会因介观混合不完全而减少的程度为（$1 - X_\mathrm{B}/X_\mathrm{u}$）的因素。

因此 E 模型方程式（7.40）变成为：

$$\frac{\mathrm{d}c_i}{\mathrm{d}t} = E\left(1 - \frac{X_\mathrm{B}}{X_\mathrm{u}}\right)(\overline{c_i} - c_i) + r_i \tag{7.51}$$

这就将介观混合的效应耦合进了微观混合的 E 模型中。其中 $\overline{c_i}$ 是含 B 团块内已微观混合区的环境浓度。

模型参数包含微观混合常数 E 和介观混合时间

$$\tau_\mathrm{S} = 2\left(\frac{\Lambda^2}{\varepsilon}\right)^{1/3} \tag{7.52}$$

式中，Λ 是介观意义的积分浓度尺度，它也在混合过程中演化。这个时间常数描述了涡旋中含有 B 体积的分数 X_u 的演化：

$$\frac{\mathrm{d}X_\mathrm{u}}{\mathrm{d}t} = \frac{X_\mathrm{u}(1 - X_\mathrm{u})}{\tau_\mathrm{S}} \tag{7.53}$$

从初始条件积分式（7.53）、式（7.50）和式（7.51），即可预测介观混合的影响。

考虑了自卷吸（self-engulfment），半分批式微观混合实验中的微观混合体积增长率表示为（Baldyga J，1997a）：

$$\frac{\mathrm{d}V_\mathrm{B}}{\mathrm{d}t} = EV_\mathrm{B}\left[1 - \frac{V_\mathrm{B}\exp(-t/\tau_\mathrm{S})}{V_0}\right] \tag{7.54}$$

式中，V_0 为待混合团块的初始体积，对于离散进料，V_0 就等于每份进料的体积。介观混合时间也可取 $\tau_\mathrm{S} \approx k/(2\varepsilon)$。

Baldyga J（1997a）讨论模型参数的估值方法，并用模型来预测快速复杂反应体系在活塞流静态混合器和半间歇搅拌槽式反应器中复杂竞争反应的产物分布情况，预计值和实验测定值符合较好（图7.19）。

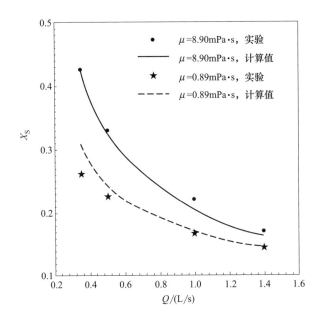

图7.19 介观-微观混合模型的预测结果［连续流动SMXL静态混合器，变化 $Q_A(=3000Q_B)$，$d=0.033\text{m}$。Baldyga J，1997a］

Li X（1996a）在示意图7.17中描述了反应物B料液缓缓注入时加料点下游依次形成3个区域：Ⅰ—物料分散区、Ⅱ—微观控制区和Ⅲ—宏观控制区，其中的Ⅰ区（$0<t<t_S$）的湍流分散和Ⅲ区（$t>t_{\text{mic}}$）的宏观混合都属于非微观混合机理起主要作用的时间段。模型中的区域划分的特征时间（t_S 和 t_{mic}）要从有关的理论来估算。这样补充完整后的模型可以适用于更宽范围的反应器缓慢加料半分批式混合-反应体系实验，但不太适合停留时间短的连续加料流动反应器。

总体说来，要用简单的模型修正来对反应器中宏观混合和微观混合都起作用的复杂化学反应体系进行定量的模拟分析，是不易实现的困难任务。近20年间在此课题上的进步不大。上述一维的微观混合和微观-宏观混合模型，对反应器中流场做了很大的简化，在此基础上建立的模型有难以避免的弱点。随着反应器内三维流场数值模拟技术的飞速发展，宏观混合和微观混合的研究逐渐转向了以计算流体力学为基础的数学模型和数值模拟。

7.2.4 微观混合时间估算

微观混合时间 t_{mic} 是微观混合过程的特征时间的数值指标，因此它要能体现微观混合设计的分子扩散的速度和反应物浓度均匀化的过程。在经验性的 IEM 模型方程式（7.9）和并入模型方程式（7.17）中都引入了 t_{mic} 这个参数；在机理性的 E 模型中也出现了卷吸速率 E，按它在模型方程中的作用，也可以将它的倒数视为微观混合时间，即式（7.41）。

将这些数学模型积分求解，可以得到受微观混合机理控制的化学反应的转化率和产物的分布（选择性），与对应的实验测定的离集指数 X_S 数据比较，就可以得到作为模型参数的微观混合时间的估计值。文献中有许多这样的报道。本书第 6 章 6.3.3 节微观混合时间的估算，列举了用并入模型估算半分批实验和连续流动反应器的微观混合时间的例子。本章中 7.2.2.4 节 E 模型，也能用于估算微观混合时间。由于理论和实验都证明了微观混合时间与湍流能量耗散简单关系，如

$$t_{mic} = E^{-1} = 17.31(\nu/\varepsilon)^{1/2} \tag{7.41}$$

所以从反应器内流场的数值模拟结果，也可以估算出在反应器内不同位置加料时可能观测到的微观混合时间数值。

第 6 章的表 6.5 比较了几种常用反应器的微观混合时间，其中数据多数是从实验测定用上述的方法得到的。估算出的微观混合时间是化学反应器效能的重要指标，是确定工艺流程后选择合适的反应器构型的主要依据。

7.3 基于 CFD 的微观混合数值模拟

7.3.1 模拟策略

随着计算流体力学发展和计算机性能不断提高，将 CFD 方法结合微观混合模型来综合描述流体在各种尺度上的混合状况方面有很大的进展，可以通过数值模拟来考察混合过程对化学反应器内快速复杂反应体系的选择性和转化率的影响。良好的微观混合除了能提高反应物的转化率外，副反应产物的选择性（离集指数 X_S）也更低。

微观混合机理模型的参数基本上都是流场中湍流能量耗散率 ε 的函数，机

理模型应用是否成功和这些参数数值的准确性直接相关。因此，首先需要从计算流体力学模拟得到的是关键反应物加料点处的湍流能量耗散率 ε 的准确数值。但是，从前述微观混合和宏观混合相结合的模型可知，反应物加料团块在反应器中一边运动一边与周围环境相互作用、分散、混合和反应，直至全部消耗或流出反应器。因此，还需要知道反应物团块因混合而体积逐渐增大以及它在流动路径上各处的能耗数值，即需要知道湍流能量耗散率 ε 在反应器中的空间分布。这些数值和分布，以前用实验很难测定，但现在用 CFD 技术比较容易得到。

如图 7.20 所示，化学反应器涉及相差好几个数量级的空间尺度。采用 CFD 方法可以很好地求解在反应器尺度 L_R 与网格尺度 L_{GS} 间的宏观尺度混合过程，包括流体流动和反应物的输运和反应。介观混合则将入口流进的物料（其尺度为 L_C）逐渐分散到比计算网格尺度还小很多的湍流涡团的最小尺度：Kolmogorov 尺度 λ_K 和标量涡的最小特征尺度 Batchelor 尺度 λ_B（$\lambda_B = \lambda_K / \sqrt{Sc}$）。以目前的计算技术，还难以通过局部细化网格尺寸来实现介观尺度混合的模拟。更不要说微观混合涉及分子扩散，其尺度远小于 λ_K 和 λ_B，化学反应发生在更小的分子尺度上，因此计算网格尺寸远大于微观混合涉及的尺度。湍流流场中常存在大尺度的流动结构，其尺度 L_u（湍流积分尺度）介于 L_R 和 L_{GS} 之间。如果对湍流反应流采用直接数值模拟，就要在能解析湍流混合最小尺度 λ_B 的网格上求解各组分的对流-扩散-反应方程，这需要天文数字的网格节点和巨大的计算机容量，以现有的模拟技术和计算机能力，根本无法实现工业规模反应器的数值模拟。现时可用的方法只能是用雷诺时均方法或大涡模拟方法进行宏观尺度的 CFD 模拟，而亚格子尺度上混合-扩散-反应的计算仍然需要适宜于 CFD 模拟的微观混合模型。微观混合模型多数依赖于湍流涡的演化与生灭机理，因此涡管尺度 L_ω 也是介观混合中的重要参量。

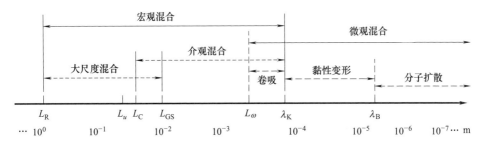

图 7.20 混合的特征长度尺度（Cheng JC, 2012）

为了求解反应器中湍流流动而对瞬时 Navier-Stokes 方程进行 Reynolds 平均，这已经在第 4 章的 4.2.1 节"宏观流场的数学模型"中叙述过。在此湍流流场中的示踪物的对流-扩散过程也在 4.2.2 节"示踪剂传递的数学模型"中有所介绍。但当某组分参与化学反应时，其浓度 c 的瞬时对流-扩散方程中出现化学反应速率项，在直角坐标系中即是

$$\frac{\partial c}{\partial t}+\frac{\partial}{\partial x_i}(u_i c)=\frac{\partial}{\partial x_i}\left(D\,\frac{\partial c}{\partial x_i}\right)+kcc_j \tag{7.55}$$

右端的最后的化学反应速率源项是以二级化学反应的非线性反应速率项示例。

在欧拉坐标系中实施雷诺平均后，仍用 u、c 表示速度分量和浓度的时均值，而以 u' 和 c' 表示偏离时均的波动值，则式（7.55）成为

$$\frac{\partial c}{\partial t}+\frac{\partial}{\partial x_i}(u_i c)=\frac{\partial}{\partial x_i}\left(D\,\frac{\partial c}{\partial x_i}-\overline{u_i'c'}\right)+k\,(cc_j+\overline{c'c_j'}) \tag{7.56}$$

式中出现的未知二阶关联项需要用模型来封闭。

对湍流输运项 $\overline{u_i'c'}$，余国琮等的专著已有总结和发展（余国琮，2011；Yu KT，2017）。对反应速率的二阶关联项，这也是微观混合研究需要解决的问题，文献中已有很多封闭方法的报道，专著中也有论述（Baldyga J，1999）。

以欧拉观点来处理全流场和全浓度场数值模拟中的微观混合问题，这时必然产生待封闭项。Mao Z-S（2017）以一个微尺度涡团为例，说明从欧拉观点看和从拉格朗日观点看，浓度关联项的数值完全不同，现有欧拉观点的封闭方法存在缺陷；主张在欧拉框架下数值模拟宏观流场，但在求解宏观浓度场时要用经过验证的方法来封闭浓度波动项，或者在网格尺度上以拉格朗日观点来建立和应用可靠的微观混合模型，以便在数值模拟中正确地定量体现微观混合对化学反应速率的影响。总体说来，如何在湍流传递-反应过程中准确地计算化学反应速率项还没有完全解决，以欧拉观点和拉格朗日观点来解决问题的努力都在继续中。

7.3.2 基于加料点流场的模拟

在微观混合影响显著的化学反应体系中，反应特征时间 t_{reac} 均大致等于或小于微观混合时间 t_{mic}。因为反应快，所以实际的反应区体积仅是反应器体积的一小部分，甚至就是计算反应器流场时的几个网格大小，因此微观混合进程的流体力学参数就可以近似地取加料点的数值或附近几个点上的平均值。从这里取得的湍流能

量耗散率 ε 用来估算微观混合模型所需要的参数，如流体薄层厚度 λ_K、卷吸速率 E 等。这个关键的 ε 值现今可以从反应器流场的 CFD 模拟中得来。只考虑加料点附近流动状态的算法在微观混合的数值模拟的计算量比较小，而且也不用在流场中按拉格朗日方法追踪反应物团块的运动路径。

采用 E 模型的模拟。王正（2006a）在直径为 150mm 搅拌槽内进行酸碱中和与氯乙酸乙酯水解的平行竞争反应实验，测试 Rushton 涡轮桨搅拌槽内的微观混合，考察了进料位置和搅拌转速等因素对产物分布的影响，并以经典的微观混合模型 E 模型（EDD 模型的简化形式）与 CFD 流场模拟耦合，对微观混合进行数值模拟。CFD 得到加料点处的湍流流场的 k 和 ε 值，用于估计参数 E 的数值。实验采用的搅拌槽（图 7.21）为直径 $T=150$mm 的平底圆形玻璃槽，槽内液体高度 H 与槽径 T 相等，内设 4 块挡板，挡板宽度 B 与槽径 T 的比 1:10。采用标准 Rushton 涡轮搅拌桨，桨径 D 为 $T/3$，搅拌桨离底距离 C 为 $T/3$。

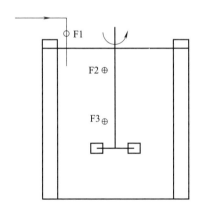

图 7.21 实验用标准 Rushton 涡轮桨搅拌槽（王正，2006a）

E 模型（Baldyga J，1989a）认为是反应物涡团与环境之间的卷吸交换过程控制微观混合，模型方程为

$$\frac{dc_i}{d\eta} = E(\overline{c_i} - c_i) + r_i \tag{7.40}$$

式中，c_i 为组分 i 在微涡内的浓度（微涡相内同年龄的涡内的浓度是微观混合均匀的）；$\overline{c_i}$ 为环境相中组分 i 的浓度（环境相是分子态混合均匀的）；r_i 为反应速率；E 为卷吸速率（或称微观混合速率），根据局部能量耗散速率来估值。

将酸碱中和/氯乙酸乙酯水解平行竞争反应：

$$NaOH(A) + HCl(B) \longrightarrow NaCl(R) + H_2O$$

$$NaOH(A) + CH_2ClCOOC_2H_5(C) \longrightarrow CH_2ClCOONa(Q) + C_2H_5OH$$

的动力学方程代入式（7.40）中，得到该模型的表达如下：

$$\frac{dc_A}{dt} = E(\overline{c_A} - c_A) - k_1 c_A c_B - k_1 c_A c_C \tag{7.57a}$$

$$\frac{dc_B}{dt} = E(\overline{c_B} - c_B) - k_1 c_A c_B \tag{7.57b}$$

$$\frac{dc_C}{dt} = E(\overline{c_C} - c_C) - k_1 c_A c_C \tag{7.57c}$$

Baldyga J（1989a）认为酸碱中和是瞬时反应，因而 A、B 两组分不能在任一区域内共存，引入一个虚拟组分 U，其浓度值为 $u = c_A - c_B$，同时引入无量纲变量 $C_i = c_i/c_{A0}$、$U = u/c_{A0}$，得到无量纲化的方程：

$$\frac{dU}{d\theta} = \phi^{0.5}(\overline{U} - U) - Da\frac{|U| + U}{2}C_C \tag{7.58a}$$

$$\frac{dC_C}{d\theta} = \phi^{0.5}(\overline{C_C} - C_C) - Da\frac{|U| + U}{2}C_C \tag{7.58b}$$

其中的模型参数和无量纲参数为：

$$\varepsilon_{av} = \frac{Po\rho d^5 N^3}{V_R}, \quad E_{av} = 0.058\left(\frac{\varepsilon_{av}}{\nu}\right)^{0.5}$$

$$Da = \frac{k_2 c_{A0}}{E_{av}}, \quad \phi = \frac{\varepsilon}{\varepsilon_{av}}, \quad \frac{E}{E_{av}} = \left(\frac{\varepsilon}{\varepsilon_{av}}\right)^{0.5}, \quad \theta = tE_{av}$$

式中，c_{A0} 为 NaOH 溶液的初始进料浓度；Po 为功率数；E_{av} 为卷吸速率或称微观混合速率；ε_{av} 为平均能量耗散速率；ν 为流体的运动黏度；ϕ 为能量耗散速率的局部值和反应器内平均值的比值，称为无量纲能量耗散速率；Damköhler 数（Da）为化学反应速率与微观混合速率之比；V_R 为反应器体积。

式（7.58）的初始条件为：

$$U(0) = 1, \quad C_C(0) = 0 \tag{7.59}$$

$$\overline{U} = -c_{B0}/c_{A0} = -1/\alpha, \quad \overline{C_C} = c_{C0}/c_{A0} = 1/\alpha \tag{7.60}$$

其中 $\alpha = 50$ 是反应器中溶液（含 B 和 C）体积 V_0 与加入 A 液体积 V_{A0} 之比。

离集指数 X_S（副产物 Q 的选择性）可根据 C 的消耗量来计算得：

$$X_S = 1 - \frac{(V_0 + V_{A0})C_C}{V_0 C_{C0}} \tag{7.61}$$

模型数值求解采用离散化方法，即将进料离散化为 σ 个浓度相等、体积相等的部分，用欧拉法联立求解式（7.58），从而得到离集指数 X_S。对于第 j 份进料，在时间 $\theta = \theta_j$ 时，物料 A 反应完全，此时反应区内组分 i 的浓度为 $C_i(\theta_j)$，则反应区体积从 V_{A0}/σ 增长为 $(V_{A0}/\sigma)e^{\theta_j}$。此时环境区体积为 $V_0 + j(V_{A0}/\sigma) - (V_{A0}/\sigma)e^{\theta_j}$，浓度为 $\overline{C_{i,j}}$。浓度 $\overline{C_{i,j+1}}$ 表示在 $j+1$ 份进料时环境区内组分 i 的浓度，等于 j 次进料反应后反应区和环境区混匀的结果，由质量衡算得到（Baldyga J, 1989a）：

$$\overline{C_{i,j+1}} = \frac{(\alpha\sigma + j - e^{\theta_j})\overline{C_{i,j}} + C_i(\theta_j)e^{\theta_j}}{\alpha\sigma + j} \tag{7.62}$$

王正（2006a）取足够大的 $\sigma = 1000$ 和足够小的 $\Delta\theta = 0.0002$，已经能完全消除离散化数值求解对 X_S 的影响。

式（7.58）中无量纲能量耗散速率 ϕ 的取值的作用十分关键，从图 7.22 中 3 个加料点（位置见图 7.21 中的 F1、F2、F3）结果的比较中可以看出，用数值模拟流场中取出加料点的 ϕ 值，在 F1 和 F2 点离集指数 X_Q 的模拟结果比按经验方法选择 ϕ 值的预测更准确；但对湍流耗散更强的 F3 进料点，模型预测值和实验吻合相对较差，原因可能是由于流场模拟采用了各向同性湍流的标准 k-ε 模型，实际上搅拌桨附近的湍流各向异性比较强，所以模拟所得的局部能量耗散率误差较大的缘故。

参数 E 取值的改进。 提高采用 E 模型的模拟准确性有两个关键。首先是将可能影响微观混合的宏观混合以及介观混合更精确地包含在 E 模型之内，这在前面的 7.2.3 节"宏观和微观混合结合的模型"已经介绍过修正的 E 模型。其次是采用更准确的模型参数，因为反应区从加料点向下游可能扩展成为有限体积，参数 E 就不能只采用加料点的湍流特性，需要尽可能地兼顾整个反应区（虽然对于微观混合实验所采用的测试反应体系来说，反应区体积仍然是整个反应器体积的很小一部分）。

Akiti O（2004）也认为反应区从加料口开始随流体主体运动，将这部分反应流体看作拟物相，它的物性与主体相相同，所以流场仍用单相流动的方程求解，但其区域用 VOF 多相流模型来追踪：

$$\frac{\partial \phi}{\partial t} + u_i \frac{\partial \phi}{\partial x_i} = S_\phi \tag{7.63}$$

此处 ϕ 是反应拟物相的体积分数，源项假设为 0。所得的体积分数在空间的分

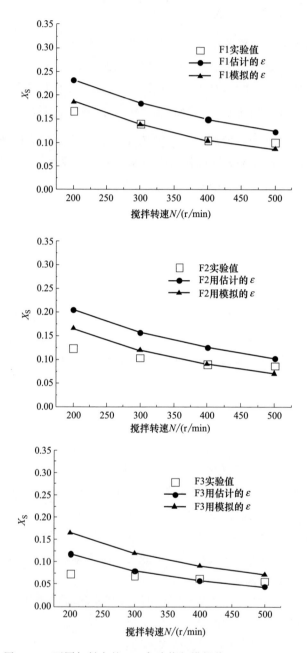

图 7.22 不同加料点的 X_S 实验值与模拟值（王正，2006a）

布用于计算每一时刻的反应区内的平均湍流特性：

$$k_{reac} = \frac{\sum_i k_i \phi_i V_i}{\sum_i \phi_i V_i} \tag{7.64}$$

$$\varepsilon_{reac} = \frac{\sum_i \varepsilon_i \phi_i V_i}{\sum_i \phi_i V_i} \tag{7.65}$$

Akiti O（2004）以采用雷诺应力模型数值模拟得到搅拌槽的三维流场，用反应区平均的 k_{reac} 和 ε_{reac} 来计算修正的 E 模型所需的参数，模拟半分批式搅拌槽中的酸碱中和/氯乙酸乙酯水解平行竞争反应实验，当进料位置位于液面附近时数值模拟的离集指数结果和实验结果吻合较好，但是当进料位置处于搅拌桨附近时，预测值较实验值偏低。

评述： 由于反应拟物相体积分数 ϕ 方程式（7.63）中没有反应的消耗，所以按 ϕ 值确定的反应区的体积偏大，使非反应区的湍流在 k_{reac} 和 ε_{reac} 中的权重过大，给 E 模型的参数估计带来一定的误差。

Duan XX（2016）后来改进了 k_{reac} 和 ε_{reac} 估计式中的权重，模拟精度有进一步的改善。通过对反应器内的流场进行模拟，可以得到每个计算网格内湍流动能和湍流能量耗散速率的数值。对于单相搅拌槽，将整个计算域内湍流动能和湍流能量耗散速率以混合分数方差加权平均得到 k_{reac} 和 ε_{reac}：

$$k_{reac} = \frac{\sum \sigma_{S,cell}^2 k_{cell}}{\sum \sigma_{S,cell}^2} \tag{7.66}$$

$$\varepsilon_{reac} = \frac{\sum \sigma_{S,cell}^2 \varepsilon_{cell}}{\sum \sigma_{S,cell}^2} \tag{7.67}$$

用它们来求得 E 模型的参数。副反应发生的区域主要集中在混合分数方差大的加料口附近区域，此处的湍流特征量在 k_{reac} 和 ε_{reac} 的计算式中占的权重较大。k_{cell} 和 ε_{cell} 是稳态模拟流场后得到的每个网格内的湍流动能和湍流能量耗散速率的值，$\sigma_{S,cell}^2$ 是求解混合分数方差的输运方程后得到的每个网格单元的方差值［其意义和方程详见后面的 7.3.3.3 节混合分数概念，以及求解混合分数时均值 $\bar{f}$ 和混合分数方差 σ_S^2 的式（7.93）和式（7.94）］。

Duan XX（2016）模拟的单相搅拌系统与文献 Akiti O（2004）描述的完全一致。搅拌槽为平底圆柱形搅拌槽直径 $T = 292mm$，液面高度 $H = T$，搅拌桨为六叶下推式 $45°$ 斜叶桨，直径为 $102mm$，离底高度为 $T/3$。模型反应为酸碱中和/氯乙酸乙酯水解平行竞争反应，数值模拟采用 CFD 软件完成，并通过添加用户自定义标量以及用户自定函数实现程序设置，用于求解混合分数以及方差。CFD 耦合 E 模型的数值模拟步骤如下：

① 流场模拟：在稳态下求解连续性方程、动量方程、湍流动能方程及湍动耗散率方程，迭代收敛后存储平均速度、湍流动能、湍流能量耗散等物理量的值，用于随后的计算；

② 在已有稳态流场的基础上求解混合分数及其方差的输运方程。需要在程序中设置 2 个用户自定义标量，即 $X_1 = \overline{f}$，$X_2 = \sigma_S^2$，初始时刻在进料管口处 $X_1 = 1.0$，$X_2 = 0.0$，搅拌槽内其余地方 $X_1 = X_2 = 0.0$；

③ 利用式（7.66）和式（7.67）式计算反应区的 k_{reac} 和 ε_{reac}，以及参数 E；

④ 数值求解修正 E 模型（考虑自卷吸），计算离集指数。

对于半间歇操作的搅拌反应器，物料缓慢且连续地加入槽中，可以忽略进料先后之间的相互作用。数值求解 E 模型时，可以将进料离散成体积、浓度均相等的 σ 份，当进料的份数 σ 取值足够大，就能完全消除离散份数对 X_S 的影响。对于第 j（$1 \leqslant j \leqslant \sigma$）份进料，假定主体环境浓度不变，直到第 j 份进料中的物料 A 在反应区完全消耗完，然后将各反应组分浓度在反应区与主体环境进行平均，作为下一份进料的环境浓度。因此，随着反应物 A 不断加入反应器，槽内环境浓度也逐渐发生变化。到反应物 A 全部加入并反应完全，即得到槽内各物质的浓度，计算出离集指数。图 7.23 为离集指数 X_S 在液面加料时随搅拌转速变化的模拟结果，比文献中 Akiti O（2004）的模拟结果有改进。

图 7.24 是反应器中加料口附近的 $\sigma_S^2/(\sigma_S^2)_{max} = 0.001$ 等值面图，可见等值面以外的广大反应器体积中的混合物方差的数值都很小，因此采用一个兼顾整个实际反应区体积的 E 模型参数用于数值模拟是合理的。

这个方法用于多相搅拌槽的模拟，也取得良好的效果（详见 7.4.2 节气液体系）。

评述：基于反应区的湍流参数 k_{reac} 和 ε_{reac} 来估计微观混合的 E 模型的参数，是对基于加料点湍流场的参数估值的一个改进，但它仍用一个参数描述逐渐扩大的全反应区的微观混合，仍然与真实情况有一定的偏差。因此，后来发展的基于反应器内全流场的微观混合模拟的精度会有更大的改善。

7.3.3 基于全流场的模拟

如果 t_{react} 远小于 t_{mic} 的条件不满足，可能因为加料点附近的湍流较弱，

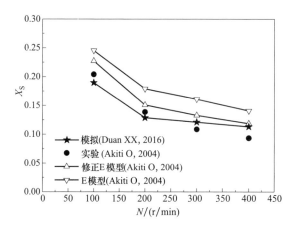

图 7.23　进料位置 Fs2 的离集指数随搅拌转速 N 的变化
（$T = 292\text{mm}$，$H = T$，$C = T/3$，$\sigma = 100$。Duan XX，2016）

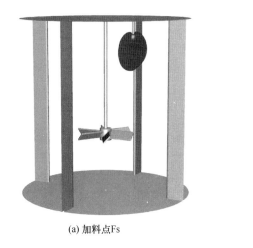

(a) 加料点Fs　　　　　　　　　　　　　(b) 加料点Fi

图 7.24　模拟的实际反应区大小

$[\sigma_S^2 / (\sigma_S^2)_{\max} \geqslant 0.001$，$N = 100\text{r/min}$。Duan XX，2016]

或者加料速率较大，原料团块需要一段时间用于宏观混合和介观混合，则反应物团块需要一定的时间和空间来分散到微观混合成为主导作用的尺度，那就需要追踪反应团块运动的路径，需要取此路径上各网格上的 ε 值用于此网格内的微观混合的模拟计算。这时需要用到更多网格上的流体力学和微观混合模拟计算，使模拟计算量明显增大。进入 21 世纪以来，基于反应器内全流场的微观混合过程的数值模拟研究有很快的增长。

7.3.3.1　耦合 E 模型

前面示例了如何从计算流体力学数值模拟的反应器内全流场中提取用于微观混合的 E 模型的参数，使其估值更准确，因而微观混合效应的预测能得到明显改善。在反应器内流动速度快，或特征反应时间稍长，复杂竞争快反应的有效反应区会比计算网格的尺度大很多倍，用一个固定的湍流能量耗散率 ε 生成一个固定的参数 E，用于反应区头部和尾部的计算可能会产生较大的误差。所以，在有效反应区的每一个网格上都估算出各自的 E 模型参数，是一个合理的选项。

Han Y(2012) 在 CFD 方法（雷诺应力模型）模拟搅拌槽（$T = H = 0.476\text{m}$，Rushton 桨直径 0.19m）全槽的非牛顿剪切变稀液体［羧乙基纤维素（HEC）水溶液］的基础上，结合微观混合的标准 E 模型和湍流反应［有限速率/涡耗散（Finite-Rate/Eddy-Dissipation，FR/ED）］模型的方法，模拟其中的微观混合测试反应（平行竞争反应）：

$$\text{NaOH(A)} + 0.5\text{CuSO}_4\text{(B)} \xrightarrow{k_1} 0.5\text{Cu(OH)}_2 \downarrow \text{(P)} + 0.5\text{Na}_2\text{SO}_4$$

$$\text{NaOH(A)} + \text{CH}_2\text{ClCOOC}_2\text{H}_5\text{(C)} \xrightarrow{k_2} \text{CH}_2\text{ClCOONa(Q)} + \text{C}_2\text{H}_5\text{OH}$$

第一个几乎是瞬时反应，而第二个反应是受微观混合影响的快反应（Brucato A，2000）。Han Y(2012) 数值模拟了 Atibeni RA(2005) 就此测试反应进行的微观混合实验。对宏观流场数值模拟完成后，针对离散加料 A 的每一份，就每一化学组分的输运过程进行模拟，涉及微观混合和化学反应的源项，采用 E 模型计算：

$$r_i = M_{\text{w},i}\left[E(\overline{c_\text{A}} - c_\text{A}) + \sum_r r_{i,r}\right] \tag{7.68}$$

和用有限速率/涡耗散（FR/ED）模型计算的源项：

$$r_i = M_{\text{w},i}\rho\frac{\varepsilon}{k}\sum_r \nu'_{i,r}\alpha_r \min_j\left(\frac{\omega_j}{\nu'_{j,r}M_{\text{w},j}}\right) \tag{7.69}$$

二者比较，取反应物的消耗速率较小者代入组分的输运方程进行数值模拟，直至这一份 A 耗尽，再开始下一份的计算模拟。上面两速率式中，下标 i 指化学组分，j 是消耗 i 的反应物的集合；$M_{w,i}$ 是组分 i 的分子量；$\overline{c_A}$ 是环境中 A 的浓度；ω_j 是 j 的质量分数；$\nu'_{j,r}$ 是 j 在反应 r 中的化学计量系数；α_r 是经验系数。结合了有限速率/涡耗散（FR/ED）模型后，所得的离集指数与实验测定值符合良好，正确体现了低流体黏度、高搅拌转速、加料位置湍流强度大能提高微观混合效果的趋势。

作为一种限制化学反应速率的权宜措施，在对微观混合的作用机理还不能轻易查清的情况下，有限速率模型也是一种可用的经验方法。Guo TY(2016) 用 VOF 多相流和雷诺应力湍流模型数值模拟了旋转填料床反应器（rotating packed bed，RPB）的 2D 流场，结合层流有限速率模型（laminar finite-rate model）作为微观混合模型，数值模拟了旋转床中的液相体积分数和组分的浓度分布，模拟得到的离集指数与实验符合，也反映出液相流速和转鼓转速的影响趋势。模拟表明，微观混合和反应主要集中在 RPB 的入口区，增大液速和转速都能强化微观混合。基于并入模型估计得到的微观混合时间为 0.05～0.30ms。作为比较，也将涡耗散概念（eddy-dissipation-concept，EDC）模型用于模拟高转速下的碘化物-碘酸盐测试反应体系的离集指数，发现模拟结果与有限速率模型一致，但计算时间要长得多。与 Han Y(2012) 不同的是，Guo TY(2016) 没有在模拟程序中包含 E 模型，也得到了可信的结果，这说明在微观混合的模型和模拟方面还有很多未知需要探索。

7.3.3.2 浓度波动项的封闭

封闭雷诺时均后的组分输运方程中出现非封闭的反应源项（即浓度的脉动关联项）：

$$\frac{\partial c}{\partial t}+\frac{\partial}{\partial x_i}(u_i c)=\frac{\partial}{\partial x_i}\left(D\,\frac{\partial c}{\partial x_i}-\overline{u'_i c'}\right)+k(cc_j+\overline{c'c'_j}) \tag{7.56}$$

对其中出现未知的浓度脉动关联项 $\overline{c'c'_j}$ 项，类似于动量守恒方程中的雷诺应力项 $\rho\overline{u'_i u'_j}$，也需要封闭或模型化，才能正确地表达在微观混合影响下的实际化学反应速率，$\overline{c'c'_j}$ 项可能使原先时均的 cc_j 项的数值增大或减小，理论上这取决于 c' 和 c'_j 是正相关还是负相关，也与操作方式和操作条件、体系物性、湍流强度等多因素有关。有两种主要的封闭方法，包括直接封闭法和概率密度函数（probability density function，PDF）封闭方法（Cheng JC，2012）。$\overline{c'c'_j}$ 项涉及微观混合条件下反应速率的准确性，但其数值的准确计算很困难。

直接封闭法很直观，用于二级反应时（Toor HL，1969）：

$$\overline{c_i'c_j'} = -I_S c_{i0} c_{j0} \tag{7.70}$$

这里 I_S 是离集强度系数。Bourne JR（1977）指出，两股反应物分开进料时 $I_S > 0$ 而预混合进料时 $I_S < 0$。似乎现今没有好办法来简便准确地取值。另外一个建议（Patterson GK，1981）也不实用：

$$\overline{c_i'c_j'} = -\frac{\overline{c_i'}\ \overline{c_j'}}{c_i c_{j0}} \tag{7.71}$$

后来的研究转向 PDF 封闭法，通过联合标量的概率密度函数来封闭化学反应源项，包括预设概率密度函数法（presumed probability density function，presumed-PDF）和输运概率密度函数法（transported probability density function，transported-PDF）。概率密度函数（probability density function，PDF）封闭方法可参考文献（Tang Q，2007；Fox RO，2003）。

PDF 方法通过标量的联合概率密度函数 $f_\phi(\boldsymbol{\psi};\boldsymbol{x},t)$ 来封闭化学反应源项（Wang LG，2004）。在状态空间 $\boldsymbol{\psi}$ 中，随着随机变量矢量 $\boldsymbol{\phi}$ 波动，因而与之有关的源项 $S(\boldsymbol{\phi})$ 的数值也随之波动，但在某点的时均值 $\overline{S}(\boldsymbol{\phi})$ 可以以概率密度函数加权积分求得：

$$\overline{S}(\boldsymbol{\phi}) = \int_0^{+\infty} \cdots \int_0^{+\infty} S(\boldsymbol{\psi}) f_\phi(\boldsymbol{\psi};\boldsymbol{x},t) \mathrm{d}\boldsymbol{\psi} \tag{7.72}$$

联合概率密度函数 $f_\phi(\boldsymbol{\psi};\boldsymbol{x},t)$ 的定义为

$$f_\phi(\boldsymbol{\psi};\boldsymbol{x},t)\mathrm{d}\boldsymbol{\psi} = P[\psi_\alpha < \phi_\alpha(\boldsymbol{x},t) < \psi_\alpha + \mathrm{d}\psi_\alpha, \alpha=1,\cdots,N_s] \tag{7.73}$$

式中，$f_\phi(\boldsymbol{\psi};\boldsymbol{x},t)$ 是所有标量（如浓度、混合分数、反应进度等）的联合 PDF，代表了所有标量在亚格子尺度的分布；$\phi_\alpha(\boldsymbol{x},t)$ 为第 α 个标量的值；N_s 是标量的总数目。因此，只要概率密度函数 $f_\phi(\boldsymbol{\psi};\boldsymbol{x},t)$ 已知，就可以计算化学反应源项的时均值。

根据概率密度函数获得的方式，PDF 封闭法可分为预设概率密度函数法（presumed-PDF）和输运概率密度函数法（transported-PDF），二者在组成空间离散、空间输运和数值模拟方法上都不相同。输运概率密度函数法在拉格朗日坐标下直接求解 $f_\phi(\boldsymbol{\psi};\boldsymbol{x},t)$ 的输运方程，来获得样本空间每一点上的 PDF，不需要直接封闭 $\overline{c_i'c_j'}$ 项就可以精确计算雷诺时均输运方程中出现的整个化学反应源项。不过，PDF 输运方程中的微观混合项需要添加微观混合模型来描述分子扩散对联合 PDF 形式的修改（Meyer DW，2009）。分子扩散混合项可以采用 IEM 模型、聚并-分散模型、mapping closure model（MC 模

型）、parameterized scalar profiles model（PSP 模型）等。Transported-PDF
方法无法与目前广泛应用于工程计算的 CFD 软件耦合进行计算，它通常使用
Monte-Carlo 方法求解，计算过程中会引入统计误差，且计算耗费大量的 CPU
时间。因此，比较常用的是预设概率密度函数法，一个联合 PDF 只需要有限
数目的参数，代入经过论证的某种通用分布函数，即得可用的 $f_\phi(\boldsymbol{\psi};\boldsymbol{x},t)$，
例如 β-概率分布密度函数、有限模式（finite-mode）概率密度函数，等等。有
限模式 PDF 方法中，将联合组成的 PDF 看作若干个模式（环境）中多维 δ-函
数之集合，每个模式（环境）上的多维 δ-函数是由每个变量的一维 δ-函数的
乘积组成，这是联合 PDF 的简便形式。

求解描述化学沉淀过程中晶粒个数和尺寸演化的群体平衡方程（PBE）
时，往往采用离散求解（discretized population balance，DPB）方法或矩法
（mothod of moments，MOM）。后者计算比较快速，因为它只需要几个（一
般不大于 6 个）低阶矩的值，因此，MOM 与多环境预设 PDF 法结合已经被
用于数值模拟湍流中的沉淀过程。Wang LG（2004）将这种方法与输运概率
密度函数法进行过比较。

7.3.3.3　混合分数概念

为了实现湍流中非一级反应速率项 PDF 方法的封闭，混合分数（mixture
fraction）这一概念（Baldyga J，1989c，1997b）大有助益。Baldyga J（2001a）
明确提出了多时间尺度湍流混合模型（multiple-time-scale turbulent mixer mod-
el），并用混合分数来描述不同尺度上的浓度脉动。

对于简单二级反应：$A+B\longrightarrow C$，反应物瞬时浓度的输运方程为

$$\frac{\partial c_A}{\partial t}+u_j\frac{\partial c_A}{\partial x_j}=\frac{\partial}{\partial x_j}\left(D\frac{\partial c_A}{\partial x_j}\right)-k_1 c_A c_B \tag{7.74}$$

$$\frac{\partial c_B}{\partial t}+u_j\frac{\partial c_B}{\partial x_j}=\frac{\partial}{\partial x_j}\left(D\frac{\partial c_B}{\partial x_j}\right)-k_1 c_A c_B \tag{7.75}$$

式中，D 为分子扩散系数。如果反应为瞬间反应，例如酸碱中和反应，反应
速率常数 k 非常大，物质 A 和 B 在同一位置无法共存。使用 CFD 数值求解浓
度输运方程时，化学反应源项会对数值求解造成困难（Fox RO，2006）。为了
解决这一问题，方程式（7.74）减去方程式（7.75）可以消去反应速率项，在
A 和 B 的扩散系数相同时可得到

$$\frac{\partial(c_A-c_B)}{\partial t}+u_j\frac{\partial(c_A-c_B)}{\partial x_j}=\frac{\partial}{\partial x_j}\left[D\frac{\partial(c_A-c_B)}{\partial x_j}\right] \tag{7.76}$$

若将浓度 c_A 和 c_B 线性组合为一个新变量：混合分数 $f=c_A-c_B$，则 f 的输运方程中无化学反应源项，因而可以将 f 视为一个在反应流场中不反应的惰性物质，类似于一惰性示踪剂。混合分数的输运方程即为

$$\frac{\partial f}{\partial t}+u_j\frac{\partial f}{\partial x_j}=\frac{\partial}{\partial x_j}\left(D\frac{\partial f}{\partial x_j}\right) \tag{7.77}$$

此式也意味着 f 一般是反应器内空间和时间的函数 $f(\boldsymbol{x}, t)$。

Fox RO（2003）提出用混合分数来描述两股物料在反应器内的混合；对于简单反应（A＋B——→C），也可定义与 $f=c_A-c_B$ 略微不同的

$$f=\frac{c_A-c_B+c_{B0}}{c_{A0}+c_{B0}} \tag{7.78}$$

也满足方程式（7.77）。

对于快速化学反应，通常采用非预混操作。对连续流动反应器，A 股进料（$c_A=c_{A0}$，$c_B=0$）的加料点有 $f=1$，B 股进料（$c_A=0$，$c_B=c_{B0}$）处有 $f=0$。对半连续操作的反应器，初始时刻内部装满 B 液，然后逐渐向反应器中加入 A 液，A 加料流束 $f=1$，而在反应器内部（$c_A=0$，$c_B=c_{B0}$）处处有 $f=0$。因此，按照式（7.78）定义的混合分数可以用式（7.77）来描述反应器内各流股间的混合/反应过程（Baldyga J，2001a）。对于酸碱中和这样的瞬时反应，k_1 无穷大，A 酸和 B 碱不能同时存在，即反应器内部点上的 c_A 或 c_B 为 0，方程组（7.74）和方程组（7.75）中的反应速率项无法计算。但此时 f 的输运方程式（7.77）是可以求解的，因此不用求解各反应物的输运方程，从解出的混合分数 $f(\boldsymbol{x}, t)$，结合反应物的质量守恒，就可以得到反应物的浓度分布和演化。

对于复杂的反应体系，例如用于研究微观混合的典型平行竞争反应体系：A＋B$\xrightarrow{k_1}$R，A＋C$\xrightarrow{k_2}$S，主反应 1 是瞬时反应，副反应 2 是有限速率反应，也可以使用混合分数以及反应进度来描述（Fox RO，2003）。假定主、副反应均为二级反应，则各反应物微观浓度的输运方程为：

$$\frac{\partial c_A}{\partial t}+u_j\frac{\partial c_A}{\partial x_j}=\frac{\partial}{\partial x_j}\left(D\frac{\partial c_A}{\partial x_j}\right)-k_1c_Ac_B-k_2c_Ac_C \tag{7.79a}$$

$$\frac{\partial c_B}{\partial t}+u_j\frac{\partial c_B}{\partial x_j}=\frac{\partial}{\partial x_j}\left(D\frac{\partial c_B}{\partial x_j}\right)-k_1c_Ac_B \tag{7.79b}$$

$$\frac{\partial c_C}{\partial t} + u_j \frac{\partial c_C}{\partial x_j} = \frac{\partial}{\partial x_j}\left(D \frac{\partial c_C}{\partial x_j}\right) - k_2 c_A c_C \tag{7.79c}$$

式（7.79a）减去式（7.79b）和式（7.79c）就得到

$$\frac{\partial(c_A - c_B - c_C)}{\partial t} + u_j \frac{\partial(c_A - c_B - c_C)}{\partial x_j} = \frac{\partial}{\partial x_j}\left[D \frac{\partial(c_A - c_B - c_C)}{\partial x_j}\right] \tag{7.80}$$

可见（$c_A - c_B - c_C$）也是一非反应（守恒）浓度标量，同样可以定义与式（7.78）相似的无量纲混合分数为

$$f = \frac{c_A - c_B - c_C + c_{B0} + c_{C0}}{c_{A0} + c_{B0} + c_{C0}} \tag{7.81}$$

式中，c_{C0} 是反应物 C 的初始浓度。

Marchisio DL（2003）在模拟碘化物-碘酸盐的平行竞争反应体系：

$$A + B \xrightarrow{\ k_1\ } R, \ A + C \xrightarrow{\ k_2\ } S$$

时用到混合分数概念。因为有 2 个反应和 5 个组分，所以还要定义 2 个常数：反应物计量比为

$$\xi_{s1} = \frac{c_{B0}}{c_{A0} + c_{B0}}, \ \ \xi_{s2} = \frac{c_{C0}}{c_{A0} + c_{C0}} \tag{7.82}$$

于是可以用混合分数 f 以及 2 个反应进度变量 Y_1 和 Y_2，来表达反应进程中各组分的浓度：

$$\frac{c_A}{c_{A0}} = f - \xi_{s1} Y_1 - \xi_{s2} Y_2 \tag{7.83a}$$

$$\frac{c_B}{c_{B0}} = (1-f) - (1-\xi_{s1})Y_1 \tag{7.83b}$$

$$\frac{c_C}{c_{C0}} = (1-f) - (1-\xi_{s2})Y_2 \tag{7.83c}$$

$$\frac{c_R}{c_{B0}} = (1-\xi_{s1})Y_1 \tag{7.83d}$$

$$\frac{c_S}{c_{C0}} = (1-\xi_{s2})Y_2 \tag{7.83e}$$

Fox RO（2003，pp.189）也给出了相似的一组计算式。

如果第 1 个反应无限快，A 和 B 不能共存，所以在某一位置，要么 $c_A = 0$，或 $c_B = 0$，而反应 1 的反应进度为非负值，所以 Y_2 要满足 $0 \leqslant Y_2 \leqslant f/\xi_{s2}$。因此当 Y_2 值处于 0 和 f/ξ_{s2} 之间时，可以将反应 1 的进度 $Y_{1\infty}$ 用 Y_2 和 ξ 来表示：

$$Y_{1\infty} = \min\left[\frac{1-f}{1-\xi_{s1}}, \frac{f}{\xi_{s1}} - \frac{\xi_{s2}}{\xi_{s1}}Y_2\right] \tag{7.84}$$

而 Y_2 则由组分 C 完整的输运方程来表达［见下文式（7.107）］，其中方程的源项还需要利用微观混合模型来封闭。

对于研究微观混合的典型连串竞争反应体系：

$$A + B \xrightarrow{k_1} R, \ A + R \xrightarrow{k_2} S$$

主反应 1 是瞬时反应，副反应 2 是有限速率反应，微观混合模型和数值模拟中如何利用混合分数未见报道。各反应物微观浓度的输运方程为

$$\frac{\partial c_A}{\partial t} + u_j \frac{\partial c_A}{\partial x_j} = \frac{\partial}{\partial x_j}\left(D\frac{\partial c_A}{\partial x_j}\right) - k_1 c_A c_B - k_2 c_A c_R \tag{7.85}$$

$$\frac{\partial c_B}{\partial t} + u_j \frac{\partial c_B}{\partial x_j} = \frac{\partial}{\partial x_j}\left(D\frac{\partial c_B}{\partial x_j}\right) - k_1 c_A c_B \tag{7.86}$$

$$\frac{\partial c_R}{\partial t} + u_j \frac{\partial c_R}{\partial x_j} = \frac{\partial}{\partial x_j}\left(D\frac{\partial c_R}{\partial x_j}\right) + k_1 c_A c_B - k_2 c_A c_R \tag{7.87}$$

$$\frac{\partial c_S}{\partial t} + u_j \frac{\partial c_S}{\partial x_j} = \frac{\partial}{\partial x_j}\left(D\frac{\partial c_S}{\partial x_j}\right) + k_2 c_A c_R \tag{7.88}$$

若用 $f = 2c_A - c_B + c_R - 3c_S$ 的组合消去反应速率项，也能得到

$$\frac{\partial f}{\partial t} + u_j \frac{\partial f}{\partial x_j} = \frac{\partial}{\partial x_j}\left(D\frac{\partial f}{\partial x_j}\right) \tag{7.77}$$

可见 f 也是无反应（守恒）的浓度标量，类似可以定义一无量纲的混合分数：

$$f = \frac{2c_A - c_B + c_R - 3c_S + c_{B0}}{2c_{A0} + c_{B0}} \tag{7.89}$$

对连续加料反应器，A 加料口处 $f=1$，B 加料口处 $f=0$，而出口处的 f 数值则是按 A 和 B 的摩尔流率加权的平均值，介于 0 和 1 之间。

原先简单反应的混合分数定义式（7.78）：

$$f = \frac{c_A - c_B + c_{B0}}{c_{A0} + c_{B0}} \tag{7.78}$$

在连串反应体系中不满足守恒标量的条件。可见，存在混合分数在不同反应体系中的定义和如何有效利用的问题。至今尚未见到混合分数在连串竞争反应体系中微观混合数值模拟中的应用。Fox RO（2003，pp.185）给出了连串竞争反应体系与反应进度变量结合，表达涉及的 4 个组分浓度类似式（7.83）的算式。

混合分数概念的导出是基于各化学组分的分子扩散系数相同的假设，但是它对实际的湍流反应流中应用的影响并不显著。

只有用空间和时间分辨率极高的直接数值模拟方法求解混合分数输运方程，才能得到反应器内每一个局部位置的瞬时混合分数 f，然而计算量巨大，目前尚无法在化学工程中实际应用。如果采用雷诺时均方法求解混合分数的输运，得到的是每个网格内混合分数的雷诺时均值 $\bar{f}$，它描述了宏观混合状况，但要想描述微观混合程度，则需要引入混合分数方差 σ_S^2，它表征物料在小尺度上因湍流输运造成的波动程度，能体现微观混合程度的好坏，这是与封闭化学反应速率项有关的重要信息；方差越小，则混合得越充分，离集也越小（Vicum L，2004）。对于半连续操作的搅拌槽反应器，当物料从进料管缓慢地加到槽内时，浓度波动大、反应速率快的区域多数局限在进料口附近（Vicum L，2007）；若物料发生瞬间（或快速）反应，反应也主要发生在进料口附近。因此，通过求解混合分数及其方差的输运方程，得到反应器内混合分数方差的分布，可用来描绘出物料的湍流混合和反应速率的状况。

Baldyga J（2001a）在多时间尺度湍流混合模型中用混合分数的方差来描述不同尺度上的浓度脉动的耗散。一个惰性示踪剂在反应器内的湍流场中逐渐分散时，其浓度波动的二阶关联项的时均值就是其浓度的方差值：

$$\overline{(c_A')^2} = \sigma_A^2(\boldsymbol{x}, t) \tag{7.90}$$

这些量一般是位置和时间的函数，也可以在适当的时间区间和空间上取其均值。此惰性示踪剂的瞬时浓度可以无量纲的混合分数 f 表示：

$$f(\boldsymbol{x}, t) = c_A(\boldsymbol{x}, t) / c_{A0} \tag{7.91}$$

它的方差分布 σ_A^2 应当由 3 部分组成：湍流能谱的惯性-对流区的湍动造成的 σ_1^2、黏性-对流区形成的 σ_2^2 以及黏性-扩散区带来的 σ_3^2，即

$$\sigma_S^2 = \overline{(f - \bar{f})^2} = \sigma_1^2 + \sigma_2^2 + \sigma_3^2 \tag{7.92}$$

混合分数的局部时均值 $\bar{f}$ 和方差 σ_S^2 的每一分量则遵从下列微分方程：

$$\frac{\partial \overline{f}}{\partial t} + \overline{u}_j \frac{\partial \overline{f}}{\partial x_j} = \frac{\partial}{\partial x_j}\left[(D_{\mathrm{m}}+D_{\mathrm{T}})\frac{\partial \overline{f}}{\partial x_j}\right] \tag{7.93}$$

$$\frac{\partial \sigma_i^2}{\partial t} + \overline{u}_j \frac{\partial \sigma_i^2}{\partial x_j} = \frac{\partial}{\partial x_j}\left[(D_{\mathrm{m}}+D_{\mathrm{T}})\frac{\partial \sigma_i^2}{\partial x_j}\right] + R_{\mathrm{P}i} - R_{\mathrm{D}i}, \quad i=1,2,3 \tag{7.94}$$

式中，$R_{\mathrm{P}i}$ 和 $R_{\mathrm{D}i}$ 分别为方差 σ_i^2 的产生源项和消耗项。

对批式操作的反应器，惰性物质浓度的均值是时变的，故所求的解也是时变的 $\overline{f}(\boldsymbol{x},t)$ 和 $\sigma_{\mathrm{S}}^2(\boldsymbol{x},t)$。对于连续流动反应器，上述两个方程是稳态的（没有左端的时间导数项），则解为 $\overline{f}(\boldsymbol{x})$ 和 $\sigma_{\mathrm{S}}^2(\boldsymbol{x})$。

求解需要完整的边界条件：在入口处，$\sigma_i^2=0$；在出口处，可采用流动反应器的闭式出口的 Danckwerts 边界条件；在无滑移的固体壁面，鉴于固壁的阻滞作用，也取 $\sigma_i^2=0$。对于批式操作的反应器，示踪剂注入前的状态即为初始条件，仍然取 $\sigma_i^2=0$。

式（7.94）中的等号右端的产生和耗散分别如下。

σ_1^2 的产生是由于 $\overline{f}$ 的梯度：

$$R_{\mathrm{P}1} = -2\overline{u_j'f'}\frac{\partial \overline{f}}{\partial x_j} = 2D_{\mathrm{T}}\left(\frac{\partial \overline{f}}{\partial x_j}\right)^2 \tag{7.95}$$

σ_1^2 的耗散是因涡旋由于惯性-对流作用而解体：

$$R_{\mathrm{D}1} = R_{\mathrm{P}2} = \frac{\sigma_1^2}{\tau_{\mathrm{S}}} = 2\sigma_1^2 \frac{\varepsilon}{k} \tag{7.96}$$

其中描述惯性-对流作用的介观混合时间 $\tau_{\mathrm{S}}=0.5k/\varepsilon$。

σ_2^2 的衰减是由于片状流体的黏性-对流变形，同时也就产生 σ_3^2：

$$R_{\mathrm{D}2} = R_{\mathrm{P}3} = E\sigma_2^2, \quad E=0.058\left(\frac{\varepsilon}{\nu}\right)^{1/2} \tag{7.97}$$

σ_3^2 的耗散是由于变形的片状流体中的分子扩散：

$$R_{\mathrm{D}3} = G\sigma_2^2, \quad G=E\left(0.303+\frac{17050}{Sc}\right)^{1/2} \tag{7.98}$$

加上微分方程的初始和边界条件，就可以得到流场中每一点上的混合分数时均值和方差。

利用式（7.95）～式（7.98），将式（7.94）对 $i=1,2,3$ 求和，则得

$$\frac{\partial \sigma_{\mathrm{S}}^2}{\partial t} + \overline{u}_j \frac{\partial \sigma_{\mathrm{S}}^2}{\partial x_j} = \frac{\partial}{\partial x_j}\left[(D_{\mathrm{m}}+D_{\mathrm{T}})\frac{\partial \sigma_{\mathrm{S}}^2}{\partial x_j}\right] + 2D_{\mathrm{T}}\left(\frac{\partial \overline{f}}{\partial x_j}\right)^2 - G\sigma_3^2 \tag{7.99}$$

此方程右端的源项含 σ_3^2，这仍然需要封闭：要么联立求解式（7.94），可

从它自己的微分方程［式（7.93），$i=3$］中得到，或者对 σ_3^2 近似地模化。Gavi E（2007）推导出的方程为

$$\frac{\partial \sigma_S^2}{\partial t} + \bar{u}_j \frac{\partial \sigma_S^2}{\partial x_j} - \frac{\partial}{\partial x_j}\left(D_T \frac{\partial \sigma_S^2}{\partial x_j}\right) = 2D_T |\nabla \bar{f}|^2 - 2\gamma \sigma_S^2 \tag{7.100}$$

式中，D_T 为湍流扩散系数，按湍流模型一般采用：

$$D_T = \frac{C_\mu}{Sc_T} \frac{k^2}{\varepsilon} \tag{7.101}$$

式中，常数 $C_\mu = 0.09$；湍流施密特数 $Sc_T = 0.7$。

输运方程式（7.100）右边第一项表示由于 $\bar{f}$ 存在宏观梯度而产生方差，即式（7.95），第二项则表示由于微观混合引起的方差耗散。γ 为微观混合速率，可由下式进行估算：

$$\gamma = \frac{C_\phi}{2} \frac{\varepsilon}{k} \tag{7.102}$$

式中，C_ϕ 是湍流耗散的特征时间与方差耗散的特征时间的比值，是局部雷诺数 Re_{loc} 的函数。C_ϕ 决定湍流标量的耗散速率，其值越大，分子尺度的微观混合越强，离集也就越小。对于充分发展的湍流，C_ϕ 近似等于 2。但局部雷诺数 $[Re_{loc} = k/(\varepsilon \nu)^{0.5}]$ $Re_{loc} < 1000$，γ 应取更小的数值。在 $Sc = 1000$（典型液体）和 $Re_{loc} > 0.2$ 的条件下，C_ϕ 与 Re_{loc} 的函数关系为（Liu Y，2006）：

$$C_\phi = \sum_{n=0}^{6} a_n (\lg Re_{loc})^n \tag{7.103}$$

其中 $a_0 = 0.4093$，$a_1 = 0.6015$，$a_2 = 0.5851$，$a_3 = 0.09472$，$a_4 = -0.3903$，$a_5 = 0.1461$，$a_6 = -0.01604$。

流场中各点的瞬时浓度可以认为是均值为 $\bar{f}$、方差为 σ_S^2 的随机变量，于是可用概率密度函数（PDF）来表示其分布。若取 β-概率分布密度函数［定义在（0，1）区间的连续随机变量的概率分布密度函数］：

$$\Phi(f) = \frac{f^{\nu-1}(1-f)^{w-1}}{\int_0^1 y^{\nu-1}(1-y)^{w-1}\mathrm{d}y} \tag{7.104}$$

其参数为

$$\nu = \bar{f}\left[\frac{\bar{f}(1-\bar{f})}{\sigma_S^2} - 1\right], \quad w = (1-\bar{f})\left[\frac{\bar{f}(1-\bar{f})}{\sigma_S^2} - 1\right] \tag{7.105}$$

这样，知道了各点上的 σ_S^2 和 $\bar{f}$，就知道一个标量 f 的瞬时值是按照什么方式波动和分布的，因而可以按式（7.72）计算出各点上的瞬时化学反应速率

在统计学意义上的时均值。

Baldyga J（2001a）取 β-概率分布密度函数对搅拌槽中的微观混合实验建立数学模型并进行数值模拟，针对平行竞争反应（瞬时反应 $A+B \xrightarrow{k_1} R$ 和快速反应 $A+C \xrightarrow{k_2} S$），按式（7.81）定义混合分数：

$$f(\boldsymbol{x},t)=\frac{c_A-c_B-c_C+c_{B0}+c_{C0}}{c_{A0}+c_{B0}+c_{C0}} \qquad (7.81)$$

并用 β-概率分布密度函数式（7.104）表示混合分数 f 在反应流场中的波动。

对瞬时反应（上标为∞），混合分数 f 不能确凿地决定反应 $A+B \longrightarrow C$ 体系中的 c_A^∞、c_B^∞、c_C^∞，因为它们不能在一个点上同时存在。这时需要如下的插值方法计算反应物 i 的瞬时浓度：

$$c_i(f)=c_i^\infty(f)+\frac{\overline{c_i}-\overline{c_i^\infty}}{\overline{c_i^0}-\overline{c_i^\infty}}\left[c_i^0(f)-c_i^\infty(f)\right] \qquad (7.106)$$

式中，$c_i^\infty(f)$ 是瞬时反应时的浓度；$c_i^0(f)$ 是反应极慢时的浓度；上标∞表示极快的反应；上标 0 则表示极慢的反应。它们的计算方法如下，极慢反应的 $c_i^0(f)$ 按下式计算：

$$f=\frac{c_A^0(f)}{c_{A0}}=1-\frac{c_B^0(f)}{c_{B0}}$$

对于瞬间反应，由于两种反应物 A 和 B 在同一位置处不能共存，所以 $c_A^\infty(f)>0$，则 $c_B^\infty(f)=0$；反之，当 $c_B^\infty(f)>0$，则 $c_A^\infty(f)=0$。因此，反应物浓度可通过下式求得：

$$f=\frac{c_A^\infty(x,f)-c_B^\infty(x,f)+c_{B0}}{c_{A0}+c_{B0}}$$

而其中的 $\overline{c_i^\infty}$、$\overline{c_i^0}$ 分别为

$$\overline{c_i^\infty}=\int_0^1 c_i^\infty(f)\phi(f)\mathrm{d}f$$

$$\overline{c_A^0}=c_{A0}\overline{f}, \quad \overline{c_B^0}=c_{B0}(1-\overline{f})$$

参加平行竞争反应的各组分的控制微分方程为

$$\frac{\partial \overline{c_i}}{\partial t}+\overline{u}_j\frac{\partial \overline{c_i}}{\partial x_j}=\frac{\partial}{\partial x_j}\left[(D_m+D_T)\frac{\partial \overline{c_i}}{\partial x_j}\right]+\overline{r}_i \qquad (7.107)$$

只要求解产生副产物 S 的方程（$i=2$），即可得反应物 C 的消耗量，算出离集指数：

$$X_S = \frac{\overline{c_{C0}} - \overline{c_C}}{\overline{c_{C0}}} \qquad (7.108)$$

式 (7.107) 中的化学反应速率是有限数值，其算式为：

$$\overline{r_2} = k_2 \overline{c_A c_C} = k_2 \int_0^1 c_A(f) c_C(f) \Phi(f) \mathrm{d}f \qquad (7.109)$$

这样，无需求解涉及瞬时反应 1 速度的 A 和 B 控制微分方程，借助 $\overline{f}(\boldsymbol{x},t)$ 和 Y_2，就可按式 (7.83) 得到其它组分的浓度值。

数值模拟的总流程包括下列步骤：

① 对反应器的构型和操作模式，数值模拟反应器内的流场 $\boldsymbol{u}(\boldsymbol{x},t)$；

② 针对确定的加料方式，求解方程组 (7.93) 和方程组 (7.94)，得到 $\overline{f}(\boldsymbol{x},t)$ 和 $\sigma_S^2(\boldsymbol{x},t)$，构建出相应于此股物料的 β-概率分布密度函数式 (7.104)；

③ 以此 β-概率分布密度函数封闭组分物料守恒方程式 (7.107) 中的化学反应速率项，求解方程，得到反应结束或反应器出口的各组分的浓度；

④ 计算离集指数等反应指标。

Baldyga J (2001a) 用多时间尺度湍流混合模型，借助混合分数概念，以 β-PDF 封闭反应速率项，数值模拟了连续流动搅拌槽中的酸碱中和及水解氯乙酸乙酯的平行竞争反应实验的离集指数。模型预测 (图 7.25 中的模型Ⅳ) 能够很好地反映操作参数对 X_S 的影响，而且符合程度优于 Baldyga J (1997a) 包含介

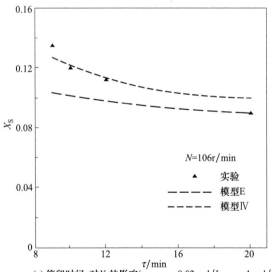

(a) 停留时间 τ 对 X_S 的影响 ($c_{B0}=c_{C0}=0.02\mathrm{mol/L}$，$c_{A0}=1\mathrm{mol/L}$，$Q_A=0.021\sim0.0462\mathrm{L/min}$，$Q_{BC}=1.039\sim2.31\mathrm{L/min}$。Baldyga J, 2001a)

图 7.25

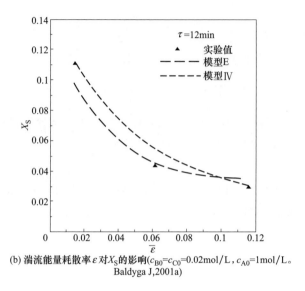

(b) 湍流能量耗散率 ε 对 X_S 的影响($c_{B0}=c_{C0}=0.02\text{mol/L}$，$c_{A0}=1\text{mol/L}$。
Baldyga J，2001a)

图 7.25　停留时间和湍流能量耗散率对 X_S 的影响

观混合的 E 模型（参见 7.2.3 节"宏观和微观混合结合的模型"）的预测。

　　Baldyga J（1989c）同样用 β-PDF 封闭反应速率项，模拟了 Vassilatos G（1965）研究过的入口有 97 根加料管的管式反应器中瞬时反应的沿程转化率。图 7.26 的结果表明，两反应物在化学计量比为 1 情况下，模型预测与实验值符合良好；也能看出湍流能量耗散率 ε 的估计值能通过 E 的估计值而明显地影响预测的准确程度。

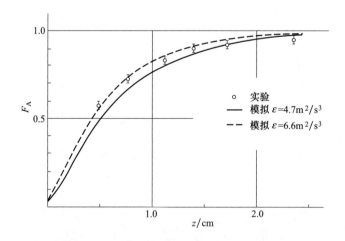

图 7.26　瞬时反应的沿程转化率 F_A（Baldyga J，1989c）

Baldyga J（2004）将此模型用于模拟单进料半间歇搅拌槽内的微观混合状态对平行竞争反应体系的影响。对于半分批式反应器，由于加料的速率通常较小，所以反应器内的流场可认为是稳态的。但假如反应物在随着反应器内原有物料流动时浓度逐渐稀释，其浓度的波动方差也随之减小。因此方程组（7.93）和方程组（7.94）的解是动态的 $\overline{f}(\boldsymbol{x},t)$ 和 $\sigma_S^2(\boldsymbol{x},t)$。Baldyga J（2004）提出了两个方法，但推荐采用其中略有近似但计算简洁的一种（混合分数再归一化）：

$$\overline{f}' = \frac{\overline{f} - \overline{f}_b}{1 - \overline{f}_b} \qquad (7.110)$$

其中

$$\overline{f}_b = \frac{Q_A t}{V_{B0} + Q_A t} \qquad (7.111)$$

式中，V_{B0} 是反应器中初始时刻的 B 液体积；Q_A 是随后加 A 液的流率。

半分批式实验的模拟流程如下：

① 对反应器的构型和操作模式，数值模拟反应器内的流场 $\boldsymbol{u}(\boldsymbol{x},t)$；

② 求解方程组（7.93）和方程组（7.94）得到每一个时刻的 $\overline{f}(\boldsymbol{x},t)$ 和 $\sigma_S^2(\boldsymbol{x},t)$，按式（7.110）得到 $\overline{f}'(\boldsymbol{x},t)$，构建出 $\overline{f}'$ 的 β-概率分布密度函数式（7.104）；

③ 以此 β-概率分布密度函数封闭组分物料守恒方程式（7.107）中的化学反应速率项，求解方程，得到此时刻的反应物和产物的浓度，直至此份加料被完全耗尽；

④ 对下一份加料重复步骤②和步骤③的计算，直至反应物加料全部完成；

⑤ 计算离集指数等反应指标。

Baldyga J（2004）模拟了 $T=0.3\text{m}$ 的半分批平行竞争反应的微观混合实验，得到的离集指数预测结果与实验符合一致（图 7.27），表明正确地封闭反应速率项的模型也能准确模拟连续操作模式对反应的影响。不用 β-概率分布密度函数封闭反应速率项，而直接用平均浓度计算 $-k_2 \overline{c}_A \overline{c}_C$，则计算出来的 X_S 值会显著低于实验值（结果未画出）。半分批方式加料时间长，宏观混合的负担小，因此微观混合的效率比较高。但由于对半分批模拟需要对每一份加料重复步骤②和③的计算，因此总的模拟计算量比连续加料反应器的稳态计算量大得多。

Vicum L（2004）用两种数值模拟方法：修正的 E 模型，以及 CFD 封闭法［多时间尺度湍流混合器（multiple-time-scale turbulent mixer）模型与 β-

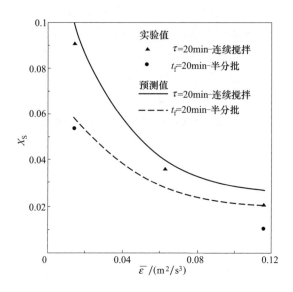

图 7.27　湍流能量耗散率对离集指数的影响（名义停留时间 $\tau = 20\mathrm{min}$，半分批加料时间 $t_\mathrm{f} = 20\mathrm{min}$，$c_\mathrm{B0} = c_\mathrm{C0} = 20\mathrm{mol/L}$，$c_\mathrm{A0} = 1000\mathrm{mol/L}$。Baldyga J，2004）

PDF 封闭化学反应速率相结合］，模拟了双进料半间歇操作的微观混合实验，搅拌槽 $T = 0.2\mathrm{m}$，NaOH 和 HCl 溶液分别从两个加料管注入装满氯乙酸乙酯溶液的搅拌槽。数值模拟发现，两个模型都能得到满意的模拟结果；仅当加料速度较快时，CFD 封闭的预测结果略优，可能是由于 E 模型忽略了湍流扩散的原因。CFD 封闭法模拟耗时更多，但能获得反应器中更多的流动和反应细节，有益于对反应过程的深入分析和认识。CFD 封闭模型也成功地推广用于反应产生固相沉淀的混合-沉淀过程（Vicum L，2003；Baldyga J，1997b）。

7.3.3.4　预设概率密度函数封闭法

预设概率密度函数（presumed-PDF）封闭法可用的概率密度函数有很多种，例如 β-PDF、δ-函数分布等，进而形成有限模式的 PDF（finite-mode PDF，FM-PDF）、多环境 PDF（multi-environment PDF，ME-PDF）等模型。

Marchisio DL（2003）将有限模式的概率密度函数（finite-mode PDF，或 FM-PDF）模型与 CFD 模拟耦合，研究了半间歇的 Taylor-Couette 反应器内微观混合对平均竞争反应体系的影响。CFD 方法解决了宏观尺度（即计算网格尺度）上的混合，但小于网格尺度的混合现象仍需模型化。网格中某标量的概率密度函数（PDF）可以用中心位于平均值的 δ-函数来表示，所有浓度的联合 PDF 可用一组 δ-函数来表示。这些 δ-函数或模式，也称为环境。若用 3 环境，则环境 1 和环境 2 含未混合的反应物，这两个环境间的微观混合产生了环境 3，其中有化学反应进行。实验用碘化物-碘酸盐与酸反应的平行竞争反应体系，生成碘单质的第二个慢反应的选择性无量纲化后定义为离集指数（见第 6 章 6.2.1.1 节 "碘化物/碘酸盐体系"）。

应用有限模式 PDF 方法，需要每个 CFD 的计算网格单元含 N_e 个模式或环境，并以有限个 δ-函数组成的 PDF 来表示：

$$f_{\phi}(\boldsymbol{\psi};\boldsymbol{x},t) = \sum_{n=1}^{N_e} p_n(\boldsymbol{x},t) \prod_{\alpha=1}^{m} \delta[\psi_{\alpha} - \langle\phi_{\alpha}\rangle_n(\boldsymbol{x},t)] \tag{7.112}$$

式中，$p_n(\boldsymbol{x},t)$ 是第 n 个环境的概率；$\langle\phi_{\alpha}\rangle_n(\boldsymbol{x},t)$ 是环境 n 中标量矢量 $\boldsymbol{\phi}$ 的中心值；$\boldsymbol{\psi}$ 是组成浓度矢量；m 是标量的个数。按定义，概率 $p_n(\boldsymbol{x},t)$ 的加和等于 1。选择 $N_e=3$，环境 1 和 2 分别仅含未混合的两股反应物流束，经过微观混合的反应物在环境 3 中反应，则数学模型含 4 个输运方程：环境 1 和 2 的概率（p_1 和 p_2）的方程：

$$\frac{\partial p_1}{\partial t} + \bar{u}_j \frac{\partial p_1}{\partial x_j} = \frac{\partial}{\partial x_j}\left(D_T \frac{\partial p_1}{\partial x_j}\right) + \gamma_s p_3 - \gamma p_1(1-p_1) \tag{7.113}$$

$$\frac{\partial p_2}{\partial t} + \bar{u}_j \frac{\partial p_2}{\partial x_j} = \frac{\partial}{\partial x_j}\left(D_T \frac{\partial p_2}{\partial x_j}\right) + \gamma_s p_3 - \gamma p_2(1-p_2) \tag{7.114}$$

以及环境 3 的加权混合分数（$\bar{s}_{f,3} = p_3 \bar{f}_3$）的方程：

$$\frac{\partial \bar{s}_{f,3}}{\partial t} + \frac{\partial}{\partial x_j}(\bar{u}_j \bar{s}_{f,3}) = \frac{\partial}{\partial x_j}\left(D_T \frac{\partial \bar{s}_{f,3}}{\partial x_j}\right) - \gamma_s p_3(\bar{f}_1 + \bar{f}_2) \tag{7.115}$$
$$+ \gamma p_1(1-p_1)\bar{f}_1 + \gamma p_2(1-p_2)\bar{f}_2$$

和加权反应进度（$\bar{s}_{Y_2,3} = p_3 \overline{Y}_{2,3}$）的方程：

$$\frac{\partial \bar{s}_{Y_2,3}}{\partial t} + \frac{\partial}{\partial x_j}(\bar{u}_j \bar{s}_{Y_2,3}) = \frac{\partial}{\partial x_j}\left(D_T \frac{\partial \bar{s}_{Y_2,3}}{\partial x_j}\right) + \frac{p_3 r_2(\bar{c}_{A,3}, \bar{c}_{B,3})}{\gamma_2} \tag{7.116}$$

式中，$r_2(\bar{c}_{A,3}, \bar{c}_{B,3})$ 是按环境 3 中的局部浓度计算的反应速率项。式 (7.113)～式 (7.116) 中的参数为：$\gamma_2 = c_{A0} c_{C0}/(c_{A0} + c_{C0})$，$\gamma$ 是由微观混合引起的节点概率的耗散速率（rate of decay of mode probability），也称为微观混合速率；γ_s 是伪耗散速率（spurious dissipation term）。式 (7.83) 中的 c_A 和 c_B 等算式中的瞬时值应该用环境 3 中的有关均值，即为

$$\frac{\bar{c}_{A,3}}{c_{A0}} = \bar{f}_3 - \xi_{s1} \overline{Y}_{1\infty,3} - \xi_{s2} \overline{Y}_{2,3} \tag{7.117a}$$

415

$$\frac{\overline{c}_{B,3}}{c_{B0}} = (1 - \overline{f}_3) - (1 - \xi_{s1})\overline{Y}_{1\infty,3} \tag{7.117b}$$

$$\frac{\overline{c}_{C,3}}{c_{C0}} = (1 - \overline{f}_3) - (1 - \xi_{s2})\overline{Y}_{2,3} \tag{7.117c}$$

对碘化物-碘酸盐与酸反应的平行竞争反应 $A + B \xrightarrow{k_1} R$，$A + C \xrightarrow{k_2} Q$，化学动力学方程为（Guichardon P，2000）：

$$r_2 = k[H^+]^2[I^-]^2[IO_3^-] \tag{7.118}$$

但按 c_A、c_B 和 c_C 的定义，在式（7.116）中的反应速率项 r_2 为

$$r_2 = [c_A]^2 \left[\frac{5c_C}{6}\right]^2 \left[\frac{c_C}{6}\right] \tag{7.119}$$

实验时反应物 B 和 C 预先注入反应器内，形成环境 2（$p_2 = 1$，$\overline{f}_2 = 0$），酸液 A 间歇式地加入，形成环境 1（$p_1 = 1$，$\overline{f}_1 = 1$）。这时的 PDF 由两个中心值分别位于 $f = 0$ 和 $f = 1$ 的两个 δ-函数构成。反应物分别从环境 1 和 2 进入环境 3，在其中进行反应，PDF 中即增加位于某个 f 值的δ-函数代表 p_3。

Marchisio DL（2003）将半间歇的 Taylor-Couette 反应器的模拟结果和实验结果的比较表明，模型能反映加料时间（见图 7.28）、加料位置、转速等主要操作参数对离集指数的影响。忽略微观混合的模拟会使预测离集指数偏低

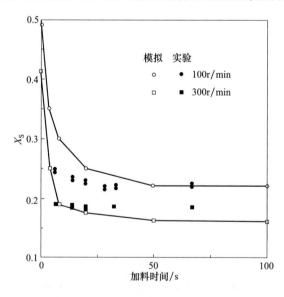

图 7.28　加料时间对离集指数的影响

（加料点在入口面，2D 流场模拟。Marchisio DL，2003）

20%～30%。Taylor-Couette 反应器内流场用 2D 和 3D 模拟的结果差别不大，都可以作为微观混合的基础。当加料时间小于微观混合时间时，微观混合对反应过程影响显著，而当加料时间大于微观混合时间时，反应过程主要受到宏观混合的控制；当进料时间无限延长时，反应器处于拟稳态，由于对流和湍流扩散作用使得反应器内不存在宏观规模的浓度梯度，此时，宏观混合的影响可以忽略，而微观混合再次起主导作用。

Marchisio DL（2002）还用模式（也称为环境、节点）个数分别等于 2、3 和 4 的 FM-PDF 方法模拟了沉淀反应，发现当模式个数等于 3 时就可以获得比较准确的结果。

7.3.3.5　DQMOM-IEM 模型

DQMOM-IEM 模型是一种多环境的预设概率密度函数模型，该模型中涉及的标量输运方程从概率密度函数的输运方程推导获得，即将预设的概率密度函数的分布形式带入 PDF 输运方程中，并使用直接积分矩方法（DQMOM）求解方程，方程中的微观混合项使用与环境交换的微观混合模型（IEM）来封闭。Fox RO（2003）首次提出了两种在欧拉体系下求解输运概率密度函数模型的新方法，即 DQMOM-IEM（direct quadrature method of moments combining with the interaction by exchange with the mean micromixing model）和随机场方法（stochastic fields，SF），这两种方法很容易耦合到 CFD 方法中。Wang LG（2004）使用 DQMOM-IEM 方法和 ME-PDF（multi-environment PDF）方法预测了平推流反应内混合对硫酸钡沉淀过程的影响，并与 transported-PDF 方法模拟的结果进行了对比，DQMOM-IEM 方法 transported-PDF 方法模拟结果吻合得非常好，甚至在 DQMOM 中的环境数很小（仅 2～4）也很好，且计算效率要远高于 transported-PDF 方法，有望用于工业反应器的实际模拟。

Marchisio DL（2009）将 DQMOM-IEM 与大涡模拟耦合，模拟了撞击流反应器内平行竞争反应（酸碱中和/自催化反应），并与实验数据及雷诺时均方法的预测结果进行了对比。模拟结果显示 DQMOM-IEM 是一种非常有效的微观混合模型，无论使用大涡模拟方法还是雷诺时均方法计算流场，均能给出合理预测，但对于大尺度反应器，雷诺时均方法的预测值与实验值更加接近，因此作者认为还需要更多模拟研究以确定选择网格密度和湍流模拟模型的规则。此外，Akroyd J（2010）和 Lee J（2011）也成功地将 CFD 与 DQMOM-IEM 方法耦合用于湍流反应流的模拟。DQMOM-IEM 逐渐被认为有潜力成为与

CFD 软件耦合应用于工业规模反应器模拟的有效方法。

Duan XX（2018a）将两环境的 DQMOM-IEM 微观混合模型与 CFD 技术耦合，首次对半连续操作搅拌槽内物料混合对反应过程的影响进行了数值模拟，综合考察宏观混合和微观混合对酸（A）碱（B）中和/氯乙酸乙酯（C）水解平行竞争反应体系选择性的影响，并与实验结果进行对比验证。将 DQMOM-IEM 方法应用于该反应体系，且采用两环境模型，即环境数 $N_e = 2$，需要求解 5 个输运方程（Liu Y, 2006），即 p_1（环境 1 的概率）、$p_1 f_1$（环境 1 加权混合分数）、$p_2 f_2$（环境 2 加权混合分数）、$p_1 Y_{21}$（副反应 2 在环境 1 的加权反应进度）和 $p_2 Y_{22}$（副反应 2 在环境 2 的加权反应进度）。方程如下。

① 环境 1 概率 p_1 的输运方程为：

$$\frac{\partial p_1}{\partial t} + \bar{u}_j \frac{\partial p_1}{\partial x_j} - \frac{\partial}{\partial x_j}\left(D_T \frac{\partial p_1}{\partial x_j}\right) = 0 \tag{7.120}$$

环境 2 的概率 p_2 不用求解输运方程，可以通过 $p_2 = 1 - p_1$ 计算得到。

② 环境 1 加权混合分数（$p_1 f_1$）和环境 2 加权混合分数（$p_2 f_2$）的输运方程分别为：

$$\frac{\partial p_1 f_1}{\partial t} + \bar{u}_j \frac{\partial p_1 f_1}{\partial x_j} - \frac{\partial}{\partial x_j}\left(D_T \frac{\partial p_1 f_1}{\partial x_j}\right)$$
$$= \gamma_2 p_1 p_2 (f_2 - f_1) + \frac{D_T}{f_1 - f_2}\left(p_1 \frac{\partial f_1}{\partial x_j}\frac{\partial f_1}{\partial x_j} + p_2 \frac{\partial f_2}{\partial x_j}\frac{\partial f_2}{\partial x_j}\right) \tag{7.121}$$

$$\frac{\partial p_2 f_2}{\partial t} + \bar{u}_j \frac{\partial p_2 f_2}{\partial x_j} - \frac{\partial}{\partial x_j}\left(D_T \frac{\partial p_2 f_2}{\partial x_j}\right)$$
$$= \gamma_2 p_1 p_2 (f_1 - f_2) + \frac{D_T}{f_2 - f_1}\left(p_1 \frac{\partial f_1}{\partial x_j}\frac{\partial f_1}{\partial x_j} + p_2 \frac{\partial f_2}{\partial x_j}\frac{\partial f_2}{\partial x_j}\right) \tag{7.122}$$

式中，γ 为微观混合速率系数，与标量方差的耗散时间有关，可按式（7.102）计算：

$$\gamma = \frac{C_\phi}{2}\frac{\varepsilon}{k} \tag{7.102}$$

混合分数是非反应标量，因此其输运方程没有化学反应源项。输运方程式（7.121）和式（7.122）右边的源项包括微观混合项（第一项）和关联项（第二项）。有限模式的近似产生了输运方程中的关联项，该项保证了标量方差的正确预测。微观混合项用 IEM 模型表示，分子尺度的混合速率与反应物局部浓度和周围流体平均浓度的差值成正比。

③ 第二个反应在环境 1 加权反应进度（$p_1 Y_{21}$）和环境 2 加权反应进度（$p_2 Y_{22}$）的输运方程分别为：

$$\frac{\partial p_1 Y_{21}}{\partial t} + \bar{u}_j \frac{\partial p_1 Y_{21}}{\partial x_j} - \frac{\partial}{\partial x_j}\left(D_T \frac{\partial p_1 Y_{21}}{\partial x_j}\right) = \gamma p_1 p_2 (Y_{22} - Y_{21})$$

$$+ \frac{D_T}{Y_{21} - Y_{22}}\left(p_1 \frac{\partial Y_{21}}{\partial x_j}\frac{\partial Y_{21}}{\partial x_j} + p_2 \frac{\partial Y_{22}}{\partial x_j}\frac{\partial Y_{22}}{\partial x_j}\right) + p_1 S_{2\infty}(f_1, Y_{21}) \tag{7.123}$$

$$\frac{\partial p_2 Y_{22}}{\partial t} + \bar{u}_j \frac{\partial p_2 Y_{22}}{\partial x_j} - \frac{\partial}{\partial x_j}\left(D_T \frac{\partial p_2 Y_{22}}{\partial x_j}\right) = \gamma p_1 p_2 (Y_{21} - Y_{22})$$

$$+ \frac{D_T}{Y_{22} - Y_{21}}\left(p_1 \frac{\partial Y_{21}}{\partial x_j}\frac{\partial Y_{21}}{\partial x_j} + p_2 \frac{\partial Y_{22}}{\partial x_j}\frac{\partial Y_{22}}{\partial x_j}\right) + p_2 S_{2\infty}(f_2, Y_{22}) \tag{7.124}$$

化学反应源项的表达式为：

$$S_{2\infty}(f_1, Y_{21}) = \frac{k_2}{c_{A0}\xi_{s2}} c_{A1} c_{C1} = k_2 \gamma_2 \left(\frac{f_1}{\xi_{s2}} - \frac{\xi_{s1}}{\xi_{s2}}Y_{11}^\infty - Y_{21}\right)\left(\frac{1-f_1}{1-\xi_{s2}} - Y_{21}\right) \tag{7.125}$$

$$S_{2\infty}(f_2, Y_{22}) = \frac{k_2}{c_{A0}\xi_{s2}} c_{A2} c_{C2} = k_2 \gamma_2 \left(\frac{f_2}{\xi_{s2}} - \frac{\xi_{s1}}{\xi_{s2}}Y_{12}^\infty - Y_{22}\right)\left(\frac{1-f_2}{1-\xi_{s2}} - Y_{22}\right) \tag{7.126}$$

其中

$$\gamma_2 = \frac{c_{A0} c_{C0}}{c_{A0} + c_{C0}}$$

对 Duan XX（2018a）讨论的酸碱中和/氯乙酸乙酯水解平行竞争反应体系，有

$$Y_{11}^\infty = \min\left[\frac{1-f_1}{1-\xi_{s1}}, \frac{f_1}{\xi_{s1}} - \frac{\xi_{s2}}{\xi_{s1}}Y_{21}\right] \tag{7.127}$$

$$Y_{12}^\infty = \min\left[\frac{1-f_2}{1-\xi_{s1}}, \frac{f_2}{\xi_{s1}} - \frac{\xi_{s2}}{\xi_{s1}}Y_{22}\right] \tag{7.128}$$

加权反应进度输运方程的源项包括 3 部分，即式（7.123）和式（7.124）等号右边的微观混合项（第一项）、关联项（第二项）和化学反应源项（第三项）。

当局部反应物 B 过量时，则反应物 A 只和反应物 B 反应，而不与反应物 C 反应，即 $c_A = 0$、$c_C = c_{C0}$，此时（Duan XX，2018a）：

$$Y_1^\infty = \frac{f}{\xi_{s1}}, \quad Y_2 = 0 \tag{7.129}$$

当局部反应物 A 过量时，则反应物 B 将完全反应，即 $c_B = 0$，此时：

$$Y_1^\infty = \frac{1-f}{1-\xi_{s1}}, \quad Y_2 \neq 0 \tag{7.130}$$

将 $Y_1^\infty = (1-f)/(1-\xi_{s1})$ 带入化学反应源项 $S_{2\infty}(f, Y_2)$ 中，得到

$$S_{2\infty}(f, Y_2) = k_2 \gamma_2 \left[\frac{f-\xi_{s1}}{\xi_{s2}(1-\xi_{s1})} - Y_2 \right] \left(\frac{1-f}{1-\xi_{s2}} - Y_2 \right) \tag{7.131}$$

记：

$$h_1(f, Y_2) = \frac{f-\xi_{s1}}{\xi_{s2}(1-\xi_{s1})} - Y_2, \quad h_2(f, Y_2) = \frac{1-f}{1-\xi_{s2}} - Y_2 \tag{7.132}$$

由于化学反应源项 $S_{2\infty}(f, Y_2) \geqslant 0$，因此 $h_1 \geqslant 0$，$h_2 \geqslant 0$，即：

$$Y_2 \leqslant \frac{f-\xi_{s1}}{\xi_{s2}(1-\xi_{s1})} \tag{7.133}$$

$$Y_2 \leqslant \frac{1-f}{1-\xi_{s2}} \tag{7.134}$$

由线 $h_1 = 0$、$h_2 = 0$ 和 $Y_2 = 0$ 可以定义一个三角形区域（图 7.29），此三角形区域顶点处的横、纵坐标值分别为：

$$f_{max} = \frac{\xi_{s1} + \xi_{s2} - 2\xi_{s1}\xi_{s2}}{1-\xi_{s1}\xi_{s2}}, \quad Y_{2max} = \frac{1-f_{max}}{1-\xi_{s2}} \tag{7.135}$$

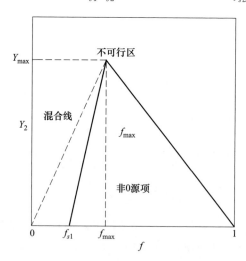

图 7.29　混合分数 f 与副反应化学反应进度 Y_2 关系（Duan XX，2018）

由图 7.29 可知，在此区域内可以保证化学反应源项非负，混合分数 ξ 与反应进度 Y_2 的取值范围分别是：$\xi_{s1} \leqslant f \leqslant 1$，$0 \leqslant Y_2 \leqslant Y_{2\max}$，其中混合分数 f 的取值范围由 $h_1(f, Y_2) = 0$ 和 $h_2(f, Y_2) = 0$ 得到。但是，式（7.83）和式（7.84）却在混合分数所有可能的取值范围（即 $0 \leqslant \xi \leqslant 1$）都成立。事实上，对于 $0 \leqslant f \leqslant f_{\max}$，由于组成为 $(f, Y_2) = (0, 0)$ 和 $(f_{\max}, Y_{2\max})$ 的流体微元间进行分子混合，图 7.29 中的混合线决定了反应进度 Y_2 的上限值。

需要考察反应进度 Y_2 在 $k_2 \rightarrow \infty$ 时的极限值。在没有分子混合存在的条件下，瞬时化学反应 2 的反应进度 Y_2^{∞} 取值如下：

$$Y_2^{\infty}(f) = \begin{cases} 0, & 0 \leqslant f \leqslant \xi_{s1} \\ \dfrac{f - \xi_{s1}}{\xi_{s2}(1 - \xi_{s1})}, & \xi_{s1} \leqslant f \leqslant f_{\max} \\ \dfrac{1 - f}{1 - \xi_{s2}}, & f_{\max} \leqslant f \leqslant 1 \end{cases} \tag{7.136}$$

而分子混合存在的条件下，瞬时化学反应 2 的反应进度 $Y_2^{\max}$ 取值如下：

$$Y_2^{\max}(f) = \begin{cases} \dfrac{f}{f_{\max}} Y_{2\max}, & 0 \leqslant f \leqslant f_{\max} \\ \dfrac{1 - f}{1 - \xi_{s2}}, & f_{\max} \leqslant f \leqslant 1 \end{cases} \tag{7.137}$$

因此，当 $0 \leqslant f \leqslant f_{\max}$ 时，反应进度 Y_2 的实际值取决于微观混合速率与化学反应速率的相对大小，范围是 $0 \leqslant Y_2(f) \leqslant Y_2^{\max}(f)$。当微观混合速率远比化学反应速率快时，反应进度 Y_2 的极限值 $Y_2 = Y_2^{\infty}(f)$；相反，反应进度 Y_2 的极限值 $Y_2 = Y_2^{\max}(f)$。

通过求解上述 5 个输运方程式（7.120）～式（7.124）得到混合分数和反应进度在各环境上的值，即可通过式（7.138）计算得到环境 n 上各物质的浓度值，即各反应物摩尔浓度 c_{An}、c_{Bn} 和 c_{Cn}，以及产物的浓度分别 c_{Rn} 和 c_{Sn}：

$$\frac{c_{An}}{c_{A0}} = f_n - \xi_{s1} Y_{1n} - \xi_{s2} Y_{2n} \tag{7.138a}$$

$$\frac{c_{Bn}}{c_{B0}} = (1 - f_n) - (1 - \xi_{s1}) Y_{1n} \tag{7.138b}$$

$$\frac{c_{Cn}}{c_{C0}} = (1 - f_n) - (1 - \xi_{s2}) Y_{2n} \tag{7.138c}$$

$$\frac{c_{Rn}}{c_{B0}} = (1 - \xi_{s1}) Y_{1n} \tag{7.138d}$$

$$\frac{c_{Sn}}{c_{C0}} = (1 - \xi_{s2})Y_{2n} \qquad (7.138e)$$

根据物质在各环境上的浓度计算各物质平均浓度：

$$\overline{c_A} = p_1 c_{A1} + p_2 c_{A2}, \quad \overline{c_B} = p_1 c_{B1} + p_2 c_{B2}, \quad \overline{c_C} = p_1 c_{C1} + p_2 c_{C2},$$

$$\overline{c_R} = p_1 c_{R1} + p_2 c_{R2}, \quad \overline{c_S} = p_1 c_{S1} + p_2 c_{S2} \qquad (7.139)$$

Duan XX（2018）模拟文献（Baldyga J，2004）中的半连续搅拌槽内酸碱中和/氯乙酸乙酯水解平行竞争反应的实验。搅拌槽为平底圆柱形搅拌槽直径 $T = 300\text{mm}$，液面高度 $H = T$，标准 Rushton 搅拌桨，直径为 $D = T/3$，离底高度 $C = T/3$。模型反应为碱（A）中和酸（B）并水解氯乙酸乙酯（C）平行竞争反应。搅拌槽内为 B 和 C 的混合物，氢氧化钠溶液（A）从加料管批式注入，进料体积比 $V_{A0}/V_{BC0} = 1/50$。

在获得稳态流场的基础上，在非稳态的条件下单独求解微观混合模型。两环境的 DQMOM-IEM 微观混合模型通过用户自定义函数（user defined functions）嵌入模拟软件中，共需求解 5 个用户自定义标量（user defined scalars）的输运方程，即：

$$X_1 = p_1, \quad X_2 = p_1 f_1, \quad X_3 = p_2 f_2, \quad X_4 = p_1 Y_{21}, \quad X_5 = p_2 Y_{22}$$

$$(7.140)$$

初始时刻，搅拌槽反应器计算区域中只有反应物 B 和 C，没有反应物 A，以及产物 R 和 S，因此各量的初始值为：

$$X_1 = X_2 = X_3 = X_4 = X_5 = 0.0$$

反应物 A 通过加料管加入搅拌槽，因此进料管口的边界条件：

$$X_1 = X_2 = 1.0, \quad X_3 = X_4 = X_5 = 0.0$$

由于进料时间较长，因此非稳态求解 DQMOM-IEM 微观混合模型时采用变步长策略，以缩短计算时间。在计算刚开始的一段时间内，迭代步长 10^{-4}s，随着反应的进行，逐渐增大时间步长。

数值模拟具体求解步骤如下：

① 流场模拟——在稳态下用雷诺应力湍流模型，求解连续性方程、动量方程、湍流动能方程及湍动耗散率方程，迭代收敛后全部关闭，储存平均速度、湍流动能、湍流能量耗散等物理量数据用于随后的计算；

② 求解环境 1 的概率输运方程式（7.120）以及环境 1 和环境 2 的加权混合分数的输运方程式（7.121）和式（7.122）；

③ 求解反应 2 在环境 1 和环境 2 加权反应进度的输运方程式（7.123）和式（7.124）；

④ 由式（7.139）得到环境 1 和环境 2 中各物质的浓度；

⑤ 计算各物质平均浓度，再计算离集指数。

图 7.30 给出了利用两环境 DQMOM-IEM 微观混合模型计算得到的模型反应的离集指数随搅拌转速的变化，并与文献（Baldyga J，2004）中给出的实验值以及使用多时间尺度的湍流混合模型Ⅰ和不考虑反应物浓度波动Ⅲ的数值模拟结果比较。从图 7.30 可以看出，用 DQMOM-IEM 方法模拟得到的离集指数随着搅拌转速增加而减小，与实验值吻合，而不添加微观混合模型（模型Ⅲ，不考虑浓度波动）的模拟预测的离集指数明显偏小。

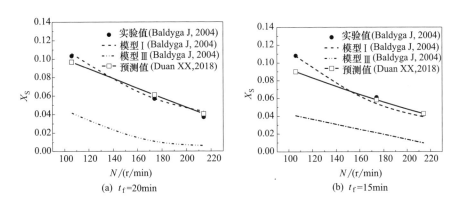

图 7.30　不同进料时间下离集指数 X_S 随搅拌转速 N 的变化（Duan XX，2018）

图 7.31 给出了进料时间 t_f 对离集指数的影响，DQMOM-IEM 微观混合

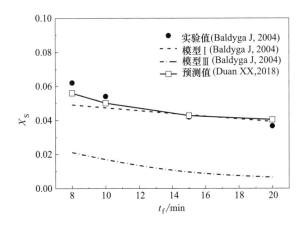

图 7.31　离集指数 X_S 随进料时间 t_f 的变化

（$N=214r/min$。Duan XX，2018）

模型预测的离集指数 X_S 的变化趋势与实验得到的结果吻合，且在进料时间较短的条件下，两环境的 DQMOM-IEM 微观混合模型模结果更接近实验。进料速度较大，新鲜加料与搅拌槽内物料快速混匀不易，故反应区体积较大时，基于全反应器数值模拟更为准确。因此，半连续操作的搅拌槽的操作要充分地利用进料位置的局部高强度湍流，实现物料间的快速混合，避免受介观以及宏观混合的控制，可以得到副产物的生成少的效果。

7.3.3.6 CFD 耦合 DQMOM-IEM 数值模拟反应 PLIF 过程

Liu Z（2009）开发了反应流动测量的 PLIF 技术，即将传统的 PLIF 技术和化学反应相结合，荧光示踪剂由于发生快速化学反应失去释放荧光的能力，根据荧光信号强度变化确定反应混合时间。通过反应 PLIF 实验，可以考察流体中同步进行的物理混合与化学反应。反应 PLIF 技术已经成功用于微米尺度的射流混合器（Liu Z，2009）以及无挡板搅拌槽（Hu YY，2010，2012）中反应混合过程的可视化研究，实现了反应与混合的同步观测。Duan XX（2019）通过计算流力学的方法，首次使用两环境的 DQMOM-IEM 微观混合模型对文献（Hu YY，2010）报道的无挡板搅拌槽中发生的反应 PLIF 过程进行了数值模拟，考察了搅拌桨转速以及安装高度对同时进行的混合和化学反应过程的影响。

宏观混合时间的测量方法大多是物理混合，流体混合过程中没有化学反应的参与。反应 PLIF 技术则是在已有的 PLIF 技术基础上，引入化学反应，考察流体中同步进行的混合与反应。反应 PLIF 技术选用价格便宜的罗丹明 B 作为荧光示踪剂，应用的模型反应是 Fenton 反应，其主要的反应是 Fe^{2+} 与 H_2O_2 结合后迅速生成 · OH，具有极强氧化能力的 · OH 迅速氧化有机物罗丹明 B。对于反应 PLIF 过程，主要反应方程式为：

$$\underset{(A)}{H_2O_2} + \underset{(B)}{Fe^{2+}} \xrightarrow{k_1} \underset{(R)}{\cdot OH} + \underset{(Q)}{Fe^{3+}} + \underset{(A)}{OH^-} \tag{7.141}$$

$$\underset{(R)}{\cdot OH} + \underset{(C)}{RhB} \xrightarrow{k_2} \underset{(S)}{M} \tag{7.142}$$

式中，RhB 代表荧光示踪剂罗丹明 B；M 为简写的反应产物。

这个连串反应体系与上节的微观混合的平行竞争测试反应不同，化学反应（7.141）是有限速率反应 [速率常数 $k_1 = 0.1 m^3/(mol \cdot s)$]，化学反应（7.142）是瞬间反应 [$k_2 = 10^4 \sim 10^7 m^3/(mol \cdot s)$]，但该体系仍可以使用混合分数以及反应进度来描述。反应方程式分别简写为：

$$A+B \xrightarrow{k_1} R \tag{7.143}$$

$$R+C \xrightarrow{k_2} S \tag{7.144}$$

用反应 PLIF 技术研究搅拌槽内同步发生的混合与反应时，采用非预混操作，初始时刻搅拌槽内为 B 和 C 的混合物，含有反应物 A 的物流是唯一的进料流，因此进料流个数 $N_{in}=1$。组分摩尔浓度矢量定义为 $\boldsymbol{c}(\boldsymbol{x},t)=(c_A,c_B,c_C,c_R,c_S)^T$，此列矢量共有 $N_c=5$ 个分量。

对于混合而未反应的体系，组分摩尔浓度矢量可以分解成为（Fox RO，2003，pp. 157）：

$$\boldsymbol{c}(\boldsymbol{x},t)=\boldsymbol{\Phi}_c\boldsymbol{\alpha}(\boldsymbol{x},t) \tag{7.145}$$

式中，$\boldsymbol{\Phi}_c$ 是 $N_c\times(N_{in}+1)$ 的矩阵，矩阵 $\boldsymbol{\Phi}_c$ 第一列为搅拌槽内流域 Ω 的初始条件，第二列对应于进料流 Ω_1 的边界条件：

$$\boldsymbol{\Phi}_c=\begin{bmatrix} 0 & c_{B0} & c_{C0} & 0 & 0 \\ c_{A0} & 0 & 0 & 0 & 0 \end{bmatrix}^T \tag{7.146}$$

系数矢量 $\boldsymbol{\alpha}(\boldsymbol{x},t)$ 为长度 $N_{in}+1$ 的列矢量，可以通过非反应标量输运方程求解，相应的初始（反应器内区域 Ω）和边界（入口处边界 Ω_1）条件为：

$$\alpha_0(\boldsymbol{x}\in\Omega,0)=1, \alpha_0(\boldsymbol{x}\in\Omega_1,t)=0, \alpha_1(\boldsymbol{x}\in\Omega,0)=0, \alpha_1(\boldsymbol{x}\in\Omega_1,t)=1 \tag{7.147}$$

由于 $\boldsymbol{\alpha}(\boldsymbol{x},t)$ 满足 $\sum_{i=0}^{N_{in}}\alpha_i(\boldsymbol{x},t)=1$，因此组分摩尔浓度矢量 $\boldsymbol{c}(\boldsymbol{x},t)$ 也可以分解成为

$$\boldsymbol{c}(\boldsymbol{x},t)=\boldsymbol{c}_0+\boldsymbol{\Phi}_c^{(0)}\boldsymbol{\alpha}^{(0)}(\boldsymbol{x},t) \tag{7.148}$$

式中，$\boldsymbol{c}_0=(0,c_{B0},c_{C0},0,0)^T$ 为以搅拌槽内流域的初始条件组成的参考矢量；$\boldsymbol{\Phi}_c^{(0)}=\begin{bmatrix} c_{A0} & -c_{B0} & -c_{C0} & 0 & 0 \end{bmatrix}^T$ 是 $N_c\times N_{in}$ 的矩阵；$\boldsymbol{\alpha}^{(0)}(\boldsymbol{x},t)$ 为长度 $N_{in}=1$ 的一维矢量。由于 $\boldsymbol{\Phi}_c^{(0)}$ 的秩 $N_{\Phi}=1$，且 $N_{\Phi}=N_{in}$，因此系数矢量 $\boldsymbol{\alpha}^{(0)}(\boldsymbol{x},t)$ 就等于混合分数矢量 $\boldsymbol{f}(\boldsymbol{x},t)$。

当体系在混合的同时伴随有化学反应的发生（Fox RO，2003，pp. 181），各物质摩尔浓度 $\boldsymbol{c}$ 则可以表示成为混合分数矢量 $\boldsymbol{f}$、反应进度矢量 $\boldsymbol{Y}$ 以及常数矢量 $\boldsymbol{c}_0$ 的线性组合，即

$$\boldsymbol{c}=\boldsymbol{c}_0+\boldsymbol{M}_f\boldsymbol{f}+\boldsymbol{M}_Y\boldsymbol{Y} \tag{7.149}$$

式中，$\boldsymbol{f}$ 是长度为 $N_{in}=1$ 的列矢量；由于反应（7.143）和反应（7.144）线性无关，因此 $\boldsymbol{Y}$ 为长度 $N_Y=2$ 的纵矢量，在初始时刻进料流的边界均等于零；

$\mathbf{M}_f = \mathbf{\Phi}_c^{(0)}$ 为 $N_c \times N_{in}$ 的矩阵；$\mathbf{M}_Y$ 为 $N_c \times N_Y$ 的矩阵，定义为：

$$\mathbf{M}_Y = \gamma \text{diag}(\chi_1, \chi_2) \tag{7.150}$$

式中，γ 为反应系数矩阵：

$$\gamma = \begin{bmatrix} -1 & -1 & 0 & 1 & 0 \\ 0 & 0 & -1 & -1 & 1 \end{bmatrix}^{\mathrm{T}} \tag{7.151}$$

对角阵 $\text{diag}(\chi_1, \chi_2)$ 两个主对角线的元素分别定义为：

$$\chi_1 = \frac{c_{A0} c_{B0}}{c_{A0} + c_{B0}}, \quad \chi_1 = \frac{c_{C0} \Delta c_B}{\Delta c_B + c_{C0}} \tag{7.152}$$

式中，Δc_B 为反应物 B 消耗掉的量。

综上所述，对于这里的 PLIF 反应体系（Duan XX，2019），各反应物以及产物的摩尔浓度可以用一个混合分数 f 和两个反应进度 Y_1［化学反应（7.143）的无量纲反应进度］和 Y_2［化学反应（7.144）的无量纲反应进度］表示成

$$\frac{c_A}{c_{A0}} = f - \xi_{s1} Y_1, \quad \frac{c_B}{c_{B0}} = (1-f) - (1-\xi_{s1}) Y_1,$$

$$\frac{c_C}{c_{C0}} = (1-f) - \xi_{s2} Y_2, \quad c_R = c_{B0}(1-\xi_{s1}) Y_1 - c_{C0} \xi_{s2} Y_2, \quad \frac{c_S}{c_{C0}} = \xi_{s2} Y_2$$

$$\tag{7.153}$$

其中：

$$\xi_{s1} = \frac{c_{B0}}{c_{A0} + c_{B0}}, \quad \xi_{s2} = \frac{c_{B0}(1-\xi_{s1}) Y_1}{c_{B0}(1-\xi_{s1}) Y_1 + c_{C0}} \tag{7.154}$$

Duan XX（2019）将 DQMOM-IEM 方法应用于反应 PLIF 体系，且采用两环境模型（环境数 $Ne = 2$），需要求解 7 个输运方程，即 p_1（环境 1 的概率）、$p_1 f_1$（环境 1 加权混合分数）、$p_2 f_2$（环境 2 加权混合分数）、$p_1 Y_{11}$（第一个反应在环境 1 加权反应进度）和 $p_2 Y_{12}$（第一个反应在环境 2 加权反应进度），以及 $p_1 Y_{21}$（第二个反应在环境 1 加权反应进度）和 $p_2 Y_{22}$（第二个反应在环境 2 加权反应进度）。在 7.3.3.5 节"DQMOM-IEM 模型"中模拟的是平行竞争反应，反应 1 的反应进度取值关联了混合分数以及反应 2 的反应进度，只需求解 5 个独立的输运方程；而此处反应 PLIF 涉及的化学反应不是平行竞争反应，反应 1 的反应进度值只和混合分数有关，因此需要求解的输运方程增多了两个：反应 1 在环境 1 的加权反应进度 $p_1 Y_{11}$ 和环境 2 的加权反应进度 $p_2 Y_{12}$。

① 环境 1 概率 p_1 的输运方程为：

$$\frac{\partial p_1}{\partial t} + \overline{u}_j \frac{\partial p_1}{\partial x_j} - \frac{\partial}{\partial x_j}\left(D_T \frac{\partial p_1}{\partial x_j}\right) = 0 \qquad (7.155)$$

湍流扩散系数为
$$D_T = \frac{C_\mu}{Sc_T} \frac{k^2}{\varepsilon}$$

环境 2 的概率 p_2 不用求解输运方程，可以通过 $p_2 = 1 - p_1$ 计算得到。

② 环境 1 加权混合分数（$p_1 f_1$）和环境 2 加权混合分数（$p_2 f_2$）的输运方程分别为：

$$\frac{\partial p_1 f_1}{\partial t} + \overline{u}_j \frac{\partial p_1 f_1}{\partial x_j} - \frac{\partial}{\partial x_j}\left(D_T \frac{\partial p_1 f_1}{\partial x_j}\right)$$

$$= \gamma p_1 p_2 (f_2 - f_1) + \frac{D_T}{f_1 - f_2}\left(p_1 \frac{\partial f_1}{\partial x_j}\frac{\partial f_1}{\partial x_j} + p_2 \frac{\partial f_2}{\partial x_j}\frac{\partial f_2}{\partial x_j}\right) \frac{\partial p_2 f_2}{\partial t}$$

$$+ \overline{u}_j \frac{\partial p_2 f_2}{\partial x_j} - \frac{\partial}{\partial x_j}\left(D_T \frac{\partial p_2 f_2}{\partial x_j}\right) \qquad (7.156)$$

$$= \gamma p_1 p_2 (f_1 - f_2) + \frac{D_T}{f_2 - f_1}\left(p_1 \frac{\partial f_1}{\partial x_j}\frac{\partial f_1}{\partial x_j} + p_2 \frac{\partial f_2}{\partial x_j}\frac{\partial f_2}{\partial x_j}\right) \qquad (7.157)$$

混合分数是非反应标量，因此没有化学反应源项。输运方程式（7.156）和式（7.157）右边的源项包括微观混合项（第一项）和关联项（第二项）。有限模式的近似产生了输运方程中的关联项，该项保证了标量方差的正确预测。微观混合项用 IEM 模型表示，分子尺度的混合速率与反应物局部浓度和周围流体平均浓度的差值成正比，其中 γ 为微观混合速率系数，与标量方差的耗散时间有关，其计算公式可参见本章式（7.102）：

$$\gamma = \frac{C_\phi}{2}\frac{\varepsilon}{k} \qquad (7.102)$$

③ 第一个反应在环境 1 加权反应进度（$p_1 Y_{11}$）和环境 2 加权反应进度（$p_2 Y_{12}$）的输运方程分别为：

$$\frac{\partial p_1 Y_{11}}{\partial t} + \overline{u}_j \frac{\partial p_1 Y_{11}}{\partial x_j} - \frac{\partial}{\partial x_j}\left(D_T \frac{\partial p_1 Y_{11}}{\partial x_j}\right) = \gamma p_1 p_2 (Y_{12} - Y_{11})$$

$$+ \frac{D_T}{Y_{11} - Y_{12}}\left(p_1 \frac{\partial Y_{11}}{\partial x_j}\frac{\partial Y_{11}}{\partial x_j} + p_2 \frac{\partial Y_{12}}{\partial x_j}\frac{\partial Y_{12}}{\partial x_j}\right) + p_1 S_{1\infty}(f_1, Y_{11})$$

$$\qquad (7.158)$$

$$\frac{\partial p_2 Y_{12}}{\partial t} + \overline{u}_j \frac{\partial p_2 Y_{12}}{\partial x_j} - \frac{\partial}{\partial x_j}\left(D_T \frac{\partial p_2 Y_{12}}{\partial x_j}\right) = \gamma p_1 p_2 (Y_{11} - Y_{12})$$

$$+\frac{D_T}{Y_{12}-Y_{11}}\left(p_1\frac{\partial Y_{11}}{\partial x_j}\frac{\partial Y_{11}}{\partial x_j}+p_2\frac{\partial Y_{12}}{\partial x_j}\frac{\partial Y_{12}}{\partial x_j}\right)+p_2S_{1\infty}(f_2,Y_{12})$$

$$(7.159)$$

其中，化学反应源项定义为：

$$S_{1\infty}(f_1,Y_{11})=\frac{k_1}{c_{A0}\xi_{s1}}c_{A1}c_{B1}=k_1\gamma_1\left(\frac{f_1}{\xi_{s1}}-Y_{11}\right)\left(\frac{1-f_1}{1-\xi_{s1}}-Y_{11}\right)\quad(7.160)$$

$$S_{1\infty}(f_2,Y_{12})=\frac{k_1}{c_{A0}\xi_{s1}}c_{A2}c_{B2}=k_1\gamma_1\left(\frac{f_2}{\xi_{s1}}-Y_{12}\right)\left(\frac{1-f_2}{1-\xi_{s1}}-Y_{12}\right)\quad(7.161)$$

$$\gamma_1=\frac{c_{A0}c_{B0}}{c_{A0}+c_{B0}}\tag{7.162}$$

$$Y_{11}^{\max}=\min\left[\frac{1-f_1}{1-\xi_{s1}},\frac{f_1}{\xi_{s1}}\right]\tag{7.163}$$

$$Y_{12}^{\max}=\min\left[\frac{1-f_2}{1-\xi_{s1}},\frac{f_2}{\xi_{s1}}\right]\tag{7.164}$$

加权反应进度输运方程式（7.158）和式（7.159）的源项包括 3 部分，即方程等号右边的微观混合项（第一项）、关联项（第二项）和化学反应源项（第三项）。

④ 第二个反应在环境 1 加权反应进度（p_1Y_{21}）和环境 2 加权反应进度（p_2Y_{22}）的输运方程分别为：

$$\frac{\partial p_1Y_{21}}{\partial t}+\overline{u}_j\frac{\partial p_1Y_{21}}{\partial x_j}-\frac{\partial}{\partial x_j}\left(D_T\frac{\partial p_1Y_{21}}{\partial x_j}\right)=\gamma p_1p_2(Y_{22}-Y_{21})$$

$$+\frac{D_T}{Y_{21}-Y_{22}}\left(p_1\frac{\partial Y_{21}}{\partial x_j}\frac{\partial Y_{21}}{\partial x_j}+p_2\frac{\partial Y_{22}}{\partial x_j}\frac{\partial Y_{22}}{\partial x_j}\right)+p_1S_{2\infty}(f_1,Y_{21})$$

$$(7.165)$$

$$\frac{\partial p_2Y_{22}}{\partial t}+\overline{u}_j\frac{\partial p_2Y_{22}}{\partial x_j}-\frac{\partial}{\partial x_j}\left(D_T\frac{\partial p_2Y_{22}}{\partial x_j}\right)=\gamma p_1p_2(Y_{21}-Y_{22})$$

$$+\frac{D_T}{Y_{22}-Y_{21}}\left(p_1\frac{\partial Y_{21}}{\partial x_j}\frac{\partial Y_{21}}{\partial x_j}+p_2\frac{\partial Y_{22}}{\partial x_j}\frac{\partial Y_{22}}{\partial x_j}\right)+p_2S_{2\infty}(f_2,Y_{22})$$

$$(7.166)$$

其中，化学反应源项定义为：

$$S_{2\infty}(f_1,Y_{11},Y_{21})=\frac{k_2}{c_{C0}\xi_{s2}}c_{C1}c_{R1}$$

$$=k_2\gamma_2\left(\frac{1-f_1}{1-\xi_{s2}}-Y_{21}\right)\left[\frac{1}{\xi_{s2}}-\frac{c_{C0}}{c_{B0}(1-\xi_{s1})Y_{11}}Y_{21}\right]$$

$$(7.167)$$

$$S_{2\infty}(f_2, Y_{12}, Y_{22}) = \frac{k_2}{c_{C0}\xi_{s2}}c_{C2}c_{R2}$$

$$= k_2\gamma_2\left(\frac{1-f_2}{1-\xi_{s2}} - Y_{22}\right)\left[\frac{1}{\xi_{s2}} - \frac{c_{C0}}{c_{B0}(1-\xi_{s1})Y_{12}}Y_{22}\right]$$

$$(7.168)$$

$$\gamma_2 = c_{C0}\xi_{s2} \tag{7.169}$$

$$Y_{21}^{\max} = \min\left[\frac{1-f_1}{1-\xi_{s1}}, \frac{c_{B0}(1-\xi_{s1})Y_{11}}{c_{C0}\xi_{s2}}\right] \tag{7.170}$$

$$Y_{22}^{\max} = \min\left[\frac{1-f_2}{1-\xi_{s1}}, \frac{c_{B0}(1-\xi_{s1})Y_{12}}{c_{C0}\xi_{s2}}\right] \tag{7.171}$$

加权反应进度输运方程式（7.165）和式（7.166）的源项也包括 3 部分，即方程等号右边的微观混合项（第一项）、关联项（第二项）和化学反应源项（第三项）。

Duan XX（2019）通过求解上述 7 个输运方程得到混合分数和反应进度在各环境上的值，即可通过式（7.172）计算得到环境 n 上参加化学反应的各物质的摩尔浓度：

$$\frac{c_{An}}{c_{A0}} = f_n - \xi_{s1}Y_{1n}, \quad \frac{c_{Bn}}{c_{B0}} = (1-f_n) - (1-\xi_{s1})Y_{1n},$$

$$\frac{c_{Cn}}{c_{C0}} = (1-f_n) - \xi_{s2}Y_{2n}, \quad c_{Rn} = c_{B0}(1-\xi_{s1})Y_{1n} - c_{C0}\xi_{s2}Y_{2n} \tag{7.172}$$

根据物质在各环境的浓度值计算各物质平均浓度：

$$\overline{c_i} = p_1 c_{i1} + p_2 c_{i2}, \quad i = A, B, C, R \tag{7.173}$$

以上述模型数值模拟了 Hu YY（2010）的 PLIF 实验。搅拌槽为平底圆柱形，直径 $T = 100\text{mm}$，液面高度 $H = T$，搅拌桨为四叶上推 30° 斜叶桨，直径 $D = T/2$，离底高度为 $C = T/2$。初始时刻，搅拌槽内为 B（二价铁溶液）和 C（罗丹明 B）的混合物，2mL 的过氧化氢溶液（A）通过内径为 1mm 的加料管注入，进料体积为搅拌槽内物料总体积的 0.25%，垂直监测平面上的荧光强度反映了尚未被氧化的罗丹明 B 的浓度和分布。

在获得稳态流场的基础上，非稳态求解两环境的 DQMOM-IEM 微观混合模型。对于反应混合过程，共需求解 7 个用户自定义标量的输运方程，即：

$$X_1 = p_1, \quad X_2 = p_1 f_1, \quad X_3 = p_2 f_2, \quad X_4 = p_1 Y_{11},$$

$$X_5 = p_2 Y_{12}, \quad X_6 = p_1 Y_{21}, \quad X_7 = p_2 Y_{22}$$

反应物过氧化氢溶液（初始时刻占据环境 1）的加料持续 6s 时间。这段时间内，p_1 和 $p_1 f_1$ 的输运方程中需要添加源项来表示加料过程。初始时刻，源项区各量的初始值为：$p_1 = 1.0 (p_2 = 0.0)$，$p_1 f_1 = 1.0$，$p_2 f_2 = 0.0$，$p_1 Y_{11} = p_2 Y_{12} = 0.0$，$p_1 Y_{21} = p_2 Y_{22} = 0.0$。初始时刻反应器中只有反应物 B 和 C（占据环境 2），没有反应物 A、产物 R 和 S，因此各量的初始值为：$p_1 = 0.0 (p_2 = 1.0)$，$p_1 f_1 = p_2 f_2 = 0.0$，$p_1 Y_{11} = p_2 Y_{12} = 0.0$，$p_1 Y_{21} = p_2 Y_{22} = 0.0$。

对于反应混合过程，Hu YY（2010）利用反应进度来判定反应混合过程中的反应时间，对于 x 和 z 方向上分别含 M_x 和 M_z 个像素点的二维监测平面，反应进度定义式如下：

$$Y_{\mathrm{F}}(t) = 1 - \frac{\sum\limits_{n=1}^{M_z} \sum\limits_{m=1}^{M_x} G^*(x, z, t)}{\sum\limits_{n=1}^{M_z} \sum\limits_{m=1}^{M_x} G^*(x, z, t_0)} \tag{7.174}$$

式中，$G^*(x, z, t_0)$ 为初始时刻像素点的示踪剂荧光的灰度值；$G^*(x, z, t)$ 为 t 时刻像素点的荧光的灰度值。将反应进度 $Y_{\mathrm{F}}(t)$ 等于 0.99 作为反应混合时间 τ_{99} 的判据。

图 7.32 表明用 DQMOM-IEM 微观混合模型预测的反应混合时间 τ_{99} 与实验值吻合较好，平均偏差为 10.9%。随着搅拌转速 N 从 50r/min 增加到 300r/min，槽内流体湍动程度增加，混合速率加快，模拟的反应混合时间缩短（从 21.9s 降到 7.8s）（相应的实验值是从 23.5s 降到 7.9s）。如果不在数值模拟中耦合微观混合模型，即化学反应源项使用每个网格单元的平均浓度计算，则模型预测的反应时间远小于实验值。因此，在对混合敏感的反应体系进行模拟时，微观混合的作用不可忽略，必须包含微观混合模型才能获得准确的预测结果。同时也发现，随转速 N 增大，从荧光示踪剂的宏观混合分散实验测定的物理混合时间 t_{99} 也相应减小，从 37.2s 缩短到 13.3s（相应的数值模拟宏观混合时间从 41.8s 降到 14.5s），物理混合时间 t_{99} 总是长于相应的反应混合时间 τ_{99}，这个现象还有待深入解释。**评述**：这里的反应的特征时间 $\tau_{\mathrm{reac}} = 1/(k_1 c_{\mathrm{B}}) = 1/[0.1\mathrm{m}^3/(\mathrm{mol} \cdot \mathrm{s}) \times 50\mathrm{mol/m}^3] \sim 0.2\mathrm{s}$，远小于宏观混合时间，所以虽然反应 PLIF 过程多了微观混合和化学反应的步骤，但所占份额很小，还不能解释为何反应物 Fenton 试剂无需向全槽混合均匀就能把分散在全槽的荧光示踪剂猝灭。

评述：采用 PDF 方法的微观混合模拟取得很大的进展，但微观混合现象中直接起作用的分子扩散似乎没有直接、显式地体现在模型当中，它的影响是

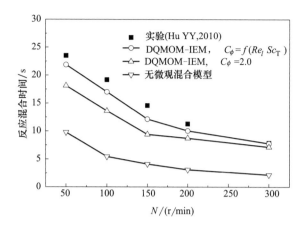

图 7.32 搅拌转速对反应混合时间的影响

($H = T = 100\text{mm}$，$C = T/2$。Duan XX，2019)

通过假想的每个计算网格中的几个环境中反应物出现的概率分布间接地体现的，而与微观混合直接相关的离集尺度（流体微元的厚度）和微元变形的速度没有直接关系。从经验模型、机理模型，到现今表达十分复杂的模型与 CFD 耦合的微观混合数值模拟，每一种模型都含有一个或几个使转化率和主产物选择性下降的元素（参数），使模型能在一定的范围和程度上解释微观混合效应的实验现象，对深入认识化学反应器起到了一定的作用。但还有一个关键点需要特别注意：几乎所有的化学动力学方程，都是在微观混合因素，也可能还有介观混合因素，没有充分排除的情况下得到的，而微观混合模型要求的动力学方程应该是本征的化学反应动力学，这一因素影响的程度现在还难以判定。因此，今后需要重视与反应器尺度上 CFD 模拟能直接和简洁地耦合的微观混合模型，同时要在获得化学工程适用的本征动力学方程的实验方法和实验数据处理上努力。

7.4 多相体系的模拟

多相搅拌槽反应器在工业生产中应用广泛，由于多相流动混合的复杂性，缺少适用于多相体系微观混合的模型和模拟方法。基于目前已有的单相微观混合模型，将其扩展到多相体系是一可行且有意义的尝试。为此，需要在单相模型中增加第二相的存在对多相流动及微观混合影响的元素。目前对于多相流中微观混合的数值模拟研究还很少，针对液液体系中的微观混合的实验研究也很少，更缺乏相应的多相微观混合数学模型和数值模拟的研究。从化学工程学科和实际应用两方面考虑，都需要加强多相体系微观混合的深入研究。

7.4.1 液固体系

液固多相体系中的微观混合数值模拟已有一些初步探索。Brilman DWF（1999）将多相体系的表观黏性和密度代入 E 模型中的参数 E 的估值计算式，用 E 模型模拟固液两相搅拌槽内微观混合对偶氮化连串竞争反应体系选择性的影响，预测结果与实验值吻合得较好，显著优于用液相物性估计 E 值的模拟；但是模型没有考虑固相对流场宏观流动特性的影响。Malik K（2012）假定固相分布均匀，考虑固体粒子存在对湍流的修改，分别采用 E 模型和多时间尺度湍流混合模型模拟了固液搅拌槽内微观混合对酸碱中和/氯乙酸乙酯水解平行竞争反应选择性的影响，该模型可以预测离集指数随进料时间的变化趋势，但是错误预测了粒子尺寸对离集指数的影响；作者指出，仅考虑粒子对湍流的影响并不能将单相的数值模拟方法推广用于多相体系的预测。

对于多相搅拌槽，如果引入的分散相（气泡、液滴、固体颗粒）不参加反应，微观混合测试反应只在连续相（水相）中进行，那不仅要考虑惰性相对宏观流场的影响，更要考虑化学反应可利用的流场空间变小这一不利因素。Cheng D（2016）在模拟液-液两相搅拌槽中化学沉淀时（详见 7.4.3.3 节"液液体系中的化学沉淀"），考虑到惰性分散相液滴内不发生反应且占据一部分网格体积，在单相有限模式概率密度函数（FM-PDF）微观混合模型方程中引入了连续相体积分数，将模型扩展为了两相形式。

段晓霞（2017）基于多流体欧拉-欧拉方法，将 7.3.2 节"基于加料点流场的模拟"中提出的 CFD 耦合卷吸机理模型方法推广到两相体系，考虑惰性分散相存在的影响，以多相流场的混合分数方差加权得到反应区的 k_{rec} 和 ε_{rec}，用于估算 E 模型的参数 E。因此要在混合分数及其方差的输运方程中引入连续相体积分数，将 7.3.3.3 节"混合分数概念"中求解混合分数时均值 $\overline{f}$ 和混合分数方差 σ_S^2 的式（7.93）和式（7.100）修正为

$$\frac{\partial(\alpha_L\rho_L\overline{f})}{\partial t}+\overline{u}_j\frac{\partial(\alpha_L\rho_L\overline{f})}{\partial x_j}-\frac{\partial}{\partial x_j}\left[D_T\frac{\partial(\alpha_L\rho_L\overline{f})}{\partial x_j}\right]=0 \qquad (7.175)$$

$$\frac{\partial (\alpha_L \rho_L \sigma_S^2)}{\partial t} + \overline{u_j} \frac{\partial (\alpha_L \rho_L \sigma_S^2)}{\partial x_j} - \frac{\partial}{\partial x_j} \left[D_T \frac{\partial (\alpha_L \rho_L \sigma_S^2)}{\partial x_j} \right] \tag{7.176}$$

$$= \alpha_L \rho_L (2D_T |\nabla \overline{f}|^2 - 2\gamma \sigma_S^2)$$

单相流场中反应区湍流动能 k_{reac} 和湍流能量耗散速率 ε_{reac} 的算式（7.66）和式（7.67）需引入连续相的体积分数，改写为

$$\varepsilon_{reac} = \frac{\sum \sigma_{S\,cell}^2 \varepsilon_{cell} \alpha_L}{\sum \sigma_{S\,cell}^2 \alpha_L} \tag{7.177}$$

$$k_{reac} = \frac{\sum \sigma_{S\,cell}^2 k_{cell} \alpha_L}{\sum \sigma_{S\,cell}^2 \alpha_L} \tag{7.178}$$

式中，α_L 为稳态模拟流场后得到的每个网格内连续相液相的体积分数。

模拟的固液搅拌系统与 Hofinger J（2011）实验所用完全一致。搅拌槽为平底圆柱形，直径 $T = 288\text{mm}$，液面高度 $H = 1.3T$，标准 Rushton 搅拌桨，离底高度为 $C = T/4$。进料点1靠近液面，进料点2靠近搅拌桨。模型反应仍为碘化物/碘酸盐平行竞争反应体系，使用玻璃珠作为分散相，固体颗粒密度为 $\rho_S = 2500\text{kg/m}^3$，颗粒直径为 $d_p = 500\mu\text{m}$。

多相 CFD 耦合 E 模型方法具体数值模拟步骤：

① 多相流流场模拟——在稳态下求解连续性方程、动量方程、湍流动能方程、湍动耗散率方程以及体积分数方程，迭代收敛后全部关闭，存储平均速度、湍流动能、湍流能量耗散等物理量用于随后的计算；

② 在稳态多相流场的基础上求解混合分数及其方差的稳态输运方程，初始条件：进料口的边界条件 $\overline{f} = 1.0$，$\sigma_S^2 = 0.0$；搅拌槽内 $\overline{f} = \sigma_S^2 = 0.0$；

③ 计算反应区湍流动能和湍流耗散值的加权平均值，以及修正的参数 E 的数值；

④ 数值求解 E 模型（考虑自卷吸），计算离集指数。

在靠近液面附近进料的模拟结果与实验值的比较见图 7.33。可以看到，当固相质量分数为 0.75% 时，模拟得到的离集指数与单相模拟值和实验值接近，此时固含率较小，故对连续相和离集指数的影响都小。当固含率达到 11.63%（质量分数）时，进料点1位于固体云上方的清液层内，那里的液相速度较小，湍流程度较弱，物料离集程度大，模拟的离集指数明显高于单相体系以及低固含率体系的相应值，且与实验大致吻合。固含率很高时会在搅拌槽中形成固相云，实验和模拟预测都表明，在湍流非常弱的清液层内加料，微观混合差，主产物选择性显著降低。这表明采用多相微观混合模型来数值模拟微

观混合对多相体系中快速复杂反应进程的影响，有助于对微观混合机理和规律的深入认识。

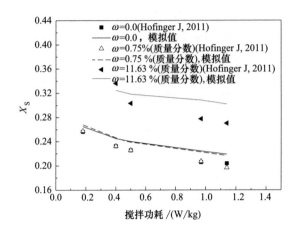

图 7.33　离集指数随固含率 ω 和功耗的变化

（$\sigma = 50$，近液面加料。段晓霞，2017）

7.4.2　气液体系

对气液两相体系，气泡的存在也影响反应器内的多相宏观流场，也影响连续相内微观混合发生的体积份额。气液搅拌槽还多了气泡大小和在流场中不均匀性的因素，这些都需要在数值模拟中予以考虑。气泡大小与气液相间作用力大小直接有关，比较准确的方法是群体平衡方程（population balance equation）计算各网格内的气泡大小分布，这计算比较复杂，而最简单的是根据经验指定全槽气泡为同一大小。段晓霞（2017）权衡计算模拟计算的耗时和结果准确性，采取了介于二者之间的一种方法，即用经验关联式（7.179）和式（7.180）计算流场各网格的气泡平均直径：

$$d_b = 0.68 d_{max} \tag{7.179}$$

$$d_{max} = 0.725 \left(\frac{\sigma_{GL}}{\rho_L} \right)^{0.6} \varepsilon_L^{-0.4} \tag{7.180}$$

式中，d_{max} 为气泡的最大直径；σ_{GL} 为气液界面张力；ε_L 为多相体系湍流能量耗散速率。这个方法在气液搅拌槽多相流动的数值模拟中已经成功地应用（Wang WJ，2006）。

CFD 耦合 E 模型所需要的反应器内混合分数及其方差的分布，以及反应区内的湍流动能 k_{reac} 和湍流能量耗散速率 ε_{reac} 按混合分数方差加权平均值的算式，按 7.4.1 节中的式（7.175）～式（7.178）模拟和计算。

模拟 Hofinger J（2011）的气液体系的碘化物/碘酸盐平行竞争反应体实验，空气从环形分布器从搅拌槽底部通入 $\left[\rho_G = 1.225\,kg/m^3,\ \mu_G = 1.7894 \times 10^{-5}\,kg/(m \cdot s)\right]$。数值模拟了几个不同平均能量耗散率（包括搅拌功率和鼓气加入的能耗）操作条件下的微观混合实验，离集指数的模拟值均能与实验值吻合良好。图 7.34 所示为 $\varepsilon_T = 0.4\,W/kg$、在靠近液面的进料位置 1 加料时离集指数随通气速率的变化，两相模型模拟的离集指数随着通气量增加均呈现减小的趋势。研究表明：对于气液搅拌槽，进料位置靠近液面时，增加气速可以显著增加流体的湍动程度，有利于快速反应进行；而对于靠近桨叶附近的进料位置，湍流已经比较强盛，气体流量加入对混合的改善不明显。

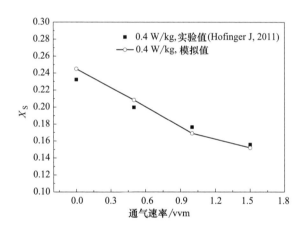

图 7.34　气液体系搅拌槽离集指数随通气速率的变化

（$\varepsilon_T = 0.4\,W/kg$，$[H^+]_0 = 1.0\,mol/L$，

$\sigma = 50$，近液面加料。段晓霞，2017）

7.4.3　化学沉淀

化学沉淀是指两种化学物质在反应器中混合后，通过快速反应生成一种低溶度积的固相物质，它以无定型沉淀，或晶体颗粒的形式，从液相中析出的过程。其典型例子之一是氯化钡溶液与硫酸钠溶液混合，生成硫酸钡结晶微粒。

由于涉及的化学沉淀反应很快，沉淀形成受到反应物离子宏观混合和微观混合的速率控制，实际的反应沉淀的速度远远低于化学反应动力学指示的高限。因而涉及化学沉淀过程的体系的数值模拟，也必须将宏观混合和微观混合过程包括在整个过程的数学模型内，这自然需要利用或简单或复杂的微观混合数学模型。由于微观混合能影响形成晶粒的平均粒度和粒度分布，甚至影响某些物质结晶的形貌，因此化学沉淀，例如其沉淀化学动力学研究的最多的硫酸钡沉淀，也常常作为反应器微观混合效能的测试体系。

在反应器中，往往是 $BaCl_2$ 和 Na_2SO_4 的水溶液分别加进反应器，连续操作和半分批式操作都很常用。注入的溶液受宏观混合作用，离集的团块互相接触和相向分子扩散，溶液中 Ba^{2+} 和 SO_4^{2-} 离子接触生成 $BaSO_4$ 分子。因其溶解度很小，$BaSO_4$ 很容易过饱和，在过饱和度的推动下，形成细小的 $BaSO_4$ 晶核，晶核继续在弱过饱和的环境中生长，颗粒粒度增大，成为结晶产品。化学沉淀其实按宏观混合-微观混合-化学反应-成核-生长这一系列步骤进行。在成核-生长阶段，还可能涉及二次成核、晶粒破碎、团聚等过程，这些都是小尺度上的化学过程，其宏观上的表现受到微观混合的明显影响。

7.4.3.1　沉淀的模型和模拟进展

因此，数值模拟化学沉淀，必须用 CFD 来模拟多相流动和宏观混合，同时考虑微尺度上的微观混合和化学反应动力学因素，还需要处理沉淀中发生的成核和晶粒生长，因而比一般的均相和非均相反应有特殊的复杂性。化学工程文献中已有许多研究报告。模型的发展大致划分为 3 个阶段：①经验模型；②耦合 CFD 宏观混合的沉淀模型；③耦合 CFD 和微观混合机理模型。随着微观混合机理模型研究的深入和计算流体力学技术的飞速发展，沉淀过程的数学模型和数值模拟也逐渐地向机理和精准的方向推进。

（1）基于经验模型的数值模拟

最初用于研究混合过程对沉淀影响的模型是经验模型，包括环境模型（environment models）、IEM 模型（interaction by exchange with the mean）、组合模型、隔离加料模型（segregated feed model，SFM）等，在这些模型的框架中，晶粒成核和生长动力学方程、群体平衡方程（PBE）的矩方程形式、各组分的质量守恒方程，一起构成为待求解的联立方程组。Pohorecki R（1988）利用两环境模型研究了连续操作搅拌槽内两种进料情况（预混合进料和不进行预混合进料）下，进料浓度、停留时间对沉淀产物性质的影响。Van Leeuwen MLJ（1996a）利用三区模型（两种加料各一个入口区，分别与主反应区循环流动交换），考察了搅拌槽内硫酸钡沉淀过程中循环参数、进料浓度和搅拌转速对产物平均粒径的影响；由于三区模型假设所有的区域都完全混合，一些实验现象不能解释。多区模型的突出特点是把宏观混合用反应器停留时间分布表示，与微观混合经验模型结合，但实际上未能体现出微观混合和分子扩散过程对沉淀的影响。

IEM 模型假设反应物由众多独立的聚集体组成，每一聚集体仅仅与平均环境之间进行质量交换，而平均环境又是全体聚集体的集合。平均环境浓度通过反应器内年龄分布函数对所有聚集体进行加权平均来得到。这样，模型方程便是聚集体与环境之间的不定常传质微分方程以及求平均浓度的积分方程。Tavare NS（1995）利用 IEM 模型考察了搅拌槽内预混合进料和不进行预混合进料两种情况下的沉淀过程，包括 Damköhler 数、微观混合参数和进料组分对沉淀产物平均粒径的影响。此外，Garside J（1985）也用 IEM 模型考察了搅拌槽内混合过程对沉淀产物性能的影响。

SFM 模型（segregated feed model）将反应器分为三个部分：两个进料区和一个主体区，三个区之间相互进行质量交换，其速率和表征微观混合和介观混合的时间常数相关。对三个区域进行质量衡算，并加入描述产物的晶体粒度分布（CSD）的粒数衡算方程，得到了可以用来描述微观混合和介观混合对沉淀过程影响的 SFM 模型。Zauner R（2000a，b）对半间歇搅拌槽（Zauner R，2000a）和连续搅拌槽反应器（Zauner R，2000b）内碳酸钙和乙酸钙沉淀过程进行了模拟，考察了进料时间、进料浓度、进料管直径以及桨型对沉淀产物晶态的影响，同时还采用此模型对沉淀反应器工程放大进行了分析和讨论。SFM 模型实际上是环境模型的一种变形。

以上经验模型都含有较强的主观经验因素，缺乏混合机理的坚实物理化学基础，因此模型及其参数的应用比较狭窄。后来的研究逐渐转向机理模型的建立和应用。

(2) 耦合 CFD 宏观混合的沉淀模型

计算流体力学技术的发展，使得反应器内化学过程的流体力学基础更加牢靠。对宏观流场的清晰认识使定量地估计沉淀各子过程在反应器内的不均匀流场中的速率得以实现，使模型的预测更加准确。因此，仅应用 CFD 模拟得来的准确宏观流场与成核/生长动力学，也能在模拟沉淀过程上取得良好的结果。

Van Leeuwen MLJ（1996b）利用 CFD 方法结合矩方程考察了矩形反应器中硫酸钡的沉淀过程，首先利用 k-ε 模型计算出反应器内的流场，然后将流场数据代入浓度输运方程中得到反应物的浓度，最后求解矩方程得到平均粒径和晶体变异系数等参数。研究只用 CFD 提供了全反应器的流场和宏观混合作为模型的基础。

Wei H（1997）用 CFD 软件包 Phoenics 模拟了喷射混合设备中 $BaSO_4$ 的沉淀过程。模型使用了二维和三维的描述，通过求解 Navier-Stokes 方程和标准两方程湍流模型得到速度场，同时用粒数平衡的矩方程来描述固相晶体的成核和生长过程。计算得到了各种反应物浓度、过饱和度的空间分布、总的晶体个数和晶浆密度，同时也得到了晶体产物的平均大小和变异系数。

Jaworski Z（2003）用 CFD 软件 Fluent 5.5 模拟了连续 Rushton 桨搅拌槽反应器内硫酸钡的沉淀过程，停留时间分别为 1180s 和 100s，搅拌转速为 200r/min、500r/min、600r/min 和 950r/min，模拟计算中采用的形状因子 k_v 值为 58 和 $\pi/6$，流场计算采用了多重参考系技术。计算结果表明，大于 95% 的 $BaSO_4$ 晶体沉淀出来，这个结果从直觉上判断是正确的。搅拌转速对结果的影响很小，平均停留时间和形状因子对晶体大小的影响很大。但是计算得到的晶体变异系数在 1.0 左右，这与实验结果相差很大。

Gong JB（2005）利用 CFD 宏观混合模型研究了 Rushton 桨和斜叶桨搅拌槽内硫酸钡沉淀过程。作者考察了进料浓度和进料位置对产物平均粒径的影响，研究了反应器的放大问题。Wang Z(2006) 研究了连续操作搅拌槽内硫酸钡的沉淀过程，通过求解动量方程、浓度输运方程和矩方程考察了搅拌转速、进料浓度和停留时间的影响，并与实验结果进行了比较，二者吻合较好。作者考察了导流筒的影响，发现安装导流筒后，产物硫酸钡的平均粒径增大。

(3) 耦合 CFD 和微观混合机理模型

将微观混合机理模型与 CFD 全流场模拟充分耦合，使模拟计算的可信度和适应范围大大提高。进入 21 世纪以来，这一类型的模拟研究比较常见。主要的机理模型有：E 模型（engulfment model）（Baldyga J，1989a）、CFD 微观混合模型、基于 CFD 方法的有限模式-概率密度函数（finite mode-probability density function，FM-PDF）模型（即有限模式 PDF 模型）、多尺度混合模型、DQMOM-IEM 模型，等等。

Phillips R（1999）利用基于 E 模型的混合-沉淀模型研究了斜叶桨半间歇单进料搅拌槽内混合过程对产物硫酸钡平均粒径和晶体变异系数的影响，考察了进料浓度、搅拌转速、进料流率和反应物体积比的影响。Baldyga J（1995）利用 E 模型结合粒数衡算方程研究了半间歇双进料搅拌槽内混合对硫酸钡沉淀过程的影响，包括所有的混合阶段（宏观、介观和微观混合）。通过改变进料浓度、进料管位置和搅拌转速等参数，考察了混合过程对产物平均粒径和晶体变异系数的影响，模拟值与实验结果吻合较好。

　　Baldyga J（2001a）提出了多时间尺度湍流混合模型（multiple-time-scale turbulent mixer model），它实际上是利用 CFD 方法结合多时间尺度分析和 β 概率密度函数对沉淀方程进行封闭。利用混合分数概念，且假定局部位置上的混合分数服从 β-PDF 分布，通过求解平均混合分数和它的方差的输运方程得到 PDF 的具体分布形式，从而封闭组分浓度输运方程源项。多尺度混合模型考察了所有混合过程（宏观、介观、微观），能详细地描述混合过程对沉淀的影响，因此得到了较为广泛的应用。Baldyga 等（Baldyga J，1997b，2001b；Piton D，2000；Marchisio DL，2001a，b）发展了多环境 PDF（multi-mode probability density function）方法与混合分数（mixture fraction）概念结合的微观混合模型。Baldyga J（1997b，2001b）用预设 β-PDF 的简化模型模拟了管式反应器中的硫酸钡沉淀过程，每个 CFD 网格包含几个环境，环境间的交换用来体现微观混合的效应。Vicum L（2007）利用多尺度混合模型研究了半间歇单进料搅拌槽内硫酸钡的沉淀过程，考察了进料浓度、搅拌转速等操作条件对沉淀产物平均粒径的影响，计算结果与实验数据吻合很好；与 E 模型比较，多尺度混合模型与实验数据吻合得更好，这是由于多尺度混合模型所描述的宏观混合特性比 E 模型更加详细。Zhang QH（2009）用多时间尺度湍流混合器模型，将硫酸钡沉淀的数值模拟扩展到分别加料的连续流动搅拌槽。

　　有限模式 PDF 方法中，预设的联合标量概率密度函数为 δ-函数分布，通过求解各模式的概率以及各模式加权混合分数及化学反应进度的输运方程获得浓度的分布。模式个数不仅决定了 FM-PDF 微观混合模型需要求解的输运方程个数，也关系到模拟结果的准确性以及计算时间。Piton D（2000）将有限模式 PDF 模型应用到管式反应器中硫酸钡沉淀过程的 CFD 模拟中，发现微观混合对晶体产物 CSD 的影响，主要是通过对晶体成核速率的影响来实现的。Marchisio DL（2003）将 3 环境的有限模式 PDF 模型耦合到 CFD 方法中，研究了半间歇的 Taylor-Couette 反应器内微观混合对平均竞争反应体系的影响，模拟结果和实验结果的比较表明，当加料时间小于微观混合时间时微观混合过程对反应过程影响很大，而当加料时间大于微观混合时间时反应过程主要受到宏观混合的影响；也应用到管式反应器中硫酸钡沉淀过程的模拟计算中（Marchisio DL，2001b），得到的模拟结果和实验结果吻合较好。Wang Z（2007）使用有限模式的 PDF 模型，数值模拟了 Rushton 桨操作的连续搅拌槽内进行的硫酸钡沉淀反应，考察了进料位置、转速、进料浓度等对沉淀过程的影响，模拟结果与实验值吻合得很好。Presumed-PDF 方法很容易与 CFD 方法耦合，但是这种方法只是预设了概率密度函数的粗略分布形式，因此对于复杂反应体系或者当反应动力学对联合 PDF 形式敏感时，预测结果不太理想（Di Veroli G，2010）。Wang LG（2004）提出了具有与全概率密度函数模型相同精度但更省计算量的 DQMOM-IEM 模型，并用其模拟研究了管式反应器内微观混合对沉淀反应的影响。Oncul AA（2008）研究了涡旋卷吸模型、多环境模型和 DQMOM-IEM 模型描述管式反应器中快速沉淀过程的差别，模拟结果表明 DQMOM-IEM（3E）模型最为准确，但是该方法耗时是 2E（两环境模型）模型的 35 倍；如果既考虑模拟的准确性又要求耗时尽量少，那两环境的 DQMOM-IEM 微观混合模型是个合适的选择。Li Q（2017）将有限模式 PDF 微混模型用于气液环流结晶器的数值模拟，表明 CO_2 气泡的气液传质是 $CaCO_3$ 沉淀的成核过程主要控制因素。

然而，Marchisio DL（2003）发现，微观混合的影响与实验条件有关：当反应物加入速度不是很快，微观混合模型的作用似乎可以忽略，选用什么模型关系不大。Wang Z（2007）利用有限模式 PDF 法微观混合模型耦合 CFD、以矩量法群体平衡方程，数值模拟了连续流动搅拌槽中的硫酸钡沉淀过程，模拟的晶粒大小基本与文献实验一致，但与仅用宏观流场与沉淀动力学方程结合模拟的结果（Wang Z，2006）差别微小。Oncul AA（2008）在模拟中试用几种微观混合模型，发现没有一种模型能够适用于所考察的几种实验，认为还不清楚原因到底是数值计算误差，或是物理模型不合适，还是实验数据不准确。这些都说明在沉淀模型和模拟中还有些因素未被充分认识并得到正确描述。

Cheng JC（2009）和 Li Q（2018）研究结晶反应器的数学模型和数值模拟，特别致力于 PBE 方程涉及成核、生长、聚并、破碎机理时的数值求解，没有将起次要作用的微观混合包含在内，模拟与实验结果的符合也在合理范围内。显然，微观混合在结晶过程中的作用和模型还需要深入研究。

7.4.3.2 硫酸钡沉淀的数值模拟

(1) 耦合 CFD 宏观混合的数值模型

王正（2006a）首先求解圆柱形搅拌槽中的液相三维湍流流动，湍流模型为标准的 $k\text{-}\varepsilon$ 模型。各个化学组分浓度 c 在柱坐标系中的输运方程为

$$\frac{1}{r}\frac{\partial}{\partial r}(ruc)+\frac{1}{r}\frac{\partial}{\partial \theta}(vc)+\frac{\partial}{\partial z}(wc)$$

$$=\frac{1}{\rho r}\frac{\partial}{\partial r}\left(D_{\mathrm{eff}}r\,\frac{\partial c}{\partial r}\right)+\frac{1}{\rho r}\frac{\partial}{\partial \theta}\left(\frac{D_{\mathrm{eff}}}{r}\frac{\partial c}{\partial \theta}\right)+\frac{1}{\rho}\frac{\partial}{\partial z}\left(D_{\mathrm{eff}}r\,\frac{\partial c}{\partial z}\right)+S$$

$$(7.181)$$

式中，在 r，θ，z 方向的速度分量为 u，v，w；D_{eff} 为有效湍流扩散系数，$D_{\mathrm{eff}}=\mu_{\mathrm{eff}}/Sc$；$Sc$ 为湍流 Schmidt 数，常取值 0.7；μ_{eff} 为有效湍流黏度，来自流场模拟计算得到的结果。对于不参与化学反应的离子（Cl^-，Na^+），其源项 $S_i=0$，对于 Ba^{2+} 和 SO_4^{2-}，其源项等于特征晶体生长速率 S_g 的负值。S_g 与晶体的生长速率、晶体大小分布的二阶矩 m_2 和体积形状因子相关联，假定晶体成核速率不影响各化学组分的质量守恒，得到特征晶体生长速率为：

$$S_g=(3m_2G)k_v\frac{\rho_{\mathrm{BaSO_4}}}{M_{\mathrm{BaSO_4}}}\tag{7.182}$$

式中，G 为晶粒生长的线速度；ρ 和 M 分别指密度和分子量；m_2 是式 (7.184) 定义的晶粒粒数分布密度函数的二阶矩；采用晶体体积形状因子为 $k_v=\pi/6$。

沉淀产物的晶体大小分布（crystal size distribution，CSD）一般表达为粒数密度 n 的位置和时间的函数，n 定义为在某位置 (x_1,x_2,x_3) 和时刻 t 的单位反应器体积内具有特征长度大小在 L 和 $L+dL$ 之间的晶体数目，则颗粒粒数衡算方程可以写为（Randolph AD，1988）：

$$\frac{\partial n}{\partial t}+\frac{\partial u_i n}{\partial x_i}+\frac{\partial (Gn)}{\partial L}=0\tag{7.183}$$

式中，$n=n(L,\boldsymbol{x},t)$。

在实际应用中，CSD 的几个低阶矩就可以表达 CSD 的最重要信息；采用矩方法来求解这些矩值是一个替代的方法，能避免繁重的计算量。

CSD 的 j 阶矩定义为

$$m_j(\boldsymbol{x},t)=\int_0^\infty n(L,\boldsymbol{x},t)L^j\,\mathrm{d}L\tag{7.184}$$

其中零阶矩代表了晶粒的总数，一阶矩代表了晶体的总粒度（即指将晶体按其特征尺寸的方向排列起来的总长度），二阶矩代表了晶体的总的面积，三阶矩代表了晶体的总体积（或质量）。

晶体的粒数衡算方程采用矩方法来求解（Randolph AD，1988），各阶矩的输运方程表达如下：

$$\frac{\partial m_j}{\partial t} + \frac{\partial u_i m_j}{\partial x_i} - 0^j B - jGm_{j-1} = 0 \quad (j=0,1,2,3,4) \tag{7.185}$$

式中，B 为成核速率；G 为晶粒生长速率。式（7.185）对时间取平均得到

$$\frac{\partial (\overline{u_i m_j})}{\partial x_i} = j\overline{Gm_{j-1}} + 0^j \overline{B} + \frac{\partial (\overline{-u_i' m_j'})}{\partial x_i} + j\overline{G' m_{j-1}'} + 0^j \overline{B'} \tag{7.186}$$

采用类似组分浓度输运的假设来模拟各阶矩和速度时间脉动关联项的平均值：

$$\overline{-u_i' m_j'} = \frac{\mu_{\text{eff}}}{Sc} \frac{\partial \overline{m_j}}{\partial x_i} \tag{7.187}$$

方程式（7.186）右边第 4 项和第 5 项代表了晶体生长速率和成核速率随时间的脉动部分，可以忽略。在模拟稳态过程时，省略上式中变量取时均值的符号，得到各阶距的稳态下的输运方程：

$$\nabla \cdot [u_i m_j + \Gamma_{\text{eff}} \nabla m_j] = 0^j B + jm_{j-1}G \quad (j=0\sim4) \tag{7.188}$$

沉淀动力学和晶体体积因子。对于硫酸钡反应结晶体系，一般将晶体成核速率和生长速率表达为过饱和度的关联式。过饱和度 Δc 定义为：

$$\Delta c = \sqrt{c_A c_B} - \sqrt{K_{\text{sp}}} \tag{7.189}$$

式中，c_A 和 c_B 分别为钡离子和硫酸根离子的浓度；K_{sp} 为硫酸钡的溶度积，在室温下 $K_{\text{sp}} = 1.10 \times 10^{-10}$ kmol^2/m^6。过饱和度比 S_a 定义为

$$S_a = \sqrt{\frac{c_A c_B}{K_{\text{sp}}}} = \frac{\Delta c}{\sqrt{K_{\text{sp}}}} + 1 \tag{7.190}$$

成核动力学方程引自（Baldyga J，1995）等从文献实验数据拟合得到的半经验的关联式：

$$B = 2.83 \times 10^{10} (\Delta c)^{1.775} (\# \cdot \text{m}^{-3} \cdot \text{s}^{-1}), \quad \Delta c < 10 (\text{mol} \cdot \text{m}^{-3}) \tag{7.191a}$$

$$B = 2.53 \times 10^{-3} (\Delta c)^{15.0} (\# \cdot \text{m}^{-3} \cdot \text{s}^{-1}), \quad \Delta c > 10 (\text{mol} \cdot \text{m}^{-3}) \tag{7.191b}$$

晶粒生长动力学则采用 Karpinski PH（1985）扩散-表面反应两步模型得到

$$G = k_r (\sqrt{c_{As} c_{Bs}} - \sqrt{K_{\text{sp}}})^{\sigma} = k_{DA}(c_A - c_{As}) = k_{DB}(c_B - c_{Bs}) \tag{7.192}$$

这个模型考虑了溶质湍流质量扩散传递到单个晶体表面的过程和表面化学反应过程。式中 k_r、σ 分别是表面化学反应的反应速率常数和反应级数，一般都假设液固相间传质系数 $k_{DA} = k_{DB} = k_D$，根据文献报道的研究结果，对于硫酸钡晶粒（粒径<30μm），取 $k_D = 1.0 \times 10^{-7} (\text{m} \cdot \text{s}^{-1})/(\text{m}^3 \cdot \text{kmol}^{-1})$，反应速

率常数为 $k_r = 5.8 \times 10^{-8} (\text{m} \cdot \text{s}^{-1})/(\text{m}^3 \cdot \text{mol}^{-1})^2$，反应级数 $\sigma = 2$。模拟过程中所用参数还有 $\rho_{溶液} = 1000\text{kg/m}^3$，$\rho_{晶体} = 4480\text{kg/m}^3$，硫酸钡分子量 $M_c = 233.4\text{kg/kmol}$。

Wang Z（2006）成功地对连续流动搅拌槽中 $BaSO_4$ 的沉淀进行了数值模拟。搅拌槽槽径 $T = 0.27\text{m}$，平底圆柱体，搅拌桨为六叶标准 Rushton 涡轮桨，搅拌桨直径 $D = T/3$，桨盘离槽底距离为 $C = T/2$。氯化钡和硫酸钠溶液以符合化学计量关系的比例加入，进料速度相同。模拟计算的基准条件为：搅拌转速 $N = 200\text{r/min}$，进料浓度为 0.1mol/L，进料速率为 18mL/s 时，平均停留时间 τ 为 430s，两个溶液的进料位置分别位于搅拌桨轴的两边，在两个相邻挡板的中间位于液面附近，距器壁 $T/12$，出口位于槽底。

数值模拟步骤如下：

① 求解连续流动搅拌槽湍流平均流场，得到平均速度、湍流动能、湍流能量耗散等变量的值，保存后用于反应沉淀的计算；

② 求解各个化学组分的浓度输运方程；

③ 求解 CSD 的 $0 \sim 4$ 阶 5 个矩输运方程；

④ 如果各变量方程的残差均小于 10^{-4}，计算结束；否则，回到步骤②继续迭代计算。

模拟计算收敛后，就得到每个网格内的 CSD 的各阶矩。用来描述沉淀产品性质的参数由各个计算网格内的 CSD 的各阶矩来计算，体积平均的晶体的特征长度 L_{43}、d_{32} 以及变异系数（C_V），定义为所有计算网格的各阶矩 m_i 按体积加权的平均值。

$$L_{43} = \frac{\sum\limits_{i=1}^{N} m_4 V_i}{\sum\limits_{i=1}^{N} m_3 V_i}, \quad d_{32} = \frac{\sum\limits_{i=1}^{N} m_3 V_i}{\sum\limits_{i=1}^{N} m_2 V_i} \tag{7.193}$$

$$C_{V1} = \sqrt{\frac{\sum\limits_{i=1}^{N} m_2 V_i \sum\limits_{i=1}^{N} m_0 V_i}{\left(\sum\limits_{i=1}^{N} m_1 V_i\right)^2} - 1}, \quad C_{V2} = \sqrt{\frac{\sum\limits_{i=1}^{N} m_3 V_i \sum\limits_{i=1}^{N} m_1 V_i}{\left(\sum\limits_{i=1}^{N} m_2 V_i\right)^2} - 1} \tag{7.194}$$

式中，V_i 为网格 i 的体积。另外，描述溶液中晶体含量的晶浆密度 M_t 定义为：

$$M_{t} = k_{v}\rho_{晶体}\frac{\sum_{i=1}^{N}m_{3}V_{i}}{\sum_{i=1}^{N}V_{i}} \tag{7.195}$$

图 7.35 示出了模拟得到的过饱和度比在反应器中的分布，这些详尽的分布信息可为技术诊断提供科学的基础。由图 7.35 可见，加料点（液面）和桨平面距离远（$C=T/6$），不利于反应物的迅速混合和分散，因而过饱和度比的极大值很高，分布更不均匀，这是于沉淀产物的均匀性不利的。模拟得到的沉淀晶体平均粒径 d_{32} 值与文献实验结果半定量地符合。图 7.36 是加料浓度对晶体平均粒径的影响，模拟值与 O'Hern HA（1963）实验结果比较，可以看出模拟反映了正确的变化趋势，数值上有一定程度的低估，可能的原因之一是进料浓度增加容易导致沉淀过程中出现晶粒聚集，而晶体聚集没有体现在模型中。

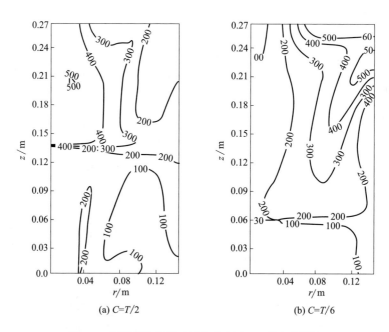

(a) $C=T/2$ (b) $C=T/6$

图 7.35 桨安装位置对过饱和度比 S_a 分布的影响

（$N=200$r/min，$\tau=430$s，液面进料。Wang Z，2006）

(2) 耦合 CFD 微观混合的数值模型

Zhang QH（2009）用多时间尺度湍流混合器模型，将硫酸钡沉淀的数值

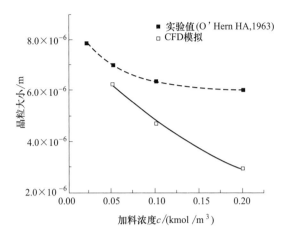

图 7.36　不同加料浓度对晶体平均粒径的影响（Wang Z，2006）

模拟扩展到分别加料的连续流动搅拌槽。多时间尺度湍流混合器模型（又称 CFD-PDF 微观混合模型）（Baldyga J，1997b；Vicum L，2007），在本书 7.3.3.3 节中已经用式（7.90)～式（7.109）及文字做了介绍，其模型公式不在此处重复。

计算中所采用的反应器为连续流动搅拌槽式反应器。搅拌槽槽径为 $T=0.096$m 的平底圆柱体，壁面均匀分布 4 块挡板，挡板宽为 $W=T/10$，搅拌桨为六叶标准 Rushton 涡轮桨，搅拌桨直径 $D=T/3$（Pohorecki R，1988）。$BaCl_2$ 和 Na_2SO_4 溶液浓度相同，加入流率符合化学计量关系。模拟计算的基准条件为：搅拌转速 $N=246$r/min，进料浓度为 0.038mol/L，平均停留时间 τ 为 57s；两个溶液的进料位置分别位于搅拌槽的底部。

数值模拟的计算步骤：

① 求解湍流流动方程得到搅拌槽的平均流场以及湍流动能 k 和耗散率 ε；

② 求解混合分数方程得到其时均值 $\bar{f}$ 的分布；

③ 求解混合分数方差方程组得到 σ_S^2 的分布；

④ 用 $\bar{f}$ 和 σ_S^2 值按式（7.105）得到参数，构建 β-概率分布密度函数，以封闭矩方程中的源项；

⑤ 求解群体平衡方程的矩输运方程，得到晶粒尺寸分布的各阶矩，按式（7.193）和式（7.194）计算平均粒度 d_{32} 及其变异系数（C_V）。

图 7.37 和图 7.38 说明模拟结果与文献实验结果符合很好，符合程度优于上面 Wang Z（2006）仅考虑宏观流场而不耦合微观混合模型的数学模型。

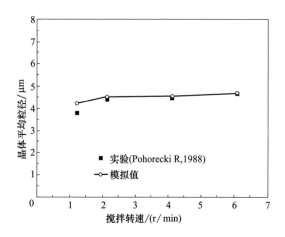

图 7.37　搅拌转速对晶体平均粒径的影响

（$\tau=57$s ，$c=0.038$kmol/m^3。Zhang QH，2009）

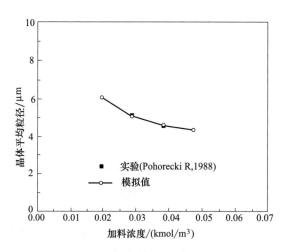

图 7.38　加料浓度对晶体平均粒径的影响

（$N=4.1$r/s，$\tau=57$s。Zhang QH，2009）

（3）耦合 CFD 与 FM-PDF 的沉淀模型

硫酸钡沉淀过程是快反应，微观混合在其中的作用不可忽略。因此，Wang Z（2007）将有限模式 PDF 模型应用到连续搅拌槽中硫酸钡沉淀过程的 CFD 模拟中，以考察微观混合对沉淀过程的影响。采用有限模式的概率密度函数模型（finite mode probability density function model，FM-PDF 模型）来体现沉淀过程中的微观混合效应，这在化工文献中也经常应用。在这个模型中，每个计算网格含有 N 个不同模式（环境），对应于将组成的 PDF 离散化为一组 δ-函数（Fox RO，1998）：

$$f_\phi(\boldsymbol{\psi};\boldsymbol{x},t) = \sum_{n=1}^{N_e} p_n(\boldsymbol{x},t) \prod_{\alpha=1}^{m} \delta\left[\psi_\alpha - \langle\phi_\alpha\rangle_n(\boldsymbol{x},t)\right] \tag{7.112}$$

式中，$f_\phi(\boldsymbol{\psi};\boldsymbol{x},t)$ 是出现在沉淀模型中的所有标量（例如，浓度、各阶距等）的随机值矢量 $\boldsymbol{\psi}$ 的联合 PDF；$p_n(\boldsymbol{x},t)$ 是模式 n 的概率；$\langle\phi_\alpha\rangle_n(\boldsymbol{x},t)$ 是第 α 个标量 ϕ_α 在模式 n 的中心值；N_e 为模式的数目；m 为标量的数目。由概率的定义，p_n 的加和等于 1；任一标量的平均值定义为与对应 ψ 的积分值。对于一个反应系统，采用混合分数和反应进度这两类变量可以表示每个模式中的反应物浓度。

Wang Z（2007）用这个模型数值模拟了连续流动搅拌槽中硫酸钡的沉淀过程。模型要用到混合分数和反应进度两个在全槽空间中分布的标量。反应器的两束进料之间的混合可用混合分数的概念来描述（Fox RO，2003）。对于简单反应 $A+B \longrightarrow C$，两个没有预混合的进料，在反应器中此混合分数：

$$f = \frac{c_A - c_B + c_{B0}}{c_{A0} + c_{B0}} \tag{7.78}$$

该混合分数是一个守恒的标量。其中 c_{A0} 和 c_{B0} 分别是两个进料中反应物的浓度。从定义知，含 A 的进料中 $f=1(c_A=c_{A0}, c_B=0)$，含 B 的进料则 $f=0$（$c_A=0,\ c_B=c_{B0}$）。

对于不发生化学反应的系统，混合分数和反应物浓度的关系为：

$$\frac{c_A^0}{c_{A0}} = f, \quad \frac{c_B^0}{c_{B0}} = 1-f \tag{7.196}$$

式中，c_A^0、c_B^0 是只发生混合过程而不反应情况下的反应器中的浓度。

当反应物间发生瞬时反应（以上标 ∞ 表示）的情况下，即在同一点两种反应物不能够共存，此时混合分数和反应物浓度的关系为：

$$\frac{c_A^\infty}{c_{A0}} = \begin{cases} 0, & f < \xi_s \\ \dfrac{f-\xi_s}{1-\xi_s}, & f \geqslant \xi_s \end{cases}, \quad \frac{c_B^\infty}{c_{B0}} = \begin{cases} 1-\dfrac{f}{\xi_s}, & f < \xi_s \\ 0, & f \geqslant \xi_s \end{cases} \tag{7.197}$$

其中

$$\xi_s = \frac{c_{B0}}{c_{A0} + c_{B0}}$$

对于有限速率的化学反应，引入反应进度标量 Y，来表达反应物浓度与混合分数、反应进度 Y 的关系：

$$\frac{c_A}{c_{A0}} = f - \xi_s Y, \quad \frac{c_B}{c_{B0}} = (1-f) - (1-\xi_s)Y \tag{7.198}$$

而混合分数 $\phi_1(\boldsymbol{x}, t) \equiv f(\boldsymbol{x}, t)$ 是反应器内空间和时间的函数。当应用多环境（模式）模型时，混合分数的平均值 $\overline{f}$ 为

$$\overline{f} = \sum_{n=1}^{N} p_n f_n \tag{7.199}$$

它的方差为 $\sigma_S^2 = \overline{f^2} - \overline{f}^2$ 即可表示为

$$\sigma_S^2 = \sum_{n=1}^{N} p_n \sigma_{Sn}^2 \tag{7.200}$$

文献（Marchisio DL，2001a）表明，3个模式（$N=3$）就能够得到足够的准确性。3模式 PDF 模型将反应物局部空间离散化为3个环境，其中模式（环境）1和模式2分别只含有的反应物 A 和反应物 B，反应过程、晶体成核和生长过程都发生在模式3中。

稳态下，模式1和模式2的概率以及模式3的加权混合分数 $s_3 \equiv p_3 f_3$ 的标量输运方程为：

$$\overline{u}_j \frac{\partial p_1}{\partial x_j} = \frac{\partial}{\partial x_j}\left(D_{\text{eff}} \frac{\partial p_1}{\partial x_j}\right) + \gamma_s p_3 - \gamma p_1(1-p_1) \tag{7.201a}$$

$$\overline{u}_j \frac{\partial p_2}{\partial x_j} = \frac{\partial}{\partial x_j}\left(D_{\text{eff}} \frac{\partial p_2}{\partial x_j}\right) + \gamma_s p_3 - \gamma p_2(1-p_2) \tag{7.201b}$$

$$\overline{u}_j \frac{\partial s_3}{\partial x_j} = \frac{\partial}{\partial x_j}\left(D_{\text{eff}} \frac{\partial s_3}{\partial x_j}\right) - \gamma_s p_3(f_1+f_2) \tag{7.201c}$$
$$+ \gamma p_1(1-p_1)f_1 + \gamma p_2(1-p_2)f_2$$

式中，模式3的概率由概率的性质得到 $p_3 = 1 - p_1 - p_2$；D_{eff} 为湍流扩散系数，来自流场的计算结果；γ 为微观混合速率系数；γ_s 为伪扩散速率系数。

模式1和模式2分别只含有的反应物 A 和反应物 B，因此其混合分数分别为：$f_1 = 1$ 和 $f_2 = 0$。这样则混合分数的平均值 $\overline{f}$ 和方差 σ_S^2 就是

$$\overline{f} = p_1 + s_3, \quad \sigma_S^2 = p_1 + \frac{s_3^2}{p_3} - \overline{f}^2 \tag{7.202}$$

由平均混合分数的输运方程，并代入式（7.202）就可得：

$$\frac{\partial \sigma_S^2}{\partial t} + u_j \frac{\partial \sigma_S^2}{\partial x_j} = \frac{\partial}{\partial x_j}\left(D_{\text{eff}} \frac{\partial \sigma_S^2}{\partial x_j}\right) + 2D_{\text{eff}} \frac{\partial \overline{f}}{\partial x_j} \frac{\partial \overline{f}}{\partial x_j} - 2\varepsilon_{f,s} - 2\varepsilon_f \tag{7.203}$$

式中

$$\varepsilon_{f,s} = D_{\text{eff}} p_3 \frac{\partial f_3}{\partial x_j} \frac{\partial f_3}{\partial x_j} - \frac{\gamma_s}{2} p_3 (1 + 2 f_3^2 - 2 f_3) \tag{7.204}$$

$$\varepsilon_f = \frac{\gamma}{2} \left[p_1 (1 - p_1)(1 - f_3)^2 + p_2 (1 - p_2) f_3^2 \right] \tag{7.205}$$

$f_3 = s_3 / p_3$ 为环境 3 中的混合分数。

在方程式（7.203）中，除了称为伪标量耗散速率的 $\varepsilon_{f,s}$ 以外，等同于守恒标量的方差输运方程。但是，从式（7.204）可以看出，当伪扩散速率项 γ_s 采用下列的表达式就可以消除 $\varepsilon_{f,s}$ 项：

$$\gamma_s = \frac{2 D_{\text{eff}}}{1 - 2 f_3 (1 - f_3)} \frac{\partial f_3}{\partial x_j} \frac{\partial f_3}{\partial x_j} \tag{7.206}$$

ε_f 项是由于微观混合而引起的标量耗散项，从标量耗散速率的传输方程可以看出对于完全发展的标量能谱，标量混合速率与湍流频率 ε/k 的关系为：

$$\frac{2 \varepsilon_f}{\sigma_S^2} = C_\phi \frac{\varepsilon}{k} \tag{7.207}$$

由式（7.205）和式（7.206）就可以得到 γ 的表达式：

$$\gamma = C_\phi \frac{\varepsilon}{k} \frac{\sigma_S^2}{\left[p_1 (1 - p_1)(1 - f_3)^2 + p_2 (1 - p_2) f_3^2 \right]} \tag{7.208}$$

尽管这个表达式可以用来定义流动中任一点的 γ，但是一般都采用更为简单的表达式，将其后一项包括在参数 C_ϕ 中，从而

$$\gamma = C_\phi \frac{\varepsilon}{k}$$

参数 C_ϕ 的标准值为 $C_\phi = 0.5$（Fox RO，1998）。参数 C_ϕ 不同取值对模拟结果有一定的影响。

由于反应进度 Y 正比于反应产物的量，而在模式 1 和模式 2 中没有化学反应发生，所以反应进度 Y 在两个进料物流中都等于 0。这样，稳态下平均反应进度标量 $\overline{Y} = p_3 Y_3$ 的输运方程如式（7.209）所示：

$$\frac{\partial}{\partial x_j} (u_j \overline{Y}) = \frac{\partial}{\partial x_j} \left(D_{\text{eff}} \frac{\partial \overline{Y}}{\partial x_j} \right) + \frac{p_3 S(c_{A,3}, c_{B,3})}{\xi_s c_{A0}} \tag{7.209}$$

式中，$S(c_{A,3}, c_{B,3})$ 是化学反应源项；$c_{A,3}$、$c_{B,3}$ 分别是模式 3 中反应物 A、B 的浓度。由 s_3、p_3、$\overline{Y}$ 可以推出：

$$\frac{c_{A,3}}{c_{A0}}=\frac{s_3-\xi_s\overline{Y}}{p_3}, \quad \frac{c_{B,3}}{c_{B0}}=\frac{p_3-s_3-(1-\xi_s)\overline{Y}}{p_3} \tag{7.210}$$

由式（7.210）可以看出，微观混合将影响 $p_3<1$ 的区域。在完全微观混合区域 $p_3=1$，局部反应物浓度等于平均浓度，而在 $p_3<1$ 的地方，局部反应物浓度要高于平均浓度，从而导致成核和生长速率增加。

式（7.201a）和式（7.201b）描述了模式 1 和模式 2 的体积分数的空间分布，式（7.201c）描述了模式 3 的加权混合分数的分布，式（7.209）描述模式 3 中的化学反应过程，式（7.210）用来关联反应物浓度、混合分数和平均反应进度。只要 $S(c_{A,3}, c_{B,3})$ 的函数形式指定的话，模型就可以求解了。

在沉淀过程中沉淀产物的晶体大小分布（crystal size distribution，CSD），或晶粒粒数密度 $n(L, \boldsymbol{x}, t)$，由颗粒粒数衡算方程决定和演化（Randolph AD, 1988）：

$$\frac{\partial n}{\partial t}+\frac{\partial u_i n}{\partial x_i}+\frac{\partial (Gn)}{\partial L}=0 \tag{7.183}$$

因为晶体的成核和生长过程只在模式 3 中发生，粒数衡算只需要应用在这一模式中。用此方法，则稳态下 CSD 低阶矩 m_j 的控制方程为：

$$\frac{\partial}{\partial x_j}(u_j m_0)=\frac{\partial}{\partial x_j}\left(D_{\text{eff}}\frac{\partial m_0}{\partial x_j}\right)+B(c_{A,3}, c_{B,3})p_3 \tag{7.211a}$$

$$\frac{\partial}{\partial x_j}(u_j m_1)=\frac{\partial}{\partial x_j}\left(D_{\text{eff}}\frac{\partial m_1}{\partial x_j}\right)+G(c_{A,3}, c_{B,3})m_0 \tag{7.211b}$$

$$\frac{\partial}{\partial x_j}(u_j m_2)=\frac{\partial}{\partial x_j}\left(D_{\text{eff}}\frac{\partial m_2}{\partial x_j}\right)+2G(c_{A,3}, c_{B,3})m_1 \tag{7.211c}$$

$$\frac{\partial}{\partial x_j}(u_j m_3)=\frac{\partial}{\partial x_j}\left(D_{\text{eff}}\frac{\partial m_3}{\partial x_j}\right)+3G(c_{A,3}, c_{B,3})m_2 \tag{7.211d}$$

$$\frac{\partial}{\partial x_j}(u_j m_4)=\frac{\partial}{\partial x_j}\left(D_{\text{eff}}\frac{\partial m_4}{\partial x_j}\right)+4G(c_{A,3}, c_{B,3})m_3 \tag{7.211e}$$

式中，B 为成核速率；G 为生长速率，代入 $c_{A,3}$、$c_{B,3}$ 来计算。

出现在式（7.209）中的化学反应源项现在可以用 m_2 和 G 来表示：

$$p_3 S(c_{A,3}, c_{B,3})=\frac{\rho_{\text{BaSO}_4}k_v}{M_{\text{BaSO}_4}}\times 3G(c_{A,3}, c_{B,3})m_2$$

式中，k_v 为形状因子，取 $k_v=\pi/6$。

Wang Z（2007）数值模拟的稳态流动沉淀反应器，计算区域的初始条件可适当选择，例如可取为：

$$p_1=0, p_2=0, s_3=\overline{Y}=m_0=m_1=m_2=m_3=m_4=0$$

在硫酸钠进料位置处，边界条件为：

$$p_1=0, p_2=1, s_3=\overline{Y}=m_0=m_1=m_2=m_3=m_4=0$$

而在氯化钡进料位置处，边界条件为：

$$p_1=1, p_2=0, s_3=\overline{Y}=m_0=m_1=m_2=m_3=m_4=0$$

在靠近进料边界处，p_1、p_2 或 p_3 可能为 0，当计算这些点处的浓度值时就会导致以零作除数。在 CFD 代码中，这种情况可以通过下列方法处理：如果 p_1、p_2 或 p_3 小于某一个小值（例如 10^{-5}），其浓度就等于相应进料物流中的值。

研究中采用了下列的合理假设：

① 湍流流场模拟采用各向同性的标准 k-ε 模型，而且沉淀含量低、晶粒细小，可忽略固相的对流场的影响，因此流场在沉淀过程中无变化；

② 忽略晶体成核速率和生长速率的时间脉动项；

③ 只考虑晶体的初级成核过程，忽略二次成核过程；

④ 初始晶核大小为 0，即晶体成核速率不影响化学组分质量守恒；

⑤ 晶粒生长速度与粒径大小无关，即线性成长模型；

⑥ 忽略晶体在不饱和区中的溶解、晶体的聚集与破碎。

模拟对象为连续流动搅拌槽，槽径 $T=0.27\text{m}$，与 Wang Z（2006）模拟研究中相同。数值模拟步骤如下：

① 求解连续流动搅拌槽湍流时均流场，得到平均速度、湍流动能、湍流能量耗散等变量的值，保存后用于反应沉淀的计算；

② 求解式（7.201a）和式（7.201b）得到模式 1 和模式 2 的体积分数的空间分布概率；

③ 求解式（7.201c）得到模式 3 的加权混合分数的分布；

④ 求解式（7.209）得到模式 3 中的化学反应进度；

⑤ 由式（7.210）得到模式 3 中反应物 A、B 的浓度 $c_{A,3}$ 和 $c_{B,3}$；

⑥ 求解式（7.211）得到 CSD 的 0～4 阶矩；

⑦ 如果各变量的残差均小于 10^{-4}，计算结束；否则，回到步骤②继续迭代计算；

⑧ 收敛后，由网格内 CSD 的各阶矩，按式（7.193）～式（7.195）计算体积平均的晶体特征长度 L_{43}、d_{32}、变异系数 C_V 和晶浆密度。

在 FM-PDF 模型中，计算微观混合项时要用到 ε/k 的值，而在靠近固壁处，ε 有比较大的值，但是 k 近似为 0。这样，在这些区域 ε/k 应该在上界截断。上界值的选择为离壁面的那层网格最近的网格值。理论上，对于低雷诺数流动才需要近壁校正。在高雷诺数，搅拌槽反应器中近壁的边界层很薄，所以，这个处理对整个化学反应系统影响很小。

硫酸钡沉淀动力学中的成核动力学方程同前，为式（7.191），晶粒生长动力学为式（7.192）。

Wang Z（2007）首先采用考虑微观混合影响的 FM-PDF 模型对连续进料搅拌槽内的沉淀过程进行了数值模拟。模拟计算结果与未采用微观混合模型的模拟结果比较（表 7.1），采用 FM-PDF 模型模拟的平均粒径稍小一些，而晶体的平均粒数密度（即 CSD 的 0 阶矩 m_0）稍大，沉淀产物的 CSD 的变异系数则大了许多。FM-PDF 模拟的模式 3 概率 p_3 在进料点附近的概率值较小，而在搅拌槽的大部分区域概率都大于 0.9。图 7.39 中标出了 Wang Z 用不包括和包括微观混合模型模拟的晶粒平均尺寸与文献结果的比较，似乎有微观混合模型与实验结果的符合程度略高。图 7.40 给出了由模式 3 中的反应物离子浓度计算得到的过饱和度比 S_a 的分布，表明 S_a 的数值在湍流强的排出流区很大，在反应器中轴线附近较小。概率 p_3 和过饱和度比 S_a 的分布为认识结晶沉淀反应器的工作机理和分析诊断提供了细节的数据基础。

表 7.1　采用不同沉淀模型得到的模拟结果

指标	无微观混合模型（Wang Z, 2006）	FM-PDF 模型（王正, 2006a）
d_{32}/m	4.69×10^{-6}	4.13×10^{-6}
L_{43}/m	4.88×10^{-6}	4.85×10^{-6}
$M_t/(\mathrm{kg/m^3})$	11.28	10.73
C_{V1}	0.345	0.801
C_{V2}	0.231	0.533
$m_0/\mathrm{m^{-3}}$	5.80×10^{13}	1.75×10^{14}
$m_1/(\mathrm{m/m^3})$	2.30×10^8	3.43×10^8
$m_2/(\mathrm{m^2/m^3})$	1025.8	1107.3
$m_3/(\mathrm{m^3/m^3})$	4.81×10^{-3}	4.58×10^{-3}
$m_4/(\mathrm{m^4/m^3})$	2.34×10^{-8}	2.22×10^{-8}

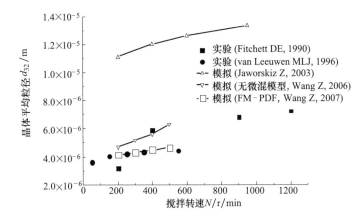

图 7.39　$BaSO_4$ 沉淀实验和模拟结果的比较（Wang Z，2007）

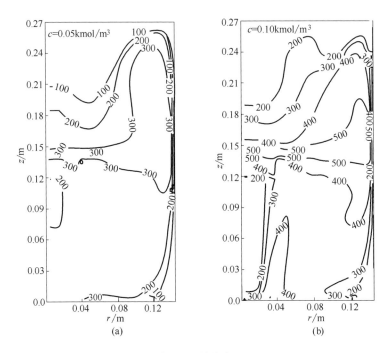

图 7.40　过饱和度比 S_a 的分布（$N=200r/min$，

$C=T/2$，$\tau=430s$，液面进料。Wang Z，2007）

　　Garside J（1997）在对连续搅拌槽内的硫酸钡沉淀过程模拟中得到，随着搅拌转速的增加平均粒径出现一个最大值（$N=500r/min$ 左右），认为这是由于搅拌槽内过饱和度分布的不均一性，以及混合过程、晶体成核过程和生长过程相互作用的结果。图 7.39 的模拟结果表明随着搅拌转速的增加连续搅拌槽内的硫酸钡沉淀粒径缓慢增加，这与文献实验的趋势一致（Fitchett DE，1990；van Leeuwen MLJ，1996a），其原因是搅拌转速增加使混合加快，过饱和度的分布更为均一，极大值略微下降，晶体生长速率增加，得到的晶体平均粒径增加。而 Jaworski Z（2003）没有耦合微观混合模型的模拟所得的晶粒大小则与实验值偏离较远。

进料反应物浓度的大小直接影响到搅拌槽内过饱和度的大小，从而影响到晶体的成核速率和生长速率，最终影响到沉淀晶体的性质。随着进料浓度的增加，得到的晶体平均粒径反而下降，这是因为随着进料浓度的增加，反应器内过饱和度增加，更有利于晶体的成核过程。图 7.40 中进料浓度为 0.05mol/L 和 0.10mol/L 情况下过饱和度比的比较可以看出，低浓度进料时 S_a 几乎成比例地下降，且分布也更均匀，这是对晶粒生长有利的。进料浓度进一步增加时，数学模型需要增加晶粒聚并等其它机理的元素，这是模型发展需要注意的。

在搅拌槽中加入导流筒可以使内部流动状态更加均匀，王正（2006a）还采用 PM-PDF 模型模拟了导流筒的尺寸和安装位置对硫酸钡沉淀过程的影响。图 7.41 是搅拌桨离底高度为 $T/6$，导流筒直径 $0.72T$ 的模拟结果，与图 7.40

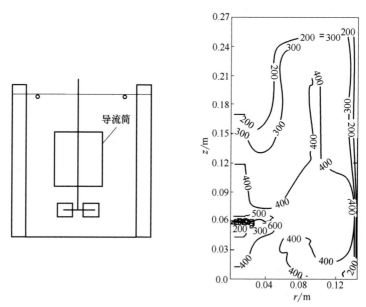

图 7.41　带有导流筒的搅拌槽和 S_a 分布

（$N=200$r/min，$\tau=430$s，液面加料，$c=0.10$kmol/m^3。王正，2006a）

（b）比较可以看出，有导流筒时的 S_a 分布均匀性很好，最大值下降了。因而沉淀产物的平均粒径从无导流筒的 $4\mu m$ 左右增大到 $6\mu m$，有显著的效果。这与 Penicot P（1998）研究结晶器内部结构的实验结果一致。

微观混合对产物粒度和 CSD 的影响主要通过对成核速率的影响来体现，当操作参数有利于改善搅拌槽内的混合状态时（进料位置距离桨区比较近，搅拌转速的增加以及导流筒的加入等），能减小成核速率，有利于晶体的生长过程，使产物晶体平均粒径有所增加。耦合微观混合对沉淀过程的影响，综合考虑宏观混合和微观混合所起的作用，更具有物理意义，代表了模型整体化的趋势。

Cheng JC（2017）用 Kurganov-Tadmor 高精度有限体积中心格式算法求解反溶剂结晶中的 PBE 方程，耦合微观混合模型和计算流体力学流场模拟，数值模拟了 lovastatin 的甲醇饱和溶液与水（反溶剂）在微型撞击流反应器中结晶析出的过程。微观混合模型是 3 环境预设 PDF 模型，以封闭在亚网格尺度上的反应物浓度的湍流随机波动（Fox RO，2003），在各环境所占的体积分数 p 和环境中的加权浓度 $\langle s \rangle$ 的模型方程中还引入了液相体积分数。算法在开源软件平台 OpenFOAM 上实现，模拟得到的晶粒大小分布（CSD）的形状与实验定性一致，而用混合物模型模拟反应器内晶浆流动所得的晶粒大小明显略大于用单相流场模型的晶粒大小。

7.4.3.3　液液体系中的化学沉淀

迄今为止，反应沉淀体系的多相模型和数值模拟研究极少见报道。硫酸钡的沉淀其实是一个多相体系，之所以 Wang Z（2007）能将单相有限模式概率密度函数（FM-PDF）模型用于连续搅拌槽内硫酸钡沉淀过程的模拟，是因为通常硫酸钡沉淀实验涉及的晶粒细小，能很好地跟随流体运动，而且固相浓度很低，对液相的物性和运动的影响也可以忽略。工业生产中也有一些场合，其中一股物流含有互不相溶的另一液相（油性液体），或沉淀反应发生后会析出不混溶的第二液相。即使第二液相对反应来说是惰性的，但它如果达到一定的相含率，也会明显影响主体液相的运动和湍流程度，进而影响反应器内的宏观混合和微观混合，以及同时进行的反应结晶过程。因此为了充分认识液液两相体系中的化学沉淀过程，有必要建立适用于液液两相体系的反应结晶过程的模型，用数值模拟技术进行深入的分析研究。

程荡（Cheng D，2012，2016；程荡，2014）为了数值研究多相体系中的沉淀过程，将用于计算单相微观混合的有限模式概率密度函数模型扩展为两相模型，考虑到惰性分散相液滴（煤油）存在会占据一部分网格体积，而反应仅发生在连续相（水）中，需要在有限模式概率密度函数微观混合模型的输运方程中引入了连续相体积分数。将 Wang Z（2007）的工作推进一步，基于欧拉-欧拉多流体的观点，将单相的有限模式概率密度函数（single-phase finite-mode probability density function，SP-FM-PDF）模型扩展成两相形式（two-phase finite-mode probability density function，TP-FM-PDF），来描述液液两相体系中微观混合对硫酸钡沉淀反应的影响。以此模型模拟了不互溶的液液（油-水）两相搅拌槽中微观混合对硫酸钡快速沉淀反应的影响，考察了硫酸钡沉淀粒度分布以及形貌特征随分散相相含率、表面活性剂以及搅拌转速等因素的变化，数值模拟结果与实验值吻合得很好；对于快速复杂反应体系，数值模拟中不耦合微观混合模型得到的颗粒平均直径值要比实验数据以及添加微观混合模型计算出的颗粒平均直径大两个数量级，进一步证明了在多相体系中微观混合对于快反应有着重要的影响。

FM-PDF 模型方程多数与其单相形式相同，见 7.3.3.4 节"预设概率密度函数封闭法"，也很接近 7.4.3.2 节（3）"耦合 CFD 与 FM-PDF 的沉淀模型"中的数学模型。对化学沉淀的单一化学反应，定义混合分数为

$$f = \frac{c_A - c_B + c_{B0}}{c_{A0} + c_{B0}}$$

它在流场中每一点上的 $N_e = 3$ 个模式或环境中的取值会有随湍流波动而变化，其取值的概率 $p_i(i = 1, 2, 3)$ 可用标量联合概率分布密度函数式（7.112）来表示。因此仍然有

$$\overline{f} = \sum_{n=1}^{N_e} p_n f_n = \sum_{n=1}^{N_e} s_n, \quad \overline{f^2} = \sum_{n=1}^{N_e} p_n f_n^2$$

$s_n = p_n f_n$ 是加权混合分数，而其方差为 $\sigma_S^2 = \overline{f^2} - \overline{f}^2$。

模式 1 和模式 2 分别只含有的反应物 A 和 B，因此由混合分数的定义就得到模式 1 和模式 2 的混合分数分别为：$f_1 = 1$，$f_2 = 0$。这样则混合分数的平均值 $\overline{f}$ 和方差 σ_S^2 就是

$$\overline{f} = p_1 + s_3, \quad \sigma_S^2 = p_1 + \frac{s_3^2}{p_3} - \overline{f}^2 \tag{7.212}$$

但是惰性不互溶液相占据了一部分体积，因此每一计算网格内的反应沉淀只能在第一液相的空间内进行，许多方程应该包含反应液相（连续相）的局部体积分数 α_c。因此，反应液相中模式 3 的微观混合过程也受到影响。模式 1 和模式 2 的概率，以及模式 3 的加权混合分数 $s_3 \equiv p_3 f_3$ 的标量输运方程，由单相时的式（7.113）～式（7.116）修正为（Fox RO，2006）：

$$\frac{\partial \alpha_c p_1}{\partial t} + \frac{\partial}{\partial x_j}(\alpha_c p_1 u_j) = \frac{\partial}{\partial x_j}\left(D_{eff}\frac{\partial \alpha_c p_1}{\partial x_j}\right) + \alpha_c S_{P1} \qquad (7.213)$$

$$\frac{\partial \alpha_c p_2}{\partial t} + \frac{\partial}{\partial x_j}(\alpha_c p_2 u_j) = \frac{\partial}{\partial x_j}\left(D_{eff}\frac{\partial \alpha_c p_2}{\partial x_j}\right) + \alpha_c S_{P2} \qquad (7.214)$$

$$\frac{\partial \alpha_c s_3}{\partial t} + \frac{\partial}{\partial x_j}(\alpha_c s_3 u_j) = \frac{\partial}{\partial x_j}\left(D_{eff}\frac{\partial \alpha_c s_3}{\partial x_j}\right) + \alpha_c S_{P3} \qquad (7.215)$$

式中的源项分别为

$$S_{P1} = \gamma_s p_3 - \gamma p_1(1-p_1)$$

$$S_{P2} = \gamma_s p_3 - \gamma p_2(1-p_2)$$

$$S_{P3} = -\gamma_s p_3(f_1 + f_2) + \gamma p_1(1-p_1)f_1 + \gamma p_2(1-p_2)f_2$$

模式 3 的概率由概率的归一性得到 $p_3 = 1 - p_1 - p_2$，D_{eff} 为湍流扩散系数，来自流场的计算结果，α_c 为连续相相含率。

平均混合分数方差的输运方程式 (7.100)，考虑相含率的影响，代入式 (7.212)，就可得：

$$\frac{\partial \alpha_c \sigma_S^2}{\partial t} + \frac{\partial \alpha_c u_j \sigma_S^2}{\partial x_j} = \frac{\partial}{\partial x_j}\left(D_{eff}\frac{\partial \alpha_c \sigma_S^2}{\partial x_j}\right) + 2D_{eff}\alpha_c \frac{\partial \bar{f}}{\partial x_j}\frac{\partial \bar{f}}{\partial x_j} - 2\alpha_c \varepsilon_{f,s} - 2\alpha_c \varepsilon_f$$

$$(7.216)$$

式中的其它参数为

$$\varepsilon_{f,s} = D_{eff} p_3 \frac{\partial \bar{f_3}}{\partial x_j}\frac{\partial \bar{f_3}}{\partial x_j} - \frac{\gamma_s}{2}p_3(1 + 2f_3^2 - 2f_3) \qquad (7.204)$$

$$\varepsilon_f = \frac{\gamma}{2}\left[p_1(1-p_1)(1-f_3)^2 + p_2(1-p_2)f_3^2\right] \qquad (7.205)$$

$f_3 = s_3/p_3$ 为环境 3 中的混合分数，以及

$$\gamma_s = \frac{2D_{eff}}{1 - 2\bar{f_3}(1-f_3)}\frac{\partial f_3}{\partial x_j}\frac{\partial f_3}{\partial x_j} \qquad (7.206)$$

$$\gamma = C_\phi \frac{\varepsilon}{k}\frac{\sigma_S^2}{\left[p_1(1-p_1)(1-f_3)^2 + p_2(1-p_2)f_3^2\right]} \qquad (7.208)$$

参数 C_ϕ 的值取 $C_\phi = 0.5$（Fox，1998）。

借助混合分数 $f = (c_A - c_B + c_{B0})/(c_{A0} + c_{B0})$ 和反应进度 Y 就可以表示反应物浓度：

$$\frac{c_A}{c_{A0}} = f - \xi_s Y, \quad \frac{c_B}{c_{B0}} = (1-f) - (1-\xi_s)Y \qquad (7.217)$$

其中的常数

$$\xi_s = \frac{c_{B0}}{c_{A0} + c_{B0}}$$

由于反应进度 Y 正比于反应产物的量，而在模式 1 和模式 2 中没有化学反应发生，所以反应进度 Y 在两个进料物流中都等于 0。这样，平均反应进度标量 $\overline{Y} = p_3 \overline{Y_3}$ 的输运方程成为：

$$\frac{\partial \alpha_c \overline{Y}}{\partial t} + \frac{\partial}{\partial x_j}(\alpha_c u_j \overline{Y}) = \frac{\partial}{\partial x_j}\left(D_{eff} \frac{\partial \alpha_c \overline{Y}}{\partial x_j}\right) + \frac{p_3 \alpha_c S(c_{A,3}, c_{B,3})}{\xi_s c_{A0}} \quad (7.218)$$

式中，$S(c_{A,3}, c_{B,3})$ 是化学反应源项；$c_{A,3}$、$c_{B,3}$ 分别是模式 3 中反应物 A、B 的浓度。由 s_3、p_3、$\overline{Y}$ 可以推出：

$$\frac{c_{A,3}}{c_{A0}} = \frac{s_3 - \xi_s \overline{Y}}{p_3}, \quad \frac{c_{B,3}}{c_{B0}} = \frac{p_3 - s_3 - (1-\xi_s)\overline{Y}}{p_3} \quad (7.219)$$

式（7.213）和式（7.214）描述了模式 1 和模式 2 的混合分数的时间和空间分布，式（7.215）描述了模式 3 的加权混合分数的分布，式（7.218）描述模式 3 中的化学反应过程，式（7.217）用来关联反应物浓度、混合分数和平均反应进度。

因为晶体的成核和生长过程只在模式 3 中发生，粒数衡算只需要应用在第三个模式中。用此方法，则两相体系中晶粒 CSD 各阶矩的控制方程为：

$$\frac{\partial \alpha_c m_0}{\partial t} + \frac{\partial}{\partial x_j}(\alpha_c m_0 u_j) = \frac{\partial}{\partial x_j}\left(D_{eff} \frac{\partial \alpha_c m_0}{\partial x_j}\right) + B(c_{A,3}, c_{B,3})\alpha_c p_3$$

$$(7.220a)$$

$$\frac{\partial \alpha_c m_1}{\partial t} + \frac{\partial}{\partial x_j}(\alpha_c m_1 u_j) = \frac{\partial}{\partial x_j}\left(D_{eff} \frac{\partial \alpha_c m_1}{\partial x_j}\right) + G(c_{A,3}, c_{B,3})\alpha_c m_0$$

$$(7.220b)$$

$$\frac{\partial \alpha_c m_2}{\partial t} + \frac{\partial}{\partial x_j}(\alpha_c m_2 u_j) = \frac{\partial}{\partial x_j}\left(D_{eff} \frac{\partial \alpha_c m_2}{\partial x_j}\right) + 2G(c_{A,3}, c_{B,3})\alpha_c m_1$$

$$(7.220c)$$

$$\frac{\partial \alpha_c m_3}{\partial t} + \frac{\partial}{\partial x_j}(\alpha_c m_3 u_j) = \frac{\partial}{\partial x_j}\left(D_{eff} \frac{\partial \alpha_c m_3}{\partial x_j}\right) + 3G(c_{A,3}, c_{B,3})\alpha_c m_2$$

$$(7.220d)$$

$$\frac{\partial \alpha_c m_4}{\partial t}+\frac{\partial}{\partial x_j}(\alpha_c m_4 u_j)=\frac{\partial}{\partial x_j}\left(D_{\mathrm{eff}}\frac{\partial \alpha_c m_4}{\partial x_j}\right)+4G(c_{A,3},c_{B,3})\alpha_c m_3$$

$$(7.220\mathrm{e})$$

式中，B 为成核速率；G 为生长速率。出现在式（7.218）中的化学反应源项中的 $p_3 S(c_{A,3},c_{B,3})$ 项为

$$p_3 S(c_{A,3},c_{B,3})=\frac{\rho_{\mathrm{BaSO_4}}k_v}{M_{\mathrm{BaSO_4}}}\times 3G(c_{A,3},c_{B,3})m_2 \qquad (7.221)$$

对于硫酸钡沉淀体系，文献中报道的体积形状因子 k_v 差异非常大，结合颗粒 TEM 图和激光粒度分析仪所测粒度分布，采用形状因子 $k_v=0.55$。

实验用的搅拌槽见图 7.42（Cheng D，2016），内径 $T=240\mathrm{mm}$，桨直径 $D=T/3$，液面高度 $H=T$。搅拌桨为标准 Rushton 桨，桨离底高度 $C=T/5$，有位置高低不同的 3 个进料点。$BaCl_2$ 水溶液作连续相，煤油（$\rho_d=789.5\mathrm{kg/m^3}$，$\mu_d=0.002\mathrm{Pa\cdot s}$）作惰性分散相，油相体积分数范围（$\alpha_d$）为 $0\sim20\%$。搅拌转速为 $390\sim490\mathrm{r/min}$，高于油相的临界分散转速，同时也不引起表面吸气。在室温下，煤油和 $BaCl_2$ 溶液（溶液 A，V_{A0}）预先加入搅拌槽内，搅拌分散达到稳态后，将 Na_2SO_4 溶液（V_{B0}）匀速加入搅拌槽内，加料速率低于某个临界值，以避免宏观混合影响实验结果。

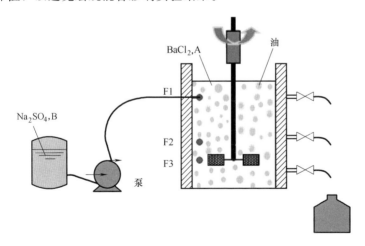

图 7.42 实验装置（F 为加料点。Cheng D，2016）

TP-FM-PDF 模拟方法同时考虑了流动、宏观混合以及微观混合对混合敏感的反应结晶过程中成核、生长和反应的影响，模拟得到的硫酸钡沉淀颗粒体积平均直径 d_{43} 与实验值更为吻合（图 7.43），油相体积分数从 0 增加到 20%

时，平均粒径实验值随煤油体积分数先增加后减小，TP-FM-PDF 模拟能成功地预测颗粒直径的变化趋势，且与实验值吻合甚好。单相微观混合模型（SP-FM-PDF）则仅仅能在低相含率范围预测粒径增大的正确趋势。而不耦合微观混合模型则数值模拟预测的平均粒径则远远大于实验测定值，再次证明微观混合模型在描述半连续反应沉淀过程中的重要性。

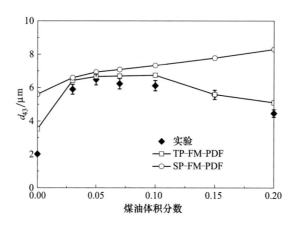

图 7.43　煤油体积分数对 d_{43} 的影响

（$\alpha_d=10\%$，F2 加料，$N=470\text{r/min}$。Cheng D，2016）

程荡（2014）还数值模拟了不同转速下、无表面活性剂、在桨平面湍流较强处加料的情况，结果如图 7.44 所示，TP-FM-PDF 模型成功预测出粒径随

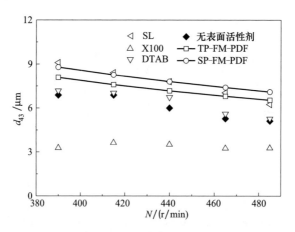

图 7.44　转速和表面活性剂对 d_{43} 的影响

（$\alpha_d=10\%$，桨区加料。程荡，2014）

转速的变化规律，数值比 SP-FM-PDF 更接近实验值，但也有一定的差距。实验考察了阴离子表面活性剂月桂酸钠（SL）、阳离子表面活性剂十二烷基三甲基溴化铵（DTAB）和非离子表面活性剂曲拉通 X-100（X100）对沉淀过程的影响。实验表明，相对于无表面活性剂的情况，非离子表面活性剂（X100）的存在使平均粒径减小；离子表面活性剂（DTAB 和 SL）的存在增大了平均粒径；煤油相存在对颗粒形貌不产生影响，也没有发现颗粒明显的聚并和破碎。

7.5 全 CFD 模拟展望

7.5.1 模型和模拟工作小结

从认识到微观混合在化学反应工程中的重要意义（20 世纪 50 年代起）至今，微观混合的机理研究，从经验模型向简单和复杂的机理模型发展。最初将其"黑箱式"地应用于整个反应器，而后细化到应用于加料点附近局部网格。与反应器流体力学状态的耦合，也渐进地从利用加料点的局部流场特性发展到利用全反应器的宏观流场，以充分体现混合的各个层次对微观混合效率的影响。至此，微观混合模型和数值模拟的应用范围和预测精度已经有了很大的提高。但是，目前的数值模拟研究还有些待改进之处。

混合，包括宏观混合和微观混合，其实是一个过程的不同机理的分别描述，二者在空间上和时间上可以大致划分，但不能截然隔断，因此其准确的数值模拟应该作为一个整体来对待。宏观混合需要在反应器尺度上以欧拉方式进行模拟，此时的计算网格已经小到能够足够精确地解析宏观的平均湍流流动，但网格仍远大于湍流能将流体分散到微小的 Kolmogorov 尺度或更小的 Batchelor 尺度，数值模拟程序还不能直接解析网格内的微观流动和微观混合，因此急需要有网格内的微观混合模型。

第一，网格内的瞬时湍流细节未知，只知道湍流流场的平均特性，如平均流速、速度梯度、湍流动能、湍流能量耗散率等，需要将这些参数与合适的微观混合机理模型中的参数联系起来，特别重要的是估算涉及扩散机理的流场几何参数，如分子扩散域的几何形状是平板、层状结构、细丝？相应的几何尺寸多大？这些尺寸变化吗？变化的速度？这些是基于分子扩散的严格微观混合模型需要，而目前的湍流理论和 CFD 技术尚不能满意地回答的。

第二，化学组分在湍流场中的输运方程的雷诺时均时，式（7.53）中的化学反应速率源项产生了待封闭的二阶浓度波动项。在欧拉方法中，湍流涡团带着反应物一起在流场中湍动，出现浓度波动项是合理的结果，但以拉格朗日观点看，涡团中的反应进行、反应物浓度下降，正常的化学反应未受到影响。因此，在欧拉方法中，需要对浓度波动项及其封闭方法有更深入更具物理化学意义的认识。因此，在网格内以拉格朗日方法建立化学反应和微观混合的数学模型，可能是更具有物理意义的建模方法。已有的简单机理模型是否适用于亚网格的微观混合和反应速率计算，需要进一步审视和验证，将其开发为能与欧拉框架下的 CFD 流场模拟相容和耦合的微观混合模型。

第三，在欧拉参考系中封闭化学反应源项的浓度波动高阶项，文献中报道了许多以随机变量概率密度函数（PDF）为基础的方法。其实，反应物浓度是否能够可靠地当作随机变量来处理是可以质疑的。按热力学原理，物质浓度可以被消耗，或向低浓度处扩散，但不能自发地跃升。PDF 方法中依赖的联合标量概率密度函数的来源是一惰性示踪剂在湍流场中示踪流体运动所反映的宏观运动上附加的湍流性质的波动，把它引申为反应物浓度的波动缺乏充足依据，也许可以描述某种标量波动的自相关，但多种反应物浓度和其它标量的波动，不能都用这一个惰性示踪剂的特性来代表，更不能确实地反映两种反应物间应有的互相关。文献中常与 PDF 方法耦合的 IEM 模型和多环境模型都是经验型的微观混合模型，原则上应选择机理性微观混合模型与 PDF 方法和 CFD 耦合。IEM 模型（Villermaux J，1983）中

$$\frac{\partial c_j(\eta)}{\partial \eta} = \frac{\overline{c_j} - c_j(\eta)}{t_{\mathrm{mic}}} + r_j \tag{7.9}$$

液体团块和环境定义比较随意，模型参数 t_{mic} 是经验假设的，它仅是与时间的量纲相同而已，环境的大小和浓度 $\overline{c_j}$ 需要更确切的定义。在成功地应用于沉淀反应 DQMOM-IEM 模型时（Wang LG，2004），一个网格可以假定含有 2、3、4 个以至多个模式或环境，它们是虚拟非物理的存在，以致反应物在哪个环境中存在，如何因微观混合进入别的环境都有很强的人为构建成分。

第四，在用 PDF 方法处理微观混合效应时，其实是用预设的 PDF 函数计算了波动浓度导致反应速率波动的时均值，而真实的微观混合意义上的反应物浓度是从经验性更强的 E 模型、IEM 模型、环境模型等得来的。因此，还需要发展能与 PDF 方法耦合的微观混合机理模型，取代上述经验性强的微混模型。

第五，精确的数值模拟需要真实的本征动力学方程。微观混合的测试体系

通常涉及准瞬时反应和与微观混合同数量级快的快反应，在实验测定快反应的动力学时极易受到扩散传质的影响，往往在最终报告的反应动力学中仍然包含着不确定的传质控制成分。当传质阻力控制时，非一级反应的真实级数和反应活化能都可能有很大的误差。而文献中报告反应动力学时，对传质阻力因素是否在实验研究中完全消除的论证往往很不充分。许多微观混合数值模拟研究报告的模拟与实验符合，其中多少成分是微观混合模型的真正作用？如果代入了真实的、完全消除了扩散影响的化学动力学方程，结果又会怎样？这些问题值得深思。

Mao Z-S（2017）举例证明在欧拉框架下封闭非线性反应的浓度波动项的不合理性，提出需要将欧拉框架下的宏观流场、浓度场的数值模拟，与拉格朗日框架下描述亚网格微观混合和反应过程的机理模型耦合，建立更符合物理化学机理的全 CFD-机理微观混合数学模型。以拉格朗日观点来追踪一个反应流体微团，才能不为在欧拉坐标系中观察到的无效随机浓度波动（由于流体微团整体的随机运动产生）的假象所迷惑；用可靠的微观混合模型表达真实的化学反应速率，才能将反应器内混合-反应的数值模拟的水平进一步提升。

7.5.2 机理模型耦合 CFD 的微观混合模拟

在分析了目前微观混合机理模型和数值模拟存在的欠缺之后，Mao Z-S（2017）提出了一个改进化学反应器中微观混合数值模拟的新思路。基于微观混合始终是与宏观混合在同一空间并行发生、离集状态逐渐消除同时分子扩散逐渐加速这一基本物理事实，认为在计算域里的一个网格中，一部分流体处于离集状态，而另一部分流体处于微观混合均匀状态，化学反应仅在后一部分流体中发生。这两部分流体，像两相流体一样，在一个网格中共存。类似于流体力学的两流体模型思路，可以设想某一化学物质的总浓度 C 可以划分为两部分：已经在分子尺度上分散均匀的微观混合浓度 c_{mic} 及尚处于离集状态仍不能进行化学反应的宏观混合浓度 c_{Mac}，即

$$C = c_{Mac} + c_{mic} \tag{7.222}$$

这两部分都被反应器中的主体湍流流动分别输运，宏观浓度部分的离集程度逐渐减小，微观部分在输运中也逐渐进行化学反应，而通过微观混合模型，不断地有一部分宏观浓度转化为微观混合浓度，作为源项出现在它们的输运方程之中，如图 7.45 所示。

式（7.222）中有 C、c_{Mac}、c_{mic} 三个量，只要对当中两个建立宏观输运方

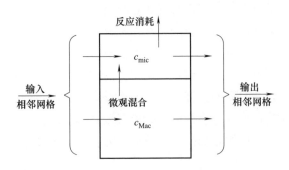

图 7.45　微观混合数值模拟模型的新思路

程。一般可用

$$\frac{\partial C}{\partial t} + \nabla \cdot (\boldsymbol{u}C) = \nabla \cdot (D_{\mathrm{eff}} \nabla C) + S_n - r_A \tag{7.223}$$

$$\frac{\partial c_{\mathrm{mic}}}{\partial t} + \nabla \cdot (\boldsymbol{u}c_{\mathrm{mic}}) = \nabla \cdot (D_{\mathrm{eff}} \nabla c_{\mathrm{mic}}) + S_n - r_A + S_{\mathrm{mic}} \tag{7.224}$$

式中，S_n 是由于 D_{eff} 的不均匀性引起的源项，其表达式可参考非反应流体中的标量输运方程数值模拟文献；r_A 是组分参加化学反应而消耗的源项，对化学沉淀过程也包含成核和生长的消耗；S_{mic} 表示因为分子扩散等微观混合机理使微观混合浓度增大的源项，它使宏观混合浓度减小，所以总浓度的方程中不出现这一项。容易看出，式（7.223）减去式（7.224）就得到 c_{Mac} 的输运方程。

S_{mic} 的数值是空间位置 $\boldsymbol{x}$ 和此网格的流体力学特征量（$\boldsymbol{u}, k, \varepsilon$）的函数，需要用合适的拉格朗日框架下的微观混合模型来估值。候选的微观混合模型应该是有物理意义的机理模型，如本章 7.2.2 节中所列的简单机理模型，这些模型显式地在小尺度流动的基础上考虑组分的分子扩散，但要得到与新思路相匹配的微观混合模型，需要对其扩散部分的细节进行改造和修正，譬如：

① 以拉格朗日观点来描述网格中流微团的传质，因此变形-扩散模型方程

$$\frac{\partial c_i}{\partial t} + u \frac{\partial c_i}{\partial x} = D_i \frac{\partial^2 c_i}{\partial x^2} + r_i \tag{7.27}$$

中的对流输运项应当除去；

② 选择合适的流体微团几何形状，层状结构可能是符合湍流流动物理实际的选择；

③ 液层的厚度、模型的定解条件、扩散持续的周期等应该从湍流运动的理论中导出；

④ 液层变形对扩散的影响需要在模型中合理体现，但不是以压缩变形的对流运动纳入模型中；

⑤ 采用的化学反应动力学没有传质阻力带来的误差。

7.5.3　值得深入的课题

微观混合研究还有很多有待深入的地方。比较容易看出的有：

① 多相快反应体系的微观混合研究还不够深入。如果反应只在一个物相中进行，而其它的物相不参与反应，那惰性相除了影响反应器内的宏观湍流流动外（加强或削弱都有可能），对反应物相内的分子扩散过程有多大程度的影响？当惰性相的体积分数超过 10%，且分散的比较细小时（固体微粒、小液滴），与微细颗粒相邻的反应物液相中的反应物扩散和化学反应会受到边界条件的影响，因此微观混合的基本方程的定解条件会有变化。如果快反应的两种反应物来自不同的物相，则反应主要在相界面，或相界面附近很窄的层状区间进行，也需要对现有的微观混合机理模型进行必要的修正。

② 流体微元变形对微观混合的影响。一些简单微观混合模型认为流体微元由于湍流涡团间的相对运动产生变形，微元平板被压缩而变薄，引发微元内的法向对流流动，对分子扩散起促进作用，在微观混合模型方程中以对流输运项来体现。如前所述，这是有疑问的，在拉格朗日框架下，此压缩不是反应物的对流传质，只是压缩缩短了扩散距离。而且，微元可能受到另一方向的压缩，使扩散距离增大、扩散速率减缓。这些湍流流动中的微观现象应该在模型中有更精确的体现。

③ 湍流反应流中化学反应速率的浓度波动项，在欧拉坐标系中有没有可靠的封闭方法？如果有，那么整个反应器的数值模拟在宏观层面和微观层面上都在欧拉框架下进行，有可能避免一些难以查明的误差来源，有利于解决对大型工业反应器的微观混合数值模拟的计算资源方面的困难。

④ 基于复杂反应体系中混合分数概念和概率分布密度函数模型的微观混合数值模拟模型（7.3.3节），在理论探索微观混合机理的研究取得了很好的成绩。但另一方面，它引入了越来越多的模型元素，使数学模型的复杂程度越来越高，冲淡了模型本身应有的物理内涵，而且每一个新的模型元素都给总体模型增添一个误差因素。似乎应该遵循以简明的数学工具表达混合现象中的主要机理的原则，使数学模型保存更多物理真实性，以便最大程度地发挥数学模型工具在化学工程实践中作用。

⑤ 到目前为止，微观混合的研究主要是在实验室的小型反应器上进行，对大型工业反应器的微观混合数值模拟研究极少。即使在小型反应器中，数值模拟的结果，如 7.3.2 节"基于加料点流场的模拟"中图 7.24 所示，快反应的有效反应区多局限在加料口附近。旋转填料床被认为适合于快速传质和反应操作，但对微观混合最主要的影响仍仅在入口进料构型和填料层入口区（Wenzel D，2018）。需要通过实验和模拟来确认大型反应器中是否遵从同一规律。如果是，则意味着进行快速反应的反应器的大部分体积仅用于反应物的输运和宏观混合，并没有发挥进行反应的功能。这提示快反应体系需要开发其它构型或组合构型的反应器，以提高反应器的体积利用率，最终提高化工反应过程的技术经济指标。

◆ 参考文献 ◆

程荡，2014. 液液和气液液搅拌槽内混合过程的数值模拟与实验研究［学位论文］. 北京：中国科学院过程工程研究所.

段晓霞，2017. 搅拌槽微观混合的数值模拟研究［学位论文］. 北京：中国科学院过程工程研究所.

李希，陈甘棠，戎顺熙，1990a. 微观混和问题的研究.（Ⅲ）物质的细观分布形态与变形规律. 化学反应工程与工艺，6（4）:15-22.

李希，1992. 微观混合问题的理论与实验研究［学位论文］. 杭州：浙江大学.

李希，陈甘棠，1993. 微观混和问题的研究.（Ⅷ）釜式反应器中竞争串联反应过程的数值模拟. 化学反应工程与工艺，9（1）:26-33.

刘骥，向阳，陈建峰，周绪美，郑冲，1999. 用聚并分散模型研究旋转填充床中微观混合过程. 北京化工大学学报，26（4）:19-22.

王正，2006a. 搅拌槽中混合过程和沉淀过程的实验研究与数值模拟［学位论文］. 北京：中国科学院过程工程研究所.

王正，毛在砂，沈湘黔，2006b. Numerical simulation of macroscopic mixing in a Rushton impeller stirred tank. 过程工程学报，6（6）:857-863.

向阳，陈建峰，高正明，2008. 旋转填充床中微观混合模型与实验验证. 化工学报，59（8）:2021-2026.

余国琮，袁希钢，2011. 化工计算传质学导论. 天津：天津大学出版社.

张建文，高冬霞. 陈建峰，2013. 旋转床超重力下多环境传质混合特性. 计算机与应用化学，30（7）:709-714.

Akiti O，Armenante PM，2004. Experimentally-validated micromixing-based CFD model for fed-batch stirred-tank reactors. AIChE J，50（3）:566-577.

Akroyd J，Smith AJ，McGlashan LR，Kraft M，2010. Comparison of the stochastic fields method and DQMOM-IEM as turbulent reaction closures. Chem Eng Sci，65（20）:5429-5441.

Angst W，Bourne JR，Sharma RN，1982. Mixing and fast chemcial reaction. Ⅳ. The dimensions of the reaction zone. Chem Eng Sci, 37（4）:585-590.

Assirelli M, Wynn EJW, Bujalski W, Eaglesham A, Nienow AW, 2008. An extension to the incorpora-tion model of micromixing and its use in estimating local specific energy dissipation rates. Ind Eng Chem Res, 47:3460-3469.

Atibeni RA, 2005. 搅拌槽内非牛顿流体粘度对微观混合影响的研究 [学位论文]. 北京: 北京化工大学.

Aubry C, Villermaux J, 1975. Representation of an imperfect mixture of two currents of a reaction in a continuously stirred reactor. Chem Eng Sci, 30（5-6）:457-464.

Bakker A, van den Akker HEA, 1994a. A computational model for the gas-liquid flow in stirred reac-tors. Chem Eng Res Des, 72（A4）:594-606.

Bakker RA, van den Akker HEA, 1994b. A cylindrical stretching vortex model of micromixing in chemical reactors. 8th Eur Conf Mixing, Inst Chem E.

Bakker RA, van den Akker HEA, 1996. A Lagrangian description of micromixing in a stirred tank re-actor using 1D-micromixing model in a CFD flow field. Chem Eng Sci, 51（11）:2643-2648.

Baldyga J, Bourne JR, 1984a. A fluid mechanical approach to turbulent mixing and chemical reac-tion. Part Ⅰ. Inadequacies of available methods. Chem Eng Commun, 28（4-6）:231-241.

Baldyga J, Bourne JR, 1984b. A fluid mechanical approach to turbulent mixing and chemical reac-tion. Part Ⅱ. Micromixing in the light of turbulence theory. Chem Eng Commun, 28（4-6）: 243-258.

Baldyga J, Bourne JR, 1984c. A fluid mechanical approach to turbulent mixing and chemical reac-tion. Part Ⅲ. Computational and experimental results for the new micromixing model. Chem Eng Commun, 28（4-6）:259-281.

Baldyga J, Bourne JR, 1989a. Simplification of micromixing calculations. Ⅰ. Derivation and applica-tion of new model. Chem Eng J, 42（2）:83-92.

Baldyga J, Bourne JR, 1989b. Simplification of micromixing calculations. Ⅱ. New applications. Chem Eng J, 42（2）:93-101.

Baldyga J, 1989c. Turbulent mixer model with application to homogeneous, instantaneous chemical reactions. Chem Eng Sci, 44（5）:1175-1182.

Baldyga J, Podgorska W, Pohorecki R, 1995. Mixing-precipitation model with application to double feed semibatch precipitation. Chem Eng Sci, 50（8）:1281-1300.

Baldyga J, Bourne JR, Hearn SJ, 1997a. Interaction between chemical reactions and mixing on various scales. Chem Eng Sci, 52（4）:457-466.

Baldyga J, Orciuch W, 1997b. Closure problem for precipitation. Chem Eng Res Des, 75（A）: 160-170.

Baldyga J, Bourne JR, 1999. Turbulent Mixing and Chemical Reactions. New York: Wiley.

Baldyga J, Henczka M, Makowski L, 2001a. Effect of mixing on parallel chemical reactons in a con-tinuous-flow stirred-tank reactor. Chem Eng Res Des, 79（A8）:895-900.

Baldyga J, Orciuch W, 2001b. Barium sulphate precipitation in a pipe—An experimental study and CFD modeling. Chem Eng Sci, 56（7）:2435-2444.

Baldyga J, Makowski L, 2004. CFD Modeling of mixing effects on the course of parallel chemical reactions carried out in a stirred tank. Chem Eng Technol, 27（3）: 225-231.

Bourne JR, Toor HL, 1977. Simple criteria for mixing effects in complex reactions. AIChE J, 23（4）: 602-604.

Bourne JR, Kozicki F, Rys P, 1981. Mixing and fast chemical reaction. Ⅰ. Test reactions to determine segregation. Chem Eng Sci, 36（10）: 1643-1648.

Bourne JR, Yu SY, 1994. Investigation of micromixing in stirred-tank reactors using parallel reactions. Ind Eng Chem Res, 33（1）: 41-55.

Brilman DWF, Antink R, van Swaaij WPM, Versteeg GF. 1999. Experimental study of the effect of bubbles, drops and particles on the product distribution for a mixing sensitive, parallel-consecutive reaction system. Chem Eng Sci, 54（13-14）: 2325-2337.

Brucato A, Ciofalo M, Grisafi F, Tocco R, 2000. On the simulation of stirred tank reactors via computational fluid dynamics. Chem Eng Sci, 55: 291-302.

Cheng D, Cheng JC, Yong YM, Yang C, Mao Z-S, 2012. Experimental investigation and CFD modeling of micromixing of a single-feed semi-batch precipitation process in a liquid-liquid stirred reactor. 14th Eur Conf Mixing. Warszawa, Poland, 2012.

Cheng D, Feng X, Yang C, Mao Z-S, 2016. Modelling and experimental investigation of micromixing of single-feed semi-batch precipitation in a liquid-liquid stirred reactor. Chem Eng J, 293: 291-301.

Cheng JC, Yang C, Mao Z-S, Zhao CJ, 2009. CFD modeling of nucleation, growth, aggregation, and breakage in continuous precipitation of barium sulfate in a stirred tank. Ind Eng Chem Res, 48（15）: 6992-7003.

Cheng JC, Feng X, Cheng D, Yang C, 2012. Retrospect and perspective of micro-mixing studies in stirred tanks. Chin J Chem Eng, 20（1）: 178-190.

Cheng JC, Yang C, Jiang M, Li Q, Mao Z-S, 2017. Simulation of antisolvent crystallization in impinging jets with coupled multiphase flow-micromixing-PBE. Chem Eng Sci, 171: 500-512.

Curl RL, 1963. Dispersed phase mixing. Ⅰ. Theory and effects in simple reactors. AIChE J, 9（2）: 175-181.

Danckwerts PV, 1958. The effect of incomplete mixing on homogenous reactions. Chem Eng Sci, 8（1-2）: 93-102.

David R, Villermaux J, 1975. Micromixing effects on complex reactions in a CSTR. Chem Eng Sci, 30（11）: 1309-1313.

David R, Villermaux J, 1987. Interpretation of micromixing effects on fast consecutive competing reactions in semi-batch stirred tanks by a simple interaction model. Chem Eng Comm, 54: 333-352.

David R, Villermaux J, 1989. Note to the editor. Chem Eng Comm, 78: 233-237.

Di Veroli G, Rigopoulos S, 2010. Modeling of turbulent precipitation: A transported Population Balance-PDF method. AIChE J, 56（4）: 878-892.

Duan XX, Feng X, Yang C, Mao Z-S, 2016. Numerical simulation of micro-mixing in stirred reactors using the engulfment model coupled with CFD. Chem Eng Sci, 140: 179-188.

Duan XX, Feng X, Yang C, Mao Z-S, 2018. CFD modeling of turbulent reacting flow in a semi-batch stirred-tank reactor. Chin J Chem Eng, 26（4）:675-683.

Duan XX, Feng X, Mao Z-S, Yang C, 2019. Numerical simulation of reactive mixing process in a stirred reactor with the DQMOM-IEM model. Chem Eng J, 360:1177-1187.

Evangelista JJ, Katz S, Shinnar R, 1969. Scale-up criteria for stirred tank reactors. AIChE J, 15: 843-853.

Falk L, Villermaux J, 1992. Use of parallel competing reactions to characterize micromixing efficiency. Am Inst Chem Engr, 286（88）:6-10.

Fitchett DE, Tarbell JM, 1990. Effect of mixing on the preciopitation of barium sulfate in an MSMPR reactor. AIChE J, 36（4）:511-522.

Fournier MC, Falk L, Villermaux J, 1996a. A new parallel competing reaction system for assessing micromixing efficiency-experimental approach. Chem Eng Sci, 51（22）:5053-5064.

Fournier MC, Falk L, Villermaux J, 1996b. A new parallel competing reaction system for assessing micromixing efficiency-Determination of micromixing time by a simple mixing model. Chem Eng Sci, 51（23）:5187-5192.

Fox RO, 1998. On the relationship between Lagrangian micromixing models and computational fluid dynamics. Chem Eng Process, 37（6）:521-535.

Fox RO, 2003. Computational Models for Turbulent Reacting Flows. Cambridge: Cambridge University Press.

Fox RO, 2006. CFD models for analysis and design of chemical reactors. Adv Chem Eng, 31:231-305.

Gao ZM, Han J, Bao YY, Li ZP, 2015. Micromixing efficiency in a T-shaped confined impinging jet reactor. Chin J Cheml Eng, 23:350-355.

Garside J, Tavare NS, 1985. Mixing, reaction and precipitation: Limits of micromixing in an MSMPR crystallizer. Chem Eng Sci, 40:1485-1493.

Garside J, Wei HY, 1997. Pumped, stirred and maybe precipitated: Simulation of precipitation processes using CFD. Acta Polytech Scand Chem Technol, 244:9-15.

Gavi E, Marchisio DL, Barresi AA, 2007. CFD modelling and scale-up of confined impinging jet reactors. Chem Eng Sci, 62（8）:2228-2241.

Ghanem A, Habchi C, Lemenand T, Valle DD, Peerhossaini H, 2014. Mixing performances of swirl flow and corrugated channel reactors. Chem Eng Res Des, 92:2213-2222.

Gong JB, Wei HY, Wang JK, Garside J, 2005. Simulation and scale-up of barium sulphate precipitation process using CFD modeling. Chin J Chem Eng, 13（2）:167-172.

Goto S, Matsubara M, 1975. A generalized two-environment model for micromixing in a continuous flow reactor - Ⅰ: Construction of the model. Chem Eng Sci, 30（1）:71-77.

Guichardon P, Falk L, 2000. Characterization of micromixing eCciency by the iodide-iodate reaction system. Part Ⅰ: Experimental procedure. Chem Eng Sci, 55:4233-4243.

Guo TY, Shi X, Chu GW, Xiang Y, Wen LX, Chen JF, 2016. Computational fluid dynamics analysis of the micromixing efficiency in a rotating-packed-bed reactor. Ind Eng Chen Res, 55:4856-4866.

Han Y, Wang JJ, Gu XP, Feng LF, 2012. Numerical simulation on micromixing of viscous fluids in a stirred tank reactor. Chem Eng Sci, 74:9-17.

Harada M, 1962. Micro-mixing in a continuous flow reactor (coalescence and redispersion models). Memoirs Faculty Engineering Kyoto University, 24:431-446.

Hofinger J, Sharpe RW, Bujalski W, Bakalis S, Assirelli M, Eaglesham A, Nienow AW, 2011. Micromixing in two-phase (G-L and S-L) systems in a stirred vessel. Can J Chem Eng, 89 (5):1029-1039.

Hu YY, Liu Z, Yang JC, Jin Y, Cheng Y, 2010. Study on the reactive mixing process in an unbaffled stirred tank using Planar Laser-Induced Fluorescence (PLIF) technique. Chem Eng Sci, 65 (15):4511-4518.

Hu YY, Wang WT, Shao T, Yang JC, Cheng Y, 2012. Visualization of reactive and non-reactive mixing processes in a stirred tank using Planar Laser Induced Fluorescence (PLIF) technique. Chem Eng Res Des, 90 (4):524-533.

JanickaJ, Kolbe W, Kollmann W, 1979. Closure of the transport equation for the probability density function of turbulent scalar fields. J Non-Equilib Thermodyn, 4:47-66.

Jaworski Z, Nienow AW, 2003. CFD modeling of continuous precipitation of barium sulphate in a stirred tank. Chem Eng J, 91 (2-3):167-174.

Karpinski PH, 1985. Importance of the two-step crystal growth model. Chem Eng Sci, 40 (4): 641-646.

Lakatos BG, Bárkányi A, Sándor Németh S, 2011. Continuous stirred tank coalescence/redispersion reactor: A simulation study. Chem Eng J, 169:247-257.

Lakatos BG, 2015. The generalized coalescence/redispersion micromixing model. A multiscale approach. Chem Eng Sci, 122:161-172.

Lee J, Kim Y, 2011. Transported PDF approach and Direct-Quadrature Method of Moment for modeling turbulent piloted jet flames. J Mech Sci Technol, 25 (12):3259-3265.

Li Q, Cheng JC, Yang C, Mao Z-S, 2018. CFD-PBE-PBE simulation of an airlift loop crystallizer. Can J Chem Eng, 96 (6):1382-1395.

Li WB, Geng XY, Bao YY, Gao ZM, 2014. Micromixing characteristics in an aerated stirred tank with half elliptical blade disk turbine. Int J Chem Reactor Eng, 12 (1):231-243.

Li X, Chen GT, Chen JF, 1996a. Simplified framework for description of mixing with chemiical reactions. (Ⅰ) Physical picture of micro-and macro-mixing. Chin J Chem Eng, 4 (4):311-321.

Li X, Chen GT, 1996b. Simplified framework for description of mixing with chemical reactions. (Ⅱ) Chemical reactions in the different mixing regions. Chin J Chem Eng, 4 (4):322-332.

Liu Y, Fox RO, 2006. CFD predictions for chemical processing in a confined impinging-jets reactor. AIChE J, 52 (2):731-744.

Liu Z, Cheng Y, Jin Y, 2009. Experimental study of reactive mixing in a mini-scale mixer by Laser-Induced Fluorescence technique. Chem Eng J, 150 (2-3):536-543.

Magnussen BF, 1981. On the structure of turbulence and a generalized eddy dissipation concept for chemical reaction in turbulent flow. St. Louis, MO. 19th AIAA Aerospace Meeting.

Malik K, Baldyga J, 2012. Influence of micromixing on the course of homogenous chemical reactions in suspensions. Warszawa, Poland: 14th Eur Conf Mixing.

Mao KW, Toor HL, 1970. A diffusion model for reactions with turbulent mixing. AIChE J, 16 (1): 49-52.

Mao Z-S, Yang C, 2017. Micro-mixing in chemical reactors: A perspective. Chin J Chem Eng, 25 (4): 381-390.

Marchisio DL, Barresi AA, Fox RO, 2001a. Simulation of turbulent precipitation in a semibatch Taylor-Couette reactor using CFD. AIChE J, 47 (3): 664-676.

Marchisio DL, Fox RO, Barresi AA, 2001b. On the simulation of turbulent precipitation in a tubular reactor via computational fluid dynamics (CFD). Chem Eng Res Des, 79 (A8): 998-1004.

Marchisio DL, 2002. Precipitation in Turbulent Fluids [PhD Thesis]. Torino, Italy: Politecnico di Torino.

Marchisio DL, Barresi AA, 2003. CFD simulation of mixing and reaction: The relevance of the micromixing model. Chem Eng Sci, 58 (16): 3579-3587.

Marchisio DL, 2009. Large eddy simulation of mixing and reaction in a confined impinging jets reactor. Comput Chem Eng, 33 (2): 408-420.

Mehta RV, Tarbell JM, 1983. Four environment model of mixing and chemical reaction. Part I. Model development. AIChE J, 29 (2): 320-329.

Merci B, Roekaerts D, Naud B, 2006. Study of the performance of three micromixing models in transported scalar PDF simulations of a piloted jet diffusion flame ("Delft Flame III"). Combust Flame, 144: 476-493.

Meyer DW, Jenny P, 2009. Micromixing models for turbulent flows. J Comp Phys, 228 (4): 1275-1293.

Middleman S, 1977. Fundamentals of Polymer Processing. Chap. 12 Mixing. New York: McGraw-Hill, 307.

Möbus H, Gerlinger P, Brüggemann D, 2003. Scalar and joint scalar-velocity frequency Monte Carlo PDF simulation of supersonic combustion. Combust Flame, 132: 3-24.

Nabholz F, Ott RJ, Rys P, 1977. Chemical selectivities disguised by mass diffusion. III. A comparison of two versions of a simple model of mixing-disguised reactions in solution. Helvetica Chimica Acta, 60 (8): 2926-2937.

Ng DY, Rippin DW, 1964. The effect of incomplete mixing on conversion in homogeneous reactions. 3rd Eur Symp Chem Reaction Eng. Amsterdam: Pergamon Press, Oxford.

Nishimura Y, Matsubara M, 1970. Micromixing theory via the two-environment model. Chem Eng Sci, 25 (11): 1785-1797.

O'Hern HA, Rush FE, 1963. Effect of mixing conditions in barium sulfate precipitation. Ind Eng Chem Fundam, 2 (4): 267-272.

Oncul AA, Janiga G, Thevenin D, 2008. Comparison of various micromixing approaches for computational fluid dynamics simulation of barium sulfate precipitation in tubular reactors. Ind Eng Chem Res, 48 (2): 999-1007.

Ott RJ, Rys P, 1975. Chemical selectivities disguised by mass diffusion. I. A simple model of mixing-disguised reactions in solution. Helvetica Chimica Acta, 58: 2074-2093.

Ottino JM, Ranz WE, Macosko CW, 1979. A lamellar model for analysis of liquid-liquid mixing. Chem Eng Sci, 34（6）: 877-890.

Patterson G. K, 1981. Application of turbulence fundamentals to reactor modelling and scaleup. Chem Eng Commun, 8: 25-52.

Phillips R, Rohani S, 1999. Micromixing in a single-feed semi-batch precipitation process. AIChE J, 45（1）: 83-92.

Penicot P, Muhr H, Plasari E, Villermaux J, 1998. Influnce of the internal crystallizer geometry and the operational conditions on the solid product quality. Chem Eng Technol, 21（6）: 507-514.

Piton D, Fox RO, Marcant B, 2000. Simulation of fine particle formation by precipitation using computational fluid dynamics. Can J Chem Eng, 78（5）: 983-993.

Pohorecki R, Baldyga J, 1988. The effects of micromixing and the manner of reactor feeding on precipitation in stirred tank reactors. Chem Eng Sci, 43（8）: 1949-1954.

Pope SB, 1982. Improved turbulent mixing model. Combust Sci Technol, 28: 131-145.

Randolph AD, Larson MA, 1988. Theory of Particulate Processes. 2nd ed. New York: Academic Press.

Ranz WE, 1979. Applications of a stretch model to mixing, diffusion, and reaction in laminar and turbulent flows. AIChE J, 25（1）: 41-47.

Rippin DWT, 1967. Segregation in a two-environment model of a partially mixed chemical reactor. Chem Eng Sci, 22: 247-251.

Ritchie BW, Tobgy AH, 1979. Three-environmental micromixing model for chemical reactors with arbitrary separate feed streams. Chem Eng J, 17（3）: 173-182.

Sheikh F, Vigil RD, 1998. Simulation of imperfect micromixing for first-order adiabatic reactions: The coalescence-dispersion model. Chem Eng Sci, 53（12）: 2137-2142.

Tang Q, Zhao W, Bockelie M, Fox RO, 2007. Multi-environment probability density function method for modelling turbulent combustion using realistic chemical kinetics. Combust Theory Modelling, 11（6）: 889-907.

Tavare NS, 1992. Mixing, reaction and precipitation: Environment micromixing models in continuous crystallizers. I. Premixed feeds. Comput Chem Eng, 16（10-11）: 923-936.

Tavare NS, 1995. Mixng, reaction, and precipitation: Interaction by exchange with mean micromixing models. AIChE J, 41（12）: 2537-2548.

Toor HL, 1969. Turbulent mixing of two species with and without chemical reactions. Ind Eng Chem Fundam, 8: 655-659.

Tsai BI, Fan LT, Erickson LE, Chen MSK, 1971. The reversed two-environment model of micromixing and growth processes. J Appl Chem Biotechnol, 21（10）: 307-312.

van Leeuwen MLJ, Bruinsma OSL, van Rosmalen GM, 1996a. Three-zone approach for precipitation of barium sulphate. J Crystal Growth, 166（1）: 1004-1008.

van Leeuwen MLJ, Bruinsma OSL, 1996b. Influence of mixing on the product quality in precipitation. Chem Eng Sci, 51（11）: 2595-2600.

Vassilatos G, Toor HL, 1965. Second order chemical reactions in a non-homogeneous turbulent field. AIChE J, 11: 666-673.

Vicum L, Mazzotti M, Baldyga J, 2003. Applying a thermodynamic model to the non-stoichiometric precipitation of barium sulfate. Chem Eng Technol, 26: 325-333.

Vicum L, Ottiger S, Mazzotti M, Makowski L, Baldyga J, 2004. Multi-scale modeling of a reactive mixing process in a semibatch stirred tank. Chem Eng Sci, 59 (8-9) : 1767-1781.

Vicum L, Mazzotti M, 2007. Multi-scale modeling of a mixing-precipitation process in a semibatch stirred tank. Chem Eng Sci, 62 (13) : 3513-3527.

Villermaux J, Zoulalian A, 1969. Etat de mélange du fluide dans un réacteur continu. A propos d'un modèle de Weinstein et Adler. Chem Eng Sci, 24: 1513-1517.

Villermaux J, Devillon JC, 1972. Proc 5th Eur (2nd Int) Symp Chem Reaction Eng. Amsterdam: B-1-13.

Villermaux J, David R, 1983. Recent advances in the understanding of micromixing phenomena in stirred reactors. Chem Eng Commun, 21: 105-122.

Wang LG, Fox RO, 2004. Comparison of micromixing models for CFD simulation of nanoparticle formation. AIChE J, 50 (9) : 2217-2232.

Wang WJ, Mao Z-S, Yang C, 2006. Experimental and numerical investigation on gas-liquid flow in a Rushton impeller stirred tank. Ind Eng Chem Res, 45 (3) : 1141-1151.

Wang Z, Mao Z-S, Yang C, Shen XQ, 2006. CFD approach to the effect of mixing and draft tube on the precipitation of barium sulfate in a continuous stirred tank. Chin J Chem Eng, 14 (6) : 713-722.

Wang Z, Zhang QH, Yang C, Mao Z-S, Shen XQ, 2007. Simulation of barium sulfate precipitation using CFD and FM-PDF modeling in a continuous stirred tank. Chem Eng Technol, 30 (12) : 1642-1649.

Wei H, Garside J, 1997. Application of CFD modeling to precipitation systems. Chem Eng Res Des, 75 (A2) : 219-227.

Weinstein H, Adler RJ, 1967. Micromixing effects in continuous chemical reactors. Chem Eng Sci, 22: 65-75.

Wenzel D, Gorak A, 2018. Review and analysis of micromixing in rotating packed beds. Chem Eng J, 345: 492-506.

Yu KT, Yuan XG, 2017. Introduction to Computational Mass Transfer with Applications to Chemical Engineering. 2nd ed. Singapore: Springer.

Zauner R, Jones AG, 2000a. Mixing effects on product particle characteristics from semi-batch crystal precipitation. Chem Eng Res Des, 78 (A6) : 894-902.

Zauner R, Jones AG, 2000b. Scale-up of continuous and semibatch precipitation process. Ind Eng Chem Res, 39 (7) : 2392-2403.

Zhang QH, Mao Z-S, Yang C, Zhao CJ, 2009. Numerical simulation of barium sulphate precipitation process in a continuous stirred tank with multiple-time-scale turbulent mixer model. Ind Eng Chem Res, 48 (1) : 424-429.

第 8 章

微通道器件中的混合

8.1 微通道器件及应用

微化工技术是 20 世纪 90 年代初顺应可持续发展与高技术发展的需要而兴起的一门新的学科分支，它着重研究时空特征尺度在数百微米和数百毫秒以内的微型设备和并行分布系统中的过程特征和规律（陈光文，2003）。常规尺度的化工过程通常依靠大型化来达到降低产品成本的目的；而微化工过程则注重于高效、易控制、安全及高度集成。自 20 世纪 90 年代初提出微型全分析系统（miniaturized total analysis system，μTAS）的概念以来，微流控技术（microfluidics）历经 20 余年的发展，已成为最前沿的科技领域之一。

微化工系统通常包括了微热系统、微反应系统、微分离系统和微分析系统。典型的微化工器件的主要特征，是其容纳流体的有效功能部件至少有一个维度为微米尺度（1mm 或更小）。相比于宏观尺度的反应器，微化工器件的微小尺度显著增大了流体的比表面积，这使表面张力、毛细效应等表面作用增强，同时使惯性力影响减弱、雷诺数变小、边缘效应增大。此外，由于几何尺寸减小，物理量梯度提高，传质传热的推动力增加，传递速率比在常规尺度的设备中提高了 2 ~ 3 个数量级。微通道内的微小空间提供了准确控制样品浓度、温度等指标的可能性，使微器件的操作危险性大大减小，因此微反应技术针对危险性化学反应、非常温常压下的易失控反应、强放热反应、快速反应、有不稳定性物质生成的反应、产物需要有均匀颗粒粒度分布的聚合反应等，具有良好的应用前景。

在现有的微流体应用中，最广泛的是喷墨打印机技术；小规模高附加值的生产技术中应用较多，包括蛋白质结晶条件的筛选、高生产能力的药物开发筛选技术，以及单分子或者细胞实验和分析等。

在范例性的国内工业应用成果方面，中国科学院大连化学物理研究所2009年研制成功用于由磷酸和氨生产磷酸二氢铵的微化工系统（陈光文，2012），原磷酸二氢铵生产工艺包括液氨稀释、浓磷酸稀释及磷酸二氢铵合成等工序，设备采用搅拌槽反应器，生产过程中反应物料的快速均匀混合、反应热的快速转移存在技术困难；而大连化学物理研究所开发的磷酸二氢铵生产微化工系统，年生产能力可达8万吨，并且具有系统体积小（微反应器、微混合器和微换热器体积均小于6L）、压降低（小于0.1MPa），有移热速度快、过程连续且易于控制、无废气排放、产品质量稳定等优点（图8.1）。2005年清华大学化学工程联合国家重点实验室与山东海泽纳米材料有限公司合作，开发了膜分散微结构反应器可控制备万吨级纳米碳酸钙工业应用装置（骆广生，2009）。国内外的工业生产实例证实了微反应器过程中反应体积的缩小和反应时间的缩短。同样是2000t/a（3600kg/h）的生产能力，使用微反应器的体积只有几升，而使用工业搅拌釜的则需要几立方米的反应器体积；反应条件可以更缓和，产物的选择性更高。

除了大学和研究机构自行加工微通道设备外，一些公司还开发出系列的微化工设备作为商品销售。图8.2为美国Corning公司所生产的微反应单元组件。德国的IMM公司也有微反应器商品销售（Hessel V，2004）。

图8.1　中国科学院大连化学物理研究所开发的磷酸二氢铵微化工系统

多层次、多尺度的物理和化学现象，如扩散、对流、脉动、流体流变性

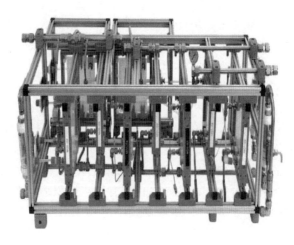

图 8.2 美国 Corning 公司的商品玻璃微反应单元组件

等，在微流动系统中依然存在，但多相流动、传递以及混合规律在微尺度中具有特殊性，它们的定量规律仍然需要深入探索，以便科学、高效地实现微化工系统的工业化应用。这是微化工技术中亟待解决的学科基础问题。

在微通道中的流动型态基本上是层流，这是微米尺度下流体运动最基本的特征。在特征雷诺数很小时，流动稳定，流线大致平行，此种流动型态下的唯一优势是扩散、传热需要克服的空间距离很小，传递过程的速率增大了。

Triplett KA（1999）研究了 1.1mm 和 1.45mm 的毛细管内的气液两相流动结构，实验中观察到泡状流（bubbly flow）、弹状流（slug flow）、搅拌流（churn flow）、弹状-环状流（slug-annular flow）和环状流（annular flow），如图 8.3 所示。将流型图和流型转变模型与大尺度管式反应器内流型关联式计算得出的结果比较，发现现有的流型转换边界预测关联式不适用于微通道内气液两相流。

微混合器按照有无外界动力源，分为主动式混合器和被动式混合器二类（Hessel V，2005）。主动式混合器中的混合依靠外加能源来实现，包括电动力、磁动力、超声波、射流、压电力、机械力等，这些往往需要复杂的控制系统，因而难以制造和集成。相反，被动式微混合器则通过特殊的混合器的构型来强化混合，这样的微混合器易于制造和操作，因而应用也很广泛。有弯曲通道、分合流道、回流循环、交错人字式、分流/截流式等。被动式混合比较容易实现。Ottino 认为低雷诺数下有三种被动混合方式，即对流混合、旋流混合以及流体层叠混合（Ottino JM，1989）。被动式微混合器又可分为层流微混合器和混沌对流微混合器两大类。

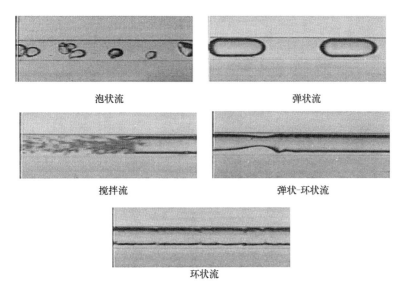

图 8.3　水平微通道内观察到的气液两相流型（Triplett KA，1999）

最常见的静态微通道混合器为 T 形或 Y 形，在通常的微流体系统的工作条件下（雷诺数 Re<100），T 形或 Y 形的混合完全依赖分子扩散运动，因此需要很长的混合管道，混合时间也很长。但当 Re 接近 500，即液体平均流速达 7.40m/s 时，可以产生二次流和旋涡，从而大大促进流体完全混合，所需时间不到 1ms，混合长度也仅需几微米。被动微混合器的设计一定要注意用高效的结构来产生混沌对流，其中的关键是次级流动，而流体的主动或被动的振荡能产生次级流动，易于诱发混沌对流。

为引发二次流和混沌流，往往设计特殊几何构造的混合器，如鱼骨形的微混合器、三维蛇形微混合器、SOR（staggered oriented ridges）型混沌微混合器（图 8.4）等，均可通过微混合器结构引发产生混沌流。此外，动态混沌微混合器由于周期性外部动力的加入，如磁力、热毛细引力等，也可以在混合器内促使流体产生混沌对流，使流体快速而完全地混合。微液滴在弯通道内也能被拉伸和折叠，从而诱发产生混沌对流，有利于流体混合完全。

振荡混沌流微混合器也分为两类：一类是基于撞击流的振荡微混合器；一类是振荡反馈微混合器（Sun CL，2011；Yang JT，2007）。Sun CL(2011) 实验研究了撞击流微混合器中的混合，其中用一凹面来产生撞击射流，因其内部持续不断的流动不稳定性（flapping）而使混合增强。针对振荡反馈微混合器（图 8.5），Yang JT(2007) 证明，在不对称微流体反馈振荡器［图 8.5（b）］

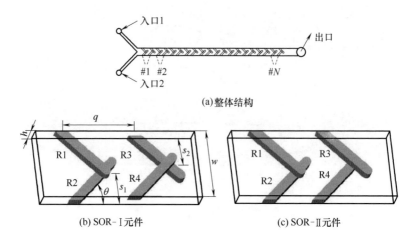

(a)整体结构

(b) SOR-Ⅰ元件　　　　　　　　(c) SOR-Ⅱ元件

图 8.4　SOR 型混沌微混合器（Fu X，2006）

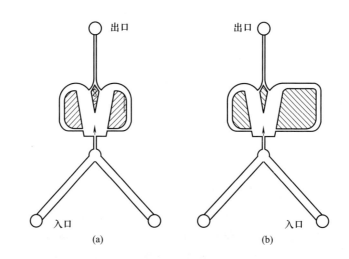

(a)　　　　　　　　　　(b)

图 8.5　振荡反馈微混合器示意图（Xu C，2015）

内部的 self-flapping 运动，能加速两种荧光蛋白间的生化反应。Xu C(2015)
报道了 3 种不同结构的振荡反馈微混合器，两流束合流后流过一突扩，在流过
楔形块时会诱发流动不稳定性。随 Re 增大相继出现 3 种混合机理：涡旋混
合、内循环混合、振荡混合，它们都在原本平行的流动中诱发流体微元的横向
运动，因而出现了有效的混沌对流混合。在高雷诺数的情况下，混合均匀度能
够达到 100%，此振荡反馈微混合器已经被用于微萃取。

　　目前已经开发出了许多种结构和形式的微混合器和微反应器。基于混沌对流概念来设计微混合器，这与Ottino(1989) 所总结的设计常规尺度层流反应器如何利用混沌现象的规律大致相同。根本的要点是流道的形状、扰动内件等方面的改进，使流体受到分割、拉伸、折叠和断裂。除了实验研究以外，也要用数学模型和数值模拟来研究微通道混合器和反应器的新设计。数值模拟部分将在8.4节中讨论。

8.2 混合性能的表征

8.2.1 微通道的混合性能

常规搅拌槽反应器的宏观混合通常用混合时间来表示。微观混合过程则常采用化学反应探针的选择性（多称为离集指数）来表征。而大长径比的反应器多用出口面观察到的停留时间分布或混合均匀度来表示。由于微混合器的尺度通常为微米尺度（1mm 或更小），比工业常规反应器的尺度（米）至少小了 3 个数量级，混合机理有显著的区别，描述混合程度的指标也有所不同。

微流体混合过程中，流体流动雷诺数较小，混合在层流范围内进行，因此流体混合几乎完全依靠扩散（陈光文，2003），可利用 Fick 定律描述扩散通量与浓度梯度的关系：

$$J = -D\frac{\mathrm{d}c}{\mathrm{d}x} \tag{8.1}$$

式中，$\mathrm{d}c/\mathrm{d}x$ 为浓度梯度；D 为扩散系数。扩散混合效率通常由傅里叶（Fourier）数 Fo 来表达：

$$Fo = \frac{Dt}{d^2} \tag{8.2}$$

式中，t 为接触时间；D 为分子扩散系数；d 为扩散特征尺度。Fourier 数可以理解为无量纲化的时间。$Fo > 0.1$ 表明体系混合效果良好，$Fo > 1.0$ 为完全混合。在液相体系中，一般 D 为 $10^{-9} \sim 10^{-8}$ m/s^2，扩散特征长度可取通道的水力直径，若希望在 $1 \sim 10$s 的时间范围内达到良好混合，则通道的水力直径 d 必须在 $30 \sim 300\mu m$ 之间，这是目前微加工技术容易实现的。

微流体混合过程的特征混合时间可以表示为：

$$\tau = \frac{d^2}{D} \tag{8.3}$$

式中，d 为扩散距离（常指垂直于流动方向的横向宽度）。微流体混合过程通道的当量直径通常在百微米级，当待混合流体处于同一微通道内时，依靠分子扩散就可在短时间内实现分子尺度混合。气体扩散系数约为 $10^{-6} \sim 10^{-5}\,\mathrm{m^2/s}$，微通道宽度取 $500\,\mu\mathrm{m}$，则气相的混合时间在 $100\mathrm{ms}$ 量级，远小于常规化工设备的特征混合时间（通常大于 $10\mathrm{s}$）。极短的混合时间使得许多快反应可以摆脱传质的控制。此外，特征尺寸的减小使比表面积或比相界面积大大提高，典型的比表面积可高达 $4000 \sim 40000\,\mathrm{m^2/m^3}$，远高于实验室或工业反应器的 $100 \sim 1000\,\mathrm{m^2/m^3}$。这对于传质和传热十分有利。

微通道一般为微米级的细长通道，以及单个通道间的并联或串联连接，与常规尺度的管道流动、塔式设备（长径比很大）有相似之处。对长径比很大的微尺度器件，工程上追求的境界是：横向混合好，轴向无返混。微通道的长径比大，十分有利于减小轴向返混的程度。若用轴向扩散模型（axial dispersion model，ADM）来描述层流空管中的轴向返混，则其等价的有效分散系数为（Taylor dispersion coefficient，Taylor 扩散系数）为

$$D_z = D\left(1 + \frac{R^2 u_0^2}{48 D^2}\right) \tag{8.4}$$

或以 Peclet 数 $Pe_\mathrm{d} = d u_0 / D$ 表示：

$$D_z = D\left(1 + \frac{Pe_\mathrm{d}^2}{192}\right) \tag{8.5}$$

式中，$d = 2R$ 为管道直径；D 为分子扩散系数；u_0 为管道轴线上的流速。可见，管径 d 越小，Peclet 数越小，则 Taylor 扩散系数 D_z 越小，相当于轴向返混减小。而横向上的微细尺度则有利于提高分子扩散速率，消除横向的浓度不均匀程度。

8.2.2　混合性能的指标

描述微通道内的混合所用的指标，与全混流反应器一类的设备不同。由于微通道体积小，以脉冲方式注入微量示踪剂难以实现，而用阶跃示踪的方法和稳态测试的方法，容易实施，比较多见。所谓稳态测试法，就是从微混合器的两个入口，以稳定的流率注入溶质（也可称为示踪剂）浓度不同的两股物流，观察在流束混合处的下游一个或多个截面上的溶质浓度分布逐渐均匀化的过程。

Bothe D（2006）用两个指标来刻画 T 形微混合器的混合效率。第一个指标是混合强度，或混匀度。基于 Danckwerts PV（1952）定义的离集强度 I_s 用来标志流体中浓度分布或质量分数分布的不均匀性：

$$I_s = \frac{\sigma^2}{\sigma_{max}^2} \tag{8.6}$$

$$\sigma^2 = \frac{1}{|V|} \int_V (c - \bar{c})^2 \, \mathrm{d}V \tag{8.7}$$

式中，$\bar{c}$ 为混匀后的平均浓度。式（8.6）中的分母项也可以合理地选择为

$$\sigma_{max}^2 = \bar{c}(c_{max} - \bar{c}) \tag{8.8}$$

这也是浓度场中分布不均匀程度的一种度量，或用式（8.7）在入口处的值。c_{max} 是随时间和位置变化的，所以常常取初始时刻或入口处的浓度最大值。由此可以引出混合强度（均匀度，也可理解为混匀度）为

$$U = 1 - \sqrt{I_s} = 1 - \frac{\sigma}{\sigma_{max}} \tag{8.9}$$

这个指标的应用需要辅以第二个指标（离集尺度）才行（Bothe D，2006）。

式（8.7）取体积为计算范围，这不太适合长径比大的管式流动器件。对微通道的混合质量评估，一般是在横截面上采集浓度数据。因此，在流道某一截面上离散地取 n 个浓度值，计算出浓度分布偏离平均值 $\bar{c}$ 的方差 σ^2 为：

$$\sigma^2 = \frac{1}{n} \sum_{i=1}^{n} (c_i - \bar{c})^2 \tag{8.10}$$

浓度平均值为：

$$\bar{c} = \frac{1}{n} \sum_{i=1}^{n} c_i \tag{8.11}$$

然后按式（8.9）计算均匀度 U。计算时 n 数值要足够大，才能保证计算的统计准确性。观察均匀度从入口开始逐渐下降的定量趋势，也可估计出微混合器的效率（Mansur EA，2008）。

评注：和化学反应工程中测量流动反应器的停留时间分布一样，比较准确、满足质量守恒原则的定义，应该考虑到横截面上的流体速度的分布。因此，应考虑采样点的轴向流速 u_i 将式（8.10）和式（8.11）更正为：

$$\sigma^2 = \frac{1}{\bar{u}^2} \sum_{i=1}^{n} [u_i(c_i - \bar{c})]^2 \tag{8.12}$$

$$\bar{c} = \frac{1}{\bar{u}} \sum_{i=1}^{n} u_i c_i \tag{8.13}$$

$$\bar{u} = \frac{1}{n} \sum_{i=1}^{n} u_i \tag{8.14}$$

式中，$\bar{u}$ 是平均流速；$\bar{c}$ 是按流量加权的截面平均浓度。这个定义对圆管和矩

形微通道都能适用。

Mengeaud V（2002）则简单地以 $\phi = c_{min}/c_{max}$ 即出口截面上最小浓度和最大浓度之比值为混匀度的定义，理想混匀态 $\phi = 1$，而在入口处之值几乎为 0。

评述：此定义使用方便，但不是对混合状态精确的描述，特别难以描述混匀度沿流动方向变化的准确趋势。以一点的浓度来作为一个截面或全流场的特征值，缺乏对整体的代表性。

混合强度这个指标，和 Boss J（1986）比较分析过的其它一些基于统计学参数的类似指标一样，都对离集发生的尺度不敏感。Danckwerts PV（1952）也注意到这一点，定义了第二个辅助的指标：离集尺度。若将此指标从一维扩展到三维浓度场，可先估计浓度场中的浓度梯度的平均值：

$$\psi = \frac{1}{|V|} \int_V \| \nabla C \| \mathrm{d}V \qquad (8.15)$$

式中，无量纲浓度 $C = c/c_{max}$。式（8.15）也可以用于微通道的出口截面的二维情形。ψ 是无量纲浓度梯度的平均值，代表了扩散混合的推动力，而其倒数 ψ^{-1} 具有长度的量纲，可视为高浓度和其邻近低浓度区之间的平均距离，因此可以理解为离集尺度 S。不够完美的是，对离集程度高的情况，它的意义比较准确，但对接近混匀的情形不太适用。

Bothe D（2006）借助数值模拟和 S 及 U 这两个指标来刻画 T 形微混合器（图 8.6）中 3 种流型下的混合效率。随流动雷诺数增大，微通道内的流动从层流 [图 8.7（a）] 依次发展为双旋涡流 [图 8.7（b）] 再到卷吸流 [图 8.7（c）]。前两种流型是对称的，到卷吸流型时对称性被破坏了，流体微元的迹线已经穿透进对面通道的区域里了。因而，混合指标在后两种流型之间发生陡

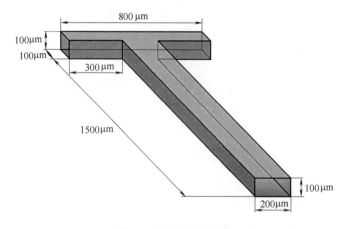

图 8.6　T 形微混合器

峭的变化（图 8.8）。微混合器的操作应该选择在卷吸流区。吴玮（2011）对 T 形微混合器的 CFD 模拟得到与图 8.7 相似的结果，这 3 个流型的分界点是 $Re=50$ 和 $Re=100$。

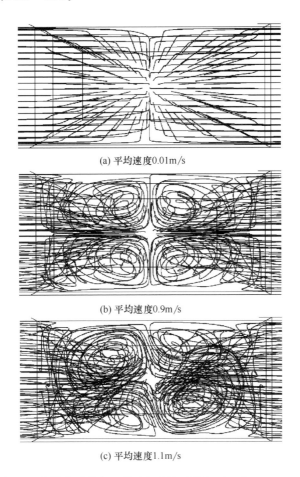

(a) 平均速度0.01m/s

(b) 平均速度0.9m/s

(c) 平均速度1.1m/s

图 8.7　在混合通道入口截面上的流动轨迹（Bothe D，2006）

8.2.3　其它形式的指标

在微通道研究中也常用 PIV、PTV、LIF 等来获取图像，图像中包含大量示踪微粒，进行图像的后处理也可获得流体在微通道内混合进程的指标。具体的计算方法为：将整个图像中测量范围划分为若干个小的子区域，分别计算每个子区域 i 内示踪粒子的密度 ρ_i，进而通过计算得出微混合器的混合强度值

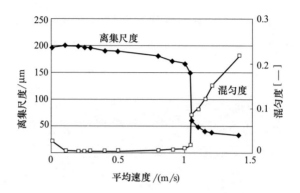

图 8.8　混合点下游 0.3mm 处的混合强度和离集尺度（Bothe D，2006）

U，其定义为

$$U = \sqrt{\frac{1}{N}\sum_{i=1}^{N}\left(\frac{A_i}{\overline{A}}\right)\left(\frac{\rho_i - \overline{\rho}}{\overline{\rho}}\right)^2} \qquad (8.16)$$

式中，N 为子区域的数量；A_i 为某个子区域的面积；$\overline{A}$ 为所有子区域的平均值；$\overline{\rho}$ 为每个子区域内示踪粒子的平均密度值。由于流场中含大量示踪粒子时的数值模拟计算比较困难，示踪粒子法多用于实验数据的处理。

文献采用以下公式计算某一截面的混合强度（Chen CK，2007）：

$$U = 1 - \frac{\displaystyle\iint_A |c - c_\infty|\,\mathrm{d}x\,\mathrm{d}y}{\displaystyle\iint_A |c_0 - c_\infty|\,\mathrm{d}x\,\mathrm{d}y} \qquad (8.17)$$

式中，c_0 为等流量的一股流束的初始浓度，无量纲化后为 1.0，另一股流束无溶质，故两股完全混合时的浓度 c_∞ 无量纲化后为 0.5。与式（8.9）和式（8.10）相比，式（8.17）指标的意义是相同的，但它取偏差的绝对值，相对地减少了大偏差在估算中的权重。

Lyapunov 混沌指标（LE）是衡量流体流动混沌程度的一个指标，间接地指示流体的混合程度，因此多在理论分析时应用。层流流动中，增加流体间的混沌对流是提高微混合器混合效果最有效的手段。在用 LE 作评价时，要忽略由于分子扩散作用而产生的微弱混合。

层流流场中的 Lyapunov 指数可定义为下述的极限（Ottino JM，1989：116）：

$$\sigma = \lim_{\substack{t\to\infty \\ |\mathrm{d}x_0|\to 0}}\left(\frac{1}{t}\ln\left|\frac{\mathrm{d}x_t}{\mathrm{d}x_0}\right|\right) \qquad (8.18)$$

式中，t 为时间；$|\mathrm{d}x_0|$ 为两粒子间初始时刻的距离；$|\mathrm{d}x_t|$ 为两粒子在 t 时

刻的距离。两粒子间连线的初始方向不同会得到不同的 LE 值，LE 的最大正值的物理意义是：

$$|\mathrm{d}x_t| = |\mathrm{d}x_0|\exp(\sigma t) \tag{8.19}$$

即原来两个很临近的粒子随时间按指数关系分开，意味着流场在这个方向上的拉伸，减小了离集的尺度，因而有利于流场内的混合。这个指数是流场的局部性质，$\sigma > 0$ 的区域称为混沌区，在些区域内加料进行反应的效率较高。按式（8.18）具体计算 LE 的方法很多，可参考有关专著和论文。

8.3 混合性能的实验测定

按通常的理解，混合问题分为宏观混合和微观混合两个层次，研究方法各不相同。对微混合器内的混合特性也可以分别用流场显示技术和化学反应探针法来实验测定。化学反应探针法主要是针对微通道内微观混合过程进行研究。微观混合是指分子尺度上的混合，它对沉淀、结晶、聚合、有机合成等快速反应过程有着重要的影响。目前研究反应器内微观混合过程所采用的反应体系主要为平行竞争反应和连串竞争反应，这其中以平行竞争反应中的碘化物-碘酸盐反应、氯乙酸乙酯水解反应和连串竞争反应中的偶氮化反应应用最为广泛，详见本书第 6 章。对于宏观混合的研究，激光诱导荧光（LIF）以及粒子成像测速技术（PIV）是目前较为先进的技术，可参见本书第 3 章。与传统的染色法相比，基于光学原理的流动成像技术在测量精度方面有了很大提高，且对于速度场及浓度场能给出定量的测量结果。

由于微混合器的尺度很小，目前的流场可视化技术可以揭示层流状态下的流场结构，有足够的准确度在判断是否在宏观尺度上混合均匀，但仍然无法确定在分子尺度上是否混合均匀，因此微观混合的效能还必须借助化学反应探针法实验来判断。宏观混合测试技术能给出微器件内体积或截面上的浓度不均匀的信息，而化学反应探针法实验却一般仅给出在出口的一个数据。两类实验方法显然各有优缺点。

8.3.1 可视化实验技术

对于微混合设备，由于通道狭窄，一般的侵入式测量技术都容易引起流场大幅度的改变，许多针对常规尺度反应器实验方法难以适用，给实验研究带来挑战。

微通道实验测定多用流动显示技术，使流体流动可视化，借以解释微通道内的流体混合状况。现阶段的流动显示技术多数基于计算机控制与光学图像处理相结合的方法。比较新颖的实验技术包括光学显微镜、荧光显微镜、共聚焦（confocal）显微镜、核磁共振成像（MRI）、X射线层析摄影技术、全内反射传感（total internal reflectance sensing）、红外与电导传感（IR and conductivity sensing），它们的空间分辨率在 $1\sim800\mu m$，时间分辨率为 $0.1\sim150ms$ 之间。

显微照相技术得到的 2D 图像可以揭示流动的几何特征，如流动型态；加上图像的色彩和亮度信息，可以定性地指示光学标记物质的浓度分布。但是，所得的图像是整个通道厚度上光学性质积分的总计，因此无法得到定量准确的 3D 浓度分布，进一步衡量混合效果会有一定误差。共聚焦（confocal）显微镜可以排除焦平面以外的影像，因而对稳定的流动可以逐个平面测量合成为 3D 的结果，适合于透明系统中的稳态流动。

依靠颜色显示的光学可视化方法，主要有染色剂示踪技术、激光诱导荧光（LIF）示踪技术等。添加染色剂（如墨水、各色染料）是最简单的表征混合性能的方法。通过观察流体颜色在流动进程中的变化，可以得到流体流动和混合进展的定性规律；在多相流操作中可以观察液滴、气泡的形成、发展和流动型态的变化。

借助粒子示踪的方法中较常用的是粒子成像测速技术（particle image velocimetry，PIV）。PIV 技术用激光器产生的片光源照射流场待测区域，CCD 相机记录示踪粒子的瞬时图像，比较两幅相同测量区域、有时间间隔的图片，即可求得测量区内粒子位移的大小和方向，即速度矢量。含示踪粒子和不含示踪粒子的两股流体的混合，可以从示踪粒子在流场中分布的均匀性来表征。微-PIV（microscale particle image velocimetry，μPIV）技术是在传统 PIV 技术基础上发展起来的一种对微尺度流动进行全场测量的实验方法。在 PIV 和 μPIV 技术中，流体中混入荧光标记的细微示踪粒子，选择合适的物性和光学仪器参数，有可能将摄取图像的景深控制在 $0.5\sim5mm$ 之间（Meinhart CD，1999）。这样，获得的图像可以认为是真实的 2D 图像，可以从时间相邻的两帧图像获得示踪粒子的位移和速度。但将此技术用于微通道中的分散相的测量还比较困难。

核磁共振成像（MRI）扫描的层厚约为 $800\mu m$，不大适用于微器件的研究；X射线层析摄影技术成像的空间分辨率高，但成像时间较长，不适合于动态过程的研究。层析成像的设备贵，在微化工研究中的应用还有待进一步发展。还有激光多普勒测速法（LDV）、层析成像技术（也称为计算机断面成像，computerized tomography）等可用，但应用比较少。

对微通道系统的实验研究已经很多。最简单的是用 CCD 相机与显微镜链接，就可以连续地观察和记录微通道内流动现象（王曦，2014）。对于两相体系，其中一相有颜色（或染色），图像中就容易分辨两个物相。

Zhang WP（2016）用碘化物-碘酸盐体系表征了不同表面浸润性通道内微观混合效果，发现通道表面疏水性增强，探针反应的离集指数有所减小，微观混合效果略有提高。此外，利用 PIV 系统，采用微距以及显微镜头与 CCD 相机相连接，构成一个简易的微-PIV 系统，对不同入口夹角的通道混合处的混合情况进行研究。结果表明，两通道入口夹角增大，微观混合效果增强，混合区中心的局部速度增大，对流促进混合的作用更强；综合考虑混合效果以及能耗因素，适宜的进口夹角应为 $90°\sim180°$。

杜闰萍（2007）利用平面激光诱导荧光（planar laser induced fluorescence，PLIF）技术，研究了毫米尺度流道内两股不同温度液膜的错流混合过程，根据激光诱导作用下荧光强度的温度依赖特性，将液-液错流混合区的二维温度场分布可视化。采用温度的离集强度（intensity of segregation）定量描述两液流混合的发展，分析不同射流动量比对混合过程的影响。计算出混合区水流间的总传热系数，与纯湍流作用的总传热系数比较发现，两液膜射流撞击对传热有强化作用，射流动量比是影响其总传热系数的重要因素。还利用 PLIF 技术对一个基于工业混合器简化的液-液快速射流混合结构进行混合区温度场的测量。

图 8.9 为 PLIF 测量液-液快速混合过程温度场的装置示意图。罗丹明 B 溶液浓度 $47.5\mu g/L$，分流成两股，A 流股温度为 18℃，进入混合器射流层，B 流股加热到 48℃，进入混合器主流道。流体在混合区受激光片光源激发产生荧光信号。CCD 相机装有高通滤光片，只接受荧光信号。图像经计算编程转化和校正后输出为温度场分布。对每种工况的 100 幅瞬态温度场分布图平均，得到 10s 的时均结果。图 8.10(a) 是工况 2 的瞬态温度场分布图，图 8.10(b)～(f) 分别是工况 1～5（射流的动量比，即 A 流束的动量逐渐减弱）的时均温度场分布图（参见彩插），可见图 8.10(a) 中温度场含有随机性波动。

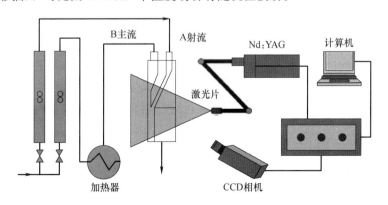

图 8.9　PLIF 实验系统示意图（杜闰萍，2007）

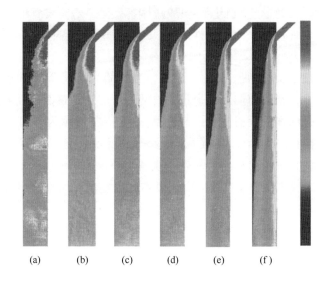

图 8.10　PLIF 测量的温度场的分布图（杜闰萍，2007）

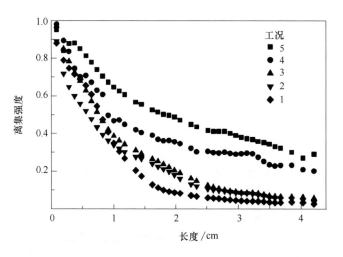

图 8.11　流动方向不同位置的离集强度（杜闰萍，2007）

　　图 8.11 表明，温度不均匀度在出口可以减小到 0.05 以下。图 8.10 中两股不同温度的液膜混合过程，可按两股流体之间通过一个假想温度界面进行并流换热，由此估计出的总传热系数 K 可达到 $10^5\,W/(m^2\cdot K)$ 数量级。毫米级液膜的撞击混合明显地强化了热量输运过程，射流动量比越大，传热强化越明显。

王文坦（2012）采用了 μ-LIF 技术可视化研究了微通道中液滴内部不同浓度的液体间的混合行为。CCD 相机连接显微镜，观察在显微镜载物台上的微通道，激光从下方照射（图 8.12）。水相分为两束进入第 1 个 T 形混合器（图 8.13），其中一束是罗丹明 B 的稀溶液，油相从第 2 个 T 形入口进入，使水滴在通道中心生成。在向前运动中，液滴内部的浓度差逐渐消减，其速度受外围流体的剪切、扰动和液滴内部的循环制约。图 8.14 所示为典型实验结果（参见彩插），液滴直径 $180\mu m$，刚形成时呈椭球状，后来逐渐变成子弹状，而彩色的变化说明混合进行得不快。

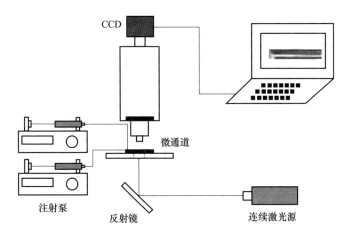

图 8.12 μ-LIF 实验装置示意图（王文坦，2012）

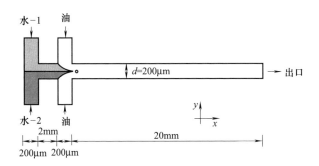

图 8.13 产生微液滴的双 T 形混合器（王文坦，2012）

PLIF 还可联合 PIV 测速技术，同时获得流场内速度、温度场的信息（Meyer TR，2004）。

以上的实验方法均用光学法或 PIV 技术，得到两股物料混合过程的全流

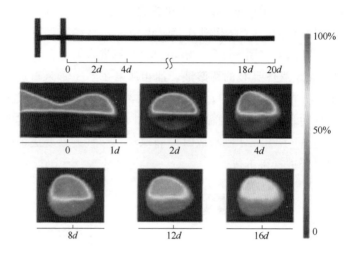

图 8.14　液滴内混合过程的 μ-LIF 实验结果

（分散相/连续相流速比 $U_c : U_d = 20 : 1$，毛细数 $Ca = 0.02$，$Re = 12$。王文坦，2012）

道图像，它可以很好地描述混合的进程，观察流型和相分散的现象，提示对混合有利和不利的因素，但不是定义混合质量指标所用的横截面上的溶质或物相分布的定量数据。微通道本身尺寸微小，得到全截面的清晰光学图像具有挑战性。

　　共聚焦（confocal）显微镜可以排除焦平面以外的影像（焦平面的景深可小至 5μm），因而对稳定流动可以逐个平面测量合成为 3D 的结果，适合于透明系统中的稳态流动。因此，可以取靠近微通道出口处 L 长的一段通道作为出口截面的近似体积，在垂直于流动方向上的不同高度 a、b、c……获取微通道的共聚焦图像（图 8.15），分别在流动方向上将图像积分（或平均），再合成得到截面的图像，进而统计为流动在出口面上的混合质量。

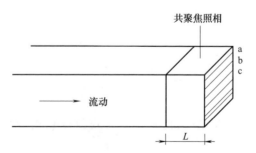

图 8.15　用共聚焦照相法测量出口截面浓度场

8.3.2　化学反应探针法

化学反应探针法是常规尺寸体系中考察混合设备和反应器内微观混合的常用技术。所用的化学体系为有竞争反应的复杂化学反应体系，常用的平行竞争反应（主反应很快，副反应稍慢；微观混合不好时，副反应产物增多）有碘化物-碘酸盐反应、氯乙酸乙酯水解反应，而连串竞争反应（主反应产物在微观混合不利的情况下，会继续反应生成副产物）多采用偶氮化反应。在出口检测副产物的量，得出离集指数，即可半定量地指示微观混合效率的好坏。

Zhang WP（2016）采用 Fournier MC（1996）提出的硼酸盐-碘化物-碘酸盐反应（Villermaux-Dushman 反应），属于竞争平行反应体系：

$$H_2BO_3^- + H^+ \longrightarrow H_3BO_3 \tag{8.20}$$

$$5I^- + IO_3^- + 6H^+ \longrightarrow 3I_2 + 3H_2O \tag{8.21}$$

$$I_2 + I^- \rightleftharpoons I_3^- \tag{8.22}$$

其中，式（8.20）所示为酸碱中和反应，反应速率很快，且特征时间小于微观混合特征时间；式（8.21）所示为氧化还原快速反应，其反应特征时间与微观混合特征时间在同一量级。此复杂反应通常在氢离子不过量的情况下进行的。如果微观混合良好，硼酸根和碘酸根离子会以大致相等的速度扩散，而硼酸盐的耗氢反应极快，则碘酸根与氢离子反应生成元素碘、使离集指数升高的机会微弱；所以碘的生成和离集指数 X_S 是反应器微观混合效率的指针。微观混合好则只进行反应（8.20）；混合不良时反应（8.21）也将同时发生，生成 I_2 和 I_3^-。按生成的 I_2 来表示混合器内流体的混合效果，如式（8.23）～式（8.25）所示。离集指数 X_S 的定义为：

$$X_S = \frac{Y}{Y_{ST}} \tag{8.23}$$

$$Y = \frac{2([I_2] + [I_3^-])}{[H^+]_0} \tag{8.24}$$

$$Y_{ST} = \frac{6[IO_3^-]_0}{6[IO_3^-]_0 + [H_2BO_3^-]_0} \tag{8.25}$$

式中，Y 为反应（8.21）消耗掉的酸量与总体消耗掉的酸量之比；Y_{ST} 为完全离集时的 Y 值，此时混合不良，这样含酸团块外表处酸的消耗会按照硼酸盐和碘酸盐的局部浓度比例来分配。因此，完全离集相应于 $X_S = 1$，理想混合则是 $X_S = 0$。

Zhang WP（2016）用 3 个浸润性不同的微通道进行微观混合实验，缓冲液（即溶液 A）含硼酸和碘酸钾以及碘化钾，溶液 B 为硫酸溶液。溶液 A 和溶液 B 的流量比分别为 1：2 和 1：1 的结果见图 8.16。随着流体表观流速的增大，微观混合的效果逐渐增强。在碘化物-碘酸盐溶液体系和相同的操作条件下，亲水性通道内的离集指数最高，微观混合效果相对较差。认为表面性质并非直接影响了分子尺度的混合过程，而是通过对流动过程的影响而间接作用于微观混合过程。与常规尺寸的反应器相比，离集指数 X_S 小了两个数量级，一般小于 0.001。

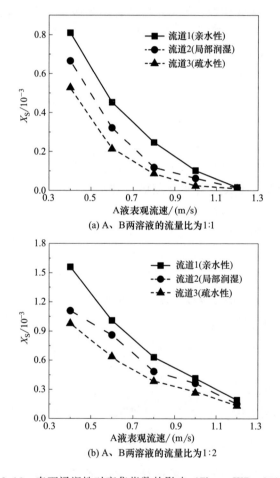

图 8.16　表面浸润性对离集指数的影响（Zhang WP，2016）

还考察了直通道、螺旋通道（无挡板）和螺旋通道内加扰流挡板的微观混合效率，结果如图 8.17 所示。螺旋通道由于其流道的弯曲而引入了离心力，使通道内离集指数比直通道有所降低，微观混合效率增强；挡板的引入如预期一样，引起了局部涡流，进一步改善了微通道内的微观混合。

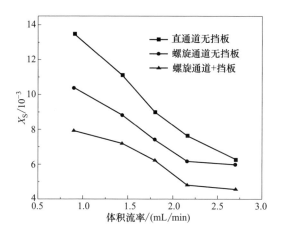

图 8.17 通道几何构型对离集指数的影响 （Zhang WP，2016）

Baccar N（2009）用硼酸盐-碘酸盐反应体系实验研究了膜组件中的混合效率，膜组件内膜管内外的尺寸都很小，实验发现 X_S 在 $4.4 \times 10^{-3} \sim 5.75 \times 10^{-2}$ 的低水平，远低于常规搅拌槽中的 $0.1 \sim 0.3$ 的水平。直观地比较离集指数 X_S 得出的推论是，微通道中的混合（或微观混合）优于宏观尺度的反应器。

Aoki N（2006）测试了一种 K-M 微混合器，将一般 T 形混合器的两入口对撞构型（碰撞流束对数 $n=1$）扩展为多股反应物流束（$n=4$、5、7），在垂直于出口圆管的平面内间隔排列，射向碰撞混合区的中心。用 Villermaux/Dushman 快速平行竞争反应体系实验测定了碰撞区直径、碰撞流束对数 n、流体流率等对反应副产物的影响。图 8.18 显示了微混合器出口流中副产物 I_2 的量（以 352nm 的光密度表示），表明最好的 K-M 混合器的混合区直径为 $300\mu m$、$n=7$（图 8.18 中的 KM90-7-300）；其它两种 K-M 混合器也都优于类似条件下的 T 形和 Y 形混合器（图中的 T-0.3）。显然，在混合区碰撞的流束多是有利于混合的因素。当出口通道雷诺数小于 200，减少槽道的尺寸可以提高微观混合性能，当出口通道雷诺数大于 200，增大流场中的剪切速率也提高了混合性能。这表明高混合性能和高通量可能同时实现。

李友凤（2012）采用 Villermaux/Dushman 快速平行竞争反应体系测试了 4 种新型的 T 形微混合器 ［T 形直流对撞（IS）、锥形对撞（CIS）、直流旋撞

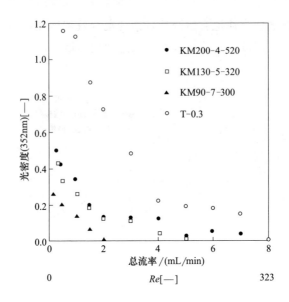

图 8.18　几种 K-M 微混合器的性能（Aoki N，2006）

（VS）和二次旋流旋撞（CVS），见图 8.19〕的微观混合性能，表明在相同实验条件下，相比于直线型反应器，锥形反应器具有更好的微观混合效果。相比于直接撞击流反应器，CVS 反应器混合特性更加出色，且旋流反应器可延长物料在混合器内的停留时间。离集指数在 0.002～0.0043 之间，用并入模型估计得微观混合时间在 1.9～4.6ms。

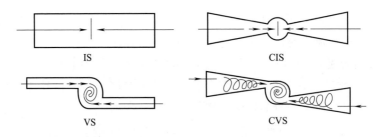

图 8.19　几种 T 形微混合器的改进型（李友凤，2012）

8.3.3　多相体系的实验研究

　　多相体系在微通道内的混合实验，需要在实验设计上比单液相实验有更多的考虑。例如，两相在拍摄的图像中是否能够容易区分，通道材质与两种液相的浸润性是否决定了哪一相成为分散相，等等。

相比于单相流，多相流无需复杂的微通道结构和外部能量输入就能产生足够的流场扰动，所以混合效果优于单相流动（王佳男，2013）。另外，多相流体系还可消除层流流动中常见的浓度轴向返混现象。图 8.20 中的单相流动，流速呈抛物线分布，由于 Taylor 分散效应，一个高浓度团块会在流动中逐渐拉长、稀释。但在不互溶的两流体中生成的液滴，基本上会保持为液滴，其内部所含的溶质受到另一相的隔绝，不至于被稀释，而且液滴内部的循环会促进液滴内部的混合均匀。

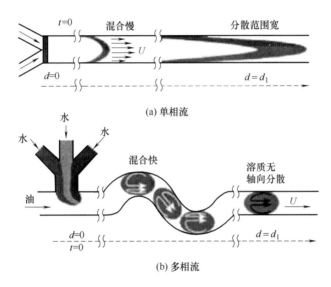

图 8.20　流体混合过程（王佳男，2013）

在液-液两相体系中微混合和微反应器的研究十分活跃。例如，制备硝基甲苯、硝化甘油的反应是两互不相溶的液相间的反应，反应强放热、硝酸腐蚀性强、有爆炸风险，然而在微型反应器中可以有效而又安全地运行。我国西安惠安化学公司在其合作者德国梅因斯微型技术研究所（IMM）的帮助下，在我国中部的一家工厂已经开始生产硝基油，产量为 10kg/h 左右（王普善，2007）。工程基础研究也广泛开展。

杨丽（2017）对 T 形微通道内不混溶的液-液两相流中分散相液滴内的混合过程进行实验研究，探索微通道中引入扰动对混合的影响。微通道有 3 个入口（见图 8.21），用双通道微量注射泵从入口 2 和入口 3 注入颜色不同的分散相溶液，在入口 1 引入不混溶的第二液相后，第一液相被分散为液滴、液塞段，额外的扰动可能促进分散相内部的混合。实验装置主要包括显微镜成像系

495

统和液流驱动系统，连续相溶液为二甲基硅油溶液，分散相为水溶液。用显微镜观察实验现象，利用 CCD 摄像机实时显示并记录实验彩色图像。

当液滴在微通道中受到壁面剪切力的阻滞，导致液滴内部形成对称的环状涡流（图 8.22）。T 形微通道内液滴生成时的流场扰动作用决定了液滴内溶质的初始分布型态，图 8.22(a) 的初始分布时内部对流容易完成混合的情形，因为内部对流直接导致轴向混合，而图 8.22(b) 的分布则不利于对流发挥混合作用，内部循环限于将液滴外围的溶质输送到轴线区域来，但这也有缩短扩散距离的好处。

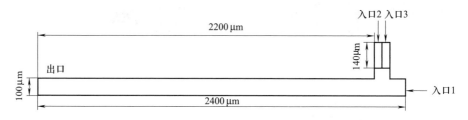

图 8.21　有 3 个入口微通道的结构图

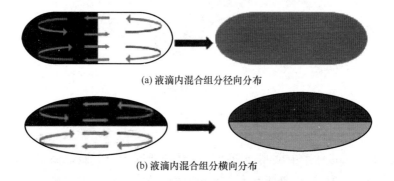

(a) 液滴内混合组分径向分布

(b) 液滴内混合组分横向分布

图 8.22　液滴内部对流对溶质混合的促进作用（箭头是滴内环流方向。杨丽，2017）

Tice JD（2004）以水为分散相、全氟萘（PFD）为连续相，考察了微通道内互溶两液流分散相液塞内的混合，提出了如图 8.23 中所示的液塞形成方式：用一股中间液流将需要混合的两液相分配在液塞的前端和后端，这样图 8.20(a) 中所示的液滴内部循环就会大大促进液滴内的混合。实验中一股水流以 $[Fe(SCN)_x^{(3-x)+}]$ 络合物染色。图 8.23(a) 中，形成液塞的三股液流黏度相近，两种待混合液体是上下分布的；而 8.23(b) 中的一股液流是黏度大的，得到的液塞的初始分布就成为前后分布了。图 8.23(b2) 表明黏度的差别大产生了好的混合效果。

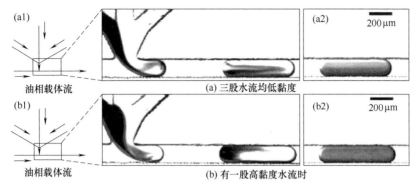

图 8.23　不同的液塞形成方式（Tice JD，2004）

由于实验不易直接测定液滴内的浓度，杨丽（2017）将拍摄的图像进行灰度处理。液滴内的混合指数计算公式为

$$M = 1 - \frac{\sqrt{\dfrac{1}{N}\sum_{i=1}^{n}(I_i - I_i^{\text{mixed}})^2}}{\sqrt{\dfrac{1}{N}\sum_{i=1}^{n}(I_i^{(0)} - I_i^{\text{mixed}})^2}} \tag{8.26}$$

式中，$I_i^{(0)}$ 是流体未混合时各像素的灰度；I_i^{mixed} 是流体完全混合时各像素的灰度；N 为像素的总数。$M=1$ 表示液滴内完全混合，$M=0$ 表示未混合。在分散相入口加入无色和染红色的甘油水溶液，分散相流率为 $0.1\mu L/\text{min}$ 保持不变，连续相流率由 $0.05\mu L/\text{min}$ 增至 $0.4\mu L/\text{min}$ 时，得出液滴内的混合指数随停留时间的变化规律，如图 8.24 所示。混合效率随连续相流率呈上升趋势，且实验数据与模拟结果吻合良好。连续相流率是决定液滴尺寸的关键因素，随着连续相流率增大，分散相液滴尺寸减小，内部环流增强，故其混合效率大幅提升。

液-液两相流的混合的改善是利用与欲混合流体不互溶的第二相将被混流体分隔为液塞，混合过程发生在孤立的单个液塞内。由于液体的不可压缩性，液-液两相流动中的液塞大小更易调节和控制，混合过程也因此更容易控制（王佳男，2013）。

在微通道内加入气体相也是强化流体混合过程的简单、有效方法。Gunther A（2005）通过 LIF 实验，研究了弯曲微通道内通入气相对两互相混溶液体的混合过程的影响。通入气体时，形成气液两相气节流动，液相被分隔成为液塞，化学物质被限制在分隔开的液塞之中，内部液体的混合因为气体推进而使层流的抛物线流速分布产生的 Taylor 流，返混大大削弱，液塞内的混合得以强化。μPIV 的测定发现，液塞中产生了垂直于主流方向的流速，其值可达

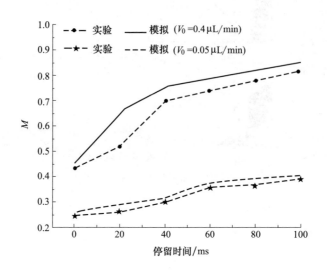

图 8.24　液滴内混合指数随停留时间变化的实验和模拟结果

（分散相流率 $0.1\mu L/min$。杨丽，2017）

主体流动的 30％。在较大 Pe 数的条件下，流体经较短的混合距离就能达到充分混合，因此在微通道中混合互溶液体也无需为此在壁面上加工特殊的结构。

　　Fries DM（2009）以乙醇作为连续相，将部分乙醇染色，实验考察了气体通入对不同结构微通道内液相混合过程的影响。研究表明，通道宽度和弯道半径越小、弯道角度越大，达到完全混合所需的微通道长度越短。

8.4　混合过程的 CFD 模型和模拟

8.4.1　计算流体力学方法的适用性

　　微通道中的混合过程的模拟也首先是模拟微通道内的单相或多相体系的流动，其次是模拟示踪剂、溶质等标志性成分在流场中的分散与混合，最后从稳态或非稳态的模拟结果中提取标志混合程度的指标。由于微器件的尺度很小，其中的流动多在层流范围，目前的 CFD 流场数值模拟技术几乎可以清晰地揭示内部流场的结构。对微器件中的单相体系，在结构清晰的流场中来求解浓度场和化学反应进程，实际上没有什么困难。因此，混合和传质问题的数值模拟中区分宏观混合和微观混合的意义已经不大，可以将整个涉及化学反应的混合问题一起模拟。对多相体系,稍微困难一点,主要在于需要准确地决定相界面的位置和其演化。

对于微米级尺度的微通道,其中的流动是否能以经典的流体力学 Navier-Stokes 方程为基础来进行 CFD 数值模拟,可用 Knudsen 数来判断,$Kn = \lambda/L$。式中,λ 是流体分子平均自由程;L 是微通道截面的特征长度。如果 Knudsen 数 Kn 小于 0.01 时,可以用无滑移边界条件的 Navier-Stokes 方程描述流体,流体可假设为连续流;$0.01 < Kn < 0.1$ 时,可以用有滑移边界条件的 Navier-Stokes 方程描述流体。在标准状况下,双原子气体分子平均自由程在 $10^{-8} \sim 10^{-7}$ m;液体分子的间距在 10^{-8} m 量级,液体分子间的碰撞频率也很高,因此液体分子的平均自由程远小于 10^{-8} m。所以,在非极端的条件下,在百微米级的通道中 $Kn \sim 0.001$,CFD 数值模拟仍是可靠的研究工具。气体流动的 Kn 数比液相的大,容易出现 Navier-Stokes 方程不适用的情况。

微尺度器件内部器壁出现速度滑移、温度跳跃等稀薄气体效应时,基于连续流体假设的传统 CFD 方法不再适用。因此,需要采取一些方法来保证数值模拟的结果能够体现出这些物理现象,比如按经验的方法指定壁面速度数值。格子玻尔兹曼方法(lattice Boltzmann method,LBM)、耗散粒子动力学(dissipative particle dynamics,DPD)等方法更容易实施这样的边界条件。

当速度滑移严重时,如气体在微通道中的流动和混合,则可能需要更接近分子动力学的模拟方法,例如直接模拟蒙特卡罗法(direct simulation Monte Carlo,DSMC)则比较适合。解茂昭(2013)选用比变形硬球(VHS)模型更能真实反映气体混合过程的变形软球(VSS)模型,对平行微通道内 CO 和 N_2 两种气体混合进行 DSMC 数值模拟(图 8.25)。为评价混合性能,将隔板末端到充分混合点之间的距离定义为混合长度。文献中有各种判断混合点的方法,解茂昭(2013)认为利用相应组分的分子个数百分数来进行充分混合点判断会更直观方便,定义了组分偏差系数:

$$\xi(i,x) = \left| f(i,x)_{下方} - f(i,x)_{上方} \right| \tag{8.27}$$

式中,i 为组分编号;x 为轴向距离。充分混合时 $\xi(i,x)$ 从 1 下降到 0,可以选择 $\xi(i,x) \leqslant 0.01$ 为充分混合的判据。模拟结果表明,在隔板末端有明显的扩散返混;壁面调节系数 $\alpha_c = 0$ 时,混合长度为 6μm(图 8.26)。

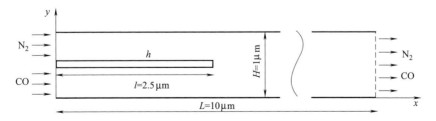

图 8.25 平行 2D 微通道结构示意图(解茂昭,2013)

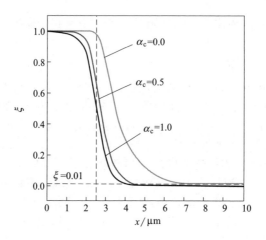

图 8.26　壁面调节系数 α_c 对组分偏差系数 ξ 的影响（解茂昭，2013）

8.4.2　CFD 数学模型

微尺度体系中的计算流体力学数学模型与宏观体系中的模型方程基本相同。

8.4.2.1　单相体系的数学模型

由于微混合器的尺度很小，所以流动的特征雷诺数很低，绝大多数在层流范围。因此，数值模拟中无需考虑湍流和湍流对传质的强化。所以数学模型的形式比较简单，仅包括连续性方程和动量守恒定律（Navier-Stokes）方程：

$$\nabla \cdot \boldsymbol{u} = 0 \tag{8.28}$$

$$\rho \frac{\partial \boldsymbol{u}}{\partial t} + \rho \nabla (\boldsymbol{uu}) = -\nabla p + \mu \left[(\nabla \boldsymbol{u}) + (\nabla \boldsymbol{u})^{\mathrm{T}} \right] + \rho \boldsymbol{g} + \boldsymbol{F} \tag{8.29}$$

上述 2 个方程在直角坐标系中以速度分量 u_i 表示的形式为

$$\nabla \boldsymbol{u} = \frac{\partial}{\partial x_j} (\rho u_j) = 0 \tag{8.30}$$

$$\rho \frac{\partial u_i}{\partial t} + \rho \frac{\partial}{\partial x_j} (u_i u_j) = -\frac{\partial p}{\partial x_i} + \frac{\partial}{\partial x_j} \left[\mu \left(\frac{\partial u_i}{\partial x_j} + \frac{\partial u_j}{\partial x_i} \right) \right] + \rho g_i + F_i \tag{8.31}$$

这里起控制作用的物性参数只有流体的黏度和密度，模型方程是精确的。只要模拟网格足够密，时间步长足够小，数值模拟就能够捕捉到流场中出现的流线弯曲和微小的局部循环，模拟的流场就足够准确。在微尺度下，重力加速度项一般可以忽略。

粒子追踪法。惰性粒子追踪法也在微混合器的数值模拟研究中常常用到。在流场已经给定的条件下，用描述粒子运动的拉格朗日方法，得到若干虚拟的示踪粒子的运动轨迹来指示流体的运动结构。在单相微通道流动中，还可以统计这些粒子在流场中的分布，来刻画微混合器或反应器中的混合质量和能力。

示踪粒子的位置 x 可由下列方程和每个粒子的初始条件确定：

$$\frac{\mathrm{d}x}{\mathrm{d}t} = u(x, t) \tag{8.32}$$

$$x\big|_{t=0} = x_0 \tag{8.33}$$

式中，t 为时间；u 为粒子的速度矢量；x_0 为粒子的初始位置。

其实，除了用示踪粒子运动的轨迹来反映液相流动结构，二维流场的流线（流函数的等值线）也是流场结构的表现。速度矢量图也是表现流场结构的方法之一。这些方法，可以根据流场是否稳态、空间维数、流场对称性等条件来合理选择。

示踪溶质的传递方程。在单相体系中可以用溶质的对流扩散传递方程：

$$\frac{\partial c}{\partial t} + \nabla u c = \nabla (D \nabla c) \tag{8.34}$$

以欧拉观点来描述混合过程。如果某一溶质在进入微混合器的流束中浓度不同，则在微混合器流动的过程中，溶质的浓度 c 会因传质而逐渐均匀化。式（8.34）准确地表达了主体对流和分子扩散这两种物理机理对示踪剂（溶质）的输运作用。上述方程的展开形式为：

$$\frac{\partial c}{\partial t} + \frac{\partial}{\partial x_i}(u_i c) = \frac{\partial}{\partial x_i}\left(D \frac{\partial c}{\partial x_i}\right) \tag{8.35}$$

在指定了适当的初始条件和边界条件后，可以用数值方法得到混合的动态过程和稳态操作下微混合器的混合效果。

一般情况下，微混合器是在稳定条件下操作的，因此在层流条件下，流场、浓度场和示踪颗粒的轨迹都将不随时间而变化，因此一般可以用稳态数值模拟的方法。而且由于微通道的尺度很小，在现有的数值模拟计算的资源条件下，接近于可以用直接数值模拟（DNS）方法来解析微混合器内的流场和浓度场，有可能不用微观混合模型就可以计算化学反应的真实速度。但是，在层流条件下，也有时会出现混沌现象、二次流动、随机性的流场扰动，或流场的不稳定性。这时需要进行动态的模拟来捕捉可能出现的非稳态现象。

有的研究中微通道内 Re 达到 2000 以上，此时必须考虑湍流现象，数值模拟微通道流动时应当采用直接数值模拟（以足够小的空间网格和足够小的时间步长，来保证模拟有足够的空间和时间分辨率）。在流道的雷诺数接近1000时，有时会出现间歇性的湍流。

8.4.2.2 两相体系的数学模型

微尺度流动的多相流动模型在原理上不能照样借用欧拉-欧拉观点的两流体模型，因为分散相的尺度和微通道的尺度接近可比，把其中一相看作伪连续相与物理实际差别太大。需要对每一相的流动分别数值模拟，这要求准确地确定相界面和推进相界面，数值模拟才能得到可信的结果。这涉及相界面的追踪技术。现在已知和常用的方法是水平集法（level set method，LSM）和流体体积法（volume of fluid，VOF）。用这两种方法，在目前计算机技术容许的条件下，可以数值模拟上千个液滴的运动。在微通道中多相流的数值模拟任务应该比这个极限小一两个数量级。

在多相体系中，如果溶质只溶于一相，则上述对流扩散方程式（8.35）仍然适用，但求解域中不参与传质的那一相所占的区域的传质系数需要设为很大值，另外还要在程序中按浓度法向梯度为0的条件正确实施边界条件。这个方法在对分散相颗粒（气泡、液滴）——指定边界条件和在欧拉网格上准确实施边界条件上稍微烦琐，但技术上并无困难。

如果两个液相都参与传质，一般情况下两液相的溶质传质系数不等，溶质的分配系数也不为1，如果不想烦琐地对连续相和每一个分散相颗粒逐一求解对流扩散方程，则可以按照浓度变换法（Yang C，2005）来更有效率地求解两相的浓度场和相间传质。相间传质的浓度变换法在数值模拟溶剂萃取体系中的相间传质和传质Marangoni效应时有较多的应用。

水平集（level set）法两相流动控制方程。在两相流中，如果要解析一个气泡或液滴的运动，则必须用足够多的网格来离散，同时准确地实现界面上的边界条件，并准确捕捉界面和推进界面。以水平集方法来捕捉界面和推进界面是很方便的，利用水平集函数也可以将两相共处的流场近似为一个"相"，进行整个流场的数值求解。因此，水平集方法得到了广泛的应用。

Yang C（2002）采用水平集法（level set method，LSM）和SIMPLE算法相耦合，对不同尺寸、表面张力、黏度比和密度比的单气泡的运动和变形进行了模拟。为加快收敛、减小"寄生"表面流（"parasitic" surface current）和提高计算精度，采用了一系列的改进算法格式，如"密二倍"网格取值、从界面附近推进level set函数守恒方程、采用高阶ENO格式（essentially nonoscillatory scheme）离散重新初始化方程等。数值模拟结果同文献实验结果相符，检验了新算法的实用和可靠性。在用水平集方法模拟液滴运动的基础上，Yang C（2005）发展了模拟相间传质过程的水平集算法和模型，建立了溶质分配系数 m 不为 1 时的传质模型和计算方法，成功地模拟了连续相和分散相传质阻力共同控制时的相间传质过程。

对于不可压缩、不互溶的液液两相层流流动体系，假定液液两相之间没有化学作用，并可以作为牛顿型流体处理，流体质点在运动过程中密度、黏度不变。分界面外侧和内侧法向应力之差 P_s 应满足：

$$P_s = \sigma \kappa n \tag{8.36}$$

式中，σ、κ 分别为表面张力系数和曲面的曲率；n 为界面的单位法向矢量。

由动量和质量守恒定律，根据 Brackbill JU（1992）所提出的连续表面张力模型，液液两相运动的控制方程可描述为：

① Navier-Stokes 方程

$$\rho(\partial U/\partial t + U \cdot \nabla U) = -\nabla p + \nabla \cdot [\mu(\nabla U + \nabla U^T)] + \rho g + \sigma \kappa \delta(d) n \tag{8.37}$$

② 连续性方程

$$\nabla \cdot U = 0 \tag{8.38}$$

$$\frac{\partial \rho}{\partial t} + \nabla \cdot (\rho U) = 0 \tag{8.39}$$

$$\frac{\partial \mu}{\partial t} + \nabla \cdot (\mu U) = 0 \tag{8.40}$$

引入水平集函数 $\phi(X, t)$ 追踪流体界面，即任一时刻 $\phi(X, t)$ 的零水平集对应的为两流体分界面，$\phi(X, t) > 0$ 的区域定义为一种流体，而 $\phi(X, t) < 0$ 的区域代表另一种流体，即可利用如下的 Hamilton-Jacobi 型守恒方程来跟踪界面的运动：

$$\frac{\partial \phi}{\partial t} + \nabla \cdot (U\phi) = \frac{\partial \phi}{\partial t} + (U \cdot \nabla)\phi = 0 \tag{8.41}$$

如果取 $\Gamma(t)$ 内部区域的 $\phi(X, t) < 0$，则分界面曲线 $\Gamma(t)$ 的法向距离 d 和外法线方向 n 可由以下两式求得

$$d = -\frac{\phi}{|\nabla \phi|} \tag{8.42}$$

$$n = -\frac{\nabla \phi}{|\nabla \phi|} \tag{8.43}$$

引入 d 和 n 的表达式，则方程（8.37）中的表面张力项可表示为：

$$\sigma\kappa\delta(d)\boldsymbol{n}=\sigma\kappa(\phi)\delta(\phi)\nabla\phi \tag{8.44}$$

实际上，上述方程用到了等式

$$\delta\left(-\frac{\phi}{|\nabla\phi|}\right)\left(-\frac{\nabla\phi}{|\nabla\phi|}\right)=\delta(\phi)\nabla\phi$$

分界面曲线 $\Gamma(t)$ 的高斯曲率为：

$$\kappa(\phi)=\nabla\cdot\boldsymbol{n}=-\nabla\cdot\left(\frac{\nabla\phi}{|\nabla\phi|}\right) \tag{8.45}$$

Brackbill JU（1992）的连续表面张力模型（CSF）中，为了克服表面张力项在数值计算中所带来的困难，将自由分界面看成具有虚拟厚度为 2ε 的过渡层（图 8.27），其中 $\varepsilon\equiv O(h)$，因而越过相界面的密度和黏度是连续地变化，而不是突变的，避免了数值计算的不稳定性，h 为网格大小。

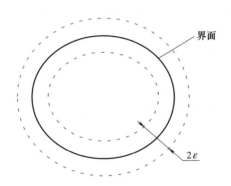

图 8.27　界面模型示意图

实际计算过程中，一般引入磨光的 Dirac delta 函数 $\delta_\varepsilon(\phi)$ 和磨光的 Heaviside 函数 $H_\varepsilon(\phi)$，并分别定义为：

$$\delta_\varepsilon(\phi)=\begin{cases}\dfrac{1}{2\varepsilon}\left[1+\cos(\pi\phi/\varepsilon)\right], & |\phi|<\varepsilon\\[2mm]0, & \text{其它情况}\end{cases} \tag{8.46}$$

$$H_\varepsilon(\phi)=\begin{cases}0, & \phi<-\varepsilon\\[1mm]\dfrac{1}{2}\left[1+\dfrac{\phi}{\varepsilon}+\sin(\pi\phi/\varepsilon)/\pi\right], & |\phi|\leqslant\varepsilon\\[1mm]1, & \phi>\varepsilon\end{cases} \tag{8.47}$$

则流场内各点的物性 ρ 和 μ 可分别用以下两式指定：

$$\rho_\varepsilon(\phi)=\rho_b+(\rho_c-\rho_b)H_\varepsilon(\phi)$$
$$\mu_\varepsilon(\phi)=\mu_b+(\mu_c-\mu_b)H_\varepsilon(\phi)$$

由于 ϕ 定义为距离函数，在任一时刻应满足 $|\nabla\phi|=1$ 的条件。虽然水平集函数 ϕ 的初值已取为带符号的距离函数，但当利用方程式（8.41）推进界面时，经过若干时间步后 ϕ 将不再保持距离函数的性质（即 $|\nabla\phi|\neq1$），而维持 ϕ 的距离函数性质是准确计算 $\boldsymbol{n}$、$\kappa(\phi)$ 和速度场的前提。因而，为使 ϕ 在计算过程中维持距离函数的性质，限定界面的虚拟厚度和保持质量守恒，需要对水平集函数 ϕ 重新初始化，方法为求解方程

$$\frac{\partial\phi}{\partial\tau}=\mathrm{sgn}(\phi_0)(1-|\nabla\phi|) \tag{8.48}$$

直至稳态。式中，τ 是重新初始化的虚拟时间；ϕ_0 是计算过程中 t 时刻的水平集函数值，$\phi(\boldsymbol{X},\tau=0)=\phi_0(\boldsymbol{X})$。为了防止发散，采用光滑的符号函数 $\mathrm{sgn}_\alpha(\phi_0)$，即 $\mathrm{sgn}_\alpha(\phi_0)=\phi_0/\sqrt{\phi_0^2+\alpha^2}$，$\alpha=O(h)$。

浓度变换法求解相间传质方程。液液两相间的非稳态传质数学模型，包括溶质在两相（$i=1,2$）中分别满足对流扩散方程：

$$\frac{\partial C_i}{\partial t}+U_i\nabla C_i=\nabla(D_i\nabla C_i),\quad i=1,2 \tag{8.49}$$

并要满足相界面上的边界条件，即质量通量连续和界面溶解平衡：

$$D_1\frac{\partial C_1}{\partial n_1}=D_2\frac{\partial C_2}{\partial n_2}\text{（质量通量连续）} \tag{8.50}$$

$$C_2=mC_1\quad\text{（界面溶解平衡）} \tag{8.51}$$

上述传质方程分别应用到每一个液滴和连续相。当溶质的分配系数 m 为1、溶质在两液相中的扩散系数相等时，对流扩散过程感受不到相界面的存在，全域可统一求解。若 $m=1$、$D_1\neq D_2$ 时，则浓度在界面上连续，但浓度梯度不连续，全域统一求解会在界面附近引起浓度场的误差。若 $m\neq1$、$D_1=D_2$ 时，则浓度在界面上跳跃，浓度场不连续，全域统一求解误差更大。

一般的情况是 $m\neq1$、$D_1\neq D_2$，则整个计算域内的浓度场在相界面浓度不连续、浓度梯度也不连续。所以连续相和液滴的浓度场必须分别求解。求解连续相内的对流扩散时，液滴占据的位置不求解，液滴表面作为边界；反之，对所有的液滴区域，则以连续相界面为边界来求解。然后，在界面上满足边界条件。对每一个时间步，可能需要几次迭代，才能使两相内的微分方程和边界条件同时得到满足。当液滴数较多时，更新边界条件变得十分烦琐。因此，需要把水平集法那样在整个流场中同时求解两相流场一样的简便方法用于两相传质计算。

Yang C（2005）提出浓度变换法来解决这个难题，使两相流场仍然可以按水平集法的思想全场一起求解。如果 m 不为 1 时，溶质的浓度在界面两侧不连续，如果要在一个连续的浓度场中计算传质过程，必须对浓度进行变换，可令：

$$\hat{C}_1 = C_1 \sqrt{m} \tag{8.52}$$

$$\hat{C}_2 = C_2 / \sqrt{m} \tag{8.53}$$

模拟计算结果表明变换的形式不影响传质计算结果，则界面条件式（8.51）即变换为

$$\hat{C}_1 = \hat{C}_2 \tag{8.54}$$

使整个计算域内浓度连续。类似地，边界条件式（8.50）变为

$$\frac{D_1}{\sqrt{m}} \frac{\partial \hat{C}_1}{\partial n_1} = \sqrt{m} D_2 \frac{\partial \hat{C}_2}{\partial n_2} \tag{8.55}$$

连续相和液滴的对流扩散方程式（8.49）的无量纲方程可写为：

$$\frac{\partial \hat{C}_1}{\partial (\sqrt{m} t)} + \frac{1}{\sqrt{m}} \boldsymbol{U} \nabla \hat{C}_1 = \frac{1}{Pe} \left[\frac{\partial}{\partial x} \left(\frac{D_1}{\sqrt{m}} \frac{\partial \hat{C}_1}{\partial x} \right) + \frac{1}{r} \frac{\partial}{\partial y} \left(r \frac{D_1}{\sqrt{m}} \frac{\partial \hat{C}_1}{\partial y} \right) \right] \tag{8.56}$$

$$\frac{\partial \hat{C}_2}{\partial (t / \sqrt{m})} + \sqrt{m} \boldsymbol{U} \nabla \hat{C}_2 = \frac{1}{Pe} \left[\frac{\partial}{\partial x} \left(\sqrt{m} D_2 \frac{\partial \hat{C}_2}{\partial x} \right) + \frac{1}{r} \frac{\partial}{\partial y} \left(\sqrt{m} D_2 r \frac{\partial \hat{C}_2}{\partial y} \right) \right] \tag{8.57}$$

其中 $Pe = 2RU/D_1$，R 和 U 分别为特征尺寸和特征速度。通过对 $\hat{t}$、$\hat{D}$ 和 $\hat{\boldsymbol{U}}$ 再定义：

$$\hat{t}(\phi) = \begin{cases} t / \sqrt{m}, & \phi < 0 \\ \sqrt{m} t, & \phi \geqslant 0 \end{cases} \tag{8.58}$$

$$\hat{D}(\phi) = \sqrt{m} D_2 + \left(\frac{1}{\sqrt{m}} D_1 - \sqrt{m} D_2 \right) H_\varepsilon(\phi) \tag{8.59}$$

$$\hat{\boldsymbol{U}}(\phi) = \sqrt{m} \boldsymbol{U} + \left(\frac{1}{\sqrt{m}} \boldsymbol{U} - \sqrt{m} \boldsymbol{U} \right) H_\varepsilon(\phi) \tag{8.60}$$

方程式（8.56）和式（8.57）在整个计算域内可写成统一的形式，即

$$\frac{\partial \hat{C}}{\partial \hat{t}} + \hat{\boldsymbol{U}} \nabla \hat{C} = \frac{1}{Pe} \left[\frac{\partial}{\partial x} \left(\hat{D} \frac{\partial \hat{C}}{\partial x} \right) + \frac{1}{r} \frac{\partial}{\partial y} \left(r \hat{D} \frac{\partial \hat{C}}{\partial y} \right) \right] \tag{8.61}$$

这个方法在数值模拟单液滴的非稳态传质（Wang JF，2008；王剑锋 2008）、传质 Marangoni 效应（Wang JF，2011）、液滴形成阶段的传质

(Lu P，2010；Wang ZH，2013) 时，均取得很好的效果。

基于流体体积函数法（VOF）也能够捕捉相界面，是研究多相流中微流体流动与混合过程的数值模拟方法。其基本原理是在追踪自由界面的过程中引入流体体积函数 α，用以代表网格单元内流体与网格的体积之比，通过体积分数即可确定自由界面。若 $\alpha=1$，则代表该网格内充满某相流体；若 $\alpha=0$，则代表该网格内完全没有此流体；若 $0<\alpha<1$，则代表该网格内存在两相界面，自由界面可通过界面重构技术和界面传输方程计算得到。因为在 Fluent、CFX、Flow-3D 等商业软件中均有 VOF 方法可以调用，VOF 在科学研究与工程开发中的应用也越来越多。关于 VOF，可参考有关计算流体力学的专著和论文。

8.4.3 LBM 方法

数值模拟研究微通道中的流动和混合，格子玻尔兹曼方法（lattice Boltzmann method，LBM）也是流体力学数值模拟常用的方法，同样适合于常规尺度和微尺度的单相和多相流动。CFD 方法广泛用于常规尺度的混合问题，但在微尺度下有壁面速度滑移则不能适用，除非用近似的经验办法来帮助边界条件的实现。LBM 近二十几年来的迅速发展，已成为数值模拟流体行为的有力工具，尤其是对介观尺度流体的描述有其独特的优势，还有易于处理复杂边界等优点，自从提出以后就被广泛地应用于多孔介质的研究。可以认为，CFD 和 LBM 方法在微尺度混合问题上是互为补充的。

8.4.3.1 LBM 的基本原理和模型

LBM 视流体为大量离散粒子，按一定规则在流场内规则网格上进行迁移和碰撞，以此来模拟流体的流动和传递过程。其演化方程形式为：

$$f_i(\boldsymbol{x}+\boldsymbol{c}_i\Delta t, t+\Delta t)=f_i(\boldsymbol{x}, t)-\Omega_i[f_i(\boldsymbol{x}, t)-f_i^{\text{eq}}(\boldsymbol{x}, t)] \tag{8.62}$$

式中，Ω_i 为碰撞算子，根据处理碰撞算子的方法将 LBM 分为单松弛（SRT，single relaxation time）和多松弛（MRT，multiple relaxation time）模型。

① 单松弛模型 是用一个松弛时间参数确定碰撞算子，Qian YH（1992）提出的 $DnQb$（n 是空间维数，b 是离散速度数）系列模型最具有代表性。以二维 D2Q9 模型（即 LBGK 模型）为例，中心格点周围 8 个方向上有相邻格点，各格点上的流体粒子的密度分布函数 $f_i(\boldsymbol{x}, t)$ 的演化方程为：

$$f_i(\boldsymbol{x}+\boldsymbol{c}_i\Delta t, t+\Delta t)=f_i(\boldsymbol{x}, t)-\frac{1}{\tau}\left[f_i(\boldsymbol{x}, t)-f_i^{\text{eq}}(\boldsymbol{x}, t)\right] \quad (i=0\sim8)$$

$$(8.63)$$

式中，$f_i^{\text{eq}}(\boldsymbol{x}, t)$ 为时刻 t、位置 $\boldsymbol{x}$、速度为 $\boldsymbol{c}_i$ 的单个粒子在 i 点的局域平衡分布函数；Δt 为时间步长；τ 为松弛因子，稳定性要求 $\tau>0.5$。其边界条件和计算方法，可参考其它文献（雍玉梅，2012；郭照立，2008）。

D2Q9 模型中，平衡态分布函数可以统一表示为：

$$f_i^{\text{eq}}=\omega_i\rho\left[1+\frac{\boldsymbol{c}_i\cdot\boldsymbol{u}}{c_s^2}+\frac{(\boldsymbol{c}_i\cdot\boldsymbol{u})^2}{2c_s^4}-\frac{u^2}{2c_s^2}\right] \quad (8.64)$$

式中，ω_i 为权系数；$c_s=c/3$ 为当地声速；c 为格子速度，是格子步长和时间步长之比，因为这两个值通常取 1，所以 c 也通常为 1；$\boldsymbol{c}_i$ 代表了粒子在 i 方向（$i=0\sim8$）上的速度矢量：

$$\boldsymbol{c}=c\begin{bmatrix} 0 & 1 & 0 & -1 & 0 & 1 & -1 & -1 & 1 \\ 0 & 0 & 1 & 0 & -1 & 1 & 1 & -1 & -1 \end{bmatrix} \quad (8.65)$$

根据模拟的物理问题确定了流场、网格和模拟参数后，指定了离子在网格上的初始分布和边界条件，在时间域里按式（8.63）逐步演化，实现 LBM 模拟。

根据模拟获得的密度分布函数，可以得到宏观物理变量（密度、速度和流体黏性系数）：

$$\sum_i f_i^{(\text{eq})}=\rho, \quad \sum_i c_i f_i^{(\text{eq})}=\rho\boldsymbol{u}, \quad \nu=c_s^2\left(\tau-\frac{1}{2}\right)\Delta t \quad (8.66)$$

② 多松弛模型（MRT）　后来提出的 GLBE（general lattice Boltzmann equation）模型在物理原理、参数选取和数值稳定性方面都比单松弛模型有更大的优势（d'Humières D，1992）。GLBE 在碰撞过程中使用多个松弛时间，碰撞算子成为矩阵形式，其演化方程可以表示为：

$$f_i(\boldsymbol{x}+\boldsymbol{c}_i\Delta t, t+\Delta t)-f_i(\boldsymbol{x}, t)=-\Lambda_{ij}\left[f_j(\boldsymbol{x}, t)-f_j^{\text{eq}}(\boldsymbol{x}, t)\right] \quad (i=0,1,\cdots,b)$$

$$(8.67)$$

式中，$\boldsymbol{\Lambda}$ 是碰撞矩阵（$b\times b$ 方阵）。该方程描述了离散速度分布函数矢量：

$$\boldsymbol{f}(x, t)=\left[f_1(\boldsymbol{x}, t), f_2(\boldsymbol{x}, t), \cdots, f_b(\boldsymbol{x}, t)\right]^T \quad (8.68)$$

在设定的空间中粒子进行的碰撞和流动，该空间称为分布函数空间或速度空间（不同于粒子速度空间）。

SRT 和 MRT 均通过流体的密度分布函数获得流体的密度、速度分布。

如果涉及传热、传质等多过程，通常采用 DDF（double-distribution-function）-LBE（lattice-Boltzmann-equation）模型，使用两个或多个分布函数，分别用于速度场、温度场和浓度场的描述，演化方程根据碰撞算子和离散速度相关，但基本框架与上类同。

8.4.3.2 多相和多组分流体的 LBM 方法

多相流是指包含明显分界面的流体系统，如含气泡（液滴）的液体（气体）、不混溶的液体、含固体颗粒的气体或液体；多组分流体是由多类物质构成的均相流体，如混合气体、含溶质的溶液等。LBM 出现之后，多相/多组分流场的模拟一直是 LBM 领域的主题，按描述相互作用方式分为颜色模型、伪势模型、自由能模型和动理学模型。

颜色模型是一种模拟不互溶两相流的方法。这需要对两种不同的粒子的概率分布函数分别用 BGK 方程分别求解（Yong YM，2011）。按 Santos LOE（2003）发展的 LB 多相流模型，该模型将格子气模型中场介子概念拓展到 LBM，概念简单而清晰。该模型也考虑了流体颗粒间的相互碰撞，碰撞算子包含了涉及相扩散的三个独立参数：两相的黏度和界面场介子黏度，因此该模型能够在高黏度比条件下保持数值稳定性。通过颗粒速度偏移来模化界面颗粒和两相间的相互作用，它正比于场介子在当地的分布。通过场介子引进相界面上的作用力，修正两流体间的碰撞项来体现界面张力的影响，而场介子的运动只局限在过渡层。此模型中，两种流体 R 和 B 有各自的分布函数演化方程。R 和 B 间界面流体有独立的分布函数演化方程：

$$M_i(\boldsymbol{x}+c_i\Delta t,t+\Delta t)=e_1 M_i(\boldsymbol{x},t)+e_2\frac{\sum f_i^{\mathrm{r}}(\boldsymbol{x},t)}{\sum f_i^{\mathrm{r}}(\boldsymbol{x},t)+\sum f_i^{\mathrm{b}}(\boldsymbol{x},t)} \tag{8.69}$$

式中，e_1 和 e_2 是相互作用长度的权系数，$e_1+e_2=1$，上标 r 和 b 表示两种流体。在方程式（8.69）中，等号右边第一项代表一种递推关系，均满足质量和动量守恒。所涉及的多个分布函数在同一个空间中，物理过程机制通过分布函数间的相互作用、源项和各自的平衡分布函数来得以体现。

Yong YM（2011）以此模型模拟了 T 形微通道油水两相汇合生成油滴的两相流动，模拟得到的图形与 Zhao YC（2006）实验所得半定量地符合。Yong YM（2013）用 LBM 方法模拟了微通道中的液塞形成，特别考察了液相对通道壁面的润湿性强弱和两相流动行为的影响。

模拟单相流体内的对流扩散过程，需要两套粒子密度分布函数，它们分别代表流动和浓度的密度分布函数，按各自 LBM 方程演化。李莎（2013）借此模拟了多孔介质的孔隙特性对气体扩散的影响。

王文坦（2012）建立了描述多相多组分体系的格子 Boltzmann 方法（LBM），用于模拟微通道中水滴内部可互溶的不同浓度液体的混合，用 3 套密度分布函数对体系进行描述：以 f 描述连续相流体，以 g 和 h 描述液滴内待混合的两组分，成功模拟了微通道中液滴内部的混合行为。

8.4.4 微通道混合的数值模拟

8.4.4.1 CFD 方法

数值模拟是研究微通道内混合的重要方法。混合问题的模拟首先是流场的模拟，而后是混合的评价。有两种方法来表征某一相内的混合。

一种是用示踪剂，因此基于溶质的对流扩散方程式（8.35），模拟在流场中示踪剂在整个流场中均匀分布的过程。示踪剂的加入方式：①以脉冲示踪的方式加入一定量的示踪剂（这种方法在计算上可行，但对照实验不容易）；②类似于阶跃示踪，在待混合的两股液流中的一股切换为有一定浓度示踪剂的液流（文献中报道这样实验的也很少）；③稳态实验，两股物料中的一股含有示踪剂（待混合的溶质），求解流动、传质均达到稳态后的示踪剂分布。这最后一种是实验、模拟皆能进行，容易对照验证的方式，因而文献报道最多。

第二种是追踪理想的示踪粒子在流场中的运动，统计在流场各处的粒子数密度，作为混合均匀与否的指标。粒子本身无质量，只跟随流体流动（所以也无扩散），粒子的轨迹则按式（8.32）积分决定。

从文献数量来看，比较成熟的 CFD＋示踪剂传质的稳态数值模拟是普遍采用的策略。

Mansur EA（2008）数值模拟了 3 个 T 形微混合器：标准 T 形、双 T 形微混合器（DT-micromixer）和内置静态混合元件的 DTS 混合器。图 8.28 是最简单的 T 形混合器的改型，图 8.29(a) 是 T 形混合器，A、B 流体各用一个最上游的入口；图 8.29(b)、(c) 是 DT 混合器，将 A、B 流体分别从左右交替设置的 4 个入口加入，增强初始混合程度；而图 8.29(d) 是 DTS 混合器，还在 DT 混合器的主流道中内壁设置 3 个流体扰动块，使流线弯曲，增大流束间的接触面积。模拟结果表明，将流体分为多股，有利于初始混合，扰动元件进一步增强了流道主体中的传质速率。其结果是图 8.29(d) 达到 A、B流束混匀所需的流道程度最短。计算流动方向上各横截面的混匀度（浓度偏离混匀后均值的标准偏差），也说明 DT 微混合器的混合效能远远优于单 T 形混合器。图 8.30 则定量地表示了 T 形和 DT 混合器的截面混匀度与流道长度的关系，DT 混合器的效能比简单的 T 形提高约 1 倍。

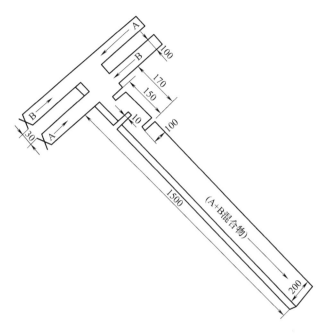

图 8.28　数值模拟的带扰流元件的 DT 微混合器（Mansur EA，2008）（单位：μm）

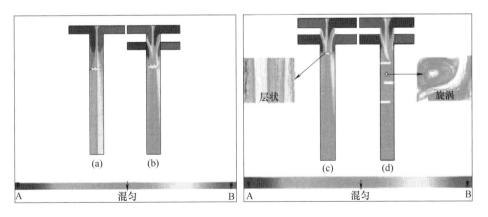

图 8.29　三种微混合器混合的模拟结果比较（Mansur EA，2007）

Liu YH（2005）也模拟了 3 种流道中的单液相流中的混合：标准 T 形、方波形曲折流道、立体蛇形流道。混合效率在各种 Re 下，均为标准 T 形最

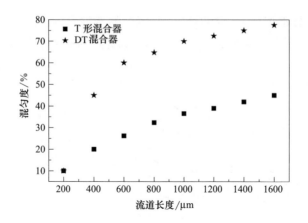

图 8.30　T 形和 DT 混合器的截面混匀度与流道长度的关系
（$Re=219$，$p=0.2MPa$。Mansur EA，2008）

差，立体蛇形最好。因为立体蛇形流道和方波流道都含有相同个数的曲折流道，但立体的构型使流体流动的曲折程度更加复杂，相当于增加了两股流束间的接触面积，故混合效率最高，但其缺点是流动压降增大，加工制造难度大。

　　Liu DZ（2012）实验研究了不对称的 T 形微混合器 Re 在 2000～10000 的高雷诺数范围的流动和混合效率。实验微通道的构型如图 8.31 所示。用碘化物-碘酸盐反应体系，在汇流区下游固定位置的测试窗口，用光度计测量反应体系中产生的 I_2 和 I_3^- 的浓度，算出微混合器的离集指数 X_S 作为混合效率的指标。实验测定了流率（或雷诺数）、流道几何参数对离集指数的影响（图 8.32）。由于流体流量和流道面积共同决定了流体在混合流道内的线速度和雷诺数 $Re=\rho uh_c/\mu$，所以 X_S 的实验数据可以很好地与 Re 关联（见图 8.33）。

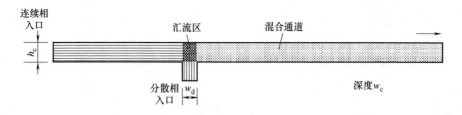

图 8.31　不对称微通道示意图（Liu DZ，2012）

　　数值模拟得到的流场和混匀度的分布表明，汇流区和其下游的微通道对混合效率都有重要贡献。图 8.33 结果说明，微通道的宽度扩大到几毫米（但液流厚度 h_c 仍然保持在亚毫米级），若流率相应增大，即保持相等的雷诺数到 6000

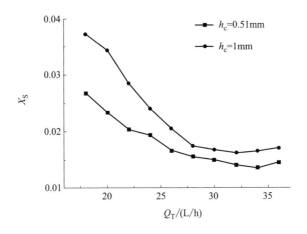

图 8.32 离集指数与流道高度间的关系

（$w_d = 0.6\text{mm}$，$w_c = 5\text{mm}$，$Q_c = Q_d$。Liu DZ，2012）

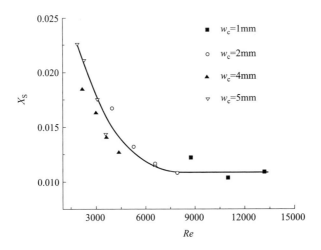

图 8.33 离集指数与 Re 间的关系

（$w_d = 0.6\text{mm}$，$h_c = 0.51\text{mm}$，$Q_c = Q_d$。Liu DZ，2012）

以上，则混匀度仍不受影响。因为微通道的高度 h_c 不变，则雷诺数仅与流体线速度成正比，因而均匀度 U 在 Re 从 2000～10000 的区间内与 Re 呈线性关系（图 8.34）。这表明，微通道在垂直于流动方向一个方向上的放大，不大会影响微通道的混合效率，这比在流动方向上的尺度放大更为有利（Liu ZD，2012）。

Engler M（2004）通过有限体积法求解动量方程和示踪剂的质量传递方程，得到流场和浓度场，以示踪剂的对流和扩散来阐明混合发生的机理和规

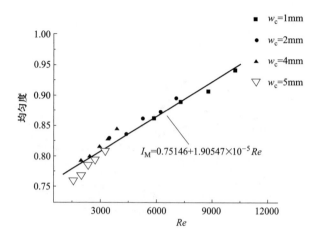

图 8.34　均匀度与 Re 呈线性关系（Liu DZ，2012）

律，并以截面上的示踪剂浓度分布均匀性定义的均匀度 U［即前面式（8.9）的定义］来表征混合的优劣。研究发现，随着在 T 形微混合器混合区（两个入口流束汇合处）涡流发生和增强，流线弯曲，甚至渗透到另一流体区域内，因而混合效率也不断改善；以雷诺数表示，在 Re 大于 150 之后，混合区的流动型态从层流（laminar）、旋涡流（vortex）过渡到卷吸（engulfment）流型（图 8.35），在混合区下游 1.8mm 处的均匀度 U 也迅速增大。以微通道的 Re 来表示，则发现 Re 增大到 150 左右时，混合质量迅速改善，相应于旋涡流和卷吸流之间的过渡区（图 8.36）。这表明，流动的复杂和紊乱的程度是好的微混合器设计的关键。

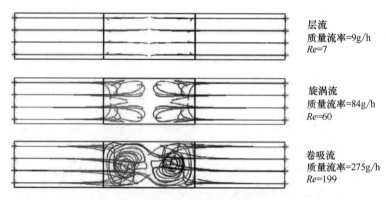

图 8.35　三种流型下入口通道和混合区内的流线图
［T 形微混合器（600μm×300μm×300μm）视线沿混合流道下游方向，Engler M，2004］

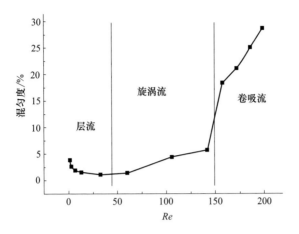

图 8.36　混匀度与 Re 和流型间的关系

（$600\mu m \times 300\mu m \times 300\mu m$ 混合器。Engler M，2004）

　　耦合求解 Navier-Stokes 方程和示踪剂传质方程的策略，也用到微混合器中用化学反应探针进行的实验。一般沿用常规搅拌槽反应器所用的微观混合测试反应。在常规尺度下混合-反应实验的数值模拟，必须依靠微观混合的数学模型作为数值模拟中的亚网格模型，以表达微观混合对化学反应实际速度的影响。似乎在微通道体系中可以忽略微观混合模型而得到可信的结果，可能的原因是微通道中的湍流一类的微尺度流动结构没有强烈地表现出来。

　　Baccar N（2009）用硼酸盐-碘酸盐平行竞争反应体系（也称为碘化物-碘酸盐反应体系）来实验测定测试反应的离集指数 X_S，他的数值模拟则针对膜组件中的一根膜管（图 8.37），硫酸溶液从膜管内通过，硼酸盐-碘酸盐溶液在压力驱动下从管壁渗透进入，因此在膜管内的流量是逐渐增大的。由于研究的是低雷诺数流动，仅在简化的 2D 膜管内求解流动的 Navier-Stokes 方程 [式（8.29）]、连续性方程 [式（8.28）]、对流扩散方程 [式（8.35）]。因为此时有化学反应，所以物质的对流扩散方程 [式（8.35）] 中应有化学反应速率项 r，成为

$$\frac{\partial c}{\partial t}+\frac{\partial}{\partial x_i}(u_i c)=\frac{\partial}{\partial x_i}\left(D\,\frac{\partial c}{\partial x_i}\right)+r \tag{8.70}$$

此方程要对化学反应速率式中出现的每一种化学成分求解。对这里的硼酸盐-碘酸盐体系，需要求解 6 种离子组分（H^+、$H_2BO_3^-$、I^-、IO_3^-、I_2、I_3^-），然后可以在膜管的出口截面上计算出离集指数 X_S。被模拟的膜管半径 $100\mu m$。膜管入口流速 $U_{in,L}=0.2m/s$，相应于水性液体的流动的 Re 约为 40；膜管壁的渗流速度为 $U_{in,S}$。

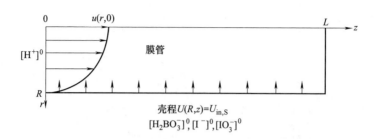

图 8.37　膜管示意图（Baccar N，2009）

从图 8.38 中的流速分布可以看出（参见彩插），由于膜管壁的渗流，膜管内的流速在逐渐增大，但层流的抛物线速度分布的特征在整个长度上一直保持着，没有二次流、循环等特殊的流动结构。模拟得到的离集指数较低（$10^{-3} \sim 10^{-2}$）的原因大致上是因为硼酸盐和碘酸盐离子在向着轴向流动的氢离子扩散的竞争中，硼酸根离子的扩散系数 $1 \times 10^{-9} \, \mathrm{m^2/s}$ 与碘酸根的 $1.078 \times 10^{-9} \, \mathrm{m^2/s}$ 几乎相等，但 25℃下氢离子与硼酸根反应很快［速率常数 $k_1 = 10^8 \, \mathrm{m^3/(mol \cdot s)}$］，远快于氢离子与碘酸根的反应［速率常数 $k_2 = 4.27 \times 10^{-4} \, \mathrm{m^{12}/(mol^4 \cdot s)}$］，因此在反应界面上争夺氢离子的竞争中，碘酸根粒子处于下风。虽然这两个平行竞争反应的反应级数和速率表达式函数形式不同，这个分析在定性上是成立的。似乎膜管里的微观混合指标（或一般的混合指标）的改善，主要还是由于膜管直径小，扩散距离减小，扩散速度增大，可以以很小的停留时间或很短的膜管长度来实现要求的反应任务。

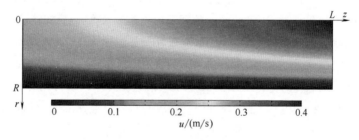

图 8.38　膜管内的流速分布图（$U_{\mathrm{in,S}} = 5 \times 10^{-5} \, \mathrm{m/s}$。Baccar N，2009）

从图 8.39 模拟的浓度场可以看出（参见彩插），氢离子在膜管内很快就被反应消耗殆尽，在某一横截面上轴线处的浓度始终比近壁面处高，这是由于近轴线的氢离子需要扩散更长的距离，才能和壁面渗出的反应物反应的缘故。在图 8.39(b) 中，入口处 $\mathrm{IO_3^-}$ 能与扩散来的氢离子反应，所以浓度较低；在向下游流动过程中壁面的渗流不断补充,所以高浓度区域逐渐向膜管中心扩张。图 8.39(c) 中是 I_3^- 的浓度分布,高浓度区域在靠近进口处,因为氢离子在那个区域还没有被耗尽,而在此下游则被新渗透进来的溶液稀释。由于数值模拟的准确性,这些浓度场的特征与科学常识完全符合,因此用出口处的化学组分的浓度分布可以计算出可靠的离集指数结果。

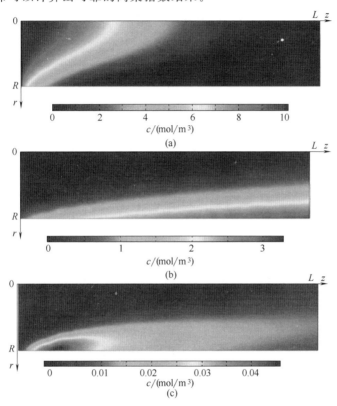

图 8.39 膜管内组分 H^+(a),IO_3^-(b),I_3^-(c) 的浓度分布图

($[H^+]_0 = 10 \text{mol/m}^3$,$U_{\text{in,s}} = 1.25 \times 10^{-5}$ m/s。Baccar N,2009)

可以通过在微通道中产生二次流动、旋流和旋涡的途径来实现快速混合(Gigras A,2008)。增大雷诺数时,混沌流现象和湍流会发生,因此在高雷诺数情况下设计和优化微混合器时需要在数值模拟中加进湍流模型,并注意考虑混沌流动是否发生。

Xie TL(2017)利用流体的混沌不稳定性和 Coanda 效应来强化微通道中的混合。他们设计了一个包含 Coanda 突扩、截面扩张的混合室、分流楔、反馈流道的振荡反馈微混合器,主体部分 4.43mm,宽约 6.0mm(图 8.40)。用二维非

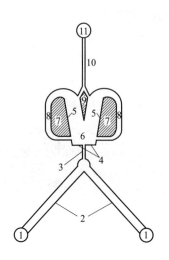

图 8.40 振荡反馈微混合器示意图（Xie TL，2017）

1—进口孔；2—Y形流道；3—入口；4—Coanda 突扩；5—附着壁；6—扩张室；

7—挡块；8—反馈流道；9—分割楔；10—出口流道；11—出口孔

定态模拟来研究雷诺数对振荡频率、压降和混沌混合的影响。如图 8.41 所示，雷诺数大到 33.3 时，已经可以从压力的微小波动上看出流动的振荡已经发生；随着 Re 增大，振荡的幅度和频率也在增大。作者用 Coanda 效应来解释了引起的流体振荡的机理，实际上射向分割楔的射流是容易发生流体力学不稳定现象的，在 Re 较大，和合适的流道几何条件下，这种不稳定性能够发展、增强到实验可观察到的程度。还用拉格朗日粒子追踪、庞加莱（Poincaré）图、粒子分布、流体线束的拉伸等方法来定量刻画混沌对流对混合的强化作用。拉格朗日方法模拟的结果表明随雷诺数 Re 从 33.3 增加到 100，平均拉伸指数从 4.91 增大到 5.57，两种颜色的示踪粒子能够在流出时被混合均匀。以物质溶质浓度分布的方差表示的混合效率在 $Re=100$ 时也达到 75.3%（图 8.42，参见彩插）。用无色和蓝色去离子水的混合实验也证实了模拟所得的流场和混合模拟结果。

利用混沌对流来促进微通道中的混合是一个可行、有效的途径。在微通道内设置阻碍物也是促进混沌对流、改善混合效率的简捷方法。这样产生的横向流动容易引发流束间交界面的折叠和拉伸，使得扩散的混合尺度按 Pe 的对数值减小。在微通道中进行实验探索，难度较大，成功率低，在实验前用数值模拟技术来做数值实验可能是一种省时、高效的方法。

有限元法也是计算流体力学方法中的一种，其数学模型方程与常用的 CFD 软件一致，仅是数值求解时的微分方程离散方法不一样，也有商业数值模拟软

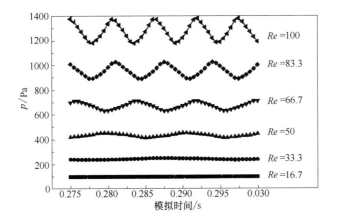

图 8.41　振荡反馈微混合器右侧反馈通道中的压力模拟值（Xie TL，2017）

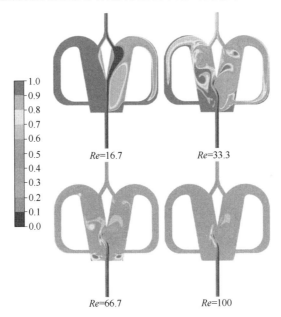

图 8.42　振荡反馈微混合器内模拟的流体浓度分布随 Re 的变化（Xie TL，2017）

件可资利用。Mengeaud V（2002）加工了一系列与主流动方向成 45°夹角的之字形微通道 Y 形混合器（宽 $100\mu m$，深 $48\mu m$，长度 2mm，图 8.43）。两股入口流的浓度分别为 0（10mmol/L 的磷酸盐缓冲液，pH＝7）和 1（缓冲液中另加 $220\mu mol/L$ 荧光素 fluorescein）。流动和混合用 CCD 相机记录图像，以 Igor Pro 软件（Wavemetrics）处理为彩色光强直方图。以出口截面上的 c_{min}/c_{max} 比值为混合效率的指标。用有限元法进行数值模拟，顺序求解稳态 Navier-Stokes 方程和对流扩散方程。因为雷诺数的范围宽（$1 < Re < 800$），所以模拟是针对高扩散系数的 2D 数值模拟。发现临界雷诺数为 80，在此临界点以下，流动为层流，速度按抛物线形分布，混合仅依赖分子扩散来实现。高 Re 时，层流中的回流也对混合有明显的贡献，小扩散系数时的贡献更明显。回流区覆盖的范围越大，横向的流体流动对溶质混匀的贡献越大。数值模拟的结果与实验观察到的流体力学趋势符合一致。作者认为：Re 在 1～1000 的范围内，方程可按层流来求解，无需考虑混沌性质的不稳定性，所以只需求解稳态的 Navier-Stokes 方程，并假设流体入口处已经建立了稳态的抛物线型流速分布。

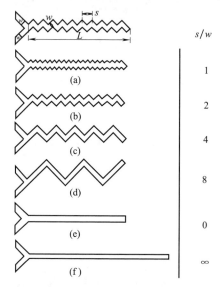

图 8.43　之字形微通道 Y 形混合器示意图

王昆（2010）在采用 VOF 方法研究液液两相流的基础上，将标量方程（UDS）加入分散相连续性方程，以标量浓度的变化反映分散相中组分的混合过程，分别考察了微尺度的直通道和弯通道中微液滴内流体混合过程强化的机理。在向前流动的同时，微液滴内将产生上下对称的内循环流动。产生微液滴的微通道结构如图 8.44 所示，为了方便示踪剂加入，将分散相的入口划分为三个小入口，在其中一个或左右两个入口加入示踪剂，中间的入口加入分隔相，防止流体在进入微通道之前互相混合。分隔流体的作用是使微液滴形成时，两种需要混合的液体在微液滴内成前后放置［图 8.45（a）］，这样内循环可显著提升流体的混合性能，而内循环对两种液体以上下合并方式生成微液滴的滴内混合促进作用较小［图 8.45（b）］。考察直通道入口涡旋作用和弯通道引发的混沌作用对流强化混合的叠加作用，结果显示，凹形弯通道与入口合适涡旋作用的组合，对微液滴内流体混合过程的强化最为显著。其机理为：在直通道段，入口处的合适涡旋作用使混合组分在微液滴中成前后分布，在内循环作用下，分子扩散路径显著缩短；在弯通道段，拐弯处对流体界面拉伸折叠，产生混沌对流，进一步提升流体混合效果。为了尽量降低分子扩散，凸显对流作用对流体混合的影响，模拟时将示踪剂的分子扩散系数设置为 $D = 1 \times 10^{-20}\,\mathrm{m^2/s}$。模拟结果对认识混合强化的机制提供了有力的数据支持。

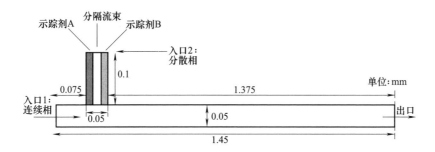

图 8.44　产生微液滴的微通道结构（王昆，2010）

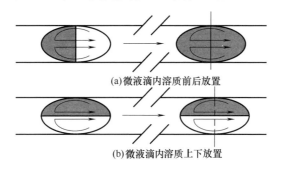

图 8.45　微液滴内循环流动对流质混合的影响（王昆，2010）

杨丽（2017）对 T 形微通道内不混溶的液-液两相流进行数值模拟，以连续性方程、Navier-Stokes 方程和物质对流扩散传递方程为数学模型，以水平集方法追踪相界面。壁面接触角设定为 $135°$，扩散系数 $D = 10^{-15}\,\mathrm{m^2/s}$。可以模拟液滴生成的过程，包括液滴形状、长度、频率，以及液滴内外的液体流动和浓度场。从液滴内的浓度分布，可以定义液滴内的混合指数：

$$M_i = 1 - \frac{\int_A |c_i - c_{\mathrm{mixed}}|\,\mathrm{d}A}{\int_A |c_0 - c_{\mathrm{mixed}}|\,\mathrm{d}A} \tag{8.71}$$

式中，c_0 是流体的初始浓度；c_{mixed} 是流体完全混合时的浓度；A 是液滴面积。$M_i = 1$ 表示液滴内完全混合，$M_i = 0$ 则表示未混合。式（8.71）处理图像的离散化数据时则与式（8.26）类似。

当液滴在微通道中受到壁面剪切力的阻滞，导致液滴内部形成对称的环状涡流 [图 8.45(b)]。T 形微通道内液滴生成时的流场扰动作用决定了液滴内溶质的初始分布型态，图 8.45(a) 的初始分布时内部的轴向对流更有利于混合。图 8.46 中的模拟结果说明（参见彩插），连续油相表观流速（V_o）增大到 0.01m/s 以上，液滴长度减小，液滴内浓度的初始分布变为有利的前后分布，因而混匀的效率明显改善。在分散相入口加入无色和染红色的甘油水溶液，分散相流率为 0.1μL/min（0.01m/s）保持不变，连续相流率由 0.05μL/min 增至 0.4μL/min（由 0.005m/s 增至 0.04m/s）时，得出液滴内的混合指数随停留时间的变化规律，并与仿真分析数据进行对比，如图 8.24 所示。混合效率随连续相流率呈上升趋势，而且实验数据与模拟结果吻合良好。

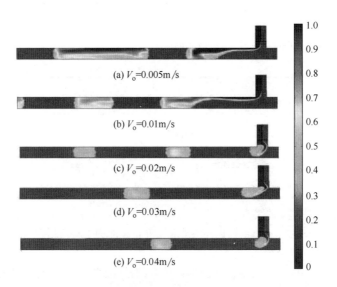

图 8.46　模拟连续相流速对液滴内部混合速率的影响
（分散相流速 0.01m/s。杨丽，2017）

传质特性与流体流动结构有着密切的关系，因此针对微通道内流体特定流动型态下的传质效率的研究被认为是提高传质性能预测模型精度的重要方法（Kashid MN，2011）。在微通道内的众多流型中，弹状流（又称作泰勒流）以其较大的比表面积等优势，因而有较多的研究。然而环状流以及分层流等较为典型的流型下传质特性也需要进一步研究。从应用的角度出发，微通道内整体传质系数的预测模型，需要融入更多的反映流动结构和微尺度下控制因素的参数，以提高模型的预测精度，为强化微反应器的传质性能提供理论依据和指导。

8.4.4.2　LBM方法

近年来以LBM方法数值模拟微通道中流体混合的研究开始增多。Zhao SF（2012）用三维多组分格子玻尔兹曼方法（LBM），对微通道里液滴内的混合过程进行模拟。结果发现在液滴的生成阶段，滴内初始浓度和速度分布对于混合过程有着显著的影响，需要通过合理的构型设计来实现有效的混合。

Lobur M（2013）用LBM方法数值模拟了3个微通道（图8.47），模拟以含溶质的溶液驱替空白流体的过程。从图8.48的结果可以看到，混合程度可以用截面上溶质浓度的均匀性来表示，从图8.48(a)～(c)，混匀所需的微通道长度依次缩短。这表明LBM方法能够正确地描述微通道的壁面几何构型和流道中的扰流元件对改善流体混合的明显作用。

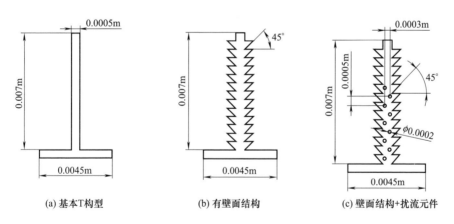

(a) 基本T构型　　　(b) 有壁面结构　　　(c) 壁面结构+扰流元件

图8.47　微通道构型（Lobur M，2013）

Osorio-Nesme A（2012）用LBM方法的3D19速度的格式（D3Q19），模拟了内置喷嘴-扩散器似的障碍构造的微通道内的流动和传质，用D3Q7格式模拟浓度场。两股流体在 $1 \leqslant Re \leqslant 100$ 和 $Sc=1$ 和50的条件下的混合，与简单直通道 $1 \leqslant Pe \leqslant 5000$ 条件下的结果进行对比。然而仅当 $Re=1$ 时，内置的扰流元件产生的额外阻力可以不计，随着 Re 增大，流动所需的压降逐渐增加，在 $Re=100$ 时有扰流元件的通道的压降比简单通道高了4倍多。因此，

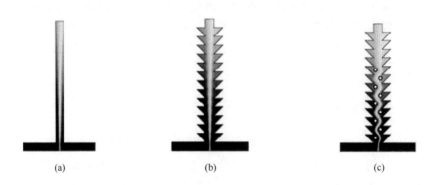

图 8.48　LBM 方法数值模拟得到的浓度分布（Lobur M，2013）

扰流元件对混合的增强是以外部能量的额外输入为代价的，因此设计微混合器时需要注意到在混合效率和操作能耗间有合理的折中。

Ritter P（2016）在此基础上进行了更系统的 LBM 模拟，以认识扰流引起的混沌对流对混合的作用。通道的示意图见图 8.49（参见彩插），边长 $100\mu m$，障碍物的一个周期长度为 $300\mu m$。两股液流从入口加入，完全混合后的浓度为两个初始浓度的算术平均值。图 8.50 表明（参见彩插），内置障碍的微通道的混合比简单直通道快得多，Pe 数越大（分子扩散系数越小）时障碍物的扰流作用更有效果。图 8.51 则是下游截面的混合均匀度的定量比较，在 Pe 达到 100 后均是有内件的通道混合更好，当然其要求的能耗（压降）也是空通道的好几倍。

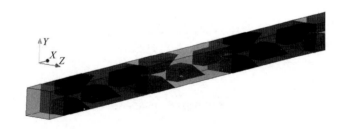

图 8.49　内置喷嘴-扩散器的微混合器示意图（Ritter P，2016）

在微通道的两相流领域中，用 LBM 来数值模拟其中混合的研究还相当少。王文坦（2012）建立了描述多相多组分体系的 LBM 方法，用于模拟微通道中在连续油相中生成的水滴内部同质不同浓度的液体的混合，并通过 μ-LIF 实验确定了 LBM 模型的关键参数，成功模拟了微通道中液滴内部的混合行

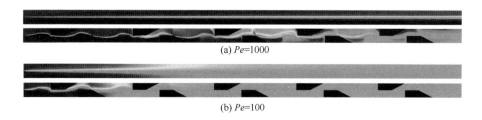

(a) $Pe=1000$

(b) $Pe=100$

图 8.50 在不同 Pe 数值时简单（a）和有内构件（b）微通道垂直纵剖面上
（x-y 平面）的浓度分布（$Re=100$。Ritter P，2016）

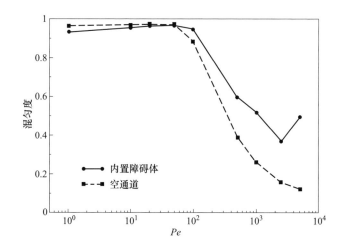

图 8.51 微通道混匀度与 Pe 数的关系（$x=16L$ 处，L 为截面
正方形高度，$Re=100$。Ritter P，2016）

为。对于这样的非互溶的液液体系，选用"伪势模型"来描述不同组分流体颗
粒的作用力，假设不同组分的流体颗粒间存在非局部的相互作用，也存在流体
颗粒与壁面间的相互作用力。在含有互溶与非互溶的三组分体系中，协调互溶
组分间作用力与非互溶组分间作用力的相对关系是建立该模型的关键。由于两
流体颗粒间的作用强度系数 G_{gh} 决定了不同组分相互排斥的强度，当其值小
于某阈值时，斥力不足以使两组分发生相分离，则它们可表现为互溶的关系。
并且，在一定范围内调节 G_{gh} 值可控制两组分的互溶程度及扩散系数。此处
研究的液滴内混合过程，需利用 3 套概率分布函数对体系进行描述：以 f 描
述连续相流体，以 g 与 h 描述液滴内待混合的两液相组分。图 8.52 是模拟结
果与实验测定的比较，当取 0.95 时，二者的符合程度是令人满意的。由于流
场是 2D 模拟，可能是液滴生成后初期的偏差较大的原因。

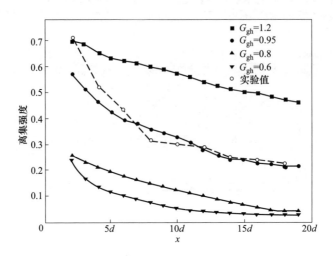

图 8.52　不同 G_{gh} 值条件下模拟与实验的离析度结果的比较（王文坦，2012）

　　模拟结果表明，水滴形成后的初始溶质分布是上下分布的，在通道壁产生剪切使液滴内部出现循环时，两种浓度的液体间的交换不强，混合效果差（图8.53，参见彩插）。当通道内的折流挡板数增加至 6 时，液滴内的混合效果发生了明显的改善（图8.54，参见彩插）。这不仅因为扰流区 z 方向的增长使液滴被拉伸的时间得到增长，更主要是由于拉伸效果变得更好了。

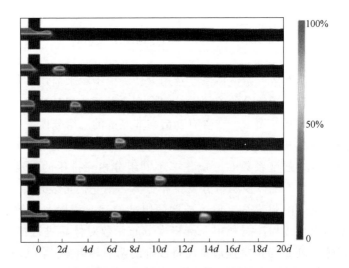

图 8.53　简单微通道中水滴内混合的模拟结果（王文坦，2012）

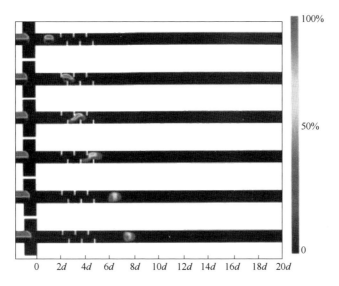

图 8.54 有挡板微通道中水滴内混合的模拟结果（王文坦，2012）

8.5 小结

微通道混合器和反应器经过几十年的研究和开发，已经对此类设备的基本性质、适用对象等有一定的认识，而且已经在工业生产中得到了应用，给微化工器件的研究、开发和应用以充足的信心。微器件的研究已经从一开始仅基于概念和理论上的推论，经过大量的实验探索，现在已经过渡到实验研究与数值模拟并重、结合的新阶段。

在实验研究技术方面，已经发展出各种各样的方法来研究微器件中的混合现象和规律，但由于微器件的尺度小，宏观设备当中适用的实验技术还不能直接用于微器件的混合研究。例如，在确定达到一定混合程度所需的混合长度时，不仅需要测定出口截面上的浓度场和其不均匀度，而且需要对入口到出口之间的多个截面进行测量。这样的实验测定似乎尚未见报道。越来越多的 2D 光学测量方法已经在发展中，但反映 3D 结果的测量方法仍然需要努力开发。

微尺度器件的 CFD 数值模拟大致处于宏观混合模拟完全能够胜任，但微观混合的直接模拟却不能保证模拟的分辨率能达到与微观混合的 Batchelor 尺度相当的地步。因此，还需要从两方面来解决这个问题。以宏观混合模拟的方式、忽略微观混合的模型来进行模拟，这个方法有可能适用，因为微器件中没有复杂的湍流式的流动结构，物质扩散的模拟的边界层比较厚，可能用较大的网格就能够达到足够的精确度。或是为微器件开发专用的简化微观混合模型，已有的微观混合模型比较复杂，或是基于湍流理论开发的，也许在低雷诺数的层流环境中能找到一种比较简洁的模型或方法。

准确数值模拟微通道中的流动，仍然是模拟混合问题的先决条件。在层流液相流动方面，计算流体力学的方法仍然适用，但对更小的尺度，或稀薄气体，壁面上的速度滑移可能使 CFD 方法不再适用。LBM 等方法被认为是一种微尺度情况下比较理想的模拟方法，LBM 用于单相流动的模拟似乎比较成功，但对于两相流动和其中的传质与混合的模拟，还有待于更多的探索工作。

实验研究已经提出了许多强化微尺度下混合、传热和传质的方法和技术，随着数值计算技术的发展，研究方法可以逐渐地转变为以数值模拟探索为主、实验验证为辅的策略上来，不仅可以节约时间和投资，还能使微器件工业应用的风险下降，达到微反应器应用的本质安全的目标。

◆ 参考文献 ◆

陈光文，袁权，2003. 微化工技术. 化工学报，54（4）：427-439.

杜闰萍，刘喆，程易，骆培成，2007. 平面激光诱导荧光技术用于快速液液混合过程温度场测量. 过程工程学报，7（5）：859-864.

郭照立，郑楚光，2008. 格子 Boltzmann 方法的原理及应用. 北京：科学出版社.

李莎，雍玉梅，尹小龙，杨超，2013. 多孔介质的孔隙特性对气体扩散过程影响的直接数值模拟. 化工学报，64（4）：1242-1248.

李友凤，叶红齐，何显达，吴超，韩凯，刘辉，2012. 撞击流混合器微观混合性能的研究. 高校化学工程学报，26（1）：49-55.

骆广生，王凯，吕阳成，徐建鸿，邵华伟，2009. 微反应器研究最新进展. 现代化工，29：27-31.

王佳男，2013. 微通道中液液两相流动与混合过程的数值模拟［学位论文］. 杭州：浙江大学.

王剑锋，杨超，毛在砂，2008. Level set 方法数值模拟单液滴传质中的 Marangoni 效应. 中国科学 B，38（2）：150-160.

王昆，2010. 微通道内流体混合过程强化的数值模拟研究［学位论文］. 杭州：浙江大学.

王普善，2007. 微型反应器技术开创过程化学新领域. 精细与专用化学品，15（23）：1-6.

王文坦，刘喆，邵婷，赵述芳，金涌，程易，2012. 微通道中液滴内部混合过程的 μ-LIF 可视化和 LBM 模拟. 化工学报，63（2）：375-381.

吴玮，王丽军，李希，2011. T 形微通道结构中的流体混合规律. 化工学报，62（5）：1212-1218.

解茂昭，张海龙，2013. 平行微通道内气体混合过程的 DSMC 模拟. 热科学与技术，12（3）：236-241.

杨丽，张晖，王媛媛，程景萌，李姗姗，2017. T 型微通道中液-液两相流流动与混合过程分析. 农业机械学报，48（1）：397-405.

叶明星，Mansur EA，王运东，2007. 微混合技术研究进展. 化工进展，26（6）：755-761.

雍玉梅，杨超，尹小龙，林军，2012. 不可压热流体中气体传质扩散过程的 LBM 数值模拟. 化工学报，
63（1）：25-35.

Aoki N, Mae K, 2006. Effects of channel geometry on mixing performance of miciomixers using
collision of fluid segments. Chem Eng J, 118（3）：189-197.

Baccar N, Kieffer R, Charcosset C, 2009. Characterization of mixing in a hollow fiber membrane
contactor by the iodide - iodate method: Numerical simulations and experiments. Chem Eng
J, 148: 517-524.

Boss J, 1986. Evaluation of the homogeneity degree of a mixture. Bulk Solids Handling, 6（6）：
1207-1215.

Bothe D, Stemich C, Warnecke H-J, 2006. Fluid mixing in a T-shaped micro-mixer. Chem Eng Sci,
61: 2950-2958.

Brackbill JU, Kothe DB, Zemach C, 1992. A continuum method modeling surface tension. J Comput
Phys, 101: 335-354.

Chen CK, Cho CC, 2007. Electrokinetically driven flow mixing in microchannel with wavy surface. J
Colloid Interface Sci, 312（2）：470-480.

Chen GW, Zhao YC, Yuan Q, 2012. Development of microreaction technology from lab to industrial
applications. Lyon, France. Int Conf Microreaction Technol, 2012-2-20.

Chen S, Doolen GD, 1998. Lattice Boltzmann method for fluid flows. Ann Rev Fluid Mech, 30（1）：
329-364.

d'Humieres D, 1992. Generalized lattice Boltzmann equations. // Weaver DP, Shizgal BD,
eds. Rarefied Gas Dynamics: Theory and Simulations. Prog Aeronaut Astronaut, 159: 450-458.

Engler M, Kockmann N, Kiefer T, Woias P, 2004. Numerical and experimental investigations on
liquid mixing in static micromixers. Chem Eng J, 101: 315-322.

Fournier MC, Falk L, Villermaux J, 1996. A new parallel competing reaction system for assessing
micromixing efficiency—Determination of micromixing time by a simple mixing model. Chem
Eng Sci, 51（23）：5187-5192.

Fries DM, von Rohr PR, 2009. Liquid mixing in gas-liquid two-phase flow by meandering micro-
channels. Chem Eng Sci, 64（6）：1326-1335.

Fu X, Liu SF, Ruan XD, Yang HY, 2006. Research on staggered oriented ridges static micromix-
ers. Sensors Actuators B, 114: 618-624.

Gigras A, Pushpavanam S, 2008. Early induction of secondary vortices for micromixing enhance-
ment. Microfluid Nanofluid, 5: 89-99.

Gunther A, Jhunjhunwala M, Thalmann M, Schmidt MA, Jensen KF, 2005. Micromixing of misci-
ble liquids in segmented gas-liquid flow. Langmuir, 21（4）：1547-1555.

Hessel V, Hardt S, Lowe H, 2004. Chemical Micro Process Engineering: Processing, Applications
and Plants. Weinheim: Wiley-VCH.

Hessel V, Löwe H, Schönfeld F, 2005. Micromixers - A review on passive and active mixing princi-
ples. Chem Eng Sci, 60: 2479-2501.

Kashid MN, Renken A, Kiwi-Minsker L, 2011. Influence of flow regime on mass transfer in different types of microchannels. Ind Eng Chem Res, 50: 6906-6914.

Liu YH, Lin JZ, Bao FB, Shi X, 2005. Numerical simulation of the scalar mixing characteristics in three-dimensional microchannels. Chin J Chem Eng, 13（3）: 297-302.

Liu ZD, Lu YC, Wang JW, Luo GS, 2012. Mixing characterization and scaling-up analysis of asymmetrical T-shaped micromixer: Experiment and CFD simulation. Chem Eng J, 181: 597-606.

Lobur M, Dmytryshyn B, 2013. Lattice Boltzmann method for simulation of microfluidic mixing in modified T-shape micromixer. Machine Dynam Res, 37（3）: 5-11.

Lu P, Wang ZH, Yang C, Mao Z-S, 2010. Experimental investigation and numerical simulation of mass transfer during drop formation. Chem Eng Sci, 65（20）: 5517-5526.

Mansur EA, Wang YD, Dai YY, 2008. Computational fluid dynamic simulation of liquid-liquid mixing in a static double-T-shaped micromixer. The Chinese Journal of Process Engineering, 8（6）: 1080-1084.

Meinhart CD, Wereley ST, Santiago JG, 1999. PIV measurements of a microchannel flow. Exp Fluids, 27: 414-419.

Mengeaud V, Josserand J, Girault H, 2002. Mixing processes in a zigzag microchannel: Finite element simulations and optical study. Anal Chem, 74: 4279-4286.

Meyer TR, Fiechtner GJ, Gogineni SP, Rolon JC, Carter CD, Gord JR, 2004. Simultaneous PLIF/PIV investigation of vortex-induced annular extinction in H_2-air counterflow diffusion flames. Exp Fluids, 36: 259-267.

Osorio-Nesme A, Rauh C, Delgado A, 2012. Flow rectification and reversal mass flow in printed periodical microstructures. Eng Appl Comput Fluid Mech, 6: 285-294.

Ottino JM, 1989. The Kinematics of Mixing: Stretching, Chaos, and Transport. Cambridge: Cambridge University Press.

Qian YH, d'Humiéres D, Lallemand P, 1992. Lattice BGK models for Navier-Stokes quation.Europhys Lett, 17（6）: 479-484.

Ritter P, Osorio-Nesme A, Delgado A, 2016. 3D numerical simulations of passive mixing in a microchannel with nozzle-diffuser-like obstacles. Int J Heat Mass Transfer, 101: 1075-1085.

Santos LOE, Facin, PC, Philippi PC, 2003. Lattice-Boltzmann model based on field mediators for immiscible fluids. Phys Rev E, 68: 056302.

Sun CL, Sun CY, 2011. Effective mixing in a microfluidic oscillator using an impinging jet on a concave surface. Microsyst Technol, 17（5-7）: 911-922.

Tice JD, Lyon AD, Ismagilov RF, 2004. Effects of viscosity on droplet formation and mixing in microfluidic channels. Anal Chim Acta, 507（1）: 73-77.

Triplett KA, Ghiaasiaan SM, Abdel-Khalik SI, 1999. Gas-liquid two-phase flow in microchannels Part I: Two-phase flow patterns. Int J Multiphase Flow, 25（3）: 377-394.

Wang JF, Lu P, Wang ZH, Yang C, Mao Z-S, 2008. Numerical simulation of unsteady mass transfer by the level set method. Chem Eng Sci, 63（12）: 3141-3151.

Wang JF, Wang ZH, Lu P, Yang C, Mao Z-S, 2011. Numerical simulation of the Marangoni effect

530

on transient mass transfer from single moving deformable drops. AIChE J, 57（10）: 2670-2683.

Wang X, Yong YM, Yang C, Mao Z-S, Li DD, 2014. Investigation on pressure drop characteristic and mass transfer performance of gas-liquid flow in micro-channels. Microfluidics Nanofluidics, 16（1-2）: 413-423.

Wang ZH, Lu P, Wang Y, Yang C, Mao Z-S, 2013. Experimental investigation and numerical simulation of Marangoni effect induced by mass transfer during drop formation. AIChE J, 59（11）: 4424-4439.

Xie TL, Xu C, 2017. Numerical and experimental investigations of chaotic mixing behavior in an oscillating feedback micromixer. Chem Eng Sci, 171: 303-317.

Xu C, Chu Y, 2015. Experimental study on oscillating feedback micromixer for miscible liquids using the Coanda effect. AIChE J, 61（3）: 1054-1063.

Yang C, Mao Z-S, 2002. An improved level set approach to the simulation drop and bubble motion. Chin J Chem Eng, 10: 263-272.

Yang C, Mao Z-S, 2005. Numerical simulation of interphase mass transfer with the level set approach. Chem Eng Sci, 60（10）: 2643-2660.

Yang JT, Chen CK, Hu IC, Lyu PC, 2007. Design of a self-flapping microfluidic oscillator and diagnosis with fluorescence methods. J Microelectromech Syst, 16（4）: 826-835.

Yong YM, Yang C, Jiang Y, Joshi A, Shi YC, Yin XL, 2011. Numerical simulation of immiscible liquid-liquid flow in microchannels using lattice Boltzmann method. Sci China Chem, 54（1）: 244-256.

Yong YM, Li S, Yang C, Yin XL, 2013. Transport of wetting and nonwetting liquid plugs in a T-shaped microchannel. Chin J Chem Eng, 21（5）: 463-472.

Zhang WP, Wang X, Feng X, Yang C, Mao Z-S, 2016. Investigation of mixing performance in passive micro-mixers. Ind Eng Chem Res, 55（38）: 10036-10043.

Zhao SF, Wang WT, Zhang MX, Shao T, Jin Y, Cheng Y, 2012. Three-dimensional simulation of mixing performance inside droplets in micro-channels by lattice Boltzmann method. Chem Eng J, 207: 267-277.

Zhao YC, Chen GW, Yuan Q, 2006. Liquid-liquid two-phase flow patterns in a rectangular microchannel. AIChE J, 52: 4052-4060.

第 9 章
混合研究的新课题

　　混合是随化学工业一起诞生、成长的过程技术，但相对于化工过程的其它单元操作，混合的理论和技术发展要滞后得多。在化学工程学已经临近其发展的第二个里程碑——传递现象的 20 世纪 50 年代，当时出版的 "Chemical Engineers' Handbook" 的第 3 版中的第 17 章 "Mixing of Materials" 的作者还感叹 "To date there has been developed no formula or equation that can be used to calculate the degree or speed of mixing under a given set of conditions" (Perry JH，1950)。国内大学化工原理教科书中到 1984 年才有 "搅拌" 一章 (谭天恩等，1984. 化工原理. 化学工业出版社)。然而，最近 20 余年中，工业混合技术有了飞速进步 (Santos RJ，2012)，混合作为化工单元操作之一的地位得到广泛的认可，混合的科学和应用基础研究也从经验的总结上升到学科分支的层面。再者，混合技术不仅广泛应用于工业生产的各个分支，也应用于环境治理、水产养殖，处理对象还包括微生物、动物细胞和组织培养；被混合的介质也涉及复杂的多相体系和非牛顿流体；从直径超过 10m 的大型工业化学反应器中的混合，小到微通道的混合，直至分子水平上的微观混合。因此，混合的科学和技术涉及多学科和多层次的科学探索，可以想象，混合领域中还有很多学科和工程问题需要解决。

　　前面各章中概述了混合科学和技术各个方面已经取得的成就，这里再简要地列举一些有重要意义、尚未深刻认识的问题，但无法一一尽述，希望引起共同关注和努力，推动混合理论和技术的进步。

(1) 混合机械的优化设计之一：轴流桨的轴流性

　　轴流搅拌桨的排出流有很大的轴向流动成分，因此在化工设备中广泛地用来产生全槽的整体循环流动。尤其是高径比大于 1 的搅拌槽，用一个或多个轴流桨可以在槽中仅产生一个整体循环圈。但轴流桨本身也在高速旋转，排出流液带有很大的径向分量，因而排出流并非严格地沿轴向，其主体流动是向外倾斜的［图9.1(a)］；两层轴流桨也可能形成部分孤立的两个小循环［图9.1(b)］。一些数值模拟研究也证实，排出流向外倾斜，轴流的作用范围和距离也有一定的限度。在液固体系搅拌时，若排出流的轴流性好（图9.2），更利于消除底面中心 A 处的固相沉积。螺旋桨常用作船舰的推进器，若排出流的轴流性好，射流动能的利用效率也更高。目前没有见到对轴流性程度指标的定量研究报道。

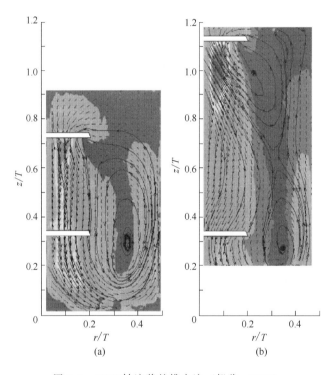

图 9.1　CBY 轴流桨的排出流（郭欣，2010）

　　为了在高径比的搅拌槽中实现仅含一个大循环圈的整体流型，文献中多有报道。采用多层轴流桨是最直观的设计。苗一（2006）用 3 层桨于高径比为 1.8 的搅拌槽，对高径比 1 和 1.4 的情形则分别用 1 层和 2 层搅拌桨，以自来水作为液相，测试了径向桨［六直叶涡轮（DT-6）］及 3 种轴流桨［三叶窄叶翼型桨（CBY）、三叶宽叶翼型桨（WH-3）、五叶宽叶翼型桨（WH-5）］等多种情况下的宏观混合时间（单点检测，95％标准）。用 1～3 层 DT 桨形成 2～6 个循环圈，而用轴流桨组合则形成 1 个整体循环，因此实验结果用混合时间-比功耗作图表示（图 9.3），明显可见的规律是径向流多层桨的混合时间长，有自己单独的回归线；而单桨和轴流桨组合则混合时间短，有共同的规律性，表明多层轴流桨合理设计可以保证大高径比反应器内单一的轴向整体循环。

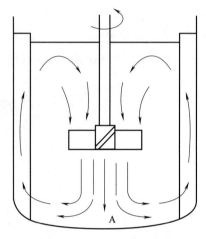

图 9.2　理想轴流桨的排出流

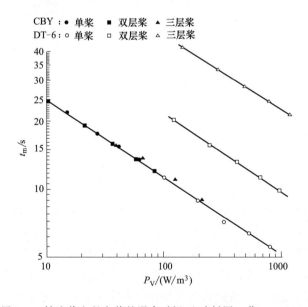

图 9.3　轴流桨和径向桨的混合时间-比功耗图（苗一，2006）

为了发挥轴流桨的轴流性能，还应该注意几点：①桨径不能太大，需要留下足够的近壁区空间，使沿槽壁回流的流体不至受到过分的阻力；②下层桨不能离底太近，要给轴向排出流留下足够的发展空间；③多层桨间的间距合适，太远则各桨孤立，不能形成整体循环，太近则各桨的泵送能力不能充分发挥；④CFD是搅拌构型（包括桨叶和桨型）设计和创新的有力工具，可以先用CFD来优选方案，然后实验来证实确认。桨叶的设计可能是提高轴流性指标的途径。

Intermig桨（德国Ekato公司发明）是斜叶桨式搅拌桨的改型［图9.4(a)］。在主桨叶的前端增加一个与主桨叶倾斜方向相反的副桨，旋转桨叶的根部和端部分别把流体向相反方向推进，有利于促进流体的轴向整体循环。赵洪亮（2011）将主桨叶在桨轴近端增大向下倾斜的角度，后来进一步将底层副桨叶在搅拌方向前侧的桨叶加长［图9.4(b)］，增强了轴向混合效果。这类促进排出流轴向性和循环整体性的探索工作需要继续开展和完善。

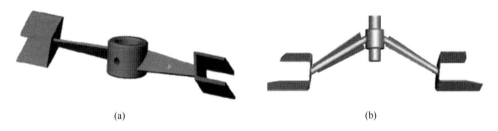

(a)　　　　　　　　　　　　　　　　　(b)

图9.4　Intermig桨（a）及改进型（b）（赵洪亮，2011）

(2) 混合机械的优化设计之二：机械剪切的空间分布

高黏度流体的搅拌与低黏度流体有很大的区别。一般认为黏度小于5Pa·s的称为低黏度流体，例如水（1mPa·s）、润滑油重油、低黏乳液等；5～50Pa·s的为中黏度流体，例如油墨、牙膏等；50～500Pa·s的为高黏度流体，例如增塑溶胶、固体燃料等；大于500Pa·s的为特高黏流体，例如橡胶混合物、塑料熔体、有机硅等。用小直径的高转速搅拌器就能很好搅动低黏度流体，将剪切作用传递到远处的壁面；而高黏度介质的流体中，以同样的能耗强度，桨叶产生的剪切则只限于桨叶附近，尤其是某些非牛顿性流体容易在桨叶旋转区形成"空洞"，远端的流体不能有效地搅拌混合。

混合研究文献有时把高黏度流体和非牛顿流体的混合归为一类。合理的一面是非牛顿流体的表观黏度多数是很高的，但不合理的一面是高黏度牛顿流体的黏度是一常数值，两种流体的动态行为差别很大。

低黏度（μ_L）流体和高黏度（μ_H）流体其实是同一类物质：牛顿流体。

若在同一搅拌槽中，在相同的搅拌转速下，低黏度流体已经湍流了，但它的时均流场和高黏度流体的层流流动，包括速度和流线都相似，剪切速率的分布也相同，但搅拌功率则增大到 $\beta = \mu_H / \mu_L$ 倍。但湍流场中有涡团运动，因而垂直于流线方向上表观传递系数则大得多，因而混合就快得多。如果要得到相同的传递和混合速率，则在相同的搅拌雷诺数下（$Re = \rho D^2 N / \mu$）两种流体的流动相似，则高黏度流体的搅拌转速要增大到 β 倍。一般，搅拌桨的功率数 $Po = P/(\rho N^3 D^5)$ 是搅拌雷诺数的单值函数，因此搅拌功率 $P \propto N^3$，这意味着搅拌高黏度流体的功率随黏度的 3 次方快速增长：

$$\gamma = \frac{P_H}{P_L} = \left(\frac{N_H}{N_L}\right)^3 = \left(\frac{\mu_H}{\mu_L}\right)^3 = \beta^3 \qquad (9.1)$$

因此，高黏度流体搅拌方式与低黏度流体不同的主要原因是为了避免无法承受的高搅拌功耗，为了以合理的总功耗来搅拌整个搅拌槽，不能单单依赖传播剪切的方式来实现对远端流体的搅拌。搅拌必须在低转速下进行，不再能够借助于低黏度流体中的湍流和整体对流来实现混合。现行的高黏度搅拌桨多数采用空间分散式的搅拌，用更大面积的桨叶和搅拌槽内较均匀分配的布置，以减小搅拌作用需要控制的距离，同时维持混合器内一定程度的径向和轴向对流。从这个意义上来说，高黏度流体搅拌构型优化和创新还有很宽阔的空间。相比之下，黏度很高而且有非牛顿性的流体混合涉及的因素更多，化学工程研究的用武之地更广。为了避免在搅拌时出现"空洞"，可能需要在开动搅拌和维持搅拌两个阶段采取不同的制度和条件。

(3) 混合时间全 CFD 数值模拟

混合时间的测定通常借助于示踪实验，因此在数值模拟预测反应器的混合时间时，都在流体力学方程组外附加示踪剂的对流扩散传质方程，数值求解如此构成的数学模型，按示踪剂浓度在反应器内某个检测点接近完全混匀水平的程度，或反应器中达到混匀水平的体积分数，来确定宏观混合时间。其实，流体混合是流体本身的混合，不是液相中可溶性试剂的混合。连续流动反应器的停留时间分布也往往通过示踪剂的对流扩散行为来表征。这就将示踪剂性质与反应器内流体性质的差别（二者扩散系数不同）作为误差来源引进到混合时间的结果中。

更理想地，宏观混合是两种物理性质完全相同的两个流体间的混合，类似于普通水和重水之间的混合，或极稀的红墨水和蓝墨水间的混合。这时，只有一个流体力学方程组和一个流场，但混合确实依赖于流体 1 和流体 2 从宏观混合、介观混合到微观混合，按照尺度逐次减小的顺序来完成。因此，流体 1

（或 2）的对流扩散方程［式(4.23)］仍然需要：

$$\frac{\partial c_1}{\partial t}+\nabla \cdot \boldsymbol{u}c_1=\nabla \cdot (D\nabla c_1)$$

式中，D 是流体的分子扩散系数（或自扩散系数）。但这只是分子尺度上对流扩散机理的准确数学描述，即 CFD 的网格密到能够准确解析 Kolmogorov 尺度和 Batchelor 尺度上的现象时。而实际的数值模拟在今后很多年都还不可能对工业规模的反应器实行这样的数值模拟任务。因此现今数值模拟中的一个网格内物质的浓度，用网格中心节点上的数值来代表，这是将网格作为浓度均匀的区域，相当于用这种附加的数值扩散的误差来促进了混合过程。而且当反应器内呈湍流状态时，湍流涡团也促进对流传质，因此式(4.23) 中的分子扩散系数应代之以有效扩散系数 D_{eff}，于是方程为［式(4.25)］

$$\frac{\partial c_1}{\partial t}+\nabla \cdot \boldsymbol{u}c_1=\nabla \cdot (D_{\text{eff}}\nabla c_1)$$

在这种理解下，图 9.5 中流进中心网格 P 的两股流束的浓度 c_W 和 c_S 可能不同，但是进入网格后就因数值混合变成了 c_P，这将带来误差；而且向 N、E 两面流出的流体浓度被无条件设定为相同。似乎任何选择 D_{eff} 的合理数值，以便将湍流作用包括进来的方法，都不能剔除这种因网格平均带来的数值误差。

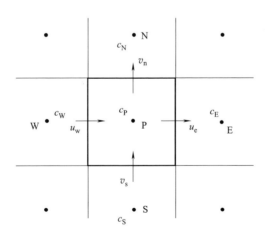

图 9.5　典型网格中的数值混合误差

可能的一个选择是容许一个网格内存在不同性质的浓度。一种方法是像环境模型一样，每一个网格划分为好几个环境（7.2.1.2 节的环境模型，7.3.3.4 节的概率密度函数模型）。另一种方法是像 7.5.2 节"机理模型耦合

CFD 的微观混合模拟"中所建议的那样，浓度划分为宏观混合浓度、介观混合浓度和微观混合浓度 3 个层次，在每个网格中只发生一定量的混合，使宏观混合浓度逐渐向小一级的尺度转换。也就是说，需要在网格内建立亚网格尺度上的宏观、介观、微观混合各自的模型。这样可望得到一种覆盖混合和反应全过程的数学模型和模拟策略，并可资实际应用的成果。

（4）微观混合的机理模型

为了数值模拟反应器中的微观混合，在现有的计算机能力发展水平还达不到对化学反应工程试剂问题实施直接数值模拟要求的程度。因此，现在的微观混合数值模拟还只能实行多尺度的模型模拟策略，即在反应器宏观尺度上以欧拉网格模拟宏观流动，在亚网格上用微观混合模型封闭宏观模拟需要的微观混合项和反应速率项。目前已有的经验模型缺乏对微观混合机理的定量表达，基本上不再应用；现有的微观混合模型（7.2.2 节的机理模型）显式地表达了分子扩散机理，但其参数取值和模型细节有发展的空间。例如，在微尺度流体团块内的对流和团块变形是如何促进微观混合、怎样恰如其分地体现在微观混合模型中，都值得重新仔细地审视。

湍流流场中的溶质浓度随机性质波动的二阶关联项，是欧拉坐标系中反应物对流扩散方程中需要封闭的未知项，目前的封闭方法（直接法和 PDF 法，见 7.3.3 基于全流场的模拟）无充足的理论基础，处理方法复杂、容易引入误差，都不能令人满意。因此，急需开发简单、有充分物理化学基础的亚网格微观混合模型。Mao Z-S(2017) 举例说明，用欧拉观点和用拉格朗日观点看，浓度波动关联项的数值完全不同，主张在数值模拟宏观浓度场时要用经过适当验证的方法来封闭浓度波动项，或者在网格尺度上以拉格朗日观点建立更可靠的微观混合模型。

总体说来，如何在湍流传递-反应过程中准确地计算化学反应速率项还没有完全解决，以欧拉观点和拉格朗日观点来解决问题的努力都在继续中。简单地说，我们更欢迎的亚网格微观混合模型是：基于拉格朗日观点、机理地表达流体团块几何形状和变形对分子扩散影响、其模型参数充分依据湍流理论、而表达形式简单易用的数学模型，随之而来的数值模拟也会更高效可行。

（5）快速化学反应的反应器构型创新

化学反应的基本技术经济指标之一是单位反应器体积的生产能力。因此，充分、高效地利用反应器体积，是化学反应器设计、放大以及构型创新的基本目标。从一些微观混合数值模拟研究的报告可知，快反应的加料在加料口附件很小的区域里就已经消耗殆尽（见图 7.24，Duan XX，2016）。另外，大型搅拌槽反应器的宏观混合时间较长（在 10s 量级以上），微观混合时间则短到几十毫秒或更小（参见 Vicum L，2004 的数据），而反应特征时间往往与微观混合时间可比或更小。因此，一些大型反应器的有效体积并不是用于化学反应，而是用于混合，用于将反应物从加料口输送到反应区，而为了维持反应区的短微观混合时间和高湍流强度，需要从搅拌机械注入很多的能量。这样，能量的利用效率也很低。

因此快反应的反应器的设计应该提高有效反应体积的分数。可行途径之一是采用混合强度高、但空间分布较均匀的混合方式，采用分散式的加料器，不仅加料点在空间内分布，而且反应物的初始分布的团块尺度也小，以减小宏观混合的负担。为此，可放弃搅拌槽、采用其它高强度混合器，如撞击流、多级定转子混合器等。Wu Y(2003b) 开发出浸没循环撞击流反应器，可得到小于 0.01 的离集指数（图 6.63 浸没循环撞击流反应器与搅拌槽比较），但反应器的绝大部分用于输送流体以形成反应物流束的对撞，也有有效体积利用率低的缺点。需要在高混合强度反应器的构型创新上投入更多的努力。

(6) 变流变性质反应流体的混合

非牛顿流体的混合是比较复杂的任务，因为在整个流场中各处的表观黏度不同，其分布随着开始搅拌的时间而变化，直至后来成为稳定的分布；搅拌转速不同，黏度分布的特征参量也随之变化；甚至还可能和达到最终转速的历史（$N \sim t$ 曲线）有关，例如影响得到剪切变稀的流体"空洞"的体积大小。如果，流体表观黏度随反应过程不是单调降低的，如图 9.6 中曲线 μ_1 所示，而是在过程中出现极大值（曲线 μ_2）或极小值，则此反应器的设计会有更多的复杂性。

若反应器是混合良好的搅拌槽，可以近似为化学反应工程学中的全混流反应器，反应器内的化学反应的速度是按出口转化率 X_f 相应的低反应物浓度来决定的。若反应速率的倒数（$1/r$）是反应转化率 X 的单调递增函数，则为了完成转化率从 X_0 到终值 X_f 的任务，用一个反应器所需的体积与图中的矩形 abcd 面积成正比；而如果用 2 级全混流反应器串联，第 1 级的出口为 X_1，则反应器的总体积与 abcd 与 defg 之差的面积成正比；显然，用 2 级串联更经济，节约了相当于 defg 面积的反应器体积，而所获得的效益与所用反应器的级数和转化率的中间值 X_i 有关。此时第一个反应器中流体的黏度比终点产物（X_f）的高，第一个反应器的搅拌功率会不利地略有增大。因此，设计时需要合理地优化 X_i 的取值。

因此，优化反应器的设计也要考虑中间转化率 X_i 处的黏度。图 9.6 中的

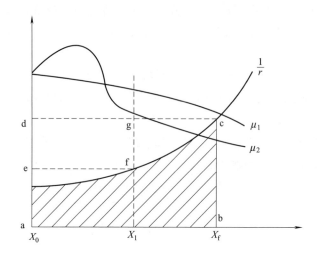

图 9.6　串联全混流搅拌槽

μ_2 曲线上有表观黏度的极大值，因此中间值 X_i 应该避开此极值点，以免消耗过多的搅拌能耗。但是，全混流反应器的概念是基于加料进入反应器的瞬间就在反应器内混合均匀的假设，故在实际上设计反应器第 1 级时，必须考虑加料和反应器内物料作为可混溶流体的混合过程，而且加料一般会在混合过程中改变其物理性质，特别是表观黏度增高的程度和持续的时间。这给反应器内混合的准确设计提出了新的课题，优化的设计有益于特殊化工生产过程技术经济性指标的提升。

　　数值模拟与一般可混溶流体混合大体相似。Yang FL(2013) 用分离涡模拟 (detached eddy simulation，DES) 结合 VOF，数值模拟了最初分层的两可混溶液体用 4 斜叶涡轮桨将其混合的过程。由于流场模拟可以用单相模型来进行，数值计算显得比较容易，模拟中用 VOF 算法和两种流体的体积分数来追踪两种流体的界面，这可减少网格内数值混合带来的误差。

(7) 多相体系的挑战

　　多相不混溶流体的混合和反应也是混合研究中的重要对象，本书中已经用大量篇幅予以介绍。总体看来，将单相的宏观混合模型和微观混合模型，通过在模型方程中引入相含率参数的方法扩展为多相模型，已经取得了可喜的进步，数值模拟结果与实验颇为接近，远优于使用单相模型的结果。扩展时，宏观混合和微观混合起作用的空间缩小这一点，在多相模型中得到了比较合理的体现，已如 7.4 节 "多相体系的模拟" 中所介绍。但是，第 2 相若以惰性物相存在，也会以改变原物相的尺度减小、变形的方式和速度，或以改变原物相中分子扩散的边界条件的方式，来改变微观混合的速率，这些还没有被考虑进微观混合的模型当中。惰性的黏性液滴可能迟滞原物相的变形，而气泡则使原物相团块的变形更加容易。反应物可能在反应物相和惰性相之间溶解和传质，这也使微观混合的细节更加复杂。因此，多相体系中的混合，尤其是微观混合，其数学模型和数值模拟的研究也是必须进行的工作。

（8）非周期性和混沌式搅拌

混沌混合在十余年前曾经是混合研究中的一大热点。自从 20 世纪 80 年代国外提出这个概念以后，围绕着混沌混合的理论和应用研究很多，可参阅国内外的有关综述（Ottino JM，1989；杨峰苓，2009）。高黏度物料的搅拌通常被迫在低搅拌转速的层流流动下进行，为了提高混合效率，工程界寄希望于混沌混合的概念，通过理论分析、数值计算与实验等方法对层流混沌混合进行深入研究。绝大多数研究认为混沌是层流条件下提高混合效率的主要或唯一的途径。在混沌混合概念和理论表征工具的指引下，关于搅拌槽内混沌混合的应用研究也取得很大进展，提出一系列实用的混沌混合技术，包括时间混沌混合和空间混沌混合两类。时间混沌混合主要增强时间域中对流场的扰动，如变速搅拌、往复搅拌等，随机换向搅拌又比周期换向的效果更好。空间混沌混合在于破坏流场的对称性和周期性，如减少桨结构的对称性的错位桨，减少搅拌槽结构对称性的偏心搅拌、倾斜搅拌等。这些结果都有很强的应用价值。

基于混沌混合概念提出的实验技术，需要继续深入研究。实验和数值模拟都是可靠的研究手段，可以离开混沌的理论来对提出的新技术进行评价，评价也可以采用混沌理论中常用的指标来进行（Hasal P，2000）。纯粹的混沌理论计算，会在实际情况下受到许多未知来源和强度的干扰，给研究结果带来不确定性和不重复性。因此，混沌混合研究应该着重在实用混合技术的开发上。

在湍流搅拌中出现的宏观不稳定性（macro-instability）现象，也是偏离搅拌槽时均流场的大空间和时间尺度的波动，其性质类似于湍流条件下的混沌流动现象。它对搅拌槽中的宏观混合和微观混合能产生很有利的影响。用标准 $k\text{-}\varepsilon$ 湍流模型作稳态数值模拟时不能预测这种不稳定流动，但用大涡模拟（LES）非稳态模拟是能捕捉到的（Fan JH，2007），实验当然也能确定这种现象的发生和强度。关于混合过程中宏观不稳定性的研究还不充分，可以与层流混沌混合研究平行地向前推进，发展出更高效的实用混合技术。

◆ 参考文献 ◆

郭欣，李志鹏，高正明，2010. 双层翼型桨搅拌槽内流动特性的 PIV 研究. 过程工程学报，10（4）：632-637.

苗一，潘家祯，牛国瑞，闵健，高正明，2006. 多层桨搅拌槽内的宏观混合特性. 华东理工大学学报（自然科学版），32（3）：357-360.

杨锋苓，周慎杰，张翠勋，2008. 搅拌槽混沌混合研究进展. 化工进展. 27（10）：1538-1543.

赵洪亮，张廷安，张超，刘燕，赵秋月，王淑婵，豆志河，2011. 改进 Intermig 桨种分槽搅拌性能的数值模拟. 过程工程学报，11（1）：15-19.

Duan XX, Feng X, Yang C, Mao Z-S, 2016. Numerical simulation of micro-mixing in stirred reactors using the engulfment model coupled with CFD. Chem Eng Sci, 140: 179-188.

Fan JH, Wang YD, Fei WY, 2007. Large eddy simulations of flow instabilities in a stirred tank generated by a Rushton turbine. Chin J Chem Eng, 15（2）: 200-208.

Hasal P, Montes J-L, Boisson H-C, Fort I, 2000. Macro-instabilities of velocity field in stirred vessel: Detection and analysis. Chem Eng Sci, 55: 391-401.

Ottino JM, 1989. The Kinematics of Mixing: Stretching, Chaos, and Transport. Cambridge: University Press.

Mao Z-S, Yang C, 2017. Micro-mixing in chemical reactors: A perspective. Chin J Chem Eng, 25（4）: 381-390.

Perry JH, 1950. Chemical Engineers' Handbook. 3rd ed. McGraw-Hill: 1195.

Santos RJ, Dias MM, Lopes JCB, 2012. Mixing through half a century of chemical engineering, Ch. 4//Dias R, Lima R, Martins AA, Mata TM, eds. Single and Two-Phase Flows on Chemical and Biomedical Engineering. Bentham Science Publishers: 79-112.

Vicum L, Ottiger S, Mazzotti M, Makowski L, Baldyga J, 2004. Multi-scale modeling of a reactive mixing process in a semibatch stirred tank. Chem Eng Sci, 59: 1767-1781.

Wu Y, Xiao Y, Zhou YX, 2003b. Micromixing in the submerged circulative impinging stream reactor. Chin J Chem Eng, 11（4）: 420-425.

Yang FL, Zhou SJ, Zhang CX, Wang GC, 2013. Mixing of initially stratified miscible fluids in an eccentric stirred tank: Detached eddy simulation and volume of fluid study. Kor J Chem Eng, 30（10）: 1843-1854.

符 号 说 明

符号	意义	单位
a	比界面积(单位体积中的接触面积)	m^2/m^3
$a(x)$	空间位置 x 处的平均年龄	s
a_v	液层间接触面积	m^2/m^3
A	截面积	m^2
B	颗粒成核速率	$1/(s \cdot kg$ 溶剂$)$
c	摩尔浓度	mol/m^3
$\boldsymbol{c}$	摩尔浓度矢量	mol/m^3
C	搅拌桨距器底间距	m
	无量纲浓度	—
C_V	变异系数	—
d	水力直径,特征长度	m
d_{32}	颗粒 Sauter 平均直径	m
d_p	颗粒直径	m
D	搅拌桨直径	m
	分子扩散系数	m^2/s
$\boldsymbol{D}$	速度梯度张量	$1/s$
D_{eff}	有效分子扩散系数	m^2/s
D_z	轴向返混系数	m^2/s
Da	Damköhler 数$(=k_2 C_{A0}/E_{av})$	
e	高径比、长径比	—
E	E 模型的卷吸速率	$1/s$
$E(t)$	出口寿命分布密度函数	s^{-1}
f	混合分数(mixture fraction)	—
	LBM 流方法中粒子的密度分布函数	—
$\bar{f}$	混合分数时均值	—
F	体积力	N/m^3
$\boldsymbol{F}$	体积力矢量	N/m^3
$F(t)$	出口寿命分布函数	

Fl	排出流量数$[=Q/(ND^3)]$	—
Fl_c	循环数$[=Q_c/(ND^3)]$	—
Fo	傅里叶(Fourier)数$(=Dt/d^2)$	—
Fr	弗劳德(Froud)数$(=N^2D/g)$	—
g	重力加速度(9.81)	m/s^2
$g(a)$	平均年龄密度函数	s^{-1}
G	颗粒(晶粒)线生长速率	m/s
$G(t)$	年龄分布函数	
H	液位高度	m
$H(t)$	阶跃函数	—
I	离集强度	mol/m^3
	离子强度	mol/L
$I(t)$	年龄分布密度函数	s^{-1}
J	传质速率通量	$mol/(m^2 \cdot s)$
k	化学反应速率常数	
	湍流动能	m^2/s^2
K	化学反应平衡常数	
Kn	Knudsen 数$(=\lambda/L)$	m/s
K_{sp}	沉淀的溶度积	
L	长度	m
m	物质的量	mol
M	分子量	Da
n	颗粒的数量密度函数	$1/(m \cdot kg 溶剂)$
$\boldsymbol{n}$	外法线单位矢量	—
N	转速	r/s
	颗粒总数	—
	串联反应器级数	—
N_c	循环次数	—
N_{js}	临界悬浮转速	$1/s, r/min$
Nu	Nuselt(努塞尔)数$(=hd/\alpha)$	
p	压力	Pa
	概率	—
P	功率	W

P	转移概率矩阵	—
Δp	压力降	Pa/m
Pe	Peclet 数（$=UL/D$）	—
Po	功率数［$=P/(\rho N^3 D^5)$］	—
P_V	功耗	W/kg
Q	体积流率	m^3/s
r	化学反应速率	$mol/(m^3 \cdot s)$
	径向坐标，间距	m
R	相关系数	—
	半径	m
	普适气体常数（8.314）	$J/(mol \cdot K)$
R_0	固定床的阻力系数	$N \cdot s/m^4$
Re	搅拌雷诺数（$=\rho D^2 N/\mu$）	—
S	反应产物的选择性	m^2
	过饱和度	—
	离集尺度	m
Sc	Schmidt 数（$=\nu/D$）	—
Sc_t	湍流 Schmidt 数（$=\nu_{eff}/D_{eff}$）	—
t	时间	s
t_c	循环时间	s
	临界加料时间	s
t_m	混合时间	s
t_{Mac}	宏观混合时间	s
t_{mic}	微观混合时间	s
t_{reac}	反应特征时间	s
T	搅拌槽直径	m
	温度	K
u	速度	m/s
$\boldsymbol{u}$	速度矢量	m/s
u,v,w	速度分量	m/s
U	均匀度	—
	线速度，表观速度	m/s
v	体积分数	—

V	体积	m^3
w	宽度	m
We	搅拌 Weber 数($=\rho N^2 D/\sigma$)	—
x	坐标	—
$\boldsymbol{x}$	空间坐标	m
x,y,z	直角坐标	m
X	微观混合的离集指数	—
	示踪剂的未混匀度	
	通用随机变量	
	离集指数	—
X,Y,Z	无量纲直角坐标	m
Y	反应进度	—
	摩尔比,浓度比	—

α	微混比$[=(1-X_S)/X_S]$	—
	相含率	—
	料液体积比	—
α,β,γ	反应级数	—
	角度	°,rad
γ	黏性剪切速率	1/s
Γ	通用扩散系数	m^2/s
δ	光路长度,液层厚度	m
$\delta(t)$	Dirac δ-函数	—
ε	孔隙率	—
	湍流能量耗散率	m^2/s^3
	消光系数	1/s
ϕ	通用变量	
	比值	—
η	表观黏度	Pa·s
	流动微元的年龄	s
κ	热传导系数	J/(m·s·K)
	无量纲电导率	—

λ	层厚,局部离集尺度	m
	流动微元的剩余寿命	s
	分子平均自由程	m
λ_B	Batchelor 尺度	m
λ_K	Kolmogorov 尺度	m
μ	黏度	Pa·s
ρ	密度	kg/m^3
θ	无量纲时间($=t/\tau$)	—
σ	对均值的平均偏差	
σ_t	湍流 Schmidt 数	—
σ^2	停留时间方差	s^{-2}
σ_S^2	混合分数方差	s^{-2}
τ	平均停留时间,特征时间	s
	应力	N/m^2
$\boldsymbol{\tau}$	应力张量	N/m^2
τ_S	介观混合时间	s
χ	归一化无量纲电导率	—
	要求达到的未混匀度	—
ω	角速度	rad/s
	质量分数	—

上标:

T	矩阵转置
∞	极快的反应
0	极慢的反应

下标:

av	平均值
b	气泡
c	连续相
	循环
d	分散相
D	曳力

eff	有效值
exit	出口
G	气体
i,j,k	序号
in	内部
lam	层流流动
L	液体
mic	微观混合
Mac	宏观混合
p	颗粒
reac	反应区
R	反应器
S	固体
t	湍流
T	总量
w	壁面
0	初始值

索　引

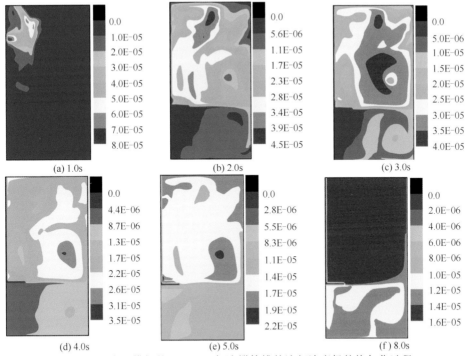

(a) 1.0s (b) 2.0s (c) 3.0s

(d) 4.0s (e) 5.0s (f) 8.0s

图 2.5　大涡模拟的 Rushton 气液搅拌槽的液相浓度场的均匀化过程

（$N=10$r/s，$C=T/3$，$Q_G=1.67\times10^{-4}$ m³/s。Zhang QH，2012）

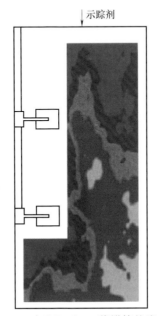

图 3.13　示踪剂注入后 200ms 时双 Rushton 桨搅拌的流场色调图（Lee KC，1997）

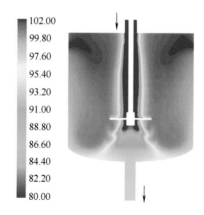

图 5.9 搅拌槽截面的平均年龄分布云图

（工况 I，$q=0.2\text{kg/s}$，$V/q=93.14\text{s}$。Liu M，2012）

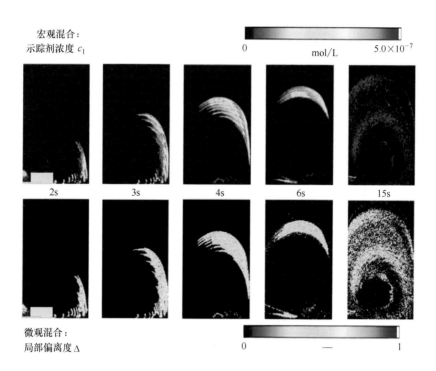

图 6.15 双荧光示踪实验图像（B 点注入，层流 Re。Kling K，2004）

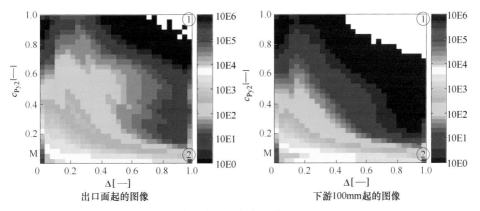

图 6.17　宏-微混合联合概率密度函数（Lehwald A，2012）

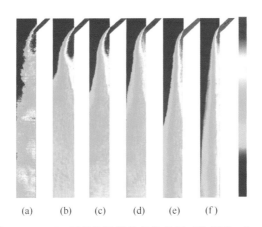

图 8.10　PLIF 测量的温度场的分布图（杜闰萍，2007）

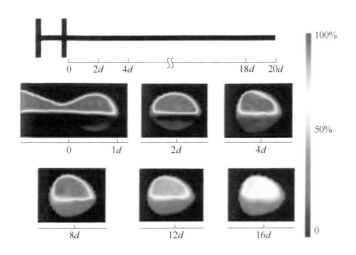

图 8.14　液滴内混合过程的 μ-LIF 实验结果

（分散相/连续相流速比 $U_c : U_d = 20 : 1$，毛细数 $Ca = 0.02$，$Re = 12$。王文坦，2012）

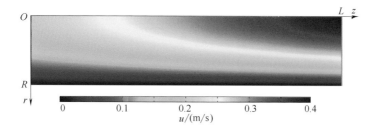

图 8.38　膜管内的流速分布图　$(U_{\mathrm{in,S}}=5\times10^{-5}$ m/s。Baccar N，2009)

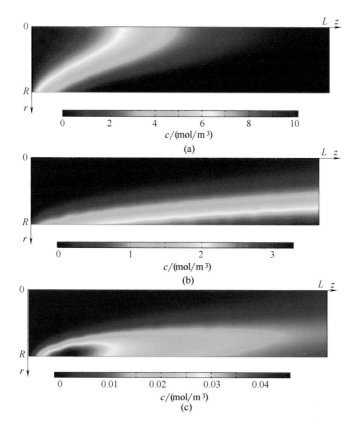

(a)

(b)

(c)

图 8.39　膜管内组分 H^{+}(a)，IO_3^{-}(b)，I_3^{-}(c) 的浓度分布图

$([H^+]_0=10\mathrm{mol/m}^3$，$U_{\mathrm{in,S}}=1.25\times10^{-5}$ m/s。Baccar N，2009)

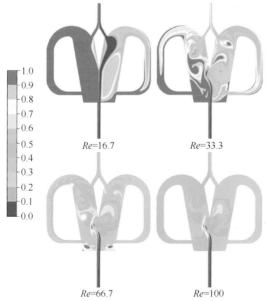

图 8.42　振荡反馈微混合器内模拟的流体浓度分布随 Re 的变化（Xie TL，2017）

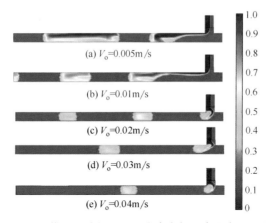

图 8.46　模拟连续相流速对液滴内部混合速率的影响

（分散相流速 0.01m/s。杨丽，2017）

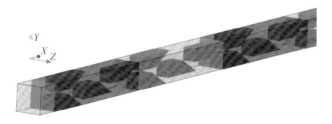

图 8.49　内置喷嘴-扩散器的微混合器示意图（Ritter P，2016）

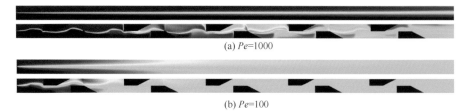

(a) Pe=1000

(b) Pe=100

图 8.50 在不同 Pe 数值时简单（a）和有内构件（b）微通道垂直纵剖面上
（x-y 平面）的浓度分布（$Re=100$。Ritter P，2016）

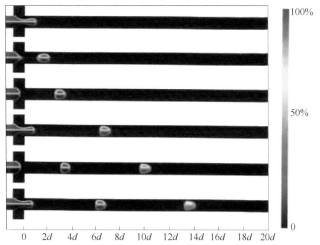

图 8.53 简单微通道中水滴内混合的模拟结果（王文坦，2012）

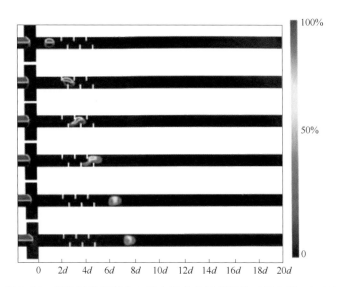

图 8.54 有挡板微通道中水滴内混合的模拟结果（王文坦，2012）